FÍSICA

com Aplicação Tecnológica

Óptica, Física Moderna e Fenômenos Complexos

Volume 4

Blucher

DIRCEU D'ALKMIN TELLES
JOÃO MONGELLI NETTO
Organizadores

FÍSICA

com Aplicação Tecnológica

Óptica, Física Moderna e Fenômenos Complexos

Volume 4

Física com aplicação tecnológica – Organizadores: Dirceu D'Alkmin Telles e João Mongelli Netto

Imagem da capa: EHT Collaboration

Blucher

Rua Pedroso Alvarenga, 1245, 4° andar
04531-012 – São Paulo – SP – Brasil
Tel.: 55 11 3078-5366
contato@blucher.com.br
www.blucher.com.br

Segundo o Novo Acordo Ortográfico, conforme 5. ed. do *Vocabulário Ortográfico da Língua Portuguesa*, Academia Brasileira de Letras, março de 2009.

Dados Internacionais de Catalogação
na Publicação (CIP)
Angélica Ilacqua CRB-8/7057

Física com aplicação tecnológica : óptica, física moderna e fenômenos complexos – Volume 4 / Eduardo Acedo Barbosa et al. ; organização Dirceu D'Alkmin Telles ; João Mongelli Netto. — São Paulo : Blucher, 2020.

550 p. Il.

Bibliografia

ISBN 978-85-212-1942-2 (impresso)

ISBN 978-85-212-1943-9 (eletrônico)

1. Física I. Título. II. Telles, Dirceu D'Alkmin. III. Mongelli Netto, João.

20-0275 CDD 530

Índice para catálogo sistemático:

1. Física

APRESENTAÇÃO

A publicação da coleção *Física com aplicação tecnológica* tem papel fundamental na transferência e na difusão do conhecimento científico e tecnológico.

O volume 4 da coleção, *Óptica, Física Moderna e Fenômenos Complexos*, abrange as teorias físicas e suas aplicações tecnológicas e será fundamental para o desenvolvimento acadêmico de alunos e professores dos cursos superiores de tecnologia, engenharia, bacharelado em Física e para estudiosos da área. A inclusão de textos, ilustrações e orientações para a solução de exercícios o torna uma ferramenta bastante completa e eficiente.

A Fundação de Apoio à Tecnologia (FAT) foi criada em 1987 por professores da Faculdade de Tecnologia de São Paulo (FATEC-SP) com o objetivo principal de atuar nas áreas de educação e tecnologia, buscando ser um elo entre a academia e as organizações. Para tanto, atua com consultoria, pesquisas, cursos e treinamentos, vestibulares, concursos públicos e no apoio a publicações que visam a difusão do conhecimento científico e tecnológico.

A FAT tem grande orgulho em apoiar e apresentar obras como esta, que certamente em muito contribuirá na difusão do conhecimento científico e tecnológico.

Parabéns aos autores!

Professor César Silva

Presidente da Fundação FAT

www.fundacaofat.org.br

PREFÁCIO

Os professores de Física do Departamento de Ensino Geral da Faculdade de Tecnologia de São Paulo (FATEC-SP), sob a coordenação do Prof. João Mongelli Netto e do Prof. Dr. Dirceu D'Alkmin Telles, lançam o quarto volume de *Física com Aplicação Tecnológica: Óptica, Física Moderna e Fenômenos Complexos*.

Este livro, que completa a coleção, destina-se a alunos e professores; é uma obra diferenciada para as instituições de ensino superior que oferecem cursos na área de exatas pela clareza na exposição dos temas tratados, pelas ilustrações e pela análise de várias aplicações tecnológicas das novas teorias. Por essas razões, a obra é de significativa importância para os futuros profissionais do Estado de São Paulo e do país.

Manifesto, em nome da FATEC-SP, agradecimento aos professores envolvidos, pela dedicação e disposição em valorizar o ensino tecnológico.

Prof. Me. Décio Moreira

Diretor da FATEC-SP

SOBRE OS AUTORES

DOUGLAS CASAGRANDE

Graduado em Física pelo Instituto de Física da Universidade de São Paulo (IFUSP). Mestre em Ciências pelo IFUSP na área de física de semicondutores, interfaces e super-redes semicondutoras. Doutor em Ciências pelo IFUSP na área de superfícies semicondutoras. Durante o doutorado, esteve na Universidade de Exeter, na Inglaterra, realizando estudos de estruturas semicondutoras e superfícies por meio de simulações computacionais. Atualmente é professor da Faculdade de Tecnologia de São Paulo (FATEC-SP).

prof.doug@fatecsp.br

EDSON MORIYOSHI OZONO

Licenciado em Física pela Universidade de Mogi das Cruzes. Bacharel em Física e doutor em Física de Plasmas pelo Instituto de Física da Universidade de São Paulo (IFUSP). Professor de Física da graduação na Faculdade de Tecnologia de São Paulo (FATEC-SP). Pesquisador e Coordenador do Laboratório de Plasma dessa instituição.

emozono@uol.com.br

EDUARDO ACEDO BARBOSA

Bacharel em Física pelo Instituto de Física da Universidade de São Paulo (IFUSP). Mestre em Física pela Universidade Estadual de Campinas (Unicamp). Doutor em Tecnologia Nuclear pelo Instituto de Pesquisas Energéticas e Nucleares (IPEN). Professor e pesquisador da Faculdade de Tecnologia de São Paulo (FATEC-SP) na área de lasers, holografia e metrologia óptica.

ebarbosa@fatecsp.br

ERALDO CORDEIRO BARROS FILHO

Graduado em Física pelo Instituto de Física da Universidade de São Paulo (IFUSP), tem mestrado e doutorado na área de tecnologia nuclear pelo Instituto de Pesquisas Energéticas e Nucleares (IPEN), é professor de ensino superior na Faculdade de Tecnologia de São Paulo (FATEC-SP), e faz pós-doutorado na Universidade Federal do ABC (UFABC) pesquisando na área de materiais vítreos magnéticos para aplicações médicas.

eraldo.barros@fatecsp.br

FRANCISCO TADEU DEGASPERI

Bacharel em Física pelo Instituto de Física da Universidade de São Paulo (IFUSP). Mestre e doutor pela Faculdade de Engenharia Elétrica e de Computação (FEEC-Unicamp). Trabalhou por 24 anos no IFUSP e atua em tempo integral na Faculdade de Tecnologia de São Paulo (FATEC-SP) desde 2000. Montou e coordena o Laboratório de Tecnologia do Vácuo da FATEC-SP. Realiza trabalhos acadêmicos e industriais, desenvolvendo processos, metrologia e instrumentação na área de vácuo.

ftd@fatecsp.br

JOÃO MONGELLI NETTO

Licenciado em Física pela Universidade de São Paulo (USP). Autor de *Física Básica* (v. *1 Mecânica* e v. *2 Hidrostática, Termologia e Óptica*, Cultrix); coautor de *Física Geral: curso superior: Mecânica da Partícula e do Sólido*, coordenado pelo professor Tore Johnson. Atualmente, leciona disciplinas de física na Faculdade de Tecnologia de São Paulo (FATEC-SP).

mongelli@fatecsp.br

LUCIANA KAZUMI HANAMOTO

Bacharel em Física pelo Instituto de Física da Universidade de São Paulo (IFUSP). Doutora em Física do Estado Sólido pela USP. Professora na Faculdade de Tecnologia de São Paulo (FATEC-SP) desde 2009.

lkhanamoto@gmail.com

REGINA MARIA RICOTTA

Bacharel em Física pelo Instituto de Física da Universidade de São Paulo (IFUSP), mestre em Ciências pelo IFUSP e doutora (PhD) em Física Teórica pelo Imperial College of Sciences and Technology, Universidade de Londres. Professora e pesquisadora da Faculdade de Tecnologia de São Paulo (FATEC-SP) em regime de dedicação exclusiva há 26 anos, atuando principalmente na área de mecânica quântica e métodos matemáticos.

regina@fatecsp.br

CONTEÚDO

INTRODUÇÃO

Este quarto volume completa a coleção *Física com Aplicação Tecnológica*, obra coletiva, fruto da experiência de vários professores.

No final do terceiro volume, o estudo do eletromagnetismo introduz o conceito de campos elétricos e campos magnéticos, e chega às equações de Maxwell. Esses conceitos são mais complexos, por sua natureza abstrata, que os temas ligados às interações mecânicas analisadas nos dois primeiros volumes, assuntos mais próximos da vida prática dos estudantes.

Prosseguindo na aventura do conhecimento, o quarto volume se inicia com a apresentação da luz como fenômeno ondulatório na sua propagação; analisam-se as aplicações práticas e tecnológicas da óptica denominada geométrica, culminando com a óptica física e a interação da luz com a matéria. Em correspondência a níveis mais elevados de abstração, é exigido o uso de matemática um pouco mais sofisticada.

A seguir, são apresentados os estudos da física moderna, teoria desenvolvida no início do século XX, mostrando as radiações como pacotes de energia. Ao procurar a compreensão dos fenômenos que ocorrem no âmago da matéria, introduz-se a física quântica, caracterizada pela discretização da energia e pela probabilidade da ocorrência dos processos, que passam a ser descritos e interpretados estatisticamente. Isso traz uma mudança radical na maneira tradicional e determinística de lidar com os fenômenos. Na nova física, luz e matéria podem nos revelar comportamentos de onda ou de partícula!

A insatisfação do ser humano diante da imagem do átomo é evidenciada na descrição histórica dos modelos atômicos, que levam a explicar a química.

A nova teoria quântica se estabelece, e são apresentadas, então, a equação de Schroedinger e as armadilhas dos poços de potencial. A seguir, estudam-se os materiais semicondutores com suas aplicações e, também, os materiais vítreos, abrindo o leque para a ciência dos materiais.

O capítulo dedicado à física nuclear trata da energia contida nas partículas atômicas e das aplicações tecnológicas da fissão e fusão nucleares. O domínio pelo ser humano da energia dos átomos já se apresenta agora como realidade.

A teoria da relatividade especial de Einstein traz um novo paradigma para a análise de fenômenos que ocorrem com velocidades comparáveis à da luz: não apenas o espaço, mas, especialmente, o tempo deixam de ser absolutos, passando a depender do referencial com o qual são estudados. A velocidade de um corpo não pode superar a da luz, ou seja, 299.792.458 m/s. Quando a sua velocidade tende a este valor, a sua energia tende ao infinito, tornando cada vez mais difícil realizar sobre o corpo um trabalho capaz de provocar aumento de velocidade! Somente fótons, os quais não possuem massa, viajam com velocidade igual à da luz.

Os temas ficam, sem dúvida, mais difíceis e, também, mais apaixonantes, parecendo querer fugir à nossa compreensão...

Por último, finalizando este quarto volume, o Capítulo 11, "Sistemas complexos", apresenta a modelagem de sistemas físicos e tecnológicos, realizada segundo a necessidade prévia de aproximar a descrição dos fenômenos à realidade. Esse tema é de grande interesse tecnológico e é pouco abordado em outras literaturas.

1 ONDAS ELETROMAGNÉTICAS

Eduardo Acedo Barbosa

1.1 INTRODUÇÃO

Não é exagero dizer que estamos imersos em um oceano de ondas eletromagnéticas. Podemos notar sua presença assim que abrimos os olhos ao acordarmos, já que a luz pertence à categoria das ondas eletromagnéticas às quais nossos olhos são sensíveis. Mas mesmo se não pudéssemos ou quiséssemos ver a luz, ainda assim estamos rodeados por outras formas de ondas. Por exemplo, basta que um corpo esteja a uma temperatura acima do zero absoluto (e há uma infinidade deles!) para que emita radiação eletromagnética na região do infravermelho. Além disso, correntes elétricas alternadas, presentes em aparelhos eletrodomésticos, industriais e em dispositivos elétricos e eletrônicos de toda sorte, também emitem ondas eletromagnéticas. Ademais, uma imensa parcela de todas as formas de comunicação depende da emissão de radiação, desde o telégrafo sem fio até a internet, passando pelo rádio, pela televisão e pela telefonia celular, para citar apenas alguns poucos exemplos.

1.2 EQUAÇÕES DE MAXWELL NO VÁCUO

Vimos que as equações de Maxwell (Volume 3, Capítulo 10) mostram que campos elétrico e magnético possuem uma origem comum e podem, portanto, ser expressos a partir de uma teoria unificada. A partir de então, fala-se de teoria eletromagnética, ou eletromagnetismo, expresso pelas equações a seguir:

$$div\vec{E} = \frac{\rho}{\varepsilon_0} \tag{1.1a}$$

$$div\vec{B} = 0 \quad (1.1b)$$

$$rot\vec{E} = -\frac{\partial \vec{B}}{\partial t} \quad (1.1c)$$

$$rot\vec{B} = \mu_0 \vec{J} + \mu_0 \varepsilon_0 \frac{\partial \vec{E}}{\partial t} \quad (1.1d)$$

Neste capítulo, usaremos as equações de Maxwell para estudar o comportamento do campo eletromagnético no vácuo. Nesse caso, a óbvia ausência de cargas leva aos valores $\rho = 0$ e $J = 0$ para a densidade volumétrica e cargas e a, densidade de corrente, respectivamente. Assim, as equações de Maxwell tomam a forma:

$$div\vec{E} = 0 \quad (1.2a)$$

$$div\vec{B} = 0 \quad (1.2b)$$

$$rot\vec{E} = -\frac{\partial \vec{B}}{\partial t} \quad (1.2c)$$

$$rot\vec{B} = \mu_0 \varepsilon_0 \frac{\partial \vec{E}}{\partial t} \quad (1.2d)$$

As equações (1.1c) e (1.2d) formam o que chamamos de equações diferenciais acopladas e permitem a obtenção de função para o campo elétrico e outra para o campo magnético, ambas dependentes do espaço e do tempo. Para tanto, aplica-se o operador rotacional sobre a equação (1.1c), para se obter:

$$rot\left(rot\vec{E}\right) = -rot\left(\frac{\partial \vec{B}}{\partial t}\right)$$

Como o operador rotacional não depende do tempo, pode ser passado para "dentro" da derivada temporal, de maneira a se obter:

$$rot\left(rot\vec{E}\right) = -\frac{\partial}{\partial t}\left(rot\vec{B}\right) \quad (1.3)$$

Com o auxílio da equação (1.2d), o rotacional do campo magnético na equação (1.3) pode ser substituído pela expressão $\mu_0 \varepsilon_0 \frac{\partial \vec{E}}{\partial t}$, de modo que a equação (1.3) toma a forma:

$$rot\left(rot\vec{E}\right) = -\frac{\partial}{\partial t}\left(\mu_0\varepsilon_0\frac{\partial\vec{E}}{\partial t}\right) = -\mu_0\varepsilon_0\frac{\partial^2\vec{E}}{\partial t^2} \tag{1.4}$$

Para simplificar o problema de desenvolver o termo $rot\left(rot\vec{E}\right)$, podemos partir de uma formulação particular de campo elétrico, na forma $\vec{E}(x,t) = E(x,t)\vec{k}$. O rotacional do campo elétrico é obtido por:

$$rot\vec{E} = \begin{vmatrix} \vec{i} & \vec{j} & \vec{k} \\ \partial/\partial x & \partial/\partial y & \partial/\partial z \\ 0 & 0 & E(x,t) \end{vmatrix} = \frac{\partial}{\partial y}E(x,t)\vec{i} - \frac{\partial}{\partial x}E(x,t)\vec{j}$$

O campo elétrico da relação acima depende exclusivamente de x e de t, de forma que sua derivada em relação a y é nula. Assim, escreve-se $rot\vec{E}$ como

$$rot\vec{E} = -\frac{\partial}{\partial x}E(x,t)\vec{j} \tag{1.5}$$

Aplicando-se novamente o rotacional sobre a equação (1.5) obtém-se:

$$rot\left(rot\vec{E}\right) = \begin{vmatrix} \vec{i} & \vec{j} & \vec{k} \\ \partial/\partial x & \partial/\partial y & \partial/\partial z \\ 0 & -\partial E(x,t)/\partial x & 0 \end{vmatrix} = \frac{\partial}{\partial x}\left[-\frac{\partial}{\partial x}E(x,t)\right]\vec{k} - \frac{\partial}{\partial z}\left[-\frac{\partial}{\partial x}E(x,t)\right]\vec{i} \tag{1.6}$$

A derivada $\frac{\partial}{\partial z}\left[-\frac{\partial}{\partial x}E(x,t)\right]$ é nula, já que o campo elétrico depende espacialmente apenas de x. Dessa maneira, a equação (1.6) torna-se:

$$rot\left(rot\vec{E}\right) = -\frac{\partial^2 E(x,t)}{\partial x^2}\vec{k} = -\frac{\partial^2\vec{E}}{\partial x^2} \tag{1.7}$$

Assim, combinando-se as equações (1.4) e (1.7), chega-se à relação

$$\frac{\partial^2\vec{E}}{\partial x^2} = \mu_0\varepsilon_0\frac{\partial^2\vec{E}}{\partial t^2} \tag{1.8}$$

A equação (1.8) pode ser escrita em termos do módulo do campo elétrico, uma vez que $\vec{E}(x,t)=E(x,t)\vec{k}$, o que torna o versor $\vec{k}$ dispensável neste caso:

$$\frac{\partial^2 E}{\partial x^2}=\mu_0\varepsilon_0\frac{\partial^2 E}{\partial t^2} \tag{1.9}$$

A equação diferencial parcial de segunda ordem acima tem a mesma forma da equação deduzida pelo físico e matemático francês Jean D'Alembert no século XVIII:

$$\frac{\partial^2 z}{\partial x^2}=\frac{1}{v^2}\frac{\partial^2 z}{\partial t^2} \tag{1.10}$$

Essa equação descreve o comportamento de uma perturbação ondulatória $z(x,t)$ que se propaga ao longo do eixo x com velocidade v (ver Volume 2, Capítulo 2, equação 2.47). A semelhança entre as equações (1.9) e (1.10) é flagrante, o que indica que o campo elétrico tem comportamento ondulatório, no caso, uma onda que se propaga ao longo do eixo x com velocidade $v=1/(\mu_0\varepsilon_0)^{1/2}$. Através dos valores conhecidos da permeabilidade magnética $\mu_0=4\pi\times10^{-7}$ H/m e da permissividade elétrica $\varepsilon_0=8,85\times10^{-12}$ F/m, obtém-se a velocidade v, que chamaremos a partir de agora de c, como

$$c=2,997\times10^8 \text{ m/s}$$

Procedendo de maneira análoga, podemos aplicar o operador rotacionas sobre a equação (1.2d), para obter uma equação diferencial de segunda ordem para o campo magnético $\vec{B}$, que resulta em

$$\frac{\partial^2 B}{\partial x^2}=\mu_0\varepsilon_0\frac{\partial^2 B}{\partial t^2}, \tag{1.11}$$

ou seja, o campo magnético também tem comportamento ondulatório, por meio de uma onda que também se propaga com velocidade c.

As equações de onda (1.9) e, (1.11), num primeiro momento, não deixaram claro para Maxwell com que tipo de onda ele lidava. Com o passar dos anos, à medida que avanços experimentais permitiram uma medida mais exata da velocidade da luz, obtiveram-se medidas que convergiam para $2,997\times10^8$ m/s, o que levou à conclusão de que a luz era composta de uma combinação de campos elétrico e magnético de comportamento ondulatório. Uma análise mais cuidadosa das equações diferenciais acopladas mostra que a luz, ou, de forma mais geral, a radiação eletromagnética, é formada por campos elétrico e magnético ondulatórios e perpendiculares entre si, e também perpendiculares à direção de propagação da onda, como será mostrado a seguir.

A equação (1.9) é satisfeita por soluções do tipo seno e cosseno, além de funções exponenciais complexas – que não serão consideradas neste texto. Podemos propor uma solução do tipo $E(x,t) = E_0 \cos(kx - \omega t)$, em que k e ω são parâmetros sobre os quais discutiremos a seguir. A segunda derivada espacial dessa função é dada por

$$\frac{\partial^2 E}{\partial x^2} = -k^2 E_0 \cos(kx - \omega t),$$

enquanto a segunda derivada temporal é

$$\frac{\partial^2 E}{\partial t^2} = -\omega^2 E_0 \cos(kx - \omega t)$$

Substituindo-se ambas na equação (1.9), obtém-se

$$-k^2 E_0 \cos(kx - \omega t) = -\mu_0 \varepsilon_0 \omega^2 E_0 \cos(kx - \omega t)$$

Reordenando-se os termos na equação acima, chega-se a

$$\left(k^2 - \mu_0 \varepsilon_0 \omega^2\right) E_0 \cos(kx - \omega t) = 0$$

A condição acima é plenamente satisfeita igualando-se a primeira expressão entre parênteses a zero. Como $\mu_0 \varepsilon_0 = 1/c^2$, tem-se

$$k = \frac{\omega}{c} \tag{1.12}$$

O número de onda k relaciona-se com o comprimento de onda λ por $k = \frac{2\pi}{\lambda}$. A frequência angular ω, por sua vez, relaciona-se com a frequência ν por $\omega = 2\pi\nu$. Substituindo-se para essas expressões k e ω na equação (1.12), obtém-se:

$$c = \lambda \nu \tag{1.13}$$

A equação (1.13) é útil por permitir determinar o comprimento da onda por meio da frequência, e vice-versa. O leitor mais curioso talvez já tenha se perguntado qual seria o comprimento de ondas com as quais convivemos cotidianamente, geradas por equipamentos como telefones celulares ou eletrodomésticos. Por exemplo, o forno de micro-ondas comercial emite radiação com frequência 2,45 GHz. Pela equação (1.13), usando-se $c = 3 \times 10^8$ m/s, chega-se a $\lambda = 12,2$ cm; por meio da mesma equação, constata-se que uma rádio AM (amplitude modulada), que opera na frequência de 570 kHz, emite ondas de comprimento 526,3 m. Alguns sistemas de telefonia celular emitem na região de 900 MHz, o que corresponde a comprimentos de onda da ordem de 33 cm. Essas formas de radiação eletromagnética situam-se na faixa de frequências do *infravermelho*, abaixo das frequências das ondas de luz.

Ondas eletromagnéticas de frequências maiores do que as da luz situam-se na região do *ultravioleta*. O raio X duro, largamente utilizado em exames diagnósticos, possui comprimento de onda na faixa de 0,2 nm (2×10^{-10} m), ou 2 angstrons, o que corresponde à frequência de $1,5\times10^{17}$ Hz. Os raios gama, de fontes utilizadas em radioterapia, como o Césio 137, possuem comprimentos de onda na região de 10^{-3} nm (10^{-12} m), com frequências da ordem de 3×10^{20} Hz. A Figura 1.1 mostra algumas faixas de comprimentos de onda que compõem o espectro eletromagnético em termos de seus comprimentos de onda.

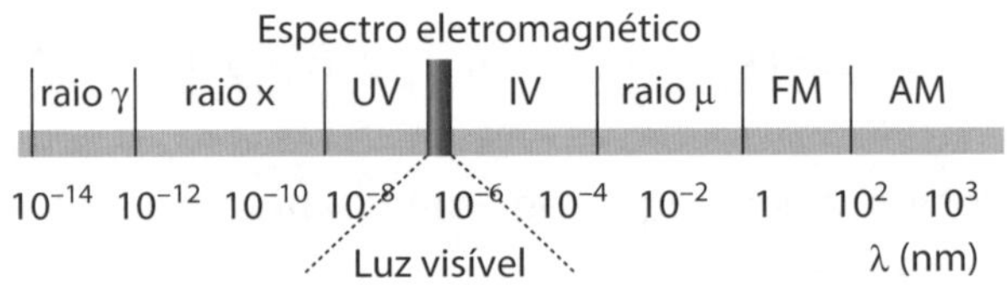

Figura 1.1 – Espectro eletromagnético.

As ondas luminosas diferem das ondas das demais regiões do espectro eletromagnético apenas pelo fato de o sistema visual dos seres humanos ser sensível às primeiras. As ondas do espectro visível ocupam uma pequena faixa do espectro eletromagnético, com comprimentos de onda entre 380 nm e 750 nm, aproximadamente. A luz do apontador a laser verde, por exemplo, tem comprimento de onda 532 nm (ou 532×10^{-9} m), o que corresponde à frequência $5,64\times10^{14}$ Hz; a luz amarela da lâmpada de sódio, muito utilizada na iluminação pública, tem comprimento de onda em torno de 589 nm, e frequência $5,09\times10^{14}$ Hz. A luz vermelha do laser de diodo comumente utilizado na leitura de códigos de barras tem comprimento de onda 660 nm. A Tabela 1.2 mostra as faixas de comprimento de onda do espectro visível que são comumente associadas às cores da luz.

Tabela 1.1 Faixas de comprimento de onda do espectro visível comumente associadas às cores da luz

Cor	Violeta	Anil	Azul	Verde	Amarelo	Laranja	Vermelho
Faixa de comprimentos de onda (nm)	**380 a 410**	**410 a 440**	**440 a 490**	**490 a 560**	**560 a 590**	**590 a 620**	**620 a 750**

Exercício I

O campo elétrico de uma onda eletromagnética plana que se propaga no vácuo é dado por $\vec{E}(x,t) = 4,0\cos\left(4,0\times10^{6}\pi x - 1,2\times10^{15} t\pi + \pi/2\right)\vec{k}$, com unidades no Sistema Internacional de Unidades (SI). Determine:

a) a frequência e o comprimento da onda;

b) sua direção e seu sentido de propagação;

c) o vetor campo magnético da radiação.

Solução

a) Devemos inicialmente observar que o campo elétrico do enunciado do problema tem a forma $\vec{E}(x,t) = E_0 \cos(kx - \omega t + \varphi)\vec{k}$, de modo que, por comparação, podemos obter imediatamente as relações:

$$\omega = 1,2\times10^{15}\pi \text{ rad} \text{ ; sendo } \nu = \omega/2\pi \text{ , tem-se } \boxed{\nu = 6,0\times10^{14} \text{ Hz}}$$

$$k = 4,0\times10^{6}\pi = \frac{2\pi}{\lambda} \Rightarrow \boxed{\lambda = 5,0\times10^{-7} \text{ m} = 500 \text{ nm}}$$

Note que, da relação $c = \lambda\nu$, por meio dos resultados acima, obtém-se o valor esperado $c = 5,0\times10^{-7}\times6,0\times10^{14} = 3,0\times10^{8}$ m/s .

b) Como o campo vetorial depende de *x*, a direção de propagação ocorre ao longo desse eixo.

Podemos determinar o sentido de propagação tomando um exemplo numérico. Consideremos a propagação da onda para $x = 2,0$ m e para três instantes consecutivos, como mostrado na Figura 1.2. As senoides preta, cinza e pontilhada mostram a onda nos instantes $t_0 = 0,0$ s, $t_1 = 2,17\times10^{-16}$ s e $t_2 = 4,33\times10^{-16}$ s , respectivamente. Esse gráfico mostra que a onda propaga-se ao longo do eixo *x*, sentido positivo. Podemos generalizar esse resultado ao observar que, quando as fases kx e ωt têm sinais opostos, a onda propaga-se no sentido negativo do eixo. Quando kx e ωt têm o mesmo sinal, então a onda propaga-se no sentido negativo do eixo *x*. Dessa forma, as ondas $E_0\cos(kx+\omega t)$ e $E_0\cos(-kx-\omega t)$ propagam-se ao longo do eixo *x* negativo.

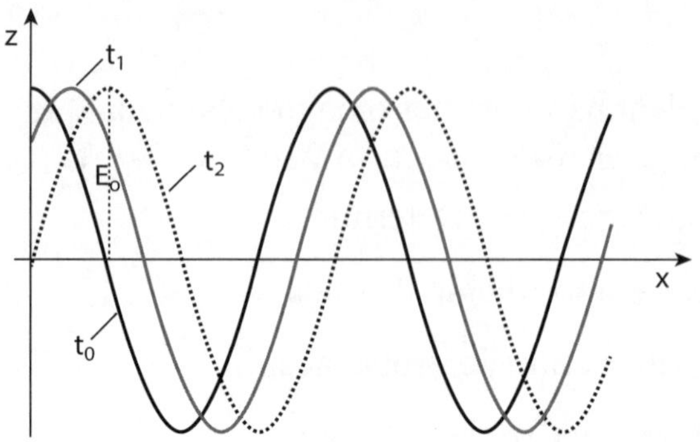

Figura 1.2 – Onda eletromagnética no instante $t_0 = 0s$, $t_1 = 2{,}17 \times 10^{-16}$ s e $t_2 = 4{,}34 \times 10^{-16}$ s.

c) Através da equação $rot\vec{E} = -\dfrac{\partial \vec{B}}{\partial t}$, obtém-se o campo magnético da radiação. Trabalhando com o campo elétrico na forma $\vec{E}(x,t) = E_0 \cos(kx - \omega t + \varphi)\vec{k}$, temos que o rotacional do campo elétrico será

$$rot\vec{E} = \begin{vmatrix} \vec{i} & \vec{j} & \vec{k} \\ \partial/\partial x & \partial/\partial y & \partial/\partial z \\ 0 & 0 & E(x,t) \end{vmatrix} = \frac{\partial E(x,t)}{\partial y}\vec{i} - \frac{\partial E(x,t)}{\partial x}\vec{j}$$

Como o campo elétrico depende apenas de x, tem-se $\dfrac{\partial E(x,t)}{\partial y} = 0$, e então $rot\vec{E} = -\dfrac{\partial E(x,t)}{\partial x}\vec{j} = E_0 k sen(kx - \omega t + \varphi)\vec{j}$.

Dessa anteriores, pode-se escrever

$$rot\vec{E} = -\frac{\partial \vec{B}}{\partial t} = E_0 k sen(kx - \omega t + \varphi)\vec{j}$$

Os dois membros da equação acima podem ser integrados no tempo, de maneira a se obter o campo magnético:

$$\vec{B}(x,t) = \int \frac{\partial \vec{B}}{\partial t} dt = -E_0 k \int sen(kx - \omega t + \varphi) dt\, \vec{j} \Rightarrow$$

$$\vec{B}(x,t) = -E_0 \frac{k}{\omega} \cos(kx - \omega t + \varphi)\vec{j}\text{; como } \frac{k}{\omega} = \frac{1}{c}\text{, chega-se então a}$$

$$\vec{B}(x,t) = -B_0 \cos(kx - \omega t + \varphi)\vec{j},$$

em que $B_0 = E_0/c$ é a amplitude do campo elétrico da radiação. O resultado visto, embora descreva um caso particular, mostra algumas características gerais dos campos elétrico e magnético de uma onda eletromagnética que se propaga no espaço livre:

- ambos propagam-se ao longo da mesma direção e do mesmo sentido;
- as direções de oscilação dos campos são perpendiculares entre si – no caso, o campo elétrico oscila ao longo da direção z e o magnético oscila ao longo da direção y;
- ambos os campos são perpendiculares à direção de propagação da onda. Ou seja, a onda eletromagnética que se propaga no espaço livre é *transversal*. A Figura 1.3 ilustra a propagação da onda. A direção de se propaga é definida pelo *vetor de onda* $\vec{k}$, cujo módulo é o número de onda $k = 2\pi/\lambda$.

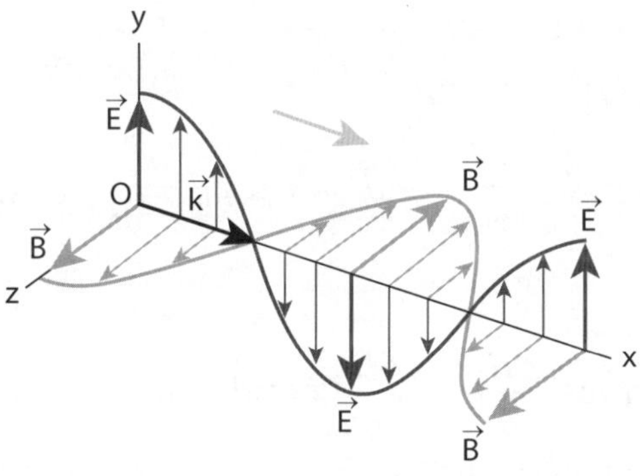

Figura 1.3 – Onda eletromagnética.

1.3 TEOREMA DE POYNTING E INTENSIDADE LUMINOSA

Sabemos que um dos atributos de qualquer onda é a sua capacidade de transmitir energia, e com as ondas eletromagnéticas não é diferente. Se uma fonte emite luz ou qualquer outra forma de radiação, o princípio de conservação de energia permite-nos concluir que a energia que flui a partir de um determinado volume deve ser igual ao decréscimo de energia eletromagnética nesse volume. Da densidade de energia armazenada no campo elétrico $u_E = \varepsilon_0 E^2/2$ e da densidade de energia armazenada no campo magnético $u_B = B^2/2\mu_0$ (ver Capítulo 8), podemos escrever que a energia u armazenada no campo eletromagnético por unidade de volume *será*

$$u = \frac{1}{2}\left(\varepsilon_0 E^2 + \frac{B^2}{\mu_0}\right) \tag{1.14}$$

As densidades de energia foram obtidas originalmente para o caso estático, mas é razoável assumir que elas também valham para o caso em que os campos são variáveis no tempo. Dessa forma, a taxa temporal de variação de energia por unidade de volume será

$$\frac{\partial u}{\partial t}=\frac{1}{2}\varepsilon_0\frac{\partial E^2}{\partial t}+\frac{1}{\mu_0}\frac{\partial B^2}{\partial t} \quad (1.15)$$

Podemos manipular as equações (1.1c) e (1.1d) para escrever a equação (1.15) de outra maneira, mais conveniente. Primeiro, multiplica-se escalarmente a equação (1.1c) pelo vetor $\vec{B}$ e a equação (1.1d) pelo vetor $\vec{E}$:

$$\vec{B}.\,rot\vec{E}=-\vec{B}.\,\frac{\partial\vec{B}}{\partial t}=-\,\frac{\partial\vec{B}.\vec{B}}{\partial t}=-\,\frac{\partial B^2}{\partial t} \quad (1.16a)$$

$$\vec{E}.\,rot\vec{B}=\mu_0\vec{E}.\vec{J}+\mu_0\varepsilon_0\vec{E}.\,\frac{\partial\vec{E}}{\partial t}=\mu_0\vec{E}.\vec{J}+\mu_0\varepsilon_0\,\frac{\partial\vec{E}.\vec{E}}{\partial t}=\mu_0\vec{E}.\vec{J}+\mu_0\varepsilon_0\,\frac{\partial E^2}{\partial t} \quad (1.16b)$$

Substituem-se os termos $\frac{\partial B^2}{\partial t}$ e $\frac{\partial E^2}{\partial t}$ obtidos nas equações (1.16a) e (1.16b) na equação (1.15), que toma então a forma

$$\frac{\partial u}{\partial t}=-\frac{1}{2\propto_0}\left(\vec{B}.\,rot\vec{E}-\vec{E}.\,rot\vec{B}\right)-\frac{\vec{E}.\,\vec{J}}{2} \quad (1.17)$$

Para simplificar a nossa análise, sem perda de generalidade, vamos utilizar os campos elétrico $\vec{E}_z(x,t)=E_z(x,t)\vec{k}$ e magnético $\vec{B}_y(x,t)=B_y(x,t)\,\vec{j}$ de uma onda eletromagnética plana, de forma similar à da onda eletromagnética que estudamos no Exercício I.

Os rotacionais desses campos serão

$$rot\vec{E}=\begin{vmatrix}\vec{i} & \vec{j} & \vec{k}\\ \partial/\partial x & \partial/\partial y & \partial/\partial z\\ 0 & 0 & E_z(x,t)\end{vmatrix}=-\frac{\partial E_z}{\partial x}\vec{j} \text{ e } rot\vec{B}=\begin{vmatrix}\vec{i} & \vec{j} & \vec{k}\\ \partial/\partial x & \partial/\partial y & \partial/\partial z\\ 0 & B_y(x,t) & 0\end{vmatrix}=\frac{\partial B_y}{\partial x}\vec{k},$$

De modo que o integrando da equação (1.17) é escrito como

$$\vec{E}.\,rot\vec{B} - \vec{B}.\,rot\vec{E} = E_z \frac{\partial B_y}{\partial x} + B_y \frac{\partial E_z}{\partial x} = \frac{\partial}{\partial x}\left(E_z B_y\right),$$

o que dá à equação (1.17) a forma

$$\frac{\partial u}{\partial t} = -\frac{1}{2}\frac{\partial}{\partial x}\left(\frac{E_z B_y}{\propto_0}\right) - \frac{\vec{E}.\vec{J}}{2} \tag{1.18}$$

O termo $E_z B_y$ é na verdade a componente x do vetor $\vec{E}\times\vec{B}$. Chamamos o termo $S_x = E_z B_y/\mu_0$ de a componente x de um vetor $\vec{S}$, de forma que o termo $\frac{\partial}{\partial x}\left(E_z B_y\right)$ é o divergente desse vetor. A forma geral da equação (1.18) é o teorema de Poynting, expresso por

$$-\frac{\partial u}{\partial t} = div\vec{S} + \vec{E}.\vec{J}\,, \tag{1.19}$$

em que o vetor $\vec{S} = \vec{E}\times\vec{B}/\mu_0$ é o chamado *vetor de Poynting*. Como $1/\mu_0 = c^2\varepsilon_0$, escreve-se esse vetor como

$$\vec{S} = c^2\varepsilon_0 \vec{E}\times\vec{B} \tag{1.20}$$

Para entendermos melhor o significado do vetor de Poynting, convém analisarmos cada termo da equação (1.19). Uma análise dimensional mostra que o produto escalar $\vec{E}.\vec{J}$ tem unidade W/m^3 ($[E.J] = \text{Vm}^{-1}\text{Am}^{-2} = \text{Wm}^{-3}$), ou seja, esse termo indica o trabalho, por unidade de tempo e por unidade de volume, realizado pelo campo eletromagnético sobre as cargas em movimento encerradas neste volume; o termo $div\vec{S}$, por sua vez, é o fluxo de energia eletromagnética por unidade de tempo através (para fora) deste volume. Dessa forma, ambos os termos estão associados ao decréscimo de densidade de potência eletromagnética na região, representado então pela quantidade $-\partial u/\partial t$.

O vetor de Poynting, por sua vez, representa o módulo, a direção e o sentido do fluxo de energia eletromagnética, por unidade de tempo, por unidade de área, tendo portanto unidade W/m^2 no SI. Nota-se, pela equação (1.20), que $\vec{S}$ é perpendicular tanto ao campo elétrico quanto ao campo magnético da radiação. Dessa forma, o vetor de Poynting é paralelo ao vetor de propagação $\vec{k}$ da onda.

Pode-se determinar a potência luminosa que atravessa ou incide sobre uma determinada superfície por meio do vetor de Poynting. Para isso, podemos nos valer do conceito de fluxo de um campo, como na lei de Gauss ou na lei de Faraday. A Figura 1.4 mostra um feixe colimado, representado por um campo vetorial uniforme $\vec{S}$, incidindo sobre um elemento de superfície de área dA. Define-se o vetor $d\vec{A} = dA\,\hat{n}$, em que $\hat{n}$ é o versor normal à superfície. A fluxo do campo vetorial $\vec{S}$ através da superfície é a potência luminosa incidente sobre ela, escrita então como $dP = \vec{S}.d\vec{A}$. Dessa forma, a potência luminosa numa superfície macroscópica é escrita como

$$P = \int \vec{S}.d\vec{A} \tag{1.21}$$

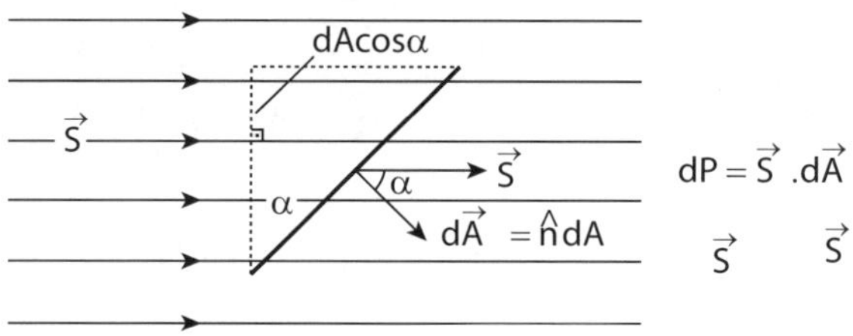

Figura 1.4 – Fluxo do vetor de Poynting por uma região plana de área A.

Os sistemas de detecção de luz, naturais ou artificiais, baseiam-se na conversão de energia luminosa em sinais elétricos, sendo portanto sensíveis à densidade superficial da potência luminosa, que chamaremos de intensidade da onda, definida como a média temporal do módulo S do vetor de Poynting:

$$I = < S > \tag{1.21}$$

Como os campos elétrico e magnético são perpendiculares entre si, escrevemos a intensidade como

$$I = < c^2\varepsilon_0 \left|\vec{E} \times \vec{B}\right| > \; = \; < c^2\varepsilon_0 EB\; sen 90 >$$

Usaremos novamente os resultados do campo elétrico e do campo magnético do Exercício I para obter

$$I = < c^2\varepsilon_0 E_0 \cos(kx - \omega t + \varphi)\frac{E_0}{c}\cos(kx - \omega t + \varphi) > \; = c\varepsilon_0 E_0^2 < \cos^2(kx - \omega t + \varphi) >$$

Sabemos que a média temporal da função $\cos^2$ é $<\cos^2(kx-\omega t+\varphi)> \;=\dfrac{1}{2}$, de forma que a intensidade da onda eletromagnética é escrita como

$$I = c\,\frac{\varepsilon_0 E_0^2}{2} \tag{1.22}$$

De maneira correspondente, escrevendo $E_0 = B_0 c$ e $\varepsilon_0 = \left(\mu_0 c^2\right)^{-1}$, obtém-se a intensidade da radiação em função do campo magnético:

$$I = c\,\frac{B_0^2}{2\mu_0} \tag{1.23}$$

Exercício II

A partir da equação (1.22), mostre que a intensidade da onda eletromagnética tem unidade W/m^2.

Solução

$$[I]=[c][\varepsilon_0]\left[E_0^2\right]=\frac{m}{s}\frac{F}{m}\frac{V^2}{m^2}=\frac{FV}{s}\frac{V}{m^2};$$

sendo $1F\times 1\,V = 1\,C$ (1 farad × 1 volt = 1 coulomb),

tem-se $[I]=\dfrac{CV}{s}\dfrac{1}{m^2}$. Como 1 coulomb × 1 volt = 1 joule, tem-se

$$[I]=\frac{J}{s}\frac{1}{m^2}=\frac{W}{m^2}$$

A análise dimensional acima sugere uma forma mais conveniente para expressarmos a intensidade luminosa, ressaltando o seu caráter de densidade de potência por unidade de área. Suponhamos que a nossa onda eletromagnética se propaga ao longo do eixo x positivo, como a onda estudada no Exercício I. A partir dos campos elétrico $\vec{E}(x,t)=E_0\cos(kx-\omega t+\varphi)\vec{k}$ e magnético $\vec{B}(x,t)=-B_0\cos(kx-\omega t+\varphi)\,\vec{j}$ dessa onda, podemos escrever a densidade volumétrica de energia da equação (1.14) como (lembrando que $B_0 = E_0/c$)

$$u=\frac{\varepsilon_0 E^2}{2}+\frac{B^2}{2\mu_0}=\frac{\varepsilon_0 E_0^2\cos^2(kx-\omega t+\varphi)}{2}+\frac{E_0^2\cos^2(kx-\omega t+\varphi)}{2\mu_0 c^2},$$

Substitui-se $\varepsilon_0 = \left(\mu_0 c^2\right)^{-1}$ no segundo termo do membro direito da relação apresentada para se obter

$$u(t) = \varepsilon_0 E_0^2 \cos^2(kx - \omega t + \varphi)$$

A média temporal da densidade de energia é obtida considerando-se que $< \cos^2(kx - \omega t + \varphi) > \ = \frac{1}{2}$. Dessa forma,

$$< u > \ = \frac{\varepsilon_0 E_0^2}{2} \tag{1.24}$$

Comparando-se as equações (1.22) e (1.24), conclui-se que a intensidade luminosa é a média temporal da densidade de energia multiplicada pela velocidade da luz:

$$I = c < u > \tag{1.25}$$

Imaginemos o caso particular em que essa onda, ao propagar-se ao longo do eixo x, esteja confinada em um volume de área A e comprimento dx, mostrado na Figura 1.5, tal que $dV = Adx$. Usando a definição de densidade volumétrica de energia como a quantidade de energia eletromagnética dU encerrada no volume dV,

$$< u > \ = \frac{dU}{dV} = \frac{dU}{Adx}$$

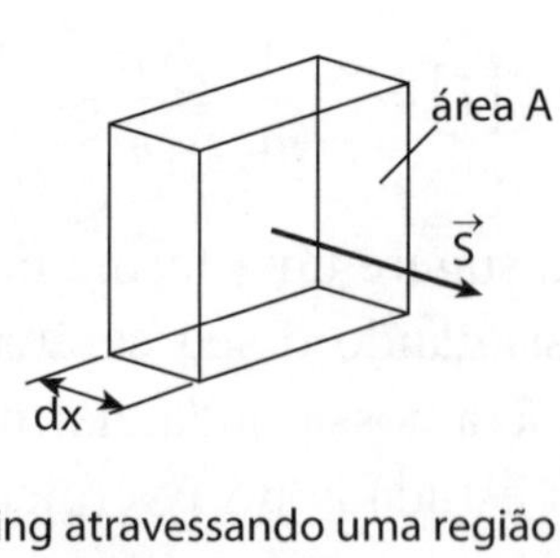

Figura 1.5 – Vetor de Poynting atravessando uma região de área *A* e comprimento *dx*.

A intensidade luminosa da equação (1.25) assume então a forma

$$I = \frac{1}{A} c \frac{dU}{dx} \tag{1.26}$$

Durante um intervalo de tempo dt a onda luminosa tem um deslocamento dx por se propagar com velocidade c, tal que $dx = cdt$. Substituindo-se dx na equação (1.26), obtém-se a intensidade da luz como

$$I = \frac{1}{A}\frac{dU}{dt} \tag{1.27}$$

O termo dU/dt pode ser visto como a quantidade de energia que atravessa o volume dV no intervalo de tempo dt, ou seja, é a potência luminosa P encerrada nesse volume. Assim, a intensidade da luz pode ser escrita como

$$I = \frac{P}{A} \tag{1.28}$$

Exercício III

O campo magnético máximo em um ponto P a uma distância de 5,0 m de uma fonte puntiforme F de luz é $1{,}0 \times 10^{-5}$ T. Calcule:

a) o valor máximo do campo elétrico da radiação;

b) a intensidade média a essa distância;

c) a potência luminosa produzida pela fonte;

d) a intensidade a uma distância de 10,0 m da fonte.

Solução

a) Da relação $E_0 = B_0c$, obtém-se $E_0 = 1{,}0 \times 10^{-5} \times 3{,}0 \times 10^8 \Rightarrow E_0 = 3{,}0 \times 10^3$ V/m.

b) A equação (1.22) fornece a intensidade luminosa:

$$I = c\frac{\varepsilon_0 E_0^2}{2} = 3{,}0\ \times 10^8\ \frac{8{,}85 \times 10^{-12}(3{,}0\ \times 10^3)^2}{2} \Rightarrow I = 1{,}19 \times 10^4\ \text{W/m}^2$$

c)

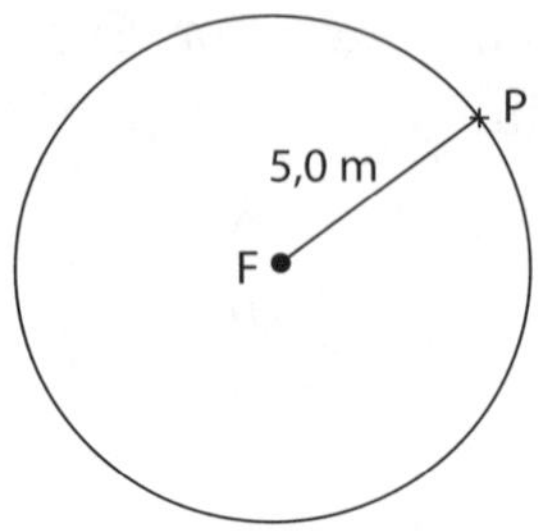

Figura 1.6 – Fonte pontual F de uma onda eletromagnética, e um ponto P, localizado em uma esfera imaginária de raio 5,0 m.

A Figura 1.6 mostra que, se a fonte luminosa é pontual, a distribuição da intensidade luminosa é esfericamente simétrica, de modo que sobre uma casca esférica em cujo centro localiza-se a fonte a intensidade é constante. Dessa forma, da equação (1.28), a intensidade da fonte de potência P é $I = \frac{P}{A}$, em que $A = 4\pi r^2$ é a área da casca esférica. Assim, a potência da fonte é dada por

$$P = I4\pi r^2 = 1{,}19 \times 10^4 . 4\pi (5,0)^2 \Rightarrow P = 3,75 \times 10^6 \text{ W}$$

d) A intensidade luminosa a uma distância $r' = 10{,}0$ m da fonte é determinada por

$$I' = \frac{P}{A'} = \frac{P}{4\pi r'^2} = \frac{3,75 \times 10^6}{4\pi 10,0^2} \Rightarrow I' = 2,99 \times 10^3 \text{ W/m}^2$$

A relação $P = I4\pi r^2$ obtida no item anterior nos leva à importante relação

$$I = \frac{P}{4\pi r^2}, \tag{1.29}$$

A equação (1.29) mostra que a intensidade de uma fonte luminosa pontual é inversamente proporcional ao quadrado da distância r em relação a essa fonte.

1.4 FORÇA E PRESSÃO DE RADIAÇÃO

Consideremos os campos elétrico e magnético de uma onda eletromagnética que incide normalmente sobre uma superfície, como mostra a Figura 1.7, e suponhamos que ela seja metálica, embora não seja esta uma condição essencial para a nossa análise. O campo elétrico oscilante, ao atingir a superfície, exerce uma força $\vec{F}_e = q\vec{E}$ sobre os elétrons livres do material, produzindo então uma corrente alternada, cuja densidade superficial $\vec{J}$ está representada na Figura 1.7a. As cargas movimentam-se perpendicularmente ao campo magnético, e estarão portanto sujeitas a uma força magnética do tipo $\vec{F}_m = q\vec{v} \times \vec{B}$, que terá sempre a mesma direção e o mesmo sentido do vetor de Poynting independentemente do sentido do movimento das cargas, como mostra a Figura 1.7b. Dessa forma, a incidência de luz ou qualquer outra forma de radiação eletromagnética é capaz de exercer força e transferir momento linear sobre uma superfície. A intensidade dessa força depende da condutividade do material, ou, em outras palavras, da forma como ele reflete a luz.

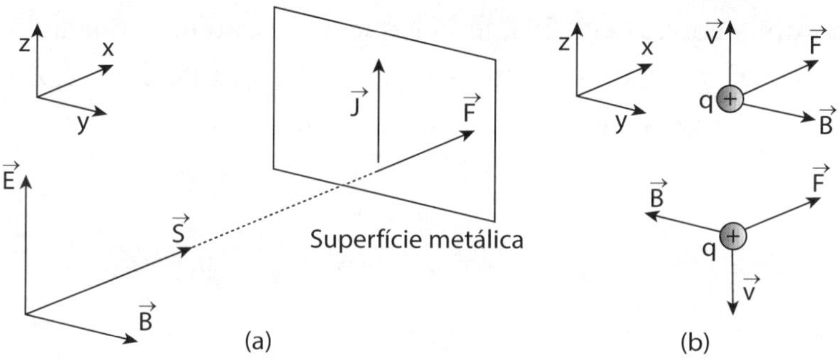

Figura 1.7 – Onda eletromagnética incidindo sobre superfície metálica.

Uma maneira simples de quantificar a força ou a pressão que a radiação exerce é por meio da análise dimensional da densidade volumétrica de energia u da radiação eletromagnética:

$$[u] = \frac{J}{m^3} = \frac{N.m}{m^3} = \frac{N}{m^2} = Pa \, (\text{pascal})$$

Ou seja, a densidade de energia u tem unidade de pressão. Pela definição de densidade de energia eletromagnética, pode-se escrever que u é a quantidade de energia dU contida no volume dV da Figura 1.5:

$$< u > = \frac{dU}{dV} \tag{1.30}$$

Fazendo-se $dV = Adx$ (ver Figura 1.5) e escrevendo-se a potência eletromagnética como $P = dU/dt$, tem-se $dU = Pdt$, de modo que a equação (1.30) toma a forma

$$< u > = \frac{Pdt}{Adx} = \frac{P}{Ac} \tag{1.31}$$

Na relação mostrada, temos que dx/dt é a velocidade c da onda (no vácuo). Pode-se relacionar a potência da radiação com a sua velocidade e a força por ela exercida como $P = Fc$, de modo que a equação (1.31) passa a ser dada como

$$<u> = \frac{Fc}{Ac} = p, \qquad (1.32)$$

em que $p = F/A$ é a pressão de radiação.

De acordo com a equação (1.24), temos que a pressão de radiação p pode ser dada por $<u> = p = \varepsilon_0 E_0^2/2$. Como a intensidade da radiação é $I = c\varepsilon_0 E_0^2/2$, conclui-se que pressão de radiação e a sua intensidade relacionam-se por

$$I = pc \qquad (1.33)$$

A relação $F = P/c$ entre força de radiação e potência incidente refere-se a um caso particular no qual o corpo absorve toda a radiação incidente, o que corresponde a um processo de colisão inelástica. Quando a radiação incide sobre um refletor perfeito, em que toda a energia da radiação – e, consequentemente, seu momento linear – é devolvida, ou refletida, a força sobre o corpo será o dobro, ou seja, $F = 2P/c$. Uma formulação mais geral dessa relação, portanto, deve levar em conta a refletividade R da superfície, na forma

$$F = (1 + R)\frac{P}{c} \qquad (1.34)$$

A refletividade é definida como a razão entre a intensidade incidente e a intensidade refletida pela superfície, com valores tais que $0 \leq R \leq 1$, sendo $R = 0$ para absorvedores perfeitos e $R = 1$ para refletores perfeitos.

1.5 MOMENTO LINEAR TRANSFERIDO PELA RADIAÇÃO

Força F e momento linear $\wp$ relacionam-se, de acordo com a segunda lei de Newton, como $F = d\wp/dt$. A força pode ser também escrita em função da intensidade luminosa como $F = P/c = IA/c$. Combinando-se essas duas relações, obtém-se

$$d\wp = \frac{I}{c} A dt \tag{1.35}$$

Substituindo-se $dt = \dfrac{dx}{c}$ na equação (1.35) obtém-se então

$$d\wp = \frac{I}{c^2} A dx$$

mas $Adx = dV$ é o volume representado na Figura 1.5, no qual a onda eletromagnética está encerrada. Fazendo-se $I/c = u$ tem-se o momento linear transferido pela onda eletromagnética em um volume infinitesimal dV como $d\wp = udV/c$. Ao integrar-se $d\wp$ no volume V, obtém-se finalmente o momento linear da radiação:

$$\wp = \frac{1}{c} \int_V u dV = \frac{U}{c} \tag{1.36}$$

Exercício IV

Um feixe de raios paralelos (chamado também de feixe *colimado*) incide lateralmente sobre um cilindro de raio R e comprimento L. O vetor de Poynting da radiação é perpendicular ao eixo do cilindro, como mostrado na Figura 1.8 a seguir.

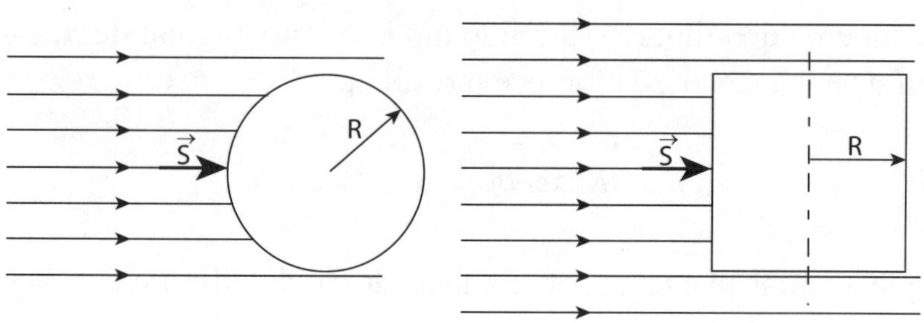

Figura 1.8 – Vetor de Poynting incidindo sobre o cilindro.

Se a radiação tem intensidade *I*, mostre que a força por ela exercida sobre o cilindro é $F = 2RLI/c$. Suponha que o cilindro seja um absorvedor perfeito.

Solução

A Figura 1.9 mostra os diferentes raios do feixe luminoso incidindo sobre a face lateral do cilindro. Observa-se que o vetor de Poynting faz um ângulo diferente com cada elemento de área da superfície cilíndrica. Dessa forma, a relação $P = IA$ (equação 1.28) não é suficiente para determinar a potência luminosa que atinge o cilindro. Devemos então recorrer à relação mais geral $P = \int <\vec{S}>.d\vec{A}$, que assume a forma $P = \int <S> dA\cos\theta$, em que θ é o ângulo entre $\vec{S}$ e a linha perpendicular à superfície cilíndrica (radial). O elemento de área *dA*, por sua vez, pode ser escrito como $dA = RLd\theta$ (Figura 1.9b), de forma que a potência que incide sobre a face esquerda do cilindro é

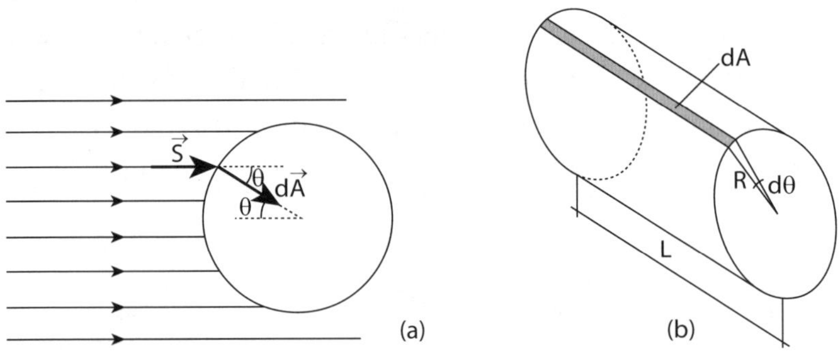

Figura 1.9 – Vetor de Poynting incidindo sobre a face lateral do cilindro.

$$P = \int_{-\pi/2}^{\pi/2} IRL\cos\theta d\theta, \tag{1.37}$$

em que $I = <S>$. Os limites de integração se explicam pelo fato de que a radiação incide sobre a face esquerda do cilindro, varrendo um intervalo angular de $\pi/2 - (-\pi/2) = \pi$ rad. A integral da equação (1.37) fornece o resultado

$$P = IRLsen\theta\Big|_{-\pi/2}^{\pi/2} \Rightarrow P = 2IRL$$

A força que a radiação exerce sobre a face lateral do cilindro é, portanto,

$$F = \frac{P}{c} = \frac{2IRL}{c}$$

Este problema pode ser resolvido de forma muito mais simples e elegante. Podemos "cortar" o cilindro ao meio e considerar que a potência luminosa sobre o cilindro seria a potência da luz que atinge a face retangular que resulta desse corte, como mostra a Figura 1.10. Esse raciocínio é válido quando se considera que a potência luminosa, de acordo com a equação (1.21), pode ser entendida como o fluxo de vetor de Poynting por uma determinada seção perpendicular a este campo vetorial. Dessa forma, a potência luminosa que atravessa a face 1 da Figura 1.10a é a mesma que atravessaria a face 2 (caso a face 1 fosse transparente). Dessa maneira, a potência incidente sobre o cilindro pode ser obtida pela equação (1.28) como $P = IA$. A área A da face retangular 1 é $A = 2RL$, de modo que

$$P = I2RL$$

Da relação $F = P/c$, obtém-se finalmente

$$P = \frac{2IRL}{c}$$

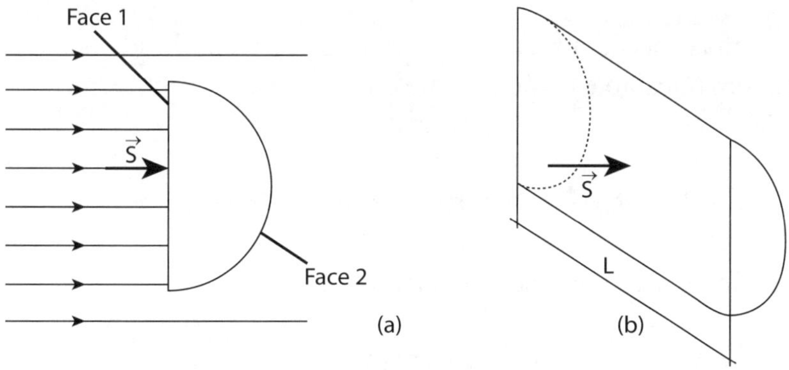

Figura 1.10 – Vetor de Poynting incidindo sobre a superfície plana decorrente do "corte" do cilindro em sua metade.

Exercício V

No vácuo, o campo magnético máximo da radiação a uma distância de 5,00 m de uma fonte puntiforme F de luz é $1{,}20 \times 10^{-8}$ T. Calcule, nessa posição:

a) o valor máximo do campo elétrico;

b) a irradiância média;

c) a potência luminosa produzida pela fonte;

d) uma lente delgada convergente de diâmetro 5,00 cm, que é colocada a 2,00 m da fonte luminosa, como mostrado na Figura 1.11. Os raios de luz que emergem da lente são paralelos e atingem uma placa quadrada cujo lado é maior que o diâmetro da lente, e que é feita de um material perfeitamente refletor

($R = 1$). Calcule a força de radiação exercida sobre a placa, considerando-se a perda introduzida pela lente como desprezível;

e) a placa do item (d) é substituída por outra placa quadrada de lado a = 3,00 cm. Calcule a força sobre esta placa, sabendo que ela absorve 50% da luz incidente.

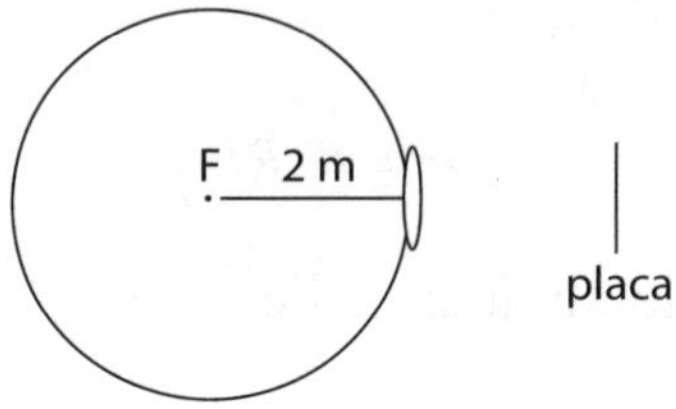

Figura 1.11 – Fonte de luz puntiforme a 2 m de uma lente delgada.

Solução

a) O calor máximo de um campo da radiação é a amplitude deste campo. Como o meio em questão é o vácuo, vale então a relação (obtida na solução do Exercício I)

$$E_0 = B_0 c = 1,20\times10^{-8}.3\times10^{8} \Rightarrow E_0 = 3,6 \text{ V/m}$$

b) A irradiância será dada pela equação (1.22):

$$I = c\frac{\varepsilon_0 E_0^2}{2} = 3\times10^{8}\,\frac{8,85\times10^{-12}\left(3,6\right)^2}{2} \Rightarrow I = 1,7\times10^{-2} \text{ W/cm}^2$$

c) A potência luminosa relaciona-se com a intensidade de acordo com (equação 1.28) $I = \dfrac{P}{A}$. Uma fonte pontual emite no espaço isotrópico com simetria esférica, isto é, para todas as direções a intensidade é a mesma. Portanto, em todos os pontos da casca esférica de raio $r = 2,00$ m a intensidade é a mesma, de forma que podemos escrever que $A = 4\pi r^2$. Assim, temos

$$I = \frac{P}{4\pi r^2} \Rightarrow P = I4\pi r^2 = 1,7\times10^{-2}4\pi\ 2,00^2 \Rightarrow P = 0,85 \text{ W}$$

d) Se os raios emergem da lente propagando-se na mesma direção, como na Figura 1.12a (que está fora de escala, pois o tamanho da lente está exageradamente grande), isso significa que a fonte está na mesma posição do ponto focal dianteiro da lente (como veremos no Capítulo 2, "Óptica geométrica").

Desprezando-se eventuais perdas geradas pela lente (que poderiam ocorrer por reflexão e/ou por absorção), podemos dizer que a potência da luz que atinge a placa é a mesma potência da luz que passa pela lente. Como o diâmetro da lente é muito menor que sua distância até a fonte, podemos considerar a hipótese simplificadora de que o vetor de Poynting é normal à superfície da lente em toda a sua abertura, como mostra a Figura 1.12b. Dessa forma, a potência da luz que atravessa a lente é

$$P = \int < \vec{S} > .d\vec{A} = IA_l = I\pi\, r_l^2 ,$$

em que $r_l = 2,5\times10^{-2}$ m é o raio da lente. Dessa forma, temos

$$P = 1,7\times10^{-2}\pi\,\left(2,5\times10^{-2}\right)^2 = 3,3\times10^{-5}\text{ W}$$

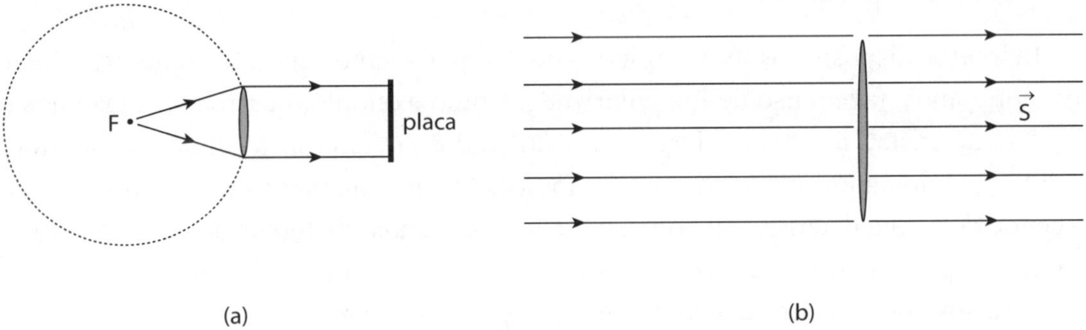

Figura 1.12 – Vetor de Poynting atravessando a lente e atingindo a placa.

Essa potência luminosa é a mesma da luz que atingirá a placa, de modo que a força sobre ela será:

$$F = \left(1+R\right)\frac{P}{c} = 2\frac{3,3\times10^{-5}}{3\times10^{8}} \Rightarrow F = 2,2\times10^{-13}\text{ N}$$

e) Neste caso, a nova placa terá área menor do que a do feixe que a atinge, não coletando toda a luz que passa pela lente, como mostra a Figura 1.13 a seguir. Como a intensidade luminosa não se altera – o feixe é formado de raios paralelos –, a potência incidente sobre a placa será, então,

$$P' = IA_{placa} = Ia^2 = 1,7\times10^{-2}.0,0300^2 \Rightarrow P' = 1,5\times10^{-5}\text{ W}$$

Uma vez que a placa absorve 50% da luz incidente, ela reflete 50%, ou seja, $R = 0{,}5$, o que fornece a força

$$F' = (1 + R')\frac{P'}{c} = (1 + 0{,}5)\frac{1{,}5 \times 10^{-5}}{3 \times 10^{8}} \Rightarrow F' = 7{,}5 \times 10^{-14}\ \text{N}$$

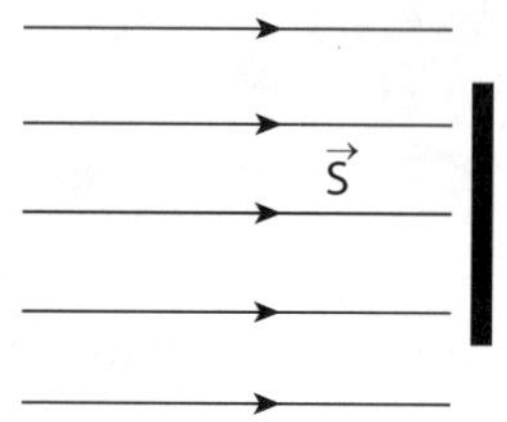

Figura 1.13 – Vetor de Poynting incidindo sobre a placa plana.

1.6 LUZ POLARIZADA

Inúmeros dispositivos tecnológicos com os quais temos contatos regulares, inclusive cotidianos, fazem uso de luz polarizada. Como exemplo, dentre muitos, temos os *displays* de cristal líquido, tão largamente utilizados em telefones celulares, monitores de TV e computador, calculadoras e relógios. O funcionamento desses dispositivos depende de forma determinante do uso de luz polarizada. Sistemas de projeção em 3D também dependem das características desse tipo de luz para seu funcionamento. Além disso, vários tipos de laser dependem de luz polarizada para funcionar de maneira adequada, ou com mais eficiência.

O estado de polarização da radiação é definido pela direção de oscilação do campo elétrico. A Figura 1.14 mostra um exemplo de luz polarizada, em que uma onda luminosa se propaga ao longo do eixo z, com campo elétrico oscilando ao longo do eixo y.

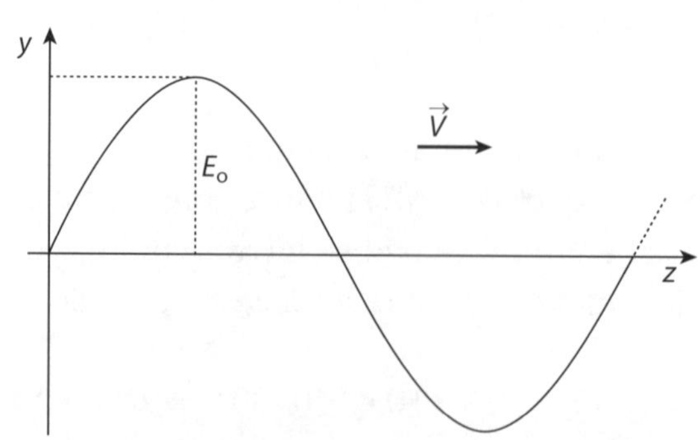

Figura 1.14 – Onda senoidal que se propaga ao longo do eixo z.

O conceito de estado de polarização pode ser mais bem compreendido se estabelecermos o conceito de luz não polarizada, mais comumente chamada de *luz natural*. Esse tipo de luz, produzido pela imensa maioria das fontes luminosas, naturais ou artificiais, contém todos os estados possíveis de polarização, o que equivale a dizer que a luz natural não tem estado de polarização definido. A Figura 1.15 mostra esquematicamente os campos elétricos oriundos de duas fontes, a que emite luz natural (1.15a) e a que emite luz polarizada (1.15b).

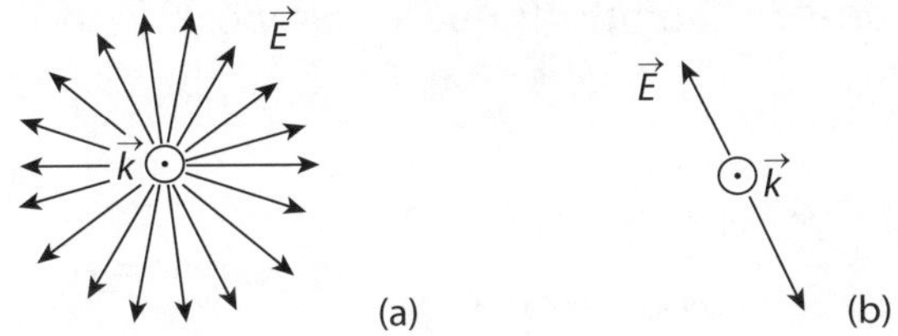

Figura 1.15 – (a) Luz natural; (b) luz linearmente polarizada.

1.6.1 POLARIZAÇÃO LINEAR

Quando se escreve que o campo elétrico de determinada radiação é dado, por exemplo, pela expressão

$$\vec{E}(z,t) = E_0 \cos(kz - \omega t + \varphi)\vec{j}\,, \tag{1.38}$$

temos definido o estado de polarização dessa radiação, uma vez que este campo elétrico oscila ao longo da direção indicada pelo versor $\vec{j}$. A oscilação desse campo elétrico ocorre ao longo de uma linha bem definida (eixo y), daí o nome *polarização linear*. A direção de polarização pode também ser determinada como o ângulo que o campo elétrico faz com um determinado eixo. A Figura 1.16a mostra a propagação do campo elétrico da equação (1.38), vista ao longo do eixo z.

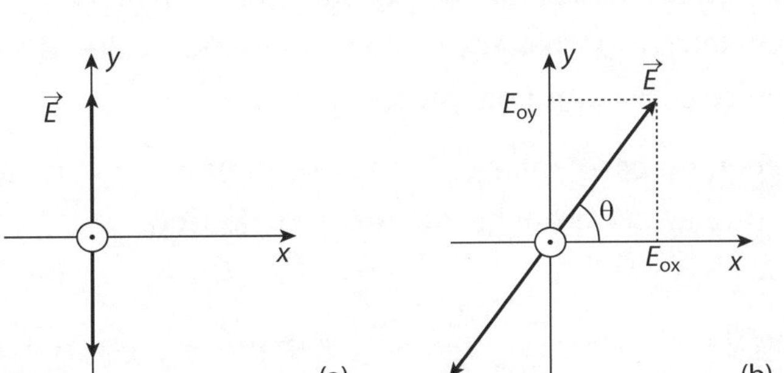

Figura 1.16 – Luz linearmente polarizada propagando-se ao longo do eixo z.

Outro exemplo de polarização linear é dado pela relação a seguir:

$$\vec{E}(x,t) = E_{0y}\cos(kx - \omega t + \varphi)\vec{j} + E_{0z}\cos(kx - \omega t + \varphi)\vec{k} \tag{1.39}$$

Esse campo elétrico é mostrado na Figura 1.16b. Nesse caso, a identificação de um determinado estado de polarização é menos imediata ou óbvia. Pode-se determinar a polarização calculando-se o ângulo θ que o campo elétrico faz com o eixo y, por exemplo:

$$tg\theta = \frac{E_z}{E_y} = \frac{E_{0z}\cos(kx - \omega t + \varphi)}{E_{0y}\cos(kx - \omega t + \varphi)} = \frac{E_{0z}}{E_{0y}} \Rightarrow \theta = arctg\left(\frac{E_{0z}}{E_{0y}}\right)$$

Se, num caso particular, $E_{0z} = \sqrt{3}E_{0y}$, então $\theta = arctg\left(\frac{\sqrt{3}E_{0y}}{E_{0y}}\right) = 60°$

1.6.2 POLARIZAÇÃO CIRCULAR

Suponhamos uma onda luminosa com um campo elétrico dado pela relação a seguir:

$$\vec{E}(z,t) = E_0\cos(kz - \omega t)\vec{i} + E_0 sen(kz - \omega t)\vec{j} \tag{1.40}$$

Nota-se que a onda propaga-se ao longo da direção z, e que as componentes x e y do campo elétrico são defasadas de $\pi/2$, de forma que a componente x é escrita em termos da função cosseno, e a componente y, em termos da função seno. Essa condição pode ser obtida quando a luz propaga-se por meios birrefringentes, nos quais as componentes do campo elétrico propagam-se com diferentes velocidades, daí a diferença de fase que surge entre essas componentes.

Como se procedeu no caso anterior, podemos definir a polarização dessa radiação obtendo o ângulo entre as componentes do campo elétrico:

$$tg\theta = \frac{E_y}{E_x} = \frac{E_0 sen(kz - \omega t)}{E_0\cos(kx - \omega t)} \Longrightarrow tg\theta = tg(kz - \omega t)$$

Dessa maneira, temos que o ângulo θ será

$$\theta(t) = kz - \omega t \tag{1.41}$$

Note que o ângulo que define a direção do campo elétrico varia linearmente com o tempo, decrescendo à medida que ele passa, analogamente ao movimento do ponteiro de um relógio. Concluímos, dessa forma, que o campo elétrico da radiação efetua movimento de rotação, ao mesmo tempo que a luz avança. Esse estado de polarização é conhecido como polarização circular, uma vez que $E_{oy} = E_{ox} = E_o$, como mostrado na Figura 1.17.

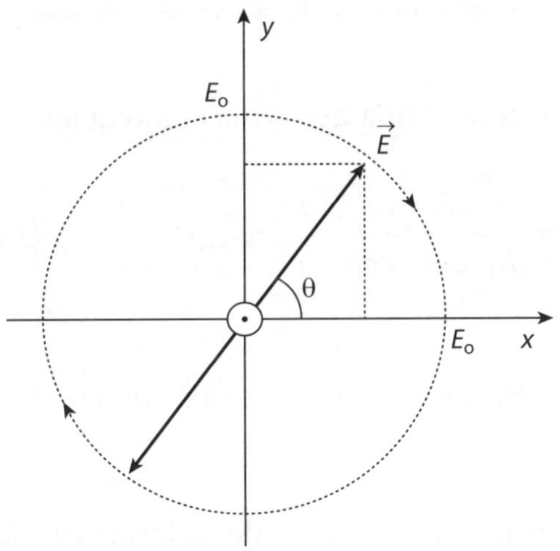

Figura 1.17 – Luz circularmente polarizada.

1.6.3 POLARIZAÇÃO ELÍPTICA

Um exemplo de campo elétrico de onda luminosa com polarização elíptica pode ser dado por

$$\vec{E}(z,t) = E_{ox}\cos(kz - \omega t)\vec{i} + E_{oy}sen(kz - \omega t)\vec{j}\ , \tag{1.42}$$

sendo $E_{ox} \neq E_{oy}$. Como na polarização circular, na polarização elíptica as duas componentes do campo elétrico são defasadas de $\pi/2$, mas neste caso as amplitudes E_{ox} e E_{oy} são diferentes, de forma que a direção de polarização da luz descreve uma elipse à medida que a luz se propaga, como mostrado na Figura 1.18.

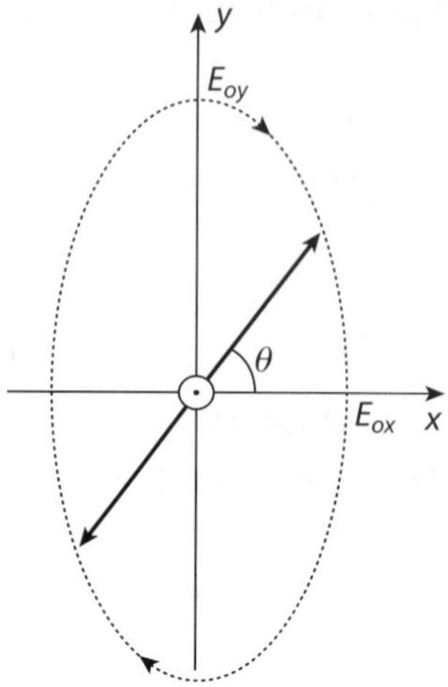

Figura 1.18 – Luz elipticamente polarizada.

A direção de polarização é obtida de forma análoga aos casos anteriores:

$$tg\theta = \frac{E_y}{E_x} = \frac{E_{oy} sen(kz - \omega t)}{E_{ox} \cos(kx - \omega t)} \Rightarrow tg\theta = \frac{E_{oy}}{E_{ox}} tg(kz - \omega t) \Rightarrow$$

$$\theta(t) = arctg\left[\frac{E_{oy}}{E_{ox}} tg(kz - \omega t)\right] \quad (1.43)$$

A equação (1.43) mostra que o ângulo de polarização depende do tempo, mas a relação entre ambos não é linear como no caso da polarização circular.

1.6.4 FILTROS POLARIZADORES – LEI DE MALUS

Nesses componentes ópticos, a luz que incide é natural e a que dele emerge é polarizada. Processos de polarização podem ser discriminados em três tipos: por absorção, por reflexão e por birrefringência. Comercialmente, são produzidos filtros baseados nos dois primeiros processos. O que todos os filtros polarizadores têm em comum é a existência do chamado eixo de transmissão, que define a direção de polarização da luz transmitida. Quando a luz atravessa o filtro, a componente do campo elétrico paralela ao eixo de transmissão é transmitida, enquanto a componente perpendicular ao eixo é bloqueada. A Figura 1.19 ilustra o processo: a luz que incide perpendicularmente ao plano do papel, como mostra o vetor de onda $\vec{k}$, tem direção de polarização mostrada pelo vetor $\vec{E}$. Ao atingir o polarizador cujo eixo de transmissão é mostrado na vertical, a componente $\vec{E}_{//}$ do vetor campo elétrico que é paralela a este eixo é transmitida, enquanto a componente perpendicular $\vec{E}_\perp$ é bloqueada. Nos polarizadores por absorção, como os polaroides, a componente do campo elétrico perpendicular ao eixo de transmissão é paralela aos microfios condutores presentes no interior do polaroide, produzindo, portanto, o movimento de portadores de carga ao longo destes fios. Dessa forma, a energia contida neste campo é convertida na energia cinética das cargas, que por sua vez se converte em calor por efeito Joule. Em polarizadores por birrefringência, como os prismas Glan-Thompson e os prismas de Wollaston, a componente perpendicular ao eixo de transmissão é desviada, propagando-se em outra direção.

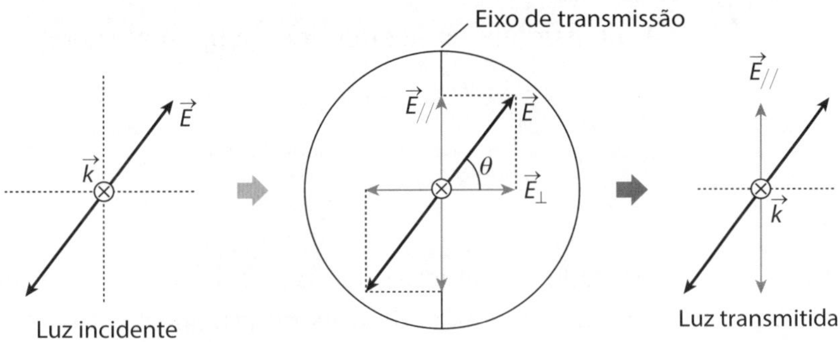

Figura 1.19 – Luz linearmente polarizada ao passar por um polaroide.

A lei de Malus explica o comportamento da luz ao atravessar um conjunto de polarizadores. Consideremos o esquema da Figura 1.20a, em que luz natural incide sobre dois polarizadores. O polarizador P1 tem a função de polarizar a luz natural, enquanto o polarizador P2 seleciona a componente da polarização que será transmitida; por esse motivo, o polarizador P2 é chamado de *analisador*.

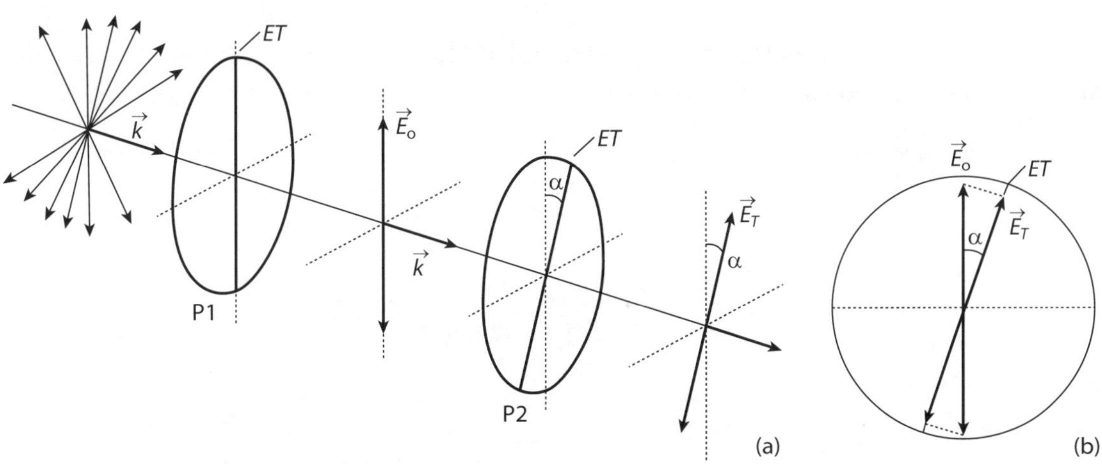

Figura 1.20 – Luz natural ao passar por um conjunto de dois polaroides.

O polarizador P1, o eixo de transmissão (ET, na Figura 1.20), está na vertical, o que faz a luz polarizada depois dele ter essa direção, com amplitude E_0. Ao passar pelo analisador P2, a luz transmitida de amplitude E_T (não confundir com o nome do eixo de transmissão!) é a componente de E_0 paralela ao eixo de transmissão de P2, que faz um ângulo α em relação à vertical. Dessa forma, temos $E_T = E_o \cos\alpha$, de modo que, de acordo com a equação (1.22), a intensidade da luz I_T transmitida pelo conjunto será

$$I_T = c\frac{\varepsilon_0 E_T^2}{2} = c\frac{\varepsilon_0 E_0^2 \cos\alpha^2}{2}$$

Como $I_0 = c\frac{\varepsilon_0 E_0^2}{2}$ é a intensidade da luz que incide no analisador, chega-se à lei de Malus:

$$I_T = I_o \cos\alpha^2 \tag{1.44}$$

Essa lei fornece a intensidade que emerge de um conjunto de dois polarizadores e pode ser estendida para arranjos com mais de dois polarizadores. Quando a luz atravessa um conjunto de n polarizadores, a equação (1.44) toma a forma

$$I_T = I_o \cos\alpha_{12}^2 \cos\alpha_{23}^2 \cos\alpha_{34}^2 \ldots \cos\alpha_{(n-1)n}^2, \tag{1.45}$$

em que α_{12} é o ângulo entre o primeiro e o segundo polarizadores, α_{23} é o ângulo entre o segundo e o terceiro etc.

Exercício VI

Luz linearmente polarizada na horizontal incide sobre dois polarizadores, cujos eixos de transmissão estão mostrados na Figura 1.21.

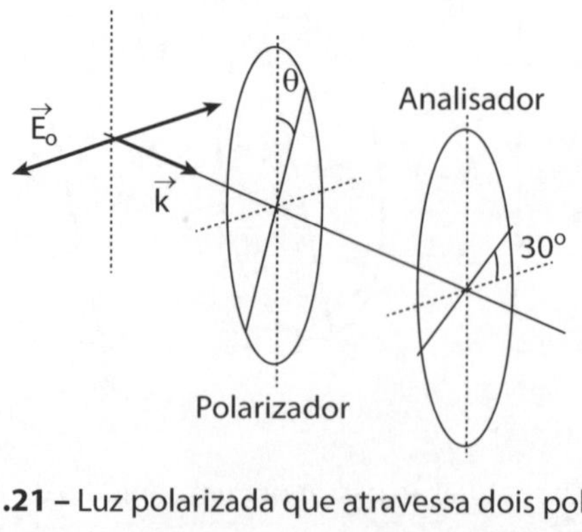

Figura 1.21 – Luz polarizada que atravessa dois polaroides.

Calcule:

a) O ângulo θ (em relação à vertical) para o qual a transmissão é máxima através do conjunto.

b) A intensidade da luz transmitida pelo conjunto, em função da amplitude E_0.

Solução

a) A luz, ao passar pelo polarizador, terá amplitude que é paralela ao seu eixo de transmissão, conforme mostrado pela Figura 1.22:

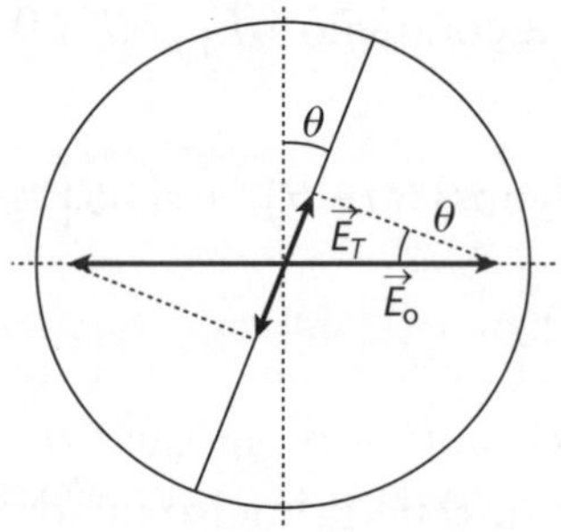

Figura 1.22 – Polarizador.

Pela Figura 1.22, vê-se que o módulo E' do campo é oposto ao ângulo θ, no triângulo em que a hipotenusa vale E_O. Dessa forma, tem-se que a amplitude da luz transmitida pelo polarizador é

$$E' = E_o sen\theta$$

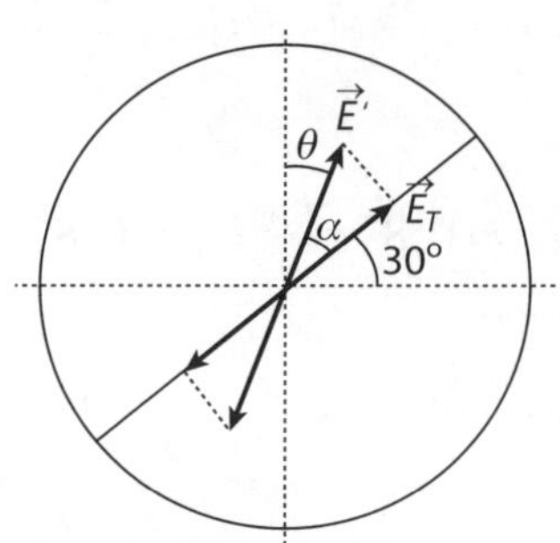

Figura 1.23 – Analisador.

A amplitude E_T da luz transmitida pelo analisador pode ser obtida com o auxílio da Figura 1.23:

$$E_T = E' \cos\alpha = E_0 sen\theta \cos\alpha$$

Como $\alpha = 60 - \theta$, chega-se à amplitude da luz transmitida como

$$E_T = E_0 sen\theta \cos(60-\theta)$$

Quando a amplitude da luz transmitida é máxima, a sua intensidade também é máxima. Dessa maneira, o valor de θ para o qual a intensidade é máxima pode ser obtido impondo-se a condição $\partial E_T/\partial\theta = 0$:

$$\frac{\partial E_T}{\partial\theta} = E_0\left\{\cos\theta\ \cos(60-\theta)\ + sen\theta\left[sen(60-\theta)\right]\right\} = 0$$

A soma entre chaves na relação acima tem a forma $\cos a \cos b + sen a sen b = \cos(a-b)$, na qual $a\ = \theta$ e $b\ = 60-\theta$, de modo que chegamos, para valores de θ no primeiro quadrante, a

$$\cos(2\theta - 60) = 0 \Rightarrow 2\theta - 60 = 90 \Rightarrow$$

$$\theta = 75^o$$

b) A equação (1.22) relaciona a intensidade da luz com a amplitude de seu campo elétrico:

$$I_T = c\frac{\varepsilon_0 E_T^2}{2} = c\frac{\varepsilon_0}{2}E_0^2 sen^2\theta\cos^2(60-\theta) = c\frac{\varepsilon_0}{2}E_0^2 sen^2 75\cos^2(60-75) \Rightarrow$$

$$I_T = 0{,}87c\frac{\varepsilon_0}{2}E_0^2 = 0{,}87 I_0,$$

em que I_0 é a intensidade luminosa que incide no conjunto de dois polarizadores.

1.6.5 POLARIZAÇÃO POR REFLEXÃO

Dependendo do ângulo de incidência da luz natural sobre uma superfície dielétrica (água, vidro etc.), a luz refletida é linearmente polarizada. Para descrevermos esse processo de polarização da luz, devemos descrever qualitativamente os processos de emissão de radiação por um dipolo elétrico oscilante, além de entender a influência do campo elétrico da radiação sobre este dipolo.

Um dipolo elétrico é composto de duas cargas pontuais de sinais opostos. Sob determinadas condições, um átomo em estado excitado – condição que adquire quando recebe certa quantidade de energia – comporta-se como um dipolo oscilante, em que o elétron fracamente ligado é a carga negativa e o núcleo, parcialmente blindado pelos demais elétrons, é a carga positiva. Pela equações de Maxwell, pode-se mostrar que a emissão originada do dipolo oscilante é linearmente polarizada com direção de polarização paralela à direção de oscilação das cargas. Além disso, a radiação emitida tem intensidade diretamente proporcional ao quadrado do seno do ângulo θ entre o vetor de propagação $\vec{k}$ e a direção de oscilação do dipolo definida pelo vetor $\vec{r}$, como $I_{dip} \propto sen^2\theta$ de acordo com a Figura 1.24, no plano $z = 0$.

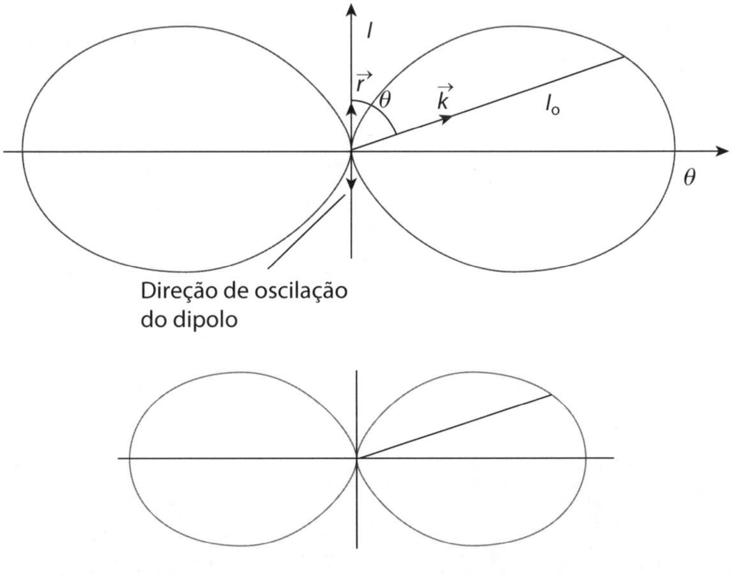

Figura 1.24 – Distribuição da intensidade da luz emitida por um dipolo oscilante.

É muito importante notar que a Figura 1.24 e a relação $I_{dip} \propto sen^2\theta$ mostram que a intensidade da luz cujo vetor de propagação é paralelo ($\theta = 0^o$) à direção de oscilação do dipolo oscilante é nula, e que a intensidade luminosa da luz que se propaga perpendicularmente à direção definida por $\vec{r}$ ($\theta = 90^o$) é máxima.

A Figura 1.25a mostra o campo elétrico da onda transversal eletromagnética que se aproxima de um átomo, representado (de forma um tanto simplificada) por uma esfera. Esse átomo tem as mesmas quantidades de cargas positivas e negativas (é eletricamente neutro), e suponhamos que possui inicialmente uma eletrosfera esfericamente simétrica.

Quando a onda interage com o átomo, o campo elétrico da radiação exerce forças sobre a nuvem de elétrons ora para cima (Figura 1.25b), ora para baixo (Figura 1.25c), de acordo com o sentido do campo. Devido à sua pequena inércia, os elétrons submetidos à força elétrica oscilam ao longo da direção de polarização da onda, com a mesma frequência desta. A cada ciclo de vibração dos elétrons as cargas positivas e negativas distribuem-se em extremidades opostas no átomo. Dessa forma, a chegada da onda eletromagnética induz um dipolo oscilante no átomo, cuja frequência ω é igual à da onda incidente.

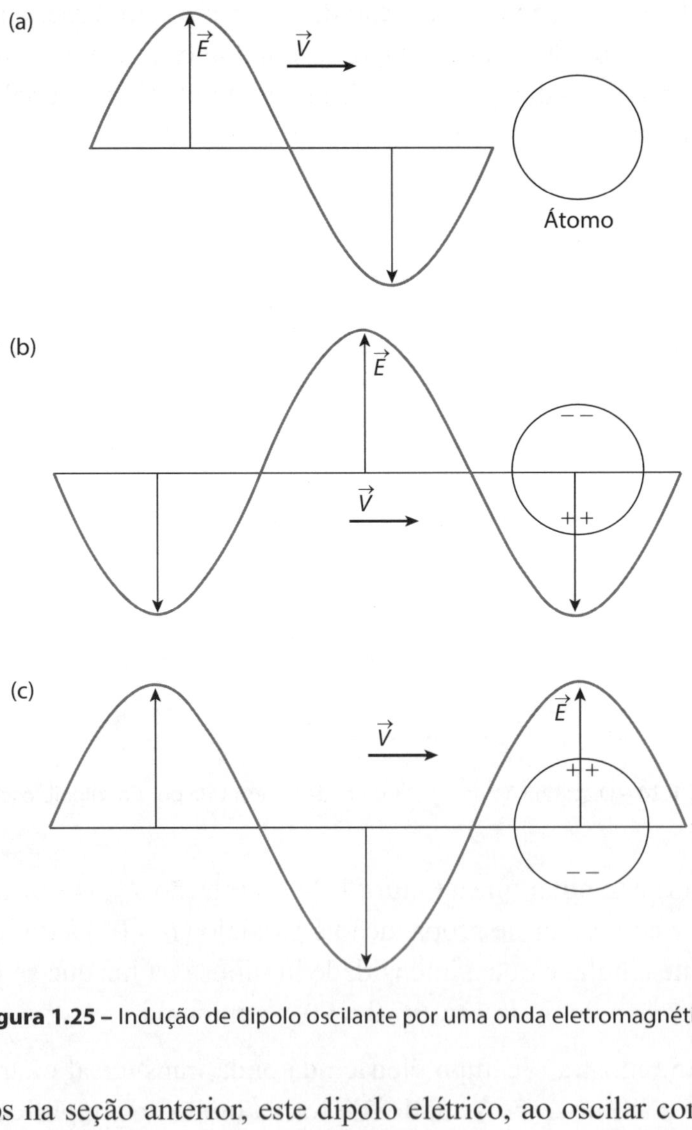

Figura 1.25 – Indução de dipolo oscilante por uma onda eletromagnética.

Como vimos na seção anterior, este dipolo elétrico, ao oscilar com frequência angular ω ao longo de uma dada direção, emite radiação eletromagnética com esta mesma frequência, e com polarização na mesma direção da oscilação do dipolo. Ou seja, a luz por ele emitida tem a mesma frequência e mesma polarização que a luz que o excitou.

Como já foi visto neste capítulo, a luz natural contém todos os estados de polarização, como mostrado na Figura 1.26a. Em determinadas situações, como em processos de polarização por reflexão, é conveniente representar a luz natural como composta de duas direções ortogonais entre si, x e y. A componente y do campo elétrico é a soma de todas as componentes y dos campos elétricos que compõem a luz natural (Figura 1.26b), o mesmo valendo, de forma correspondente, para a componente x (Figura 1.26c).

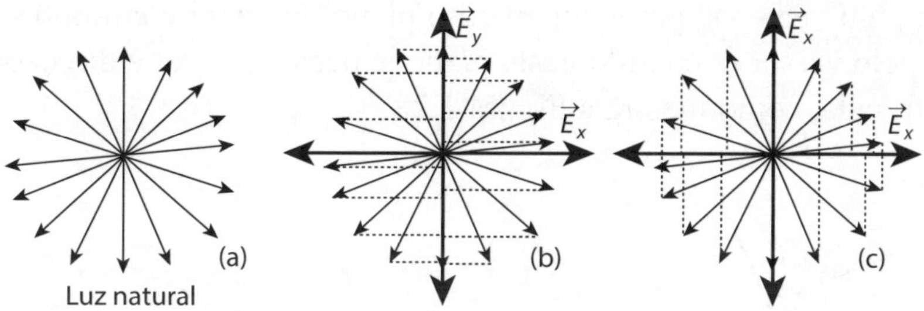

Figura 1.26 – Componentes x e y dos campos elétricos da luz natural.

Com esses conceitos em mente, temos condições de analisar e descrever o que ocorre com a luz natural que incide sobre uma interface plana entre dois meios 1 e 2 de diferentes índices de refração, sob um ângulo particular, que chamaremos de *ângulo de Brewster* θ_B. Para esse ângulo de incidência, a luz refratada e a luz refletida pela interface são perpendiculares entre si. A situação é mostrada na Figura 1.27.

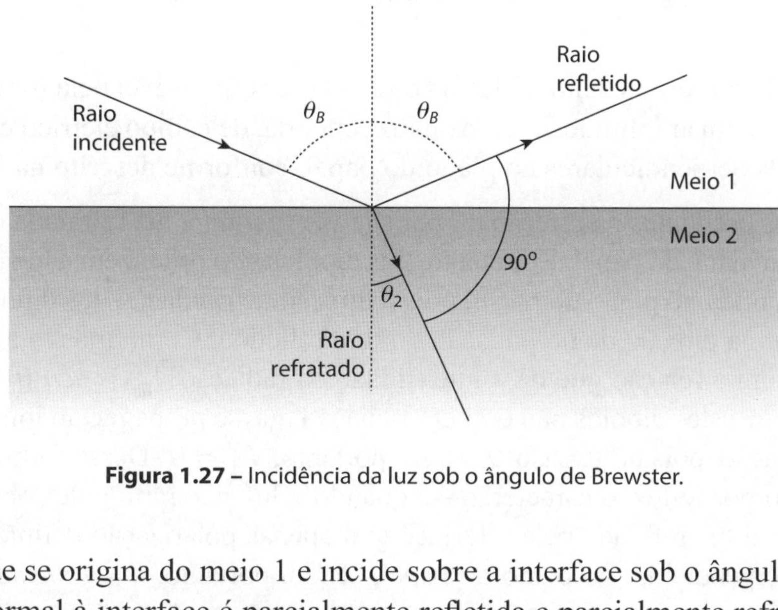

Figura 1.27 – Incidência da luz sob o ângulo de Brewster.

A luz que se origina do meio 1 e incide sobre a interface sob o ângulo θ_B em relação à reta normal à interface é parcialmente refletida e parcialmente refratada. O raio refletido tem ângulo de reflexão θ_R igual ao ângulo de incidência – obedecendo à lei de reflexão, veremos no próximo capítulo –, e o raio refratado, que se propaga pelo meio 2, faz um ângulo θ_2 com a reta normal. A relação entre o ângulo de incidência e o ângulo de refração é regida pela lei de Snell, $n_1 sen\theta_B = n_2 sen\theta_2$.

A luz natural, vinda do meio 1, incide sobre o meio 2 de forma que o seu campo elétrico induz a oscilação de dipolos elétricos na superfície. Assim como a luz natural pode ter sua polarização decomposta em duas componentes, podemos, de forma correspondente, decompor a oscilação dos dipolos induzidos na superfície em uma componente dada pelo versor $\hat{r}_\perp$ perpendicular ao plano do papel e em outra componente representada pelo versor $\hat{r}_{//}$ contido neste plano, e perpendicular à direção de propagação da luz refratada, como mostra a Figura 1.28.

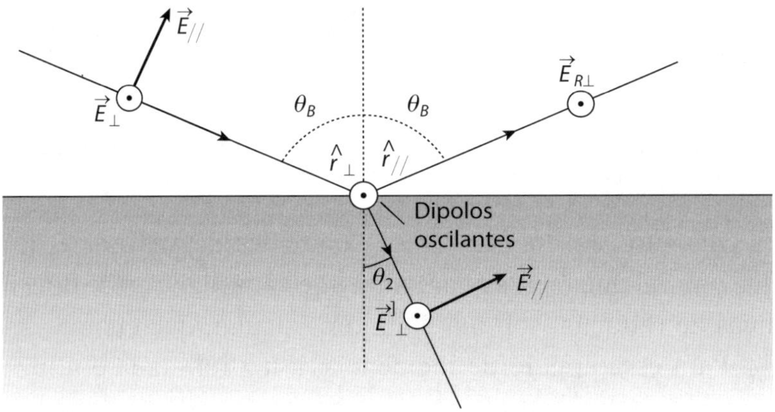

Figura 1.28 – Luz natural incidindo sob o ângulo de Brewster.

A oscilação dos dipolos induzidos na direção $\hat{r}_\perp$ é responsável pela luz refratada, de campo elétrico com amplitude $E'_\perp$, e pela luz refletida, de campo elétrico com amplitude $E_{R\perp}$, ambos perpendiculares ao plano do papel, conforme descrito na Seção 1.6.5.

Os dipolos oscilantes na direção $\hat{r}_{//}$, por sua vez, geram a luz refratada de amplitude $E'_{//}$ paralela ao plano do papel. Entretanto, tais dipolos *não* produzem a luz refletida com polarização contida no plano do papel, pois a direção de oscilação dos dipolos coincide, neste caso, com a direção de propagação do raio refletido. Como mostra a Figura 1.24, e de acordo com a relação que dá a intensidade da radiação $I_{dip} \propto sen^2\theta$ emitida pelo dipolo oscilante, estes dipolos não emitem radiação que se propague ao longo de sua direção de oscilação, pois neste caso $\theta = 0$, e, portanto, $I_{dip} = 0$. Dessa forma, o processo de polarização por reflexão caracteriza-se quando a luz natural incide sob o ângulo de Brewster, pois a luz refletida pela interface tem apenas polarização definida pelo vetor $\vec{E}_{R\perp}$, que é perpendicular ao plano do papel, sendo, portanto, *linearmente polarizada*. Vale ressaltar que o processo de polarização por reflexão pode ocorrer entre dois meios quaisquer, e somente com incidência sob o ângulo de Brewster.

O fenômeno de polarização por reflexão pode ser observado com o auxílio de um filtro polarizador. Quando a luz natural incide sobre uma superfície dielétrica plana horizontal sob o ângulo de Brewster, a onda refletida pela superfície terá polarização linear também na horizontal. Esta luz refletida pode ser então bloqueada por um filtro polarizador (por exemplo, um polaroide) com eixo de transmissão na vertical.

Esse fenômeno encontra aplicações interessantes na eliminação de luz refletida indesejada, em máquinas fotográficas, filmadoras, ou óculos de sol, como mostrado nas fotos da Figura 1.29. Na Figura 1.29a, observa-se que a luz refletida pela superfície de vidro do mural produz um ruído de fundo que prejudica a visualização dos papéis atrás da placa. Se a incidência da luz sobre a superfície ocorre sob um ângulo próximo do ângulo de Brewster, a luz linearmente polarizada refletida pela superfície pode ser eliminada posicionando-se um polarizador na frente da lente que forma a imagem na máquina fotográfica. A Figura 1.30 ilustra um caso semelhante, em que a imagem do céu e dos galhos formada no para-brisa do carro (Figura 1.30a) é eliminada com o uso de um polaroide (Figura 1.30b).

(a) (b)

Figura 1.29 – Fotografia de uma cena (a) sem e (b) com elemento polarizador na frente da lente.

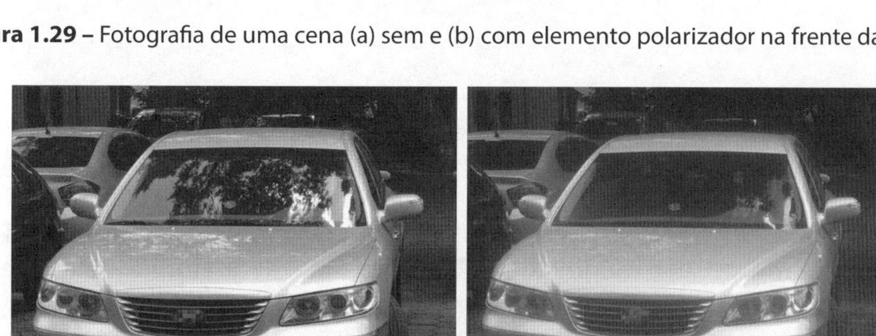

(a) (b)

Figura 1.30 – Fotografia de uma cena (a) sem e (b) com elemento polarizador na frente da lente. Note que a imagem da árvore e do céu no para-brisa do carro na figura (a) desaparece na figura (b).

1.6.5.1 Lei de Brewster

De acordo com a lei de Snell, a refração sofrida pela luz na interface é dada por

$$n_1 sen\theta_B = n_2 sen\theta_2 \tag{1.46}$$

O ângulo de Brewster obedece à relação $\theta_B + \theta_2 = 90 \Rightarrow \theta_2 = 90 - \theta_B$, e a equação (1.46) toma a forma

$$n_1 sen\theta_B = n_2 sen(90 - \theta_B) = n_2 \cos\theta_B,$$

O que nos leva à *lei de Brewster*:

$$\frac{n_2}{n_1} = tg\theta_B \tag{1.47}$$

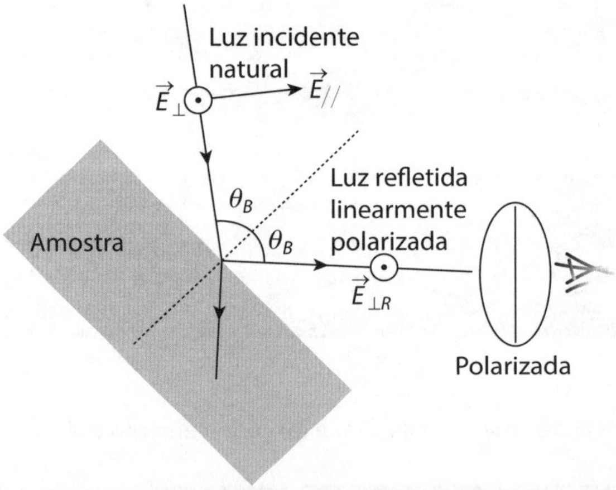

Figura 1.31 – Medição do índice de refração por meio do ângulo de Brewster.

Outra aplicação interessante do fenômeno de polarização por reflexão, e particularmente da lei de Brewster, é a medida de índices de refração de líquidos e de matéria condensada. No arranjo da Figura 1.31, a amostra a ser medida é posicionada sobre um goniômetro para o ajuste do ângulo de incidência sobre a amostra. Incide-se luz natural sobre sua superfície e observa-se (ou detecta-se) a luz refletida por ela por meio de um polarizador cujo eixo de transmissão está contido no plano do papel, com se vê pela Figura 1.31. O ângulo de incidência é alterado girando-se a superfície refletora da amostra com o auxílio do goniômetro. Quando a luz refletida é totalmente bloqueada pelo polarizador, tem-se que o ângulo de incidência será o *ângulo de Brewster*. Por exemplo, se para um dado material a luz refletida torna-se linearmente polarizada para $\theta = \theta_B = 56{,}5^o$, tem-se, pela equação (1.15), que o índice de refração deste material será $n \cong tg\ 56{,}5^o = 1{,}51$.

Exemplo VII

Um raio luminoso propaga-se no ar (meio A na Figura 1.32, de índice de refração n_A) e incide sobre um prisma de vidro (meio B) em forma de cunha. O ângulo de incidência θ_1 é 57° e o ângulo entre as faces 1 e 2 do prisma é 15°. A luz refratada propaga-se pelo prisma de índice de refração n_B até incidir na sua face traseira. Esta face encontra-se em contato com outro meio óptico (meio C) de índice de refração n_C. Tanto a luz refletida pela face superior 1 quanto a refletida pela face inferior do prisma são polarizadas linearmente. Se o índice de refração do ar é 1, calcule:

a) os índices de refração do prisma;

b) os índices de refração do meio C.

Solução

a) Se a luz refletida pela face 1 é polarizada, conclui-se que θ_1 é o ângulo de Brewster na interface entre os meios 1 e 2.

Dessa forma, da equação (1.47) podemos escrever

$$\frac{n_B}{n_A} = tg\theta_B \Rightarrow n_B = n_A tg\theta_1 = 1\ tg57 \Rightarrow n_B = 1{,}54$$

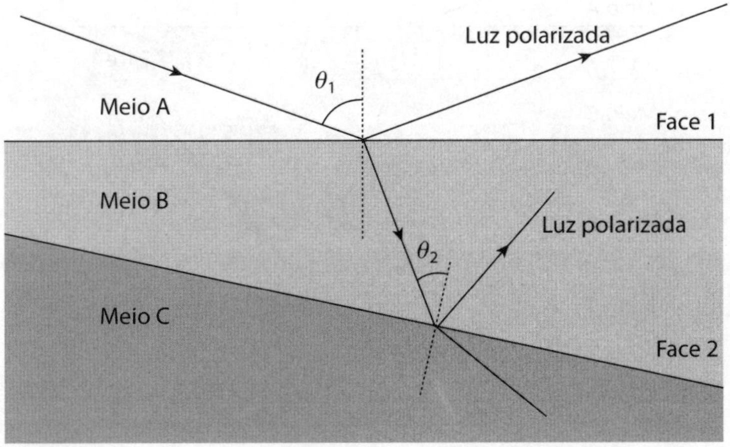

Figura 1.32 – Polarização da luz ao propagar-se do meio A para o meio B, e do B para o C.

b) Como a luz refletida pela face 2 também é polarizada, vemos que θ_2 é o ângulo de Brewster entre os meios 2 e 3. Para determinar θ_2, devemos calcular o ângulo de refração θ_1', mostrado na Figura 1.33. Este ângulo pode ser obtido pela lei de Snell na face 1:

$$n_A sen\theta_1 = n_B sen\theta_1' \Rightarrow \theta_1' = arcsen\left(\frac{n_A}{n_B} sen\theta_1\right) = arcsen\left(\frac{1}{1,54} sen57\right) \Rightarrow \theta_1' = 33^{\circ}$$

O ângulo α, mostrado na Figura 1.33, é complementar ao ângulo θ_1', portanto $\alpha = 57^{\circ}$. A figura mostra no ponto P o cruzamento da reta normal à face 1 com a reta normal à face 2. O ângulo entre essas retas é o mesmo ângulo entre as duas superfícies, ou seja, 15°. O ângulo β entre a normal à face 2 e a face 1 é então $\beta = 90 - 15 = 75^{\circ}$. Como α, β e θ_2 são os ângulos internos de um triângulo, θ_2 é calculado a partir da soma

$$\alpha + \beta + \theta_2 = 180 \Rightarrow \theta_2 = 48^{\circ}$$

Aplica-se novamente a lei de Brewster (equação 1.47), agora na face 2, para se determinar o índice n_C:

$$\frac{n_C}{n_B} = tg\theta_2 \Rightarrow n_C = 1,54tg48 \Rightarrow n_C = 1,71$$

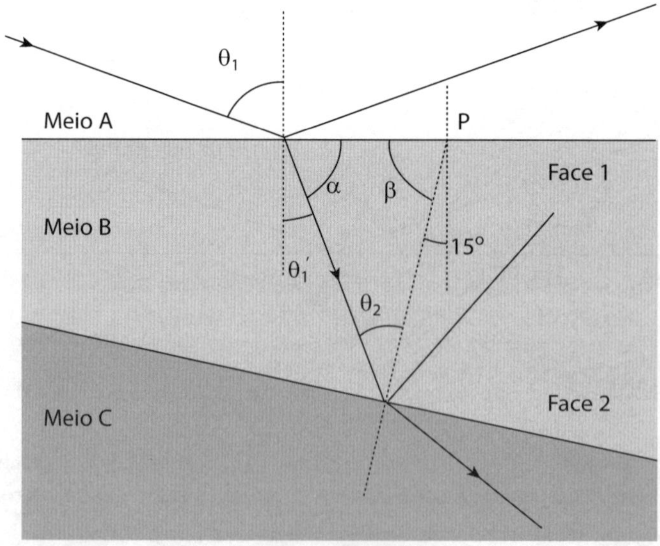

Figura 1.33

EXERCÍCIOS PROPOSTOS

1) O campo elétrico associado a uma onda eletromagnética plana é dado por $\vec{E}(x,t) = 8{,}0 sen\left[10^{15}\pi(t + x/c)\right]\vec{j}$, com unidades no SI. Escreva:

a) a direção de propagação da onda;

b) sua frequência e o seu comprimento;

c) o vetor campo magnético associado.

Respostas:

a) direção x, sentido negativo;

b) $\nu = 5{,}0 \times 10^{14}$ Hz e $\lambda = 600$ nm;

c) $\vec{B}(x,t) = \dfrac{8{,}0}{c} sen\left[10^{15}\pi(t + x/c)\right]\vec{i}$.

2) O campo elétrico de uma onda eletromagnética plana é dado por $\vec{E}(x,t) = \vec{j}E_{0Y}\cos(kx - \omega t) + \vec{k}\ E_{0Z} sen(kx - \omega t)$. Escreva:

a) a direção e o sentido de propagação da onda;

b) o vetor campo magnético associado;

c) o tipo de polarização da onda e a orientação do campo elétrico em relação ao eixo x;

d) o vetor de Poynting $\vec{S}$, por meio da relação $\vec{S} = c^2\varepsilon_0 \vec{E} \times \vec{B}$;

e) uma expressão obtida para a média temporal do módulo deste vetor.

Respostas:

a) direção x, sentido positivo;

b) $\vec{B}(x,t) = -\vec{j}\,\dfrac{E_{0Z}}{c} sen(kx - \omega t) + \vec{k}\ \dfrac{E_{0Y}}{\mathrm{c}}\cos(kx - \omega t)$;

c) polarização elíptica;

d) $\vec{S} = c\varepsilon_0\left[E_{0Y}^2\cos^2(kx - \omega t) + E_{0Z}^2 sen^2(kx - \omega t)\right]\vec{i}$;

e) $\left\langle \vec{S} \right\rangle = \dfrac{c\varepsilon_0}{2}\left[E_{0Y}^2 + E_{0Z}^2\right]\vec{i}$.

3) O campo magnético associado a uma onda eletromagnética plana é dado por $\vec{B}(z,t) = B_{0X}\cos(kz + \omega t)\vec{i} + B_{0Y} sen(kz + \omega t)\vec{j}$, com unidades no SI. Escreva:

a) a direção e o sentido de propagação da onda;

b) o vetor campo elétrico associado;

c) a direção de polarização da onda, ou seja, a orientação do campo elétrico em relação ao eixo x.

Respostas:

a) direção z, sentido positivo;

b) $\vec{E}(z,t) = cB_{0X}\cos(kz+\omega t)\vec{j} - cB_{0Y}sen(kz+\omega t)\vec{i}$;

c) polarização elíptica.

4) Uma onda eletromagnética tem seu campo elétrico dado pela expressão $\vec{E}(z,t) = E_0\cos(kz-\omega t)\vec{j} + 2E_0\cos(kz-\omega t)\vec{i}$.

a) determine a direção e o tipo (linear, circular ou elíptica) de polarização desta onda;

b) obtenha o campo magnético correspondente;

c) obtenha o vetor de Poynting $\vec{S} = c^2\varepsilon_0\vec{E}\times\vec{B}$. Mostre que essa grandeza tem unidades W/m^2.

Respostas:

a) polarização linear;

b) $\vec{B}(z,t) = \dfrac{E_0}{c}\cos(kz-\omega t)(-\vec{i}+2\vec{j})$;

c) $\vec{S} = 5c\varepsilon_0 E_0^2\cos^2(kz-\omega t)\vec{k}$.

5) O campo magnético máximo a uma distância de 5 m de uma fonte puntiforme F de luz é 10^{-5} T. Calcule:

a) o valor máximo do campo elétrico;

b) a intensidade média;

c) a potência luminosa produzida pela fonte;

d) a força de radiação exercida sobre a placa na seguinte situação: uma lente convergente de diâmetro 20 cm é colocada a 2,0 m da fonte luminosa. A luz emerge da lente de forma *colimada*, ou seja, em raios paralelos, e atinge uma pequena placa quadrada de área 25 cm^2 (Figura 1.34).

Respostas:

a) $E_0 = 3,00\times10^3$ V/m;

b) $I = 1,19\times10^4$ W/m^2;

c) $P = 3,74 \times 10^6$ W;

d) $F = 6,19 \times 10^{-7}$ N.

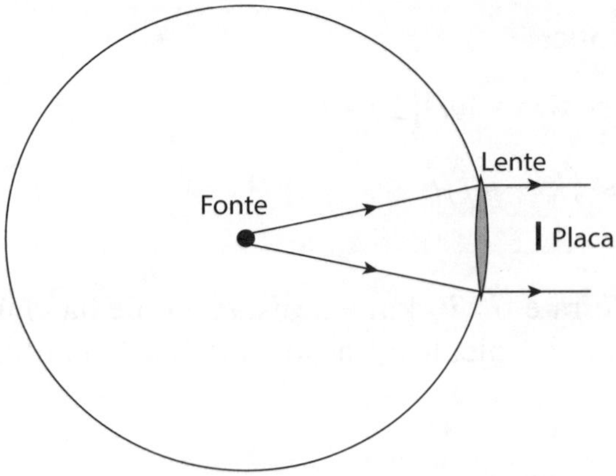

Figura 1.34

6) Um feixe laser colimado de potência 100 W e diâmetro 3 mm apontado verticalmente para cima equilibra uma esfera de aço (ρ = 7.800 kg/m^3) num ambiente de alto vácuo. Metade da luz do laser é absorvida pela esfera. Calcule qual deve ser o seu raio para que ela fique em equilíbrio.

Resposta: $r = 6,80 \times 10^{-7}$ m.

7) Dois feixes laser de mesma potência são apontados para cima conforme a Figura 1.35, equilibrando uma esfera de massa 4 μg. Admita que o diâmetro dos feixes seja menor que o diâmetro da esfera. Calcule a potência dos lasers.

Resposta: P = 6,92 W.

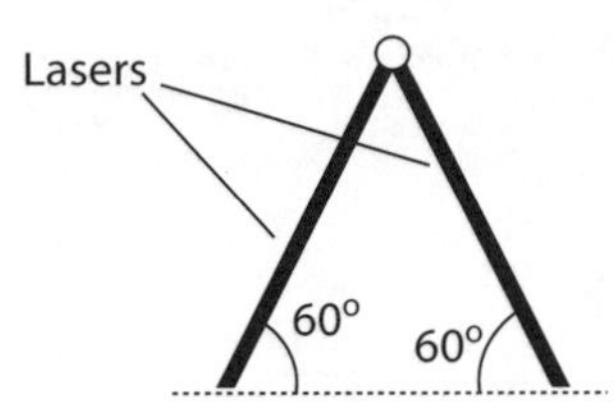

Figura 1.35

8) Uma onda eletromagnética tem seu campo elétrico dado pela expressão $\vec{E}(x,t) = 2E_0 \cos(kx - \omega t)\vec{k} - E_0 \cos(kx - \omega t)\vec{j}$.

a) Determine a direção e o tipo (linear, circular ou elíptica) de polarização desta onda;

b) obtenha o campo magnético correspondente;

c) obtenha o vetor de Poynting.

Resposta:

a) polarização elíptica;

b) $\vec{B}(x,t) = -\frac{E_0}{c}\cos(kx-\omega t)(2\vec{j}+\vec{k})$;

c) $\vec{S} = 5c\varepsilon_0 E_0^2 \cos^2(kx-\omega t)\vec{i}$.

9) O raio médio da Terra é 6.370 km e a distância média entre a Terra e o Sol é de cerca de 8 minutos-luz. Calcule a fração da radiação emitida pelo Sol que é interceptada pela Terra.

Resposta: $4{,}88\times10^{-10}$.

10) A luz solar atinge a atmosfera terrestre com irradiância 1 kW/m^2. Calcule os campos elétrico e magnético para a luz solar nesta região.

Resposta: $E_0 = 8{,}68\times10^2$ V/m; $B_0 = 2{,}51\times10^{-3}$ T.

11) O campo elétrico máximo a uma distância de 10 m de uma fonte puntiforme de luz é 2,0 V/m. Calcule:

a) o valor máximo do campo magnético;

b) a irradiância média;

c) a potência luminosa produzida pela fonte.

Resposta:

a) $B_0 = 6{,}67\times10^{-9}$ T;

b) $I = 5{,}31\times10^{-3}$ W/m^2;

c) $P = 6{,}67$ W.

12) Uma luz linearmente polarizada na vertical incide sobre três polarizadores. O primeiro tem um eixo de transmissão que faz um ângulo de 30° com a polarização incidente; o segundo faz um ângulo de 30° com o eixo do primeiro (e um ângulo de 60° com a luz incidente). O eixo de transmissão do terceiro polarizador faz um ângulo de 20° com a vertical. Determine:

a) o ângulo total de rotação sofrido pela polarização da luz ao passar pelo conjunto de polarizadores;

b) a potência de saída da luz, se a potência da luz incidente é 100 mW.

Respostas:

a) $\theta = 60^o$;

b) $I = 56$ mW.

13) Um feixe de luz verticalmente polarizada com intensidade 40 mW/cm^2 incide sobre um polaroide cujo eixo de transmissão faz um ângulo de 70º com a vertical. O feixe transmitido incide depois sobre outro polaroide cujo eixo de transmissão está na horizontal.

a) Calcule a intensidade do feixe que emerge desses dois polaroides.

b) Repita o item (a) para o caso de a luz incidente, de mesma intensidade, ser natural, isto é, não polarizada.

Respostas:

a) $I = 4{,}13$ mW/cm^2;

b) $I = 17{,}7$ mW/cm^2.

14) Na Figura 1.36a, luz natural incide sobre uma interface água-vidro BK7.

a) Calcule qual deve ser o ângulo de incidência θ para que a luz refletida seja linearmente polarizada.

b) Indique na figura qual a direção de polarização da luz refletida.

c) Na Figura 1.36b, uma luz polarizada com campo elétrico paralelo ao plano de incidência incide sobre a interface vidro-ar. Neste caso, não se observa qualquer luz refletida, apenas luz refratada. Calcule o ângulo de refração θ' neste caso.

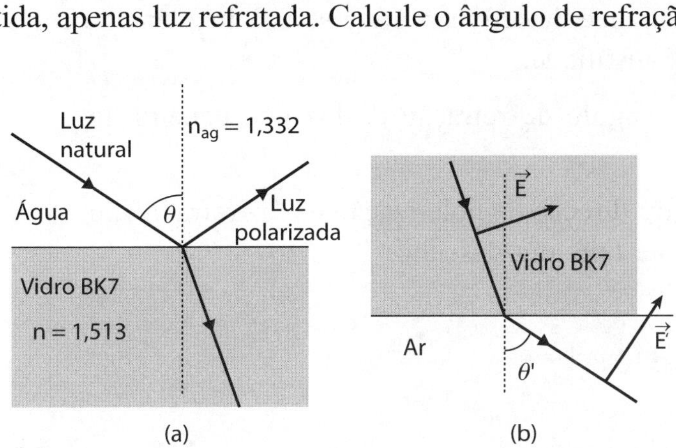

Figura 1.36

Respostas:

a) $\theta = 48,6^\circ$;

b) a polarização é perpendicular ao plano do papel;

c) $\theta' = 56,8^\circ$.

15) Um feixe de luz horizontalmente polarizada com intensidade 40 mW/cm^2 incide sobre um polaroide cujo eixo de transmissão faz um ângulo de 70º com a vertical. O feixe transmitido incide depois sobre outro polaroide cujo eixo de transmissão está na horizontal.

a) Calcule a intensidade do feixe que emerge destes dois polaroides.

b) Repita o item (a) para o caso de a luz incidente, de mesma intensidade, ser natural, isto é, não polarizada.

Respostas:

a) $I = 31,2$ mW/cm^2;

b) $I = 17,7$ mW/cm^2.

16) Um prisma feito de um cristal de alto índice de refração está imerso em água, de índice de refração 1,332, como mostra a Figura 1.37. Um raio de luz incide normalmente à superfície da água, e sua polarização está contida no plano de incidência (plano do papel). Nota-se que não há luz refletida pelo prisma.

a) Sabendo-se que quando há incidência sob o ângulo de Brewster os raios refratado e transmitido são perpendiculares entre si, mostre que $tg\theta_B = \dfrac{n_{cristal}}{n_{água}}$.

b) Calcule o índice de refração do cristal. A incidência ocorre sob o ângulo de Brewster? Justifique.

c) Calcule o ângulo de refração da luz que penetra no prisma.

d) Determine a direção de polarização da luz refratada, o que pode ser feito por desenho.

Respostas:

b) $n_{cristal} = 2,31$;

c) $\theta' = 30^\circ$;

d) a polarização está contida no plano de incidência.

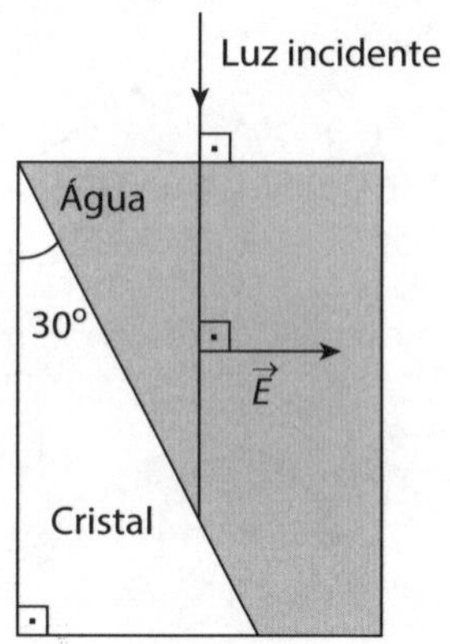

Figura 1.37

17) Um prisma feito de um cristal de alto índice de refração está imerso em água, de índice de refração 1,332, como mostra a Figura 1.38. A incidência da luz natural é normal sobre a superfície da água. A luz refletida pelo prisma propaga-se perpendicularmente à direção da luz incidente, e linearmente polarizada. A direção de polarização é perpendicular ao plano do papel, como mostra a Figura 1.38.

Calcule o índice de refração do cristal.

Resposta: $n_{cristal} = 2,31$.

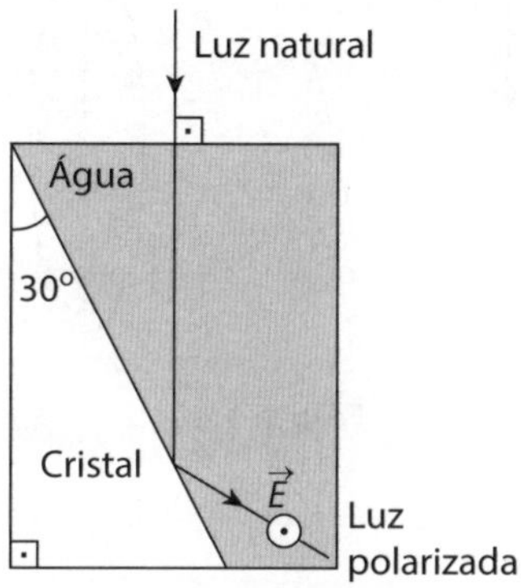

Figura 1.38

18) Uma luz linearmente polarizada na horizontal incide sobre dois polarizadores, cujos eixos de transmissão estão mostrados na Figura 1.39. Calcule:

a) o ângulo θ (em relação à vertical) para o qual a transmissão é máxima através do conjunto;

b) a intensidade da luz transmitida pelo conjunto, em função da amplitude E_0.

Respostas:

a) $\theta_{máx} = 75^o$;

b) $I = 0,87 \frac{c\varepsilon_0}{2} E_0^2 = 1,16 \times 10^{-3} E_0^2$.

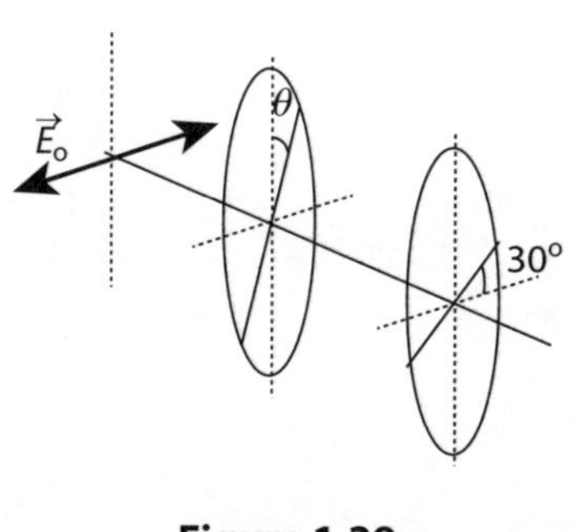

Figura 1.39

19) Luz linearmente polarizada incide sobre dois polarizadores, cujos eixos de transmissão estão mostrados na Figura 1.40. Calcule:

a) o ângulo θ para o qual a transmissão é máxima através do conjunto;

b) a intensidade da luz transmitida pelo conjunto, em função da amplitude E_0.

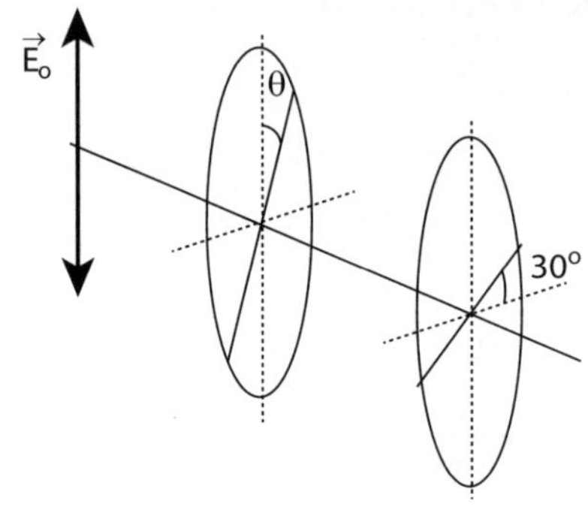

Figura 1.40

Respostas:

a) $\theta_{máx} = 30^o$;

b) $I = 0{,}56 \dfrac{c\varepsilon_0}{2} E_0^2 = 7{,}47 \times 10^{-4} E_0^2$.

2 ÓPTICA GEOMÉTRICA

Eduardo Acedo Barbosa

2.1 INTRODUÇÃO

A óptica geométrica estuda a propagação da luz em um meio e descreve os fenômenos associados à passagem da luz por diferentes meios. Isso pode ser satisfatoriamente realizado descrevendo-se a luz como um feixe de raios; cada raio descreve a propagação da luz em linha reta por um meio homogêneo. Basicamente, dois fenômenos formam a estrutura da óptica geométrica: a refração e a reflexão. Sem embargo, deve-se também considerar as propriedades ondulatórias da luz para a completa descrição dos fenômenos associados à sua propagação. Este capítulo aborda inicialmente o conceito de índice de refração de um meio e a sua influência sobre a propagação da luz. Posteriormente, os fenômenos de refração e reflexão serão estudados à luz do Princípio de Huygens, resultando nas leis de Reflexão e lei de Snell. Com esses fundamentos, será estudado o funcionamento de componentes ópticos básicos, como prismas e lentes, microscópios e telescópios.

2.2 RAIOS LUMINOSOS

No Capítulo 1, vimos que o vetor de onda $\vec{k}$ representa a propagação da luz através de um determinado meio. Como o vetor de Poynting $\vec{S}$ está relacionado ao fluxo de energia luminosa, conclui-se que $\vec{k}$ e $\vec{S}$ devem ser paralelos. O raio luminoso é a representação gráfica do caminho descrito pela luz no meio, e, portanto, é paralelo aos vetores mencionados. A Figura 2.1a mostra o campo elétrico de uma onda eletromagnética propagando-se ao longo de uma direção arbitrária, enquanto a Figura 2.1b mostra o raio luminoso correspondente.

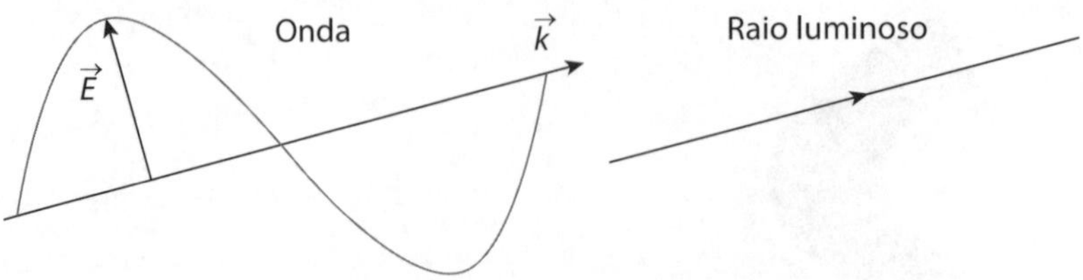

Figura 2.1 – Onda × raio luminoso.

2.3 PRINCÍPIO DE HUYGENS

Proposto pelo cientista holandês Christiaan Huygens em 1678, esse princípio é útil na descrição da propagação da luz e de fenômenos como a refração e a reflexão. Esse princípio aplica-se a qualquer tipo de onda, como as mecânicas e as eletromagnéticas. De acordo com Huygens, uma frente de onda é formada por infinitas fontes pontuais de frentes de onda esféricas coerentes. Devemos, antes de tudo, esclarecer o que é uma frente de onda, para depois entendermos melhor o princípio de Huygens propriamente dito.

Uma frente de onda é o lugar geométrico onde todos os pontos da onda têm a mesma fase. Como exemplo, a Figura 2.2a mostra a foto de uma onda formada na superfície da água. Nota-se que o ponto A encontra-se numa crista da onda, e que o ponto A' encontra-se na mesma crista, diametralmente oposto ao ponto A. Portanto, A e A' têm a mesma fase, assim como todos os pontos pertencentes à mesma circunferência. Dessa forma, a frente de onda formada na superfície da água é circular. Os pontos B e B', assim como todos os pontos que compartilham com eles a mesma circunferência, fazem parte da próxima frente de onda circular. Se a fase da frente de onda dos pontos A e A' é, digamos, π, então a fase da frente de onda dos pontos B e B' é 2π, dos pontos C e C' é 3π, dos pontos D e D' é 4π, e assim por diante, como mostrado na Figura 2.2b.

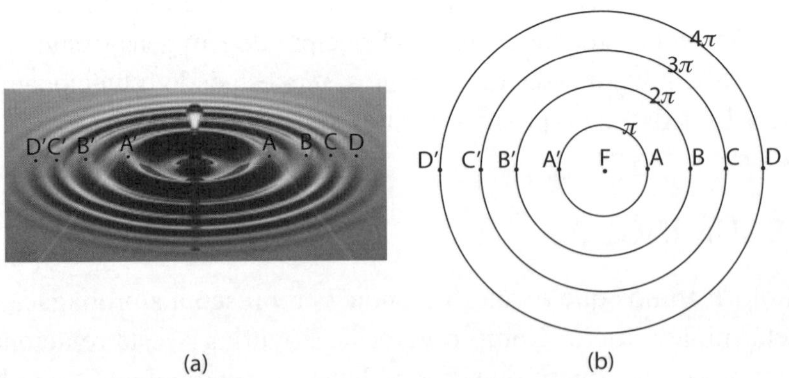

Figura 2.2 – (a) Ondas na superfície de um líquido; (b) frentes de onda circulares.

Quando a onda se propaga no espaço tridimensional, as frentes de onda são definidas por superfícies cujos pontos possuem a mesma fase. Dessa forma, uma fonte pontual de luz produz frentes de onda esféricas, enquanto um feixe de luz formado de raios paralelos produz frentes de onda planas.

Segundo o princípio de Huygens, cada frente de onda – que chamaremos a partir de agora de *frente de onda primária* – é formada por infinitos pontos emissores de frentes de onda esféricas. As ondas produzidas por estes emissores pontuais, chamadas de *frentes de onda secundárias*, somam-se e reforçam-se umas às outras, vindo a gerar a próxima frente de onda primária. Desta nova frente de onda, ondas esféricas geradas pelas fontes pontuais produzem a próxima frente de onda primária, e assim sucessivamente, como mostra a Figura 2.3. A Figura 2.3a mostra as frentes de onda secundárias que resultam em uma frente de onda primária plana (que, devido ao desenho bidimensional, aparecem como frentes retas), enquanto a 2.3b mostra o mesmo processo para frentes de onda primárias esféricas (que no desenho aparecem como circulares). Nota-se que as frentes de onda, por serem superfícies de fase constante, são sempre perpendiculares aos raios luminosos.

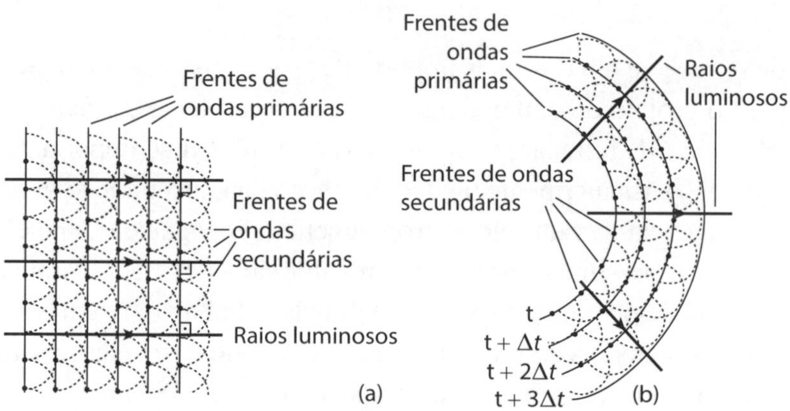

Figura 2.3 – Propagação de ondas segundo o princípio de Huygens; (a) frentes de onda plana; (b) frentes de onda esférica.

2.4 ÍNDICE DE REFRAÇÃO: PROPAGAÇÃO DA LUZ EM MEIO MATERIAL

No Capítulo 1, estudamos ondas eletromagnéticas planas. A equação diferencial que permite obter a função que descreve a onda plana que se propaga ao longo da direção x no vácuo é dada por

$$\frac{\partial^2 E}{\partial x^2} = \mu_0 \varepsilon_0 \frac{\partial^2 E}{\partial t^2}, \tag{2.1}$$

em que ε_o é a permissividade elétrica e μ_o é a permeabilidade magnética no vácuo, de modo que a velocidade da luz neste meio é $c = (\mu_o \varepsilon_o)^{-1/2}$. Quando a luz se propaga em um meio material com outros valores de permissividade elétrica e permeabilidade magnética, a equação de onda (2.1) passa a ser

$$\frac{\partial^2 E}{\partial x^2} = \mu\varepsilon \frac{\partial^2 E}{\partial t^2}, \tag{2.2}$$

e a velocidade da luz nesse meio é dada por $v = (\mu\varepsilon)^{-1/2}$. Define-se o *índice de refração n* de um meio como a razão entre a velocidade da luz no vácuo e a velocidade da luz neste meio:

$$n = \frac{c}{v} = \sqrt{\frac{\mu\varepsilon}{\mu_0\varepsilon_0}} \tag{2.3}$$

O índice de refração é um dos mais importantes parâmetros de um meio óptico, sendo fundamental para o projeto de componentes ópticos como lentes, prismas, fibras ópticas etc. A medida do índice de refração, a refratometria, é um recurso importante para a caracterização de líquidos, particularmente na determinação da concentração de solutos em um solvente. Cada frequência da radiação eletromagnética propaga-se no meio com uma velocidade característica, possuindo, portanto, um valor característico de índice de refração. Esse fenômeno é conhecido como *dispersão*. A Tabela 2.1 abaixo mostra valores de índice de refração de alguns materiais comumente usados em óptica para o comprimento de onda de lâmpada de sódio, com comprimento de onda em torno de 589 nm.

Tabela 2.1 –Valores de índice de refração de alguns materiais

Material	n
Vácuo	1
Ar (a 0 °C e 1 atm)	1,00029
Água	1,332
Etanol	1,361
Vidro NBK7	1,513
Vidro N LaK 33A	1,754
NaCl	1,544

2.5 LEI DE REFRAÇÃO/LEI DE SNELL

A refração é o fenômeno por meio do qual a luz propaga-se de um meio para outro. O que caracteriza esse meio é justamente o seu índice de refração. A lei de refração, ou lei de Snell, proposta de forma empírica no século XVIII pelo holandês Willebrord Snellius, descreve o comportamento dos raios de luz devido à refração. A Figura 2.4 mostra um raio que incide sobre uma interface plana que divide dois meios 1 e 2, de índices de refração n_1 e n_2. No caso, consideremos $n_2 > n_1$. A reta normal é a reta imaginária perpendicular à interface. O ângulo entre a direção de propagação do raio incidente na interface e a reta normal é o *ângulo de incidência* θ_1; o *ângulo de refração* θ_2 é o ângulo entre o raio refratado e a reta normal. De acordo com a lei de Snell,

$$n_1 sen\theta_1 = n_2 sen\theta_2 . \tag{2.4}$$

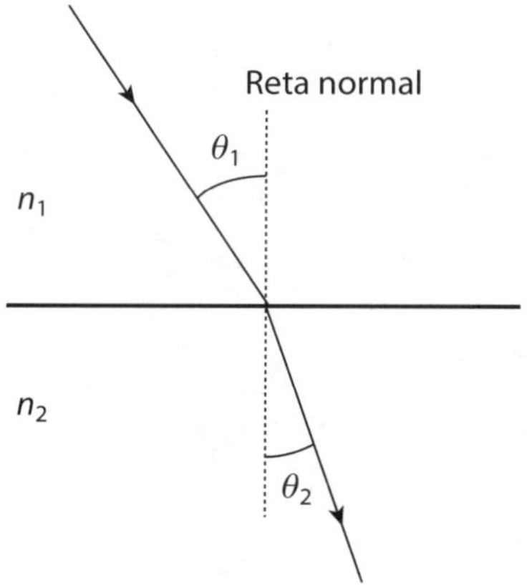

Figura 2.4 – Raio incidindo em interface plana para $n_2 > n_1$.

Com o auxílio do princípio de Huygens, podemos chegar à relação da lei de Snell acima. A Figura 2.5 mostra um feixe de raios paralelos – também chamado de *feixe colimado* – que incide sobre uma interface plana que divide dois meios de índices de refração n_1 e n_2, tais que $n_2 > n_1$. Os raios paralelos estão representados pelas duas retas pontilhadas, enquanto a frente de onda plana é representada, no desenho bidimensional, por retas perpendiculares aos raios. A partir de cada frente de onda, o desenho mostra frentes de onda secundárias esféricas que são sucessivamente geradas e que produzem a frente de onda primária plana seguinte. Esta frente de onda primária sempre tangencia as frentes de onda secundárias. Admitamos que as frentes de onda plana sejam produzidas em intervalos de tempo iguais Δt. O plano do papel que é perpendicular à interface e que é definido pelas direções dos raios incidente e refratado é o *plano de incidência*.

Num dado instante t, as fontes pontuais A e B emitem simultaneamente ondas esféricas que se propagam com velocidade v_1 e formam, no instante subsequente, $t + \Delta t$, a próxima frente de onda plana. De acordo com a equação (2.3), a velocidade da onda no meio 1 é $v_1 = c / n_1$, e a distância entre as frentes de onda consecutivas é $R_1 = v_1 \Delta t = c\Delta t / n_1$. Na nova frente de onda, suponhamos que a fonte pontual A' encontra-se exatamente sobre o plano da interface entre os meios 1 e 2, enquanto o ponto B' ainda está no meio 1, como na Figura 2.5. Quando A' e B' emitem ondas esféricas simultaneamente, a onda gerada por A' já se propaga no meio 2 com velocidade $v_2 = c / n_2$, enquanto a onda esférica produzida por B', no meio 1, propaga-se ainda com velocidade v_1. Dessa forma, durante o intervalo de tempo Δt, o avanço sofrido pela onda no meio 1 é R_1, enquanto a onda 2 avança $R_2 = c\Delta t / n_2$, sendo $R_2 < R_1$, já que $n_2 > n_1$. A próxima frente de onda plana formada é a envoltória que contém os pontos A" e B", que *não é paralela* à frente formada por A' e B'. Com isso, as direções de propagação das ondas no meio 1 e no meio 2 são diferentes, como mostra a Figura 2.5.

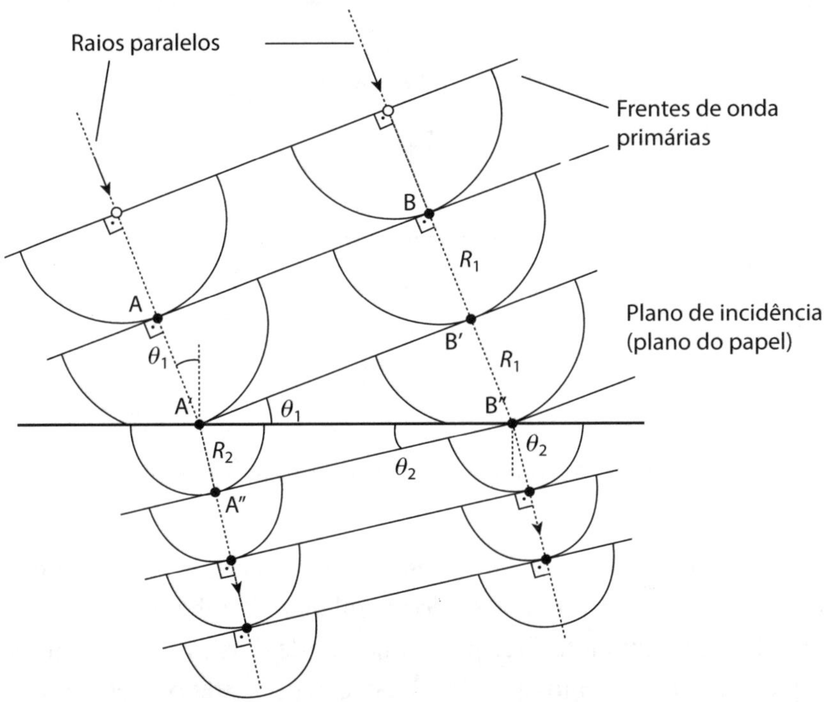

Figura 2.5 – Lei de Snell segundo o princípio de Huygens.

Com o auxílio dos triângulos A'B'B" e A'A"B", que possuem a mesma hipotenusa A'B", podemos encontrar uma relação entre os ângulos de incidência e de refração, respectivamente θ_1 e θ_2. De acordo com a Figura 2.5,

$$sen\theta_1 = \frac{B'B''}{A'B''} = \frac{R_1}{A'B''} = \frac{v_1\Delta t}{A'B''}, \text{ e} \tag{2.5a}$$

$$sen\theta_2 = \frac{A'A''}{A'B''} = \frac{R_2}{A'B''} = \frac{v_2\Delta t}{A'B''} \tag{2.5b}$$

Das equações anteriores, temos

$$\frac{\Delta t}{A'B''} = \frac{sen\theta_1}{v_1} = \frac{sen\theta_2}{v_2} \tag{2.6}$$

Substituímos na equação (2.6) $v_1 = c/n_1$ e $v_2 = c/n_2$, para chegamos afinal à equação (2.4):

$$n_1 sen\theta_1 = n_2 sen\theta_2$$

A Figura 2.6 ilustra a situação em que o meio 2 tem índice de refração menor que o do meio 1. Sendo $n_2 < n_1$, então $sen\theta_1 < sen\theta_2 \Rightarrow \theta_1 < \theta_2$, e consequentemente o raio refratado distancia-se angularmente da normal.

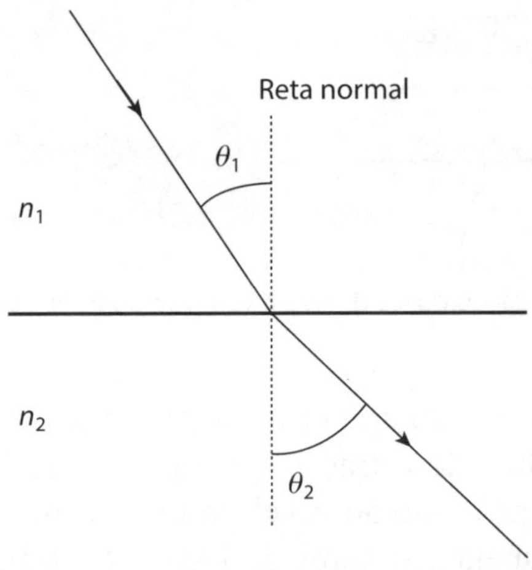

Figura 2.6 – Raio incidindo em interface plana para $n_1 > n_2$.

Os efeitos de desvio angular da luz refratada não raramente produzem alguns efeitos interessantes e às vezes até nos pregam algumas peças. Isso decorre do fato de que todo observador humano tem a convicção de que a luz sempre se propaga em linha reta, o que não necessariamente é verdade. Um caso comum é o de um objeto parcialmente submerso na água, cujas linhas retas surgem descontínuas, como mostrado na Figura 2.7a. A Figura 2.7b ilustra o caso clássico do indígena ao observar o peixe submerso na água. O raio de luz oriundo do peixe atinge o olho do observador depois de desviado por refração na interface água/ar. Aos olhos do observador, a imagem do peixe forma-se por meio do prolongamento dos raios que emergem da interface (linha pontilhada). Dessa forma, como mostra a figura, o observador tem a sensação (errônea) de que o peixe está acima de sua posição real.

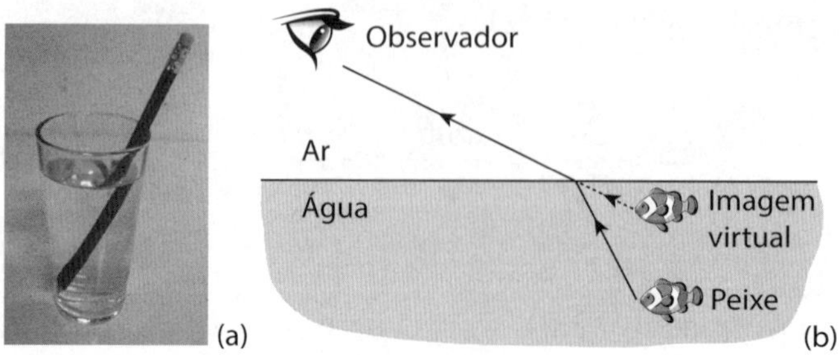

Figura 2.7 – (a) Desvio de raios luminosos quando um objeto está submerso em água; (b) formação de imagem virtual devido à refração da luz na água.

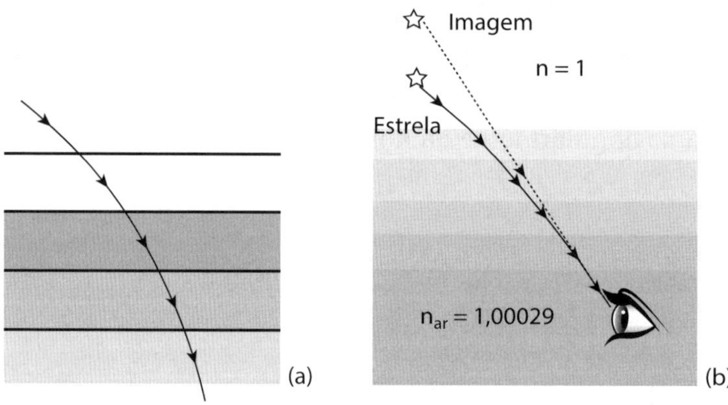

Figura 2.8 – Desvio da propagação da luz devido à variação do índice de refração do ar na atmosfera.

A refração também pode induzir a erros de observação e determinação da posição angular de estrelas. O índice de refração no espaço sideral é 1 (vácuo). Como o ar atmosférico é mais denso próximo ao nível do mar, o índice de refração é máximo a essa altitude (segundo a Tabela 2.1, cerca de 1,00029, a 0 ºC), e diminui para altitudes maiores, aproximando-se de 1 nas camadas superiores da atmosfera. Podemos descrever o caminho de um raio de luz tomando como base o caso mostrado na Figura 2.8a. Um raio luminoso passa por sucessivas camadas de mesma espessura de materiais cujos índices de refração aumentam à medida que a luz avança. Na figura, camadas mais escuras têm maiores índices de refração. Observa-se que a luz sofre sucessivos desvios, e, no limite de infinitas camadas com índices de refração crescentes, a luz tende a propagar-se na vertical. Para explicar o que ocorre com a luz emitida por uma estrela até os olhos (ou telescópio) de um observador, podemos recorrer a esse mesmo modelo, como mostrado na Figura 2.8b. Apesar de essa figura mostrar esquematicamente o ar atmosférico dividido em camadas, devemos ter em mente que o índice de refração da atmosfera cresce de maneira contínua à medida que a luz atravessa a atmosfera rumo ao solo terrestre. A luz proveniente da estrela, mostrada pela linha cheia nessa figura, sofre uma contínua alteração no seu sentido de propagação até atingir o observador. Este, por sua vez, vê a estrela como se a luz por ela originada se propagasse em linha reta – linha pontilhada na figura. Dessa forma, o observador vê a imagem da estrela formar-se acima da estrela real.

Outro efeito bastante comum decorrente da refração é a chamada miragem. O princípio do fenômeno está mostrado na Figura 2.9a, no qual um raio luminoso incide obliquamente sobre uma série de camadas cujos índices de refração diminuem à medida que a luz avança. Nesse caso, a luz tende a se propagar afastando-se angularmente da reta normal em cada interface. Em dias quentes e ensolarados, o índice de refração do ar ao nível do solo mais quente é menor do que nas regiões alguns metros acima. A Figura 2.9b mostra o que ocorre com dois raios oriundos do topo do objeto. O raio que se propaga na horizontal não experimenta qualquer gradiente de índice de refração, e, portanto, propaga-se em linha reta. Já o raio que inicialmente se propaga de forma oblíqua em relação ao nível do solo passa por regiões onde o índice de refração gradativamente diminui, progressivamente sofrendo, portanto, desvios de maneira a se propagar de forma curvilínea, até atingir o observador. Este, assim como nas Figuras 2.7b e 2.8b, tem sempre a sensação de que a luz que o atinge propagou-se em linha reta e, dessa forma, acredita que imagem que ele vê foi gerada pelos raios luminosos representados pela linha pontilhada. Assim, o observador vê duas imagens: a imagem "correta", cuja posição coincide com a posição real do objeto, e uma imagem invertida.

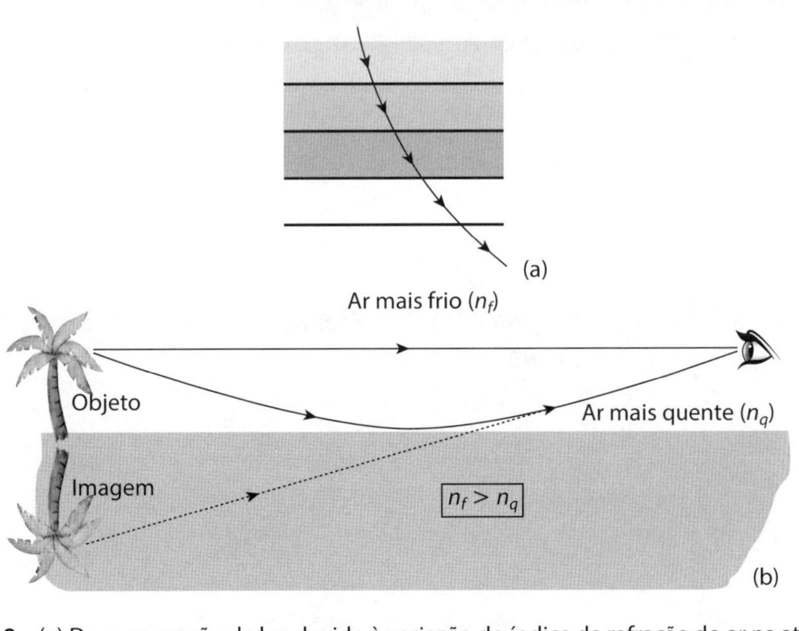

Figura 2.9 – (a) Da propagação da luz devido à variação do índice de refração do ar na atmosfera; (b) formação de miragem.

2.6 LEI DA REFLEXÃO

O princípio de Huygens permite descrever o processo de reflexão de uma onda por uma interface entre dois meios de diferentes índices de refração. A Figura 2.10 mostra uma onda plana propagando-se por um meio homogêneo de índice de refração n que incide sobre uma interface plana. Como na análise da lei de refração, representamos como uma reta a frente de onda perpendicular ao plano do papel. Na Figura 2.10a, as fontes pontuais A e B emitem simultaneamente num dado instante t duas ondas esféricas. A próxima frente de onda primária plana tangencia as frentes esféricas nos pontos A' e B' no instante subsequente $t + \Delta t$. Consideremos que o ponto A' localiza-se no plano refletor. Nesse instante, os pontos A' e B' emitem também simultaneamente duas ondas de frentes esféricas. A onda emitida por B' propaga-se ao encontro da interface refletora, enquanto a onda emitida por A' afasta-se dela. No instante $t + 2\Delta t$, a próxima frente de onda plana primária tangencia os pontos A" e B", formando a luz refletida, como mostrado na Figura 2.10b. A velocidade da luz incidente e da luz refletida é a mesma, já que ambas propagam-se no mesmo meio, de forma que o raio das ondas esféricas produzidas pelas fontes pontuais nos intervalos de tempo Δt, tanto as refletidas quanto as incidentes, é $R = v\Delta t = c\Delta t / n$. O ângulo θ entre a frente de onda plana incidente e a superfície refletora é também o ângulo de incidência, o mesmo valendo para o ângulo de reflexão θ_R, como mostra a Figura 2.10.

Comparando os triângulos retângulos A'B'B" (Figura 2.10a) e A'A"B" (Figura 2.10b), nota-se que ambos têm a mesma hipotenusa A'B" e que o cateto menor de ambos vale R, de onde se conclui que esses triângulos têm dimensões idênticas e que, portanto,

$$\theta = \theta_R \tag{2.7}$$

A equação (2.7) acima expressa a lei da reflexão, segundo a qual o ângulo de incidência é igual ao ângulo de reflexão.

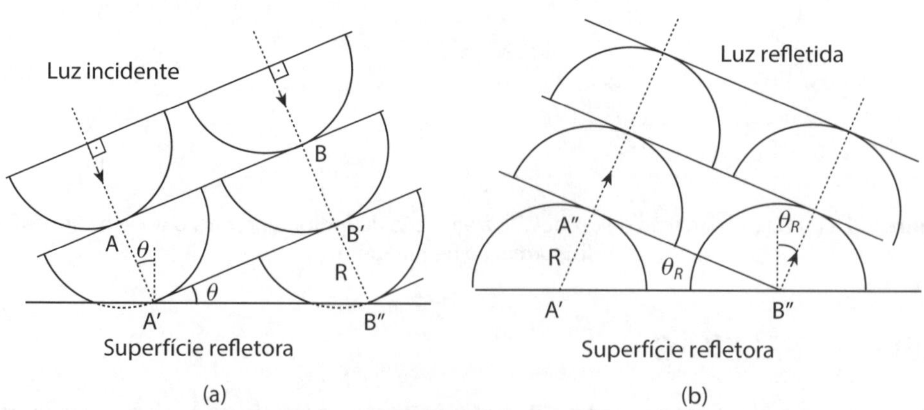

Figura 2.10 – Lei da reflexão segundo o princípio de Huygens.

2.7 REFLEXÃO INTERNA TOTAL

Suponhamos a situação mostrada na Figura 2.11, na qual um raio de luz se propaga na água e incide na interface água/ar. A água tem índice de refração (n_1 = 1,33) maior que o do ar (n_2 = 1,00). De acordo com a lei de Snell ($n_1 sen\theta_1 = n_2 sen\theta_2$), como $n_1 > n_2$, o ângulo de refração θ_2 da luz é maior que o ângulo de incidência θ_1, como mostrado na Figura 2.11a. Há um determinado ângulo de incidência, chamado de *ângulo crítico* θ_c, para o qual o ângulo de refração é 90º. Nessa condição, não há refração a rigor, pois a luz propaga-se ao longo do plano da interface, situação mostrada na Figura 2.11b. Para ângulos de incidência maiores que o ângulo crítico, não há luz refratada, de modo que toda a luz que incide sobre a interface é completamente refletida. Esse fenômeno é chamado de *reflexão interna total*.

Numa interface que separa dois meios de índices de refração n_1 e n_2, o ângulo crítico é obtido a partir da lei de Snell, impondo-se que $\theta_2 = 90^o$:

$$n_1 sen\theta_c = n_2 sen 90^o \Rightarrow sen\theta_c = \frac{n_2}{n_1} \Rightarrow \theta_c = arcsen\frac{n_2}{n_1} \quad (2.8)$$

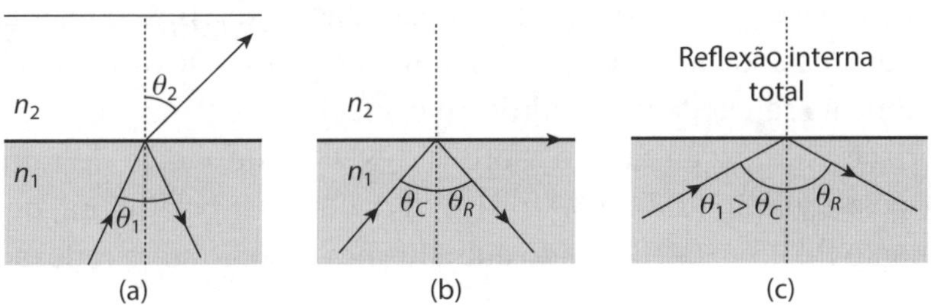

Figura 2.11 – Reflexão interna total.

Pela equação (2.8), fica claro que o ângulo crítico existe apenas em casos em que $n_2 < n_1$, ou seja, a reflexão interna total ocorre apenas quando a luz passa de um meio mais refringente (de maior índice de refração) para outro menos refringente.

A reflexão interna total encontra inúmeras aplicações tecnológicas. O guiamento de ondas luminosas numa fibra óptica é um dos exemplos mais importantes. A fibra é composta de um núcleo, por onda a luz se propaga, e por um revestimento. Num caso típico de fibra para comunicações ópticas, com luz de comprimento de onda 1.500 nm, o núcleo é constituído de sílica fundida dopada, com índice de refração 1,4475, enquanto o revestimento, de sílica fundida pura, tem índice 1,444. Dessa forma, o material da fibra é mais refringente que o revestimento, condição que permite a reflexão interna total. O ângulo crítico nesse caso é $\theta_C = arcsen(1,444/1,4475) \approx 86°$. Usualmente, o feixe laser é injetado à entrada da fibra por meio de uma lente divergente de pequeno comprimento focal. Devido à sua geometria, o feixe divergente que se propaga pela fibra incide sobre as suas paredes com ângulos maiores de 86º, o que garante a reflexão interna total e permite, portanto, o confinamento do feixe no interior da fibra durante a sua propagação, como mostra a Figura 2.12.

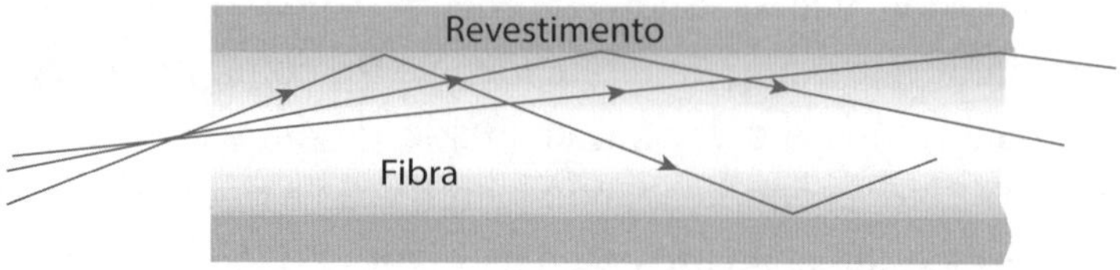

Figura 2.12 – Reflexão interna total na fibra óptica.

2.8 PRISMAS COMO ELEMENTOS REFLETORES

Prismas podem ser utilizados como elementos refletores baseados em reflexão interna total. A Figura 2.13 ilustra um exemplo no qual um raio luminoso incide normalmente em uma face (frontal) de um prisma reto triangular (cuja seção transversal possui um ângulo reto e dois ângulos de 45º) e depois na face posterior, cujo plano faz um ângulo de 45º com o plano da primeira face. Nessa configuração, para que haja reflexão interna total na face posterior, o ângulo de incidência θ no ponto P deve ser maior que o ângulo crítico θ_C. Essa condição é facilmente satisfeita para vidros tipicamente usados na confecção de prismas. Para uma interface vidro-ar na qual o vidro é o NBK7, de índice de refração 1,513, o ângulo crítico, pela equação (2.7), é $\theta_C = 41{,}4^o$. Pode-se ver, pela figura, que o ângulo de incidência no ponto P é $45^o > \theta_C$, de modo que a luz nesse ponto sofre reflexão interna total.

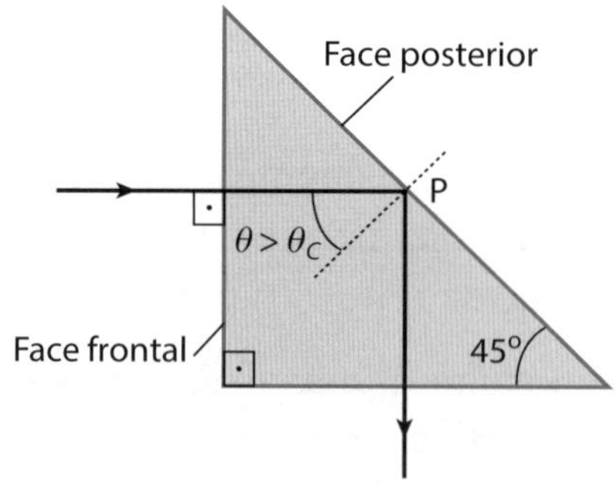

Figura 2.13– Reflexão interna total em um prisma.

A reflexão interna total em prismas permite que estes sejam usados como elementos refletores sem a necessidade de espelhamento das faces do prisma. Além disso, prismas podem ser facilmente confeccionados e integrados em dispositivos refletores compactos e robustos. Prismas refletores podem ser combinados de modo a atuar em periscópios, cujo princípio é ilustrado na Figura 2.14a, e como sistemas eretores, que promovem a inversão de imagens, como mostrado na Figura 2.14b: nessa configuração, nota-se que os raios emergem do conjunto de dois prismas invertidos em relação aos raios que nela incidem. Como consequência, o observador vê a imagem do objeto invertida. A Figura 2.14c ilustra o uso de um prisma reto, chamado de prisma de Porro,

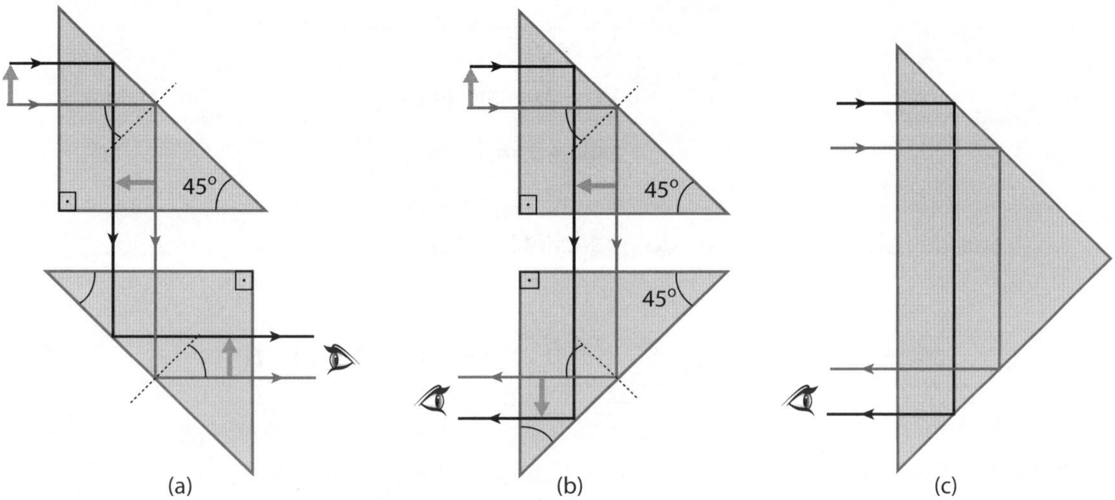

Figura 2.14 – Periscópio.

Exercício I

Mostre que o prisma reto da Figura 2.15 é um sistema de desvio constante, ou seja, um sistema no qual o raio incidente e o raio que dele emerge têm a mesma direção de propagação. Isso ocorre no plano de incidência, que coincide com o plano do papel.

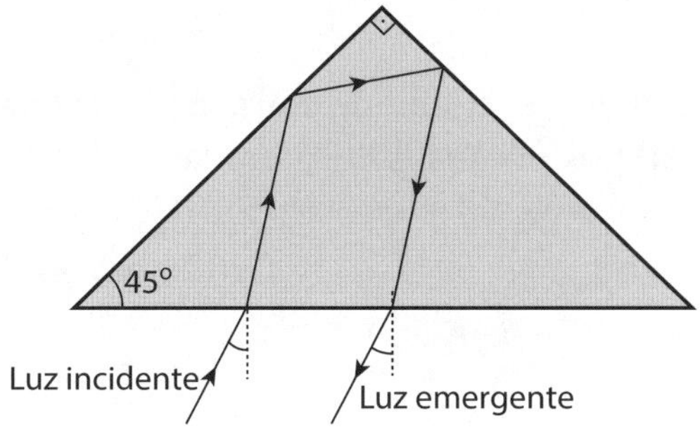

Figura 2.15 – Prisma reto como sistema de desvio constante.

Solução

Para mostrar que o prisma reto é um sistema de desvio constante, basta mostrar que o ângulo de incidência θ do raio no prisma da Figura 2.16 é igual ao ângulo de saída γ'. Admitimos também que o raio sofre reflexão interna nos pontos B e D.

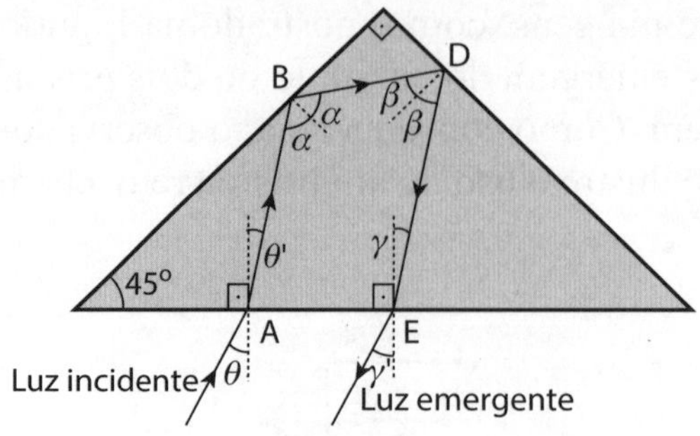

Figura 2.16

A soma dos ângulos internos do quadrilátero ABDE é 360º:

$$90-\theta'+2\alpha+2\beta+\gamma+90=360 \Rightarrow \theta'-\gamma=2(\alpha+\beta)-180, \tag{2.9}$$

enquanto a soma dos ângulos internos do triângulo BCD é

$$90-\alpha+90-\beta+90=180 \Rightarrow \alpha+\beta=90. \tag{2.10}$$

A substituição de $\alpha+\beta$ da equação (2.10) na equação (2.9) resulta em

$$\theta'=\gamma. \tag{2.11}$$

Admitamos que o prisma, de índice de refração *n*, esteja circundado pelo ar, de modo que, pela lei de Snell nos pontos A e E, tem-se

$$sen\theta = nsen\theta' \text{ e} \tag{2.12a}$$

$$nsen\gamma = sen\gamma'. \tag{2.12b}$$

Combinando as equações (2.12a) e (2.12b), chega-se finalmente a

$$\theta=\gamma'. \tag{2.13}$$

Com efeito, mostramos que a luz que emerge do prisma reto propaga-se na mesma direção da luz incidente, mas no sentido contrário.

Exercício II

Um raio de luz monocromática, inicialmente no ar, incide sobre um prisma reto no ponto P (ver Figura 2.17), sendo então refratado. No ponto Q, ocorre outro processo de refração, de tal modo que o raio tangencia a superfície do lado direito do prisma, após emergir para o ar no ponto Q. A face do ponto Q encontra-se em contato com a água, de índice de refração 1,33. Se $\theta = 60^o$, determine o índice de refração *n* do prisma.

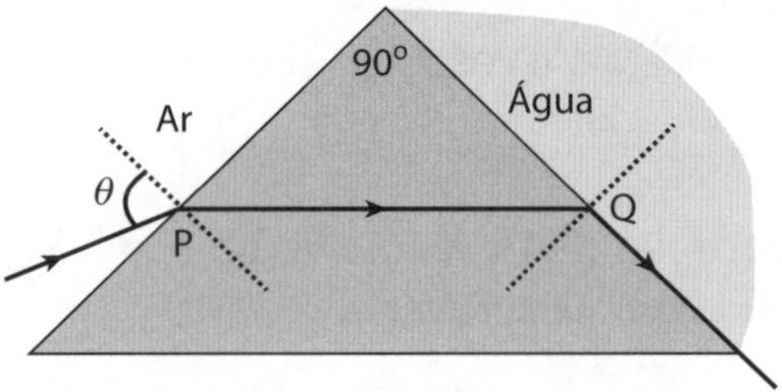

Figura 2.17 – Raio propagando-se no prisma.

Solução

No ponto P, a lei de Snell fornece:

$$sen\theta = nsen\theta' \cdot \qquad (2.14)$$

O raio emerge do prisma no ponto Q, propagando-se paralelamente à face posterior do prisma, em contato com a água. A lei de Snell nesse ponto será:

$$nsen\alpha = n_{ag} sen 90^o \Rightarrow nsen\alpha = n_{ag} \,. \qquad (2.15)$$

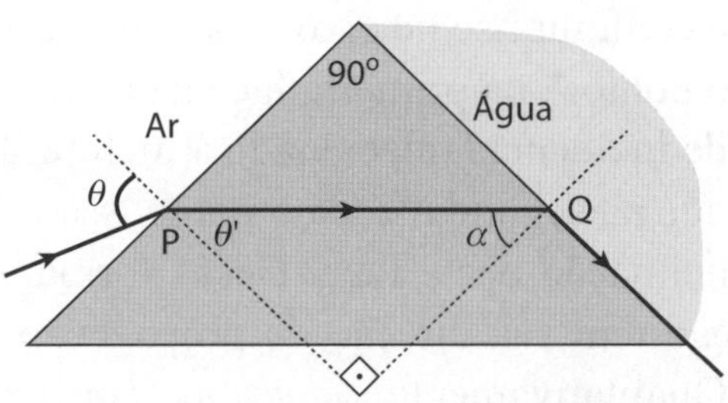

Figura 2.18

A Figura 2.18 mostra que os ângulos θ' e α são ângulos de um triângulo retângulo, e se relacionam como

$$\theta' + \alpha = 90^o \cdot$$

Assim,

$$sen\alpha = sen(90 - \theta') = \cos\theta',$$

de forma que a lei de Snell (2.15) no ponto Q assume a forma

$$n\cos\theta' = n_{ag}\,. \tag{2.16}$$

Isolamos $sen\theta'$ na equação (2.14) e $\cos\theta'$ na equação (2.16) e nos valemos da identidade $sen^2\theta' + \cos^2\theta' = 1$ para escrever

$$\frac{sen^2\theta}{n^2} + \frac{n_{ag}^2}{n^2} = 1 \Rightarrow n = \sqrt{sen^2 60^o + n_{ag}^2} \Rightarrow$$

$$n = 1{,}59\,.$$

2.9 LENTES

Lentes são componentes ópticos capazes de convergir ou divergir feixes luminosos. Uma das consequências dessa propriedade é a capacidade desses elementos de formar imagens. A imensa maioria das lentes é feita de vidro transparente e tem faces esféricas, côncavas ou convexas, e também faces planas. A Figura 2.19 usa como exemplo uma lente biconvexa para mostrar o princípio pelo qual a lente desvia o caminho dos raios luminosos. Esta figura mostra a metade superior da lente sob a incidência de um feixe colimado. O *eixo óptico* do sistema é a reta imaginária perpendicular a ambas as faces da lente, e configura-se no eixo de simetria do sistema óptico. O raio 1, mais periférico, incide no ponto A na primeira face da lente na sua região superior sob um determinado ângulo de incidência relacionado à inclinação da face. O raio refratado atravessa a lente e incide na segunda face no ponto A' sob um ângulo de incidência também relacionado à inclinação desta face. Dessa forma, o raio que emerge deste duplo processo de refração tem sua direção de propagação relacionada à inclinação das duas faces da lente. Qualitativamente, o mesmo ocorre com o raio 2 logo abaixo, mas como este raio passa pelos pontos B e B', em que as faces da lente têm inclinações menos pronunciadas do que nos pontos A e A’, este raio emerge da lente com inclinação menor em relação ao eixo óptico do que o raio 1. Os raios abaixo do raio 2 emergem da lente com inclinações ainda menos acentuadas, até o raio 3, que coincide com o eixo óptico do sistema. Por sua incidência normal em ambas as faces, este raio não sofre qualquer desvio. Abaixo do eixo óptico, os raios que incidem sobre a lente têm comportamento simétrico aos raios que incidem acima do eixo. Dessa forma, os raios provenientes de um feixe colimado tendem a convergir a um ponto no eixo óptico, o *ponto focal*, ou simplesmente *foco.*

Lentes que possuem uma das faces planas, chamadas de plano-convexas, e até lentes côncavo-convexas – desde que a face côncava tenha curvatura menos pronunciada do que a face convexa – produzem o mesmo efeito sobre raios paralelos que a lente da Figura 2.19.

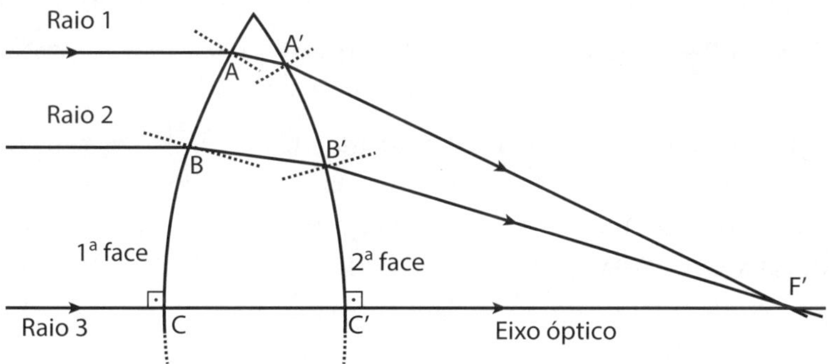

Figura 2.19 – Refração nas superfícies da lente positiva.

De uma fonte de luz pontual emergem infinitos raios. Dependendo de como uma dada fonte pontual A é posicionada em relação a uma lente, uma parcela destes raios, ao passar por ela, converge num ponto A’, atrás da lente. A soma das intensidades de todas as ondas que convergem em A’ forma, neste ponto, a imagem do ponto A. Analogamente, uma fonte pontual B, coplanar ao ponto A, gera atrás da lente a imagem pontual B’, que é coplanar a A’. Dessa forma, os pontos A e B definem o *plano objeto*, enquanto os pontos A’ e B’ definem o *plano imagem*, como mostrado na Figura 2.20.

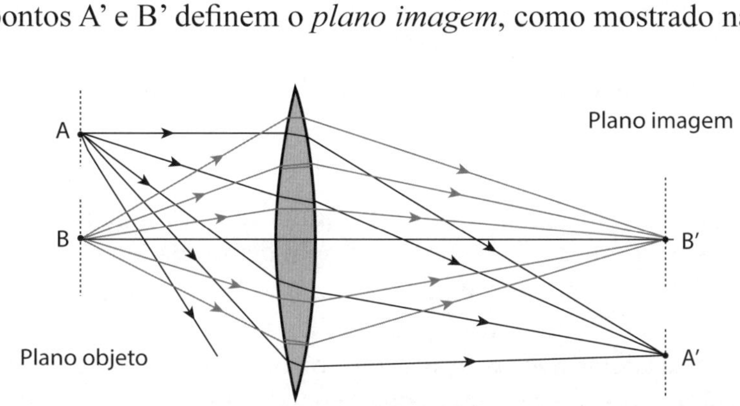

Figura 2.20 – Formação de imagem.

2.10 LENTES DELGADAS

As lentes delgadas caracterizam-se por terem uma espessura desprezível, ou, de forma mais rigorosa, por terem espessura muito menor que os raios de curvatura da lente. A lente delgada é formalmente tratada como um elemento capaz de desviar raios luminosos conforme determinadas leis. No que se refere à vergência, as lentes delgadas podem ser divididas em duas categorias: as lentes *convergentes* ou *positivas* e as lentes *divergentes* ou *negativas*.

2.10.1 LENTES DELGADAS CONVERGENTES OU POSITIVAS

As propriedades das lentes convergentes descritas a seguir valem para raios que têm pequenos ângulos em relação ao eixo óptico, tais que $\theta \approx sen\ \theta \approx tg\ \theta$ (θ em radianos). Esta é a chamada *aproximação paraxial*, que permite uma simplificação dos cálculos e tem aplicabilidade numa razoável quantidade de casos:

a) Como já foi mencionado e ilustrado na Figura 2.19, os raios que se propagam paralelamente ao eixo óptico, ao passarem por qualquer lente, e particularmente pela lente delgada, convergem todos no ponto focal traseiro F’, localizado sobre o eixo óptico, a uma distância f desta, chamada de *distância focal* ou *comprimento focal*, como mostrado na Figura 2.21; o ponto focal F’ pertence ao plano focal, perpendicular ao eixo óptico.

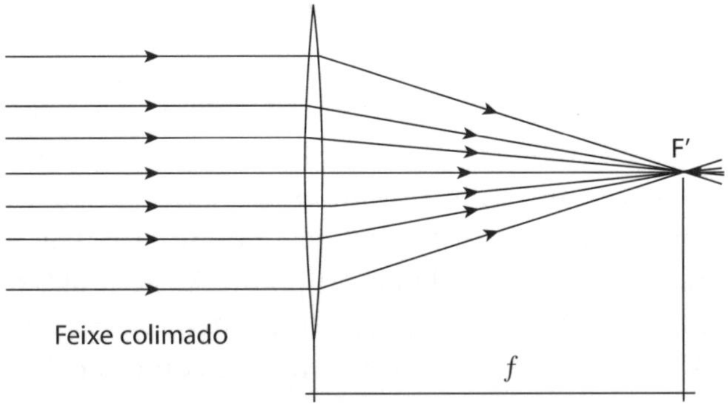

Figura 2.21 – Convergência de raios no ponto focal.

b) Todo raio que incide sobre a lente no ponto C, que é a interseção da face da lente com o eixo óptico, não sofre qualquer desvio, seja ele lateral ou angular. Em outras palavras, raios que passam pelo centro da lente *não* têm sua direção de propagação alterada. Esse tipo de raio é o chamado *raio principal*. Seu comportamento deve-se ao fato de que ambas as faces da lente próximas ao eixo óptico são paralelas. Dessa forma, o raio passa por duas etapas de refração sem desvios angulares, apenas um pequeno deslocamento lateral, que em lentes delgadas torna-se desprezível. O caminho é do raio é mostrado na Figura 2.2.

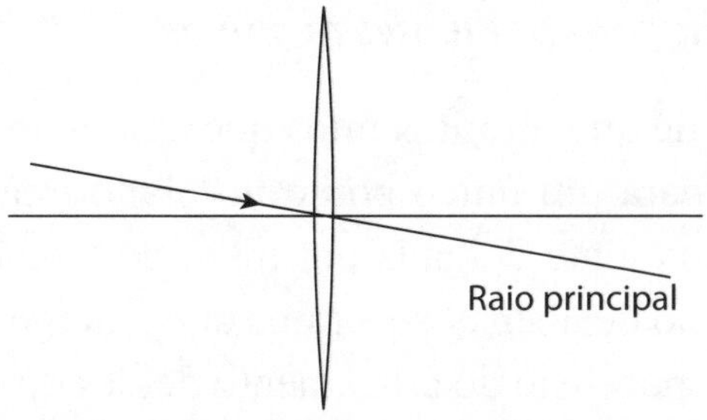

Figura 2.22 – Raio principal.

c) Raios que se propagam paralelamente entre si, mas que não são paralelos ao eixo óptico, ao passar pela lente, convergem todos num ponto situado no plano focal. Esse ponto de convergência H é o cruzamento do raio principal com o plano focal. A Figura 2.23 mostra o comportamento desses raios.

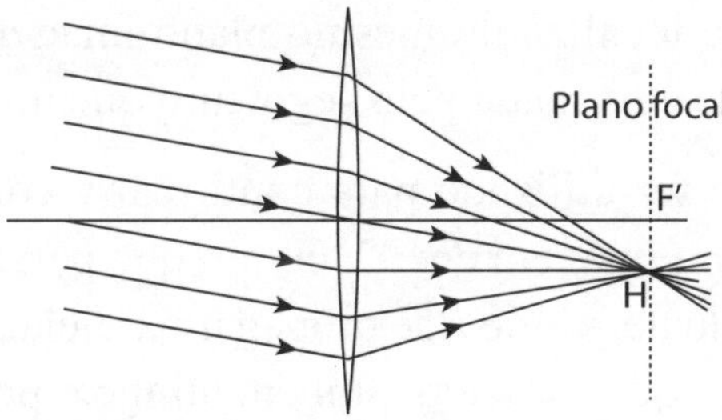

Figura 2.23 – Convergência de raios oblíquos no plano focal.

d) Na óptica geométrica os raios têm a propriedade da reversibilidade, pela qual o caminho descrito por um raio é o mesmo, independentemente do sentido da propagação. Dessa forma, como raios que incidem sobre a lente paralelamente ao eixo óptico convergem no ponto focal, também vale o contrário, ou seja, raios que divergem a partir do *ponto focal dianteiro* F e passam por uma lente positiva emergem dela propagando-se paralelamente ao eixo óptico, formando um feixe colimado, como mostrado na Figura 2.24.

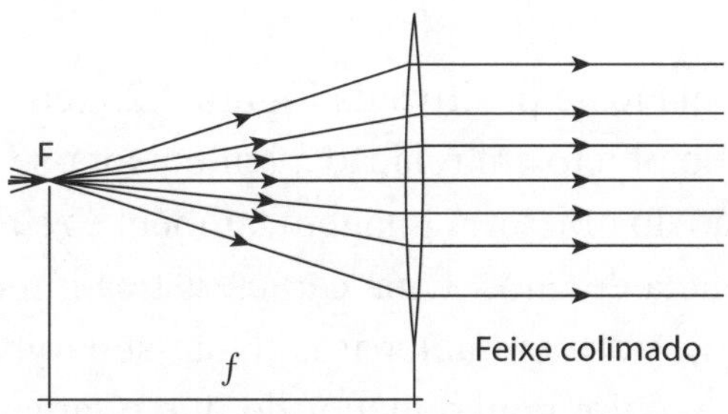

Figura 2.24 – Reversibilidade de raios.

2.10.1.1 Formação de imagens por lentes positivas

Usaremos o conceito de que infinitos raios que emergem de uma fonte pontual no plano objeto convergem para um único ponto no plano imagem para analisar a formação de imagens por uma lente delgada por meio do traçado de raios. Na verdade, precisamos saber o caminho de apenas dois raios que emergem do ponto objeto A para definir o ponto imagem A' por meio do cruzamento desses dois raios no plano imagem.

Dos infinitos raios originados do ponto A, que está no topo do objeto mostrado na Figura 2.25, dois deles têm caminhos conhecidos: o raio que se propaga paralelamente ao eixo óptico (chamado de "raio ∞" na figura) e o raio principal. Enquanto o primeiro passa pelo ponto focal traseiro F' atrás da lente, o raio principal que parte do ponto objeto A propaga-se sem sofrer qualquer desvio, lateral ou angular. O cruzamento de ambos os raios, atrás da lente, define o ponto imagem A'. Como o ponto B – localizado na parte inferior do objeto – encontra-se no mesmo plano que o ponto A, conclui-se que o ponto B' também se localiza no mesmo plano imagem que o ponto A'. Dessa forma, a imagem resultante é formada pelo segmento que une os pontos A' e B'.

Um terceiro raio pode ser utilizado para confirmar a convergência dos raios que emergem de A para formar a imagem em A'. O raio que passa pelo ponto focal frontal F sofre desvio ao atingir a lente, vindo a se propagar paralelamente ao eixo óptico atrás desta. A Figura 2.25 mostra que este raio também atinge o ponto A' no plano imagem.

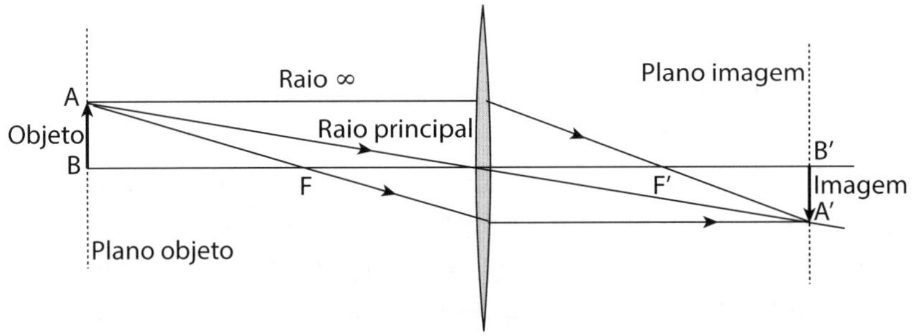

Figura 2.25 – Formação de imagens pela lente delgada positiva.

A imagem formada pela lente positiva da Figura 2.25 tem características que estão relacionadas à distância do objeto em relação à lente. Nota-se que a imagem é *invertida* em relação à orientação do objeto. A imagem também é *real*, pelo fato de ser formada por meio da convergência de raios. Uma característica importante de imagens reais é que elas podem ser projetadas em anteparos. Nota-se também, embora sutilmente, que o tamanho da imagem é um pouco menor do que o tamanho do objeto. Portanto, conclui-se que a imagem é *reduzida*.

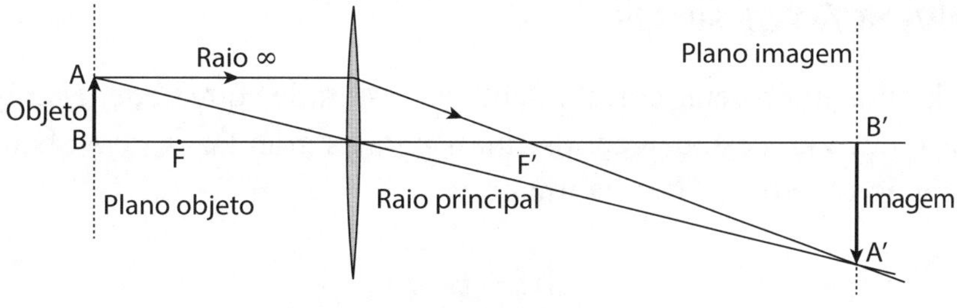

Figura 2.26

Na Figura 2.26 o objeto é deslocado para a direita, de forma a se aproximar da lente. Como na Figura 2.25, o ponto imagem A' é formado por meio da convergência do raio que se propaga paralelamente ao eixo óptico e que passa pelo ponto focal F' e do raio principal. Notam-se novamente os atributos dessa imagem: ela é *real*, por ser formada pela convergência dos raios; ela á *invertida*, já que A está acima de B no plano objeto, enquanto A' está abaixo de B' no plano imagem; ela é evidentemente *aumentada*.

Se deslocarmos um pouco mais o objeto, de maneira a posicioná-lo entre o ponto focal dianteiro e a lente, nota-se que os raios que temos utilizado para formar a imagem do objeto não mais convergem após a lente, como mostra a Figura 2.27. Ao contrário, divergem. No entanto, a experiência mostra que, mesmo em situações como esta, observa-se a formação de uma imagem. A imagem A' decorre do cruzamento dos prolongamentos dos raios divergentes. Da mesma forma, os raios originados do ponto B – não mostrados na figura – divergem atrás da lente, de modo que a imagem B' também é resultado do cruzamento dos prolongamentos desses raios. Por esse motivo, neste caso a imagem formada é *virtual*. Esse processo de formação de imagem é típico do posicionamento do objeto entre o ponto F e a lente. Nota-se também que a imagem é *direta* – A' está acima de B', assim como A está acima de B. Além disso, a imagem é *ampliada*, ou *aumentada*, ou seja, seu tamanho é maior que o do objeto.

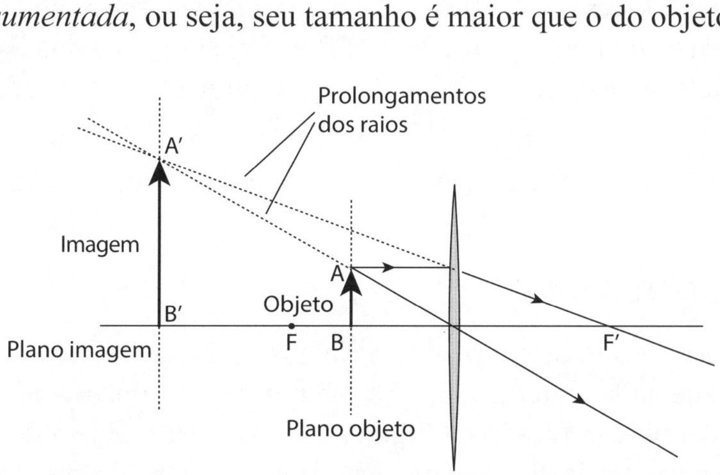

Figura 2.27 – Formação de imagem virtual pela lente positiva.

2.10.2 CONVENÇÃO DE SINAIS

Para podermos interpretar corretamente os resultados que podem ser quantitativamente obtidos, devemos estabelecer os sinais para as grandezas s e s', bem como para os tamanhos h do objeto e h' de sua imagem.

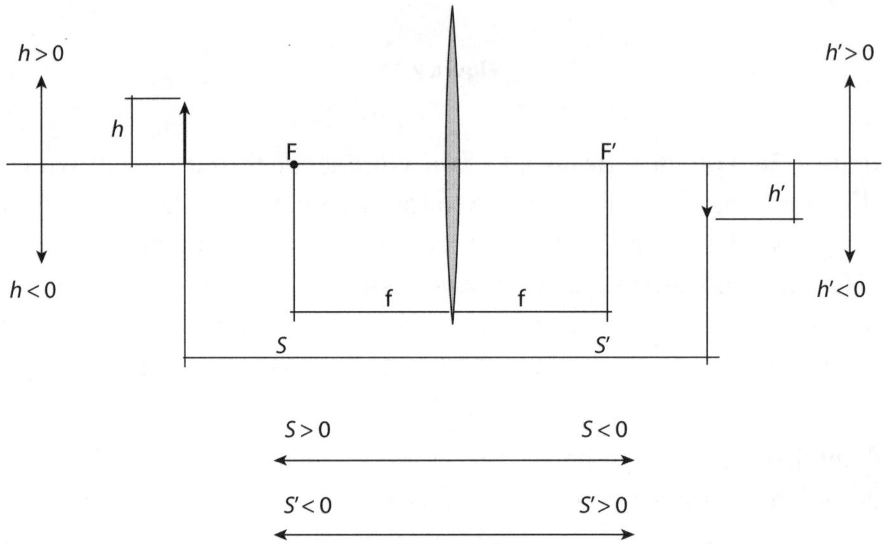

Figura 2.28 – Convenção de sinais.

Segundo o diagrama de sinais da Figura 2.28, a posição da lente no eixo óptico corresponde a $s = 0$ e a $s' = 0$. Quando o objeto está à esquerda da lente, $s > 0$, e quando está à direita, $s < 0$. Os sinais para s' são tais que $s' > 0$ quando a imagem se forma à direita da lente, e $s' < 0$ quando a imagem se forma à sua esquerda.

Na vertical, qualquer ponto localizado no eixo óptico, se for objeto, possui altura $h = 0$, e se for imagem, possui altura $h' = 0$. Para objetos acima do eixo óptico, $h > 0$, e para objetos colocados abaixo do eixo, $h < 0$. Se a imagem é formada acima do eixo óptico, temos $h' > 0$, e se ela é invertida, ou seja, abaixo do eixo óptico, $h' < 0$.

Se a lente é convergente ou positiva, $f > 0$; se é divergente ou negativa, $f < 0$.

2.10.3 EQUAÇÃO DE GAUSS

Esta equação permite determinar os atributos da imagem – real ou virtual, direta ou invertida, aumentada ou reduzida – e a sua posição em relação à lente. Consideremos o traçado de raios mostrado na Figura 2.29, na qual o objeto de altura h, a uma distância s da lente delgada, tem sua imagem formada a uma distância s' da lente, com altura h'. Pela semelhança dos triângulos retângulos ABC e A'B'C, pode-se escrever

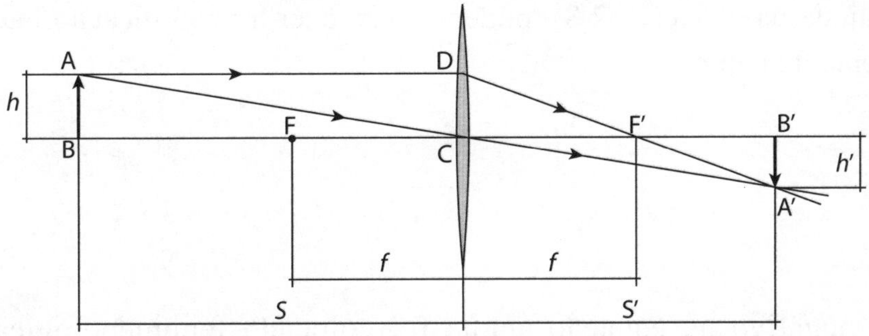

Figura 2.29

$$\frac{h'}{h} = \frac{s'}{s}. \tag{2.17}$$

Os triângulos CDF’ e A’B’F’ também são semelhantes. Note que $CD = h$ e que $F'B' = s' - f$ de modo que, das relações entre os lados desses triângulos, pode-se escrever

$$\frac{h'}{h} = \frac{s'-f}{f}. \tag{2.18}$$

Isolando-se o termo h'/h nas equações (2.8) e (2.9), obtém-se a equação de Gauss

$$\frac{1}{f} = \frac{1}{s} + \frac{1}{s'}, \tag{2.19}$$

em que $\phi = 1/f$ é a *potência* ou *vergência* da lente. Quando f é dado em metros, a potência é dada em dioptrias, ou *dp*. Uma forma útil de se expressar a equação de Gauss a partir da equação (2.10), é isolar a distância s' em função dos dados de entrada s e f:

$$s' = \frac{sf}{s-f}. \tag{2.20}$$

2.10.4 MAGNIFICAÇÃO LATERAL

A magnificação lateral é definida como a razão entre o tamanho da imagem h' e o tamanho do objeto h:

$$M = \frac{h'}{h}.$$

Com a ajuda da equação (2.8), podemos escrever a magnificação lateral de uma forma conveniente como

$$M = -\frac{s'}{s}. \tag{2.21}$$

O sinal negativo na equação acima foi colocado fenomenologicamente, levando-se em conta a convenção de sinais que utilizamos. Por exemplo, a imagem mostrada na Figura 2.29 tem magnificação lateral negativa, já que a imagem obtida está invertida em relação ao objeto, de forma que, enquanto $h > 0$, temos $h' < 0$. Entretanto, essa mesma figura mostra que, para a imagem obtida, s e s' são ambos positivos, de modo que a razão s'/s resultaria em um resultado positivo errado para a magnificação. Dessa forma, acrescenta-se o sinal negativo na equação (2.12). Um raciocínio análogo é válido quando imagens virtuais são produzidas pela lente, como na Figura 2.27.

Com o auxílio da equação (2.20), escrevemos a razão s'/s como

$$\frac{s'}{s} = \frac{f}{s-f},$$

De forma que a magnificação pode ser dada de uma forma muito conveniente como

$$M = \frac{f}{f-s}. \tag{2.22}$$

A expressão (2.22) permite-nos identificar com mais facilidade a relação entre a magnificação lateral, a posição s entre o objeto e a lente e seu comprimento focal f. Pode-se notar, por exemplo, que quando $f \to s$ o tamanho da imagem tende a infinito. Além disso, ainda nesse limite, quando $f \geq s$, temos $M \to +\infty$, e a imagem é virtual e direta; quando $f \leq s$, $M \to -\infty$, e a imagem é real e invertida. O traçado de raios quando $f = s$ é mostrado na Figura 2.30. Neste caso, os triângulos AFC e DCF' têm dimensões idênticas. Por isso, tanto o raio principal como o raio que passa pelo ponto F' propagam-se paralelamente, o que equivale a dizer que o módulo do tamanho da imagem é infinito tanto em $s' \to \infty$ como em $s' \to -\infty$.

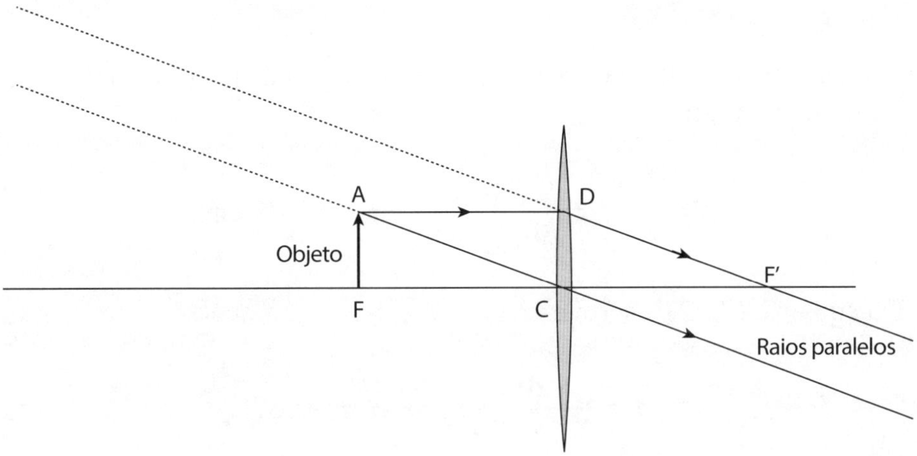

Figura 2.30 – Raios paralelos emergindo da lente.

Exercício III

Uma lente delgada de comprimento focal + 20,0 cm é usada para fazer a imagem de um objeto de altura 12,0 cm colocado a 50,0 cm da lente. Calcule:

a) a distância *s*' entre a imagem formada e a lente;

b) a magnificação lateral da imagem e o seu tamanho *h*';

c) o tipo de imagem formada;

d) a posição *s*' e o tamanho *h*' da imagem quando o objeto localiza-se a 8,0 cm da lente, considerando que o objeto é deslocado para a direita. Explique qual é o tipo de imagem formada.

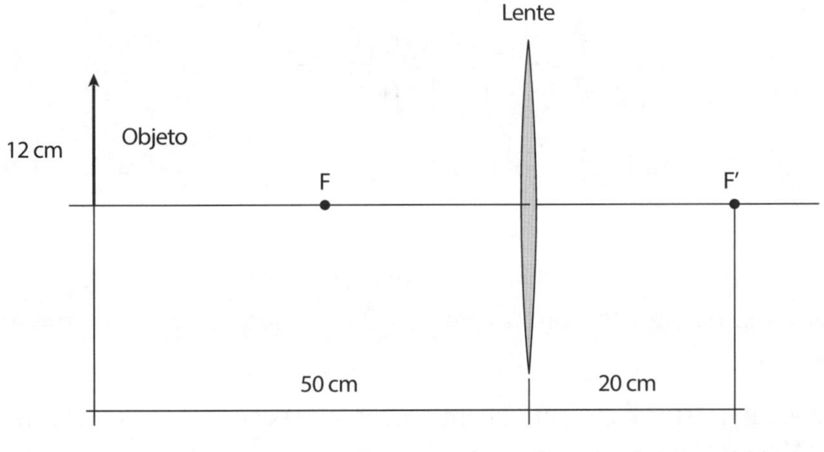

Figura 2.31

Solução

a) A distância s' é obtida imediatamente pela equação de Gauss na sua forma modificada (2.20):

$$s' = \frac{sf}{s-f} = \frac{20,0.50,0}{50,0-20,0} \Rightarrow s' = 33,3 \text{ cm.}$$

b) Da equação (2.22), escrevemos

$$M = \frac{20,0}{20,0-50,0} \Rightarrow M = -0,67$$

Esse resultado também pode ser obtido pela equação (2.21):

$$M = -\frac{s'}{s} = -\frac{33,3}{50,0} = -0,67$$

Da definição de magnificação lateral $M = \frac{h'}{h}$, podemos obter h' como

$$h' = h.M \Rightarrow h' = 12,0.(-0,67) = 8,0 \text{ cm}$$

c) A posição e a altura mostram que a imagem é formada atrás da lente ($s' > 0$), e de forma *invertida* ($h' < 0$, ou $M < 0$), como nas Figuras 2.25 e 2.29, o que é típico de uma *imagem real*. Além disso, como $|M| < 1$, conclui-se que a imagem é *reduzida*.

d) Novamente pela equação (2.20), obtém-se

$$s' = \frac{sf}{s-f} = \frac{20,0.8,0}{8,0-20,0} \Rightarrow s' = -13,3 \text{ cm},$$

e a magnificação lateral como $M = \frac{f}{f-s} = \frac{20,0}{20,0-8,0} \Rightarrow M = 1,67$

Note que a imagem é *direta* ($M > 0$) e *aumentada* $|M| > 1$. A imagem foi formada antes (à esquerda, de acordo com a Figura 2.27) da lente, de onde concluímos que a imagem é *virtual*.

Lentes podem possuir faces com geometrias distintas daquela mostrada na Figura 2.15. A Figura 2.32 mostra uma lente bicôncava, ou seja, com ambas as faces côncavas, sob a incidência de raios paralelos. Como consequência da curvatura da face de entrada, as retas normais possuem inclinações opostas às das faces da lente biconvexa, de modo que os raios que emergem dessa lente divergem a partir de um ponto, situado à esquerda da lente, como mostram as linhas pontilhadas da figura. Esse é o comportamento típico de lentes *divergentes* ou *negativas*. O ponto F de onde os raios da Figura 2.32 divergem é o ponto focal dessa lente.

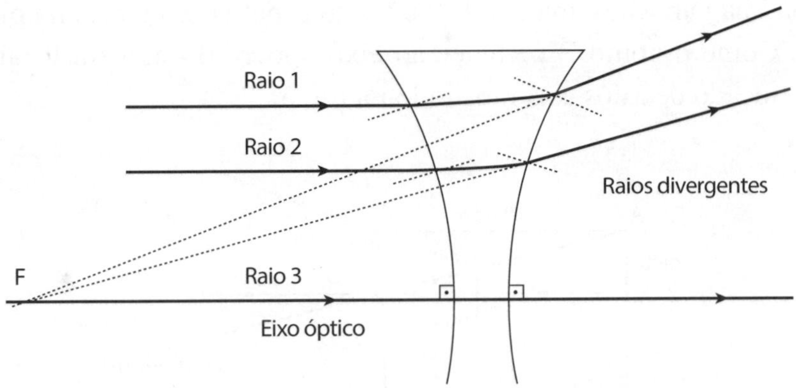

Figura 2.32 – Refração nas superfícies da lente negativa.

2.10.5 LENTES DELGADAS DIVERGENTES OU NEGATIVAS

Assim como as lentes delgadas positivas, as delgadas negativas têm espessura desprezível, se comparada aos raios de curvatura de suas faces. Assim como no caso das lentes positivas, há raios que podem determinar o traçado de raios para a obtenção de uma imagem por uma lente negativa.

Um destes raios é o raio principal, que passa pela lente sem desvio lateral ou angular, como mostra a Figura 2.33a. Outro raio é aquele que incide sobre a lente propagando-se paralelamente ao eixo óptico, mostrado na Figura 2.33b. Esse raio apresenta uma inclinação positiva ao passar pela lente. Seu prolongamento, mostrado pela linha pontilhada, passa pelo ponto focal dianteiro F.

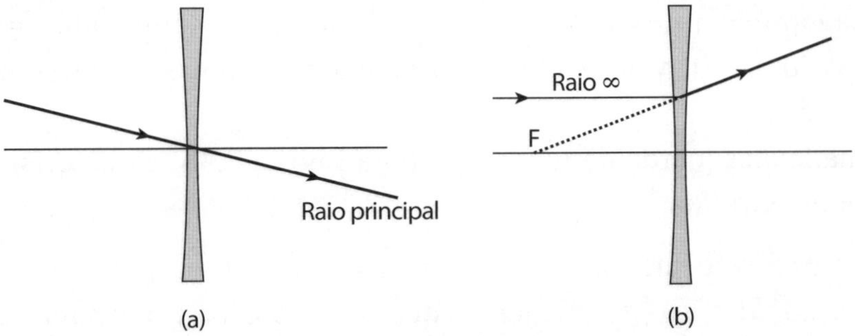

Figura 2.33 – Propagação (a) do raio principal; e (b) do raio paralelo ao eixo óptico.

2.10.5.1 *Formação de imagens*

A imagem do ponto A, no topo do objeto, é obtida por meio dos mesmos raios da Figura 2.33. O raio que se propaga paralelamente ao eixo óptico ("raio ∞"), após passar pela lente, tem seu prolongamento passando pelo ponto focal dianteiro F. Esse prolongamento (linha pontilhada) cruza com o raio principal que parte do ponto A, formando sua imagem A'. A imagem B' do ponto B pertence ao mesmo plano imagem do ponto A'. Como o ponto B pertence ao eixo óptico, B' também localiza-se sobre esse eixo. O traçado de raios está mostrado na Figura 2.34.

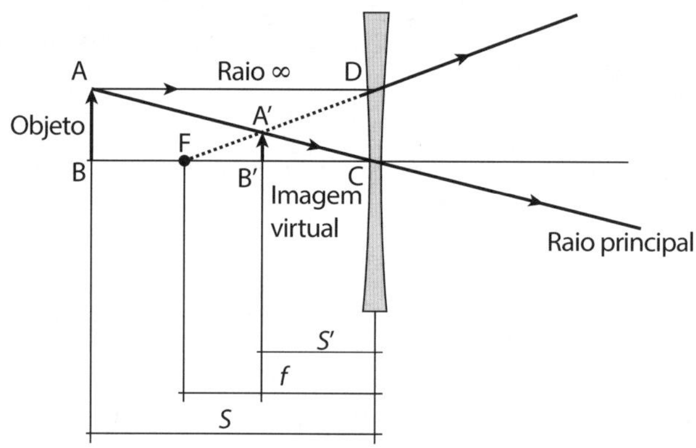

Figura 2.34 – Formação de imagens pela lente delgada negativa.

Pela Figura 2.34 fica evidente que a imagem do ponto A (assim como a do ponto B) é formada a partir do prolongamento de raios divergentes, sendo, portanto, *virtual*. A imagem formada também é *direta*, e *reduzida*.

As equações para lentes delgadas, como a equação de Gauss (2.19) e a equação de magnificação (2.22), são também válidas para lentes negativas, com a ressalva de que $f < 0$. Uma análise dessas equações permite-nos obter características gerais das imagens geradas por lentes divergentes:

- a imagem é sempre virtual. Pela equação de Gauss modificada $s' = sf / (s - f)$, tomando s > 0, vemos que o numerador é sempre negativo e o denominador é sempre positivo, resultando em *s'* negativo, ou seja, a imagem é formada à esquerda da lente, como na Figura 2.34, característica típica de imagens virtuais;
- as lentes divergentes produzem imagens sempre diretas. Pela equação de magnificação $M = f / (f - s)$, temos que o numerador e o denominador são ambos negativos, resultando em $M > 0$ para qualquer distância *s*;

- a imagem é sempre diminuída. Isso pode ser mostrado escrevendo-se a equação para a magnificação na forma (levando-se em conta que $f < 0$)

$$M = \frac{f}{f-s} = \frac{-|f|}{-|f|-s} = \frac{|f|}{|f|+s}.$$

Da relação acima, conclui-se que $M < 1$, para qualquer valor $s > 0$.

Exercício IV

Um objeto de tamanho 10,0 cm localiza-se a 18,0 cm de uma lente delgada divergente de comprimento focal –5,0 cm. Calcule:

a) a distância s' entre a imagem formada e a lente;

b) a magnificação lateral da imagem e o seu tamanho h';

c) o tipo de imagem formada.

Solução

a) Pela equação de Gauss, obtemos imediatamente

$$s' = \frac{sf}{s-f} = \frac{18,0.(-5,0)}{18,0-(-5,0)} \Rightarrow s' = -3,91 \text{ cm}$$

b) Pela equação (2.22),

$$M = \frac{-5,0}{-5,0-18,0} \Rightarrow M = 0,22 \text{ vez}$$

$$h' = h \times M = 10,0 \times 0,22 = 2,2 \text{ cm}.$$

c) Como $s' < 0$, conclui-se que a imagem é virtual. $M > 0$, ou seja, a imagem é direta. $M < 1$, de onde se conclui que a imagem é diminuída.

Exercício V

Um objeto de tamanho 12,0 cm é colocado a uma distância de 60,0 cm de uma lente L1, de comprimento focal $f_1 = +20,0$ cm. A uma distância de 80,0 cm de L1 há outra lente positiva L2, de comprimento focal $f_2 = +30,0$ cm. O arranjo está mostrado na Figura 2.35.

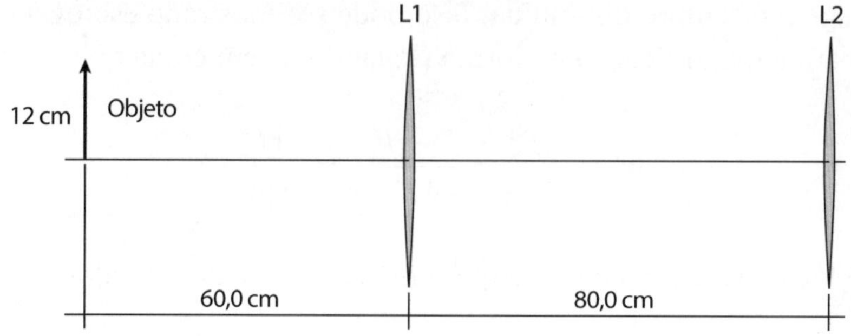

Figura 2.35

a) Calcule a distância entre a imagem formada pelo conjunto óptico e a lente L2. Determine o tamanho desta imagem.

b) A lente L2 é deslocada para a esquerda até que a distância entre L2 e L1 seja $L = 50,0$ cm. Calcule, também para este caso, a distância entre a imagem e a lente L2, e determine o tamanho da imagem formada.

c) Determine a distância entre a imagem e a lente L2 e determine o seu tamanho quando a lente L2 é deslocada um pouco mais para a esquerda, até que a distância entre as lentes chegue a $L = 15,0$ cm.

Solução

a) Como há duas lentes, utilizamos a equação de Gauss duas vezes. Para a lente L1, temos $s_1 = 60,0$ cm e $f_1 = 20,0$ cm:

$$\frac{1}{f_1} = \frac{1}{s_1} + \frac{1}{s_1'} \Rightarrow \frac{1}{20,0} = \frac{1}{60,0} + \frac{1}{s_1'} \Rightarrow s_1' = 30,0 \text{ cm}.$$

A imagem real e invertida formada pela lente L1 está mostrada na Figura 2.36.

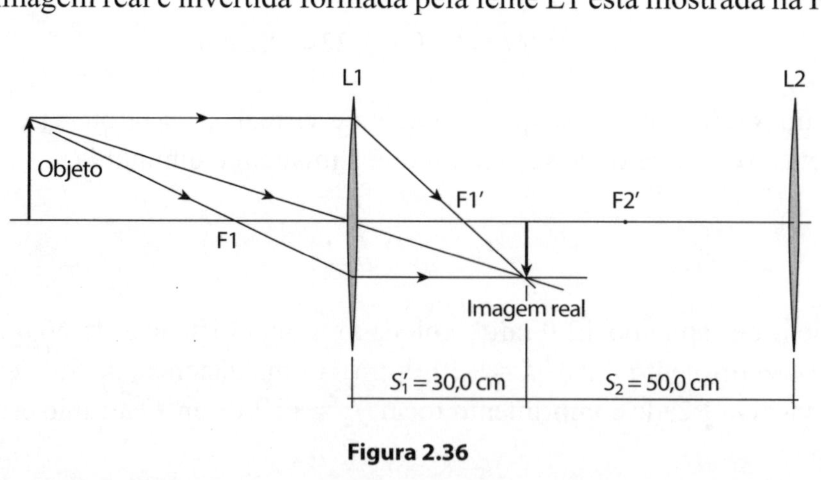

Figura 2.36

A lente L2 "vê" essa imagem real como um objeto que está a uma distância $s_2 = 50,0$ cm desta. Assim, L2 forma uma imagem real cuja distância $s_2^{'}$ em relação à lente é calculada pela equação de Gauss como

$$\frac{1}{f_2} = \frac{1}{s_2} + \frac{1}{s_2^{'}} \Rightarrow \frac{1}{30,0} = \frac{1}{50,0} + \frac{1}{s_2^{'}} \Rightarrow s_2^{'} = 75,0 \text{ cm}.$$

O traçado de raios mostrando a formação da imagem está mostrado na Figura 2.37.

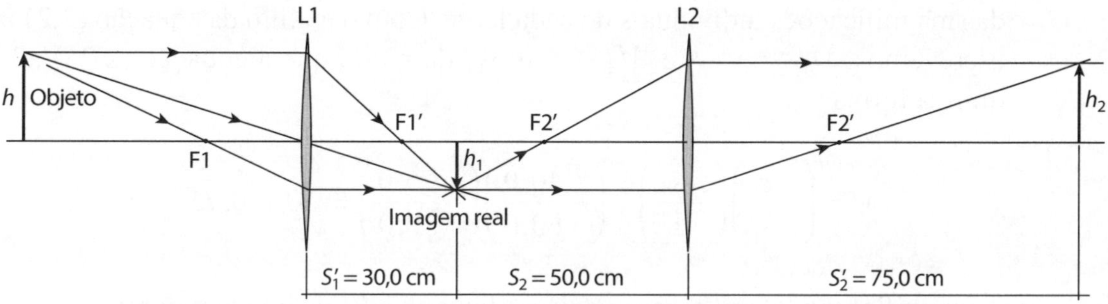

Figura 2.37

A magnificação pela lente L1 é dada com o auxílio da Figura 2.37:

$$M_1 = \frac{h_1}{h}. \tag{2.23}$$

A lente L2 gera uma imagem com magnificação dada por

$$M_2 = \frac{h_2}{h_1}. \tag{2.24}$$

Isolamos o termo $h_1 = hM_1$ na equação (2.23) e o substituímos na equação (2.24) acima, para obter

$$M_2 = \frac{h_2}{hM_1} \Rightarrow \frac{h_2}{h} = M_1 M_2.$$

Note que a razão $\frac{h_2}{h}$ entre o tamanho da imagem final h_2 e o tamanho h do objeto é a magnificação M do conjunto das lentes L1 e L2. A equação anterior fornece então o interessante resultado

$$M = M_1 M_2, \tag{2.25}$$

ou seja, a magnificação do conjunto formado pelas lentes L1 e L2 é o produto das magnificações individuais de cada lente. Com o auxílio da equação (2.21), escrevemos $M_1 = -s_1^{'} / s_1$ e $M_2 = -s_2^{'} / s_2$, de modo que a equação (2.25) adquire a forma

$$M = \left(-\frac{s_1^{'}}{s_1} \right)\left(-\frac{s_2^{'}}{s_2} \right) = \left(-\frac{30,0}{60,0} \right)\left(-\frac{75,0}{50,0} \right) \Rightarrow M = 0,75 \text{ vez.}$$

A magnificação lateral fornece então o tamanho h_2 da imagem como

$$M = \frac{h_2}{h} \Rightarrow h_2 = hM \Rightarrow h_2 = 12,0 \times 0,75 \Rightarrow h_2 = 9,0 \text{ cm}.$$

Com base na Figura 2.37 e nos resultados obtidos, concluímos que a imagem é *real* (pois $s_2^{'} > 0$), que é *direta* (pois $h_2 > 0$) e *reduzida* (pois $|M| < 1$).

b) Se a distância entre L1 e L2 é encurtada, a imagem real formada pela lente L1 localiza-se agora entre a lente L2 e o seu ponto focal dianteiro F2, como mostrado na Figura 2.38. A lente L2 forma uma imagem virtual e invertida desse "objeto", como mostrado no traçado de raios da Figura 2.39. Por essa figura, vê-se que a distância entre a imagem real formada por L1 e a lente L2 é agora $s_2 = 20,0$ cm.

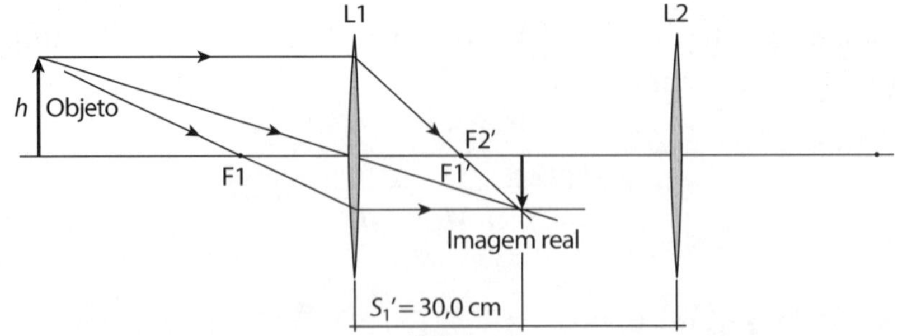

Figura 2.38

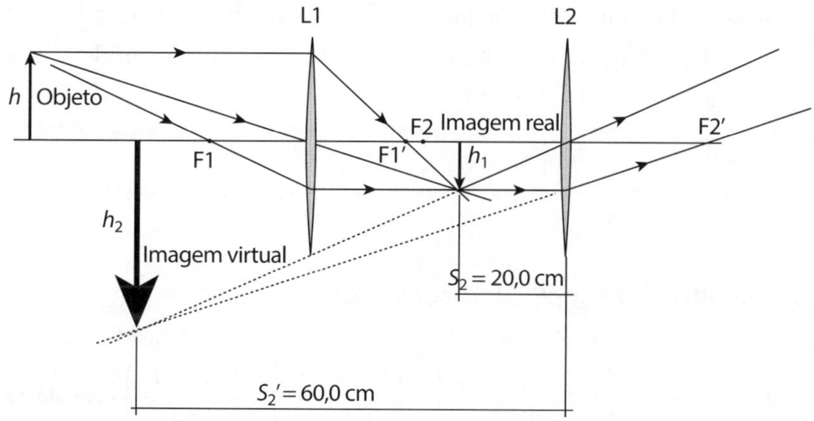

Figura 2.39

Pela equação de Gauss, temos agora

$$\frac{1}{f_2} = \frac{1}{s_2} + \frac{1}{s_2^{'}} \Rightarrow \frac{1}{30,0} = \frac{1}{20,0} + \frac{1}{s_2^{'}} \Rightarrow s_2^{'} = -60,0 \text{ cm}.$$

A magnificação é obtida pela equação (2.25):

$$M = M_1 M_2 = \left(-\frac{s_1^{'}}{s_1}\right)\left(-\frac{s_2^{'}}{s_2}\right) = \left(-\frac{30,0}{60,0}\right)\left[-\left(\frac{-60,0}{20,0}\right)\right] \Rightarrow M = -1,5 \text{ vez},$$

de onde obtemos $h_2 = hM \Rightarrow h_2 = 12,0 \times (-1,5) \Rightarrow h_2 = -18,0$ cm.

Por meio da Figura 2.39 e dos resultados, concluímos que a imagem é *virtual* (pois $s_2^{'} < 0$), que é *invertida* (pois $h_2 < 0$) e *aumentada* (pois $|M| > 1$).

c) Chegamos agora a uma situação peculiar, pois nessa configuração a lente L2 posiciona-se antes da imagem real que seria formada pela lente L1, situação mostrada na Figura 2.40. As linhas pontilhadas descrevem o caminho dos raios luminosos e a imagem caso a lente L2 estivesse ausente.

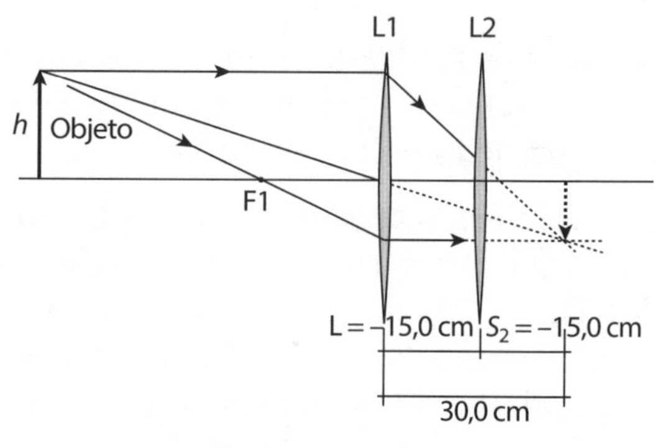

Figura 2.40

Para calcular a posição da imagem por meio da equação de

Gauss, devemos considerar negativa a distância entre a imagem feita por L1 e a lente L2, já que essa imagem teria se formado atrás de L2. Pela Figura 2.40, vê-se que $s_2 = -15,0$ cm:

$$\frac{1}{f_2} = \frac{1}{s_2} + \frac{1}{s_2'} \Rightarrow \frac{1}{30,0} = \frac{1}{-15,0} + \frac{1}{s_2'} \Rightarrow s_2' = 10,0 \text{ cm}.$$

A magnificação será calculada como

$$M = M_1 M_2 = \left(-\frac{s_1'}{s_1}\right)\left(-\frac{s_2'}{s_2}\right) = \left(-\frac{30,0}{60,0}\right)\left[-\left(\frac{10,0}{-15,0}\right)\right] \Rightarrow M = -0,33,$$

de forma que

$$h_2 = 12,0 \times (-0,33) \Rightarrow h_2 = -4,0 \text{ cm}.$$

O traçado de raios que forma a imagem neste caso é mostrado na Figura 2.41.

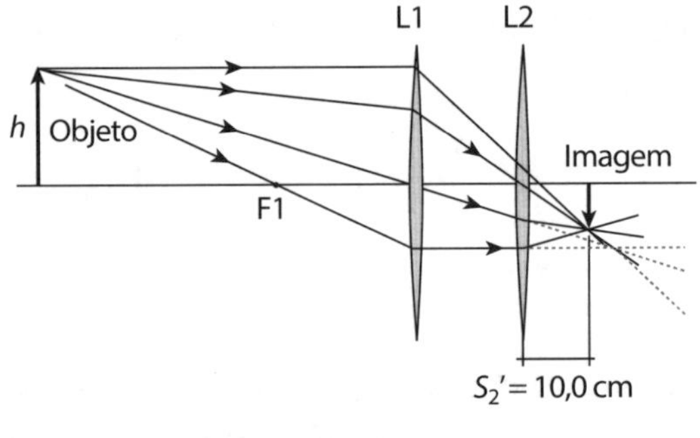

Figura 2.41

2.10.6 ESPELHOS

Para os fins deste texto, vamos considerar que espelhos sejam superfícies perfeitamente refletoras (o que, na prática, não é verdade). Os espelhos podem ser divididos em superfícies refletoras *planas* e *esféricas*, no que concerne à sua gama de aplicações.

Espelhos planos não alteram a geometria das frentes de onda. Em outras palavras, espelhos planos não são capazes de convergir ou divergir raios, eles apenas os desviam. A Figura 2.42 ilustra os raios 1 e 2 originados de um ponto A que atingem o olho de um observador. Como veremos adiante, esses raios que divergem de A são convergidos no olho humano pelo cristalino, que forma a imagem de A na retina, como mostrado na Figura 2.42a. Na Figura 2.42b, os raios que emergem do ponto A atingem um espelho plano. A partir dos pontos P e P’, os raios 1 e 2 são refletidos de acordo com a lei de reflexão, segundo a qual o ângulo de incidência é igual ao ângulo de reflexão. Por meio dos prolongamentos dos raios refletidos mostrados pelas linhas pontilhadas, constatamos que esses raios divergem de um ponto A', que é, portanto, a imagem virtual do ponto A. Pela Figura 2.42b, vemos que os triângulos AOP e A'OP têm lados de mesmas dimensões, o mesmo valendo para os triângulos AOP' e A'OP', de onde se verifica que $d = d'$. Dessa forma, concluímos que o ponto A e sua imagem A' estão dispostos simetricamente em relação ao espelho.

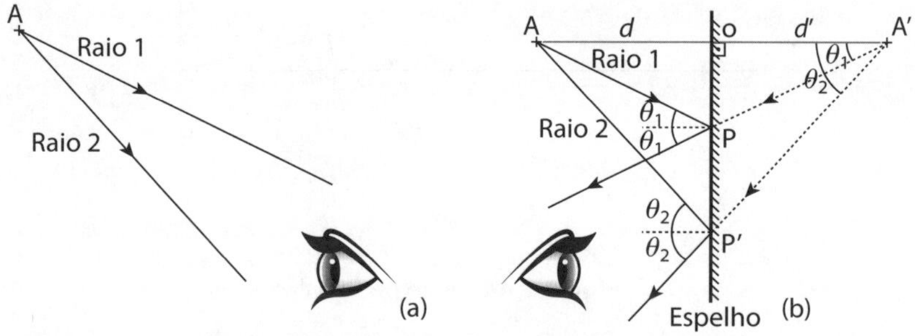

Figura 2.42 – (a) Raios originados do ponto; (b) imagem formada pelo espelho.

Espelhos esféricos, por sua vez, são perfeitamente análogos às lentes delgadas. Os espelhos *côncavos* são também chamados de espelhos *convergentes* ou *positivos*. Os espelhos *convexos* são chamados também de *divergentes* ou *negativos*.

2.10.6.1 Espelhos côncavos

Antes de qualquer descrição ou análise, convém definirmos o eixo óptico de um espelho como a reta perpendicular à sua superfície. No espelho côncavo, o centro de curvatura da superfície esférica localiza-se sobre o eixo óptico, do mesmo lado de onde os raios se originam, como mostra a Figura 2.43. Essa figura mostra que raios que se propagam paralelamente ao eixo óptico e incidem sobre um espelho côncavo são refletidos e passam pelo ponto focal F localizado no eixo óptico.

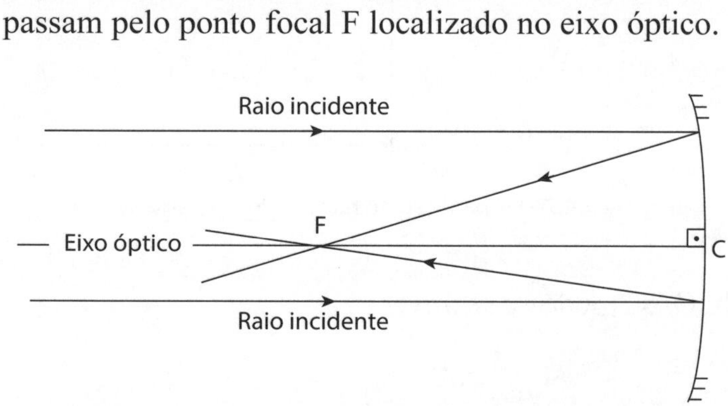

Figura 2.43 – Convergência de raios pelo espelho positivo.

Outro raio importante para o processo de formação de imagens pelo espelho é o raio principal, que é o raio que incide no ponto C, interseção entre o eixo óptico e a superfície esférica do espelho. A Figura 2.44 a seguir mostra que, devido à lei de reflexão, o raio refletido faz um ângulo α em relação ao eixo óptico igual ao ângulo entre o raio incidente e este eixo.

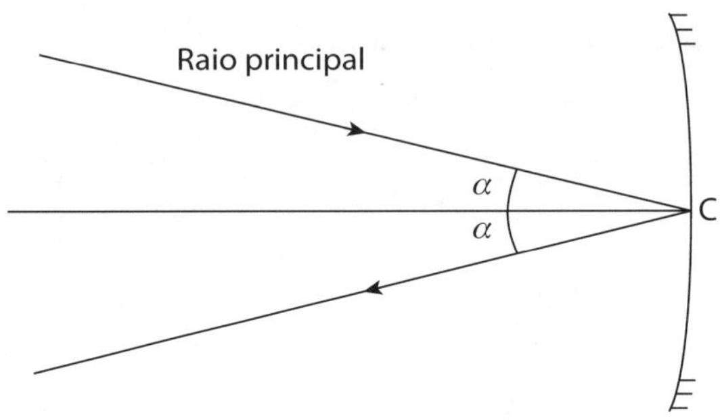

Figura 2.44 – Raio principal.

A distância f entre o ponto focal e o espelho pode ser determinada em função da sua geometria no regime paraxial com o auxílio da Figura 2.45. O raio que se propaga paralelamente ao eixo óptico atinge o espelho no ponto A, e a linha pontilhada que une o ponto A ao centro de curvatura O é a reta normal à superfície do espelho. Obedecendo à lei de reflexão, o ângulo incidente θ é igual ao ângulo de reflexão em A. Admitindo incidência sob o regime paraxial, no qual $\theta \cong sen\theta \cong tg\theta$, podemos admitir que tanto os pontos OAC como os pontos FAC definem triângulos retângulos, com o ângulo reto no ponto C. No triângulo OAC, a hipotenusa AO é igual ao raio de curvatura R do espelho.

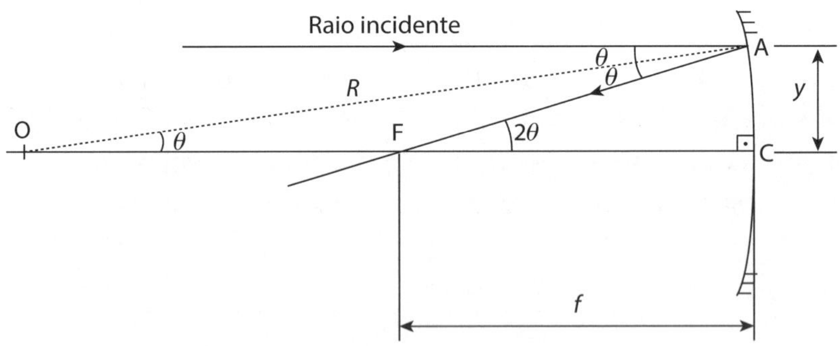

Figura 2.45 – Propagação do raio paralelo ao eixo óptico.

Pelo triângulo OAC, pode-se escrever

$$sen\theta = \frac{AC}{R} \Rightarrow \theta \approx \frac{AC}{R} = \frac{y}{R}. \tag{2.26}$$

Do triângulo FAC, tem-se

$$tg(2\theta) = \frac{AC}{f} \Rightarrow 2\theta \approx \frac{AC}{f} = \frac{y}{f}. \qquad (2.27)$$

Substitui-se $\theta = y / R$ da equação (2.26) na equação (2.27) para se obter a relação

$$2\frac{y}{R} \approx \frac{y}{f} \Rightarrow f \approx \frac{R}{2}. \qquad (2.28)$$

2.10.6.2 Formação de imagens

Assim como no processo de formação de imagens por lentes delgadas, usam-se os raios principal e o raio que se propaga paralelamente ao eixo óptico – chamado de "raio ∞" na Figura 2.46 – para determinar a imagem formada por um espelho côncavo.

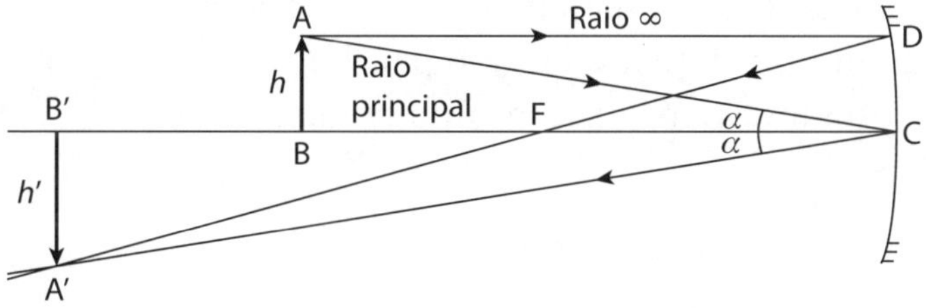

Figura 2.46 – Formação de imagem real pelo espelho positivo.

Consideremos então dois raios originados do ponto superior A do objeto. O raio ∞ tem direção de propagação paralela ao eixo óptico, incide sobre o ponto D do espelho e, após ser refletido por este, cruza o eixo óptico no ponto focal F. O raio principal incide sobre o ponto C do espelho, sendo refletido sob um ângulo α, de módulo igual ao do ângulo de incidência. Do cruzamento destes dois raios refletidos define-se o ponto A', que é a imagem do ponto A. A imagem gerada mostrada na Figura 2.46 é real, invertida e aumentada.

A Figura 2.47 mostra a situação em que o objeto encontra-se entre o espelho e o seu ponto focal. Usando novamente o raio paralelo ao eixo óptico e o raio principal, nota-se que os raios que emergem do espelho são divergentes. O desenho mostra que os prolongamentos desses raios, mostrados pelas linhas pontilhadas, encontram-se no ponto A', que é a imagem *virtual* do ponto A do objeto. Assim como o ponto B encontra-se no mesmo plano objeto que A, os pontos imagem B' e A' também situam-se no mesmo plano. A imagem resultante é, portanto, virtual, aumentada e direta. Isso ocorre toda vez que o objeto encontra-se entre o ponto focal e a superfície do espelho.

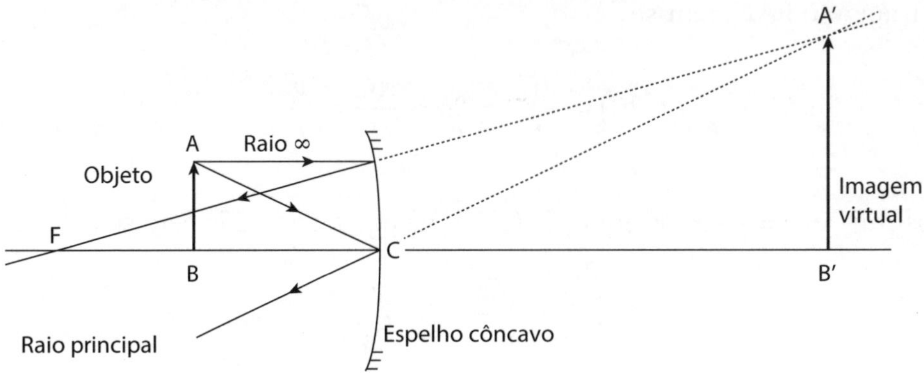

Figura 2.47 – Formação de imagem virtual pelo espelho positivo.

2.10.6.3 Espelhos convexos

O centro de curvatura que gera a superfície de um espelho convexo localiza-se no lado oposto ao lado da origem dos raios incidentes. Por esse motivo, o ponto focal também localiza-se atrás da superfície do espelho. A Figura 2.48 mostra o comportamento do raio principal e do raio paralelo ao eixo óptico. Este último, ao ser refletido pelo espelho, tem o seu prolongamento cruzando com o eixo óptico no ponto focal F.

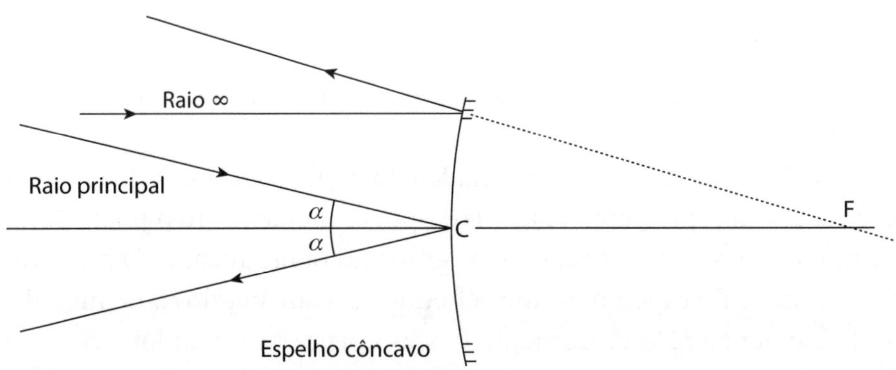

Figura 2.48 – Incidência de raios sobre espelho côncavo.

O processo de formação de imagens por espelhos convexos está mostrado na Figura 2.49. Os raios originados do ponto objeto A e refletidos pelo espelho convexo divergem a partir do ponto imagem A', que resulta do cruzamento das linhas pontilhadas mostradas na Figura 2.49. O ponto imagem B' encontra-se, como já foi visto, no mesmo plano imagem que o ponto A'. Assim como no caso das lentes delgadas divergentes, o espelho convexo – que também é divergente – forma *sempre* imagens virtuais, diretas, e com magnificação igual ou menor a 1.

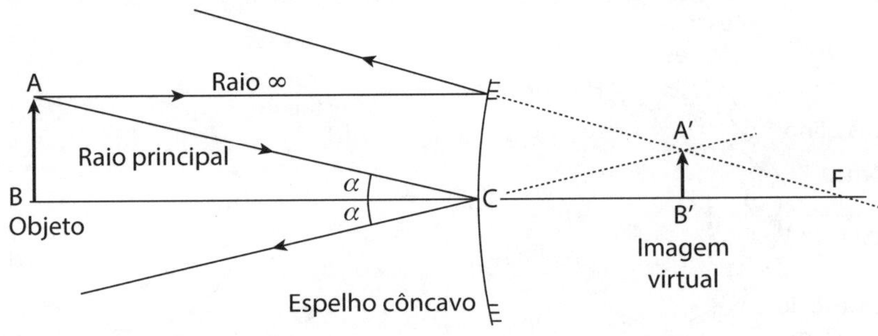

Figura 2.49 – Formação de imagem virtual pelo espelho côncavo.

As equações utilizadas para as lentes delgadas, como a equação de Gauss (2.19) e as equações de magnificação (2.21) e (2.22), são igualmente válidas para os espelhos esféricos. Os espelhos côncavos têm comprimentos focais $f > 0$, enquanto os espelhos convexos têm comprimentos focais $f < 0$.

2.11 INSTRUMENTOS ÓPTICOS

Serão analisados a seguir os arranjos básicos dos instrumentos ópticos mais utilizados, como o próprio olho, a lente de aumento, o telescópio e o microscópio.

2.11.1 OLHO HUMANO

A análise de qualquer instrumento fica incompleta sem o conhecimento básico do funcionamento do olho humano. Por ser uma lente positiva, o olho atua como parte integrante do sistema óptico. A Figura 2.50a mostra os elementos mais importantes do olho humano. A córnea atua como uma lente fixa, além de ter a função de proteger a parte frontal do olho. O cristalino é uma lente biconvexa, gelatinosa e flexível, que atua como uma lente de potência variável. A imagem formada pelo conjunto córnea/cristalino é projetada sobre a retina, formada por um conjunto de elementos fotossensores, os cones e os bastonetes. O sinal luminoso na retina converte-se em sinal elétrico, transmitido ao cérebro pelo nervo óptico. A fóvea central é a região da retina de máxima acuidade visual. Na região entre o cristalino e a retina, o globo ocular é preenchido pelo humor vítreo, uma estrutura gelatinosa e viscosa.

A variação da potência do cristalino é realizada pelos músculos ciliares, que o tensionam ou distendem, tornando-o ora menos espesso e com maiores raios de curvatura – deixando-o menos potente –, ora mais espesso e com menores raios de curvatura – tornando-o mais potente. Para observamos objetos de perto, o cristalino adquire a configuração de maior potência; para visualizarmos objetos a longas distâncias, o cristalino torna-se menos potente, configuração denominada *olho relaxado*.

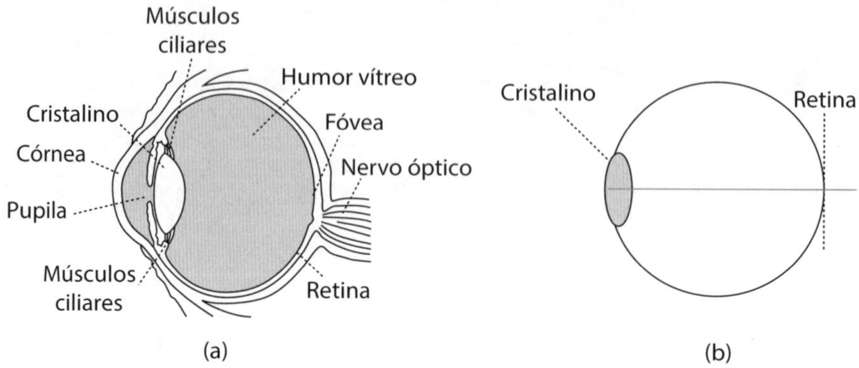

Figura 2.50 – (a) Olho humano; (b) modelo do olho.

Analisando o olho estritamente como a peça final de um instrumento óptico, podemos considerá-lo como sendo formado por uma lente delgada positiva (o cristalino) que forma imagens num anteparo (a retina), como mostra esquematicamente a Figura 2.50b. A linha pontilhada dessa figura representa o plano imagem do cristalino, que coincide com o plano da retina. Os instrumentos ópticos de uma maneira geral (microscópio, telescópio etc.) são concebidos de forma que o observador visualize o objeto com o olho relaxado, como quem observa imagens de objetos a uma distância infinita.

$$M = \frac{\alpha'}{\alpha}. \tag{2.29}$$

Considera-se que a menor distância d de observação de um objeto a um olho humano normal relaxado é de aproximadamente 25 cm. Se um objeto de altura h é observado a olho nu, com o auxílio da Figura 2.51 obtém-se o ângulo α de observação, considerando-se o regime paraxial:

$$\alpha = \frac{h}{d} \tag{2.30}$$

O ângulo α da equação (2.30) refere-se, portanto, à configuração pela qual os objetos são observados com máxima magnificação com o olho relaxado, o que constitui uma situação duplamente favorável para o observador, tanto no que se refere ao tamanho da imagem obtida como ao conforto durante sua observação. O sinal negativo da equação mostra que a imagem formada na retina humana é invertida em relação à orientação do objeto. Essa inversão é "corrigida" no cérebro.

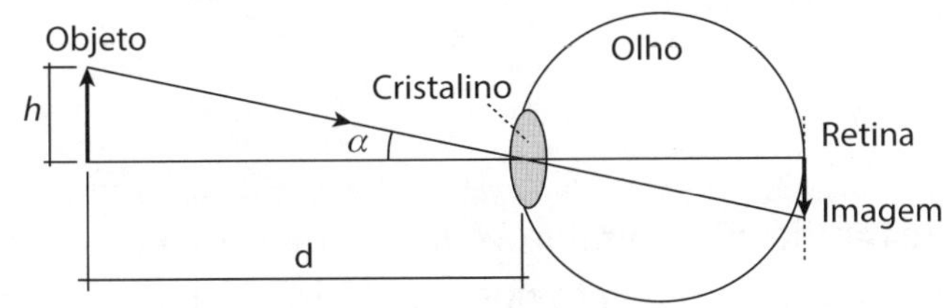

Figura 2.51 – Formação de imagem pelo olho nu.

2.11.2 LENTE OCULAR

Considere-se o caso mais usual, quando a ocular é posicionada bem próximo do olho, de maneira a se considerar a distância entre ambos praticamente nula, como na Figura 2.52. Como já foi visto, a equação de Gauss mostra que quando o objeto é colocado entre o ponto focal dianteiro F e a lente, a imagem formada é virtual, direta e aumentada, e seu tamanho é tanto maior quanto mais próximo o objeto estiver de F. Pela Figura 2.46 pode-se ver que o ângulo de observação α' é dado por

$$\alpha' = \frac{h}{s} = -\frac{h'}{s'}. \tag{2.31}$$

Pode-se observar que o raio guia que atravessa ambas as lentes delgadas (lupa e cristalino), como tal, tem sua direção de propagação inalterada, o que permite a visualização da imagem do objeto na retina, bem como a determinação do ângulo α'. A situação representada pela Figura 2.52 equivale à observação por um olho nu de um objeto verdadeiro de altura y' colocado a uma distância s' desse olho.

Uma configuração interessante (a que permite maior aumento) ocorre para quando o objeto encontra-se muito próximo de F, caso em que $s \approx f_{oc}$, em que f_{oc} é o comprimento focal dianteiro da lupa, de modo que o ângulo α' passa a ser

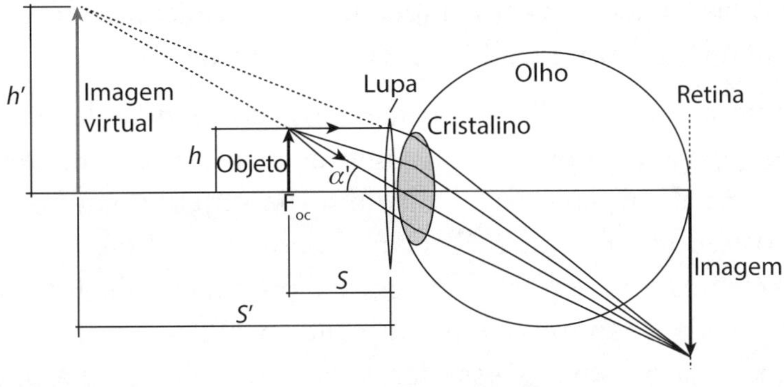

Figura 2.52 – Formação de imagem com auxílio de ocular.

$$\alpha' = -\frac{h}{f_{oc}} \tag{2.32}$$

A definição de magnificação angular M de qualquer sistema óptico é a razão entre o ângulo de observação α' de um objeto por meio deste sistema e o ângulo de observação α do mesmo objeto a olho nu, de modo que, por meio das equações (2.31) e (2.32), obtém-se

$$M = \frac{\alpha'}{\alpha} = \frac{d}{f_{oc}} \tag{2.33}$$

Exercício VI

Determine a magnificação obtida com uma lente ocular de comprimento focal $f_{oc} = 5,0$ cm.

Solução

Pela equação (2.33), obtém-se diretamente

$$M = \frac{d}{f_{oc}} = \frac{25}{5,0} \Rightarrow M = 5,0 \text{ vezes.}$$

2.11.3 MICROSCÓPIO COMPOSTO

O microscópio conjuga as ampliações que duas lentes positivas propiciam para obter uma magnificação angular muito superior àquela fornecida por uma única lente. Esse dispositivo é capaz de permitir a observação de pequenos objetos colocados muito próximos a ele, sendo portanto amplamente utilizado em inúmeras áreas, como microbiologia, química, física, metalurgia, entre várias outras.

O microscópio composto é basicamente formado de duas lentes, a objetiva e a ocular. O objeto é posicionado bem próximo ao ponto focal dianteiro da objetiva e, num esquema usual, o plano focal dianteiro da objetiva situa-se entre esta e o objeto, como mostrado na Figura 2.53. Como a objetiva é tipicamente uma lente de potência elevada, a imagem real formada por ela possui grande aumento transversal. A ocular é posicionada de forma que o seu plano focal anterior coincida com a imagem real formada pela objetiva. Dessa maneira, a relação entre a imagem real (ver Figura 2.53) e a ocular é a mesma que a existente entre o objeto e a lupa mostrados na Figura 2.52, ou seja, para a ocular, que é basicamente uma lente de aumento, a imagem feita pela objetiva é como um objeto real. Via de regra, o sistema é concebido de modo que todos os raios que emergem da ocular sejam paralelos entre si, permitindo que o observador veja o objeto com o olho relaxado. O cristalino desempenha o papel da última lente do sistema, aquela que focaliza a imagem na retina.

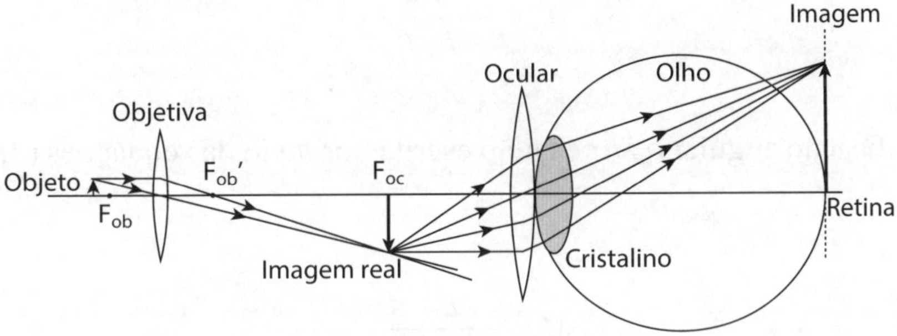

Figura 2.53 – Formação de imagem com auxílio do microscópio.

Para se determinar a magnificação angular do microscópio, deve-se obter a razão entre o ângulo de saída α'' e o ângulo de observação α para o olho nu, obtido na equação (2.30). Analisando-se o esquema do mesmo microscópio nas Figuras 2.53 e 2.54, na qual um objeto de altura h é analisado, vê-se, pelo triângulo $A'C'F'_{oc}$, que α'' é dado por

$$\alpha'' = \frac{h'}{f_{oc}}, \tag{2.34}$$

em que h' é a altura da imagem real e invertida formada pela objetiva. Por meio da semelhança dos triângulos retângulos ABF'_{ob} e $F'_{ob}F_{oc}C$ da Figura 2.54, a altura h' pode ser escrita como

$$\frac{h'}{L} = -\frac{h}{f_{ob}}. \tag{2.35}$$

O sinal na altura h' foi inserido fenomenologicamente, levando-se em conta que a imagem formada pela objetiva é invertida em relação ao objeto. A distância L entre o ponto focal traseiro da objetiva F'_{ob}

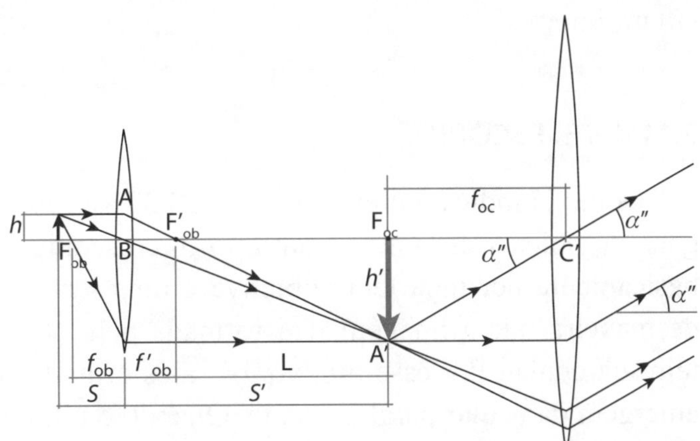

Figura 2.54 – Traçado de raios no microscópio.

e o ponto focal dianteiro da ocular F_{oc} foi introduzida na equação (2.35) por ser um parâmetro importante para os construtores de microscópio. É denominada *distância do tubo*, sendo padronizada em torno de 160 mm na maioria dos microscópios comerciais. Das equações (2.34) e (2.35), o ângulo α'' pode ser dado por

$$\alpha'' = -\frac{hL}{f_{ob}f_{oc}} \tag{2.36}$$

A magnificação angular α''/α é então escrita por meio das equações (2.30) e (2.36) como:

$$M = -\frac{L}{f_{ob}}\frac{d}{f_{oc}} \tag{2.37}$$

A equação (2.37) mostra a magnificação angular do microscópio como o produto da magnificação transversal da objetiva, $-L/f_{ob}$, pela magnificação angular d/f_{oc} da ocular. Como o alvo principal do microscópio é o objeto de dimensões reduzidas colocado próximo à objetiva, esta deve ter o menor comprimento focal possível para a obtenção de magnificações elevadas. Tipicamente, as objetivas de microscópio encontram-se entre os dispositivos de maior abertura numérica, com comprimentos focais da ordem de poucos milímetros. Dessa forma, com o objeto posicionado quase no ponto focal anterior da objetiva, as imagens formadas pelas objetivas no plano focal anterior da ocular já possuem elevada magnificação transversal.

Sendo o valor padrão para o comprimento de tubo $L = 160$ mm, e sendo a distância $d = 250$ mm, a equação (2.37) toma a forma $M = -\left(160/f_{ob}\right)\left(250/f_{oc}\right)$, com f_{ob} e f_{oc} em milímetros.

2.11.4 TELESCÓPIO

Como já indica o prefixo grego "tele", esse instrumento se aplica a observar imagens de objetos distantes. Como no microscópio composto, o telescópio é formado basicamente por uma lente objetiva e uma lente ocular. As lentes são posicionadas de maneira que a imagem real formada pela objetiva situa-se no plano focal dianteiro da ocular. Por esse motivo, os raios oriundos de cada ponto dessa imagem real emergem da ocular paralelamente. Quando o olho é posicionado logo atrás da ocular, o cristalino converge esses raios paralelos na retina, exatamente como ocorre com a lupa e o microscópio. O esquema básico do telescópio está mostrado na Figura 2.55a.

A Figura 2.55b mostra que a imagem formada na retina do observador é direta; comparando-se essa figura com a Figura 2.57, chega-se à conclusão de que o observador vê através do telescópio um objeto de cabeça para baixo.

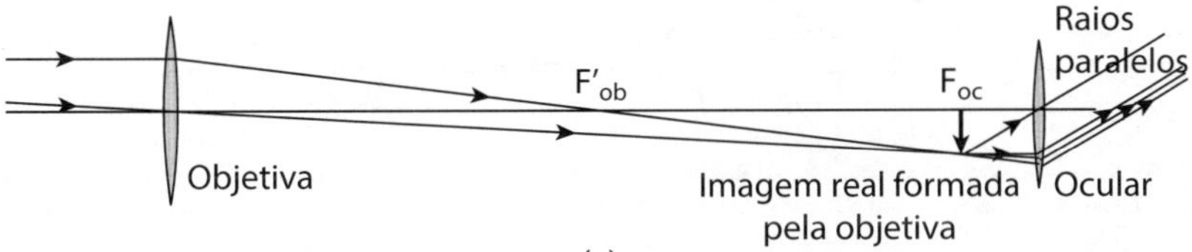

(a)

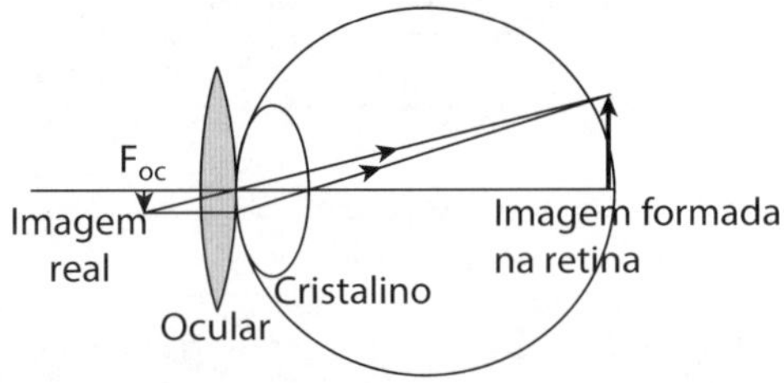

(b)

Figura 2.55 – (a) Traçado de raios no telescópio; (b) formação de imagem no olho.

A magnificação angular do telescópio pode ser determinada a partir da equação (2.29). Pode-se determinar o ângulo de entrada α no olho nu de um observador com o auxílio da Figura 2.50a, como $\alpha = h / D$, em que D é a distância entre o objeto e olho. Pela Figura 2.50b, pode-se ver que o ângulo de entrada δ no próprio telescópio é dado por $\delta = h / s$. Como tipicamente o tamanho L de um telescópio é muito menor que a distância entre ele e o objeto, podemos escrever $D = s + L \approx s$, e chega-se à conclusão de que $\delta \approx \alpha$. Isso permite que se considere que o ângulo de entrada no telescópio é dado por

$$\alpha = \frac{h}{s} \tag{2.38}$$

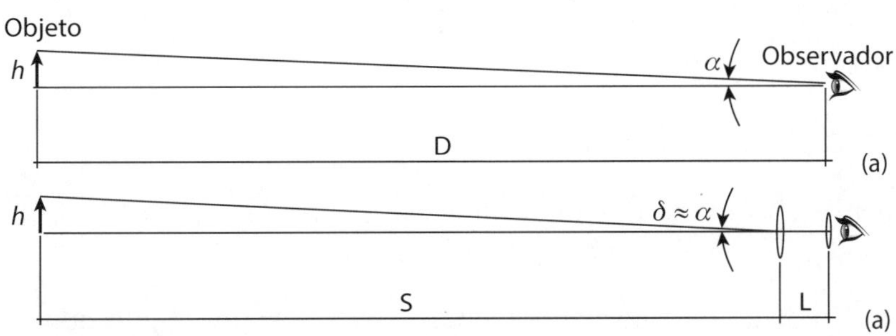

Figura 2.56 – ângulo de entrada (a) pelo olho nu; e (b) pelo telescópio.

A Figura 2.57 mostra o detalhe da imagem real invertida de um objeto produzida pela lente objetiva. Sendo h o tamanho de um objeto a uma distância s da objetiva, o tamanho h' dessa imagem pode ser determinado com o auxílio da equação (2.22):

$$M = \frac{h'}{h} = \frac{f_{ob}}{f_{ob} - s} \Rightarrow h' = \frac{f_{ob}}{f_{ob} - s} h \tag{2.39}$$

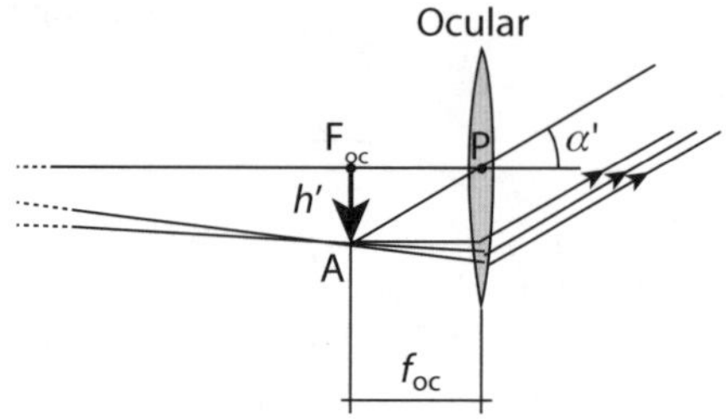

Figura 2.57 – Raios emergentes da ocular.

Pelo triângulo APF_{oc} da Figura 2.57, escreve-se o ângulo α' como

$$\alpha' = \frac{h'}{f_{oc}}. \tag{2.40}$$

Usando-se o valor de h' da equação (2.39), obtém-se α' como

$$\alpha' = \frac{f_{ob}}{(f_{ob} - s)} \frac{h}{f_{oc}}. \tag{2.41}$$

Assim, a magnificação α'/α é escrita com o auxílio das equações (2.41) e (2.38) como

$$M = \frac{f_{ob}}{f_{oc}} \frac{s}{(f_{ob} - s)}. \tag{2.42}$$

Exercício VII

Um binóculo é formado por uma objetiva de comprimento focal 40,0 cm e uma ocular de comprimento focal 4,00 cm, ambas delgadas.

a) Calcule a distância entre ambas, para visualizar um objeto no infinito.

b) Determine a magnificação obtida para este caso.

c) O objeto é colocado agora a uma distância de 10,0 m do binóculo. Seu operador terá que aproximar ou afastar uma lente da outra? De quanto será esse deslocamento?

d) Calcule a magnificação angular do binóculo para esse caso.

Solução

a) A Figura 2.58 mostra que a distância L entre as duas lentes é $L = s' + f_{oc}$. Pela equação de Gauss, determina-se a distância s' como

$$\frac{1}{s'} = \frac{1}{f_{ob}} - \frac{1}{s};\ \text{fazendo } s \to \infty,\ \text{chega-se a } s' = 40{,}0 \text{ cm}.$$

Dessa forma, $L = s' + f_{oc} = 40{,}0 + 4{,}00 \Rightarrow L = 44{,}0$ cm.

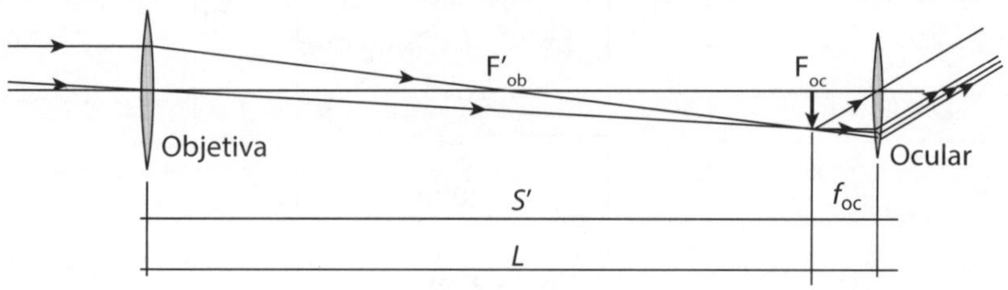

Figura 2.58

b) A magnificação é obtida calculando-se o limite da equação (2.42) para $s \to \infty$:

$$M_\infty = \lim_{s\to\infty} \frac{f_{ob}}{f_{oc}} \frac{s}{(f_{ob} - s)} = \lim_{s\to\infty} \frac{f_{ob}}{f_{oc}} \frac{1}{\left(\frac{f_{ob}}{s} - 1\right)} \Rightarrow M_\infty = -\frac{f_{ob}}{f_{oc}} \Rightarrow M_\infty = -10{,}0 \text{ vezes}$$

Vale lembrar que o sinal negativo da magnificação indica que o observador vê o objeto de cabeça para baixo.

c) Para $s = 10{,}0$ m $= 1{,}00 \times 10^3$ cm, obtém-se, pela equação de Gauss,

$$\frac{1}{s'} = \frac{1}{f_{ob}} - \frac{1}{s} = \frac{1}{40{,}0} - \frac{1}{10^3} \Rightarrow s' = 41{,}7 \text{ cm}$$

$$L = s' + f_{oc} = 41{,}7 + 4{,}00 \Rightarrow L = 45{,}7 \text{ cm}.$$

d) Da equação (2.42), para $s = 1{,}00 \times 10^3$ cm,

$$M = \frac{f_{ob}}{f_{oc}} \frac{s}{(f_{ob} - s)} = \frac{40{,}0}{4{,}00} \frac{1000}{(40{,}0 - 1000)} \Rightarrow M - 10{,}4 \text{ vezes.}$$

EXERCÍCIOS PROPOSTOS

1) Quando o tanque retangular metálico da Figura 2.59 está cheio até o topo com um líquido desconhecido, um observador com os olhos no mesmo nível do topo do tanque pode ver exatamente o vértice O. Determine o índice de refração do líquido.

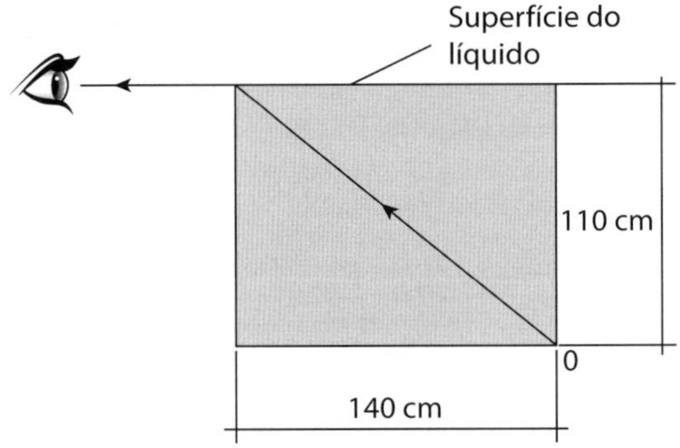

Figura 2.59

Resposta: $n = 1{,}27$

2) Um objeto pontual P encontra-se no fundo de um reservatório de profundidade h e está cheio com água, de índice de refração n, como mostra a Figura 2.60. Mostre que os raios luminosos parecem vir de um ponto P', a um nível $h_0 = h/n$ abaixo da superfície. Essa distância é a profundidade aparente do reservatório.

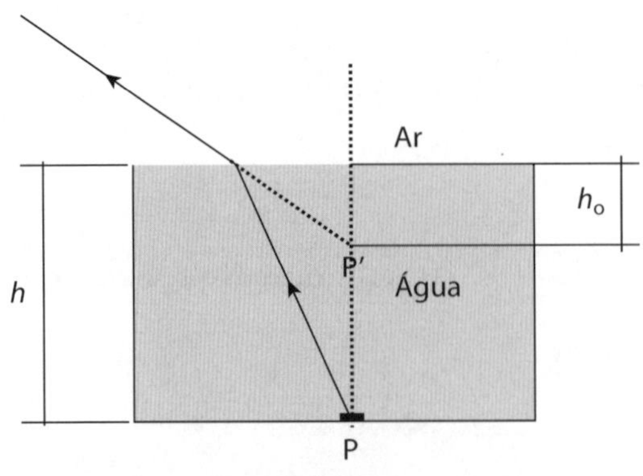

Figura 2.60

3) Um raio luminoso incide sobre uma placa de vidro, de seção quadrada, como na Figura 2.61. Calcule o mínimo valor do índice de refração do vidro para que ocorra reflexão interna total na face vertical.

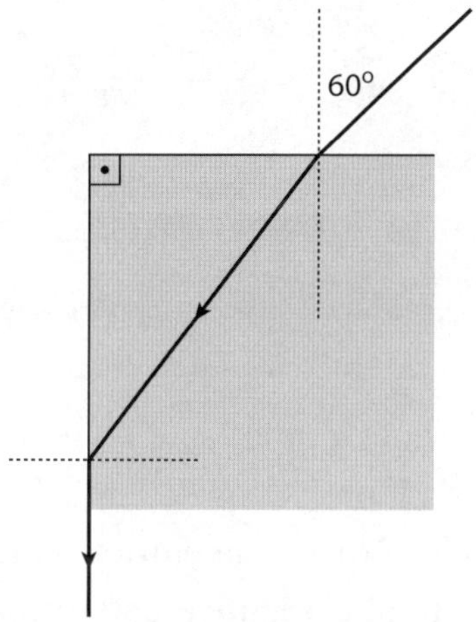

Figura 2.61

Resposta: $n_{vidro} = 1,32$

4) Um raio de luz, inicialmente no ar, incide sobre um prisma reto no ponto P (ver Figura 2.62), sendo então refratado. No ponto Q, ocorre outra refração, de tal modo que o raio tangencia a superfície do lado direito do prisma.

Determine o índice de refração do prisma, em termos do ângulo de incidência θ.

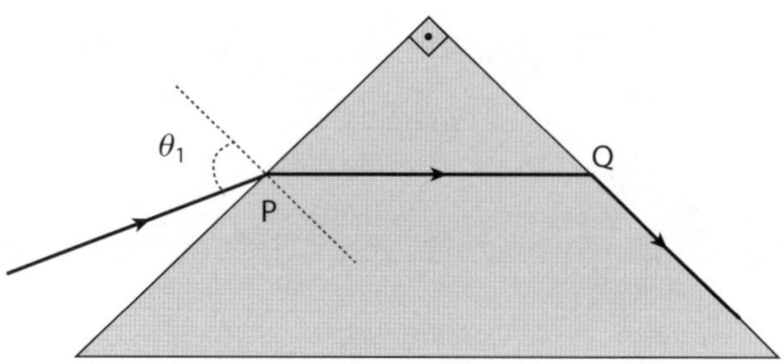

Figura 2.62

Resposta: $n = \sqrt{1 + sen^2\theta_1}$

5) Um raio luminoso propaga-se pela água ($n_{\text{água}}$ = 1,332) e incide sobre uma placa de vidro BK7 de índice de refração 1,513. O raio atravessa o vidro e é refletido pela interface vidro/ar inferior. Calcule o mínimo valor do ângulo de incidência θ para que a luz que atinge o ponto P tenha mínimas perdas.

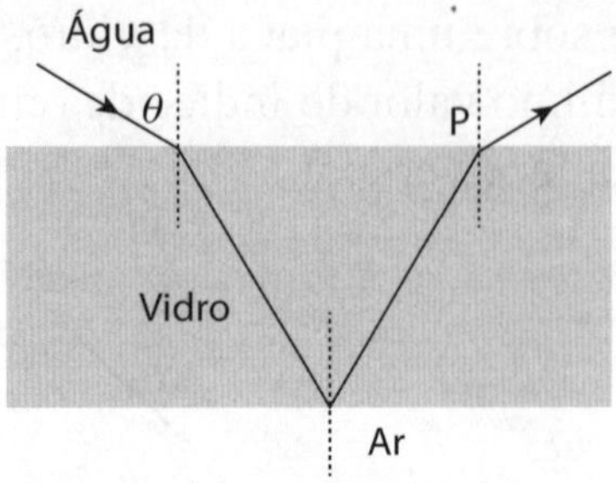

Figura 2.63

Resposta: $\theta_{mín} = 48,7°$

6) Um objeto é colocado em frente a uma lente convergente a uma distância igual ao dobro da distância focal f_1 da lente. Atrás da lente, há um espelho esférico côncavo de raio de curvatura $R = f_2/2$. A distância entre a lente e o espelho é $f_1 + f_2$. Calcule a distância entre a imagem final e a lente e determine o tipo de imagem formada.

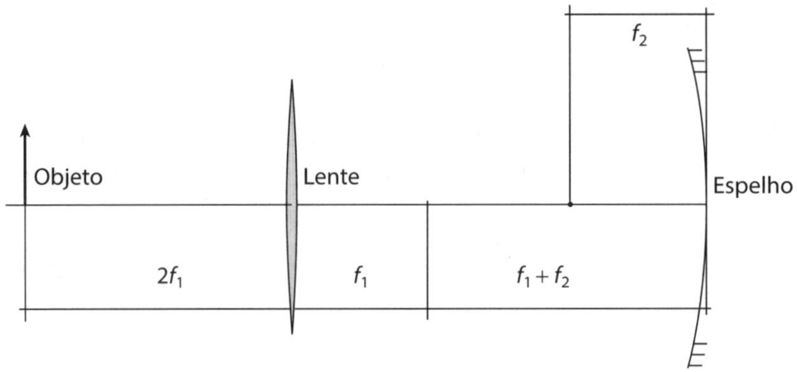

Figura 2.64

Resposta: A imagem é virtual, formada à direita da lente, a uma distância f_2 desta.

7) Um objeto encontra-se a 4,00 m de distância de um arranjo de duas lentes delgadas, a lente L1, convergente, e L2, divergente, de comprimentos focais $f_1 = 20$ cm e $f_2 = -30$ cm, respectivamente. A distância entre as lentes é 15 cm. A lente L1 é a que está mais próxima do objeto.

a) Calcule a distância *s'* entre a imagem formada e a lente L2.

b) Se a altura do objeto mede 20 cm, calcule o tamanho da sua imagem. Qual o tipo da imagem formada (direta ou inversa, aumentada ou diminuída)?

c) Calcule a distância entre o objeto e a lente L1 para que sua imagem tenha tamanho infinito.

Respostas:

a) $s' = 7,58$ cm;

b) $h' = -1,32$ cm; imagem real, diminuída e invertida;

c) $s = 36,0$ cm.

8)

a) Mostre que um prisma reto é um sistema de desvio constante, ou seja, quando o raio incide sobre o prisma pela sua face maior, emerge dele propagando-se na mesma direção da incidente.

b) Se o prisma da Figura 2.65 é feito de vidro BK7, no ar, calcule qual o maior ângulo de incidência θ para que o raio ainda seja totalmente refletido pela face interna do prisma no ponto P.

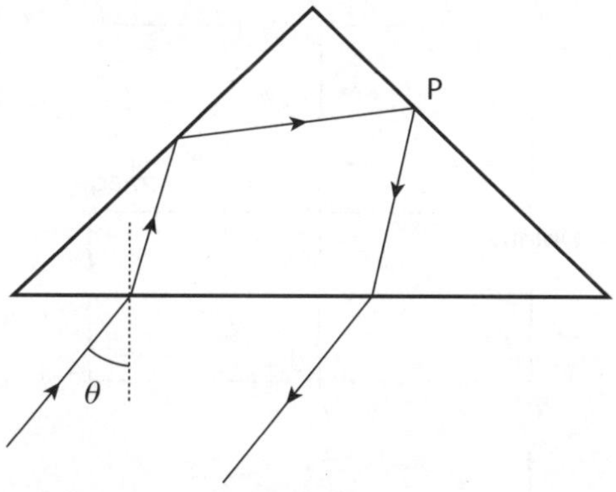

Figura 2.65

Respostas: b) $\theta = 5,49°$.

9) Um raio luminoso incide normalmente sobre um pentaprisma de índice de refração 1,513.

a) Calcule o valor do ângulo θ para que o raio de saída seja ortogonal ao incidente.

b) Para que o pentaprisma funcione com poucas perdas, as faces 1 e 2 devem necessariamente ser espelhadas com uma película metálica, ou podem dispensar o espelhamento? Justifique sua resposta.

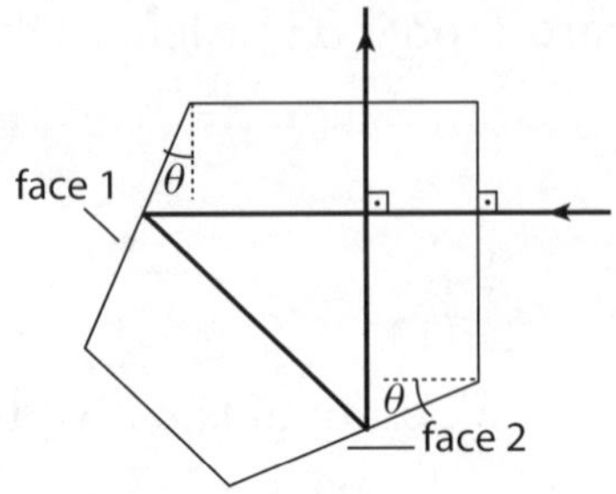

Figura 2.66

Respostas:

a) $\theta = 22,5°$;

b) As faces devem ser metalizadas, pois o ângulo de incidência nas faces 1 e 2 $(22,5°)$ não garante reflexão interna total.

10) Uma seta forma imagens reais e invertidas a uma distância *fixa* $d = 40$ cm, medida ao longo do eixo óptico de uma lente positiva. A diferença entre as duas posições da lente para a formação das duas imagens reais é $\Delta s = 17{,}9$ cm. Calcule a distância focal da lente.

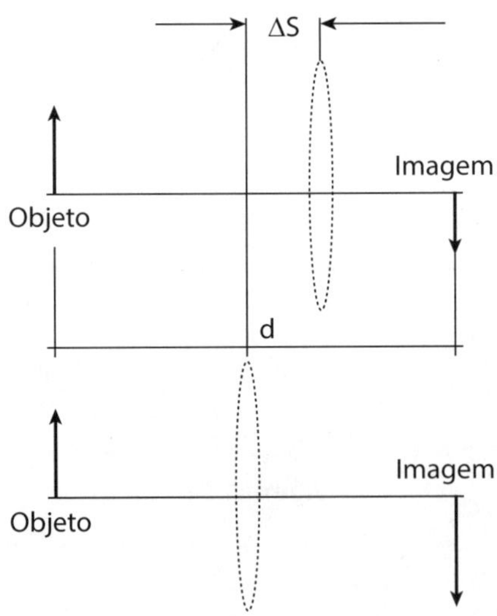

Figura 2.67

Resposta: $f = 8{,}00$ cm

11) Um objeto de altura 5 cm é posicionado a 35 cm de uma lente delgada de comprimento focal 30 cm. Atrás dessa lente, a 25 cm, há um espelho esférico convergente de raio 80 cm, como mostra a Figura 2.68. Determine a posição da imagem formada e o seu tamanho.

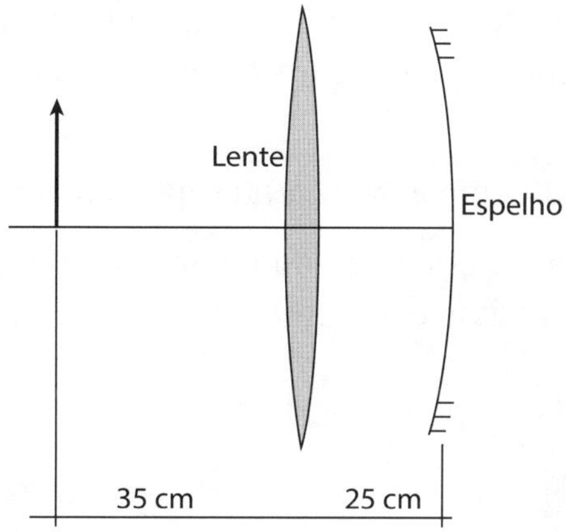

Figura 2.68

Resposta:

Posição: $s' = 18{,}8$ cm; tamanho: $h' = -1{,}65$ cm

12) No diagrama da Figura 2.69, os comprimentos focais das lentes positivas delgadas podem ser obtidos com o auxílio da escala milimetrada.

Por traçado de raios, obtenha a imagem do objeto formado pelas lentes abaixo.

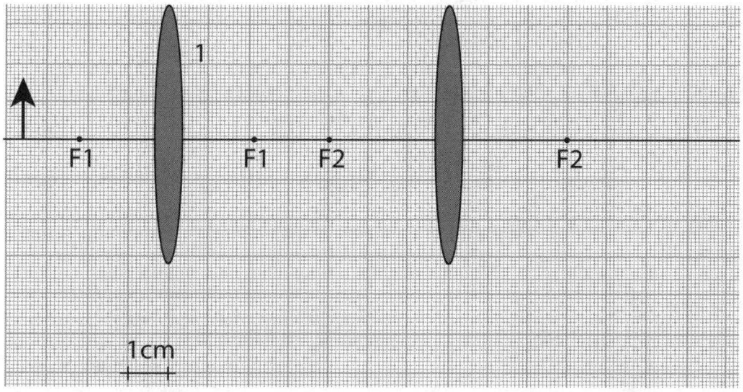

Figura 2.69

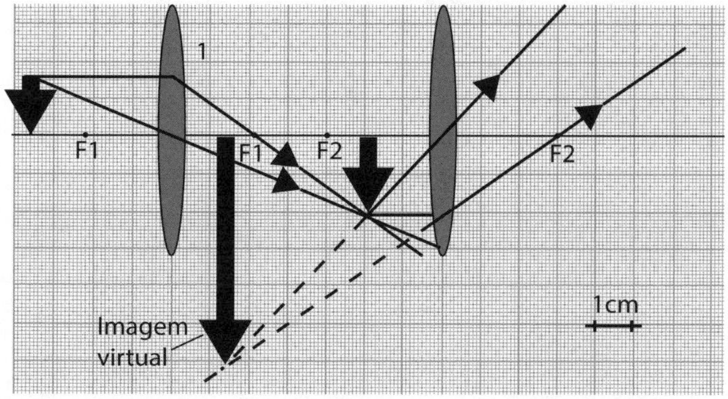

13) O esquema a seguir mostra o arranjo de um telescópio confocal. Usam-se duas lentes delgadas, 1 e 2, de comprimentos focais f_1 e f_2. Nesse telescópio, a distância entre as lentes é $f_1 + f_2$.

a) Mostre que tal telescópio é *afocal*, ou seja, tem comprimento focal infinito.

b) Por traçado de raios, esboce o caminho descrito por um feixe paralelo (colimado) que incide sobre esse conjunto.

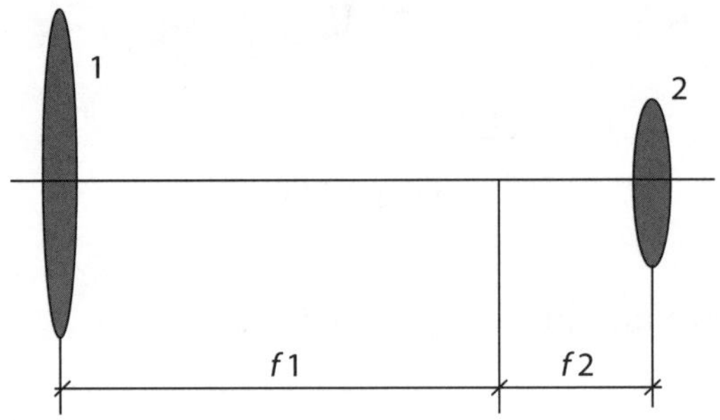

Figura 2.70

Resposta: a) Um raio que se propaga paralelamente ao eixo óptico e incide sobre a lente 1 passará pelo ponto focal F1. Como o arranjo é confocal, ou seja, os pontos focais se sobrepõem, esse raio que passa por F1 também passará simultaneamente pelo ponto focal dianteiro F2 da lente L2. Dessa forma, o raio que passa por L2 propaga-se paralelamente ao eixo óptico, de onde se conclui que o sistema é afocal, como mostra a Figura 2.71.

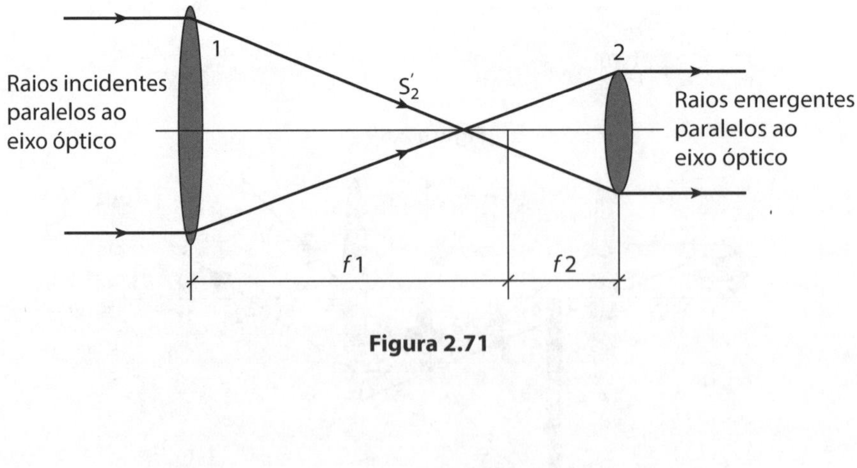

Figura 2.71

Resposta: b)

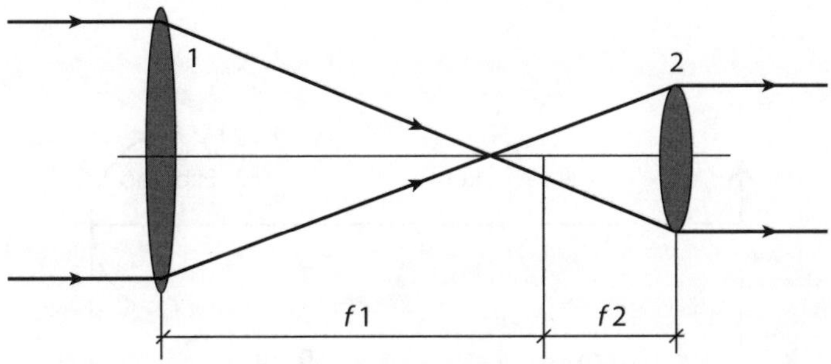

14) Uma fonte pontual de luz P está a uma distância $s = 15{,}0$ cm de uma lente positiva de comprimento focal $f_1 = 6{,}0$ cm. A uma distância L à direita do espelho há uma lente delgada de comprimento focal $f_2 = 20{,}0$ cm. Calcule a distância L entre lente e espelho para que o raio emerja do conjunto colimado.

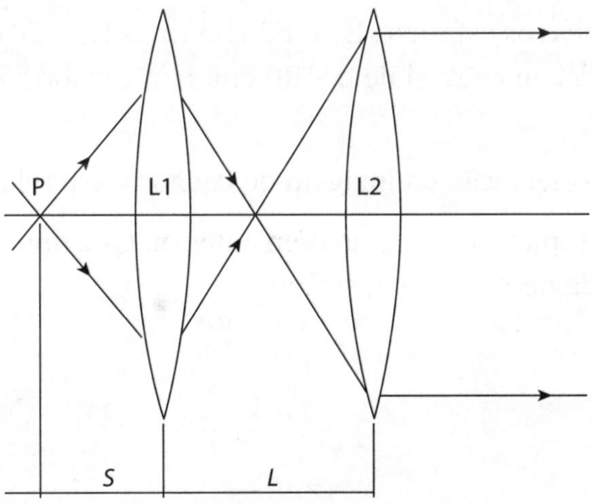

Figura 2.72

Resposta: $L = 30{,}0$ cm

15) Calcule o tamanho, a posição e a orientação da imagem do objeto de altura 2 cm. A lente delgada tem comprimento focal 10 cm e o espelho tem raio de curvatura 50 cm.

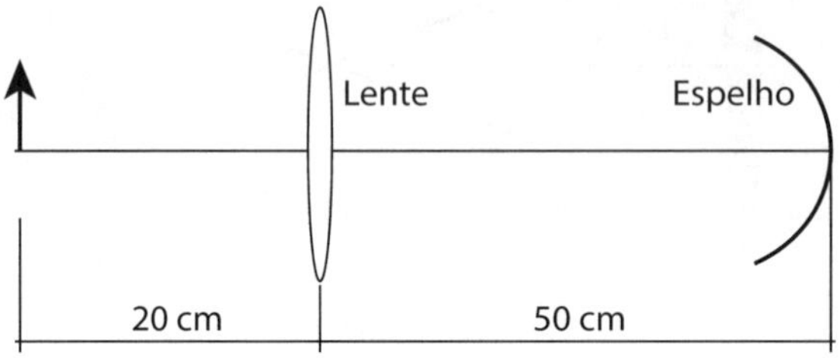

Figura 2.73

Resposta: A imagem é direta e tem altura $h' = +0,909$ cm, formada a $s' = 9,09$ cm à esquerda da lente.

16) Dois espelhos côncavos esféricos E1 e E2 têm raios $R_1 = 50$ cm e $R_2 = 30$ cm, respectivamente, e distam entre si de d = 30 cm. Um cachorro está a 5 m do espelho E2. Calcule:

a) a posição e a orientação da imagem do cachorro em relação ao espelho E2;

b) se d = 70 cm, repita o cálculo do item anterior. Que tipo de imagem (virtual ou real) foi gerada nesse caso? Justifique.

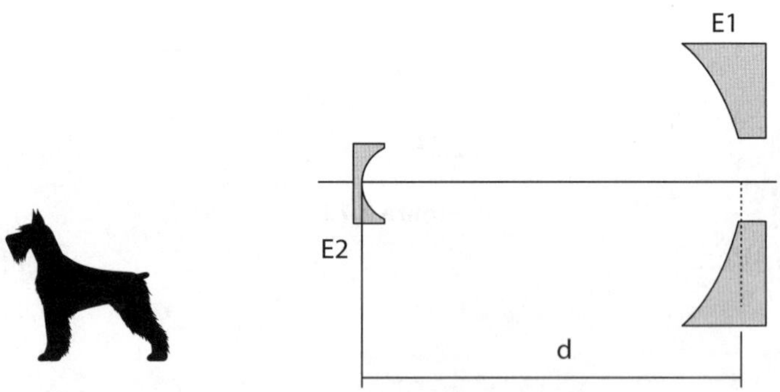

Figura 2.74

Respostas:

a) a imagem é invertida e formada a $s' = -4,90$ cm do espelho E2;

b) a imagem é invertida e formada a $s' = -4,90$ cm do espelho E2.

17) Uma lente convergente de comprimento focal $f_1 = 10$ cm e outra divergente de comprimento focal $f_2 = 2$ cm são colocadas a uma distância d uma da outra. Uma fonte pontual P emite luz com feixe divergente a uma distância de 30 cm da lente 1. Calcule a distância d para que o feixe emerja do conjunto colimado, como no desenho ao lado.

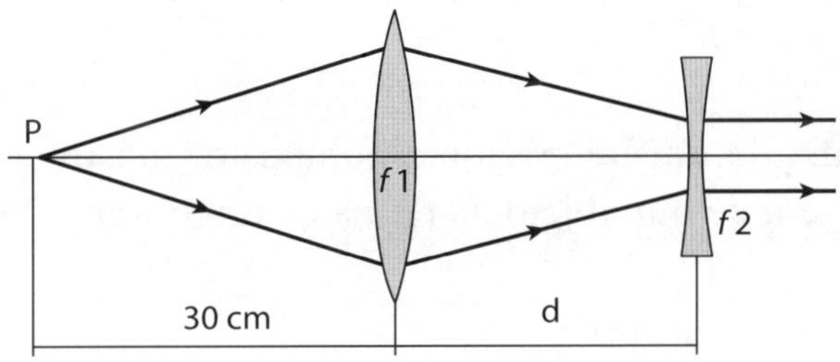

Figura 2.75

Resposta: $d = 13,0$ cm

18) Um binóculo é formado por uma objetiva de comprimento focal 40 cm e uma ocular de comprimento focal 4,0 cm, ambas delgadas.

a) Calcule a distância entre ambas para visualizar um objeto no infinito. Esse arranjo é confocal?

b) O objeto é colocado agora a uma distância de 10 m do binóculo. Seu operador terá que aproximar ou afastar uma lente da outra? De quanto será esse deslocamento?

c) Calcule a magnificação angular do binóculo para ambos os casos.

d) Faça o traçado de raios em ambos os casos.

Respostas:

a) $L = 44,0$ cm; o arranjo é confocal;

b) Uma lente deve ser afastada da outra de $1,67$ cm;

c) $M = -10$ vezes; $M = -10,4$ vezes.

19) Um objeto de tamanho 1,0 mm é colocado a 3,1 mm da objetiva de um microscópio composto, formado por uma objetiva de 3,0 mm de distância focal e uma ocular de 15 mm de distância focal.

a) Calcule a distância do tubo, ou seja, a distância entre as lentes (delgadas) do microscópio.

b) Calcule a magnificação do microscópio.

c) Esboce o traçado de raios em ambos os casos.

Respostas:

a) $L = 9,00$ cm;

b) $M = -500$ vezes.

20) Esboce o esquema de um microscópio composto, mostrando o traçado de raios para fazer a imagem de um objeto na retina de um observador.

3 INTERFERÊNCIA E DIFRAÇÃO

Eduardo Acedo Barbosa

3.1 INTRODUÇÃO

De forma geral, uma onda pode ser encarada como uma perturbação periódica que se propaga em um meio, material ou não. Esta perturbação pode ser uma deformação, um gradiente de pressão ou um campo (eletromagnético ou gravitacional). Quando duas ou mais ondas de mesmo tipo se sobrepõem no espaço – e esta interação não passa de uma soma – estas perturbações podem se reforçar uma à outra, ou podem se enfraquecer, dependendo das fases das ondas. A esta interação dá-se o nome de *interferência*. Neste capítulo, analisaremos processos de interferência entre ondas ópticas coerentes, para as quais a diferença de fase é sempre bem definida, e pontuaremos algumas importantes aplicações tecnológicas deste fenômeno.

A difração pode ser entendida como um caso particular de interferência, no qual um número infinito de ondas interferem entre si. A luz que se propaga por um determinado meio pode sofrer alterações e divisões em sua frente de onda ao passar por obstáculos, sejam eles opacos (de amplitude) ou transparentes (de fase). As novas frentes de onda decorrentes da passagem da luz por este obstáculo interferem entre si, gerando desvios na sua direção de propagação. Estes desvios foram relatados pela primeira vez pelo italiano Francesco Grimaldi no século XVII, ao observar que sombras produzidas por objetos iluminados por fontes de luz de pequena extensão não tinham contornos tão bem definidos e delineados quanto os previstos pela óptica geométrica. Por este motivo, a difração pode ser prejudicial para a qualidade da imagem de sistemas ópticos de alta complexidade e exigência, como microscópios e telescópios astronômicos. O conhecimento e o domínio do fenômeno de difração permite-nos projetar sistemas ópticos que, se não eliminam seus efeitos deletérios, pelo menos limitam-nos a níveis aceitáveis. Dispositivos baseados em difração, como redes de difração e hologramas, chamados genericamente de elementos difrativos, encontram inúmeras aplicações em óptica e em tecnologia em geral, como instrumentos para a decomposição espectral da luz, formação de imagens, sistemas antifalsificação, metrologia, entre inúmeras outras aplicações.

3.2 LINEARIDADE DA EQUAÇÃO DE ONDA E PRINCÍPIO DA SUPERPOSIÇÃO

A equação de onda de Maxwell vista no capítulo 1 (equações 1.8 e 1.9),

$$\frac{\partial^2 E}{\partial x^2} = \mu_0 \varepsilon_0 \frac{\partial^2 E}{\partial t^2}$$

apresenta a propriedade da linearidade, ou seja, se as funções $E_1(x,t)$, $E_2(x,t)$, ... $E_n(x,t)$ são soluções da equação de onda, então a função

$$E(x,t) = \alpha E_1(x,t) + \beta E_2(x,t) + ... + \zeta E_n(x,t) \ (\alpha, \beta, ..., \zeta \text{ são números reais}) \quad (3.1)$$

também é solução da equação de onda.

Esta propriedade respalda matematicamente a interferência de ondas, como veremos a seguir, e permite que o campo eletromagnético seja expresso na forma exponencial complexa. Neste caso, a equação (3.1) pode ser particularizada como uma combinação linear de dois campos, $E_1(x,t) = E_0 \cos(kx - \omega t + \varphi)$ e $E_2(x,t) = E_0 sen(kx - \omega t + \varphi)$, com coeficientes $\alpha = 1$ e $\beta = i$ ($i \equiv \sqrt{-1}$), respectivamente, de modo a assumir a forma

$$E(x,t) = \alpha E_1(x,t) + \beta E_2(x,t)$$

$$= E_0 \cos(kx - \omega t + \varphi) + iE_0 sen(kx - \omega t + \varphi) \Rightarrow$$

$$E(x,t) = E_0 \left[\cos(kx - \omega t + \varphi) + isen(kx - \omega t + \varphi) \right] \quad (3.2)$$

De acordo com a equação (A.7) (ver Apêndice no fim do capítulo), a equação (3.2) pode ser reescrita como

$$E(x,t) = E_0 e^{i(kx - \omega t + \varphi)} \quad (3.3)$$

Se o campo é exponencial complexo, a equação (1.22) $I = c\varepsilon_0 E_0^2/2$ não pode ser usada diretamente para expressar a intensidade da luz, já que a intensidade luminosa deve ser sempre real e positiva, e a aplicação direta desta relação geraria uma intensidade negativa. Para se contornar este problema, a forma mais apropriada para expressar a intensidade da onda torna-se

$$I = c\varepsilon_0 \frac{E^* E}{2} \tag{3.4}$$

Exercício I

Mostre que a função de onda do campo elétrico $E(x,t) = E_0 e^{i(kx-\omega t+\varphi)}$ de uma onda eletromagnética satisfaz a equação de onda $\frac{\partial^2 E}{\partial x^2} = \mu_0 \varepsilon_0 \frac{\partial^2 E}{\partial t^2}$

Solução

Assim como se procedeu na seção 1.1 do Capítulo 1, obtém-se a segunda derivada da função $E(x,t) = E_0 e^{i(kx-\omega t+\varphi)}$ em relação ao espaço, e o mesmo em relação ao tempo:

$$\frac{\partial E}{\partial x} = ikE_0 e^{i(kx-\omega t+\varphi)} \Rightarrow \frac{\partial^2 E}{\partial x^2} = -k^2 E_0 e^{i(kx-\omega t+\varphi)} = -k^2 E(x,t)$$

$$\frac{\partial E}{\partial t} = -i\omega E_0 e^{i(kx-\omega t+\varphi)} \Rightarrow \frac{\partial^2 E}{\partial t^2} = -\omega^2 E_0 e^{i(kx-\omega t+\varphi)} = -\omega^2 E(x,t),$$

e substituem-se estes resultados na equação de onda:

$$\frac{\partial^2 E}{\partial x^2} = \mu_0 \varepsilon_0 \frac{\partial^2 E}{\partial t^2} \Rightarrow -k^2 E(x,t) = \mu_0 \varepsilon_0 \left(-\omega^2 E(x,t)\right) \Rightarrow$$

$$k^2 = \mu_0 \varepsilon_0 \omega^2$$

Lembrando que $\mu_0 \varepsilon_0 = 1/c^2$, a relação acima converte-se em

$$k = \frac{\omega}{c}$$

A exemplo do que foi verificado na seção 1.1, o resultado acima indica que, de fato, a função $E(x,t) = E_0 e^{i(kx-\omega t+\varphi)}$ pode ser usada para descrever o campo elétrico de uma onda eletromagnética. De forma correspondente, pode-se afirmar que o campo magnético correspondente pode ser dado por

$$B(x,t) = B_0 e^{i(kx-\omega t+\varphi)}$$

Exercício II

Determine a intensidade da onda cujo campo elétrico é $E(x,t) = E_0 e^{i(kx-\omega t+\varphi)}$ através da equação (3.4).

Solução

Aplicando-se diretamente o campo elétrico à relação (3.4), obtém-se

$$I = c\frac{\varepsilon_0 E(x,t)^* E(x,t)}{2} = c\frac{\varepsilon_0 E_0 e^{-i(kx-\omega t+\varphi)} E_0 e^{i(kx-\omega t+\varphi)}}{2} \Rightarrow$$

$$I = c\frac{\varepsilon_0 E_0^2}{2}$$

Note que, conforme esperado, o resultado é idêntico ao da equação (1.22).

3.3 FENÔMENOS DE INTERFERÊNCIA DE LUZ E APLICAÇÕES

Considere-se a interação de duas ondas planas e monocromáticas 1 e 2, de mesma polarização, que se propagam ao longo da direção z, expressas pelos seus respectivos campos elétricos:

$$E_1 = E_{01} e^{i(kz-\acute{E}t-\varphi_1)} \tag{3.5a}$$

e

$$E_2 = E_{02} e^{i(kz-\omega t-\varphi_2)}, \tag{3.5b}$$

sendo E_{01} e E_{02} amplitudes reais.

A interferência dessas duas ondas resulta numa onda cujo campo elétrico é dado pela soma de E_1 e E_2

$$E = E_1 + E_2 = e^{i(kz-\omega t)}\left(E_{01}e^{i\varphi_1} + E_{02}e^{i\varphi_2}\right) \tag{3.6}$$

A intensidade da onda resultante será escrita, de acordo com a equação (3.4), por

$$I = \frac{c\varepsilon_0}{2} E^* E = \frac{c\varepsilon_0}{2} e^{-i(kz-\omega t)} \left(E_{01} e^{-i\varphi_1} + E_{02} e^{-i\varphi_2} \right) \times e^{-i(kz-\omega t)} \left(E_{01} e^{-i\varphi_1} + E_{02} e^{-i\varphi_2} \right) \Rightarrow$$

$$I = \frac{c\varepsilon_0}{2} \left(E_{01}^2 + E_{02}^2 + 2E_{01}E_{02} \cos\varphi \right)$$

em que $\varphi = \varphi_2 - \varphi_1$. Fazendo $I_{1(2)} \equiv \frac{c\varepsilon_0}{2} E_{01(2)}^2$, escreve-se a expressão para a intensidade da luz que resulta da interferência como

$$I = I_1 + I_2 + 2\sqrt{I_1 I_2} \cos\varphi \tag{3.7}$$

No caso particular em que ambas as ondas interferentes possuem a mesma amplitude e, portanto, a mesma intensidade, a equação (3.3) toma a forma:

$$I = 4I_0 \cos^2\left(\frac{\varphi}{2}\right), \tag{3.8}$$

em que I_0 é a intensidade de cada onda, tal que $I_0 = I_1 = I_2$. A equação (3.8) foi obtida valendo-se da identidade trigonométrica $\cos^2(\varphi/2) = (1-\cos\varphi)/2$.

As diferenças de fase para as quais a interferência é construtiva são obtidas impondo-se que a intensidade da equação (4) seja máxima, ou seja, para $\cos^2(\varphi/2) = 1$, o que leva aos valores

$$\varphi = 0,\ \ 2\pi,\ 4\pi,\ 6\pi,\ \ldots\ = 2m\pi \text{ rad } (m = 1,2,3\ldots), \tag{3.9}$$

em que o número inteiro m é a chamada *ordem de interferência*. Como as funções senoidais têm periodicidade 2π, os valores de fase da expressão (3.9) acima equivalem à condição na qual as duas ondas interferentes estão *em fase*. Nessa situação, os picos das duas ondas se sobrepõem, o mesmo ocorrendo com os vales. A interferência construtiva entre duas ondas de mesma amplitude está esquematicamente mostrada na Figura 3.1.

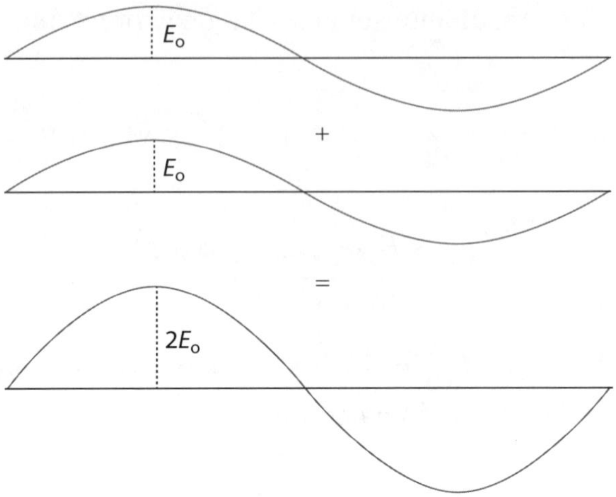

Figura 3.1 – Interferência construtiva.

Quando a interferência entre as ondas é *destrutiva*, a intensidade da luz resultante é nula, de forma que, impondo-se a condição $\cos^2(\varphi/2) = 0$, obtém-se

$$\varphi = \pi,\ 3\pi,\ 5\pi,\ ... = (2m-1)\pi \text{ rad} \tag{3.10}$$

A condição acima ocorre quando as ondas estão *em contrafase*, como mostrado na Figura 3.2, em que os picos se sobrepõem aos vales, gerando interferência destrutiva. Os fenômenos de interferência construtiva e destrutiva permeiam praticamente toda a análise dos interferômetros, como será visto mais adiante.

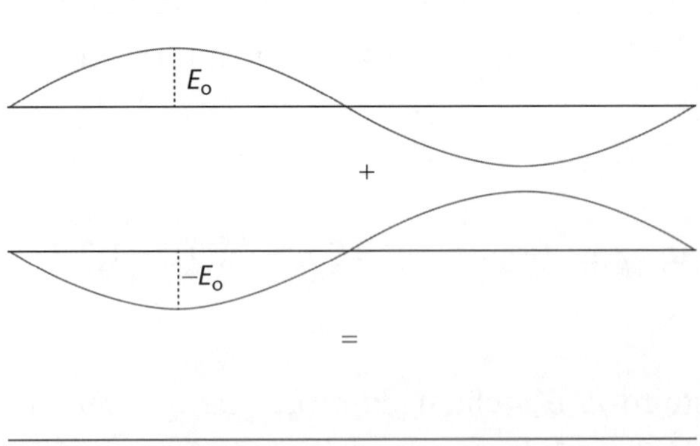

Figura 3.2 – Interferência destrutiva.

A Figura 3.3 mostra a intensidade luminosa, resultado da interferência entre ondas de mesma amplitude, em função da diferença de fase ϕ.

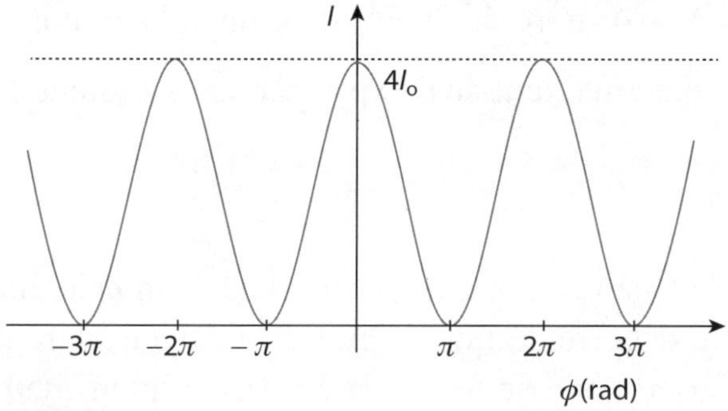

Figura 3.3 – Padrão cosseno-quadrado decorrente da interferência de duas ondas planas monocromáticas de mesma frequência propagando-se ao longo da mesma direção.

Exercício III

Considere a interferência de duas ondas monocromáticas de mesma frequência, propagando-se ao longo do eixo x, sentido positivo, dadas por $E_1 = E_0 e^{i(kx-\omega t)} e^{i\delta_1}$ e $E_2 = 3E_0 e^{i(kx-\omega t)} e^{i\delta_2}$.

a) Calcule a intensidade resultante da interferência em função da diferença de fase δd entre ambas as ondas.

b) Determine os valores de diferença de fase para os quais a interferência é construtiva e destrutiva.

c) Esboce o gráfico da intensidade luminosa em função de δd.

Solução

a) A interferência das ondas E_1 e E_2 será

$$E = E_1 + E_2 = E_0 e^{i(kx-\omega t)} \left(e^{i\delta_1} + 3e^{i\delta_2}\right)$$

De acordo com a equação (3.4), a intensidade será escrita como

$$I = \frac{c\varepsilon_0}{2} E^* E = \frac{c\varepsilon_0}{2} E_0 e^{-i(kx-\omega t)} \left(e^{-i\delta_1} + 3e^{-i\delta_2}\right) \times E_0 e^{i(kx-\omega t)} \left(e^{i\delta_1} + 3e^{i\delta_2}\right) \Rightarrow$$

$$I = \frac{c\varepsilon_0}{2} E_0^2 \left(1 + 3e^{i(\delta_2-\delta_1)} + 3e^{-i(\delta_2-\delta_1)} + 9\right)$$

Fazendo $\delta = \delta_2 - \delta_1$ e $I_0 \equiv \frac{c\varepsilon_0}{2} E_0^2$, e agrupando-se convenientemente os termos da relação acima, tem-se a expressão para a intensidade da luz:

$$I = I_0 \left(10 + 6\cos\delta\right)$$

b) Nota-se pela relação acima que os mínimos de interferência não terão intensidade nula. Isto decorre do fato de que as ondas interferentes não têm a mesma amplitude. Observando-se a expressão para a intensidade com cuidado, conclui-se que os mínimos de interferência ocorrem quando $\cos\delta = -1$, tais que

$$I_{mín} = I_0 \left(10 + 6\cos\delta\right) = 4I_0$$

Os valores de diferença de fase que levam a este resultado são

$$\delta = \pi,\ 3\pi,\ 5\pi, \ldots = \ (2m-1)\pi \ \text{(rad)}$$

Os máximos de interferência são obtidos impondo-se que $\cos\delta = 1$, de modo que

$$I_{máx} = I_0 \left(10 + 6\cos\delta\right) = 16I_0,$$

que são obtidos pelos valores

$$\delta = 0,\ 2\pi,\ 4\pi, \ldots = \ 2m\pi \ \text{(rad)}$$

Assim, o gráfico da intensidade da luz que resulta da interferência das duas ondas é mostrado abaixo:

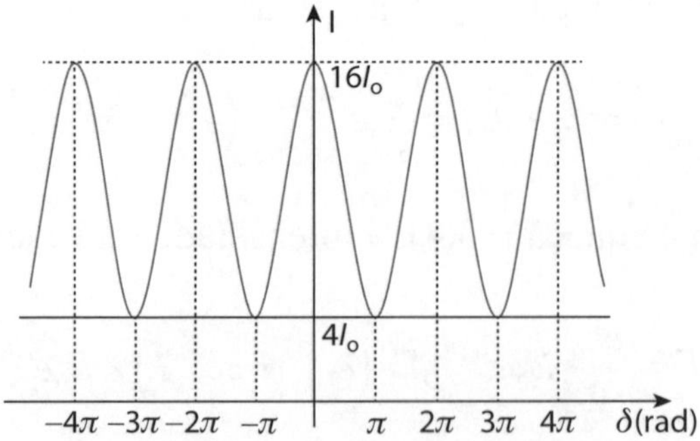

Figura 3.4

c) *Caminho óptico* – O caminho óptico é um parâmetro fundamental para o estudo de fenômenos de interferência. Sua definição é uma consequência da equação (2.3), pela qual conclui-se que os comprimentos de onda da luz no vácuo (λ_0) e num meio de índice de refração n (λ) relacionam-se pela equação $\lambda_0 = \lambda n$. O caminho óptico Γ da luz ao propagar-se por este meio de comprimento d é então dado por:

$$\Gamma = nd \tag{3.11}$$

3.3.1 EXPERIÊNCIA DE FENDA DUPLA DE YOUNG

Realizada em 1805 pelo cientista britânico Thomas Young, essa é considerada uma das experiências da Física mais importantes de todos os tempos, não só por demonstrar o caráter ondulatório da luz mas também por permitir a análise do comportamento quântico de partículas e do princípio de incerteza de Heisenberg.

No arranjo experimental, a luz com frente de onda plana incide sobre um par de fendas paralelas, de modo que cada fenda torna-se então uma fonte secundária de luz. As ondas emitidas por essas fontes são coerentes, sofrendo assim interferência. O padrão de interferência resultante pode então ser projetado num anteparo. A constatação de que a luz sofre interferência fornece a imediata conclusão de que ela tem comportamento ondulatório.

A experiência, extremamente simples, está esquematizada – fora de escala, para permitir a visualização de todos os itens – na Figura 3.5. A distância entre as fendas é d e a distância entre elas e o anteparo é L. Conforme o sistema de coordenadas mostrado na figura, as fendas estão dispostas ao longo da direção z, as ondas emitidas pelas fendas A e B propagam-se no plano xy e o anteparo é paralelo ao plano yz.

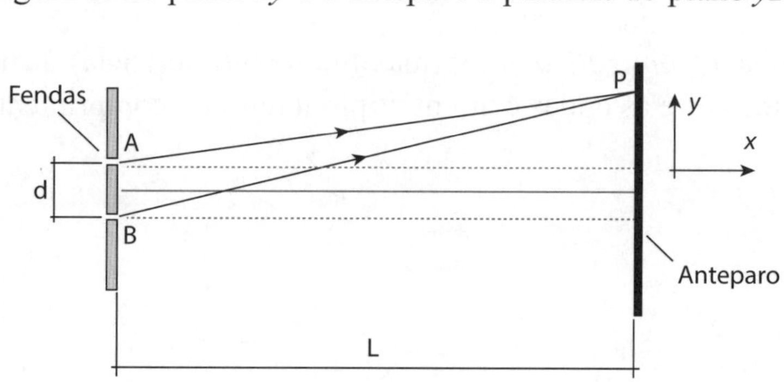

Figura 3.5 – Arranjo de fenda dupla de Young.

Tipicamente, a distância d entre as fendas é muito menor que a distância L entre as fendas e o anteparo, tal que $L \cong 10^4 d$. A Figura 3.6a mostra o detalhe das fendas do arranjo com duas ondas em fase, formando uma frente de onda plana, incidindo sobre as fendas A e B. De acordo com o princípio de Huygens, cada fenda dá origem a inúmeras ondas que se propagam em direções divergentes. A figura mostra duas ondas que emergem de A e de B e que interferem no ponto P no anteparo – e, portanto, no infinito, já que $L >> d$. Essas ondas têm direções de propagação paralelas, sob um ângulo θ em relação ao eixo x. Para comparar os caminhos percorridos pelas ondas, traça-se uma linha pontilhada QQ' perpendicularmente às direções de propagação das ondas. Observando-se a figura, vê-se que a onda vinda da fenda B percorre o segmento BA' a mais do que a onda originada da fenda A. Esse segmento é a *diferença de caminho óptico* Γ entre as ondas. A partir do triângulo retângulo AA'B, detalhado na Figura 3.6b, obtém-se Γ como

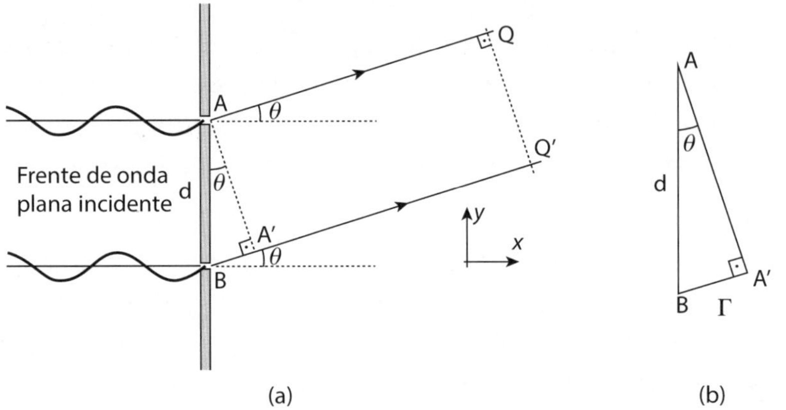

Figura 3.6 – (a) Interferência das ondas que emergem das fendas; (b) caminho óptico.

$$\Gamma = d sen\theta \tag{3.12}$$

A interferência é *construtiva* em P (máximo de interferência) quando a diferença de caminho óptico entre as ondas é um múltiplo inteiro do comprimento de onda:

$$d sen\theta = m\lambda, \tag{3.13}$$

em que $m = 0, 1, 2, 3, ...$

Se a diferença de caminho óptico é um múltiplo semi-inteiro do comprimento de onda ($\lambda/2, 3\lambda/2, 5\lambda/2, 7\lambda/2, ...$), observa-se interferência *destrutiva* (mínimo de interferência):

$$d sen\theta = \left(m + \frac{1}{2}\right)\lambda \tag{3.14}$$

O ângulo θ é muito pequeno, e portanto difícil de medir por goniômetros convencionais. Ele pode ser obtido indiretamente, medindo-se a posição Y dos máximos ou mínimos de interferência projetados em um anteparo a uma distância L da fenda dupla. A Figura 3.7 mostra uma configuração mais realista do arranjo, com as ondas que emanam de A e B praticamente paralelas. Os pontos O, P e a fenda dupla definem um triângulo retângulo de catetos Y e L, de forma que $tg\theta = Y/L$. Como o ângulo é pequeno, admite-se a aproximação $sen\theta \cong Y/L$. Substituindo-se essa relação nas equações (3.13) e (3.14), obtêm-se as condições mais usuais para interferência construtiva e destrutiva pelo arranjo de Young:

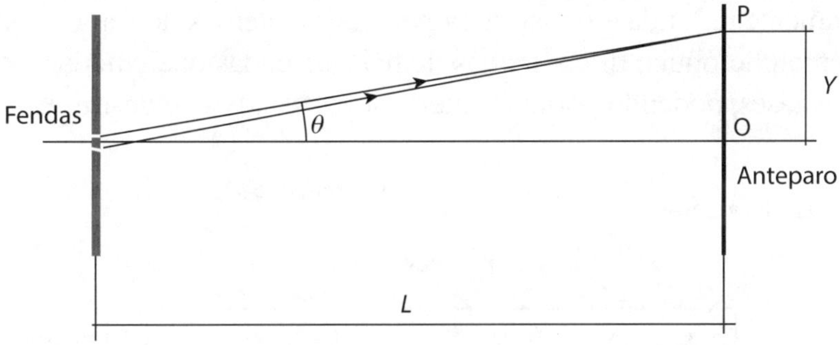

Figura 3.7 – No ponto P ocorre interferência construtiva.

$$\frac{Yd}{L} = m\lambda, \tag{3.15}$$

$$\frac{Yd}{L} = \left(m + \frac{1}{2}\right)\lambda \tag{3.16}$$

O resultado da interferência entre as duas ondas projetada no anteparo é a alternância de máximos e mínimos de interferência, o chamado *padrão de interferência* ou *padrão de franjas*. Como a interferência ocorre não somente no anteparo, mas em todo o espaço, as regiões de interferência construtiva ou destrutiva geram hipérboles no plano *xy*, e franjas retas e paralelas são projetadas no anteparo, como mostra a Figura 3.8.

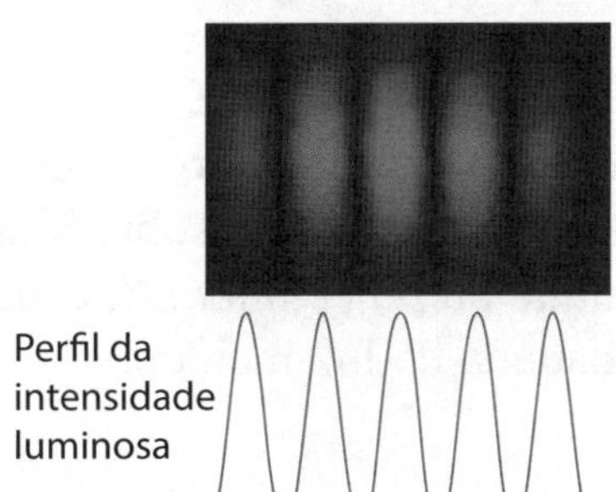

Figura 3.8 – Padrão de franjas.

3.3.2 INTERFERÊNCIA EM FILMES FINOS

A interferência em filmes finos ocorre devido ao processo de múltiplas reflexões internas que ocorre quando luz incide sobre uma película transparente. Numa definição não muito rigorosa, podemos entender filme fino como tendo uma espessura comparável ao comprimento de onda da luz.

A Figura 3.9 ilustra o processo de múltiplas reflexões internas. Uma onda luminosa, cuja direção de propagação é representada pelo raio da figura, incide sobre a face superior, sendo parcialmente refletida, e parcialmente transmitida. Essa parcela em particular passa a ser sucessivamente refletida e transmitida pela faces internas do filme. Como cada onda descreve um caminho óptico diferente das demais, as ondas que emergem das faces possuem diferentes fases, podendo portanto interferir construtiva ou destrutivamente.

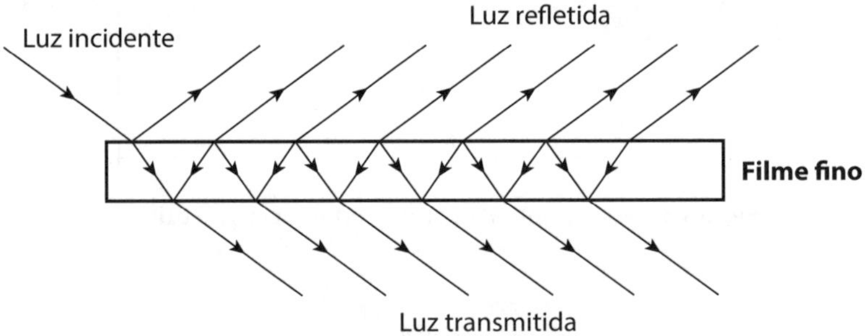

Figura 3.9 – Propagação de ondas no filme fino.

Devido a esses vários eventos de reflexão e transmissão, convém definirmos os *coeficientes de reflexão* e *transmissão* r e t. Considerando a incidência de luz em uma interface dielétrica (por exemplo, ar/vidro, vácuo/vidro, ar/água etc.), o coeficiente de reflexão é a razão entre a amplitude E_R do campo elétrico da luz refletida e a amplitude E_0 do campo elétrico da luz incidente:

$$r = \frac{E_R}{E_0} \tag{3.17}$$

O número r pode ser complexo, já que tanto E_R como E_0 também podem sê-lo. Ainda considerando essa mesma luz incidente sobre a interface dielétrica, é também conveniente definir a *refletividade* ou *reflectância* R, como a razão entre a intensidade I_R da luz refletida e a intensidade I_0 da luz incidente:

$$R = \frac{I_R}{I_0} \tag{3.18}$$

A relação entre as grandezas r e R pode ser estabelecida com o auxílio da equação (3.4):

$$R = \frac{I_R}{I_0} = \frac{c\varepsilon_0/2}{c\varepsilon_0/2} \frac{E_R^* E_R}{E_0^* E_0} = \left(\frac{E_R}{E_0}\right)^* \left(\frac{E_R}{E_0}\right)$$

Note que os termos entre parênteses representam o coeficiente de reflexão e o seu respectivo complexo conjugado. Com o auxílio da equação (3.18), escreve-se então

$$R = r^* r = |r|^2 \tag{3.19}$$

Se E_T é a amplitude do campo elétrico da luz transmitida e I_T a intensidade desta onda, define-se o coeficiente de transmissão t e a transmitância T como

$$t = \frac{E_T}{E_0} \tag{3.20}$$

$$T = \frac{I_T}{I_0} \tag{3.21}$$

Procede-se de forma análoga ao raciocínio para a luz refletida para se estabelecer a relação entre t e T:

$$T = t^* t = |t|^2 \tag{3.22}$$

Note, pelas relações (3.19) e (3.22), que R e T são grandezas positivas e reais, portanto, passíveis de serem medidas. Se o material é transparente à luz incidente, ou seja, se a luz não é absorvida, devemos considerar que a energia se conserva num processo de luz incidente sobre uma interface dielétrica. Dessa forma, a luz que não é refletida será certamente transmitida. Isso se traduz em

$$R + T = 1 \tag{3.23}$$

Consideremos agora a incidência de uma onda eletromagnética plana sobre um filme fino de espessura d e índice de refração n. Ao incidir sobre o filme, parte da onda é refletida por face superior e parte é refratada. Essa parcela refratada sofre múltiplas reflexões no interior do filme, e a cada vez que a onda atinge uma das superfícies também é parcialmente transmitida.

Quando a onda de amplitude E_0 atinge a face superior – ponto O mostrado na Figura 3.10 –, a parcela transmitida tem amplitude $E_T = tE_0$, de acordo com a equação (3.20); ao atingir a face inferior (ponto A), essa parcela é parcialmente transmitida com amplitude t^2E_0, e parcialmente refletida de volta ao interior do filme com amplitude rtE_0. Dessa forma, os sucessivos processos de transmissão e reflexão pelas faces do filme correspondem, respectivamente, à multiplicação da amplitude incidente pelos coeficientes de transmissão e de reflexão. As ondas que emergem do filme fino estão representadas na Figura 3.10. Entre uma onda emergente e sua consecutiva, há o acréscimo da diferença de fase δ, a ser determinado adiante.

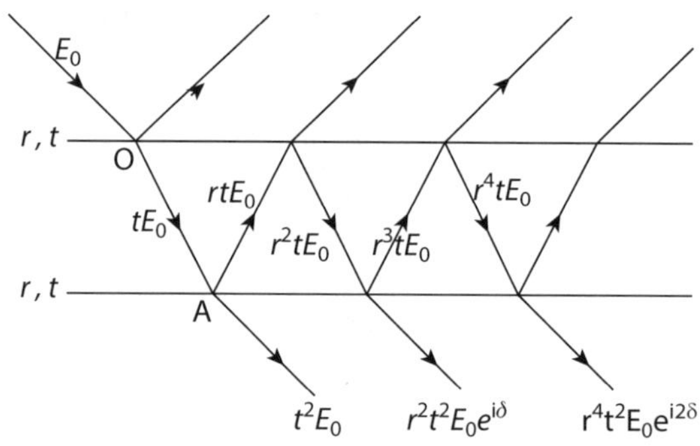

Figura 3.10 – Amplitudes das ondas ao emergir do filme.

O campo elétrico da onda transmitida total E_T através do filme fino é fruto da contribuição de todas as ondas emergentes, sendo dado por

$$\begin{aligned} E_T &= E_0 t^2 \left(1 + r^2 e^{i\delta} + r^4 e^{i2\delta} + r^6 e^{i3\delta} + r^8 e^{i4\delta} + \ldots\right) e^{i(kz-\omega t)} \\ &= E_0 t^2 e^{i(kz-\omega t)} \sum_{n=0}^{\infty} r^{2n} e^{in\delta} \end{aligned} \tag{3.24}$$

Note que, na equação acima, foi incluído o termo $e^{i(kz-\omega t)}$, que indica que a luz transmitida se propaga ao longo da direção z, sentido positivo. A série da equação (3.24) é a soma dos infinitos termos de uma progressão geométrica de razão $r^2e^{i\delta}$, cujo primeiro termo é 1. Dessa forma, essa equação pode ser reescrita como

$$E_T = E_0 \frac{t^2}{1 - r^2 e^{i\delta}} e^{i(kz-\omega t)} \tag{3.25}$$

A intensidade da onda transmitida será, de acordo com a relação (3.4),

$$I_T = \frac{c\varepsilon_0}{2} E_T^* E_T = \frac{c\varepsilon_0}{2} E_0^2 \frac{t^4}{1 - 2r^2 \cos\delta + r^2}, \tag{3.26}$$

em que $I_0 \equiv \frac{c\varepsilon_0}{2} E_0^2$ é a intensidade da luz incidente. A partir das equações (3.17) e (3.20), a equação (3.26) toma a forma

$$I_T = \frac{T^2}{1 - 2R\cos\delta + R^2} I_0, \tag{3.27}$$

em que $T = t^2$ e $R = r^2$ são, respectivamente, a transmitância e a reflectância do material. Neste caso particular, consideramos r e t reais.

A partir da equação (3.27) pode-se determinar a intensidade da onda refletida total I_R pelo filme fino. Considerando-se que o material do filme não absorve a luz incidente, a energia luminosa se conserva, de modo que a soma das intensidades da luz transmitida e da luz refletida pode ser escrita como

$$I_0 = I_T + I_R \Rightarrow I_R = I_0 - \frac{T^2}{1 - 2R\cos\delta + R^2} I_0 \tag{3.28}$$

Após um pouco de álgebra, e usando a relação $R + T = 1$, da equação (3.28) chega-se à seguinte expressão para I_R:

$$I_R = \frac{4R sen^2(\delta/2)}{1 - 2R\cos\delta + R^2} I_0 \tag{3.29}$$

A diferença de fase δ entre duas ondas consecutivas pode ser determinada calculando-se a diferença de caminho óptico entre tais ondas, o que pode ser feito com o auxílio da Figura 3.11: a onda que incidiu na face inferior no ponto A deu origem às ondas emergentes 1 e 2. Nesse ponto A, ambas as ondas tinham a mesma fase, mas nota-se que quando as ondas emergem do filme, ambas percorrem caminhos claramente distintos, sendo maior o percorrido pela onda 2. Pela figura pode-se observar que, enquanto a onda 1 percorre o caminho AD, a onda 2 vai de A até C, passando pelo ponto B. Assim, o caminho óptico da onda 2 é dado por $\Gamma_2 = n(AB + BC)$. Como $\overline{AB} = \overline{BC} = d/\cos\theta'$, Γ_2 pode ser dado pela expressão

$$\Gamma_2 = \frac{2nd}{\cos\theta'} \tag{3.30}$$

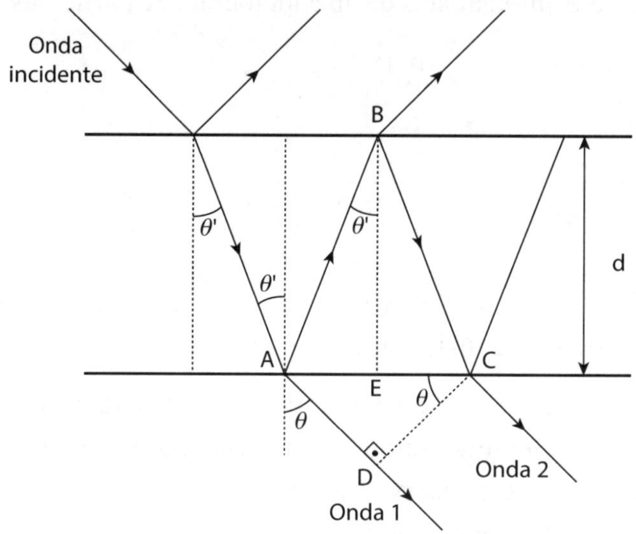

Figura 3.11 – Caminhos das ondas 1 e 2.

O caminho AD é determinado sabendo-se que no vértice C do triângulo retângulo ADC o ângulo é igual a θ. Por esse triângulo, tem-se que $sen\theta = AD/AC$. O segmento AC, por sua vez, é obtido da relação $AC = 2AE = 2d\ \text{tg}\theta'$. Dessa forma, o caminho óptico Γ_1 é escrito como

$$\Gamma_1 = AD = ACsen\theta = 2AEsen\theta = 2d\ tg\theta' sen\theta \tag{3.31}$$

Os ângulos de incidência e de refração relacionam-se pela lei de Snell como $sen\theta = n\ sen\theta'$ (considerando-se que o meio que circunda o filme fino é vácuo ou ar), de modo que Γ_1 é dado por

$$\Gamma_1 = 2nd\ \frac{sen^2\theta'}{\cos\theta'} \tag{3.32}$$

Como a diferença de fase entre as duas ondas que emergem do filme é dada por $\delta = (2\pi/\lambda)(\Gamma_2 - \Gamma_1)$, combinando-se as equações (3.30) e (3.32) obtém-se a relação

$$\delta = \frac{4\pi n}{\lambda} d \cos\theta' \tag{3.33}$$

Exercício IV

Deseja-se evaporar um filme dielétrico sobre uma placa de vidro BK7, de índice de refração 1,513. O material dielétrico que compõe o filme tem índice de refração 1,7.

a) Calcule a menor espessura do filme para que este seja antirrefletor para a luz amarela (λ = 580 nm) sob incidência normal (ver Figura 3.12).

b) Se o filme dielétrico usado é o de menor espessura, calcule o comprimento da onda λ' que sofrerá máxima reflexão por esse filme.

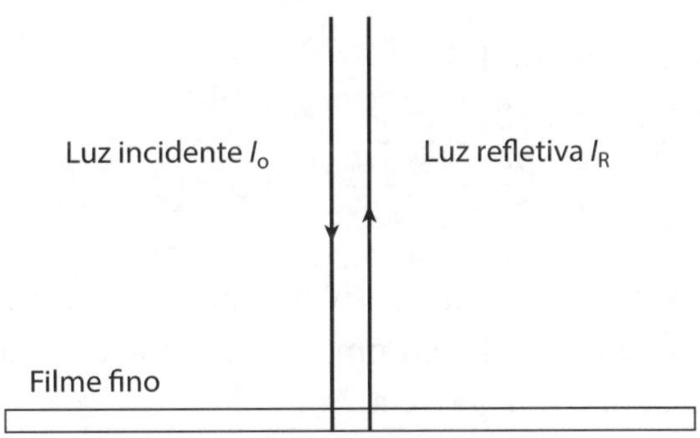

Figura 3.12

Solução

a) Se o filme deve ser antirrefletor para a luz amarela, a intensidade da luz refletida deve ser nula, ou seja, $I_R = 0$. Pela equação (3.29), essa condição pode ser satisfeita impondo-se que

$$sen^2\left(\delta/2\right) = 0$$

Dessa forma, os valores da fase $\delta/2$ que satisfazem a equação acima serão

$$\frac{\delta}{2} = \pi, 2\pi, 3\pi, 4\pi ... \Rightarrow \quad \text{, para } m = 1, 2, 3, 4...$$
$$\delta = 2m\pi$$

Sabemos que a fase, no caso de incidência normal, é dada por $\delta = 4\pi n_1 d/\lambda$

$$\delta = \frac{4\pi n_1 d}{\lambda} = 2m\pi \Rightarrow$$

$$d = m\frac{\lambda}{2n_1}$$

Nota-se, pelo resultado acima, que a espessura do dielétrico, nesse caso, depende da ordem m, que, como já vimos, é um número inteiro. Para $\lambda = 580$ nm e $n_1 = 1{,}7$, temos

$$d_1 = 170{,}6 \text{ nm}$$

b) Se a reflexão sofrida pela onda será máxima, vale impor a condição

$$sen^2\left(\delta/_2\right) = 1 \Rightarrow sen\left(\delta/_2\right) = \pm 1,$$

satisfeita pelos valores de fase

$$\frac{\delta}{2} = \frac{\pi}{2}, \frac{3\pi}{2}, \frac{5\pi}{2}, \frac{7\pi}{2} \ldots \Rightarrow \delta = (2m-1)\pi$$

A fase entre duas ondas consecutivas emergindo do filme é dada agora em função da espessura $d_1 = 170{,}6$ nm. Igualando-se então a fase $\delta = 4\pi n d_1/\lambda'$ ao valor obtido acima, chega-se a

$$\frac{4\pi n_1 d_1}{\lambda'} = (2m-1)\pi \Rightarrow$$

$$\lambda' = \frac{4nd_1}{(2m-1)} = \frac{1032{,}5}{(2m-1)} nm$$

Pela relação acima, nota-se que não há apenas uma onda que sofrerá máxima reflexão pelo filme, mas um grupo delas, cujos comprimentos de onda dependem da ordem m. Atribuindo-se os valores $m = 1, 2, 3, 4\ldots$ à expressão acima para o comprimento de onda, escrevemos os três primeiros comprimentos de onda:

$$\lambda_1' = 1032{,}5nm \text{ (infravermelho)}$$

$$\lambda_2' = 344{,}2nm \text{ (ultravioleta)}$$

$$\lambda_3' = 206{,}5nm \text{ (ultravioleta)}$$

3.4 DIFRAÇÃO

Segundo os princípios da óptica geométrica, a luz apenas se desvia da sua trajetória em linha reta ao sofrer refração ou reflexão. Na ausência desses dois fenômenos, a propagação da luz seria invariavelmente retilínea. Entretanto, desde o século XVII sabe-se que a luz pode sofrer desvios ao passar por determinados obstáculos em situações que não envolvem reflexão ou refração. Entenda-se como obstáculo qualquer descontinuidade no meio por onde a luz se propaga, sejam obstáculos de amplitude, caracterizados por elementos ou corpos que absorvem a luz total ou parcialmente, sejam obstáculos de fase, como regiões que apresentam qualquer descontinuidade no índice de refração do meio. Esses desvios foram relatados pela primeira vez pelo italiano Francesco Grimaldi, ao observar que sombras produzidas por objetos iluminados por fontes de luz de pequena extensão não tinham contornos tão bem definidos e delineados como os previstos pela óptica geométrica.

No Capítulo 1, vimos que a óptica geométrica limita-se a descrever a propagação da luz, não levando em conta qualquer efeito ondulatório. De acordo com essa descrição, um feixe de luz colimado que passa através de um furo produz num anteparo uma região iluminada de bordas bem definidas, de tamanho e forma idênticos aos do furo, independentemente do tamanho deste, como mostrado na Figura 3.13a. De fato, nossa experiência cotidiana nos diz que o que ocorre com a luz ao passar por um furo de alguns centímetros de diâmetro não difere apreciavelmente do previsto por traçado de raios. Porém, se fizermos um feixe de luz passar por um furo bem pequeno feito por uma ponta de compasso pontiaguda num pedaço de cartolina, veremos que a região iluminada do anteparo colocado atrás do furo será visivelmente maior do que o seu diâmetro – como mostrado na Figura 3.13b –, e esse efeito será mais pronunciado quanto maior for a distância entre o furo e o anteparo. Além disso, quando o furo ou qualquer obstáculo de amplitude são iluminados por uma fonte de luz coerente, os contornos de suas sombras surgem no anteparo cercados de franjas de interferência, mostradas na Figura 3.14.

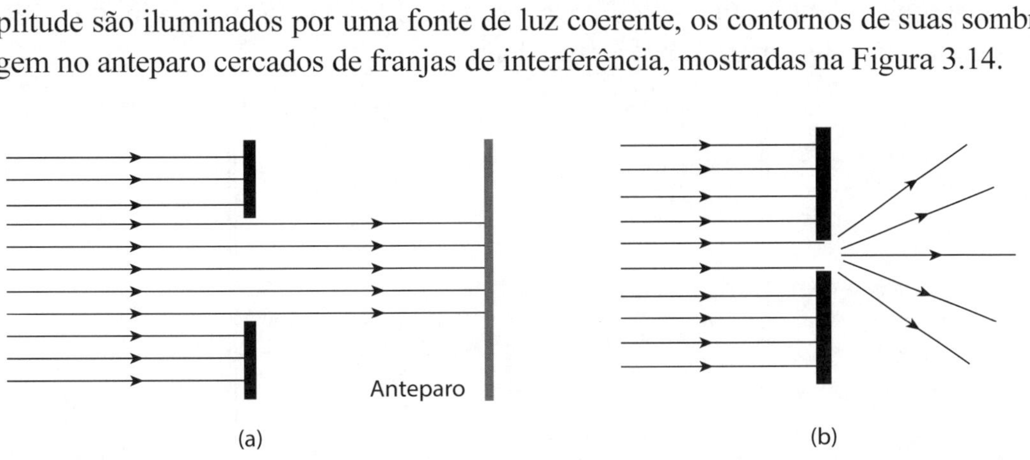

Figura 3.13 – (a) Luz propagando-se por um furo de abertura muito maior que o comprimento de onda; (b) luz propagando-se por um furo de abertura da ordem do comprimento de onda.

A essa classe ou conjunto de fenômenos dá-se o nome de difração. A difração é um fenômeno ondulatório, tradicionalmente tratado como um caso particular de interferência. Esse tratamento diferente deve-se ao fato de a difração envolver a interferência de infinitas ondas cujas fases variam continuamente, ao passo que, em processos abordados tradicionalmente como de interferência, as fases das ondas variam de forma discreta, como se vê na experiência de Young, em interferômetros em geral e em filmes finos.

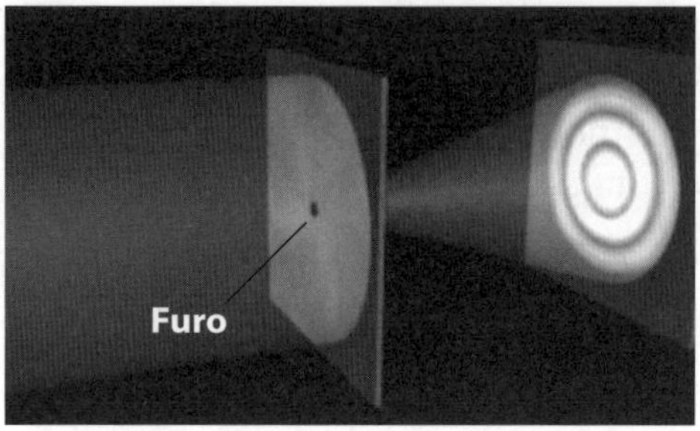

Figura 3.14 – Difração por abertura circular.

Existem basicamente dois tipos de difração de luz no que concerne à forma da frente de onda que interage com o obstáculo: a difração de Fraunhofer e a difração de Fresnel. Na primeira, a fonte de luz, o obstáculo e o observador estão distantes entre si o suficiente para que a frente de onda que interage com o obstáculo seja plana, e a luz difratada que atinge um observador também seja composta de frentes de onda plana, como esquematizado na Figura 3.15a. Na segunda, a fonte luminosa e o observador encontram-se próximos o bastante do obstáculo para que se trate da interação de frentes de onda esférica, como mostra a Figura 3.15b. A difração de Fraunhofer engloba uma série de importantes fenômenos ondulatórios e encontra inúmeras aplicações em espectroscopia e processamento de imagens, e a difração de Fresnel é muito utilizada na formulação matemática da holografia digital.

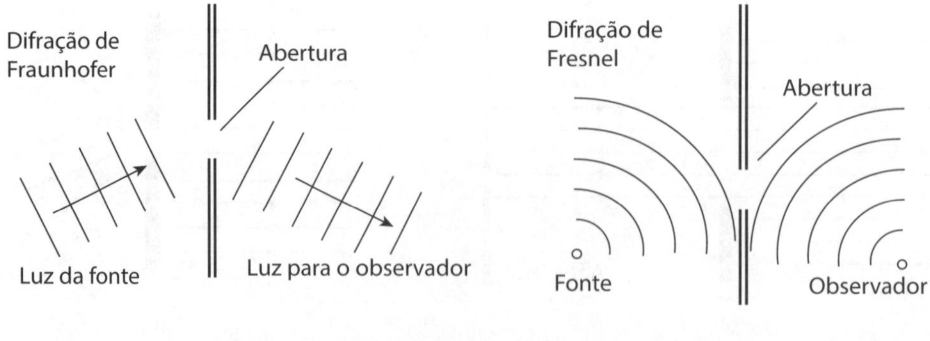

Figura 3.15 – (a) Difração de Fraunhofer; (b) difração de Fresnel.

3.4.1 DIFRAÇÃO DE FRAUNHOFER

3.4.1.1 Por fenda simples

Seja uma onda de frente plana e comprimento λ incidindo sobre uma fenda de abertura b, como mostra a Figura 3.16. De acordo com o princípio de Huygens, a frente de onda pode ser composta de infinitos pontos emissores de frentes de onda esféricas. A partir da região da abertura, esses pontos emitem, inicialmente, ondas em todas as direções possíveis à direita da fenda. Analisemos a interferência de infinitas ondas originadas na fenda, que incidirão num ponto P de um anteparo colocado a uma distância L desta fenda, e que tem um ângulo de elevação θ em relação à horizontal. Se $L >> b$, pode-se considerar que as ondas que atingem P têm direções de propagação paralelas, formando frentes de onda plana. A Figura 3.16b ilustra uma situação hipotética na qual apenas cinco fontes pontuais (A, B, C, D e E) emitem luz a partir da fenda, em que ($x = 0$) todas as ondas têm a mesma fase – à qual atribuímos um valor nulo para $x = 0$ – e a mesma amplitude E_0. Por essa figura, vê-se que $\Gamma = y \operatorname{sen}\theta$ é a diferença de caminho óptico entre duas ondas consecutivas, em que y é a distância no eixo vertical entre duas fontes vizinhas. Assim, se estabelecermos que a fonte A tem fase zero, as fases das demais ondas que emergem da fenda serão $kysen\theta$, $2kysen\theta$, $3kysen\theta$ e $4kysen\theta$. Dessa forma, se cada onda tiver amplitude E_0, o campo elétrico total no ponto P será a contribuição de todos os campos oriundos da fenda:

$$E = E_0(1 + e^{ikysen\theta} + e^{i2kysen\theta} + e^{i3kysen\theta} + e^{i4kysen\theta})e^{i(\omega t + \varphi)}, \quad (3.34)$$

em que ϕ é o acréscimo de fase experimentado por cada uma das ondas entre plano definido pelo segmento A'E, mostrado na Figura 3.16c, e o ponto P no anteparo. Esse acréscimo de fase, por ser comum a *todas* as ondas que emergem da fenda, não é determinante para o resultado da luz difratada em P.

A Figura 3.16b mostra um número finito de ondas emergindo da fenda, de forma que entre uma onda e outra há uma diferença de caminho óptico Γ que é finita. Dizemos que o espectro de diferenças de caminho óptico (e, portanto, de fase) é *discreto* nesse caso, ou seja, os valores de Γ não variam de forma contínua, mas na forma de degraus. Devemos saber que a Figura 3.16b não é realista, mas apenas uma representação simplificada do fenômeno. Na realidade, de acordo com o princípio de Huygens, há um número infinito de ondas emergindo da fenda, de forma que a diferença de caminho óptico e a diferença de fase varia continuamente ao longo da fenda. Assim, a equação (3.34) assume a forma integral:

$$E = \frac{E_0}{b} e^{i(kr-\omega t)} \int_0^b e^{ikysen\theta} dy \tag{3.35}$$

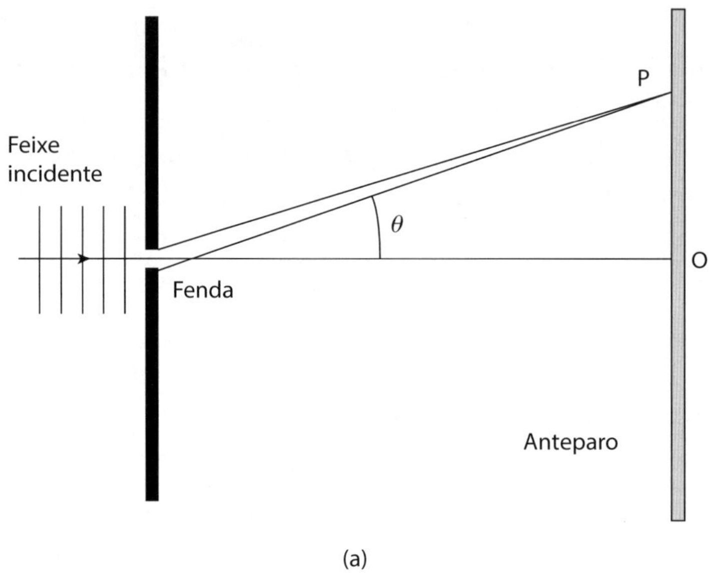

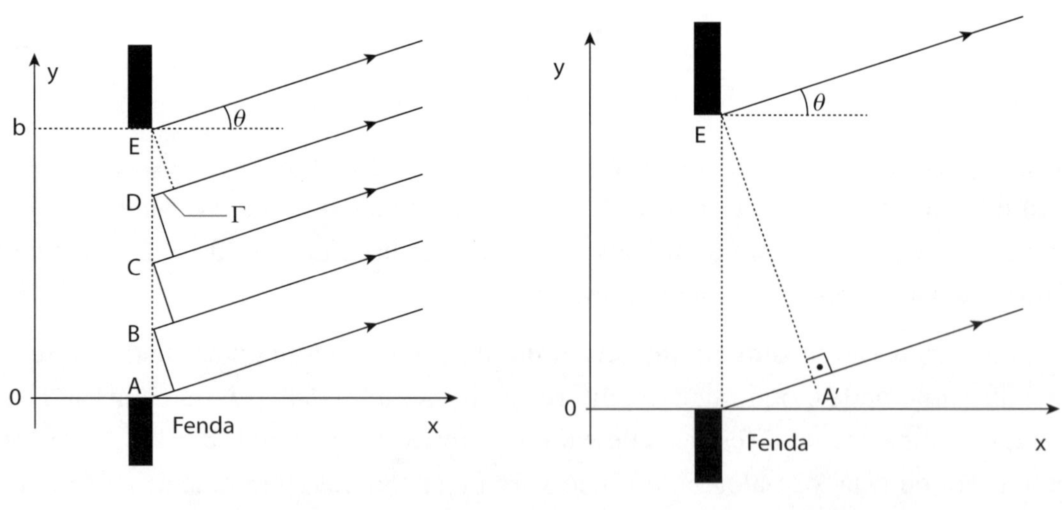

Figura 3.16 – (a) Incidência do feixe de onda plana sobre fenda simples, com padrão de difração projetado no anteparo; (b) e (c) representação da diferença de caminho óptico Γ entre feixes que emergem da fenda.

O fator E_0/b é a razão entre a amplitude total da onda que emerge da fenda. Essa razão é igual à razão dE/dy para o campo elétrico na onda que passa por uma largura infinitesimal dy. Nesse caso, tratamos a fenda como uma abertura unidimensional ao longo da direção y. A solução da integral é

$$E = \frac{E_0}{b} e^{i(kr-\omega t)} \left(\frac{e^{ikbsen\theta} - 1}{iksen\theta} \right)$$

Pela equação (3.4), escreve-se a intensidade luminosa no ponto P do anteparo:

$$I = \frac{c\varepsilon_0}{2} E^* E = \frac{c\varepsilon_0}{2} \left(\frac{E_0}{b} \right)^2 \left(\frac{e^{ikbsen\theta} - 1}{iksen\theta} \right) \left(\frac{e^{-ikbsen\theta} - 1}{-iksen\theta} \right)$$

$$= \frac{c\varepsilon_0}{2} \left(\frac{E_0}{b} \right)^2 \left[\frac{2 - 2\cos(kbsen\theta/2)}{k^2 sen^2\theta} \right]^2 \Rightarrow$$

$$I = \frac{c\varepsilon_0}{2} \left(\frac{E_0}{b} \right)^2 \frac{sen^2(kbsen\theta/2)}{k^2 sen^2\theta/2^2}$$

Chamando a fase β de $\beta \equiv kbsen\theta/2 = (\pi b/\lambda)sen\theta$, chega-se à intensidade da luz difratada como

$$I = I_0 \frac{sen^2\beta}{\beta^2} \tag{3.40}$$

em que $I_0 \equiv c\varepsilon_0 E_0^2/2$. A Figura 3.17 ilustra o padrão de difração expresso na equação (3.40) acima, em função da fase β. A parte central da função I(β) é o chamado *máximo central*, e os demais máximos laterais são os chamados *máximos secundários*.

O máximo central ocorre para $\beta = 0$. A sua intensidade, muito superior aos máximos secundários, justifica-se pelo limite

$$\lim_{\beta \to 0} \frac{sen\beta}{\beta} = 1$$

e pelo fato de que 1 é o máximo valor da função $sen^2\beta/\beta^2$.

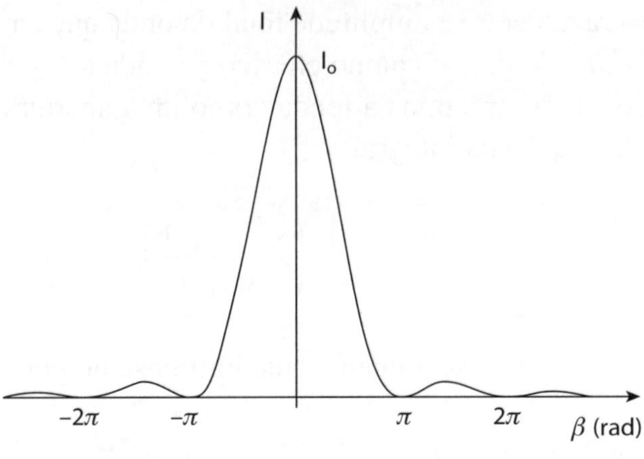

Figura 3.17 – Padrão de difração gerado por uma fenda simples de abertura *b*.

Os mínimos de difração ocorrem para os valores de β para os quais $sen\beta = 0$ na equação (3.40):

$$\beta = m\pi, \text{ para } m = \pm\ (1,2,3,...) \tag{3.41}$$

Da definição de β, $\beta \equiv kbsen\theta/2$, e da equação (3.40), obtêm-se os ângulos para os mínimos de difração:

$$bsen\theta = m\lambda \tag{3.42}$$

A Figura 3.17 mostra que a função $sen^2\beta/\beta^2$ decresce rapidamente para $|\beta| > 0$, de maneira que, quando a luz difratada por uma fenda é projetada sobre um anteparo, a intensidade do padrão de difração decresce acentuadamente para máximos secundários mais distantes do máximo central. Os valores de θ para os quais esses máximos são apreciáveis são, portanto, pequenos, de forma que a relação sen$\theta \approx \theta \approx$ tgθ é válida. Substituindo $sen\theta \approx Y/L$ na equação (3.42), podemos escrever a posição Y_m^- de um mínimo de ordem *m* no anteparo:

$$b\frac{Y_m^-}{L} = m\lambda \tag{3.43}$$

Na equação acima, $Y = 0$ no ponto O mostrado na Figura 3.16, em que o eixo de simetria cruza o anteparo, e para o qual $sen\theta = 0$.

Exercício V

a) Mostre que os máximos de difração por fenda simples podem ser obtidos por meio da equação $\beta = tg\beta$.

b) Obtenha graficamente as soluções dessa equação, levando à relação $b\frac{Y_m^+}{L} \cong \left(m+\frac{1}{2}\right)\lambda$, em que Y_m^+ é a posição de um máximo de difração de ordem m.

Solução

a) Os valores de β que fornecem os máximos e mínimos da intensidade luminosa I do padrão de difração podem ser obtidos impondo-se a condição

$$\frac{dI}{d\beta} = 0$$

Dessa forma, pela equação (3.40), temos

$$\frac{dI}{d\beta} = 8I_0 \frac{sen\beta}{\beta} \frac{(\cos\beta.\beta - sen\beta)}{\beta^2} = 0$$

Para determinar os valores de β que satisfazem a equação acima temos três opções, das quais apenas uma nos será útil. Por exemplo, quando $sen\beta = 0$, a equação é satisfeita, mas já vimos que esse resultado nos leva aos mínimos de difração (equação 3.40). Fazendo $\beta \to \infty$, também temos $\partial I/\partial\beta \to 0$, mas essa condição também não nos leva aos valores de mínimo da intensidade, apenas explica o decréscimo dos máximos de difração, como se pode ver na Figura 3.17; por fim, se impusermos que o parêntese seja nulo, temos

$$\cos\beta.\beta - sen\beta = 0 \Rightarrow \beta = tg\beta$$

b) A equação acima é transcendente, de forma que não pode ser solucionada analiticamente, apenas de forma gráfica ou numérica. A Figura 3.18 mostra a solução gráfica dessa equação ao exibir as funções $f_1(\beta) = \beta$ e $f_2(\beta) = tg\beta$. Os pontos marcados com "X" mostram os cruzamentos das duas curvas, para os quais $\beta = tg\beta$, portanto. Esses cruzamentos ocorrem próximos das assíntotas da função $tg\beta$ (linhas pontilhadas verticais), para as quais $\beta = \pm 3\pi/2$, $\beta = \pm 5\pi/2$, $\beta = \pm 7\pi/2$, ...

Dessa maneira, os valores de β que satisfazem a equação $\beta = tg\beta$ são:

$$\beta = 0 \text{ (máximo central)}$$

$$\beta \approx \pm 3\pi/2 \text{ rad (primeiro máximo)}$$

$$\beta \approx \pm 5\pi/2 \text{ rad (segundo máximo)}$$

$$\beta \approx \pm 7\pi/2 \text{ rad (terceiro máximo) etc.}$$

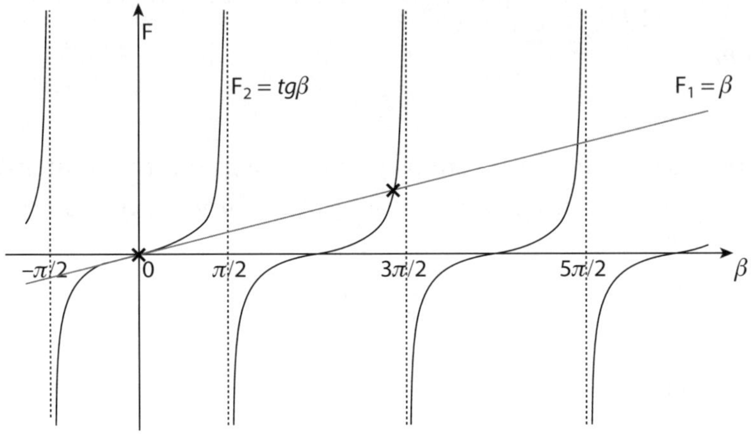

Figura 3.18 – Intersecções da função tgβ e β.

Dessa forma, podemos escrever, de forma geral, os valores de β que maximizam a intensidade da luz difratada como

$$\beta \approx \left(m + \frac{1}{2}\right)\pi \text{ rad, em que } m = \pm\ (1,2,3,...) \tag{3.44}$$

Note a similaridade entre a equação acima e a equação (3.41): os valores de fase β para máximos e para mínimos diferem apenas de meia ordem (o termo $1/2$ da equação 3.44). Essa diferença de meia ordem entre um máximo e um mínimo vizinho aparece de forma recorrente em fenômenos de interferência e difração.

Da definição $\beta \equiv kbsen\theta/2$ e da equação (3.44) chega-se finalmente à expressão para as posições de máximo de difração no anteparo:

$$b\frac{Y_m^+}{L} \cong \left(m + \frac{1}{2}\right)\lambda \tag{3.45}$$

Exercício VI

Um feixe de laser de He-Ne ($\lambda = 632{,}8$ nm) colimado é difratado por uma fenda simples de largura 0,2 mm. O padrão de difração é projetado num anteparo a 3 m da fenda.

a) Calcule a distância entre o terceiro mínimo e o primeiro máximo secundário.

b) Mostre que a distância entre dois mínimos vizinhos do padrão de difração é $\Delta Y = \lambda L/b$ e que ela não depende da ordem das franjas.

c) Mediu-se a razão entre a intensidade de um determinado máximo de difração de ordem m e a intensidade do máximo de difração de ordem 1 como aproximadamente $7{,}438 \times 10^{-2}$. Determine a ordem m desse máximo de difração.

Solução

a) A equação (3.43) permite-nos calcular a posição do primeiro mínimo de difração:

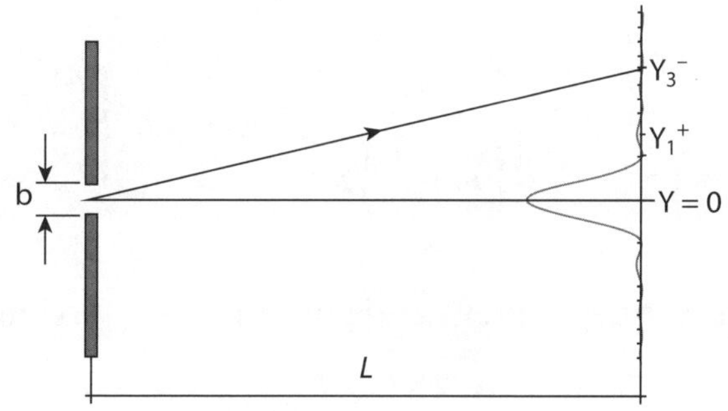

Figura 3.19

$$Y_m^- = m\frac{\lambda L}{b} \Rightarrow Y_3^- = 3\frac{632{,}8\times 10^{-9}\times 3}{2\times 10^{-4}} = 2{,}85\times 10^{-2}\,m = 2{,}85\text{ cm}$$

A posição do máximo de ordem 1 é obtida por meio da equação (3.45):

$$Y_m^+ \cong \left(m+\frac{1}{2}\right)\frac{\lambda L}{b} \Rightarrow Y_1^+ \cong \left(1+\frac{1}{2}\right)\frac{632{,}8\times 10^{-9}\times 3}{2\times 10^{-4}} = 1{,}42\times 10^{-2}\,m = 1{,}42\text{ cm}$$

Assim, temos

$$Y_3^- - Y_1^+ = 1{,}42\text{ cm}$$

b) Um mínimo de ordem m tem a sua posição no anteparo dada por $Y_m^- = m\lambda L/b$, enquanto um mínimo adjacente tem sua posição dada por $Y_{m+1}^- = (m+1)\lambda L/b$. Assim, a distância entre dois mínimos vizinhos pode ser escrita como

$$\Delta Y^- = Y_{m+1}^- - Y_m^- = (m+1)\frac{\lambda L}{b} - m\frac{\lambda L}{b} = \frac{\lambda L}{b}$$

Note que a distância $\lambda L/b$ independe de qualquer ordem de difração, o que significa que os mínimos (e também os máximos) de difração são equidistantes.

c) De acordo com a equação (3.40), a intensidade do máximo de ordem m pode ser escrita como

$$I_m = 4I_0 \frac{sen^2\beta_m}{\beta_m^2},$$

como $\beta_m \approx \left(m+\frac{1}{2}\right)\pi$, a equação acima toma a forma

$$I_m = 4I_0 \frac{sen^2\left[\left(m+\frac{1}{2}\right)\pi\right]}{\left[\left(m+\frac{1}{2}\right)\pi\right]^2} = \frac{4I_0}{\left[\left(m+\frac{1}{2}\right)\pi\right]^2}, \text{ pois } sen^2\left[\left(m+\frac{1}{2}\right)\pi\right] = 1, \text{ se } m \text{ é inteiro.}$$

Da mesma forma, a intensidade do primeiro máximo (m =1) será

$$I_1 = 4I_0 \frac{sen^2\left[\left(1+\frac{1}{2}\right)\pi\right]}{\left[\left(1+\frac{1}{2}\right)\pi\right]^2} = \frac{4I_0}{\frac{9}{4}\pi^2}$$

A razão entre o máximo de ordem m e o máximo de ordem 1 é $7{,}438 \times 10^{-2}$. Dessa forma,

$$\frac{I_m}{I_1} = \frac{4I_0}{\left(m+\frac{1}{2}\right)^2\pi^2}\frac{9/4}{4I_0}\pi^2 = \frac{9}{4}\frac{1}{\left(m+\frac{1}{2}\right)^2} = 7{,}438 \text{ x } 10^{-2} \Rightarrow m = 5$$

Como esperado, a ordem m é um número inteiro.

3.4.1.2 *Por abertura circular*

Consideremos a incidência de luz com frente de onda plana sobre uma abertura circular de diâmetro D mostrada na Figura 3.20, e a projeção do padrão de difração resultante em um anteparo a uma distância L do furo, tal que $L >> D$. O padrão luminoso da luz difratada pode ser dado por

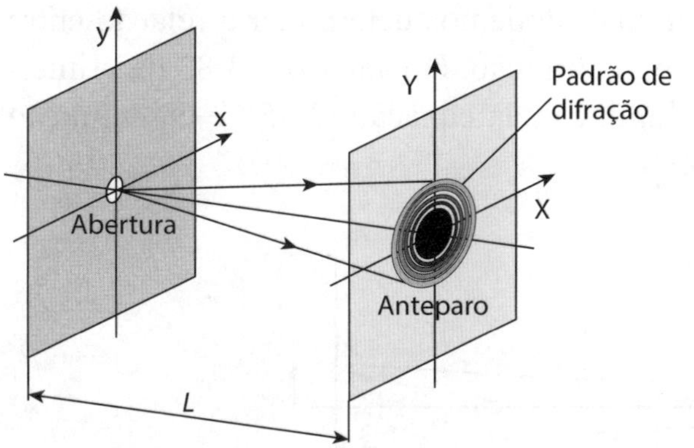

Figura 3.20 – Difração entre os planos xy e XY.

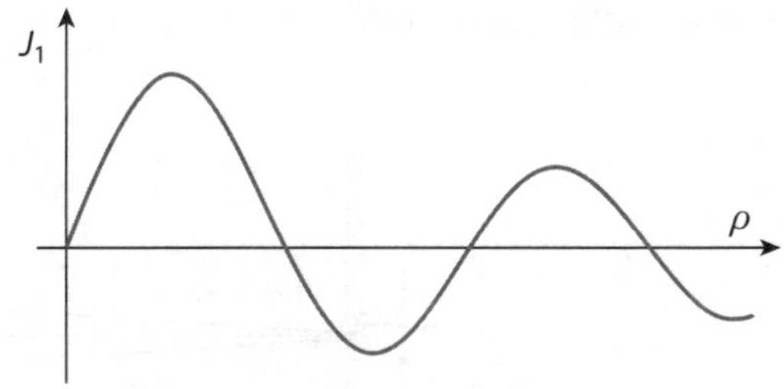

Figura 3.21 – Função de Bessel de ordem 1.

$$I = I_0 \frac{J_1^2(\rho)}{\rho^2}, \tag{3.45}$$

em que $J_1(\rho)$ é a função de Bessel de ordem 1, mostrada na Figura 3.21, $\rho \equiv kDsen\theta/2$, e $I_0 = c\varepsilon_0 E_0^2/2$ é a intensidade da luz que passa pela abertura circular. A dedução da equação (3.45) está além do escopo deste livro. A intensidade da luz difratada no anteparo em função de ρ está mostrada na Figura 3.22a, enquanto o padrão de franjas resultante é mostrado na Figura 3.22b, ao lado da função de intensidade. A coordenada ρ é radial, de forma que o padrão de franjas resultante tem consequentemente simetria circular, composto de um disco central e por anéis concêntricos. As linhas pontilhadas da Figura 3.22b mostram a correspondência entre as primeiras raízes da função de Bessel de ordem 1, de valor $\rho = \pm 3{,}83$, e o disco central do padrão de difração, conhecido como *disco de Airy*.

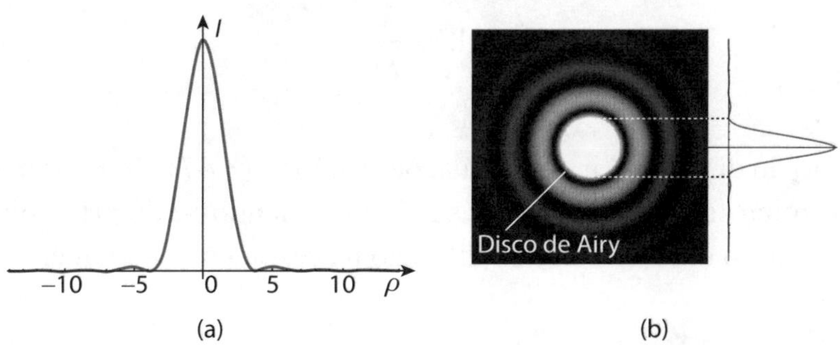

Figura 3.22 – (a) Função $J_2^1(\rho)/\rho^2$; (b) disco de Airy.

A Figura 3.23 mostra que o disco de Airy constitui a base de um cone cujo ápice é a abertura circular, se considerarmos que o diâmetro da abertura é muito menor que o disco. A medida do ângulo θ ou do raio do disco de Airy pode ser bastante útil para a medida do diâmetro da abertura circular. Podemos determinar a relação entre θ e o tamanho do disco por meio do padrão de difração. Do valor $\rho = 3{,}83$ da primeira raiz positiva da função da intensidade luminosa da equação (3.45), e da definição $\rho \equiv kDsen\theta/2$, temos

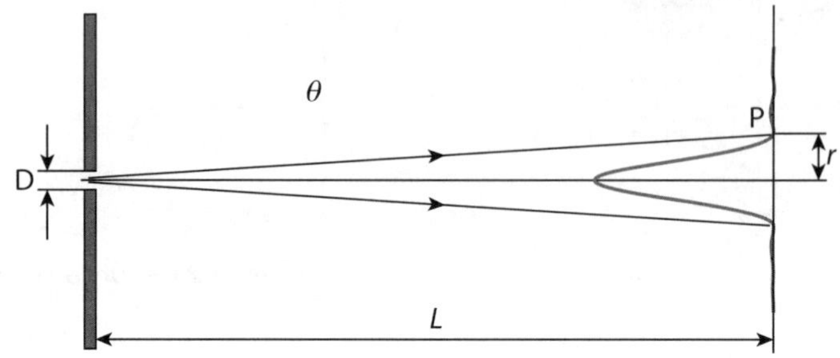

Figura 3.23 – Relação entre *r* e *L*.

$$\rho = \frac{kDsen\theta}{2} = 3{,}83$$

Lembrando que $k = 2\pi/\lambda$, a equação acima toma a forma

$$sen\theta = 1{,}22\frac{\lambda}{D} \tag{3.46}$$

Da Figura 3.22, vemos que $tg\theta = r/L \approx sen\theta$, e a equação (3.46) assume a forma

$$\frac{r}{L} \approx 1{,}22\frac{\lambda}{D}, \tag{3.47}$$

em que *r* é o raio do disco de Airy. As equações (3.46) e (3.47) são úteis para a medição do tamanho de microfuros e de partículas sólidas, valendo-se do princípio de Babinet, e para a compreensão da influência da difração na resolução de imagens formadas por sistemas ópticos.

3.4.1.3 Difração por lentes/resolução de sistemas ópticos

Como foi mencionado no início deste capítulo, a difração ocorre toda vez que a luz atinge um obstáculo, seja ele de amplitude ou de fase. Obstáculos de fase têm por característica introduzir uma fase adicional à onda, sem necessariamente alterar sua amplitude. Um exemplo bastante importante desse fenômeno é observado quando a luz passa por uma lente, um elemento tipicamente de fase. A fase introduzida pela lente gera um processo de difração que exerce influência sobre a resolução da imagem formada.

Segundo a óptica geométrica, uma lente positiva converge os raios que emergem de um ponto no plano objeto a um único ponto no plano imagem, como mostra a Figura 3.24a, se desprezarmos os efeitos de aberração geométrica. Entretanto, ao se levar em conta o fato de que a lente é também um elemento difrativo, constata-se que, no lugar de um ponto no plano imagem, o que se forma na verdade é um padrão de difração, com o disco de Airy ao centro, como se vê na Figura 3.24b.

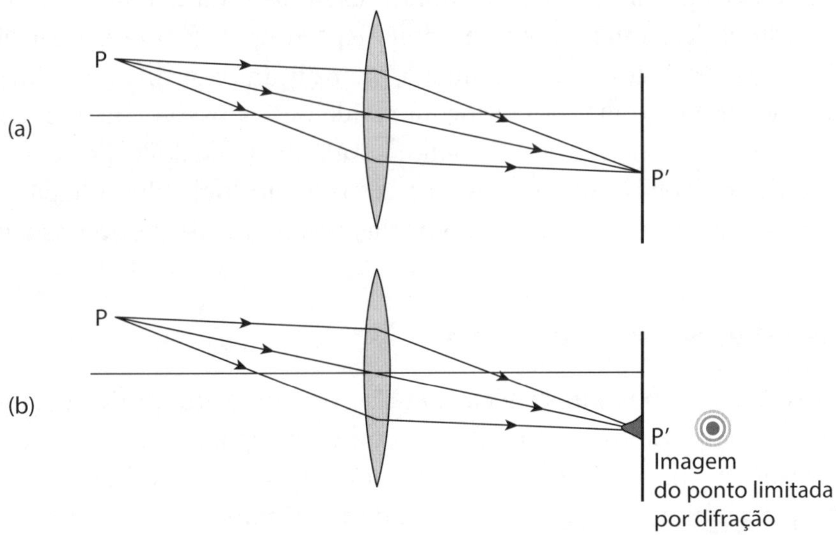

Figura 3.24 – Formação de imagem por uma lente (a) por traçado de raios; (b) por óptica ondulatória.

Como a grande maioria dos objetos é composta de pontos emissores ou espalhadores de luz incoerente, conclui-se que a imagem de qualquer objeto formada por um sistema óptico é na verdade uma sobreposição de discos de Airy. Dessa forma, a resolução da imagem é limitada pelo tamanho do disco: quanto menor o disco de Airy, maior é a resolução da imagem, e vice-versa.

O tamanho do disco de Airy gerado por uma lente positiva de comprimento focal f, que produz uma imagem a uma distância s' desta, pode ser obtido da equação (3.47) por s':

$$r = 1{,}22 \frac{\lambda s'}{D} \tag{3.48}$$

Quando o objeto encontra-se a uma distância infinita da lente, como é o caso dos telescópios, $s \rightarrow \infty$, de modo que $s' \rightarrow f$, e a equação (3.48) se converte em

$$r = 1,22\frac{\lambda f}{D} = 1,22\lambda f_{\#}, \tag{3.49}$$

em que $f_{\#}$ é a abertura numérica (ou *f-number*) da lente, definida como a razão entre o comprimento focal e a abertura da lente. A equação acima mostra claramente como proceder para se extrair a máxima resolução possível de um instrumento óptico, tendo-se em mente que, quanto menor o valor do raio r do disco de Airy, mais alta é a resolução. Num telescópio, isso pode ser obtido usando-se uma lente objetiva de maior abertura D possível. Em microscopia é obviamente impossível construir objetivas de grandes diâmetros, de forma que a solução para diminuir o disco de Airy é utilizar fontes de luz que emitam o menor comprimento de onda possível, já que, pela equação (3.49), quanto menor for o valor de λ, menor será o disco de Airy. Por esse motivo, os microscópios eletrônicos utilizam feixes de elétrons no lugar de radiação eletromagnética e valem-se das propriedades ondulatórias dos feixes de partículas subatômicas.

3.4.1.4 Critério de resolução de Rayleigh

Lorde Rayleigh propôs um critério para se definir o limite de resolução de um sistema óptico, com o intuito original de determinar a capacidade de telescópios astronômicos de resolver imagens simples, como um par de estrelas. Segundo Rayleigh, a menor separação angular entre duas estrelas de igual intensidade luminosa que ainda permite que ambas sejam distinguíveis uma da outra ocorre quando o máximo do padrão de difração de uma estrela coincide com o primeiro mínimo de difração da estrela vizinha. A sobreposição dos padrões de difração e a imagem resultante de ambas no limite de Rayleigh são mostradas na Figura 3.25.

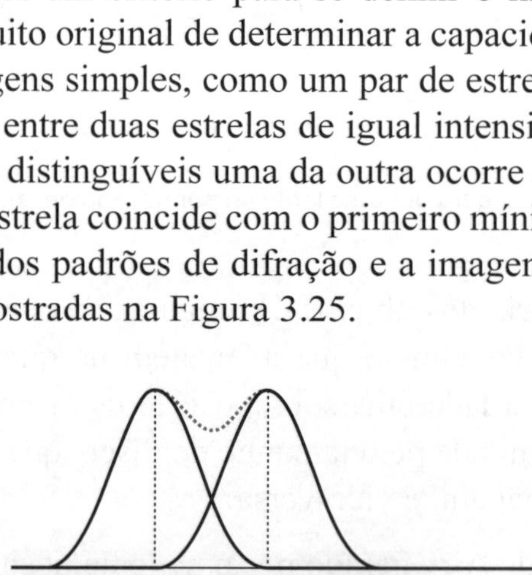

Figura 3.25 – Critério de resolução de Rayleigh.

A Figura 3.26 ilustra esquematicamente (e fora de escala) a formação de imagens de duas estrelas no limite de resolução de Rayleigh.

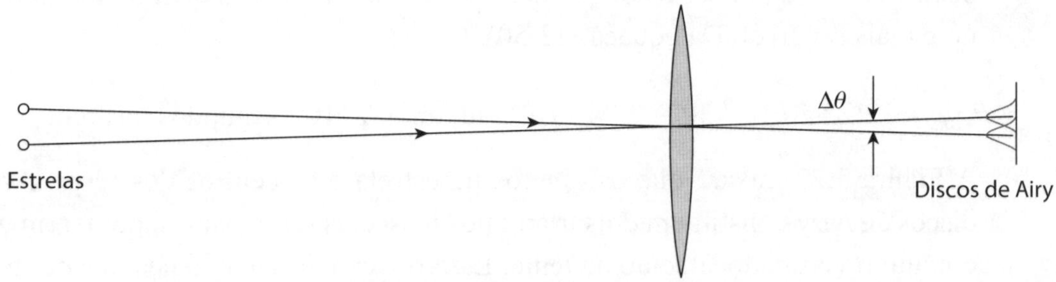

Figura 3.26 – Limite de resolução de Rayleigh.

A Figura 3.26 mostra que a separação angular $\Delta\theta$ é o mesmo ângulo θ que define o disco de Airy dado pela equação (3.46) e mostrado na Figura 3.23. Dessa forma, a separação angular mínima entre duas estrelas (ou pontos no infinito) resolvidas segundo o critério de Rayleigh é

$$\Delta\theta_{\min} = 1,22\frac{\lambda}{D} \tag{3.50}$$

O *poder resolutivo* Δl_R de um sistema formador de imagens é definido como $\Delta l_R = s'\Delta\theta_{min}$, de modo que, por meio da equação (3.50), toma a forma

$$\Delta l_R = 1,22\frac{\lambda s'}{D}, \text{ ou } \Delta l_R = 1,22\frac{\lambda f}{D}, \tag{3.51}$$

para objetos localizados no infinito.

Exercício VII

a) Calcule o limite de resolução angular do Telescópio de Trinta Metros (TMT) no espectro visível, segundo o critério de Rayleigh.

b) Determine qual a distância entre dois objetos na Lua que podem ser resolvidos por esse telescópio, tratando esses objetos como pontos.

c) Faça esse mesmo cálculo para o olho humano, com abertura da pupila de 3 mm. A distância Terra-Lua é $3,84.10^5$ km. Considere λ = 550 nm.

Solução

a) Tomamos o comprimento de onda de 550 nm, por situar-se no centro do espectro visível e por ser o comprimento da onda luminosa à qual o olho humano é mais sensível. Da equação (3.50), temos

$\Delta\theta_{min} \approx 1{,}22.550.10^{-9}/30 = 2{,}24 \, . \, 10^{-8}$ rad, ou $4{,}6 \, . \, 10^{-3}$ segundos de arco.

b) A Figura 3.27 mostra que os objetos na estrela e os centros dos respectivos discos de Airy constituem dois triângulos isósceles semelhantes, por terem em comum o vértice localizado na lente. Essa relação de semelhança nos permite escrever

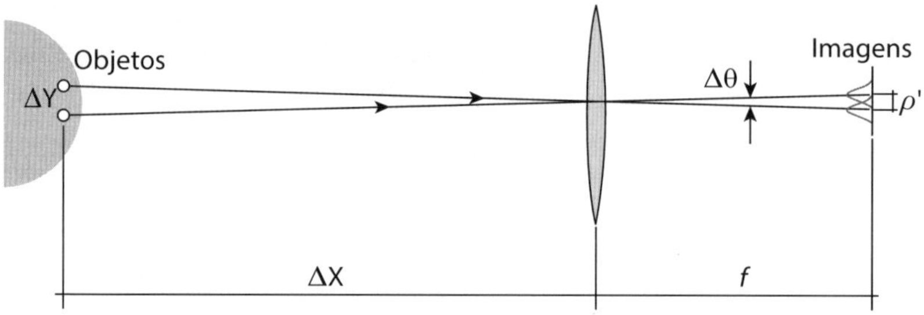

Figura 3.27

$$\frac{\Delta Y}{\Delta X} = \frac{\rho'}{f}$$

O lado ρ' é ao mesmo tempo o raio do disco de Airy e a distância entre os centros dos discos no limite de resolução de Rayleigh. Por esse motivo, ΔY é a menor distância entre os objetos na Lua que podem ser resolvidos pelo telescópio TMT. Usando a razão ρ'/f dada pela equação (3.49), a equação acima toma a forma

$$\frac{\Delta Y}{\Delta X} = 1{,}22\frac{\lambda}{D}$$

Assim, temos

$$\varnothing Y = 1{,}22\frac{550 \times 10^{-9}}{30} \times 3{,}84 \times 10^{8} = 8{,}6 \text{ m}$$

APÊNDICE – NOÇÕES DE NÚMEROS COMPLEXOS

A forma mais geral de expressar um número *complexo* z é

$$z = a + ib,$$

em que i é dito como um número *imaginário*, ou seja, não real, definido como $i \equiv \sqrt{-1}$, e os coeficientes a e b são números reais.

A Figura 3.28 mostra como o número z pode ser representado no plano cartesiano. O coeficiente b é representado no eixo das ordenadas (eixo vertical, dos coeficientes que multiplicam o número imaginário) e o coeficiente a é representado no eixo das abscissas (eixo horizontal, dos números reais). O módulo de z corresponde ao tamanho da hipotenusa do triângulo retângulo mostrado na Figura 3.28, cujos catetos medem a e b, podendo então ser obtido por meio do teorema de Pitágoras:

$$|z| = \sqrt{a^2 + b^2} \tag{A.1}$$

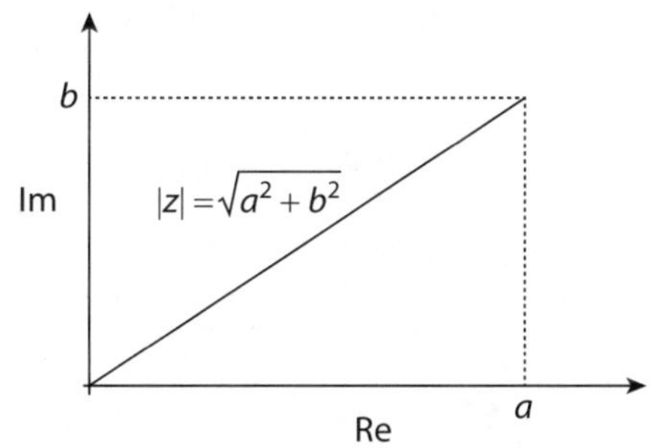

Figura 3.28 – Representação cartesiana do número complexo.

Ocorre que nem todo número complexo tem explicitamente a forma $a + ib$, de modo que a aplicação da relação $|z| = \sqrt{a^2 + b^2}$ nesses casos não é imediata. Para se contornar essa dificuldade, recorre-se ao *complexo conjugado*.

O complexo conjugado de z é definido como $z^* = a - ib$, ou seja, nesse caso, o número complexo e o seu conjugado têm os coeficientes b de mesmo módulo, mas de sinais contrários. Como exemplo, a Tabela 3.2 lista alguns números complexos e seus respectivos conjugados (a, b e c são reais):

Tabela 3.2

$z_1 = a + bi$	$z_1^* = a - bi$
$z_2 = a - bi$	$z_2^* = a + bi$
$z_3 = \dfrac{a}{c + bi}$	$z_3^* = \dfrac{a}{c - bi}$
$z_4 = \dfrac{ai}{\sqrt{b - ci}}$	$z_4^* = \dfrac{-ai}{\sqrt{b + ci}}$

A Figura 3.29 representa o número z^* no plano cartesiano. Note que z e z^* têm módulos iguais.

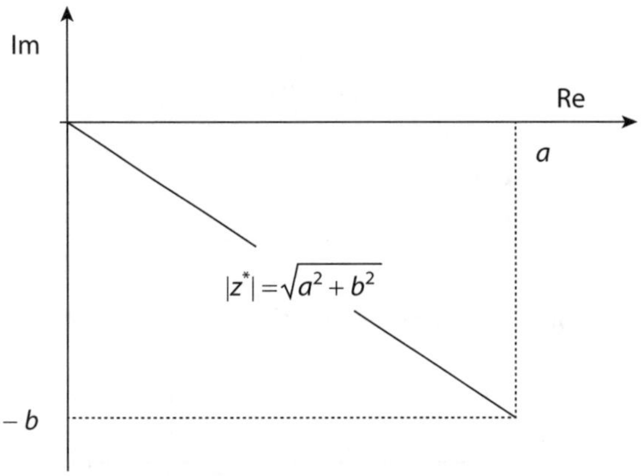

Figura 3.29 – Módulo de z.

O produto $z^* z$ apresenta uma propriedade importante:

$$z^* z = (a - ib)(a + ib) = a^2 + iab - iab - (ib)^2 \tag{A.2}$$

Da própria definição do número *i*, tem-se o resultado $i^2 = -1$, de forma que a equação (A.2) acima toma a forma

$$z^* z = a^2 + b^2, \tag{A.3}$$

ou seja, o produto do número complexo pelo seu conjugado fornece o quadrado do módulo de ambos:

$$z^* z = |z|^2 \tag{A.4}$$

A forma de escrever o módulo por meio da equação (A.4) apresenta uma vantagem em relação à da equação (A.1). Enquanto esta exige que o número seja necessariamente expresso na forma $a+bi$, aquela admite formas diferentes, mais "exóticas" de se representar o número complexo.

Exercício VIII

Determine o módulo do número z_4 da Tabela 3.2.

Solução

De acordo com a equação (A.4), e lembrando que $i^2 = -1$,

$$|z_4| = \left(z_4^* z_4\right)^{1/2} = \left(\frac{-ai}{\sqrt{b+ci}}\frac{ai}{\sqrt{b-ci}}\right)^{1/2} = \left(\frac{a^2}{\sqrt{(b+ci)(b-ci)}}\right)^{1/2} \Rightarrow$$

$$|z_4| = \left(\frac{a^2}{\sqrt{b^2+c^2}}\right)^{1/2}$$

O número complexo pode ser também representado com o auxílio do sistema de coordenadas, mas na forma polar. Pela Figura 3.30, pode-se obter $a = |z|\cos\theta$ e $b = |z| sen\theta$, de forma que z será dado como

$$z = a + ib = |z|\cos\theta + i|z| sen\theta, \tag{A.5}$$

e o ângulo θ, de acordo com a figura, é dado por

$$\theta = arctg\left(\frac{b}{a}\right) \tag{A.6}$$

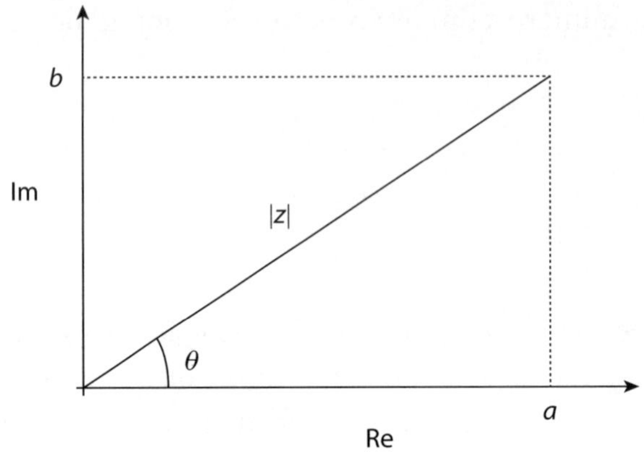

Figura 3.30 – Representação polar de z.

Fórmula de Euler: esta identidade é expressa por

$$\cos\theta + isen\theta = e^{i\theta} \quad \text{(A.7)}$$

Exercício IX

Mostre que $\left|e^{i\theta}\right| = \left|\cos\theta + isen\theta\right| = 1$.

Solução

O cálculo do módulo de $e^{i\theta}$ feito com o auxílio da equação (A.4):

$$\left|e^{i\theta}\right| = \sqrt{e^{-i\theta}e^{i\theta}} = 1.$$

Também pela equação (A.4), obtemos

$$\left|\cos\theta + isen\theta\right| = \sqrt{(\cos\theta - isen\theta)(\cos\theta + isen\theta)} =$$

$$\sqrt{\cos^2\theta - isen\theta\cos\theta + isen\theta\cos\theta + sen^2\theta} = \sqrt{\cos^2\theta + sen^2\theta} = 1$$

Por estabelecer uma relação entre seno e cosseno, a fórmula de Euler mostra-se particularmente útil para expressar ondas eletromagnéticas.

EXERCÍCIOS PROPOSTOS

1) Considere a interferência de duas ondas monocromáticas $E_1 = E_0 e^{i(kx-\omega t)} e^{i\varphi_1}$ e $E_2 = -E_0 e^{i(kx-\omega t)} e^{i\varphi_2}$.

a) Calcule a intensidade resultante da interferência em função da diferença de fase ϕ entre ambas as ondas.

b) Esboce o gráfico da intensidade luminosa em função de ϕ.

c) Mostre que a interferência entre as ondas $E_1 = E_0$ e $E_2 = 4E_0 e^{i(\varphi_2-\varphi_1)}$ fornece o mesmo resultado.

Respostas:

a) $I = 4I_0 sen^2\left(\dfrac{\varphi}{2}\right)$, onde $I_0 = \dfrac{c\varepsilon_0}{2} E_0^2$ e $\varphi = \varphi_2 - \varphi_1$;

b)

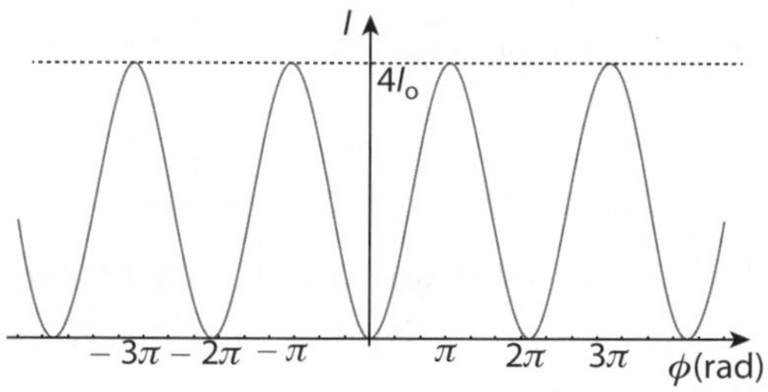

2)

a) Calcule a intensidade resultante da interferência de duas ondas monocromáticas $E_1 = E_0 e^{i(kz-\omega t)} e^{i\varphi_1}$ e $E_2 = iE_0 e^{i(kz-\omega t)} e^{i\varphi_2}$ em função da diferença de fase ϕ entre ambas as ondas.

b) Esboce o gráfico da intensidade luminosa em função de ϕ.

Respostas:

a) $I = 4I_0 \cos^2\left(\dfrac{\varphi}{2}\right)$, onde $I_0 = \dfrac{c\varepsilon_0}{2} E_0^2$ e $\varphi = \varphi_2 - \varphi_1$;

b)

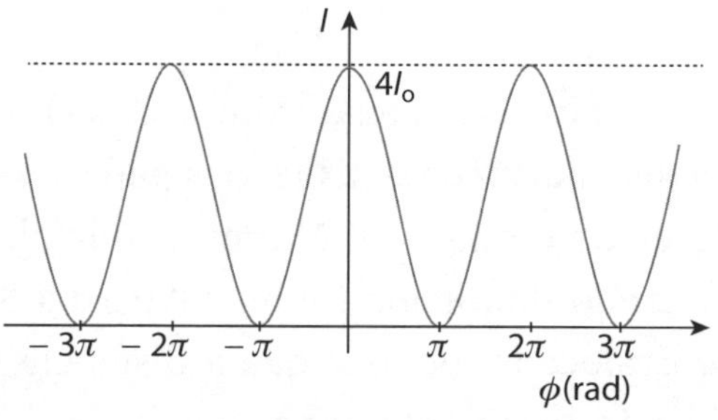

3) Numa experiência de fenda dupla, a distância entre as fendas é 0,5 mm e ambas distam 3 m do anteparo. Dois padrões de franjas podem ser vistos no anteparo, um gerado pela luz de comprimento de onda 480 nm e outro gerado por luz de comprimento de onda 600 nm.

a) Calcule a separação no anteparo entre os máximos de terceira ordem dos dois padrões de interferência.

b) Sobre uma das fendas coloca-se uma cuba de espessura t = 1 mm inicialmente à pressão atmosférica. A cuba é então pressurizada, de modo que se observa o deslocamento de 10 franjas de interferência no anteparo. Calcule o índice de refração do ar pressurizado no interior da cuba. Considere $\lambda = 480$ nm neste item.

Respostas:

a) $\Delta Y = 2,9$ cm;

b) $n = 1,0048$.

4) Numa experiência de fenda dupla de Young, a distância entre as fendas é *d* e o comprimento de onda é λl. As fendas estão a uma distância *L* do anteparo sobre o qual o padrão luminoso resultante é projetado. Seja $L >> d$.

a) Mostre que a distância entre duas franjas consecutivas no anteparo independe da sua ordem e é dada por λl*L/d.*

b) Uma lamínula de vidro (n = 1,5) de 150 μmm é posicionada sobre uma das fendas. Calcule o deslocamento sofrido pelo padrão de franjas, se a luz utilizada tem comprimento de onda λl = 632,8 nm.

Resposta:

b) $\Delta m = 59,2$ franjas.

5) Usa-se o princípio de interferência por fenda dupla de Young para a medida de deslocamentos. Uma fenda é mantida estática, enquanto outra é deslocada por meio de um transladador. Com isso, a distância *d* entre as fendas pode ser variada. As fendas são iluminadas por um laser de diodo (λ = 680 nm). Inicialmente, a distância entre franjas é de 1,0 cm, quando iluminadas num anteparo a 3,0 m de distância. Quando uma das fendas é deslocada, nota-se que a distância entre as franjas passa a ser de 1,5 cm. Calcule o deslocamento imposto à fenda.

Resposta:

$\Delta d = 68\ \mu\text{m}$

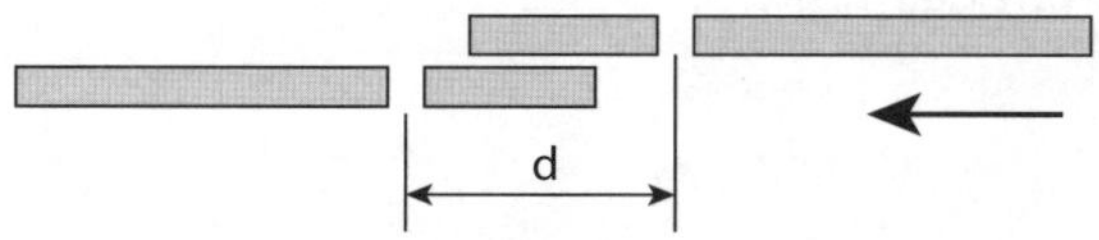

Figura 3.31

6) Da equação da luz transmitida $I_T = \dfrac{T^2}{1+R^2-2R\cos\delta}\, I_o$, e usando argumentos de conservação de energia:

a) Mostre que a luz refletida por um filme fino pode ser dada pela equação

$$I_T = \frac{4R\,\text{sen}^2(\delta/2)}{1+R^2-2R\cos\delta}\, I_o$$

b) Se a fase δ é dada em função do ângulo de refração, do comprimento de onda, da espessura do filme e do seu índice de refração pela expressão $\delta = \dfrac{4\pi n d}{\lambda}\cos\theta'$, calcule a mínima espessura de um filme de índice de refração 1,6 que, em contato com o ar ($n_{ar} \approx 1$), seja antirrefletor para a luz amarela (λ = 580 nm). Considere incidência normal.

c) Calcule o comprimento de onda no espectro visível para o qual a reflexão é máxima.

Respostas:

b) $d_{mín} = 181{,}25$ nm;

c) λ = 387 nm.

7) A luz branca apresenta, após ser refletida por uma bolha de sabão sob incidência normal, um máximo de interferência em 600 nm e um mínimo de 450 nm e sem nenhum mínimo entre estes. Supondo a película como uniforme, e se o seu índice de refração é 1,33, qual a sua espessura?

Resposta:

$d = 338$ nm.

8) Num arranjo de fenda dupla a distância entre as fendas é cerca de 100 vezes o comprimento de onda utilizado.

a) Calcule a separação angular entre o primeiro e o segundo máximos.

b) Calcule a distância linear entre o primeiro e o segundo máximo num anteparo colocado a 50 cm das fendas.

Respostas:

a) $\Delta\theta = 0,57^o$;

b) $\Delta Y = 0,5$ cm.

9) A Figura 3.32 mostra uma cunha de vidro BK7 inserida em uma das fendas de um experimento de Young. Se o ângulo menor da fenda é 5º, calcule qual deve ser o deslocamento Δy ao longo da direção y para que se observe um deslocamento de 20 franjas de interferência projetadas num anteparo. Utiliza-se laser He-Ne na montagem.

Resposta:

$\Delta y = 0,28$ mm.

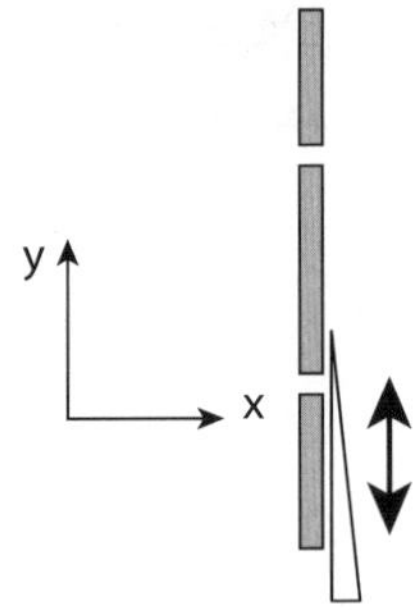

Figura 3.32

10) A Figura 3.33 mostra uma microcuba transparente de espessura 2 mm inserida em uma das fendas de um experimento de Young. Quando ar pressurizado (pressão maior que 1 atm) é injetado na cuba, observa-se num anteparo um deslocamento de 200 franjas de interferência. Calcule o índice de refração do ar sob pressão dentro da cuba. Utiliza-se laser He-Ne na montagem.

Resposta:

$n = 1,06$.

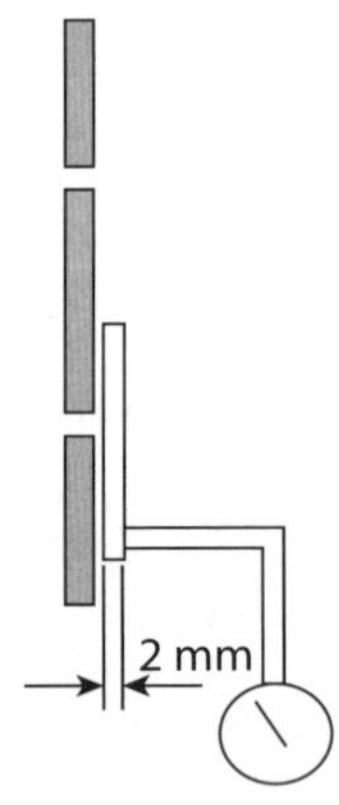

Figura 3.33

11) A Figura 3.34 mostra o padrão de difração projetado sobre uma tela e gerado por uma determinada abertura, posicionada a 3 m da tela. Usa-se o laser He-Ne (λ = 632,8 nm). Determine:

a) a forma da abertura;

b) as dimensões da abertura.

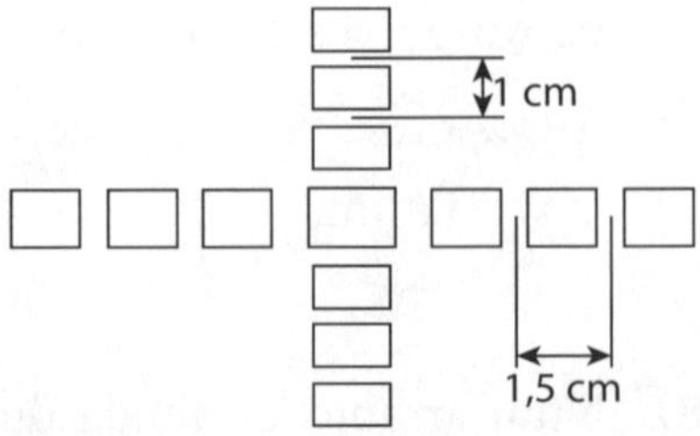

Figura 3.34

Respostas:

a) Forma retangular;

b) Abertura horizontal = 127 μm

Abertura vertical = 190 μm.

12) Numa experiência de difração por fenda única, mediu-se que a razão entre intensidade de um determinado máximo de difração de ordem N e a intensidade do máximo de difração de ordem 1 é aproximadamente 7,438 × 10^{-2}. Determine a ordem N desse máximo de difração.

Resposta:

$N = 5$.

13) Um feixe de luz colimado de comprimento de onda 530 nm (luz verde) incide sobre uma fenda única de abertura 0,2 mm, e o padrão de difração é projetado numa tela a uma distância de 2 m.

a) Calcule a distância entre o terceiro máximo e o primeiro mínimo no anteparo.

b) A fenda é fechada para 0,1 mm. Comente o que ocorre com o padrão de franjas. Calcule a distância entre o terceiro máximo e o primeiro mínimo para esse caso.

c) Para qual comprimento de onda o máximo de difração de ordem 4 iria coincidir com o máximo de difração de ordem 3 para luz verde?

Respostas:

a) $\Delta Y = 1{,}3$ cm;

b) a distância entre as franjas aumenta de forma geral.

$\Delta Y = 2{,}6$ cm;

c) $\lambda = 412$ nm.

14) Calcule o diâmetro do telescópio necessário para se resolver as imagens de duas estrelas que distam em 10^8 km e que estão a dez anos-luz da Terra. Considere λ = 550 nm e c = 3 . 10^8 m/s.

Resposta:

$D = 7{,}7$ m.

15) O telescópio European Extremely Large Telescope (E-ELT) terá um espelho de 42 m de diâmetro e comprimento focal 60 m, que será projetado de maneira a produzir imagens limitadas apenas por difração. Se o sistema deseja resolver imagens de duas estrelas que distam 100 anos-luz da Terra, calcule qual a máxima distância entre essas estrelas, considerando o critério de resolução de Rayleigh. Considere $\lambda = 580$ nm.

Resposta:

$\Delta Y = 1,6 \times 10^{11}$ m.

16) No experimento de difração por fenda simples com abertura b, usa-se luz com comprimento de onda λ, e a distância das fendas ao anteparo é L. A intensidade da luz difratada num anteparo sob um ângulo θ é dada pela expressão $I = I_o \left(sen\beta / \beta\right)^2$, em que $\beta \equiv (kbsen\theta)/2$. Obtenha:

a) a expressão da posição Y dos *mínimos* de interferência no anteparo, em relação ao máximo central;

b) a expressão para a distância entre dois mínimos consecutivos em função de λ, L e b.

17) A luz branca apresenta, após ser refletida por um filme fino sob incidência normal, um mínimo de interferência em 300 nm e um mínimo de 600 nm, sem outro mínimo entre eles, como mostra o gráfico da intensidade da luz refletida em função do comprimento de onda. Supondo a película como uniforme, e se o seu índice de refração é 1,5, calcule a sua espessura.

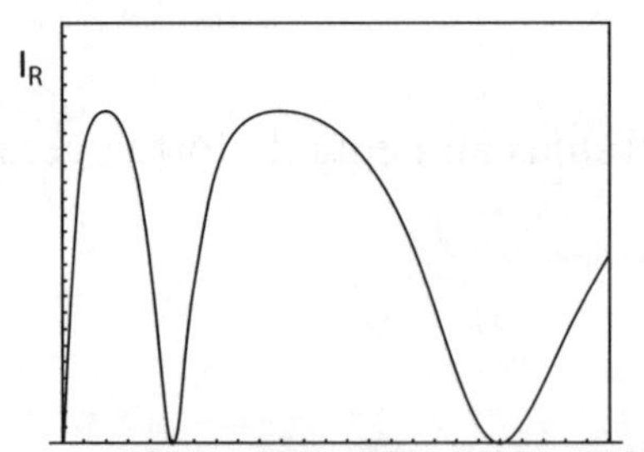

Figura 3.35

Resposta:

$d = 100$ nm.

18) O retângulo a seguir é feito de pequenos círculos brancos e pretos. Dois círculos pretos vizinhos distam entre si em 0,5 mm. Sua imagem é captada por uma câmera de altíssima resolução. Considerando-se que a resolução da imagem seja limitada por difração, calcule a mínima distância a partir da qual a câmera passa a captar a imagem com a coloração cinza, de maneira uniforme. A lente da câmera tem diâmetro 10 mm, e considere $\lambda = 550$ nm.

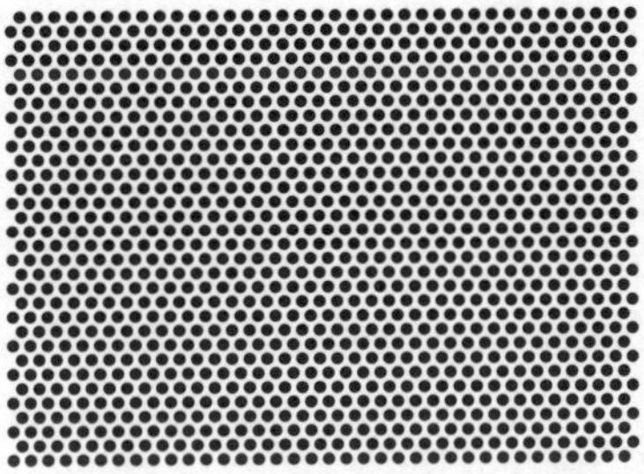

Figura 3.36

Resposta:

$\Delta x = 7{,}4$ m.

4 RADIAÇÃO TÉRMICA E TEORIA DE PLANCK

Francisco Tadeu Degasperi

4.1 INTRODUÇÃO

Estudaremos neste capítulo um assunto que foi a porta de entrada de uma das maiores realizações intelectuais da humanidade, assim como a base teórica de inúmeras aplicações da física para o desenvolvimento de dispositivos da tecnologia moderna que fazem parte direta ou indiretamente do nosso cotidiano, influindo em nossas vidas. Estamos falando da teoria da radiação do corpo negro de Max Planck, que é a introdução à física quântica.

Quando um corpo é aquecido, podemos ter o aumento de sua temperatura, e dependendo da diferença de temperatura em sua vizinhança pode ocorrer a transferência de calor desse corpo para a vizinhança (como vimos no Volume 2, o calor sempre flui – naturalmente – da temperatura maior para a temperatura menor).

As formas de transferência de calor são: a condução, a convecção (natural ou forçada) e a irradiação. A transferência de calor por irradiação se dá por meio das ondas eletromagnéticas, ou seja, as radiações eletromagnéticas. Estudando as ondas eletromagnéticas vemos que elas cobrem um largo espectro de comprimento de ondas, ou um largo espectro de frequência, desde as ondas de rádio, de alguns poucos kHz, até a radiação gama presente nos raios cósmicos.

A vida na Terra deve-se, em última instância, à radiação que tem origem no Sol. As ondas eletromagnéticas transportam energia, momento linear e momento angular. Com a teoria eletromagnética de Maxwell, sabemos como expressar a energia e o momento linear transportado pelas ondas eletromagnéticas. Apesar do grande sucesso da teoria eletromagnética, no final do século XIX alguns fatos experimentais não podiam ser explicados pela teoria proposta por Maxwell, não obstante seu enorme sucesso em explicar outras experiências. Por exemplo, as teorias da física clássica não conseguiam explicar a experiência de Michelson e Morley, o efeito fotoelétrico e a radiação de corpo negro. Cabe mencionar que uma série de outras observações de fenômenos físicos pareciam ser incapazes de serem explicadas pela mecânica clássica newtoniana, pelo eletromagnetismo, pela termodinâmica e pela mecânica estatística, teorias que formam o corpo do que chamamos de física clássica. Além dos efeitos e fenômenos já enunciados, que, como falamos, não podiam ser explicados, havia também os fenômenos relativos à omissão de radiação eletromagnética de átomos e moléculas ionizadas (espectro discreto ou raias espectrais), a dependência do calor específico de gases em função da temperatura, o calor específico molar de sólidos a baixa temperatura e outros.

Apesar desses problemas que a física clássica não conseguia explicar, havia uma euforia em torno das conquistas alcançadas pela física no final do século XIX. Ainda, as sociedades dos países industrializados depositavam uma esperança – com grande exagero, inclusive! – em torno das inúmeras invenções desenvolvidas naquela época. Não podemos perder de vista que, além das realizações devidas ao aprimoramento das máquinas térmicas, origem da revolução industrial, teve início a produção de artefatos baseados no desenvolvimento do eletromagnetismo, como a lâmpada, o motor e o gerador elétrico, o telégrafo, o telefone e outros.

Do ponto de vista da própria estrutura da física, atribuíam-se os fenômenos e os casos que as teorias físicas não conseguiam explicar a detalhes que seriam resolvidos com o conhecimento mais aprofundado da estrutura da matéria. Dessa forma, acreditava-se que toda a estrutura da física teórica já estava conhecida e bem estabelecida, de modo que nada mais fundamental acerca das teorias físicas tinha que ser descoberto. No primeiro quarto do século XX verificamos quão errada estava a premissa da física já construída! Com a teoria da radiação do corpo negro de Planck e com os trabalhos de Einstein em 1905, principalmente com a teoria da relatividade, ocorreu uma revisão completa de todos os nossos conceitos sobre espaço e tempo, e também sobre os conceitos de partícula e onda, em que se assentam todas as teorias da física clássica. Desde os trabalhos seminais de Newton, no século XVII, a física não tinha passado por tão profunda revisão conceitual.

Esse breve e sucinto panorama, longe de expor em detalhes a situação da física no final do século XIX, oferece no entanto um breve quadro dos problemas enfrentados por essa ciência. Aqueles problemas que se acreditava não passarem de pequenas trincas nas estruturas da física revelaram-se tremendas rachaduras e até rombos nos seus aparentemente sólidos alicerces.

Os problemas foram enfrentados, e a física foi colocada como fratura exposta. A partir de 1900, novas ideias surgiram e uma física nova e completamente diferente surgiu. Nunca em um período tão curto – aproximadamente 25 anos – surgiram tantos novos conceitos.

As bases teóricas da física do século XX são a teoria da relatividade e a teoria quântica. Essas teorias trazem uma forma completamente diferente de ver a natureza física, expondo inclusive que a nossa percepção de mundo, por meio de nossos sentidos e conceitos arraigados em nossa vivência do mundo tangível à nossa realidade, é completamente insuficiente e errada para entender os fenômenos físicos do muito pequeno e aqueles de altas energias e velocidades próximas à da luz.

4.2 RAÍZES HISTÓRICAS DO CONCEITO DE RADIAÇÃO TÉRMICA

Com a Revolução Industrial em pleno desenvolvimento durante o século XIX e, concomitantemente, com a termodinâmica se estabelecendo como uma área madura da física, os fenômenos físicos e químicos passaram a ser estudados sob o ponto de vista da demanda energética. Ainda, as aplicações da ciência com o envolvimento das grandezas temperatura e calor – ou seja, toda as aplicações! – tinham agora disponível uma teoria consistente e de grande alcance. Cabe mencionar que, do ponto de vista da abrangência e da generalização, a termodinâmica é aplicada a todos os ramos das ciências naturais, a física, a química, a biologia e a todos os fenômenos ambientais. O motivo pode ser exposto de forma simples e direta: nas transformações energéticas envolvidas nos fenômenos macroscópicos sempre há uma parte da energia sendo transformada em energia térmica; dessa forma, as grandezas temperatura e calor estão presentes. Nesse sentido a termodinâmica está sempre presente. Não há, portanto, fenômeno puramente elétrico, magnético ou mecânico. A dissipação de energia, transformação de parte dos vários tipos de energias envolvidas em energia térmica, está sempre presente nos fenômenos macroscópicos (inclusive, somente tem sentido falar das grandezas temperatura e calor, e da termodinâmica, em fenômenos macroscópicos).

Do ponto de vista histórico, a troca de calor por radiação teve seu estudo considerado em 1859 pelo cientista alemão Gustav Kirchhoff quando estava estudando espectroscopia emitida por gases. Nos estudos referentes à transmissão de calor por radiação ou, de maneira mais geral, à transmissão da radiação luminosa emitida por corpos quentes, Kirchhoff introduziu o conceito de corpo negro. Em função dos estudos referentes à emissão de luz característica de cada material, Kirchhoff e Bunsen inventaram o espectrômetro em 1860. Cabe notar que Kirchhoff realizou trabalhos importantes para a análise de circuitos elétricos (as leis de Kirchhoff). Ainda, cabe mencionar que Kirchhoff foi professor de Max Planck (como se costuma dizer: se Planck é considerado o pai da mecânica quântica, pode-se dizer que Kirchhoff foi o avô!).

No final do século XIX, as potências econômicas intensificaram a produção de aço. A sua qualidade dependia da medição de temperatura do material fundente, e ocorria que, por meio dos termômetros de contato, não era possível medir temperaturas tão altas. Nesse caso, sabia-se que a uma dada temperatura um corpo emitia radiação luminosa com fluxo energético dependente da temperatura à quarta potência (T^4): essa é a chamada lei de Stefan-Boltzmann. Dessa forma, conhecendo-se o espectro de radiação emitido, seria possível determinar a temperatura. Hoje usamos intensamente esse fato por meio dos pirômetros ópticos e de radiação (disponíveis em casas de instrumentos industriais a preços muito baixos). No final do século XIX, um dos problemas que estava em aberto (isto é, ainda sem uma convincente explicação segundo as teorias vigentes) referia-se à obtenção da expressão matemática aderente ao espectro de radiação eletromagnética (radiação luminosa) de um corpo estando a uma temperatura T. Na época já era possível obter experimentalmente – com dados experimentais confiáveis – o espectro de radiação. Foram propostos modelos para explicar teoricamente a radiação emitida por um corpo negro empregando as teorias aceitas da física. As expressões matemáticas oriundas dos modelos físicos propostos estavam em grande desacordo com os dados experimentais.

Apesar das tentativas, tomava corpo a ideia de que aparentemente a física clássica era incapaz de explicar o espectro de radiação emitida por um corpo negro. Cabe recordar que outros fenômenos e efeitos também não conseguiam ser explicados pela física clássica, como experiência de Michelson-Morley, espectro de radiação de raias espectrais de átomos ionizados, efeito fotoelétrico e outros.

4.3 APLICAÇÕES DA RADIAÇÃO TÉRMICA NA CIÊNCIA, NA TECNOLOGIA E NA INDÚSTRIA

O fato de os corpos emitirem radiação eletromagnética, seja devido à sua temperatura (espectro contínuo de radiação), seja por meio da ionização dos seus átomos (espectro descontínuo de radiação), pode ser usado para estudar propriedades físicas e químicas dos corpos.

Assim, por meio da radiação eletromagnética emitida pelas estrelas podemos analisar e estudar esses corpos celestes. De fato, todos os corpos celestes, planetas, meteoritos, poeira cósmica, asteroides etc. são estudados e analisados por meio da radiação emitida por eles e que chega até nós. Cabe mencionar que a radiação eletromagnética emitida pelos corpos pode ser produzida no próprio corpo ou ter origem em outro corpo que irradia em todas as direções, e parte da radiação incide no corpo em questão.

Além de usarmos intensamente os equipamentos que detectam a radiação eletromagnética, nós mesmos temos o aparelho visual que detecta a radiação eletromagnética.

Sabemos que aproximadamente 97% da informação que recebemos é por meio da visão. Dentro da tecnologia e de atividades industriais temos como exemplo importante a medição de temperatura realizada por meio de pirômetros.

O pirômetro é um equipamento bastante usado para a medição de temperatura sem contato. A medição de temperatura usando termômetros de mercúrio ou álcool, ou ainda os termopares, requer que eles estejam conectados fisicamente com a região cuja temperatura se pretende medir. Com os termômetros do tipo pirômetro não há contato físico. A parte do corpo cuja temperatura pretendemos medir irradia ondas eletromagnéticas com o espectro relativo à temperatura da superfície da parte do corpo em questão. A Figura 4.1 ilustra as formas básicas de medição de temperatura, isto é, por contato direto e pela radiação emitida.

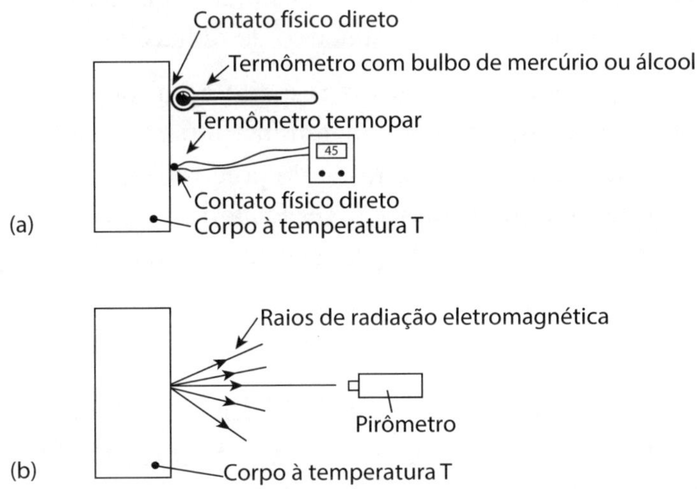

Figura 4.1 – (a) Medição de temperatura por contato físico direto e (b) por irradiação, sem contato físico.

A medição de temperatura por meio de pirômetros é intensamente utilizada tanto na ciência como na tecnologia, assim como em muitas atividades industriais, entre as quais podemos assinalar: indústria metalúrgica, indústria alimentícia, indústria de semicondutores, indústria de cimentos, visão noturna, manutenção em geral, indústria siderúrgica, e outras.

O estudante de tecnologia, como temos enfatizado em outros volumes da coleção *Física com aplicação tecnológica*, deve ter claro que por trás de toda instrumentação científica, tecnologia e industrial há muita física. E esta deve ser entendida com suficiente clareza. O motivo de se conhecer em profundidade a instrumentação e também a grandeza física que está sendo medida é simples: fazer as medições físicas com segurança. A seguinte máxima deve ser observada: você, tecnólogo, deve dominar o processo de medição, e não o contrário. Para tanto, você, tecnólogo, deve primeiramente procurar estudar a física básica da grandeza que será medida, e também estudar o instrumento que será usado – de posse do manual do instrumento, estudar a maneira de medir a grandeza física, e de preferência usar o instrumento para treinar e aprender a utilizá-lo.

Assim, faz parte da formação completa de um bom tecnólogo o conhecimento da física básica. Mais, considerando a tecnologia moderna, alguns cursos de tecnologia utilizam instrumentos e técnicas de medição que necessitam de conhecimentos de física moderna, casos em que certamente a física quântica deverá ser estudada. São exemplos as áreas de ciência e tecnologia dos materiais, de semicondutores, de supercondutores, sensores, vidros ópticos, eletrônica e outras. Ressaltamos, então, que o estudante de tecnologia deve ter conhecimentos de física quântica.

Concluindo esta seção, acrescentamos que estudaremos mais adiante o fundamental conceito de corpo negro e também o conceito de radiação de corpo negro.

Outro ponto que queremos levantar diz respeito ao pirômetro, instrumento facilmente encontrado nas casas que comercializam instrumentos industriais e científicos. Há vários tipos mais ou menos sofisticados, com preços bastante baixos, comparáveis ao preço de um multímetro digital. Ainda, acrescentamos que o assunto estudado neste capítulo faz parte do cotidiano da vida profissional dos tecnólogos, portanto, estude este assunto!

4.4 TEORIA CLÁSSICA DA RADIAÇÃO ELETROMAGNÉTICA NO CONTEXTO DA RADIAÇÃO TÉRMICA DO CORPO NEGRO: FENOMENOLOGIA DO CORPO NEGRO

Como já exposto desde o início deste capítulo, os físicos no final do século XIX procuravam determinar experimentalmente o espectro de radiação eletromagnética emitido de um corpo aquecido. Além desse trabalho experimental, os físicos procuravam explicar teoricamente o mesmo espectro de radiação eletromagnética emitido pelo corpo aquecido. As duas tarefas se mostraram de difícil realização.

A determinação experimental foi concluída com sucesso e creditada a vários físicos experimentais. No final do século XIX, os dados experimentais obtidos eram confiáveis e suficientes para que decisões fossem tomadas a respeito da teoria proposta para explicá-los.

Cabe neste ponto fazer algumas considerações e definições fundamentais sobre um corpo que irradia devido à sua temperatura. Já se sabia que corpos aquecidos são notados pelos nossos sentidos mesmo a uma distância de alguns metros. Sabemos de nossa experiência cotidiana que próximo de um ferro de passar roupa, de um forno tanto a gás como elétrico, de uma chama de fogão, de uma fogueira e de qualquer corpo quente "sentimos" uma "frente quente", uma quantidade de calor aquecendo o nosso corpo.

Foi estudado no Volume 2 desta coleção que há três formas de ocorrer a transmissão de calor: a condução, a convecção (natural e forçada) e a irradiação. Neste capítulo, estamos interessados em estudar a transmissão de calor por radiação. Alguns fatos fenomenológicos importantes sobre a transmissão de calor por radiação:

- A forma de energia que emana dos corpos quentes (corpos irradiantes) é de ondas eletromagnéticas, do mesmo tipo da luz que enxergamos, mas com várias outras frequências.
- Quanto maior a temperatura do corpo, mais intensa a radiação eletromagnética emitida pelo corpo.
- Há uma certa dependência da radiação eletromagnética emitida com a composição do corpo (se é de madeira, ferro, gás, líquido etc.), mas o determinante é a temperatura do corpo.
- Mesmo que o corpo quente esteja no vácuo, haverá radiação eletromagnética emitida por esse corpo. Como sabemos, a luz se propaga no vácuo. O exemplo mais marcante e importante é o da luz solar que chega até nós, além da luz oriunda das outras estrelas e de corpos celestes em geral.
- Qualquer que seja a temperatura do corpo haverá emissão de radiação eletromagnética. Assim, mesmo um corpo que esteja a uma temperatura de –50 °C emitirá calor por meio de radiação eletromagnética.
- Os corpos que emitem radiação eletromagnética, devido ao fato de estarem a uma certa temperatura, também absorvem radiação eletromagnética.
- Sabemos da experiência que uma barra, como uma barra de ferro aquecida, à medida que aumenta a temperatura apresenta uma coloração vermelha, passando pelo amarelo até atingir uma coloração branco-azulada.
- O espectro de radiação eletromagnética, devido à emissão de um corpo a uma dada temperatura T, é representado por uma função matemática contínua. Ela pode ser representada como o fluxo de radiação eletromagnética emitida pelo corpo quente (em energia devido a ondas eletromagnéticas em um dado intervalo de tempo por unidade de área da superfície do corpo).
- A função matemática que representa o fluxo energético de radiação eletromagnética emitido por um corpo à temperatura uniforme T pode ser representada em função da frequência f ou em função do comprimento de onda λ da radiação eletromagnética. A relação matemática entre f e λ é dada por $\lambda = \frac{c}{f}$, sendo c a velocidade da luz no vácuo.

Para prosseguir no estudo da radiação emitida por corpos quentes (radiação térmica), apresentamos alguns fenômenos observados e sistematizados durante o século XIX.

Considere a seguinte situação: sejam dois corpos a temperaturas diferentes dentro de um recipiente, conforme a Figura 4.2. Estamos considerando que a radiação eletromagnética esteja se propagando no vácuo, com velocidade c (velocidade da luz no vácuo – sabemos que toda a radiação eletromagnética, para qualquer frequência, tem a sua velocidade no vácuo igual a c).

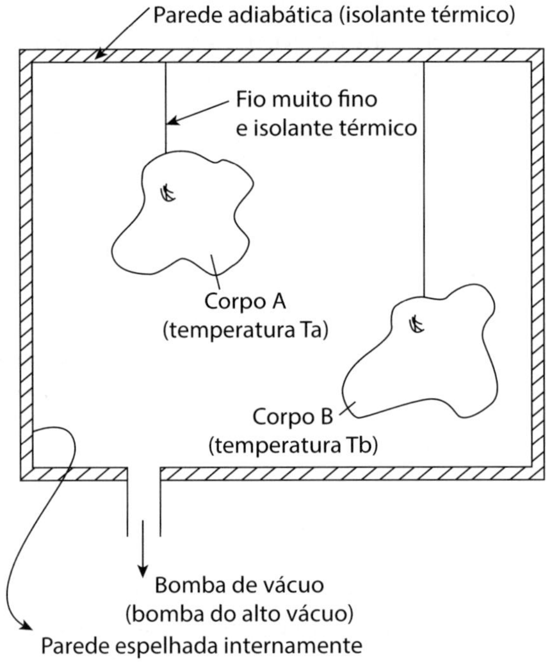

Figura 4.2 – Troca de calor por radiação entre corpos a temperaturas diferentes.

Vamos colocar a seguinte questão:

Os dois corpos, A e B, têm temperaturas diferentes entre si, assinaladas, respectivamente, como T_A e T_B $(T_A \neq T_B)$. Mais, digamos que façamos vácuo no recipiente; a pressão dentro do recipiente é de $10^{-6}\,mbar\,(10^{-4}\,Pa)$, assim temos alto vácuo nele. Nessa pressão não há nem condução térmica, nem convecção transmitida pelo gás dentro do recipiente. Os dois corpos A e B são suspensos por fios muito finos e feitos com material péssimo condutor de calor (por exemplo, fio de lã de vidro).

Assim, coloca-se finalmente a questão: os dois corpos A e B ficarão permanentemente às temperaturas T_A e T_B, respectivamente, ou atingirão o equilíbrio térmico? Ou seja, os dois corpos alcançarão uma temperatura T_e, sendo $T_A > T_e > T_B$?

Veja que o único mecanismo físico de troca de energia é aquele por meio da radiação eletromagnética. A radiação eletromagnética é emitida pelos corpos A e B. Como a temperatura T_A é maior que a temperatura T_B, o corpo A emite um fluxo energético maior do que aquele devido ao corpo B. Veja que os dois corpos estão emitindo radiação eletromagnética e os dois corpos estão também absorvendo radiação eletromagnética. Quando os dois corpos atingirem a temperatura de equilíbrio, cada um dos corpos individualmente estará emitindo e absorvendo o mesmo fluxo energético de radiação eletromagnética (como vimos, quantidade de energia eletromagnética por unidade de tempo por unidade de área do corpo).

Para estudar a radiação térmica, ou seja, a radiação eletromagnética que é emitida pelo corpo a uma certa temperatura, convém definir um corpo especial que absorva toda a radiação eletromagnética que nele incide, para todos os comprimentos de onda (ou, colocado de modo equivalente, para todas as frequências).

O estudo sistemático e aprofundado sobre a emissão e a absorção de radiação térmica (radiação eletromagnética emitida por corpos a uma temperatura qualquer, temperatura maior que zero absoluto, $T_{corpo} > 0\,K$) foi iniciado pelo físico alemão Gustav Robert Kirchhoff, nos anos de 1859 e 1860.

Podemos ter as seguintes situações referentes à incidência e à emissão da radiação térmica com a matéria:

- A superfície do corpo é um espelho (superfície espelhada). Nesse caso, para o espelho ideal, toda radiação eletromagnética incidente é totalmente refletida. Nenhuma radiação é absorvida – isso no caso de espelhos perfeitos. Para os espelhos reais, a porcentagem de radiação eletromagnética refletida pode chegar a 99% ou mais. O que dissemos vale para todas as frequências do espectro das radiações eletromagnéticas.

- A superfície do corpo é parcialmente absorvedora da radiação eletromagnética incidente. Há dois casos importantes a serem considerados. O corpo absorve radiação eletromagnética de forma parcial, mas na mesma porcentagem para todas as frequências. Por exemplo, se uma superfície absorve 70% da radiação eletromagnética incidente na cor amarela, essa mesma porcentagem – 70% – valerá para a cor azul, no infravermelho, no ultravioleta, e para qualquer outra frequência. Esses corpos são chamados de corpos cinza. Grande parte dos problemas tecnológicos reais podem ser aproximados muito bem usando o conceito de corpo cinza.

  O outro caso importante é quando o corpo absorve radiação eletromagnética de forma parcial, e, ainda, seletiva. Isto é, a porcentagem de radiação eletromagnética absorvida depende da frequência. Esse é o caso que ocorre de fato com os corpos reais, ou seja, as superfícies existentes na natureza. Em geral, a obtenção de tal curva de absorção de radiação eletromagnética em função da frequência somente é possível por meio experimental.

- A superfície do corpo absorve totalmente a radiação eletromagnética que nele incide, e, mais, isso ocorre para todos os comprimentos de onda (ou de forma equivalente, para todas as frequências). Essas superfícies são chamadas de corpo negro. O seu conceito é de fundamental importância para a física que ora estudamos.

Podemos ver na Figura 4.3 as curvas (para os três casos marcantes de corpos emitindo radiação eletromagnética) que mostram a energia E_f que irradia, da superfície dos corpos a uma dada temperatura T por unidade de área (da superfície do corpo irradiante), por unidade de tempo, e por unidade de intervalo de frequência Δf.

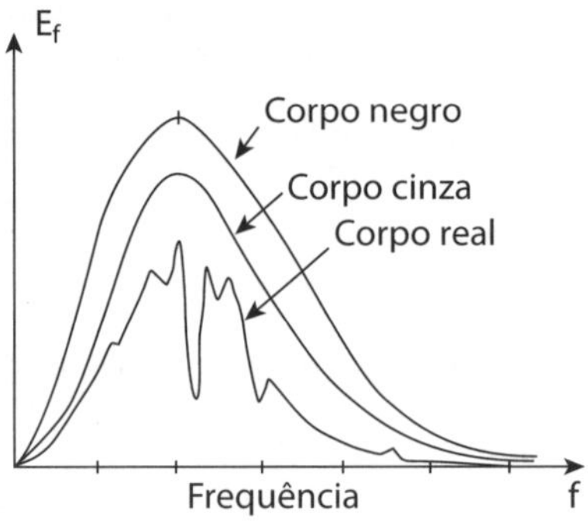

Figura 4.3 – Curvas da energia E_f que é irradiada, da superfície dos corpos a uma certa temperatura T, por unidade de tempo, por unidade de área, e por unidade de intervalo de frequência.

Veja que a função E_f depende da frequência f, e também depende da temperatura T. No Sistema Internacional de Unidades (SI), temos que E_f tem unidade de $\frac{J}{m^2.s.s^{-1}} = \frac{J}{m^2}$. Se tivéssemos definido a função E_f em termos de comprimento de onda λ, ficaríamos com E_λ, cuja unidade seria $\frac{J}{m^2.s.m} = \frac{J}{m^3.s}$. Ainda, se fizermos $E_f(f)\cdot\Delta f$ teremos a energia emitida pela superfície do corpo à temperatura T, por unidade de área, por unidade de tempo, entre as frequências f e $f + \Delta f$. Escrevendo a função E_λ, teremos que

$$E_f(f).\text{"}f = -E_\lambda(\lambda).\text{"}\lambda$$

Não importa como se escreve a função da energia que emana da superfície do corpo à temperatura T, em termos tanto de f como de λ, a energia é a mesma para a mesma radiação e o seu intervalo. Veja que $\lambda = \frac{c}{f}$, assim, matematicamente, temos:

$$\lambda.f = c.$$

Fazendo a variação:

$$\lambda.\Delta f + f.\Delta\lambda = \Delta c = 0,$$

a velocidade da luz no vácuo não varia. Assim, $\lambda.\Delta f = -f.\Delta\lambda$.

Assumindo um intervalo tanto de λ como de f infinitesimais, teremos que

$$\lambda.df = -f.d\lambda.$$

E ainda

$$E_f(f).df = -E_\lambda(\lambda).d\lambda.$$

Para sermos explícitos quanto à temperatura constante, teremos

$$E_f(f).df = -f.d\lambda.$$

Veja na expressão $\lambda.df = -f.d\lambda$ o sinal negativo. Por quê? À medida que cresce o comprimento de onda λ, decresce a frequência, pois sabemos que $\lambda = \frac{c}{f} \Rightarrow \lambda.f = c \Rightarrow \lambda.df + f.d\lambda = 0 \Rightarrow \lambda.df = -f.d\lambda$ (veja que $\lambda > 0$ e $f > 0$, e c é uma constante – velocidade da luz no vácuo).

Nos trabalhos de pesquisa de Kirchhoff sobre a radiação de corpos aquecidos ele fez uma descoberta muito importante: um dado corpo absorve certa fração de radiação eletromagnética incidente para um dado comprimento de onda (ou de forma equivalente, para uma dada frequência). Aquela parte da radiação incidente que não foi absorvida será refletida.

Antes de prosseguir, faremos alguns exercícios para fixar conceitos e praticar cálculos de grandezas relacionadas à emissão de radiação eletromagnética e ondas em geral.

Exercício I

Apresente a relação matemática que envolve o comprimento de onda e a frequência de uma onda monocromática. Discuta a relação para o caso de uma onda eletromagnética. Apresente também outras grandezas relevantes ao estudo dos fenômenos ondulatórios.

Solução

No Capítulo 2 do Volume 2 de *Física com aplicação tecnológica*, a física ondulatória é apresentada, devendo o estudante recordar os conceitos básicos sobre o assunto.

A equação de onda, para ondas dependentes de apenas uma variável espacial (digamos, na direção x) e dependentes do tempo, pode ser escrita como

$$\frac{\partial^2 y(x,t)}{\partial x^2} = \frac{1}{v^2} \cdot \frac{\partial^2 y(x,t)}{\partial t^2},$$

sendo $y = y(x,t)$ a grandeza da onda que se propaga na direção x. No caso de uma onda em uma corda, $y = y(x,t)$ representa a posição de um ponto na corda, x, no instante t. No caso de uma onda eletromagnética, $y = y(x,t)$ representa tanto o campo elétrico $\vec{E} = \vec{E}(x,t)$ como o campo magnético $\vec{B} = \vec{B}(x,t)$.

A velocidade de propagação da onda (na direção x) é representada por v. No caso da onda eletromagnética se propagando no vácuo, a velocidade é c, cujo valor é $c = 3{,}00 \cdot 10^8 m/s$ (aproximadamente).

Uma possível solução para a equação de onda é dada por $y(x,t) = A \cdot sen\left(\frac{2\pi}{\lambda} \cdot x - 2\pi ft\right)$, chamada de onda harmônica. Nessa expressão, A é a amplitude da onda, λ é o comprimento de onda e f é a frequência da onda. Definimos a grandeza $k = \frac{2\pi}{\lambda}$, chamada de número de onda. Ainda, definimos a grandeza $\omega = 2\pi ft$, que chamamos de frequência angular. Veja que f é a frequência da onda e ω é a frequência angular. Podemos reescrever a função de onda $y(x,t) = A \cdot sen\left(\frac{2\pi}{\lambda} \cdot x - 2\pi ft\right)$ na forma $y = y(x,t) = A \cdot sen(kx - \omega t)$, onda harmônica se propagando na direção x, sentido de x crescente. A velocidade de propagação da onda é dada pela relação

$$v = \lambda \cdot f = \frac{\lambda}{T},$$

sendo T o período da onda. Ainda, temos a relação

$$v = \lambda \cdot f = \frac{2\pi}{k} \cdot \frac{\omega}{2\pi} = \frac{\omega}{k}.$$

Para uma onda harmônica viajando no sentido x decrescente, a sua função de onda é dada por

$$y = y(x) = A \cdot sen(kx + \omega t).$$

No SI, tais grandezas têm as seguintes unidades:

A: metro, m.

λ: metro, m.

t: segundo, s.

ω: $\frac{\text{radiano}}{segundo}$, $rad.s^{-1}$.

f: $\frac{1}{segundo}$, $s^{-1} = Hz$.

k: $\frac{radiano}{metro}$, $rad.m^{-1}$

Exercício II

Considere uma onda se propagando em uma corda dada pela seguinte expressão

$$y(x,t) = 1,5 \cdot 10^{-1} \cdot sen(8x - 200t)$$

com as unidades do SI. Quais são as grandezas importantes e que caracterizam a onda?

Solução

A onda pode ser escrita de forma geral – propagando-se na direção x com x crescente – como

$$y(x,t) = A \cdot sen(kx - \omega t).$$

Assim, identificando as grandezas:

$$A = 1,5 \cdot 10^{-1} m;$$

$$k = 8\, rad.m^{-1},$$

$$\text{como } k = \frac{2\pi}{\lambda} \Rightarrow \lambda = \frac{2\pi}{k} = \frac{2\pi}{8} = \frac{\pi}{4} m.$$

Portanto, o comprimento de onda é $\lambda = \frac{\pi}{4} m$. Continuando, a frequência angular é $\omega = 2\pi f = 200\, rad.s^{-1}$.

A frequência é dada por

$$f = \frac{\omega}{2\pi} = \frac{200}{2\pi} = \frac{100}{\pi} s^{-1} = \frac{100}{\pi} Hz$$

A velocidade de propagação da onda é dada por $v = \frac{\omega}{k}$, assim

$$v = \frac{200}{8} = 25\, m \cdot s^{-1}$$

A onda se propaga no sentido de x positivo (x crescente). O período da onda é dado por $T = \frac{1}{f} = \frac{1}{\frac{100}{\pi}} \Rightarrow T = (\pi / 100) s$.

Exercício III

Considere uma onda harmônica que viaja no sentido de x decrescente. A amplitude da onda é de $35\, mm$, o seu comprimento de onda é de $80\, cm$, a velocidade de propagação é de $2,5\, m.s^{-1}$. Determine as grandezas relevantes associadas à onda e escreva a sua função matemática.

Solução

Primeiro, fiquemos atentos às unidades das grandezas especificadas. Vamos trabalhar no SI. Assim, a amplitude da onda é $A = 3,5 \cdot 10^{-3}\, m$ e o comprimento de onda, $\lambda = 8 \cdot 10^{-1}\, m$. Dessa forma, obtemos que a frequência da onda é

$$f = \frac{v}{\lambda} = \frac{2,5}{8 \cdot 10^{-1}} \Rightarrow f = 3,1\, Hz.$$

O período da onda é:

$$T = \frac{1}{f} = \frac{1}{3,1} \Rightarrow T = 0,032\, s \Rightarrow$$

$$T = 3,2 \cdot 10^{-1}\, s.$$

A frequência angular tem valor igual a

$$\omega = 2\pi f = 2\pi \cdot 3,1 = 20,1\, rad.s^{-1}.$$

O número de onda é igual a

$$k = \frac{2\pi}{\lambda} = \frac{2\pi}{8 \cdot 10^{-1}} \Rightarrow k = 7,9\, rad.m^{-1}.$$

Com os valores das grandezas, podemos construir a função de onda para a onda harmônica que se propaga da direita para a esquerda. Na sua forma geral, a onda harmônica é dada pela função

$$y(x,t) = 3,5 \cdot 10^{-3} \cdot sen(kx + \omega t),$$

assim, com os valores obtidos das grandezas, ficamos com a função de onda

$$y(x,t) = 3,5 \cdot 10^{-3} \cdot sen(7,9 \cdot x + 20,1 \cdot t),$$

com $y(x,t)$ dado em metros.

Exercício IV

Apresente uma lista de tipos de ondas que fazem parte do nosso cotidiano.

Solução

- Ondas acústicas: som (propagação no ar atmosférico). Ondas acústicas se propagando em materiais densos, como metais líquidos.
- Ondas eletromagnéticas: ondas luminosas (as que enxergamos – luz –, do vermelho até o violeta, passando pelas outras cores). Raio X, onda eletromagnética de frequência bem maior do que a onda luminosa (luz). Onda infravermelha, com frequência menor do que a luz. Ondas de rádio, por exemplo, AM, FM e faixa das estações de televisão. Há outras, como ultravioleta e raios γ (gama). Faça uma pesquisa sobre o assunto. Aprofunde-se!
- Ondas mecânicas em membranas. Há os tambores, usados para produzir sons musicais.

Há outros tipos mais de ondas. Faça uma pesquisa.

Exercício V

Considere um recipiente cujas paredes sejam mantidas a uma temperatura constante T. Digamos que seja feito alto vácuo (com pressão em torno de $10^{-5}\, mbar$) no recipiente. Em seguida são colocadas várias peças (com formas, materiais e temperaturas diferentes entre si). As peças são penduradas no recipiente por finos fios péssimos condutores de calor. Descreva fisicamente o que ocorrerá com o passar do tempo. Será atingido o equilíbrio? Explique. Faça um esquema da situação física.

Solução

A situação pode ser representada esquematicamente como segue:

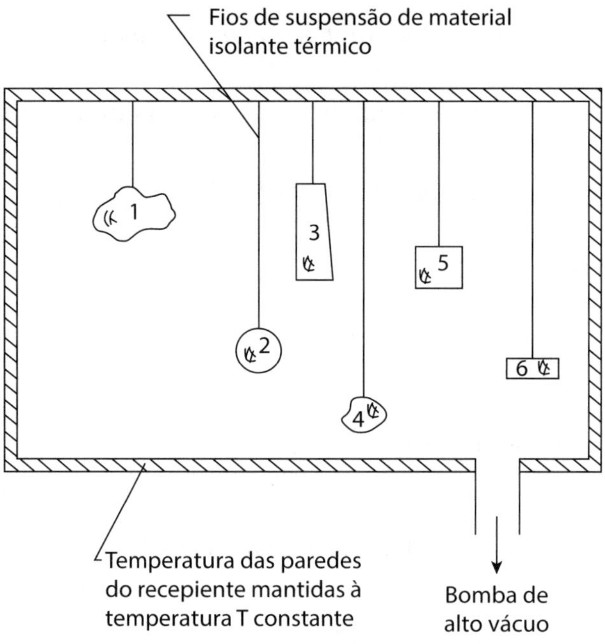

Figura 4.4

Como foi realizado o alto vácuo a uma pressão de 10^{-5} $mbar$, não haverá transmissão de calor por condução e nem por convecção (natural ou forçada). A única forma de transmissão do calor é por meio da radiação. Cada corpo irradia e absorve radiação. Sabemos que se um corpo é bom irradiador (ou emissor) de radiação, ele também é bom absorvedor de radiação. Haverá uma troca (emissão e absorção) de radiação entre os vários corpos (de 1 até 6), e também haverá troca (emissão e absorção) de radiação entre os corpos e as paredes do recipiente. Independentemente de quais sejam as temperaturas dos corpos (de 1 até 6), como a parede é mantida à temperatura T, depois de um certo tempo todos os corpos e as parede estarão à temperatura T. Veja que, para estabilizar a temperatura no valor T, as paredes deverão se comportar como reservatório térmico, ou seja, independentemente do fluxo de calor pelas paredes do recipiente, não haverá mudança da temperatura das paredes. A radiação eletromagnética se propaga no vácuo. O Sol nos aquece! Recebemos luz das outras estrelas, e também da Lua e dos planetas.

Dando continuidade ao estudo fenomenológico da radiação eletromagnética emitida e absorvida por corpos materiais, a uma dada temperatura, temos que considerar os resultados obtidos por Robert Kirchhoff. Verifica-se experimentalmente que uma quantidade de energia da radiação eletromagnética incidente no corpo e que é absorvida pelo corpo (α_λ), para um dado comprimento de onda (λ), é dependente do material de que é feito o corpo, e também do estado da superfície do corpo.

Esquematicamente, a situação é exibida na Figura 4.5.

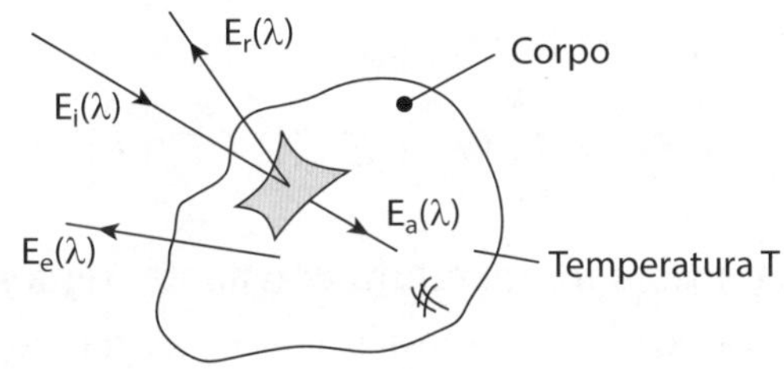

Figura 4.5 – Radiação eletromagnética incidente, absorvida, refletida e emitida pelo corpo.

Consideremos $E_i(\lambda)$ a energia eletromagnética incidente no corpo, $E_a(\lambda)$ a energia eletromagnética absorvida pelo corpo, $E_r(\lambda)$ a energia eletromagnética refletida pela superfície do corpo e $E_e(\lambda)$ a energia eletromagnética emitida pelo corpo. Temos a expressão que define α_λ

$$\alpha_\lambda = \frac{E_a(\lambda)}{E_i(\lambda)}.$$

Veja que, no caso mais geral, o coeficiente de absorção da radiação eletromagnética pode ser função do comprimento de onda λ. O coeficiente de absorção α_λ pode variar de zero até 1 $(0 \leq \alpha_\lambda \leq 1)$. No caso de $\alpha_\lambda = 0$ (para todo λ), temos o caso de um espelho perfeito. Para o caso de $\alpha_\lambda = \alpha$, com α constante para todos os valores λ, e ainda $\alpha \neq 0$ e $\alpha \neq 1$, temos o caso de um corpo cinza.

Continuando: para o caso de $\alpha_\lambda = 1$ para todos os comprimentos de onda λ, temos o caso do corpo negro. Assim, o corpo negro absorve toda a radiação – para todos os comprimentos de onda λ.

Nos casos reais encontrados na tecnologia, as superfícies em geral não são absorvedoras perfeitas, isto é, não são corpos negros. Também, as superfícies não são refletoras perfeitas; os espelhos sempre absorvem uma parte da radiação eletromagnética que incide em sua superfície. Ainda, tal absorção pode depender do comprimento de onda. Uma superfície pode ser um bom espelho para um dado comprimento de onda e um péssimo espelho para outros intervalos de comprimento de onda.

Veja que temos que considerar que há uma diferença conceitual muito grande entre a radiação eletromagnética refletida e aquela emitida por um corpo. A radiação refletida não pode mudar o estado energético do corpo; ela nem penetra no corpo (caso do espelho ideal). A radiação emitida pelo corpo decorreu do fato de que parte ou toda a radiação incidente pelo corpo foi absorvida pelo corpo (caso que ocorre com a maioria dos corpos).

Devido ao princípio de conservação de energia temos a seguinte relação (conforme mostra a Figura 4.5):

$$E_i(\lambda) = E_a(\lambda) + E_r(\lambda) + E_e(\lambda).$$

Quando o corpo é mantido a temperatura constante, temos que o seu estado energético não é alterado (estamos assumindo que a energia do corpo dependa da sua temperatura e, ainda, que não esteja ocorrendo mudança de estado da matéria, isto é, sem transição de fase). Dessa forma, podemos escrever que a energia da radiação eletromagnética absorvida é igual àquela emitida, isso para todos os comprimentos de onda. Em termos matemáticos, temos que

$$E_a(\lambda) = E_e(\lambda), \text{ para todo } \lambda.$$

Explorando um pouco mais os fenômenos que podem ocorrer com corpos aquecidos, digamos que um corpo esteja mantido a uma temperatura T_c maior do que a temperatura da vizinhança T_v. Nesse caso, a potência por unidade de área da radiação eletromagnética emitida pelo corpo será maior do que aquela absorvida pelo corpo. Assim, se não houver nenhum processo de aquecimento do corpo por algum meio fora aquele da radiação incidente no corpo, como um aquecedor elétrico no interior do corpo (um filamento), o corpo terá sua temperatura diminuída (se esfriará). O mesmo raciocínio vale para o caso de o corpo estar a uma temperatura T_c menor do que a temperatura da vizinhança T_v. Nesse caso, o corpo se aquecerá.

Você já deve ter entrado em um carro de cor negra, ou outra cor escura, em um dia muito ensolarado: nessas situações, a temperatura no interior pode atingir 50 °C (ou mais). Acidentes fatais podem ocorrer com animais ou crianças deixadas no carro em dias ensolarados, como você já deve ter ouvido em noticiários.

Assim, no caso de os corpos serem mantidos a temperatura constante, as energias das radiações eletromagnéticas absorvida e emitida são iguais.

No ano de 1860, Kirchhoff propôs a seguinte lei fenomenológica, acerca do estudo sobre radiação eletromagnética emitida por corpos a uma temperatura T: o quociente entre a potência por unidade de área para um dado comprimento de onda λ, $E_e(\lambda)$ e o coeficiente de absorção da radiação eletromagnética para um dado comprimento de onda λ, α_λ é uma constante que não depende do material e do estado de sua superfície. Matematicamente,

$$\frac{E_e(x)}{\alpha_\lambda} = G(\lambda).$$

Essa relação vale para toda temperatura em que possa se encontrar o corpo. Assim, no caso geral,

$$\frac{E_e(\lambda, T)}{\alpha_\lambda} = G(\lambda, T).$$

Como foi explicitamente enfatizado por Kirchhoff, ele considerou de grande importância para o desenvolvimento da ciência física encontrar a função $G(\lambda, T)$.

Vamos discutir o significado físico da função $G = G(\lambda, T)$. Consideremos que o corpo esteja com temperatura uniforme T; isso quer dizer que todas as suas partes estão à temperatura T. Já dissemos que, nessas condições, a potência por unidade de área da radiação eletromagnética que o corpo absorve é a mesma que ele emite. Mais, segundo a declaração de Kirchhoff, há um limite superior para a função $G(\lambda, T)$ para uma dada temperatura, e este limite ocorre para o corpo negro. Assim, o corpo negro é o melhor emissor possível de radiação eletromagnética para todos os comprimentos de onda e para cada temperatura dada e fixada. Além disso, considerando uma dada temperatura especificada, temos que o corpo negro é também o melhor absorvedor possível de radiação eletromagnética para todos os comprimentos de onda. Assim, para todo o espectro de radiação eletromagnética (todos os comprimentos de onda), o corpo negro absorve toda a radiação que incide nele. O conceito de corpo negro é tão sutil e difícil como importante, e também é uma idealização. O corpo negro é impossível de realização prática, porém, muitos corpos podem ter o coeficiente de absorção α_λ com valores próximos a 1, para um dado intervalo de comprimento de onda.

Um resultado muito importante referente à emissão total de radiação eletromagnética oriunda da superfície de um corpo a uma temperatura fixada foi obtido experimentalmente por Joseph Stefan no ano de 1879. Ele encontrou que os corpos aquecidos a uma temperatura T (uniforme em todo o corpo) irradiam uma potência por unidade de área de sua superfície dada pela expressão

$$G = \sigma T^4$$

A constante σ é a chamada de constante de Stefan-Boltzmann, e tem valor (obtido experimentalmente) igual a $\sigma = 5,6728 \cdot 10^{-8}\, W \cdot m^{-2}.K^{-4}$ no sistema SI. Veja que a expressão nos diz que a potência por unidade de área da superfície irradiadora de ondas eletromagnéticas depende da temperatura (dada em kelvin) elevada à quarta potência. Perceba que todos os corpos estão irradiando, uma vez que qualquer corpo está a uma temperatura acima de $0K$ (zero absoluto).

Com o propósito de ter uma percepção das potências irradiadas por superfícies de corpos em função de sua temperatura, vamos apresentar exemplos a seguir.

Exercício VI

Considere os seguintes corpos com suas respectivas temperaturas e áreas das superfícies.

- Corpo a: área da superfície $= 0,5\, m^2$; temperatura $= 10\, K$.
- Corpo b: área da superfície $= 1\, m^2$; temperatura $= 100\, K$.
- Corpo c: área da superfície $= 1,5\, m^2$; temperatura $= 1.000\, K$.
- Corpo d: área da superfície $= 1\, cm^2$; temperatura $= 2.200\, K$.

Encontre a potência total irradiada pelos corpos em cada caso. Considere que são corpos negros.

Solução

Corpo a:

$$G^{(a)}(T_a) = \sigma \cdot T_a^{\,4}$$

$$= 5,6728 \cdot 10^{-8} \frac{W}{m^2 \cdot K^4} \cdot (10\, K)^4 \Rightarrow$$

$$G^{(a)} = 5,7 \cdot 10^{-4} \frac{W}{m^2}.$$

Assim, para o corpo com área $A^{(a)} = 0,5\, m^2$ temos que

$$G_{Total}^{(a)} = G^{(a)} \cdot A^{(a)} = 5,7 \cdot 10^{-4} \cdot 0,5 \Rightarrow$$

$$G_{Total}^{(a)} = 2,9 \cdot 10^{-4}\, W = 0,29\, mW$$

Temos uma potência muito pequena irradiada pela superfície do corpo a uma temperatura muito baixa. Para ser atingida, essa temperatura requer compressores especiais. Como exemplo, temos as bombas de alto vácuo do tipo criogênicas, que operam com temperaturas entre $10\,K$ e $20\,K$ $(-263\ °C$ e $-253\ °C$, respectivamente$)$.

Corpo b:

$$G^{(b)}(T_b) = \sigma \cdot T_b^{\,4}$$

$$= 5,6728 \cdot 10^{-8}\,\frac{W}{m^2 \cdot K^4} \cdot (100\,K)^4 \Rightarrow$$

$$G^{(b)} = 5,7\,\frac{W}{m^2}.$$

Assim, para o corpo com área $A^{(b)} = 1\,m^2$ temos que

$$G^{(b)}_{Total} = G^{(b)} \cdot A^{(b)} = 5,7 \cdot 1 \Rightarrow$$

$$G^{(b)}_{Total} = 5,7\,W.$$

Temos assim calculada a ordem de grandeza da potência consumida.

Corpo c:

$$G^{(c)}(T_c) = \sigma \cdot T_c^{\,4}$$

$$= 5,6728 \cdot 10^{-8}\,\frac{W}{m^2 \cdot K^4} \cdot (1.000\,K)^4 \Rightarrow$$

$$G^{(c)} = 5,7 \cdot 10^4\,\frac{W}{m^2} = 57\,\frac{kW}{m^2}.$$

Assim, para o corpo com área $A^{(c)} = 1,5\,m^2$ temos que

$$G^{(c)}_{Total} = G^{(c)} \cdot A^{(c)} = 5,7 \cdot 10^4 \cdot 1,5 \Rightarrow$$

$$G^{(c)}_{Total} = 8,6 \cdot 10^4\,W = 86\,kW.$$

Essa potência podemos encontrar em um forno a vácuo de médio porte, usado em tratamento de superfícies.

Corpo d:

$$G^{(d)}(T_d) = \sigma \cdot T_d^{\,4}$$

$$= 5,6728 \cdot 10^{-8} \frac{W}{m^2 \cdot K^4} \cdot (2.200\,K)^4 \Rightarrow$$

$$G^{(d)} = 1,33 \cdot 10^6 \frac{W}{m^2} = 1,33 \frac{MW}{m^2}.$$

Assim, para o corpo com área $A^{(d)} = 1\,cm^2 = 10^{-4}\,m^2$ temos que

$$G^{(d)}_{Total} = G^{(d)} \cdot A^{(d)} = 1,33 \cdot 10^6 \cdot 10^{-4} \Rightarrow$$

$$G^{(d)}_{Total} = 133\,W.$$

Primeiro, vemos a potência por unidade de área enorme que é emitida em forma de radiação eletromagnética. Em seguida temos um exemplo típico de situação que ocorre em uma lâmpada incandescente de uso doméstico. Veja que, apesar de a lâmpada consumir em torno de $100W$, sabemos que o espectro de radiação eletromagnética a essa temperatura tem um intervalo bem pequeno de potência, em torno de $20W$, que é emitido na região de comprimento de onda da luz visível para a visão humana. A maior parte da radiação eletromagnética emitida por meio das lâmpadas incandescentes está na região do infravermelho. As lâmpadas incandescentes foram retiradas do mercado devido a sua baixíssima eficiência de iluminação. A maior parte da potência consumida pelas lâmpadas incandescentes não é transformada em luz (radiação eletromagnética visível), mas sim em ondas de radiação na região de comprimento de onda que aquece.

Em muitas situações práticas, podemos, em primeira aproximação, considerar os corpos radiantes como corpos negros e, assim, avaliar tanto a temperatura de sua superfície como a quantidade de potência por unidade de área que irradia de sua superfície.

Temos, por exemplo, o uso de um termômetro sem contato (termômetro infravermelho ou pirômetro) para medir a temperatura de uma superfície. Nesse caso, está-se considerando que a superfície é de um corpo negro. Veja que é uma aproximação. Fica uma pergunta para discussão e reflexão: considere uma superfície espelhada (um espelho). A superfície do espelho está a $-10\ °C\,(263\,K)$. O espelho está refletindo a radiação emitida de um forno que está a $300\ °C\,(575\,K)$. Usando um termômetro infravermelho, o que será medido na superfície do espelho? Discutiremos mais à frente.

Veja como é importante para aqueles que trabalham com tecnologia ou ciência conhecer tanto os conceitos físicos como a instrumentação envolvida na medição.

Continuando: após o trabalho de Stefan sobre a potência por unidade de área irradiada da superfície de um corpo à temperatura T, dada pela expressão

$$G = \sigma T^4,$$

em 1884, Ludwig Boltzmann provou, por meio da teoria da termodinâmica, a expressão obtida experimentalmente por Stefan. Boltzmann argumentou que a expressão obtida vale para um corpo negro.

Para um corpo cinza, temos a expressão

$$G = \varepsilon\sigma T^4.$$

Veja que há um mesmo fator de redução ε (este fator é chamado de emissividade) para todos os comprimentos de onda. Dentro do que já vimos até o momento, a grandeza G pode ser obtida para um corpo negro por meio da seguinte expressão:

$$G(T) = \int_0^\infty E_e(\lambda, T)\, d\lambda = \sigma T^4.$$

Não vamos desenvolver neste texto a dedução feita por Boltzmann da expressão $G = \sigma T^4$.

Para exemplificar os conceitos apresentados, vamos desenvolver os casos a seguir.

Exercício VII

Considere os seguintes corpos com os respectivos valores de emissividade e temperatura.

- Água: $\varepsilon_A = 0{,}94;\ T_A = 30\ °C$.
- Pele humana (caucasiano): $\varepsilon_P = 0{,}97;\ T_P = 36\ °C$.
- Filamento de tungstênio: $\varepsilon_F = 0{,}40;\ T_F = 2.200\ °C$.

Admita que os corpos mencionados estão dentro de uma sala (grande em relação aos corpos listados) a uma temperatura de $T_{Amb} = 5\ °C$. Qual é a potência por unidade de área líquida emitida por cada um dos corpos apresentados?

Solução

Cada corpo emite uma potência por unidade de área que é função de sua temperatura e recebe uma potência por unidade de área que é função da temperatura em seu entorno, ou seja, sua vizinhança.

Esquematicamente vamos considerar o modelo simples.

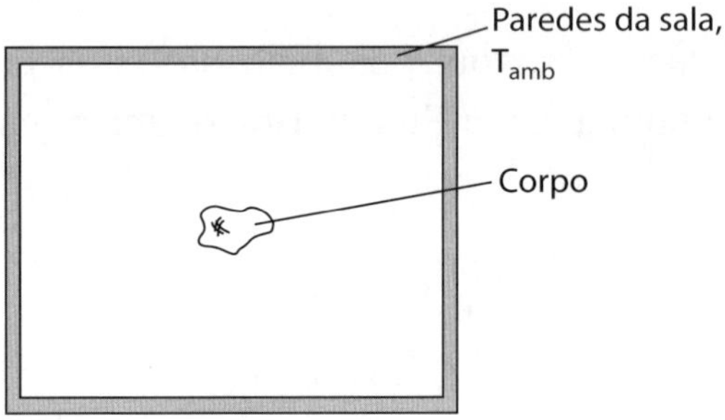

Figura 4.6

O corpo emite para as paredes da sala, e as paredes da sala emitem para o corpo. Admitiremos que tanto a temperatura de cada corpo como a temperatura das paredes da sala não mudam de seus valores durante um tempo suficiente para uma possível medição. Vamos aos cálculos.

Água:

$$G_{Liq}^{A} = \varepsilon_A \sigma \left(T_A{}^4 - T_{Amb}{}^4 \right) =$$

$$= 0,94 \cdot 5,6728 \cdot 10^{-8} \cdot \left(303^4 - 278^4 \right) \Rightarrow$$

$$G_{Liq}^{A} = 130,97 \frac{W}{m^2}.$$

Pele humana (caucasiano):

$$G_{Liq}^{P} = \varepsilon_P \sigma \left(T_P{}^4 - T_{Amb}{}^4 \right) =$$

$$= 0,97 \cdot 5,6728 \cdot 10^{-8} \cdot \left(309^4 - 278^4 \right) \Rightarrow$$

$$G_{Liq}^{P} = 172,99 \frac{W}{m^2}.$$

Filamento de tungstênio:

$$G_{Liq}^{F} = \varepsilon_F \sigma\left(T_F{}^4 - T_{Amb}{}^4\right) =$$

$$= 0,4 \cdot 5,6728 \cdot 10^{-8} \cdot \left(2473^4 - 278^4\right) \Rightarrow$$

$$G_{Liq}^{F} = 848.563,94 \frac{W}{m^2} = 848,56 \frac{kW}{m^2}.$$

Veja que, nos casos apresentados, os corpos estão cedendo energia ao ambiente. No caso da água, se não houver reposição de sua energia, à medida que irradia para o ambiente ela se resfriará. No caso da pele humana, o nosso organismo, por meio da alimentação, repõe energia para manter a temperatura do corpo constante. No caso do filamento da lâmpada, a energia elétrica repõe a energia do filamento para manter a sua temperatura constante. Veja que, além da troca de calor por radiação, podem estar presentes a troca de calor por condução e a troca de calor por convecção.

Exercício VIII

Determine qual a potência por unidade de área que irradia da superfície do Sol. Faça suposições para um cálculo simples e seguro, pelo menos como aproximação.

Solução

Admitiremos a superfície do Sol como um corpo negro. Seja a temperatura da superfície do Sol considerada como $T_s = 6.000\,K$.

Assim,

$$G_{Sol} = \sigma T^4 =$$

$$= 5,6728 \cdot 10^{-8} \cdot 6.000^4 \Rightarrow$$

$$G_{Sol} = 7,4 \cdot 10^7 \frac{W}{m^2} = 74 \frac{MW}{m^2}.$$

Uma quantidade gigantesca de potência emitida pelo Sol. Pesquise e encontre a área da superfície do Sol.

Neste momento podemos nos perguntar como construir um corpo negro aceitável e que se aproxime bastante daquele idealizado conforme a sua definição. Essa realização pode ser alcançada de forma bastante simples. Recordando: o que define um corpo negro? Corpo negro é aquele em que a radiação eletromagnética, para todos os comprimentos de onda ou para todas as frequências incidentes no corpo, é absorvida pelo corpo. A proposta de corpo negro é mostrada na Figura 4.7.

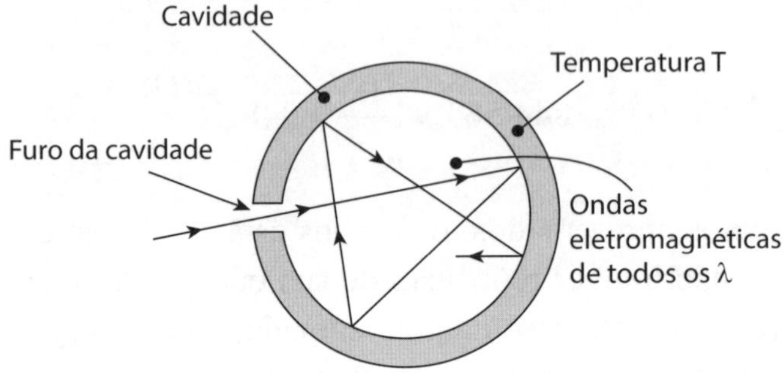

Figura 4.7 – Corpo negro obtido a partir de uma cavidade à temperatura uniforme T.

A ideia é bastante simples. Em uma cavidade fabricada, em princípio, com qualquer material (na prática, o melhor é fabricá-la com metal para poder operar em altas temperaturas) é feito um pequeno furo. A radiação eletromagnética, incidente na cavidade pelo furo, deverá ser totalmente, ou quase totalmente, absorvida pelas paredes internas da cavidade. Devido a inúmeras reflexões e absorções pelas paredes internas da cavidade, a radiação eletromagnética é absorvida totalmente. Nesse caso, a cavidade com orifício terá $\alpha_\lambda \cong 1$ para todo comprimento de onda λ.

Quando a cavidade é mantida à temperatura T constante e uniforme, a radiação em seu interior está em equilíbrio termodinâmico com as paredes da cavidade. Dessa forma, a radiação eletromagnética que deixa a cavidade através do orifício tem o mesmo espectro da cavidade, podendo ser assim estudada.

Cabe notar que quando Kirchhoff – em 1860 – lançou o desafio de encontrar a intensidade do espectro de radiação do corpo negro, ele já havia feito apontamentos sobre as dificuldades experimentais para determiná-lo. O que de fato ocorreu. Apesar das dificuldades experimentais, vários cientistas, entre eles Otto Lummer, Ernst Pringsheim, Heinrich Rubens, Ferdinand Karlbaun, obtiveram resultados experimentais confiáveis para vários intervalos do espectro de radiação emitida por corpos negros.

Consideraremos para o estudo teórico da radiação emitida pelo corpo negro que esta radiação emitida é uma representação da radiação dentro da cavidade à temperatura constante e uniforme T.

Dessa forma, considerando um corpo negro, temos como resultado obtido por meio da teoria eletromagnética que a energia devido às ondas eletromagnéticas no interior da cavidade por unidade de volume u pode ser expressa em função da potência total emitida por unidade de área que sai pelo orifício da cavidade.

A relação é dada pela expressão

$$u(T) = \frac{4G(T)}{c},$$

sendo c a velocidade da luz no vácuo. Temos que a lei de Stefan-Boltzmann é expressa como

$$G(T) = \sigma \cdot T^4,$$

assim, ficamos com a expressão

$$u(T) = \frac{4G(T)}{c} = \frac{4\sigma}{c} T^4,$$

sendo que a constante $\beta = \dfrac{4\sigma}{c}$ tem valor

$$\beta = \frac{4 \cdot 5{,}6728 \cdot 10^{-8}}{3 \cdot 10^8} \Rightarrow \beta = 7{,}57 \cdot 10^{-16} \frac{J}{m^3 \cdot K^4}.$$

Veja que essa relação, válida para todo o espectro de radiação eletromagnética, isto é, $0 < \lambda < +\infty$, pode ser escrita também para um determinado comprimento de onda λ, ficando a expressão na forma dependente de λ, para uma dada temperatura T, como $u_\lambda(T) = u(\lambda, T) = \dfrac{4E_e(\lambda, T)}{c}$.

Assim, por meio dessa expressão, podemos, ao determinar experimentalmente a radiação emitida através do orifício da cavidade, determinar também a densidade de energia (energia por unidade de volume) na cavidade, para explicar a emissão de radiação do corpo negro, abrindo as portas para uma nova, estranha, poderosa e revolucionária mecânica: a mecânica quântica.

Na tentativa de obter a expressão $u = u(\lambda, T)$, vários cientistas, sendo os principais Wilhelm Wien, Friedrich Paschen, John William Strutt (lorde Rayleigh), James Jeans e Max Planck, fizeram tentativas desesperadas para explicar fisicamente o espectro de emissão de radiação do corpo negro, em função do comprimento de onda, para uma dada temperatura de equilíbrio.

A grandeza $y = y(\lambda, T)$ tem unidade no SI dada por $J \cdot m^3$.

4.5 TEORIA CLÁSSICA DA RADIAÇÃO DO CORPO NEGRO

Vimos que em 1860 Kirchhoff lançou um desafio à comunidade física no sentido de obter tanto experimental como teoricamente o espectro de radiação emitida por corpos aquecidos, dentro da idealização do corpo negro. Primeiro, veja que quando falamos de um corpo aquecido, isso significa qualquer corpo a uma temperatura $T > 0K$. Para ilustrar, foram feitas medições de radiação de fundo do universo e, de acordo com modelos cosmológicos, a temperatura de fundo do universo é em torno de $3K$, o que foi verificado experimentalmente com bastante aderência à teoria. O estudante pode fazer uma pesquisa sobre o assunto, procurando inclusive qual o formato do espectro de radiação eletromagnética de fundo (de base) do universo. Verá que é surpreendente o seu formato comparado com o de um corpo negro. Na verdade, é de um corpo negro emitindo à temperatura aproximada de $3K$. O estudante poderá ver os resultados da experiência realizada pela sonda Cosmic Background Explorer (COBE).

Para complementar o nosso estudo sobre emissão de radiação em corpos aquecidos, mostramos na Figura 4.8 vários espectros de radiação em função do comprimento de onda de corpo negro a várias temperaturas.

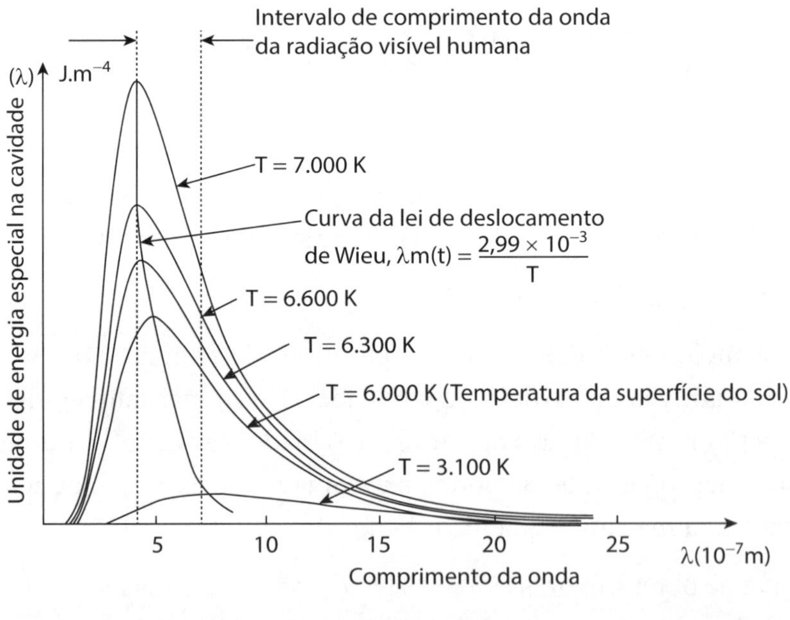

Figura 4.8 – Densidade de energia espectral da radiação na cavidade por unidade de intervalo de λ para várias temperaturas.

Na mesma Figura 4.8, podemos ver a curva que mostra os pontos de máximo das potências de emissão de radiação eletromagnética por unidade de área e por unidade de intervalo de comprimento de onda, das curvas $E_e(\lambda,T)$, para várias temperaturas, é a chamada lei de deslocamento de Wien, obtida em 1893 por Wilhelm Wien. Falaremos mais sobre a lei de deslocamento de Wien.

Cabe esclarecer que a tentativa de explicar fisicamente o espectro de radiação do corpo negro não foi uma tarefa simples. Os trabalhos realizados sobre o assunto tiveram a intervenção de vários físicos proeminentes. Os trabalhos acabaram por mostrar que, apesar de os modelos criados serem bastantes realísticos, os resultados teóricos alcançados, com a utilização da física disponível, não estavam aderentes aos resultados experimentais. A explicação física do espectro de radiação do corpo negro somente foi obtida por meio de uma proposição física completamente nova, a descontinuidade da energia, que é a característica mais marcante da mecânica quântica.

O estudante poderá encontrar um desenvolvimento histórico e epistemológico mais detalhado sobre o assunto nos livros listados nas referências.

Com o propósito de facilitar o estudo desse assunto – que este autor considera intrincado e complicado –, vamos expor a cronologia das proposições teóricas que procuravam explicar fisicamente o espectro da densidade de energia eletromagnética no interior da cavidade por unidade de comprimento de onda em função do comprimento de onda, ou seja, a função $u = u(\lambda,T)$.

A sequência histórica das proposições mais importantes para a obtenção de $u = u(\lambda,T)$ é mostrada a seguir.

4.5.1 LEI DE STEFAN-BOLTZMANN

Em 1884, Stefan faz a proposição da expressão $G(T) = \sigma \cdot T^4$ baseado em dados experimentais. Usando um modelo puramente termodinâmico, e utilizando alguns poucos resultados da teoria do eletromagnetismo, ele consegue obter a expressão $G(T) = \sigma \cdot T^4$ teoricamente.

4.5.2 LEI DE DESLOCAMENTO DE WIEN

No ano de 1893, Wien obtém teoricamente a expressão da curva (lugar geométrico) dos pontos de máxima emissão de radiação eletromagnética de um corpo negro em função da temperatura. A expressão é dada por $\lambda_m(T) = \dfrac{2{,}898 \cdot 10^{-3}}{T}\, m.K$. Para obter essa expressão, Wien utilizou também um modelo baseado na termodinâmica, assim como fez Boltzmann.

4.5.3 LEI DE PASCHEN

Graças aos sucessivos progressos obtidos na explicação física da radiação emitida pelo corpo negro, Paschen apresentou uma expressão obtida empiricamente para a emissão de radiação, para a condição (restritiva) $\lambda \cdot T < 0{,}1$. A expressão de Paschen é

$$u_P(\lambda, T) = \frac{c}{\lambda^{-\alpha}} \cdot \frac{1}{e^{-\beta/\lambda T}},$$

em que c, α e β são constantes obtidas experimentalmente.

4.5.4 EXPRESSÃO DE $u = u(\lambda, T)$ OBTIDA POR WIEN

No ano de 1896, Wien, mais uma vez, contribuiu de forma marcante para a tentativa de explicar a radiação de emissão do corpo negro. Wien propôs a expressão $u_w(\lambda, T) = \frac{c_1}{\lambda^5} \cdot \frac{1}{e^{c_2/\lambda T}}$, com c_1 e c_2 constantes a serem determinadas experimentalmente. O índice w na função $u_w = u_w(\lambda, T)$ serve para particularizar a proposta de Wilhelm Wien.

4.5.5 EXPRESSÃO DE $u = u(\lambda, T)$ OBTIDA POR RAYLEIGH-JEANS

Em 1900, o Lorde Rayleigh (cujo nome verdadeiro era John William Strutt, embora ele seja mais conhecido por seu título de nobreza) propôs um modelo baseado na teoria eletromagnética, considerando a cavidade do corpo negro tendo ondas eletromagnéticas em equilíbrio térmico com as paredes da cavidade. As paredes da cavidade eram formadas por átomos que oscilavam, absorvendo e emitindo radiação. O modelo proposto por Rayleigh foi aprimorado por James Jeans, e pôde expressar a função de distribuição $u = u(\lambda, T)$ como

$$u_{R-J}(\lambda, T) = \frac{8\pi kT}{\lambda^4}$$

De imediato vemos que essa expressão apresenta um grave problema: para pequenos comprimentos de onda, a expressão $u_{R-J} = u_{R-J}(\lambda, T)$ tende ao infinito. Ou seja, a quantidade de energia estocada na cavidade do corpo negro tende ao infinito, o que é um absurdo! Esse fenômeno é chamado de catástrofe do ultravioleta.

Vemos na Figura 4.9 uma comparação entre dados experimentais obtidos para a densidade de energia (energia por unidade de volume) do corpo negro e os modelos teóricos baseados na física clássica (teoria da termodinâmica, mecânica estatística e teoria eletromagnética).

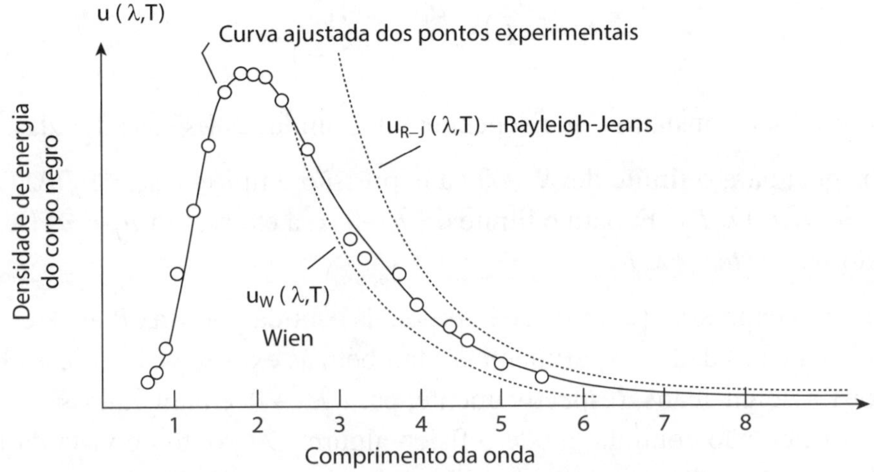

Figura 4.9 – Comparação entre as curvas experimentais de Rayleigh-Jeans e Wien para a densidade de energia na cavidade do corpo negro em função do comprimento de onda.

Cabe enfatizar que, entre todos os modelos propostos para explicar fisicamente a densidade de energia na cavidade do corpo negro, o de Rayleigh-Jeans é o que contém mais ingredientes físicos baseados em primeiros princípios. Em 1905, o próprio Rayleigh fez uma declaração pública mencionando que, do ponto de vista físico, a expressão $u_{R-J}(\lambda,T)=\frac{8\pi kT}{\lambda^4}$ não continha nenhum erro; assim, o fato de obter uma divergência para comprimentos de onda pequenos (tendendo a zero) devia-se a limitações intrínsecas da própria teoria da física vigente. Em outras palavras, mostrava que havia uma profunda rachadura na (aparentemente!) sólida estrutura da teoria física.

4.5.6 EXPRESSÃO EMPÍRICA DE MAX PLANCK

No mês de outubro de 1900, o físico alemão Max Planck propôs uma expressão obtida de forma puramente empírica (por interpolação de pontos), a partir do ajuste dos pontos experimentais, e baseando-se na forma das expressões obtidas por Wien e por Rayleigh-Jeans. Por meio da Figura 4.9 é possível ver que a expressão $u_w = u_w(\lambda,T)$ se ajusta bem a pequenos comprimentos de onda, enquanto a expressão $u_{R-J} = u_{R-J}(\lambda,T)$ ajusta-se bem a grandes comprimentos de onda. A proposta de Planck foi construir uma expressão matemática para ajustar os pontos experimentais, que coincidem com as expressões obtidas por Wien e Rayleigh-Jeans em seus intervalos de concordância com os dados experimentais. A expressão proposta por Planck é mostrada na expressão

$$u_P(\lambda,T) = \frac{a_1}{\lambda^5} \cdot \frac{1}{e^{a_2/\lambda T} - 1},$$

em que a_1 e a_2 são constantes que dependem das unidades físicas adotadas.

Vemos que, para o limite de $\lambda \to 0$, a expressão empírica $u_P = u_P(\lambda,T)$ tende à expressão $u_w = u_w(\lambda,T)$. E, para o limite de $\lambda \to \infty$, a expressão $u_P = u_P(\lambda,T)$ tende à expressão $u_{R-J} = u_{R-J}(\lambda,T)$.

Apesar de a expressão (empírica e interpolada) obtida por Max Planck estar perfeitamente aderente aos dados experimentais e também às expressões teóricas obtidas por Wien e por Rayleigh-Jeans, respectivamente, para $\lambda \to 0$ e para $\lambda \to \infty$, a expressão obtida por Planck não continha modelo físico algum. Do ponto de vista da física, ela era paupérrima, ou melhor, inexistente. Em dezembro de 1900 – como veremos mais à frente – Planck alterou o rumo da física ao propor uma forma radicalmente diferente de explicar a radiação do corpo negro, iniciando uma verdadeira revolução na física. Dessa vez, a proposta de Planck apresentava riquíssimo e original conteúdo físico!

Para ter uma visão em perspectiva do que foi visto nesta seção, observe o Quadro 4.1:

Quadro 4.1 – Visão em perspectiva do esforço para explicar fisicamente a densidade de energia do corpo negro em função do comprimento de onda e da temperatura da cavidade em equilíbrio termodinâmico com a radiação eletromagnética

A expressão obtida por Wien, baseada em considerações termodinâmicas, ajusta-se bem aos dados experimentais quando $\lambda \to 0$.
A expressão obtida por Rayleigh-Jeans, baseada na teoria eletromagnética e na interação da radiação com os osciladores atômicos da parede da cavidade, ajusta-se muito bem quando $\lambda \to +\infty$.
Paralelamente às proposições teóricas para explicar a densidade de energia do corpo negro, uma rica e confiável quantidade de dados experimentais foi obtida (com muita dificuldade experimental). Os físicos mais importantes foram: Paschen, Lummer-Pringsheim e Rubens-Karlbaun.
A expressão empírica e interpolada obtida por Planck ajusta-se perfeitamente aos dados experimentais, apesar de não conter conteúdo físico, ou seja, não foi obtida a partir de modelo físico.

De todo o exposto – apresentando um panorama histórico –, temos a visão do esforço para tentar explicar fisicamente a densidade de energia do corpo negro em função do comprimento de onda e da temperatura da cavidade em equilíbrio termodinâmico com a radiação eletromagnética.

Com uma perspectiva histórica de conteúdo físico, temos condições de avaliar a inadequação da física clássica para explicar a radiação de corpo negro. Vimos que ocorreram tentativas baseadas na termodinâmica, na mecânica estatística e também na teoria do eletromagnetismo para obter $u = u(\lambda, T)$ do corpo negro – tentativas frustradas e em desacordo com os dados experimentais.

Estamos em condições de avaliar a proposta revolucionária feita por Planck para obter $u = u(\lambda, T)$ em acordo com os dados experimentais.

4.6 RADIAÇÃO ELETROMAGNÉTICA E A CONEXÃO COM A TERMODINÂMICA

Nesse ponto do estudo sobre a radiação do corpo negro foi possível ver que alguns importantes resultados tinham sido obtidos a partir da aplicação da teoria da termodinâmica diretamente à cavidade do corpo negro. Pode parecer estranho ao estudante a aplicação da termodinâmica em um espaço desprovido de matéria, ou seja, a aplicação da termodinâmica em uma região contendo ondas eletromagnéticas.

Quando estudamos termodinâmica – dentro de disciplinas dos cursos de tecnologia (do Volume 2 desta coleção) –, os sistemas físicos eram compostos de matéria: uma porção de água líquida, um recipiente de volume variável contendo gás, uma caldeira com vapor de água e outros. Podíamos ainda considerar um resistor elétrico transformando energia elétrica em energia térmica. Por meio, principalmente, do primeiro princípio da termodinâmica (princípio da conservação de energia) e do segundo princípio da termodinâmica (princípio do aumento da entropia), é possível estudar em profundidade – por meio de variáveis macroscópicas – muitos sistemas físicos.

Sabemos que, nos casos reais, aqueles que de fato ocorrem na natureza, além da termodinâmica, devemos fazer uso concomitantemente da mecânica e do eletromagnetismo. Os fenômenos não ocorrem exclusivamente dentro de uma só área, há sempre a participação de fenômenos mecânicos, eletromagnéticos e térmicos.

Assim, a segunda metade do século XIX e o início do século XX mostraram que teorias físicas podiam ser aplicadas a situações sem a presença de matéria, sendo que o vácuo poderia conter campo gravitacional, eletromagnético e seus respectivos fenômenos ondulatórios. Dessa forma, os físicos arriscaram e obtiveram sucesso em aplicar a termodinâmica e a própria mecânica aos conceitos e teorias construídas a partir de ideias ligadas a campos, fossem escalares, fossem vetoriais.

Assim, foi possível definir, calcular e verificar experimentalmente conceitos como: pressão de radiação, transferência de momentos linear e angular da radiação, temperatura da radiação eletromagnética, momento do campo eletromagnético, gás de fótons, gás de nêutrons, gás de elétrons e outros.

Esses termos e conceitos eram empregados exclusivamente aos corpos materiais na mecânica clássica e na termodinâmica. Uma das características marcantes da história da física é a tentativa de procurar a abrangência e a generalização de suas teorias. A física sempre procurou aplicar as suas teorias em sistemas os quais estavam muito longe daqueles que foram estudados originalmente. A física encontrou muito sucesso nessas tentativas de ampliar a sua aplicação.

Nesse contexto, no final do século XIX e início do século XX, a termodinâmica, a teoria cinética, e, mais, a mecânica estatística, foram exaustivamente aplicadas à radiação eletromagnética, em particular à teoria do corpo negro; e, extrapolando a sua aplicação, indo na direção de explicar o comportamento de outros sistemas físicos, como os elétrons de condução nos metais (conceito de gás de elétrons).

Veremos, a seguir, que a teoria proposta por Planck para explicar o espectro de radiação do corpo negro faz uso da mecânica estatística, desenvolvida nos seus primórdios por Maxwell e, posteriormente, aprofundada por Boltzmann.

Procuramos, até o momento, apresentar um quadro sobre a evolução do conceito de corpo negro, com a proposição de Kirchhoff no ano de 1860, e ainda as propriedades do corpo negro. Desde quando Kirchhoff lançou o desafio de se obter a curva experimental da emissão do corpo negro em função do comprimento de onda da luz emitida e em função da temperatura, vários esforços foram feitos, como vimos. A aplicação da física – com suas teorias vigentes – mostrou-se incapaz de explicar o aspecto de radiação do corpo negro. Esse fato colocou em dúvida limitações das concepções e fundamentos da física. Veremos a seguir uma nova maneira de ver o mundo físico.

4.7 TEORIA DE PLANCK DA RADIAÇÃO DO CORPO NEGRO

Apresentamos a seguir os principais elementos do trabalho inovador e revolucionário de Max Planck para explicar fisicamente o espectro de radiação do corpo negro. A busca de uma teoria da radiação do corpo negro tem mostrado que tanto os trabalhos teóricos como os trabalhos experimentais são participantes ativos do processo; mais, como os físicos da época tinham confiança nos dados experimentais obtidos e como estes julgavam os resultados dos trabalhos teóricos. A pesquisa da radiação de corpo negro é um grande exemplo na física de como o espírito livre e o conhecimento da física vigente são aplicados intensamente e de modo colaborativo no sentido de fazer progredir a ciência. Mostra ainda que, apesar de trabalhos e desenvolvimentos serem, em geral, realizados individualmente – principalmente os trabalhos teóricos –, a construção da física, e também a ciência como um todo, é uma construção coletiva, feita a várias mãos.

Como fizemos anteriormente, apresentando as várias propostas teóricas – com suas expressões matemáticas – para explicar a radiação de corpo negro, passemos a expor o trabalho de Max Planck.

Planck ingressou como estudante na Universidade de Munique em 1875. Ele ainda não havia decidido o que iria estudar. Estava em dúvida entre música, idiomas e física. Decidiu-se pela física. Entre seus professores estavam Kirchhoff e Helmholtz (este último também realizou trabalhos muito importantes na física). Max Planck especializou-se em termodinâmica e mecânica estatística. Planck teve duas participações notáveis no estudo da radiação do corpo negro. A primeira ocorreu em outubro de 1900, quando apresentou uma expressão matemática à Sociedade Alemã de Física que se ajustava perfeitamente aos dados experimentais da radiação por unidade de volume da cavidade de um corpo negro em função do comprimento de onda, a uma dada temperatura.

Como vimos, a expressão é dada por

$$u_P(\lambda,T)=\frac{a_1}{\lambda^5}\cdot\frac{1}{e^{a_2/\lambda T}-1},$$

em que a_1 e a_2 são constantes que dependem das unidades das grandezas físicas adotadas. Vemos que essa expressão coincide com a expressão obtida por Wien quando o comprimento de onda tende a zero (comprimentos de onda muito pequenos – região do ultravioleta). Agora, a expressão de Planck tende à expressão de Rayleigh-Jeans para grandes comprimentos de onda (região do infravermelho e micro-ondas).

A expressão obtida por Planck foi construída por interpolação dos pontos experimentais, sem nenhum conteúdo de física. Assim, do ponto de vista da física, esse trabalho de Planck era paupérrimo. Ironicamente, a expressão matemática obtida por ele foi necessária à sua inspiração revolucionária.

Apresentaremos a seguir os passos propostos por Planck para introduzir a ideia de quanta de energia. Consideremos novamente a expressão matemática proposta por Planck (em outubro de 1900), obtida por meio de interpolação dos pontos experimentais disponíveis.

$$u_P(\lambda,T)=\frac{a_1}{\lambda^5}\cdot\frac{1}{e^{a_2/\lambda T}-1}$$

Da mesma forma como consideraram Rayleigh-Jeans, Planck também admitiu que a radiação eletromagnética na cavidade do corpo negro interagia com os osciladores atômicos (átomos) que compõem a parede da cavidade do corpo negro. Para ele, a teoria eletromagnética de Maxwell era correta e podia ser aplicada aos osciladores atômicos. Planck então encontrou a expressão

$$u(\lambda,T)=\frac{8\pi}{\lambda^4}U(\lambda,T),$$

em que $U=U(\lambda,T)$ é a energia do conjunto dos osciladores formados pelos átomos da parede da cavidade do corpo negro. Planck, fazendo uso da recém-criada mecânica estatística (desenvolvida por Gibbs e Boltzmann no final do século XIX), construiu a relação

$$U(\lambda,T)=\frac{\varepsilon}{e^{\varepsilon/kT}-1},$$

sendo ε os valores possíveis de energia para cada onda eletromagnética componente da radiação na cavidade do corpo negro. Esse valor de $U=U(\lambda,T)$ na expressão $u=u(\lambda,T)$ fica na forma

$$u(\lambda,T)=\frac{8\pi}{\lambda^4}\cdot U(\lambda,T).$$

É mais conveniente escrever essa expressão em termos da frequência, assim

$$u(f,T)=\frac{8\pi}{c^4}\cdot f^4\cdot\frac{\varepsilon}{e^{\varepsilon/kT}-1}.$$

Agora, comparemos esta última expressão com aquela obtida por Planck por meio da interpolação de pontos experimentais

$$u_P(\lambda,T)=\frac{a_1}{\lambda^5}\cdot\frac{1}{e^{a_2/\lambda T}-1}.$$

Sabemos que $\lambda=\dfrac{c}{f}$, assim

$$u_P(f,T)=\frac{a_1}{c^5}\cdot f^5\cdot\frac{1}{e^{a_2 f/cT}-1}.$$

Colocando lado a lado as expressões obtidas por Max Planck, temos

$$u_P(f,T)=\frac{a_1}{c^5}\cdot f^5\cdot\frac{1}{e^{a_2 f/cT}-1},u(f,T)=\frac{8\pi}{c^4}\cdot f^4\cdot\frac{\varepsilon}{e^{\varepsilon/kT}-1}.$$

Planck supôs que, para as duas expressões serem iguais, necessariamente – era a única saída – a energia ε da onda eletromagnética tinha que assumir a expressão

$$\varepsilon = h.f,$$

assim,

$$u_P(f,T) = \frac{8\pi h}{c^4} \cdot f^5 \cdot \frac{1}{e^{hf/kT} - 1}.$$

As constantes a_1 e a_2 ficam

$$a_1 = 8\pi hc \; e \; a_2 = \frac{hc}{k},$$

então,

$$u_P(\lambda,T) = \frac{8\pi hc}{\lambda^5} \cdot \frac{1}{e^{hc/k\lambda T} - 1}.$$

Dessa forma, Planck supôs que as energias possíveis para cada frequência da interação da onda eletromagnética do volume do corpo negro com a sua parede podiam somente assumir os valores

$$\varepsilon = nhf,$$

sendo n um número inteiro; portanto, $\varepsilon_1 = hf$, $\varepsilon_2 = 2hf$, $\varepsilon_3 = 3hf$, e assim por diante. Logo, tanto a emissão como a absorção de ondas eletromagnéticas pelos osciladores da parede da cavidade do corpo negro somente podem se dar com energias múltiplas de hf.

Veja que, pela primeira vez na física, havia uma situação com valores discretos de troca de energia entre partes de um sistema físico. Sabemos que o oscilador, tratado na física clássica, pode assumir qualquer valor de energia, independentemente da frequência. Assim, dizemos que, no corpo negro, a troca de energia está quantizada. A quantização de energia é a principal característica da mecânica quântica, além de outras grandezas também quantizadas, que serão vistas em outros capítulos.

Como o próprio Planck admitiu, o fato de ter quantizado a energia, para poder explicar o espectro de radiação do corpo negro, foi um "ato de desespero". Toda a concepção e a vivência de Planck, físico maduro que era, são de um físico clássico. Ele foi formado com as ideias e os conceitos básicos da física clássica.

Planck considerou por muito tempo que a proposição de $\varepsilon = nhf$ era apenas um "truque" matemático para resolver o problema de encontrar uma expressão $u = u(\lambda, T)$ para o espectro de radiação do corpo negro. Ocorre que os físicos mais jovens, o próprio Einstein, entre outros, absorveram a ideia da quantização da energia. Esse trabalho de Max Planck foi apresentado à Sociedade Alemã de Física em dezembro de 1900 – o século XX estava nascendo! E considera-se a data da apresentação desse trabalho de Planck como a data de nascimento da mecânica quântica. A nova ideia de quantização da radiação eletromagnética foi usada por Einstein na sua explicação do efeito fotoelétrico (assunto tratado no Capítulo 5 deste volume). Einstein não somente usou o conceito de quantização de energia como também generalizou a ideia de quantização de energia da radiação eletromagnética.

Graças ao enorme sucesso na explicação do espectro de radiação do corpo negro e do efeito fotoelétrico, a ideia do novo conceito de quantização de energia foi também aplicada com sucesso nos mais variados tipos de sistemas físicos, explicando os dados experimentais. Durante a primeira década do século XX, muitos físicos resistiram à quantização de energia. Mas já nos anos de 1910 raramente se viam artigos atacando-a.

Logo em 1912, em um encontro de física, o próprio Lorde Rayleigh expressou grande interesse pela física quântica, e James Jeans reconheceu que a física clássica não podia explicar a radiação de corpo negro.

4.8 OS PRIMÓRDIOS DA TEORIA QUÂNTICA E SUA EVOLUÇÃO

Após o trabalho de Max Planck sobre o espectro de radiação do corpo negro, a ideia de quantização de energia estava lançada. Nos primeiros anos do século XX poucos físicos deram atenção à quantização de energia. O próprio Planck considerava que a quantização, que ele mesmo propôs, era mais uma ideia matemática para obter a expressão $u_P = u_P(\lambda, T)$ do que uma ideia com conteúdo físico propriamente. Devemos ter em mente que mudar uma ideia, um conceito que está arraigado em nossas mentes, é muito difícil. Ainda, devemos considerar o fato de que a mudança de uma ideia não se dá de forma repentina, precisa ocorrer o convencimento para ser estabelecida.

Não há como impor por decreto a quantização da energia, nem deve ser assim. Os físicos foram percebendo a necessidade de considerar a quantização de energia para explicar os dados experimentais que estavam sendo obtidos e disponibilizados à sociedade.

Apesar de um início lento, a evolução das ideias de quantização de energia se deu de forma rápida. Até 1915, vários físicos tornaram-se renomados na comunidade científica por sua ousadia e brilhantismo em aplicar as ideias emergentes de Planck, antes restritas ao comportamento da radiação do corpo negro, a outros sistemas e processos físicos; por exemplo, em 1905, Einstein explica o intrigante efeito fotoelétrico; em 1907, mais uma vez Einstein explica o calor específico dos sólidos em baixas temperaturas; Niels Bohr, em 1913, propõe uma teoria sobre a explicação da emissão discreta de luz por átomos excitados (neste caso, a quantização de energia chega à estrutura atômica); Arnold Sommerfeld estende os trabalhos de Bohr em 1916; Compton explica o espelhamento de raio X na matéria, e outros.

Em 1925, os trabalhos de Werner Heisenberg e Erwin Schrödinger criam uma nova mecânica, a mecânica quântica, que se torna o atual paradigma para tratar os sistemas físicos atômicos, moleculares e das partículas elementares. Uma teoria de enorme sucesso e alcance, envolvida diretamente na tecnologia moderna.

A mecânica quântica é uma teoria que gera resultados estranhos à nossa percepção clássica de mundo e natureza, mas, quando se mede, o resultado é aquele previsto por ela!

4.9 PERSPECTIVAS DA TEORIA QUÂNTICA DA RADIAÇÃO TÉRMICA

Chegamos até este ponto expondo a ideia básica – a marca registrada de Planck, a sua impressão digital – da quantização de energia. Apesar da aparente estranheza da ideia e dos conceitos, a aderência dos resultados experimentais aos resultados teóricos obtidos pela teoria quântica aceita é impressionante.

A mecânica quântica, desde sua proposição formal em 1925 por Heisenberg e Schrödinger, tem sido estendida, ampliada e sofisticada formalmente por Paul Dirac em sua mecânica quântica relativística; por Richard Feynman por meio da eletrodinâmica quântica; pela cromodinâmica quântica, que é uma teoria para tratar das partículas do núcleo atômico, e mais. As ideias referentes à física quântica são ainda – e nos últimos anos mais intensamente, com muito entusiasmo e paixão – uma teoria viva e uma franca evolução tanto em suas aplicações à tecnologia como em seus fundamentos físicos e filosóficos. Atualmente o assunto de maior relevância dentro da física teórica é conciliar a teoria da mecânica quântica e a teoria da relatividade geral. Essas duas teorias têm enorme sucesso em seus campos específicos, porém são contraditórias entre si. As duas não poderiam estar corretas, mas o paradoxo é que geram resultados, quando separadas, em concordância com o observado. Espera-se, como já ocorreu em outras situações na física, que essas contradições entre teorias de sucesso, quando consideradas individualmente, levem a grandes sínteses na física. É o que os físicos mais desejam!

Quando se abre uma grande rachadura nos alicerces da física – o que ocorre a cada 100 anos –, uma grande síntese pode estar em andamento.

Quanto à radiação do corpo negro, temos que esta é usada intensamente na tecnologia moderna na medição de temperatura, em fornos a vácuo e em todos os processos de troca de calor nos quais a presença da radiação não pode ser negligenciada.

Ainda, do ponto de vista científico, a radiação térmica tem importância enorme, pois o modelo de corpo negro é usado na determinação da temperatura de corpos celestes, a partir da análise espectral da sua radiação eletromagnética emitida.

Os conceitos fundamentais são extensa e intensamente usados a todo momento. Não devemos abrir mão dos conceitos básicos de cada assunto. Devemos pisar em solo firme.

Mais, podemos ver na teoria do corpo negro – assim como em muitos outros casos – que, apesar de Planck ter desenvolvido uma ideia revolucionária, ele partiu de conceitos de uma física muito bem estabelecida. Não dá para criar algo relevante do nada. Einstein também revolucionou a forma de vermos o mundo, partindo de ideias clássicas e bem estabelecidas. Planck, Einstein e outros físicos que realizaram trabalhos seminais eram profundos conhecedores da física estabelecida. O mesmo ocorre em todas as áreas do conhecimento, da tecnologia e da cultura como um todo. O conhecimento básico com profundidade é fundamental para gerar novos conhecimentos, tecnologia e cultura. Portanto, estude muito!

EXERCÍCIOS RESOLVIDOS

1) Considere três corpos às seguintes temperaturas:

Corpo 1: temperatura de $1.850\ °C$

Corpo 2: temperatura de $5.800\,K$

Corpo 3: temperatura de $36\ °C$

Assumindo que os corpos possam ser considerados corpos negros, determine o comprimento de onda emitido em máxima intensidade em cada caso. Encontre uma possível situação do cotidiano que tem temperaturas próximas às temperaturas dos corpos 1, 2 e 3.

Solução

Para o corpo 1, temos que a máxima potência de emissão se dá no comprimento de onda que é obtido pela lei do deslocamento de Wien,

$$\lambda_{máx}^{(1)} \cdot T_{corpo1} = 2{,}898 \cdot 10^{-3}\ m \cdot K;$$

assim,

$$\lambda_{máx}^{(1)} = \frac{2,898 \cdot 10^{-3}}{1850 + 273} = \frac{2,898 \cdot 10^{-3}}{2123} \Rightarrow$$

$$\lambda_{máx}^{(1)} = 1,36505 \cdot 10^{-6}\, m = 1.365,05\, nm$$

pertence ao espectro da radiação infravermelha.

Veja que transformamos a temperatura de graus Celsius para kelvin. Sempre tome cuidado com relação às unidades das grandezas físicas utilizadas. O comprimento de onda máximo está localizado na região do espectro eletromagnético referente ao infravermelho. Como exemplo, podemos considerar a temperatura típica de uma lâmpada incandescente, de filamento de tungstênio. Esse tipo de lâmpada está praticamente fora do mercado, e o motivo é justamente o fato de a maior parte da potência emitida (potência máxima) por ela apresentar comprimento de onda, ou, de maneira equivalente, frequência, na região do infravermelho. Na região do visível (para a visão humana), a lâmpada incandescente emite menos de 20% de sua potência total. O estudante deve fazer uma pesquisa e encontrar a curva de potência em função do comprimento de onda para uma lâmpada incandescente. Ou seja, a lâmpada incandescente esquenta mais do que ilumina, devido ao fato de a máxima emissão ocorrer na região do infravermelho.

No caso do corpo 2, a máxima potência de emissão ocorre no comprimento de onda calculado pela lei de deslocamento de Wien,

$$\lambda_{máx}^{(2)} \cdot T_{corpo 2} = 2,898 \cdot 10^{-3}\, m \cdot K$$

$$\lambda_{máx}^{(2)} = \frac{2,898 \cdot 10^{-3}}{5.800} \Rightarrow$$

$$\lambda_{máx}^{(2)} = 4,99655 \cdot 10^{-7}\, m = 499,655\, nm\,,$$

que corresponde à cor verde.

Para esse caso, podemos ter como exemplo a temperatura na superfície do Sol, estando a máxima potência emitida na região do espectro visível pelo olho humano.

O estudante pode fazer uma pesquisa e encontrar o espectro de emissão do Sol em comparação ao espectro de emissão de uma lâmpada incandescente. Compare nos dois espectros de radiação (do Sol e da lâmpada incandescente) qual é a parte do espectro de luz visível.

No caso do corpo 3, a máxima potência emitida ocorre no comprimento de onda calculado por meio da lei de deslocamento de Wien,

$$\lambda_{máx}^{(3)} \cdot T_{corpo3} = 2,898 \cdot 10^{-3}\ m.K$$

$$\lambda_{máx}^{(3)} = \frac{2,898 \cdot 10^{-3}}{36+273} = \frac{2,898 \cdot 10^{-3}}{309} \Rightarrow$$

$$\lambda_{máx}^{(3)} = 9,37864 \cdot 10^{-6}\ m = 937,864\ nm.$$

Não se esqueça de que na expressão utilizada a temperatura deve estar em kelvin. Esse comprimento de onda está na região do infravermelho. Para esse caso, podemos considerar o máximo comprimento de onda irradiado pelo corpo de uma pessoa estando com temperatura normal.

Digamos que tivéssemos como problema a seguinte situação: uma lâmpada fluorescente de vapor de mercúrio está ligada. Depois de certo tempo em funcionamento ela atinge a temperatura de regime estacionário, isto é, a sua temperatura não muda mais no tempo. A temperatura no gás é avaliada em aproximadamente $80\ °C$. Desejamos saber qual o espectro de radiação e o comprimento de onda com a maior emissão.

O problema não pode ser resolvido por meio da expressão da lei do deslocamento de Wien. O motivo é que a emissão de radiação eletromagnética pela lâmpada fluorescente não pode ser considerada aquela emitida por um corpo negro, e nem mesmo por um corpo cinza $(\varepsilon < 1)$. Na lâmpada fluorescente, a emissão de luz ocorre devido a transições entre níveis de energia no átomo de mercúrio. Este é outro efeito quântico, com a luz sendo emitida de forma discreta, com comprimentos de onda bem definidos, ao contrário do corpo negro, que tem seu espectro de emissão contínuo.

Esse assunto é estudado pela teoria atômica de Niels Bohr. Bohr foi o primeiro a levar a teoria quântica, no caso, a quantização de energia, ao átomo. Ele conseguiu explicar as linhas de emissão do átomo de hidrogênio.

2) Avalie qual é a potência da radiação eletromagnética emitida por um corpo com temperatura constante e uniforme de $700\ °C$. Considere o corpo cilíndrico, com diâmetro de $50\,cm$ e altura de $800\,mm$. Considerando que a vizinhança ao corpo está a uma temperatura de $30\ °C$, calcule a potência de radiação que o corpo recebe. Suponha o corpo emitindo como corpo cinza e com emissividade $0,75$.

Solução

Considerando o corpo como corpo cinza, temos que a potência irradiada pelo corpo de área A_c é dada pela lei de Stefan-Boltzmann,

$$G_{Total} = \varepsilon \cdot \sigma \cdot A_c \cdot T_c^4$$

$$\text{com } \varepsilon = 0,75,\ \sigma = 5,6728 \cdot 10^{-8} \frac{W}{m^2 \cdot K^4},$$

$$A_c = 2 \cdot \frac{\pi \cdot D^2}{4} + \pi \cdot D \cdot h = 2 \cdot \frac{\pi \cdot 0,5^2}{4} + \pi \cdot 0,5 \cdot 0,8 \Rightarrow$$

$$A_c = 1,65\, m^2.$$

Estamos usando unidades no SI.

$$G_{Total}^{corpo} = 0,75 \cdot 5,6728 \cdot 10^{-8} \cdot 1,65 \cdot 973^4$$

$$G_{Total}^{corpo} = 6,29 \cdot 10^4\, W = 62,9\, kW.$$

Assim, o corpo emite uma potência irradiada em toda a sua área igual a $62,9\, kW$.

Alguma fonte de energia mantém a temperatura do corpo em $700\ °C (973\, K)$, e a potência irradiada se mantém constante. Por outro lado, se o corpo, digamos, foi retirado de um forno à temperatura de $973\, K$ e colocado no ambiente, a irradiação de ondas eletromagnéticas ocorre à custa da energia térmica estocada no corpo. Dessa forma, pelo princípio de conservação de energia (primeira lei da termodinâmica), a temperatura do corpo irá diminuir à medida que ocorre a emissão de radiação. E mais, com a diminuição da temperatura, o comprimento de onda de máxima irradiação se desloca para comprimentos de onda maiores. Ou seja, o corpo emitirá cores mais próximas do vermelho, finalmente atingindo principalmente o espectro do infravermelho. Quando isso ocorrer, não enxergaremos mais a radiação emitida pelo corpo, mas sentiremos o calor emanado dele.

O cálculo da potência irradiada da vizinhança para o corpo pode ser determinado como

$$G_{Total}^{Vizinhança} = \varepsilon \cdot \sigma \cdot A_c \cdot T_v^4 \Rightarrow$$

$$G_{Total}^{Vizinhança} = 0,75 \cdot 5,6728 \cdot 10^{-8} \cdot 1,65 \cdot 303^4 \Rightarrow$$

$$G_{Total}^{Vizinhança} = 591,7\, W.$$

Dessa forma, o corpo recebe aproximadamente somente 1% da potência que emite. À medida que o tempo passa a temperatura do corpo diminui, atingirá a temperatura ambiente, e assim emitirá o que estiver recebendo de potência e radiação eletromagnética.

A sistemática de cálculo deste problema nos mostra como um corpo aquecido, que foi retirado de um forno, perde energia eletromagnética e tem reduzida a sua temperatura. Para um cálculo mais próximo da realidade, temos que o corpo perde sua energia térmica, além da radiação, por meio da condução com o ar e peças que estão em contato com o corpo, e também por meio da convecção. Geralmente, em altas temperaturas não podemos deixar de levar em conta a perda de calor por radiação. À medida que a temperatura do corpo diminui, a condução térmica e a convecção são os mecanismos de troca de calor mais importantes.

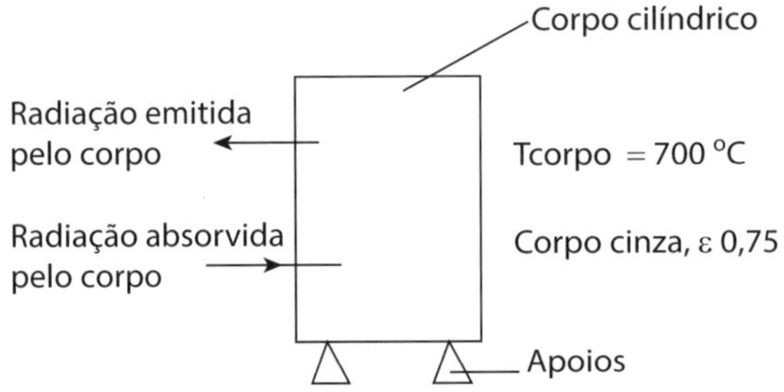

Figura 4.10

O corpo aquecido emitido e absorvendo radiação eletromagnética pode ser esquematizado como mostra o desenho.

3) Considere um caminhão carregado com massa total de 17 toneladas, à velocidade de 80 km/h. Digamos que ele é freado e em 6 segundos é parado. O que estudamos sobre a radiação do corpo negro é importante para estudar o mecanismo do sistema de freio do caminhão? Qual é o contexto?

Solução

Vamos representar a situação no desenho mostrado na Figura 4.11.

Figura 4.11

Caminhão com massa de 17 toneladas a $80\,km/h$. É freado em 6 segundos.

Quando o caminhão está em movimento, ele tem energia cinética.

$$E_c = \frac{1}{2} \cdot m_c \cdot v_c^{\,2} = \frac{1}{2} \cdot 17.000 \cdot 22,2^2 \Rightarrow$$

$$E_c = 4,2\,MJ$$

Em 6 segundos o caminhão é freado e chega à velocidade zero. A energia cinética para onde foi? Durante a ação dos freios, a energia cinética foi transformada em energia térmica, uma vez que a força de atrito é que faz com que os freios freiem. As pastilhas dos freios atritam os respectivos discos. Consideramos que o caminhão tem 6 rodas com freios. Dessa forma, a energia dissipada em cada roda é dada por

$$\frac{E_c}{6} = \frac{4,2 \cdot 10^6}{6} = 7 \cdot 10^5\,J$$

Admita que a massa do disco e da pastilha do freio seja 4 kg e o calor específico do aço carbono, $c = 500\,J \cdot kg^{-1} \cdot K^{-1}$.

A Figura 4.12 mostra as partes essenciais do freio a disco.

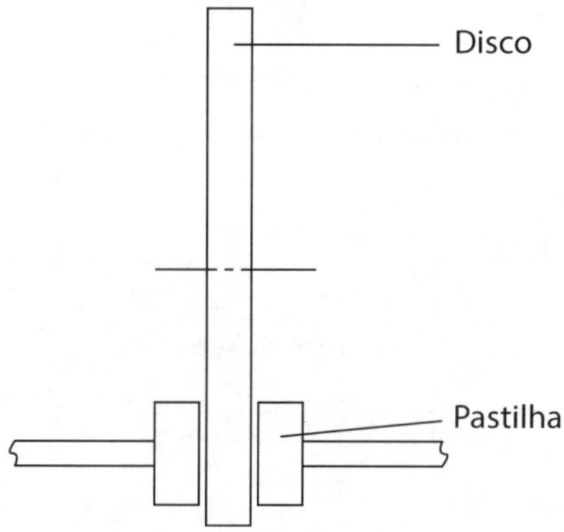

Figura 4.12 – Esquema simplificado de freio a disco.

O cálculo da elevação de temperatura do freio a disco pode ser realizado como

$$\frac{{}'' E_c}{6} = \frac{E_c}{6} - \frac{E_c^{final}}{6} = 1,17 \cdot 10^5\,J = 117\,kJ$$

$E_c^{final} = 0$, pois o caminhão parou.

$$\frac{\Delta E_c}{6} = m_f \cdot c_{aço} \cdot \Delta T_f = m_f \cdot c_{aço} \cdot \left(T_f - T_i\right) =$$

$$117D \cdot 10^3 = 4 \cdot 500 \cdot \left(T_f - 303\right) \Rightarrow$$

$$T_f - 303 = 58,5 \Rightarrow T_f = 361,5\,K.$$

Dessa forma, considerando os valores típicos de um caminhão, temos que a cada freada, se não houver remoção de energia do sistema de freio (disco, pastilha e periféricos), ocorre um aumento de temperatura de $58,5\,K$.

Veja que estamos fazendo suposições quanto ao sistema de freio e às condições do movimento do caminhão. As suposições adotadas são todas razoáveis e dentro da realidade.

Sabemos que à medida que a frenagem ou movimentos em relação ao freio ocorrem, o ar do ambiente e as peças solidárias ao sistema de freio sofrem aumento de temperatura.

Como dissemos que a parada total do caminhão acontece em 6 segundos, neste intervalo de tempo não ocorre a diminuição de temperatura a ponto de retornar à temperatura inicial adotada de $30\ °C\left(303\,K\right)$.

Podemos, de forma esquemática, explicitar como ocorre a transferência de calor do sistema de freio do caminhão para a sua vizinhança.

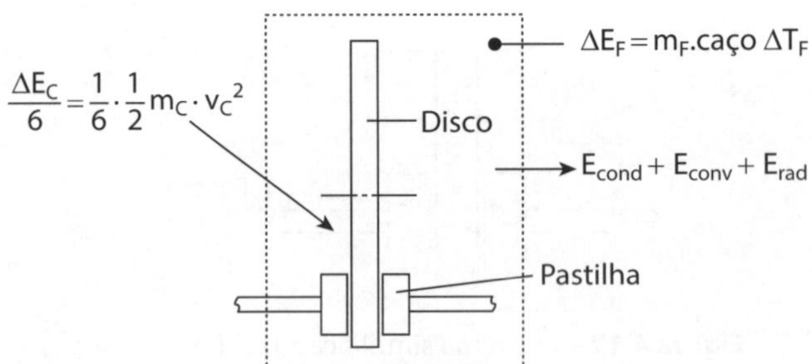

Figura 4.13 – Esquema físico de trocas energéticas do sistema de freio e sua vizinhança.

Matematicamente, podemos escrever, com base no princípio de conservação de energia, a seguinte equação:

$$\frac{\Delta E_c}{6} = \frac{1}{6} \cdot \frac{1}{2} \cdot m_c \cdot v_c^{\,2} = m_f \cdot c_{aço} \cdot \Delta T_f = E_{cond} + E_{conv} + E_{rad},$$

em que E_{cond} é a energia que deixa o freio por meio da transferência de calor por condução; E_{conv}, a energia que deixa o freio por meio da transferência de calor por convecção, e E_{rad}, a energia que deixa o freio por meio da transferência de calor por radiação. Se dividirmos ambos os membros da equação do balanço energético por Δt, teremos a equação das potências trocadas entre as partes do sistema de freios e a sua vizinhança, e ainda considerando que, à medida que ocorre a transformação de energia mecânica cinética do caminhão em energia térmica do freio em 6 segundos, temos que energia nas três formas de transferência de calor deixa o freio. Assim, o equacionamento da variação de temperatura do freio é dado por

$$m_f \cdot c_{aço} \cdot \frac{\Delta T_f}{\Delta t} = \frac{E_c(t)}{\Delta t} - \frac{E_{cond}}{\Delta t} - \frac{E_{conv}}{\Delta t} - \frac{E_{rad}}{\Delta t}.$$

Fazendo o limite para Δt tendendo a zero $(\Delta t \to 0)$, temos

$$m_f \cdot c_{aço} \cdot \frac{\mathrm{d}T_f(t)}{\mathrm{d}t} = \frac{dE_c(t)}{\mathrm{d}t} - P_{cond} - P_{conv} - P_{rad}.$$

Vamos discutir essa equação diferencial.

O termo $m_f \cdot c_{aço} \cdot \frac{\mathrm{d}T_f(t)}{\mathrm{d}t}$ refere-se à variação da energia de origem térmica estocada no sistema de freio em função do tempo. O termo $\frac{dE_c(t)}{dt}$ refere-se à transformação de energia cinética do caminhão em função do tempo – temos que especificar explicitamente em função do tempo como a energia cinética do caminhão é transformada em energia térmica (dissipação de energia mecânica). Podemos assumir que a taxa de energia transferida é constante no decorrer do tempo de frenagem. Os outros termos do segundo membro se devem à transferência de calor em suas três formas. Veja que o termo $\frac{dE_c(t)}{dt}$ (no intervalo de tempo de frenagem do caminhão) tende a fazer aumentar a temperatura do sistema de freio. Os três outros termos são negativos e fazem com que ocorra a diminuição de temperatura do sistema de freio, uma vez que se referem à remoção de potência do sistema de freio.

Podemos dizer que este é um exemplo típico de equacionamento de balanço energético entre partes de um sistema físico e suas vizinhanças.

Geralmente essas equações de balanço energético envolvem derivadas temporais e espaciais; temos, nesses casos, as chamadas equações diferenciais. Nos casos em que uma análise térmica mais detalhada é necessária, além da dependência temporal, teremos também a dependência espacial. Nesse caso, devemos explicitar onde ocorrem exatamente as fontes de calor e as regiões das transferências de calor.

Assim, temos, além da dependência temporal, a dependência espacial, trazendo uma maior complexidade e dificuldade à resolução do problema.

Construir um modelo físico-matemático do sistema de freio do caminhão pode ser uma tarefa bastante complicada, principalmente se quisermos um modelo bastante realista, isto é, que contenha detalhes do processo em estudo. A complexidade da modelagem de um sistema físico é decidida por quem faz a análise do sistema. Há casos em que a complexidade é necessária, tudo depende do julgamento do analista. Em geral, a complexidade do modelo reflete diretamente a dificuldade matemática da resolução do problema.

Apesar de todo o arsenal e ferramental analítico matemático disponível – nas chamadas funções da física-matemática –, são muito raros os problemas que são resolvidos tendo o seu comportamento expresso por funções matemáticas. Na esmagadora maioria dos casos práticos, as soluções matemáticas dos modelos construídos são alcançadas por sofisticados programas computacionais disponíveis no mercado. Há programas computacionais profissionais bastante caros, que constituem ferramentas obrigatórias da moderna tecnologia.

O estudante deve ter claro que, mesmo considerando os programas computacionais disponíveis, o conhecimento dos princípios físicos inerentes às análises físicas é fundamental para a construção do modelo. Isso porque o computador e os programas computacionais não pensam: somos nós que fazemos os modelos, o computador e o seu programa apenas executam nossos comandos. O estudante pode fazer uma pesquisa e ver como os programas computacionais dos métodos numéricos trabalham. Procure programas computacionais baseados no método dos elementos finitos.

Voltemos ao problema do aquecimento e resfriamento do sistema de freio. Podemos sofisticar o modelo, tornando-o mais real, considerando que há ciclos de aquecimento, ou seja, o caminhão freia, depois acelera, atinge uma certa velocidade e freia novamente.

Certamente o aquecimento dos freios será mais presente quando o caminhão circula na cidade, pois há maior quantidade de frenagem – há os faróis, os carros na sua frente, os obstáculos etc. Veja que cabe ao analista impor complexidade e realismo à modelagem dos sistemas físicos. Na opinião deste autor, o analista deverá aumentar a complexidade do modelo paulatinamente, sempre tendo o completo controle da modelagem e verificando como o aumento da complexidade do modelo afeta a solução obtida. Como dissemos, o momento de sofisticar o modelo é sempre uma decisão do analista. Há um limite, porém, pois a modelagem exige horas de trabalho e horas de uso de programas computacionais muito caros.

No caso do estudo do aquecimento do freio, podemos determinar a importância de cada processo de troca de calor e verificar qual é o mais significativo – se é a condução, se é a convecção, ou, ainda, se é a radiação.

4) No processamento de materiais em geral, utiliza-se tratamento térmico. Em muitas situações a remoção dos gases ativos circunstantes é obrigatória, com o propósito de não reagirem com o material sendo processado. Há ainda os casos em que, depois da remoção dos gases ativos, são introduzidos gases de processo para atingir um determinado resultado na superfície do material que está sendo tratado termicamente. Isso ocorre, por exemplo, na fundição a vácuo de certos metais.

Do exposto, vamos considerar um pequeno forno a vácuo, operando a uma pressão de $2 \cdot 10^{-5}\ mbar$. O forno a vácuo deverá atingir uma temperatura de $700\ °C$.

O desenho esquemático do forno é mostrado na Figura 4.14.

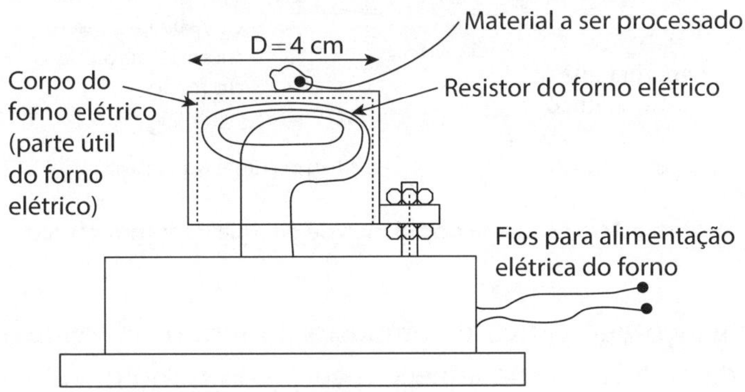

Figura 4.14

O corpo do forno elétrico, sendo a região que será aquecida até atingir $700\ °C$, será construído em aço inoxidável do tipo 304L. A parte superior do corpo do forno será a região onde estará o material a ser processado termicamente. A massa de material a ser processado é da ordem de 1 grama.

Pede-se que se faça uma modelagem do forno a vácuo considerando que ele será alimentado eletricamente, isto é, que a fonte de calor é um resistor elétrico.

O ponto de partida é especificar o limite físico, ou contorno do sistema, que analisaremos. Podemos considerar o contorno da Figura 4.15.

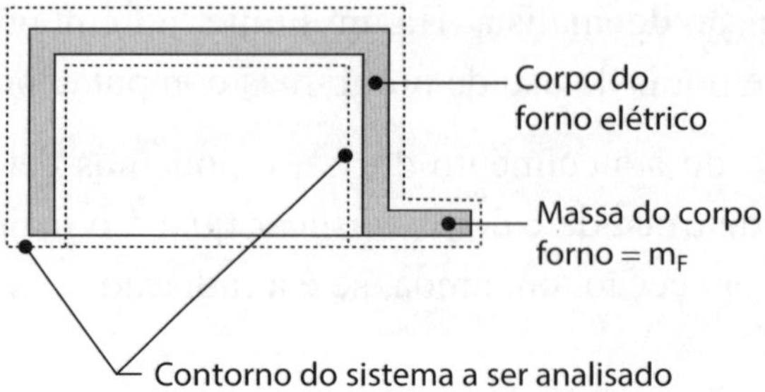

Figura 4.15 – Sistema físico analisado.

Consideramos o modelo físico-matemático do forno – tendo apenas o corpo mecânico que será aquecido como sendo a parte que interessa – o contorno do corpo do forno.

Esquematicamente temos o balanço energético mostrado na Figura 4.16.

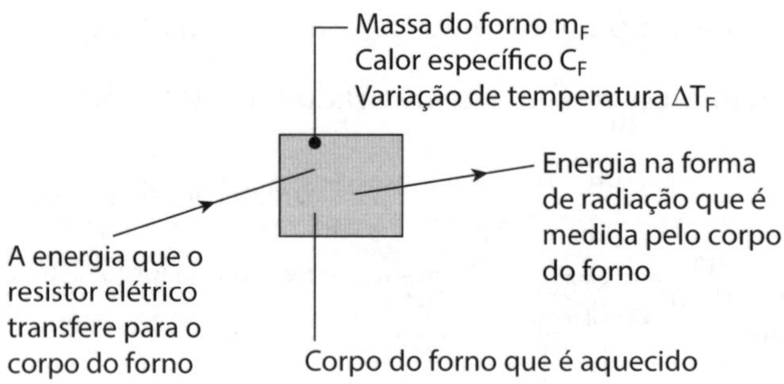

Figura 4.16 – Esquema do balanço de energia do forno elétrico.

Veja que o balanço energético é composto do termo referente à energia elétrica que é dissipada pelo resistor e aquece o corpo do forno devido à radiação eletromagnética que é emitida pelo resistor aquecido. Considerando que toda a energia elétrica que alimenta o resistor seja transferida para o corpo do forno, temos que a energia elétrica é dada por $E_{elé} = V \cdot i \cdot \Delta t$, em que Δt é o intervalo de tempo que está ligado o forno elétrico. A energia térmica que é armazenada no corpo do forno é dada por $m_F \cdot c_F \cdot \Delta T_F = m_F \cdot c_F \cdot \left(T_F - T_F^i\right)$, sendo T_F a temperatura que atinge o corpo do forno e T_F^i a sua temperatura inicial. Ainda, E_{Rad} é a energia irradiada do corpo do forno, que é dada por

$$E_{Rad} = \varepsilon \cdot \sigma \cdot A_F \cdot \left(T_F{}^4 - T_{viz.}{}^4\right) \cdot \Delta t\,.$$

Veja que $\varepsilon \cdot \sigma \cdot A_F \cdot \left(T_F^{\ 4} - T_{viz.}^{\ \ 4}\right)$ é a potência irradiada. Estamos admitindo explicitamente que o corpo do forno é um corpo cinza, com emissividade ε. O valor de ε pode ser obtido de uma tabela, considerando o material com o qual é feito o corpo do forno e, ainda, considerando o estado da superfície do corpo do forno.

Dado o princípio de conservação de energia, podemos escrever:

$$m_F \cdot c_F \cdot \Delta T_F = V \cdot i \cdot \Delta t - \varepsilon \cdot \sigma \cdot A_F \cdot \left(T_F^{\ 4} - T_{viz.}^{\ \ 4}\right) \cdot \Delta t.$$

Essa equação expressa a conservação de energia em nosso sistema físico. Em outras palavras, o aumento de energia térmica do corpo do forno, $m_F \cdot c_F \cdot \Delta T_F$, é igual à energia elétrica fornecida ao forno, $V \cdot i \cdot \Delta t$, menos a energia irradiada do corpo do forno, $\varepsilon \cdot \sigma \cdot A_F \cdot \left(T_F^{\ 4} - T_{viz.}^{\ \ 4}\right) \cdot \Delta t$. Veja que essa expressão expõe claramente qual modelo adotamos para o corpo do forno. Poderíamos ter sofisticado o modelo; por exemplo, poderíamos ter considerado a quantidade de energia na forma de calor que deixa o corpo do forno, por meio da transferência de calor por condução, fluindo no parafuso de fixação. Veja que estamos considerando que toda a energia elétrica é transferida ao corpo do forno. Temos que o resistor aquece e este irradia para o corpo do forno pelas superfícies internas deste. Trata-se de uma aproximação, pois vemos que a parte inferior do corpo do forno foi considerada aberta; assim, parte – parte significativa! – da energia irradiada do filamento não incide no corpo do forno. Podemos melhorar o modelo fazendo uma avaliação de quanto da energia dissipada pelo resistor não é convertida em energia térmica do corpo do forno. Mais, a partir da modelagem construída, e verificando que parte significativa – a partir de uma observação da geometria de posição do resistor em relação ao corpo do forno – da energia irradiada do filamento não incide no corpo do forno, podemos fechar a parte inferior dele, conforme Figura 4.17.

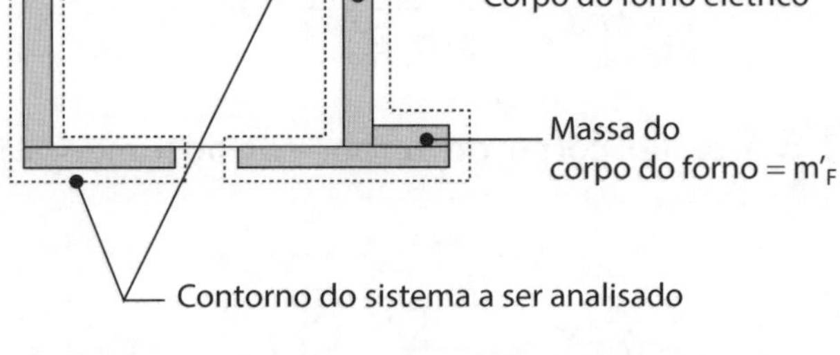

Figura 4.17 – Sistema físico analisado com alteração.

Na Figura 4.17, vemos que a tampa é parcial – não é possível fechar completamente a parte inferior do corpo do forno, pois as extremidades do resistor precisam passar. Temos que uma boa parte da energia irradiada para baixo e que não aquecia o corpo do forno agora é absorvida por ele. Assim, a expressão matemática construída ficará mais próxima da realidade.

Voltemos à expressão matemática

$$m_F^{'} \cdot c_F \cdot \Delta T_F = V \cdot i \cdot \Delta t - \varepsilon \cdot \sigma \cdot A_F^{'} \cdot \left(T_F^{\,4} - T_{viz.}^{\,4}\right) \cdot \Delta t\,.$$

Dividindo ambos os membros da equação por Δt e, ainda, fazendo $\Delta t \to 0$, teremos

$$m_F^{'} \cdot c_F \cdot \frac{dT_F(t)}{dt} = V \cdot i - \varepsilon \cdot \sigma \cdot A_F^{'} \cdot \left(T_F^{\,4}(t) - T_{viz.}^{\,4}\right),$$

que é uma equação diferencial ordinária de primeira ordem não linear, com coeficientes constantes.

Assim, impondo um determinado perfil de potência elétrica alimentando o resistor do corpo do forno, podemos determinar como a temperatura do forno varia no tempo.

Vemos, por exemplo, se impusermos potência elétrica constante, $V \cdot i = constante$, fazendo uma análise qualitativa, que a temperatura do corpo do forno aumentará, até atingir um valor em que toda a potência elétrica será convertida em potência irradiada (ondas eletromagnéticas) pelo corpo do forno.

Quando $T_F(t = t') = T_F^{final}\,(constante)$, temos que $\frac{dT_F(t)}{dt}|t \geq t' \cong 0$.

Podemos determinar a temperatura de equilíbrio T_F^{final}, pois

$$\left.\frac{dT_F(t)}{dt}\right|_{t \geq t'} \cong 0 = V \cdot i - \varepsilon \cdot \sigma \cdot A_F^{'} \cdot \left(T_F^{final4} - T_{viz.}^{\,4}\right)$$

$$T_F^{final4} = \frac{V \cdot i}{\varepsilon \cdot \sigma \cdot A_F^{'}} + T_{viz}^{\,4},$$

sendo que $A_F^{'}$ é a área do corpo do forno, considerando a tampa de sua parte inferior.

$$T_F^{final} = \sqrt[4]{\frac{V \cdot i}{\varepsilon \cdot \sigma \cdot A_F^{'}} + T_{viz}^{\,4}}$$

Vemos no gráfico da Figura 4.18 como deve variar a temperatura do corpo do forno em função do tempo.

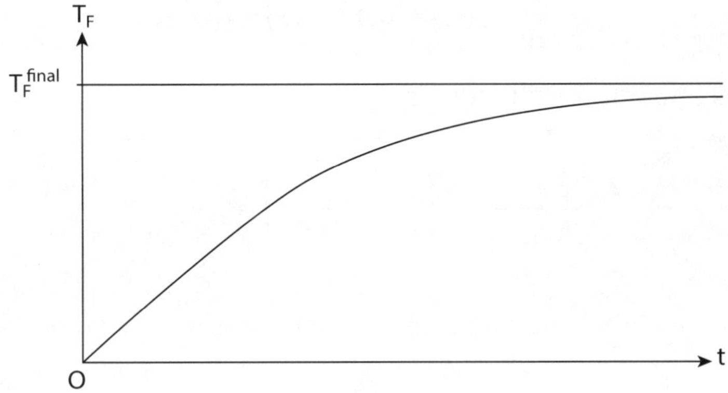

Figura 4.18 – Gráfico da temperatura do corpo do forno em função do tempo.

Esperamos que o crescimento e a estabilização da temperatura tenham o formato mostrado na Figura 4.18. Para obter a curva que representa a função temperatura do corpo do forno em função do tempo, temos que resolver a equação diferencial que expressa a modelagem construída,

$$m_F' \cdot c_F \cdot \frac{dT_F(t)}{dt} = V \cdot i - \varepsilon \cdot \sigma \cdot A_F' \cdot \left[T_F^{\,4}(t) - T_{viz.}^{\,4}\right].$$

Vamos definir as grandezas

$$A = m_F' \cdot c_F$$

$$B = V \cdot i$$

$$C = \varepsilon \cdot \sigma \cdot A_F',$$

assim,

$$A \cdot \frac{dT_F(t)}{dt} = B - C \cdot \left(T_F^{\,4}(t) - T_{viz.}^{\,4}\right) \Rightarrow$$

$$\frac{dT_F(t)}{dt} = \frac{B}{A} - \frac{C}{A} \cdot \left(T_F^{\,4}(t) - T_{viz.}^{\,4}\right).$$

Fazendo $\alpha = \frac{B}{A}$ e $\beta = \frac{C}{A}$, ficamos com

$$\frac{dT_F(t)}{dt} = \alpha - \beta \cdot \left(T_F^{\,4}(t) - T_{viz.}^{\,4} \right),$$

que podemos integrar, resultando em

$$\int_{T_F^i}^{T_F} \frac{dT_F'}{\alpha - \beta\left(T_F'^{\,4} - T_{viz.}^{\,4} \right)} = \int_{t=0}^{t} dt' = t\,.$$

Consultando uma tabela de integrais, encontramos a solução da integral

$$\frac{m_F' \cdot c_F}{4 \cdot \varepsilon \cdot \sigma \cdot A_F' \cdot T_{viz.}^{\,3}} \left\{ \ln\left| \frac{T_{viz.} - T_F}{T_{viz.} + T_F} \right| - \ln\left| \frac{T_{viz.} - T_F^i}{T_{viz.} + T_F^i} \right| + 2 \cdot \left[arctg\left(\frac{T_F}{T_{viz.}} \right) - arctg\left(\frac{T_F^i}{T_{viz.}} \right) \right] \right\} = t$$

Veja que temos uma solução colocada de forma implícita, ou seja, não é possível estabelecer uma relação em que $T_F = T_F(t)$. Temos que, para encontrar a temperatura do corpo do forno, devemos especificar um valor de tempo e encontrar a temperatura T_F que satisfaz a igualdade. Podemos, ainda, fazer uma tabela considerando valores de T_F e calculando os respectivos valores de tempo t, depois construímos o gráfico $T_F = T_F(t)$.

Por meio deste exemplo vemos que, mesmo considerando um modelo bastante simples para o forno a vácuo, a solução obtida é expressa por uma função matemática não tão simples. Este é o caso para os problemas práticos, inclusive para a esmagadora maioria dos sistemas tecnológicos: os problemas não apresentam solução analítica, precisando da intervenção de métodos numéricos.

Olhando em perspectiva, o problema tratado foi resolvido considerando um modelo simples, mas que apresenta as suas partes essenciais. Na prática, podemos ter o caso em que um certo perfil temporal de temperatura deverá ser alcançado. Dessa forma, deveremos encontrar qual função potência elétrica fornecida ao corpo do forno produz a temperatura em função do tempo. Dependendo da aplicação o forno poderá ter um controlador de temperatura, isto é, no corpo do forno temos um medidor de temperatura conectado a um sistema de alimentação elétrica do resistor do forno. Havendo um aumento de temperatura em relação a um valor previamente estipulado, a potência elétrica diminuirá, de forma a manter a temperatura constante no valor estipulado. Esse tipo de problema está presente em todas as áreas da tecnologia.

5) Considere o problema do forno elétrico a vácuo, com a modelagem resultando na equação diferencial ordinária não linear

$$m_F \cdot c_F \cdot \frac{dT_F(t)}{dt} = V \cdot i - \varepsilon \cdot \sigma \cdot A_F \cdot \left(T_F^{\,4}(t) - T_{viz.}^{\,4}\right).$$

Construa a solução numérica dessa equação diferencial pelo método de Euler.

Solução

Como enfatizamos ao longo deste capítulo, os métodos numéricos são imprescindíveis tanto para a tecnologia como para a ciência.

Para ter uma pequena inserção neste assunto, vamos buscar a solução do problema matemático que teve origem na modelagem construída para o forno elétrico a vácuo. Reescrevendo a equação diferencial na forma

$$\frac{dT_F(t)}{dt} = \alpha - \beta \cdot \left(T_F^{\,4}(t) - T_{viz.}^{\,4}\right) =$$

$$= \alpha - \beta \cdot T_F^{\,4}(t) + \beta \cdot T_{viz.}^{\,4}$$

$$= \left(\alpha + \beta \cdot T_{viz.}^{\,4}\right) - \beta \cdot T_F^{\,4}(t) \Rightarrow$$

$$\frac{dT_F(t)}{dt} = \gamma - \beta \cdot T_F^{\,4}(t),$$

com $\alpha = \dfrac{V \cdot i}{m_F \cdot c_F}$,

$$\beta = \frac{\varepsilon \cdot \sigma \cdot A_F}{m_F \cdot c_F}$$

$$\gamma = \frac{V \cdot i}{m_F \cdot c_F} - \frac{\varepsilon \cdot \sigma \cdot A_F}{m_F \cdot c_F} + \frac{\varepsilon \cdot \sigma \cdot A_F}{m_F \cdot c_F} \cdot T_{viz.}^{\,4},$$

sendo α, β e γ constantes na modelagem.

A ideia é simples: para resolver a equação diferencial pelo método de Euler, vamos considerar a definição da função derivada,

$$\frac{dT_F(t)}{dt} = \lim_{\Delta t \to 0} \frac{\Delta T_F(t)}{\Delta t} = \lim_{\Delta t \to 0} \frac{T_F(t + \Delta t) - T_F(t)}{\Delta t}.$$

Para Δt muito pequeno, podemos aproximar o valor da derivada pelo valor

$$\frac{dT_F(t)}{dt} \cong \frac{\Delta T_F}{\Delta t} = \frac{T_F(t+\Delta t)-T_F(t)}{\Delta t}.$$

Cabe perguntar: o que é Δt muito pequeno? Depende de cada problema. No caso da modelagem realizada no problema 4, como a variação de temperatura do corpo do forno varia suavemente, no caso cresce suavemente com o tempo, podemos adotar $\Delta t \cong 1s$. Estamos supondo que a temperatura a ser atingida pelo corpo do forno demore uns poucos minutos (2 ou 3 minutos). A verificação de que de fato $\Delta t \cong 1seg$ é um bom valor dependerá dos resultados. Poderemos fazer o cálculo numérico admitindo outros valores de Δt. Com a experiência, aprendemos a considerar um bom valor de Δt. Assim, temos que

$$\frac{dT_F(t)}{dt} = -\beta \cdot T_F{}^4(t)+\gamma \Rightarrow \frac{\Delta T_F(t)}{\Delta t} \cong -\beta \cdot T_F{}^4(t)+\gamma \Rightarrow$$

$$\frac{T_F(t+\Delta t)-T_F(t)}{\Delta t} \cong -\beta \cdot T_F{}^4(t)-\gamma \Rightarrow$$

$$\frac{T_F(t_1)-T_F(t_0)}{t_1-t_0} \cong -\beta \cdot T_F{}^4(t_0)-\gamma \Rightarrow$$

$$T_F(t_1)-T_F(t_0) \cong \left[-\beta \cdot T_F{}^4(t_0)-\gamma\right]\cdot(t_1-t_0)$$

$$T_F(t_1) \cong \left[-\beta \cdot T_F{}^4(t_0)-\gamma\right]\cdot(t_1-t_0)+T_F(t_0).$$

Com essa equação algébrica podemos, a partir do valor de temperatura, ou seja, a condição inicial do problema – o valor da temperatura do corpo do forno para o instante inicial (t_0) –, encontrar o valor de temperatura do corpo do forno para o instante de tempo t_1. Vamos considerar $t_0 = 0$. Isso não traz nenhuma restrição, é apenas o instante do qual estamos tratando o problema. Assim,

$$T_F(t_1) \cong \left[-\beta \cdot T_F{}^4(0)-\gamma\right]\cdot t_1+T_F(0).$$

Fazendo $T_F(0)=T_0$, que pode ser inclusive a temperatura na vizinhança do forno, ficamos com

$$T_F(1) \cong \left[-\beta \cdot T_0^4-\gamma\right]\cdot 1+T_0.$$

Veja que $\Delta t = t_1 - t_0 = 1s$, como $t_0 = 0 \Rightarrow t_1 = 1s$.

Agora, depois de encontrar o valor da temperatura no corpo do forno para o instante de tempo $t_1 = 1s$, podemos repetir o processo de cálculo e encontrar para $t_2 = 2s$. E assim para os instantes t_3, t_4, e os sucessivos. Dessa forma, construímos uma tabela, determinando os respectivos valores de temperatura do corpo do forno em função dos instantes de tempo $0s$, $1s$, $2s$, ... e assim por diante.

O método numérico exposto é o mais simples que existe para resolver equações diferenciais ordinárias de primeira ordem. Há métodos numéricos muito mais poderosos que este para resolver equações diferenciais, ainda que a base desses métodos seja a mesma que no método de Euler.

Além das equações diferenciais envolvendo somente o tempo, há ainda aquelas que envolvem as dimensões espaciais, aumentando as dificuldades para alcançar a solução numérica do problema. Para mais detalhes, o estudante deve consultar livros sobre cálculo numérico. Há muitos livros bons.

EXERCÍCIOS COM RESPOSTAS

1) Faça um texto de meia página apresentando as principais grandezas associadas às ondas.

2) Apresente e explique, também com desenhos, o que são os seguintes fenômenos associados ao movimento ondulatório:

a) Efeito Doppler.

b) Interferência.

c) Interferência construtiva.

d) Interferência destrutiva.

e) Difração.

3) Escreva e explique a função matemática que representa uma onda se propagando em uma corda esticada. Faça desenhos.

4) Liste todas as expressões propostas para explicar o espectro de radiação do corpo negro. Explique como foram obtidas e cite suas limitações.

5) Defina o que é espectro de radiação. O que são radiações absorvida, refletida e emitida? Defina um corpo negro.

6) Elenque as aplicações na tecnologia do conceito de corpo negro.

7) Calcule a potência emitida por corpos, considerando as seguintes temperaturas, emissividades e áreas de suas superfícies:

a) $T = 50\ °C;\ \varepsilon = 0,6;\ A_s = 270\ cm^2$

b) $T = 55 K;\ \varepsilon = 0,8;\ A_s = 0,4\ m^2$

c) $T = 1.200\ °C;\ \varepsilon = 1;\ A_s = 3 \cdot 10^3\ cm^2$

d) O Sol.

8) Utilizando a expressão aceita atualmente para a emissão de radiação do corpo negro, determine o comprimento de onda de máxima emissão para a temperatura de $1.500 K$. Qual a outra expressão que pode ser utilizada?

9) Faça um modelo físico simples de um forno elétrico que está em uma câmara de alto vácuo, a uma pressão de $2 \cdot 10^{-5}\ mbar$. Identifique quais são os mecanismos de troca de calor. Faça uma pesquisa sobre os segmentos da tecnologia que fazem uso de fornos a vácuo. Quais são as vantagens dos fornos a vácuo?

10) Descreva o funcionamento dos medidores de temperatura sem contato mecânico direto entre as partes (peça a ser medida, a temperatura e o instrumento de medição de temperatura). Faça-o em detalhe. Pesquise. Quais são as vantagens desses medidores em relação aos de contato?

REFERÊNCIAS

BAKER, J. 50 *Ideias de física quântica que você precisa conhecer*. São Paulo: Planeta do Brasil, 2015.

BERGMAN, T.; LAVINE, A. S.; INCROPERA, F. P.; DEWITT, D. P. *Fundamentos de transferência de calor e de massa*. 7. ed. Rio de Janeiro: LTC, 2014.

BIRD, R. B.; STEWART, W. E.; LIGHTFOOT, E. N. *Fenômenos de transporte*. 2. ed. Rio de Janeiro: LTC, 2004.

CARUSO, F.; OGURI, V. *Física moderna* – origens clássicas e fundamentos quânticos. 2. ed. Rio de Janeiro: LTC, 2016.

CRUZ-GARRITZ, D.; CHAMIZO, J. A.; GARRITZ, A. *Estructura atómica* – um enfoque químico. México: Addison-Wesley Ibero Americana, 1991.

EISBERG, R.; RESNICK, R. *Física quântica* – átomos, moléculas, sólidos, núcleos e partículas. Rio de Janeiro: Campus, 1979.

OSADA, J. *Evolução das ideias da física*. São Paulo: Blucher/Edusp, 1972.

PLANCK, M. K. E. L. *Autobiografia científica e outros ensaios*. Rio de Janeiro: Contraponto, 2012.

PLANCK, M. K. E. L. *Treatise of thermodynamics*. Mineola: Dover, 1969. (Publicado originalmente em 1917)

PLANCK, M. K. E. L. *A survey of physical theory*. Mineola: Dover, 1993. (Publicado originalmente em 1925)

PLANCK, M. K. E. L. *The theory of heat radiation*. Mineola: Dover, 1991. (Publicado originalmente em 1959)

PLANCK, M. K. E. L. *Eight lectures on theoretical physics*. Mineola: Dover, 1998. (Publicado originalmente em 1909)

POLKINGHORNE, J. *Teoria quântica* – uma breve introdução. Porto Alegre: L&PM Pocket, 2002.

ROVELLI, C. *Sete breves lições de física*. Rio de Janeiro: Objetiva, 2015.

ROVELLI, C. *A realidade não é o que parece* – estrutura elementar das coisas. Rio de Janeiro: Objetiva, 2017.

SAKURAI, J. J.; NAPOLITANO, J. *Mecânica quântica moderna*. 2. ed. Porto Alegre: Bookman, 2013.

SEGRÈ, E. *From falling bodies to radio waves* – classical physicists and their discoveries. Mineola: Dover, 2007.

SEGRÈ, E. *From x-rays to quarks* – modern physicists and their discoveries. Mineola: Dover, 2007.

TELLES, D. D.; MONGELLI NETTO, J. *Física com aplicação tecnológica*. São Paulo: Blucher, 2007. Volume 2.

5 OS FÓTONS E A NATUREZA DUAL DAS RADIAÇÕES ELETROMAGNÉTICAS

Regina Maria Ricotta

Ao final do século XVII, duas teorias disputavam o comportamento da luz: a teoria corpuscular de Newton (1643-1727) e a teoria ondulatória de Huygens (1629-1695). Pela teoria corpuscular, a luz incidente nos nossos olhos seria de um feixe de partículas que, após a incidência, formariam as imagens. A teoria ondulatória de Huygens parte do princípio de que a luz é uma onda, devendo, portanto, sofrer difração e interferência. Em 1803, Thomas Young (1773-1829) realizou o experimento da fenda dupla, explicando assim o comportamento ondulatório da luz (experiência já estudada anteriormente em óptica física): ao fazer a luz do Sol incidir num anteparo contendo duas pequenas fendas, ambas muito próximas uma da outra, distância micrométrica, foi possível observar num anteparo de projeção franjas claras e escuras, efeito da difração e interferência sofrida pelos feixes que passaram pelas fendas. Por outro lado, a teoria corpuscular não tinha como explicar o fato de a luz sofrer interferência, ou seja, como dois corpúsculos poderiam desaparecer por interferência destrutiva. Como esses fenômenos são essencialmente ondulatórios, ficou então mostrado experimentalmente o caráter ondulatório da luz. Mais ainda, foi possível calcular pela primeira vez o comprimento de onda médio da luz do Sol, da ordem de 570 nm, nada distante do comprimento de onda médio da luz visível, 550 nm. Restava, portanto, uma explicação teórica desse comportamento ondulatório, já que a teoria ondulatória de Huygens era essencialmente fenomenológica.

Em 1860 James Clerk Maxwell (1831-1879) completou a teoria clássica do eletromagnetismo, a descrição das interações elétricas e magnéticas numa única teoria. A teoria previu a existência de ondas eletromagnéticas, campos elétricos e magnéticos que se propagam como uma onda livre com a velocidade da luz no vácuo. A partir daí, foi possível descrever os fenômenos de óptica por meio da teoria do eletromagnetismo de Maxwell. Em 1887, Albert Mickelson (1852-1931) e Edward Morley (1838-1923), utilizando um interferômetro, mostraram a não existência do éter, concluindo que a luz poderia se propagar no vácuo. Mas era necessária ainda uma comprovação experimental da teoria por meio da geração e detecção de uma onda eletromagnética em laboratório.

Experiências de geração e detecção de ondas eletromagnéticas de rádio em laboratório (comprimento de onda da ordem de 1 metro) foram realizadas em 1887 por Heinrich Hertz (1857-1894) por meio de um aparelho elétrico. Curiosamente, na preparação de experiências para detectar as ondas eletromagnéticas, ele observou que, ao iluminar um bloco de zinco com luz ultravioleta, este ficava eletrizado, soltava faíscas mais rapidamente pela incidência de luz.

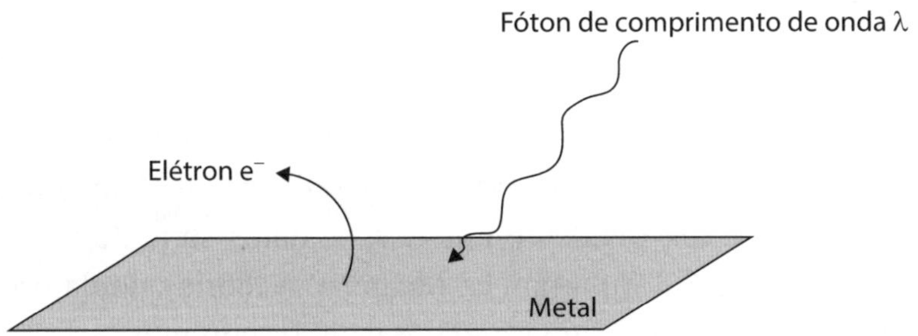

Figura 5.1 – Esboço do efeito fotoelétrico: luz incidente sobre metal provocando uma faísca.

Pela teoria clássica do eletromagnetismo, os elétrons que recebem energia de luz incidente podem se libertar dos átomos e se tornar elétrons de condução. No entanto, cálculos preliminares deram conta de que o tempo necessário para se observar a emissão seria da ordem de alguns minutos, enquanto a observação era imediata. Após várias experiências com vários tipos de metais, lâmpadas de diversas intensidades e cores, ficou comprovado experimentalmente que a existência de corrente numa célula fotoelétrica dependia da frequência da luz incidente, e o fenômeno, conhecido como efeito fotoelétrico (EFE), só obteve uma explicação teórica em 1905, por meio da teoria da luz de Albert Einstein (1879-1955), que introduziu o conceito de partículas de luz chamadas fótons.

5.1 MOTIVAÇÃO

O EFE faz parte de nosso dia a dia. Lâmpadas de rua se acendem "sozinhas", portas são abertas sem a necessidade de serem empurradas; torneiras se abrem e se fecham sem que coloquemos nossas mãos sobre elas: esses são alguns exemplos do efeito fotoelétrico, o qual passaremos agora a estudar. Basicamente, quando radiação eletromagnética incide numa superfície metálica, elétrons podem ser ejetados, ou seja, saem faíscas.

5.2 EFEITO FOTOELÉTRICO (EFE)

Investigações detalhadas sobre o EFE foram feitas pela primeira vez em 1902 por Philipp Lenard (1862-1947). Considere o seguinte aparato experimental (Figura 5.2):

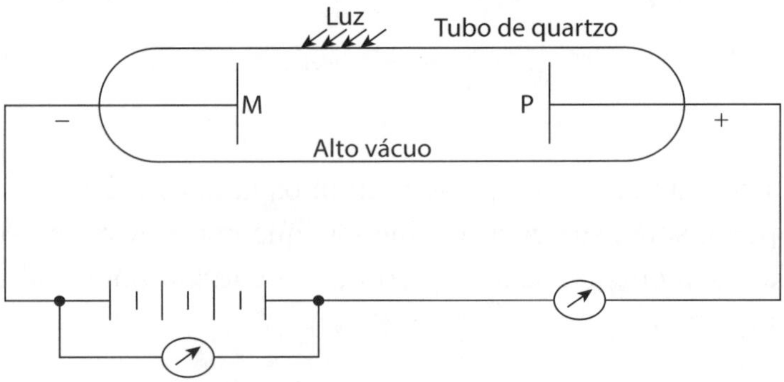

Figura 5.2 – Aparato experimental: tubo de quartzo em alto vácuo com a placa metálica M sendo iluminada; circuito integrado ligado a um voltímetro e um amperímetro.

Nele, placas metálicas são ligadas a um circuito por meio de um tubo de quartzo a vácuo. Somente uma delas (a placa M) é exposta à luz de frequência f; a outra é protegida da luz (placa P coletora). O quartzo foi usado por transmitir tanto a radiação visível como a ultravioleta. Uma diferença de potencial V (ddp) variável é aplicada nos terminais das placas M e P. A luz incidente na placa M ocasiona um fluxo de corrente elétrica; os elétrons que saem da placa M são atraídos para a placa P, que é mantida positiva. Por meio de um amperímetro, pode-se medir a corrente elétrica no circuito.

A Figura 5.3 mostra um esquema da curva corrente i *versus* ddp V: aumentando-se a ddp, a corrente i também aumenta, mas não indefinidamente, já que há um número limitado de elétrons libertados do material pela radiação incidente. A corrente atinge um valor limite – é a chamada corrente de saturação. A corrente continua a fluir na mesma direção mesmo quando a ddp é nula, e diminui quando há inversão da polaridade da bateria para valores crescentes negativos da ddp. A corrente cessa para um valor negativo bem definido – V_0, conhecido como *potencial de corte* ou *potencial de freamento*, que corresponde, exceto pela carga elétrica ***e***, à energia cinética máxima atingida pelos elétrons ejetados da placa M. A energia cinética máxima que os elétrons ejetados podem atingir é determinada pela medida da ddp necessária para freá-los, o que corresponde à energia potencial elétrica máxima dos elétrons ejetados.

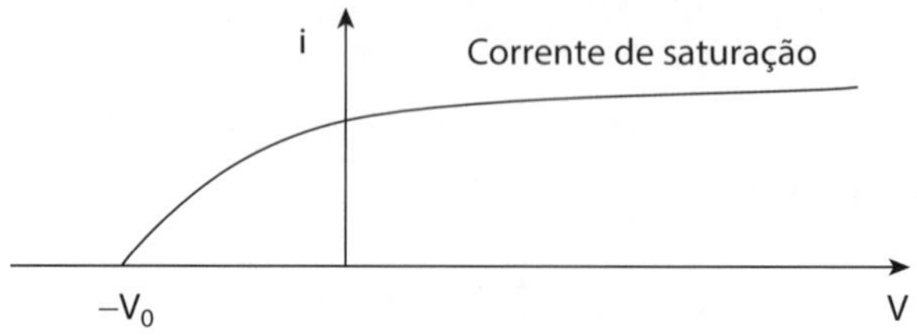

Figura 5.3 – Gráfico corrente i *versus* ddp V.

$$E_{Cmáx} = ½ \, m \, v_{máx}^2 = \boldsymbol{e} \, V_0 \tag{5.1}$$

Em analogia com a mecânica, quando atiramos uma pedra de massa m para cima, à medida que a pedra sobe, sua energia cinética, que era máxima ao ser atirada, diminui, até que toda a sua energia seja convertida em energia potencial gravitacional ao atingir a altura máxima H.

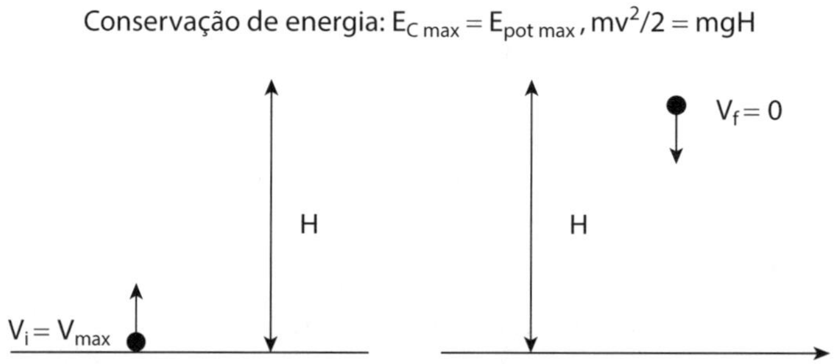

Figura 5.4 – Uma pedra atirada para cima atinge a altura H e desce dessa altura em queda livre.

Por conservação de energia mecânica, $E^i_{MEC} = E^f_{MEC}$, ou seja, a energia cinética inicial E^i_C é máxima, correspondente à velocidade máxima $v_{máx}$, quando a energia potencial inicial é nula (no chão), e a energia potencial final é máxima quando a pedra atinge a altura H, com velocidade zero. Essa energia potencial máxima é a energia necessária para frear a pedra, ou seja, é a energia potencial de freamento,

$$E_{Cmáx} = ½ \, m \, . \, v_{max}^2 = m \, . \, g \, . \, H, \tag{5.2}$$

em que g é a aceleração da gravidade.

Observa-se que a inclinação da curva ixV do lado esquerdo da Figura 5.3 indica que cada vez um número menor de elétrons, que saiu do metal, é dotado de energia cinética máxima.

A Figura 5.3 pode ser reproduzida para diferentes tipos de radiação incidente, ou seja, variando-se a intensidade da radiação, por aproximação ou afastamento da fonte à placa M, ou mesmo variando-se a frequência da luz (cores diferentes) para um mesmo metal. As Figuras 5.5 e 5.6 mostram esboços das curvas corrente i *versus* ddp para um mesmo metal.

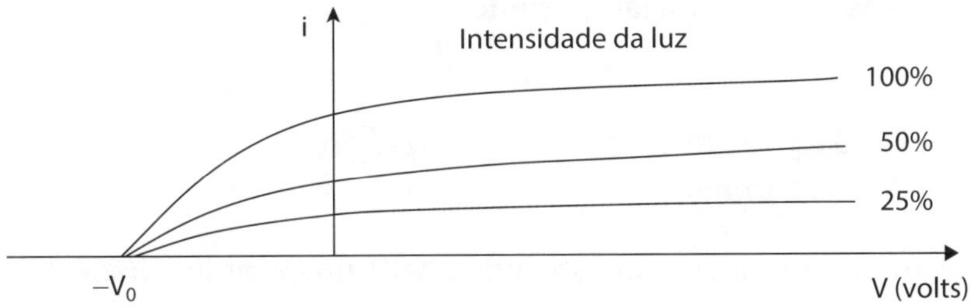

Figura 5.5 – Gráfico corrente i *versus* ddp V para diferentes intensidades da luz incidente.

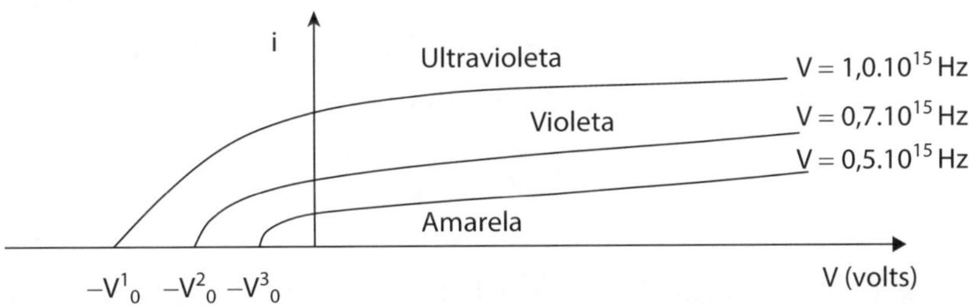

Figura 5.6 – Gráfico corrente i *versus* ddp V para diferentes frequências da luz incidente.

As Figuras 5.5 e 5.6 revelam que a energia cinética máxima, $E_{Cmáx}$, aumenta com o aumento da frequência da radiação incidente, e não com o aumento da intensidade, como seria de se esperar.

5.3 CONFLITO COM A TEORIA CLÁSSICA DO ELETROMAGNETISMO

Pela teoria de Maxwell do eletromagnetismo, referida atualmente como teoria clássica, a radiação incidente é uma onda eletromagnética, ou seja, oscilações no espaço de campos elétricos e magnéticos com intensidade média proporcional à amplitude $\mathcal{E}$ do campo elétrico ao quadrado, podendo, portanto, exercer força sobre os elétrons do metal,

$$I \,\alpha\, \mathcal{E}^2$$

Assim, quanto mais intensa a luz incidente, mais intenso o campo elétrico incidente, exercendo maior força elétrica sobre os elétrons do material, aumentando a energia cinética máxima dos elétrons ejetados. Além disso, o cálculo do tempo necessário para o material reter a energia necessária para ejetar elétrons seria de muitos minutos, ao contrário das faíscas ejetadas instantaneamente.

Exemplo I: Cálculo do tempo necessário para um elétron se desligar do material

Considere luz de comprimento de onda 400 nm e intensidade I = 0,01 W/m^2 incidindo numa placa de potássio. A energia de ligação ou função de trabalho do potássio é ϕ = 2,22 eV; significa que a radiação incidente deve pelo menos fornecer esta energia para desligar um elétron do metal. Para calcularmos o intervalo de tempo δt necessário para que um elétron consiga sair do material, consideramos o átomo como uma esfera de raio médio r da ordem de 0,1 nm, e que a radiação incidente seja frontal no disco de área A = π r^2. Assim, a energia total incidente nesse intervalo de tempo é

$$\text{Energia} = \text{I.A.}\ \delta t = 1 \cdot \pi \cdot 10^{-22} \cdot\ \delta t \text{ J/s} \tag{5.3}$$

A energia incidente deve ser pelo menos igual à função de trabalho ϕ; encontramos, então, δt = 1,13.10^3 s = 18,8 min. Concluímos que nenhum elétron é emitido antes de 18,8 min após a lâmpada ser acesa, o que não corresponde à observação: as faíscas saem instantaneamente!

A Figura 5.6 nos mostra que o efeito depende da frequência (cor da luz), uma vez que frequências maiores proporcionam maior corrente de elétrons. Há um limiar na frequência abaixo do qual o EFE não é observado. Coletando-se os valores do potencial de corte e sua respectiva frequência ν, observamos o comportamento linear da Figura 5.7,

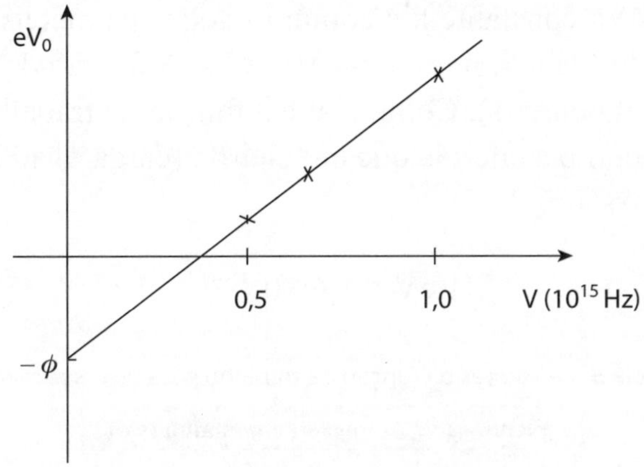

Figura 5.7 – Gráfico de potencial de corte em função da frequência (linearizado).

que pode ser escrito da seguinte forma:

$$E_{Cmáx} = \boldsymbol{e}\, V_0 = h\nu - \phi, \tag{5.4}$$

em que h e ϕ são constantes que podem ser determinadas numericamente, sendo h o coeficiente angular da reta. Nota-se que na frequência de corte, ν_0, $E_{Cmáx} = 0$, ou seja,

$$\nu_0 = \phi/h. \tag{5.5}$$

Nenhum efeito é observado para frequências mais baixas, uma vez que a energia cinética é sempre positiva.

Variando-se o metal exposto à luz, observa-se um comportamento semelhante ao da Figura 5.7, com retas com a mesma inclinação mas com frequências de corte diferentes (Figura 5.8).

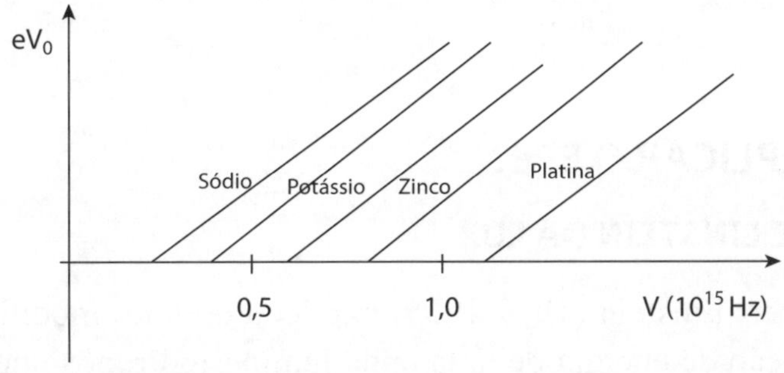

Figura 5.8 – Gráfico do potencial de corte em função da frequência, para diferentes materiais.

Na expressão (5.4) a constante h é comum a todos os metais, chamada constante universal, é a constante Planck, $h = 6{,}63\text{–}\cdot.10^{-34}$ J.s. A função de trabalho ϕ é específica para cada metal (Tabela 5.1). Comumente a função de trabalho é dada na unidade *elétron-volt*, definida como a energia que um elétron (carga e) adquire numa diferença de potencial (ddp) V. Assim,

$$1 \text{ eV} = 1{,}6 \cdot 10^{-19} \text{ J}.$$

Tabela 5.1 – Valores da função de trabalho para diversos metais

Elemento	Função de trabalho (eV)
Alumínio	4,08
Berílio	5,0
Cádmio	4,07
Cálcio	2,9
Carbono	4,81
Césio	2,1
Cobalto	5,0
Cobre	4,7
Ouro	5,1
Ferro	4,5
Chumbo	4,14
Magnésio	3,68
Mercúrio	4,5
Níquel	5,01
Nióbio	4,3
Potássio	2,3
Platina	6,35
Selênio	5,11
Prata	4,73
Sódio	2,28
Urânio	3,6
Zinco	4,3

5.4 COMO EXPLICAR O EFE?

5.4.1 TEORIA DE EINSTEIN DA LUZ

Em 1905, Albert Einstein (1879-1955) explicou o efeito modificando o conceito básico da propagação de energia de uma onda luminosa. Propôs que a energia não se distribui continuamente numa frente de onda, mas que se concentra em "pacotes" de energia, os *quanta* de luz chamados fótons. Um fóton (*quantum*) de luz tem energia E definida por

$$E = h \cdot \nu,$$

em que ν é a frequência da luz. Assim, a intensidade da luz é determinada pelo número de fótons; um fóton fornece toda a sua energia, suficiente para desligar um elétron do metal, caso em que é chamado de fotoelétron. Nem todos os fótons promovem esse efeito, uma vez que a luz incidente no metal também pode ser refletida pela superfície. Para os fotoelétrons, vale a equação de conservação de energia:

$$E = \phi + E_{Cmáx}, \tag{5.6}$$

ou seja, um fóton de energia $E = h\nu$ doa toda a sua energia a um elétron, que gasta parte dessa energia (ϕ) para se desligar do material; o restante da energia é a energia cinética máxima atingida, $E_{Cmáx}$. A equação (5.6) é igual à equação empírica (5.4), prediz que ϕ é uma característica do material e utiliza a constante universal h, a constante de Planck, já introduzida por ele na sua teoria da radiação térmica. Neste caso, h caracteriza a quantização da energia; fótons com pouca energia têm frequência ν baixa, fótons com alta energia têm frequência alta. O elétron precisa absorver uma energia mínima para sair do material, correspondente à energia de ligação do metal, o que define uma frequência de corte $\nu_0 = \phi/h$, abaixo da qual não há efeito (equação 5.5). Como $\nu_0 = c/\lambda_0$, o efeito quântico manifesta-se para valores menores do que um comprimento de onda máximo λ_0. A intensidade alta de luz visível é entendida como um grande número de fótons, mas todos com a mesma frequência ν, o que explica a independência do efeito com a intensidade da radiação (Figura 5.5).

Exercício II

Considere o EFE de um feixe de luz de comprimento de onda $\lambda = 100$ nm incidindo sobre uma placa de alumínio, cuja função de trabalho é $\phi = 4{,}08$ eV. Calcule:

a) a energia do feixe incidente;

b) a energia cinética máxima dos elétrons emitidos;

c) o potencial elétrico de corte;

d) o comprimento de onda de corte.

e) Se a intensidade do feixe for igual a 5,0 W/m^2, qual será a energia cinética máxima dos fotoelétrons?

f) Se a intensidade do feixe for igual a 0,1W/m^2, qual será a energia cinética máxima dos fotoelétrons?

g) E se a intensidade do feixe for igual a 1,0 W/m^2?

Solução

a) O feixe de luz de comprimento de onda λ = 100 nm carrega fótons de energia

$$E = hc/\lambda = 2{,}4 \text{ eV}.$$

b) Da equação (5.4),

$$E_{Cmáx} = e\,V_0 = E - \phi = 12{,}4 \text{ eV} - 4{,}08 \text{ eV} = 8{,}32 \text{ eV}.$$

c) A energia potencial de corte é eV_0 e o potencial de corte corresponde à ddp

$$V_0 = 8{,}32 \text{ V}.$$

d) A corrente de elétrons cessa quando a energia dos fótons incidente é menor que a função de trabalho do material. Neste caso, $V_0 = 0$ na equação (5.4) do EFE e, portanto, $hc/\lambda_0 = \phi$,

$$\lambda_0 = \hbar c/\,\phi = (6.63.10^{-34}\text{ J·s}\cdot 3.10^{8}\text{ m/s}) / (4{,}08\cdot 1{,}6\cdot 10^{-19}\text{ J}) = 305 \text{ nm}.$$

A energia cinética calculada no item (b) para a radiação incidente é $E_{Cmáx}$ = 8,32 eV; portanto esta é a resposta para os itens (e), (f) e (g) já que o EFE independe da intensidade da radiação incidente.

Exercício III

Considere luz incidente numa superfície metálica de sódio em que a medida do potencial de corte é $V_0^{\,1}$ = 1,85 V para o comprimento de onda de λ_1 = 300 nm e $V_0^{\,2}$ = 0,82 V para o comprimento de onda de λ_1 = 400 nm. Com esses dois valores de V_0 e λ, calcule:

a) o valor da constante de Planck h;

b) o valor da função de trabalho do sódio;

c) a frequência de corte do EFE do sódio.

Solução:

Pela equação (5.4) e utilizando a identidade $c = \lambda\nu$, podemos escrever:

$$hc/\lambda_1 = e\,V_0^{\,1} + \phi \qquad (5.7)$$

$$hc/\lambda_2 = e\,V_0^{\,2} + \phi.$$

Note que ϕ é o mesmo nas duas equações, uma vez que se trata do mesmo material.

a) Subtraindo uma equação da outra e isolando h, obtemos

$$h = e\,(V_0^{\,1} - V_0^{\,2}) / (c/\lambda_1 - c/\lambda_2)$$

$$h = e\,(V_0^{\,1} - V_0^{\,2})\,\lambda_1 \cdot \lambda_2/[c\,(\lambda_2 - \lambda_1)].$$

Substituindo os valores, obtemos

$$h = (1{,}6\cdot 10^{-19}\ \text{J}/3\cdot 10^{8}\ \text{m/s})\,(1{,}85\ \text{V} - 0{,}82\ \text{V})\cdot 400\cdot 10^{-9}\ \text{m}.\ 300\cdot 10^{-9}\ \text{m}/\,(400\cdot 10^{-9}\ \text{m} - 300\cdot 10^{-9}\ \text{m})$$

$$h = 6{,}59\cdot 10^{-34}\ \text{J.s.}$$

b) O valor encontrado para h no item (a) pode ser substituído em uma das duas equações (5.7):

$$\phi = hc/\lambda_1 - e\,V_0^{\,1} = 2{,}27\ \text{eV}.$$

c) $\nu_0 = \phi/h = 2{,}27\cdot 1{,}6\cdot 10^{-19}\ \text{J} / 6{,}59\cdot 10^{-34}\ \text{J.s}$

$$\nu_0 = 0{,}55\cdot 10^{15}\ \text{Hz},$$

que corresponde ao comprimento de onda de limiar do EFE $\lambda = 5{,}44$ nm; para comprimentos de onda maiores não se observa o efeito.

Exercício IV

Dados experimentais de uma pesquisa com o lítio são fornecidos na Tabela 5.2:

Tabela 5.2 – Potencial de corte numa experiência realizada com lítio

Frequência	Potencial de corte
ν (10^{14} Hz)	V_0
6,91	0,55
7,41	0,73
8,22	1,09
9,60	1,67
11,8	2,57

Com os dados da Tabela 5.2, reproduza o gráfico eV_0 x ν, como o da Figura 5.7, para o potássio.

a) Qual é a função de trabalho do lítio?

b) Qual é o valor da constante h? Veja resolução gráfica na Figura 5.9.

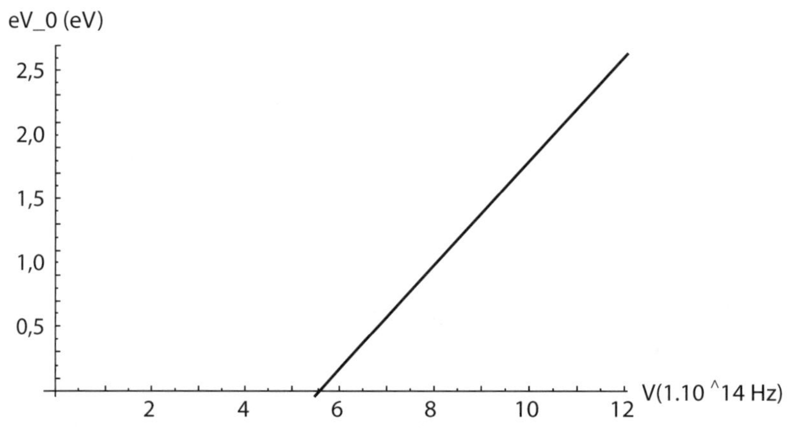

$eV\_0 = -2{,}315\text{eV} + 0{,}414.10^{-14}$

$h = 0{,}414.10^{-14}\ \text{eV.s} = 6{,}624.10^{-34}\ \text{J.s}$

$\phi = 2{,}315\ \text{eV}$

Figura 5.9 – Resolução gráfica. O prolongamento da reta que une os pontos experimentais nos fornece a função de trabalho ϕ e a inclinação da reta.

5.4.2 INTRODUÇÃO AO CONCEITO DE PARTÍCULA-ONDA

Pela teoria do eletromagnetismo de Maxwell, a luz se comporta como onda, propagando-se com velocidade c e frequência ν. Com essa teoria foi possível explorar o comportamento da luz visível incidindo e se propagando através dos materiais, sofrendo reflexão nas superfícies ou sendo transmitida através de tais superfícies, sofrendo refração ou mesmo interferindo com outras ondas e sofrendo difração por passar por regiões tão pequenas quanto seu comprimento de onda. O EFE colocou essa teoria em situação de aparente descrédito, pois ela não conseguiu explicá-lo como uma manifestação ondulatória, uma onda eletromagnética. Já a teoria de Einstein introduz a noção corpuscular da luz. O fóton, embora seja considerado uma partícula, não se apresenta com as mesmas propriedades das partículas, pois viaja com velocidade c e não tem massa; matéria tem sempre velocidade $v < c$. A luz pode ser totalmente absorvida por um corpo negro e se transformar totalmente em calor, além de poder ser criada pelo aquecimento de um filamento de metal por meio de uma corrente elétrica. Entende-se, portanto, que a teoria do eletromagnetismo de Maxwell refere-se à teoria clássica; a quantização da energia radiante amplia o significado do conceito de energia para uma concepção quântica.

A interação de fótons com a matéria não se limita ao EFE; fótons podem também ser espalhados por elétrons livres no chamado efeito Compton (raio X) ou na criação de pares elétron/pósitron (e^+e^-) por fótons mais energéticos (radiação Υ, Figura 5.10).

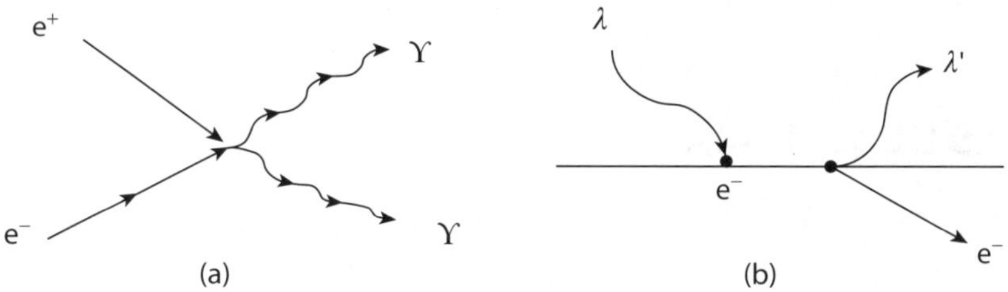

Figura 5.10 – Esquema da interação de radiação com matéria: (a) par elétron/pósitron (e^+e^-) produz um par de fótons energéticos (raios Υ); (b) fóton interage com um elétron, perdendo energia e momento linear (efeito Compton).

5.5 EFEITO COMPTON

Em 1923, Arthur Holly Compton (1892-1962) observou a interação de raios X (λ α 10^{-9} m) com elétrons livres de um material, o chamado efeito Compton. Um feixe de luz de comprimento de onda λ era desviado para o comprimento de onda λ', que depende de um ângulo de espalhamento Θ e $\lambda' > \lambda$. Para haver essa alteração no comprimento de onda, a luz necessariamente deve ser um fenômeno corpuscular, consistindo em partículas que atingem o alvo (Figura 5.10b).

No choque de partículas há conservação de energia e momento linear na mecânica relativística (Capítulo 10 deste volume). Compton verificou que deveria definir o momento linear do fóton como

$$p = E/c \text{ , } E = h\nu \rightarrow p = h/\lambda$$

e provou o que tinha medido,

$$\Delta\lambda = \lambda' - \lambda = (h/m_0\, c)(1 - \cos\Theta) = \lambda_e\,(1 - \cos\Theta),$$

em que $\lambda_e = (h/m_0\, c)$ é definido como o comprimento de onda Compton.

A luz se comporta como uma corrente de partículas com energia proporcional à frequência; fóton de energia hν se choca com o elétron, que, estando inicialmente em repouso, adquire um comprimento de onda Compton associado, λ_e.

O comportamento dual da luz observado por meio de experiências que manifestavam separadamente o comportamento ondulatório (experiência de Young) e o comportamento corpuscular da luz (efeito fotoelétrico, efeito Compton) de início deixou os cientistas confusos, uma vez que as experiências comprovavam o comportamento ondulatório e o comportamento corpuscular de forma contundente, o que nos leva então à seguinte pergunta: uma vez que a luz, até então conhecida pelo seu comportamento ondulatório, apresenta um comportamento corpuscular, teriam as partículas materiais um comportamento ondulatório?

5.6 ONDAS DE MATÉRIA

Em 1924, Louis de Broglie (1892-1987) propôs em sua tese de doutorado que as partículas também tivessem um comportamento dual, no caso um comportamento ondulatório. À partícula de massa m e velocidade v seria associado um comprimento de onda λ pela mesma relação com o momento linear, p = mv,

$$p = h/\lambda \rightarrow \lambda = h/p.$$

Conferindo: uma bola de tênis de massa 100 g a uma velocidade de 50 km/h tem comprimento de onda associado

$$\lambda = 4{,}8\cdot 10^{-34}\ \text{m} = 4{,}8\cdot 10^{-25}\ \text{Å},$$

sendo que 1 Å = 1 angstrom = $1\cdot 10^{-10}$ m é aproximadamente o tamanho de um átomo. Conclui-se que o comprimento de onda da bola é muito menor que o seu próprio tamanho, sendo, portanto, imperceptível esse comportamento ondulatório da bola de tênis. Já um elétron ($m_e = 9{,}1\cdot 10^{-31}$ kg) com a mesma velocidade tem comprimento de onda associado de

$$\lambda = 5{,}2\cdot 10^{-5}\ \text{m} = 5{,}2\cdot 10^{5}\ \text{Å},$$

que indica que, neste caso, a hipótese de De Broglie possa ser verificada, ou seja, que este comprimento de onda possa ser medido.

Outro exemplo: Uma bola de pingue-pongue (m = 20 g) com velocidade v = 5 m/s tem comprimento de onda

$$\lambda = 6{,}6 \cdot 10^{-21} \text{ nm},$$

que é 15 ordens de grandeza menor do que o núcleo atômico. Como não há fendas deste tamanho, não há como se observar o seu comportamento ondulatório. Já elétrons submetidos a uma diferença de potencial V = 10 V adquirem energia cinética

$$E_{cin} = \tfrac{1}{2} m v^2 = eV,$$

e como

$$v = p/m \text{ e } \lambda = h/p,$$

seu comprimento de onda de De Broglie associado é

$$\lambda = h/(2meV)^{1/2} = 0{,}39 \text{ nm},$$

que é da ordem de grandeza do tamanho de um átomo ou do espaçamento entre planos atômicos de um cristal, que indica que, neste caso, a hipótese de De Broglie possa ser verificada, ou seja, que esse comprimento de onda possa ser medido. De fato, em 1927 Clinton Davisson e Lester Germer realizaram uma experiência, chamada experimento de Davisson-Germer, com a incidência de um feixe de elétrons sobre um alvo fixo de níquel e observaram um padrão de difração semelhante ao padrão previsto pela lei de Bragg para os raios X. Ficou demonstrado, então, o comportamento ondulatório da matéria e, consequentemente, estabelecida a dualidade partícula-onda, confirmando a hipótese de De Broglie. Tudo o que existe no Universo (luz e matéria) é constituído de entes que têm um caráter dual. Esse comportamento torna-se importante apenas na escala atômica (a constante de Planck h é muito pequena). O mundo do muito pequeno – átomos – apresenta um comportamento bizarro, bem diferente do nosso mundo clássico. É o mundo quântico. Se partículas se comportam como onda, deve-se ter uma mecânica ondulatória para descrever esse comportamento. É aqui que tem início a mecânica quântica.

5.7 PRIMÓRDIOS DA MECÂNICA QUÂNTICA

A formulação da mecânica quântica nos anos 1920 teve a participação de vários físicos, entre eles Niels Bohr, Erwin Schrödinger, Werner Heisenberg, Louis de Broglie, Max Born e Wolfgang Pauli. Em 1928 Bohr, enunciou o *princípio da complementaridade*: matéria e radiação apresentam comportamento ondulatório e corpuscular que *não são contraditórios*, mas complementares. A luz se comporta como onda na experiência de Young da fenda dupla e se comporta como partícula (fóton) na experiência do EFE. Entende-se, assim, que na propagação a luz se comporta como uma onda de comprimento de onda (ou frequência) bem definido, mas que na interação com matéria se comporta como partícula (fóton), podendo ceder toda a sua energia, como no EFE, ou parte dela, como no efeito Compton. Esses dois aspectos se complementam na descrição da natureza na escala atômica, quando as grandezas físicas são quantizadas, proporcionais à constante de Planck h.

Já o princípio da incerteza, enunciado por Heisenberg em 1925, aborda o fato de que no mundo quântico o ato de medir *interfere* com o que está sendo medido. A questão essencial é como definir a realidade, por meio de uma interação sensorial, visão, tato: uma bactéria, por exemplo, pode ser vista por um microscópio e uma lâmpada (tamanho da ordem de 10^{-3} m). Como podemos "ver" um átomo de hidrogênio? Vamos ter que interagir com ele! O tamanho do olho humano é aproximadamente 10^{10} vezes maior que o tamanho do átomo, uma vez que o tamanho do átomo é da ordem de 10^{-11} m. O comprimento de onda da luz visível está entre 0,4 μm e 0,7 μm. Então o comprimento de onda da luz visível é 10^4 vezes maior que o tamanho do átomo. Em outras palavras, para "vermos" um átomo devemos iluminá-lo com luz de comprimento de onda compatível, por exemplo raio X, λ da ordem de 10^{-10} m. Entretanto, como $E = h\nu$ e $c = \lambda\nu$, diminuindo-se o comprimento de onda para iluminarmos o átomo, aumentaremos a energia incidente. Como ondas transferem energia e momento linear, a radiação incidente no átomo para iluminá-lo o empurraria, mudando a sua posição real. Conclusão: o ato de medir interfere com o que está sendo medido. Jamais conseguiremos medir exatamente a posição e a velocidade do átomo. As medidas vêm com um limite intrínseco devido à interferência do ato de medida. Este é o *princípio de incerteza de Heisenberg* (1925).

Temos, assim, uma interpretação probabilística da física quântica, em contraposição à interpretação determinística da mecânica clássica: a probabilidade de encontrarmos uma partícula em uma dada região do espaço é proporcional à intensidade da onda associada a ela naquela região. As leis da física não podem determinar completamente o resultado de uma medida. Elas podem apenas fornecer a probabilidade de que um dado resultado ocorra.

Os princípios da física quântica estão sendo verificados experimentalmente com uma precisão crescente desde o século XX. Estamos totalmente convencidos da validade de suas leis, especialmente porque atualmente já não podemos viver sem os avanços tecnológicos que a mecânica quântica tem proporcionado, numa lista ilimitada de itens produzidos que abarca desde transistores, dispositivos microprocessados, computadores, lâmpadas LED, microscópios eletrônicos, até dispositivos que usam laser (CD, DVD, *blu-ray*), sem falar nas inúmeras aplicações em medicina nuclear e com laser, visores e monitores digitais em instrumentos em todos as áreas, nanotecnologia, computação e criptografia quântica, e mesmo bombas atômicas, usinas nucleares e submarinos nucleares, culminando com os aparelhos celulares de tamanhos diminutos e de alta eficiência. Há muito ainda a ser desenvolvido; quem sabe num futuro próximo não poderemos nos mover por teletransporte?

Uma observação importante é que a constante de Planck h, que tem papel fundamental na mecânica quântica, é considerada atualmente uma constante fundamental como a velocidade da luz no vácuo. Desde 20 de maio de 2019, o quilograma passou a ser definido a partir da constante de Planck. A nova definição do quilograma foi aprovada na Conferência Geral de Pesos e Medidas (CGPM) realizada em novembro de 2018 em Versalhes, a fim de se obter maior precisão na medida dessa grandeza fundamental, uma vez que a medida anterior tem características que mudam ao longo do tempo e podem causar imprecisões.

EXERCÍCIOS COM RESPOSTAS

1) As experiências mostram que a vista humana, adaptada ao escuro, pode perceber um único fóton de luz visível. Considere uma fonte luminosa que emite 2 W de luz, com o comprimento de onda de 555 nm, uniformemente em todas as direções. Qual a distância entre essa fonte e o olho para que, em média, um fóton por segundo entre no olho através da pupila com diâmetro de 6 mm?

Resposta:

$3{,}55 \cdot 10^6$ m.

2) Admita que uma lâmpada de vapor de sódio, de 100 W, irradie energia uniformemente em todas as direções, na forma de fótons, com comprimento de onda 589 nm.

a) A que taxa os fótons são emitidos pela lâmpada?

b) A que distância da lâmpada o fluxo médio de fótons será 1 fóton/(s.cm^2)?

Respostas:

a) $2{,}96 \cdot 10^{20}$ fótons/s.

b) $4{,}85 \cdot 10^7$ m.

3) Luz de comprimento de onda 500 nm incide sobre um metal cuja função de trabalho vale 1,9 V. Determine:

a) a energia do fóton incidente em eV;

b) a energia cinética máxima dos elétrons ejetados, em eV e em J;

c) o potencial de corte;

d) a frequência de corte.

Respostas:

a) 2,48 eV.

b) 0,58 eV, $9{,}28 \cdot 10^{-20}$ J.

c) 0,58 eV.

d) $4{,}58 \cdot 10^{14}$ Hz.

4) A intensidade da luz do Sol na superfície da Terra é de aproximadamente 1.400 W/m^2. Admitindo que a energia média dos fótons seja 2 eV, calcule o número de fótons que atingem uma área de 1 cm^2 em 1 s.

Resposta:

$4{,}37 \cdot 10^{17}$ fótons.

5) Quando luz de comprimento de onda 300 nm incide numa superfície de potássio, os elétrons emitidos têm energia cinética máxima de 2,03 eV.

a) Qual a energia dos fótons incidentes?

b) Qual é o potencial frenador?

c) Qual a função de trabalho do potássio?

d) Qual seria o potencial frenador se a luz incidente tivesse o comprimento de onda 430 nm?

e) Qual o comprimento de onda que proporciona o limiar fotoelétrico no potássio?

Respostas:

a) 4,13 eV.

b) 2,03 eV.

c) 2,10 eV.

d) 0,78 eV.

e) 590,5 nm.

6) Uma lâmpada irradia uniformemente, em todas as direções, 90 W de potência luminosa.

a) Ache a intensidade da luz a uma distância de 1,5 m.

b) Se o comprimento de onda da radiação for 650 nm, ache o número de fótons por segundo que atingem uma área de 1 cm^2, orientada de modo a estar perpendicular à direção dos raios luminosos.

Respostas:

a) 3,18 W/m^2.

b) $1{,}04 \cdot 10^{15}$ fótons/s.

7) Quando radiação com frequência de $7 \cdot 10^{14}$ Hz incide numa superfície metálica, é emitido um feixe de elétrons que pode atingir velocidades de até cerca de $6 \cdot 10^5$ m/s.

a) Qual é a energia dos fótons incidentes?

b) Qual é a função de trabalho do metal?

c) Se quisermos construir uma célula fotoelétrica com esse metal, qual a frequência mínima da radiação com que deve ser iluminada?

Respostas:

a) 2,90 eV.

b) 1,88 eV.

c) $4{,}54 \cdot 10^{14}$ Hz.

8) O EFE é observado quando luz incide numa superfície metálica cuja função de trabalho é 3,44 eV. Os elétrons emitidos no efeito atingem velocidade máxima de $4{,}2.10^5$ m/s. A potência da luz incidente tem intensidade média de 0,055 W/m^2. Calcule a taxa possível de emissão dos elétrons por centímetro quadrado de superfície. Admita que nenhum fóton seja refletido nem seja absorvido termicamente no metal.

Resposta:

$8{,}7 \cdot 10^{16}$ elétrons/(s.m^2).

9) Duas fontes de luz são usadas em uma experiência de EFE que visa determinar a função de trabalho de uma certa superfície metálica. Quando é usada a luz verde de uma lâmpada de mercúrio (λ = 546,1 nm), o potencial retardador de 1,70 nm reduz a fotocorrente a zero.

a) Com essa medida, qual a função de trabalho desse metal?

b) Qual o potencial frenador que seria observado se fosse usada a luz amarela de um tubo de descarga de hélio (λ = 587,5 nm)?

c) Qual a frequência de corte desse metal?

Respostas:

a) 0,57 eV.

b) 1,54 V.

c) $1{,}38.10^{14}$ Hz.

6 MODELOS ATÔMICOS

João Mongelli Netto

6.1 O MODELO DE THOMSON

Acerca da constituição dos corpos, Leucipo e seu discípulo Demócrito, filósofos gregos do século V a.C., propuseram a teoria atômica,[1] imaginando os átomos como esferas maciças em movimento perpétuo no vácuo.

A descoberta do elétron por J. J. Thomson em 1897 suscitou muita curiosidade por conhecer a estrutura do átomo, esta diminuta, invisível e considerada, até então, indivisível partícula formadora dos corpos.

O próprio Thomson propôs um modelo atômico em que os elétrons (constituindo a carga negativa do átomo) se situariam no interior de uma massa uniforme de cargas positivas; pela descrição, o modelo foi chamado de pudim de passas.

Figura 6.1 – Modelo atômico de Thomson.

1 Átomo é sinônimo de indivisível.

Os elétrons buscariam posições em que a soma das forças elétricas de cada elétron com as demais partículas do átomo resultasse nula. O equilíbrio das forças elétricas garantiria a estabilidade do átomo e, portanto, a dos corpos.

Relembrando: a força elétrica atuante entre duas cargas elétricas q_1 e q_2 separadas por uma distância r tem expressão

$$F = k.\frac{q_1.q_2}{r^2}\text{, sendo } k = 8{,}99.10^9\ \text{Nm}^2/\text{C}^2.$$

Veja a lei de Coulomb, estabelecida em 1785, no Capítulo 1 do Volume 3.

Exercício I

O ferro, de densidade 7,8 g/cm³, tem peso atômico 56 g, o que significa que 56 g de ferro têm o número de Avogadro de átomos. A partir daí, pode-se determinar o volume e o raio do átomo de ferro.

Solução

O volume de 1 mol de ferro é 56 g: (7,8 g/cm³) = 7,2 cm³.

O volume de 1 átomo de ferro é $V = 7{,}2$ cm³: $(6{,}0.10^{23}$ átomos$) = 1{,}2.10^{-23}$ cm³ $V = 1{,}2.10^{-29}$ m³.

Admitindo o átomo esférico,

$$V = \frac{4}{3}\pi r^3 = 1{,}2.10^{-29}\ \text{m}^3$$

$$r^3 = 2{,}86.10^{-30}\ \text{m}^3.$$

Então, $r = 1{,}4.10^{-10}$ m

6.2 O MODELO DE RUTHERFORD

No ano de 1909, Ernest Rutherford investigava o fenômeno da radioatividade e constatou que as radiações emitidas pelo urânio eram de dois tipos, por ele denominadas radiação α e radiação β.

Numa experiência análoga à de Thomson, ele mostrou que a razão q/m para a partícula α era a metade da razão q/m para o próton.

Abraçando a ideia de que tais partículas α poderiam ser átomos de hélio ionizado, ele deixou certa amostra radioativa decair numa câmara de vácuo e, por espectroscopia, pôde detectar a presença do gás hélio na câmara.

Rutherford, então, passou a fazer uso das energéticas e pesadas partículas α para, como projéteis, poder investigar outros átomos (ver Figura 6.2).

A incidência de partículas α numa fina folha metálica, com a espessura de algumas camadas atômicas, evidenciou um intrigante espalhamento dessas partículas ao abandonarem a folha metálica. Enquanto a maioria delas ultrapassava a folha sem sofrer desvio, várias saíam com ângulos diferentes entre si e surpreendentemente grandes. Outras poucas partículas retornavam após a incidência na folha.

Uma estrutura atômica que obedecesse ao modelo de Thomson não poderia explicar esses comportamentos pela incapacidade de oferecer resistência à passagem das partículas α, que têm massa aproximadamente 7 mil vezes maior do que a do elétron e carga elétrica $+2.e$.

Se uma partícula α passasse bem próximo de uma esfera do tamanho de um átomo carregada positivamente, sofreria força capaz de produzir deflexão da ordem de apenas $1°$. Os elétrons do átomo praticamente não afetariam o movimento das partículas α.

Porém, como justificar desvios de $60°$ ou mais, e até mesmo a volta das partículas α após o choque?

O modelo idealizado por Rutherford em 1911 apresenta o átomo com um núcleo atômico central positivo e elétrons bem afastados girando em torno dele, algo parecido com o modelo de sistema planetário. Tal modelo conseguiu explicar com notável sucesso aquele comportamento das partículas α ao incidirem numa folha metálica.

O grupo de Rutherford realizou experiências, variando as grandezas relacionadas ao espalhamento, como: o ângulo de observação, a velocidade das partículas incidentes, a espessura da folha metálica, a distância do detector à folha e o número atômico do metal da folha.

Os resultados experimentais encontrados foram compatíveis com expressões teóricas deduzidas para o modelo proposto por Rutherford, ou seja, quase toda a massa do átomo está concentrada no núcleo, que é uma pequena região central do átomo com carga positiva, estando os elétrons bastante separados e havendo grande distância entre os átomos do material.

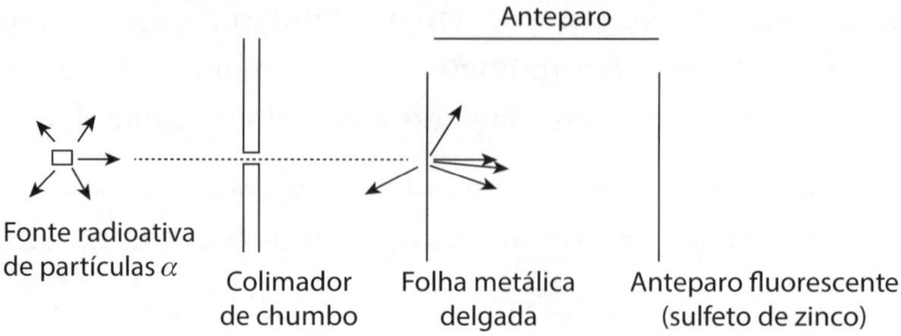

Figura 6.2 – Esquema experimental do espalhamento. Rutherford e seus assistentes Geiger e Marsden idealizaram e realizaram um experimento com o uso de partículas positivas α emitidas por substâncias radioativas, como o rádio. Quando as partículas α se chocavam com o anteparo de sulfeto de zinco produziam-se cintilações de luz visível.

Assim, na experiência de Rutherford, a maioria das partículas α passa por espaços vazios, não sofrendo deflexões. Aquelas que passam próximo ao núcleo atômico podem sofrer grandes e distintos desvios pela força de repulsão coulombiana.

Uma partícula α ao aproximar-se diretamente do núcleo positivo, sofre força repulsiva intensa, podendo, portanto, retornar.

Analisando os dados experimentais, Rutherford pôde concluir que o diâmetro do átomo é 10^4 vezes maior do que o diâmetro do núcleo atômico. Então, o átomo é praticamente constituído de espaço vazio.

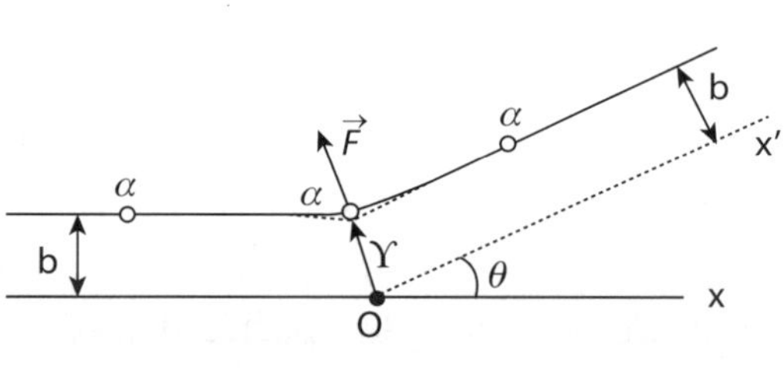

Figura 6.3 – Espalhamento de Rutherford.

A Figura 6.3 mostra o processo de espalhamento de uma partícula α por uma carga pontual positiva Q localizada na origem O, o núcleo do átomo.

Inicialmente, muito antes do núcleo, a partícula α se aproxima com velocidade v ao longo de uma reta situada à distância b da linha que passa pelo núcleo, em O, e é paralela à velocidade da partícula. A partícula sofre a força $\vec{F}$, cujo módulo é dado pela lei de Coulomb, $F = \dfrac{k.q_\alpha.Q}{r^2}$. Após o espalhamento, a partícula α, já bastante afastada do núcleo, move-se com velocidade de mesmo módulo v numa direção paralela e distante b de linha Ox' que forma ângulo θ com a reta Ox.

Usando as equações da mecânica clássica para o movimento da partícula em sua trajetória hiperbólica, foi possível encontrar uma relação entre o parâmetro de impacto b e o ângulo de espalhamento θ:

$$b=\frac{k.q_{\alpha}.Q}{m_{\alpha}.v^{2}}.\cot\frac{\theta}{2};$$

considerando que

$$q_{\alpha}=2.e \text{ e } Q=Z.e\text{, temos } b=\frac{k.2.Z.e^{2}}{m_{\alpha}.v^{2}}.\cot\frac{\theta}{2}. \tag{6.1}$$

Vê-se, portanto, que quanto menor for o parâmetro de impacto b, maior será o ângulo de espalhamento θ (Figura 6.3).

As partículas que incidirem com um parâmetro de impacto menor do que b serão espalhadas com ângulo maior do que θ. Neste caso, diz-se que a seção de choque σ da partícula α, por núcleo, é a área do círculo na qual, se a partícula incidir, ela será espalhada com ângulo maior do que θ.

$$\sigma=\pi b^{2}$$

Sendo a lâmina metálica muito fina, pode-se considerar que nela há poucas camadas atômicas, não ocorrendo superposição de átomos no sentido da espessura (não há átomo metálico na "sombra" de outro átomo). Levando em conta tal consideração e denominando n o número de núcleos por unidade de volume e t a espessura da folha, o número de núcleos por unidade de área da lâmina é n.t.

Portanto, a fração do feixe incidente que será espalhado com ângulo maior ou igual a é dada pela expressão

$$\sigma\, n\, t=\pi b^{2} n t. \tag{6.2}$$

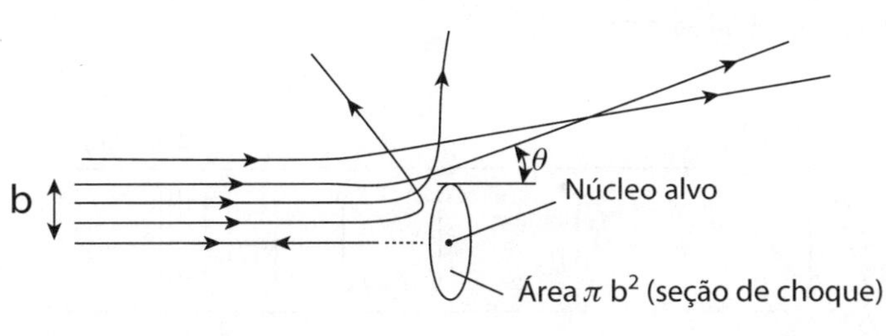

Figura 6.4 – Feixe de partículas α espalhadas pelo núcleo atômico, o parâmetro de impacto b e a seção de choque $\sigma=\pi b^{2}$.

Um problema para este modelo atômico é que, de acordo com uma das leis de Maxwell, uma carga elétrica dotada de aceleração deve irradiar energia. Surge, então, um problema para o modelo atômico de Rutherford. Um elétron tem carga elétrica negativa e, para girar em torno do núcleo atômico positivo, faz uso da força elétrica atrativa entre estas partículas, a qual dá ao elétron a aceleração centrípeta necessária ao seu movimento circular.

Irradiando energia, os elétrons deveriam passar a girar cada vez mais próximos do núcleo, acabando por cair nele. Fica, portanto, comprometida a estabilidade do átomo. Se os elétrons estivessem parados próximos ao núcleo também cairiam nele e o átomo não seria estável. A física clássica não funciona para o modelo atômico de Rutherford!

6.3 OS ESPECTROS ATÔMICOS

Ao se aplicar uma grande diferença de potencial nas extremidades de um tubo de vidro preenchido com um gás monoatômico, pode-se obter uma descarga luminosa. Fazendo-se a decomposição dessa luz por um prisma ou por uma rede de difração, obtém-se um espectro descontínuo, que indica a ausência de certos comprimentos de onda na luz emitida pela descarga (Figura 6.5).

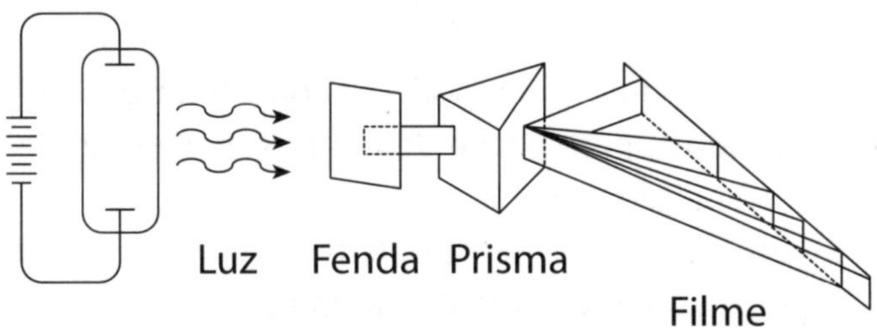

Figura 6.5 – Montagem experimental para a produção de espectros atômicos.

A figura que surge no filme fotográfico é constituída de linhas entre as quais há uma distância decrescente, até alcançar um limite chamado limite da série. A Figura 6.6 apresenta a série de Balmer para o hidrogênio. O limite da série tem comprimento de onda de 3.646 Å, ou 364,6 nm.

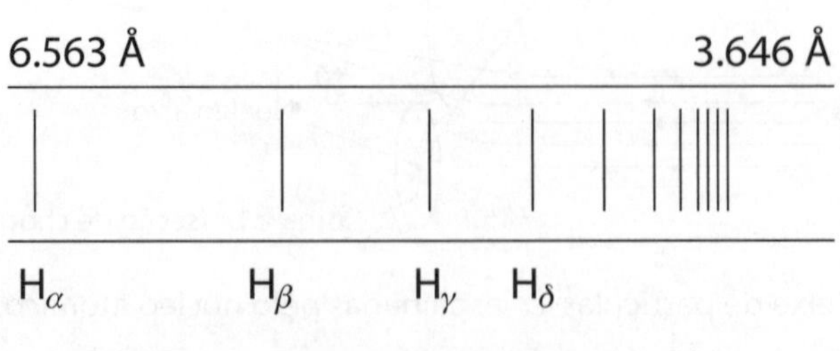

Figura 6.6 – Linhas espectrais da série de Balmer para o hidrogênio.

O conjunto de linhas do espectro do hidrogênio foi estudado pelo professor suíço Johann Balmer, que obteve, em 1885, uma fórmula geral para os seus comprimentos de onda:

$$\lambda = 3.646 \frac{n^2}{n^2 - 4} \tag{6.3}$$

O comprimento de onda λ é medido em angstrom (1 Å= 10^{-10} m), e n assume os valores da sequência 3, 4, 5,...

Ele aplicou a sua fórmula apenas às linhas que conhecia, na faixa do visível, porém sua expressão se ajustou a outras linhas do espectro.

Em 1890, Rydberg encontrou uma fórmula mais geral, válida também para outras séries:

$$\frac{1}{\lambda} = R_H \left(\frac{1}{m^2} - \frac{1}{n^2} \right) para\, n > m \tag{6.4}$$

Nesta expressão, $R_H = 1{,}097.10^7\ m^{-1}$ é a constante de Rydberg para o hidrogênio, m é um número inteiro fixo para a série considerada e n é um inteiro variável.[2]

Como exemplo temos, então, definidas as séries de emissão do átomo de hidrogênio:

- série de Lyman (m = 1 e n = 2,3,4,...);
- série de Balmer (m = 2 e n = 3,4,5,...);
- série de Paschen (m = 3 e n = 4,5,6,...).

Os outros elementos químicos também apresentam o seu espectro de emissão. Por exemplo, o sódio aquecido à chama de um bico de Bunsen emite uma luz amarela característica, como a de uma lâmpada de vapor de sódio. Você pode perceber que um pouco de sal de cozinha, na ponta de um arame levado à chama, emite a luz amarela característica do sódio.

2 O valor hoje aceito para a constante de Rydberg, R, obtido a partir de medidas espectroscópicas de alta resolução, é $R = 1{,}0973731568527 \times 10^7\ m^{-1}$, com margem de erro de algumas partes em 1 trilhão.

Exercício II

A fórmula de Rydberg permite encontrar os comprimentos de onda das linhas espectrais de emissão do átomo de hidrogênio:

$$\frac{1}{\lambda} = R_H \cdot \left(\frac{1}{m^2} - \frac{1}{n^2}\right), \text{ com } R_H = 1{,}097.10^7 \text{ m}^{-1}$$

Na série de Paschen, m = 3 e n = 4,5,6..., encontre os três primeiros comprimentos de onda e as três frequências correspondentes.

Solução

$$\frac{1}{\lambda_1} = 1{,}097.\left(\frac{1}{9} - \frac{1}{16}\right) \Rightarrow \frac{1}{\lambda_1} = 5{,}333.10^5$$

$$\lambda_1 = 1{,}875.10^{-6} \text{ m}$$

$$\frac{1}{\lambda_2} = 1{,}097.\left(\frac{1}{9} - \frac{1}{25}\right) \Rightarrow \lambda_2 = 1{,}282.10^{-6} \text{ m}$$

$$\frac{1}{\lambda_3} = 1{,}097.\left(\frac{1}{9} - \frac{1}{36}\right) \Rightarrow \lambda_3 = 1{,}094.10^{-6} \text{ m}$$

$$c = \lambda.f \Rightarrow f_1 = \frac{299.792.458}{1{,}875.10^{-6}} \Rightarrow f_1 = 1{,}599.10^{14} \text{ Hz}$$

$$f_2 = \frac{c}{\lambda_2} \Rightarrow f_2 = 2{,}338.10^{14} \text{ Hz}$$

$$f_3 = \frac{c}{\lambda_3} \Rightarrow f_3 = 2{,}740.10^{14} \text{ Hz}$$

Quando se faz a dispersão da luz solar, o espectro observado apresenta riscas negras muito estreitas, correspondentes a frequências bem determinadas. Os investigadores que procuravam a origem dessas linhas negras, como Fraunhofer, Bunsen e Kirchhoff, perceberam que, quando a luz branca passa por um líquido ou gás contendo certo elemento químico, seu espectro mostra linhas escuras correspondentes à absorção da luz pelo elemento considerado.

Ficam, então, explicadas as linhas negras observáveis no espectro da luz solar. A atmosfera solar absorve algumas radiações de frequências características. Esse conhecimento foi usado pelos químicos na identificação dos elementos presentes num determinado composto.

Aplicando a espectroscopia, os astrônomos podem investigar a composição de galáxias e estrelas muito distantes.

6.4 O ÁTOMO DE BOHR

Em 1913, Niels Bohr, ao tentar explicar os espectros atômicos, confirmando a estabilidade da matéria e conciliando resultados de Rutherford e Rydberg, estabeleceu um novo modelo atômico. Para isso, Bohr lançou mão de alguns postulados, sem muita justificativa, mas que serviram bem para a elaboração de seu modelo. Mais tarde, esses postulados reapareceram como consequência natural na mecânica quântica, mostrando-se perfeitamente aceitáveis. A primeira premissa remete à física clássica:

I) O elétron tem órbita circular em torno do núcleo, mantida pela força elétrica coulombiana entre o elétron e o núcleo.

As duas outras premissas são da física quântica:

II) Nem todas as órbitas são permitidas ao elétron.

III) A passagem de um elétron entre duas órbitas permitidas é feita com a absorção ou com a emissão de radiação eletromagnética.

De acordo com o primeiro postulado, igualando a força resultante centrípeta à força elétrica, temos

$$m\frac{v^2}{r} = \frac{k.e.Z.e}{r^2}. \qquad (6.5)$$

Nessa expressão, Z é o número atômico do elemento, e, portanto,

$$mv^2 = \frac{k.Z.e^2}{r}. \qquad (6.6)$$

Relativo às órbitas permitidas ao elétron, o segundo postulado afirma que o elétron só se mantém estável naquelas órbitas em que seu momento angular é múltiplo inteiro de $\hbar$ (constante de Planck dividida por 2 π; seu valor é 1,055. 10^{-34} J.s).

De acordo com este postulado,

$$L = m.v.r = n.\hbar, \tag{6.7}$$

em que n = 1, 2, 3,...

Daí, segue que

$$m.v = \frac{n\hbar}{r}. \tag{6.8}$$

Substituindo na equação (6.4), temos

$$\frac{n\hbar}{r} = \frac{k.Z.e^2}{r.v} \rightarrow v = \frac{k.Z.e^2}{n\hbar}. \tag{6.9}$$

De (6.7), temos $r = \frac{n\hbar}{m.v}$; e combinando com (6.9), obtemos

$$r_n = \frac{\hbar^2}{m.k.Z.e^2} n^2. \tag{6.10}$$

Essas duas expressões fornecem a velocidade e o raio do elétron nas órbitas permitidas.

Fazendo n = 1 na equação (6.10), temos o raio da primeira órbita.

$$r_1 = \frac{\hbar^2}{m.k.Z.e^2} = 5{,}3.10^{-11}\,\text{m}\text{, ou seja, 0,053 nm.}$$

Podemos, então, escrever

$$r_n = r_1.n^2. \tag{6.11}$$

Calculemos agora a energia do elétron nesse sistema, lembrando que sua energia potencial à distância r do núcleo é igual ao trabalho realizado pela força elétrica ao se levar o elétron da posição *r* até o infinito.

$$EP = -\int_{r}^{\infty} \frac{k.Z.e^2}{r^2} dr = -\frac{k.Z.e^2}{r}. \tag{6.12}$$

O sinal negativo se deve à interação coulombiana atrativa.

Sua energia cinética é, usando a equação (6.6),

$$EC = \frac{m.v^2}{2} = \frac{k.Z.e^2}{2.r}. \tag{6.13}$$

A energia total do elétron é

$$E = EP + EC = \frac{-k.Z.e^2}{r} + \frac{kZe^2}{2r} = -\frac{kZe^2}{2r}. \tag{6.14}$$

Como a energia total do elétron é negativa, o elétron está preso ao átomo.

Fazendo uso da equação (6.12), temos para a energia total do elétron

$$E = -\frac{m.k^2.Z^2.e^4}{2.\hbar^2.n^2}, \text{ com n = 1,2,3,...} \tag{6.15}$$

Essa expressão mostra que a energia é quantizada, ou seja, somente pode adquirir certos valores, e que este fato é consequência da quantização do momento angular imposta por Bohr ao seu modelo, ou, ainda, a quantização do momento angular implica a quantização da energia.

Para o elétron se manter numa órbita estável no átomo, somente pode adquirir ou ceder certos valores de energia, como se depreende da equação (6.15), lembrando que n indica o número da órbita em que o elétron se encontra.

Para n = 1, temos a energia do primeiro nível $E = -\frac{m.k^2.Z^2.e^4}{2\hbar^2} = -13,6\text{eV}$.

Temos, também,

$$E_n = \frac{E_1}{n^2}. \tag{6.16}$$

As energias possíveis para o elétron no átomo de hidrogênio podem ser colocadas na forma de um diagrama (Figura 6.7).

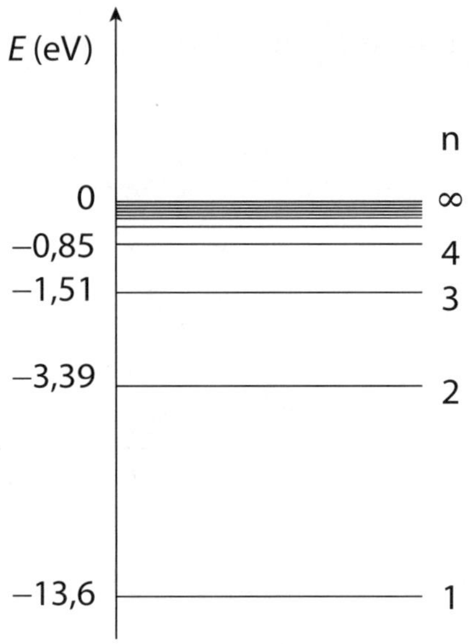

Figura 6.7 – Energias possíveis para o elétron no átomo de hidrogênio.

Na Figura 6.7, os valores negativos referem-se aos níveis permitidos para o elétron ligado ao átomo; o nível zero indica que o elétron está a ponto de se desligar (é o chamado potencial de ionização); energias positivas indicam que o elétron está livre, caso em que o elétron pode ter qualquer valor de energia.

Nas hipóteses simplificadoras admitidas por Bohr, o núcleo não apresenta rotação, e o centro de massa do sistema atômico está no núcleo. Esta última simplificação pode ser corrigida levando em conta que a massa do núcleo não é infinita, e, por isso, o centro de massa não coincide com a posição do núcleo. Nessa situação, a massa do sistema é a massa reduzida $\mu = \frac{M.m}{M+m}$, em que M é a massa do núcleo e m a massa do elétron.

Bohr ajustou seu modelo a essa consideração, afirmando que, em vez do momento angular orbital do elétron, deveria ser quantizado o momento orbital total do átomo.

Portanto, em vez de $L = mvr = n\hbar$, com n = 1, 2, 3... passa-se a usar

$$L = \mu vr = n\hbar,$$

com n = 1, 2, 3...

Essa alteração implica a substituição de m por μ nas equações 6.10 e 6.15, levando a valores mais ajustados aos obtidos anteriormente.

O terceiro postulado de Bohr analisa as mudanças de órbita:

Quando o elétron passa de uma órbita na qual sua energia é E_i para outra em que sua energia é E_f, há emissão de radiação eletromagnética de acordo com a expressão

$$E_i - E_f = h.f. \tag{6.17}$$

Nessa expressão, f é a frequência da radiação emitida pelo elétron, sendo $h = 6{,}63.10^{-34}$ J.s uma constante muito pequena, hoje conhecida como constante de Planck.

Foi Bohr quem compreendeu que os elétrons em órbita do núcleo permaneciam estáveis por não poderem irradiar energia de forma contínua. Só podem irradiar (ou absorver) em quanta[3] e, neste caso, saltam de uma órbita a outra.

Ao absorver uma radiação, o elétron tem um aumento no seu nível de energia e, ao retornar ao nível original, emite o mesmo quantum de radiação.

Bohr calculou os níveis de energia permitidos ao elétron do átomo de hidrogênio, e as frequências medidas nos espectros foram relacionadas às diferenças de energia existentes entre as órbitas, de acordo com a expressão (6.17).

Um elétron no estado fundamental não pode absorver menos energia do que aquela que o leva a outro nível; da mesma forma, um elétron do nível 2 não pode emitir um quantum inferior ao h.f requerido para levá-lo ao nível 1. Não há regiões intermediárias onde o elétron possa se acomodar.

Exercício III

Considere o modelo atômico de Bohr. Se um átomo absorve um fóton de comprimento de onda 300 nm e, em seguida, emite outro de comprimento de onda 500 nm, qual a energia líquida absorvida pelo átomo?

---

3 Quanta é o plural de quantum.

Solução

O fóton absorvido tem frequência

$$f_a = \frac{c}{\lambda} = \frac{3.10^8}{3.10^{-7}}\,\text{Hz} = 1,0.10^{15}\,\text{Hz}$$

O fóton emitido tem frequência

$$f_e = \frac{c}{\lambda} = \frac{3.10^8}{5.10^{-7}}\,\text{Hz} = 0,60.10^{15}\,\text{Hz}$$

$$E = h\left(f_a - f_e\right)$$

$$E = 4,14.10^{-15}\ \text{eV.s}.0,40.10^{15}\,\text{s}^{-1}$$

$$E = 1,66\ \text{eV}$$

Exercício IV

A potência média irradiada pelo Sol é de $3,74.10^{26}$ W. Admita que o comprimento de onda médio dos fótons emitidos pelo Sol seja de 500 nm. Calcule a energia de cada fóton irradiado e estime o número de fótons irradiados por segundo.

Solução

$$f = \frac{c}{\lambda} = 6,0.10^{14}\ \text{Hz}$$

$$E_{fóton} = h.f = 6,63.10^{-34}\ \text{J.s}.6,0.10^{14}\,\text{s}^{-1}$$

$$E_{fóton} = 3,98.10^{-19}\ \text{J}$$

$$Pot = \frac{N.E_{fóton}}{\text{s}} \Rightarrow 3,74.10^{26}\ \text{J} = N.3,98^{-19}\ \text{J}$$

$$N = 9,4.10^{44}\ \textit{fótons são emitidos por segundo}$$

Exercício V

No modelo de Thomson para o átomo de hidrogênio, suponha que o elétron esteja dentro de uma região esférica de raio r e densidade de carga positiva ρ. Determine r para que o átomo possa emitir um fóton de $\lambda = 6,0.10^{-7}$ m.

Solução

De $c = \lambda . f \Rightarrow f = \dfrac{3{,}10^8 \text{ m/s}}{6.10^{-7} \text{ m}} = 5.10^{14} \text{ s}^{-1}$.

A frequência do MHS associado é $f = \dfrac{1}{2\pi}\sqrt{\dfrac{k}{m}}$.

Podemos calcular a força coulombiana que atua sobre o elétron de carga negativa *e*, que está a uma distância a menor do que o raio r do átomo.

$$F = -\frac{1}{4\pi\varepsilon_0}\left(\frac{4}{3}\pi a^3 \rho\right).\frac{e}{a^2} = -\frac{\rho e a}{3\varepsilon_0}.$$

A função é $F = -k.a$, sendo $k = \dfrac{\rho . e}{3\varepsilon_0}$

$$k = \frac{e}{\frac{4}{3}\pi r^3} . \frac{e}{3\varepsilon_0} = \frac{e^2}{4\pi\varepsilon_0 r^3} .$$

Substituindo esse valor de *k* na expressão de *f*, teremos:

$$f = \frac{1}{2\pi}\sqrt{\frac{e^2}{4\pi\varepsilon_0 \text{m} \text{r}^3}}$$

$$5.10^{14} = \frac{1}{2\pi}\sqrt{\frac{\left(1{,}610^{-19}\right)^2 .9.10^9}{9{,}11.10^{-31} r^3}} \rightarrow r = 2{,}95.10^{-10} \text{m}$$

Nota: as leis de Maxwell do eletromagnetismo clássico preveem que um corpo carregado acelerado, como é o caso de um elétron vibrante, emite radiação eletromagnética.

A análise feita acima permite compreender qualitativamente a emissão de radiação por átomos excitados, com base no modelo atômico de Thomson. Fica faltando, porém, a concordância quantitativa com as raias espectrais observadas experimentalmente.

A luz que atravessa um gás frio pode excitar elétrons do estado fundamental, conduzindo-os para níveis superiores, e as riscas negras observadas na luz transmitida são do espectro de absorção dos elétrons. Num gás aquecido as colisões atômicas são mais intensas, provocando maior excitação dos elétrons que emitem a partir de níveis mais altos, produzindo as linhas intensas do espectro de emissão.

Bohr conseguiu uma brilhante solução para o problema do modelo atômico de Rutherford, relacionando a descontinuidade dos espectros (no caso do hidrogênio, a série de Balmer) à constante de Planck[4] e ao quantum de luz de Einstein.[5]

6.5 A EXPERIÊNCIA DE FRANCK-HERTZ

Dentre as várias comprovações experimentais da teoria de Bohr (1913), merece destaque um experimento realizado pelos físicos alemães James Franck e Gustav Hertz, logo a seguir (1914). A Figura 6.8 mostra o aparato experimental.

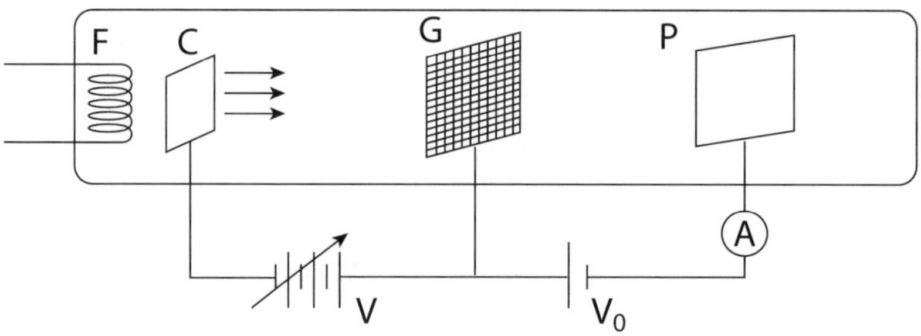

Figura 6.8 – Num tubo de vidro contendo vapor de mercúrio está representado um filamento F para aquecer o cátodo C. Entre C e a grade G há uma diferença de potencial variável V. O amperímetro A indica a corrente de elétrons que, após passarem pela grade G, conseguem vencer a pequena diferença de potencial oposta V_0 e atingir a placa P.

Os elétrons livres emitidos pelo cátodo aquecido C são acelerados pela diferença de potencial V e dirigem-se à grade G. Alguns deles interagem com elétrons dos átomos de mercúrio contido no tubo. Segundo a teoria de Bohr, somente dois resultados são possíveis:

1) Os elétrons livres não têm a energia de que um elétron do átomo de Hg precisa para dar um salto quântico. Neste caso, não há troca de energia, pois os elétrons do Hg não absorvem energia em quantidade menor do que o pacote mínimo de que necessitam. Os elétrons livres continuam sendo acelerados, atravessam a grade e atingem a placa P, sendo detectados pela medida da corrente elétrica no amperímetro A. Se a diferença de potencial V for aumentada, mais elétrons livres são emitidos, todos atravessam a grade e a corrente elétrica medida aumenta.

4 Ver radiação do corpo negro, Capítulo 4.

5 Ver Capítulo 5.

2) Os elétrons livres têm energia maior ou igual à quantidade mínima necessária para um elétron do átomo de Hg dar um salto quântico. Nesta situação, quando um elétron livre interage com um elétron do átomo de Hg, transfere energia a ele e, por ficar com pouca energia, dificilmente conseguirá chegar até a placa P, sendo, em geral, absorvido pela grade. Assim, a maioria dos elétrons livres que interagem com elétrons dos átomos de Hg não é detectada pelo amperímetro. Portanto, deve-se esperar uma queda acentuada da corrente elétrica para um determinado valor de V.

Foi este segundo resultado que, de fato, se observou.

Continuando-se a aumentar a ddp V, o número de elétrons livres provenientes do cátodo aumenta e a curva é novamente ascendente, até que seja atingido um novo valor correspondente a outro salto quântico: mais elétrons livres transferem sua energia para os elétrons dos átomos de Hg e uma nova queda da intensidade de corrente acontece.

A Figura 6.9 mostra o resultado experimental publicado por Franck e Hertz.

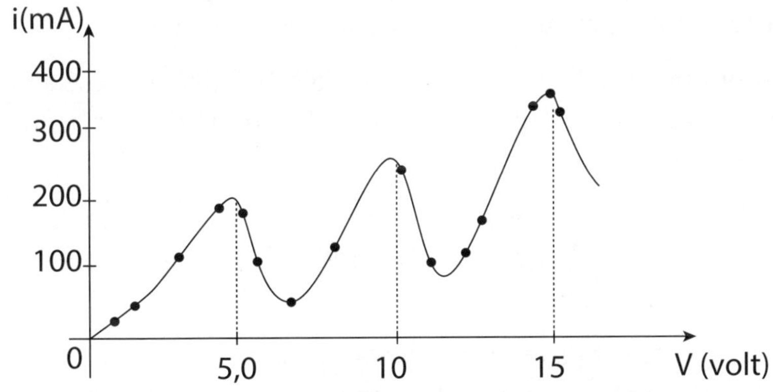

Figura 6.9 – Um desnível constante de 4,9 V ocorre entre os diversos picos de corrente elétrica.

Franck e Hertz puderam, então, determinar os níveis de energia das órbitas do átomo de Hg.

O desnível de energia ΔE = 4,9 e V = 4,9.1,6.10^{-19} J, de acordo com a expressão (6.17) ΔE = *h.f*, corresponde a um fóton de frequência

$$f = \frac{\Delta E}{h} = \frac{4{,}9.1{,}6.10^{-19}\,\text{J}}{6{,}63.10^{-34}\,\text{J.s}} = 1{,}18.10^{15}\ \text{Hz}$$

e comprimento de onda

$$\lambda = 253\,\text{nm}.$$

Há no espectro do mercúrio uma linha com essa característica.

Além de comprovar o modelo atômico de Bohr, a experiência de Franck-Hertz permite, como vimos, determinar grandezas microscópicas a partir de grandezas macroscópicas; no caso, permite conhecer a diferença de energia entre dois níveis no átomo de mercúrio partindo de medidas de ddp elétrico num tubo. A espectroscopia havia avançado, possibilitando medidas cada vez mais precisas. Paschen foi o responsável pela identificação de outra série de linhas espectrais do hidrogênio, agora na região do infravermelho. Ele também verificou que as linhas da série de Balmer eram, na realidade, linhas duplas muito próximas, os chamados dupletos. Mas qual a razão de sua existência? A teoria de Bohr não conseguia explicá-las. Arnold Sommerfeld, em 1916, propôs um complemento às condições impostas por Bohr, uma lei de quantização mais geral. Tal alteração, que considera órbitas elípticas para os elétrons e leva em conta a teoria da relatividade, conseguiu explicar os resultados experimentais naquela época, inclusive a chamada estrutura fina, ou seja, a existência dos multipletos.

Sommerfeld introduz a ideia de subcamadas atômicas para ajustar o modelo de Bohr, que, para muito além dos conceitos clássicos, exigia modificações na teoria. A estrutura atômica se torna, então, um pouco mais complexa.

De acordo com a teoria de Bohr, a cada órbita eletrônica pode-se associar um vetor $\vec{L}$, perpendicular ao plano da órbita do elétron: L = m. v. r = n. ħ, com n = 1, 2, 3,..., conforme o número da órbita em que se encontra o elétron.

Sommerfeld aprimorou a teoria de Bohr introduzindo a ideia da quantização espacial. Ele admitiu órbitas elípticas obedecendo a duas quantizações: a do momento angular e a do momento linear.

Apenas algumas das órbitas e os correspondentes vetores $\vec{L}$ são permitidos. A propriedade se chama quantização espacial porque as órbitas permitidas estão localizadas em diferentes planos do espaço.

Em 1925, dois jovens físicos holandeses, George Uhlenbeck e Samuel Goldsmit, concluíram que o elétron tem um magnetismo próprio ou intrínseco, que chamaram de spin. Cada elétron pode ter dois vetores possíveis, com os valores $m_s = +\frac{1}{2}$ e $m_s = -\frac{1}{2}$. O spin do elétron trouxe um refinamento ao modelo de Bohr- Sommerfeld.

Os estados quânticos de um elétron no átomo passam a ser definidos pelos números quânticos:

- Número quântico principal **n** (relacionado ao nível de energia do elétron ou sua distância ao núcleo), com os valores permitidos 1, 2, 3,...
- Número quântico orbital **l** (relacionado ao vetor $\vec{L}$ e à forma da órbita: circunferência ou elipse), com os valores 0, 1, 2,... (n -1).

- Número quântico magnético orbital $\boldsymbol{m_l}$ (relacionado ao momento angular orbital que descreve a quantização espacial), com valores 0, ±1, ±2,... ±*l*.
- Número quântico magnético de spin m_s (relacionado ao momento angular de spin do elétron), com os valores possíveis $-\frac{1}{2}$ e $+\frac{1}{2}$.

Ainda em 1925, o físico austríaco Wolfgang Pauli, analisando os espectros de diversos elementos, verificou que, ao incluir o spin do elétron m_s como quarto número quântico, obtinha conjuntos de números que, em cada átomo, nunca se repetiam.

O princípio da exclusão de Pauli tem o seguinte enunciado: num mesmo átomo estável não podem existir dois elétrons com o mesmo conjunto de números quânticos n, l, m_l e m_s.

A aplicação desse princípio define uma única estrutura possível de camadas eletrônicas nos átomos de todos os elementos.

6.6 AS PROPRIEDADES DOS ELEMENTOS E A EXPLICAÇÃO DA QUÍMICA

Um átomo interage com outros átomos por meio da nuvem eletrônica, sua parte mais externa.

Os químicos já sabiam que certos elementos de diferentes massas atômicas apresentavam propriedades químicas semelhantes. Colocados numa tabela na sequência de suas massas atômicas, verificou-se que os elementos ficam com propriedades semelhantes, por exemplo, a intervalos de oito em oito elementos. Daí a denominação de tabela periódica dos elementos químicos.

Bohr apresentou em 1922 palestras a respeito da teoria quântica e da estrutura dos átomos. Suas explicações acerca da estrutura eletrônica dos átomos constituem a base científica da química.

A ideia de Bohr foi transmitida da seguinte maneira: imagine um núcleo atômico ao qual vão-se agregando elétrons. Em qualquer átomo, o primeiro elétron vai para a posição energética igual à do estado fundamental do átomo de hidrogênio. Um segundo elétron vai ocupar um estado de igual energia. Este seria o caso do hélio, que tem apenas dois elétrons. Segundo a teoria de Bohr, com a contribuição de Sommerfeld, neste nível só cabem dois elétrons.

Ao juntarmos mais um elétron ao átomo, forçosamente o elétron vai para um nível superior de energia; dois dos elétrons ficam bem ligados ao núcleo e o terceiro fica mais livre. Assim, um átomo de três prótons e três elétrons (o lítio) apresenta semelhanças químicas com o hidrogênio. O próximo elemento a apresentar semelhanças com o lítio é o sódio, que tem número atômico $Z = 11$, ou seja, fica oito casas adiante do lítio, que tem $Z = 3$. Bohr, então, concluiu haver oito lugares de igual energia acima dos dois elétrons inferiores.

Após o preenchimento dessa camada, o 11º elétron é obrigado a ocupar um estado de mais energia, ficando, portanto, o sódio também semelhante ao hidrogênio.

Então, as propriedades químicas de certo átomo estão ligadas ao número de elétrons de sua última camada eletrônica. Os elétrons internos têm importância secundária para a química.

A explicação dada por Bohr para a tabela periódica dizia respeito ao preenchimento sucessivo de camadas eletrônicas, sem justificar o porquê de oito elétrons completarem a segunda camada.

Os átomos com camadas preenchidas são mais estáveis, e isso explica o fato de o hélio ($Z = 2$) rejeitar reações químicas com os outros elementos, uma vez que apresenta a camada exterior preenchida.

O cloro ($Z = 9$) tem sete elétrons na segunda camada e o sódio ($Z = 11$) tem um elétron na sua última camada. Para a satisfação de ambos, quando o sódio cede o seu elétron exterior fica com a última camada completa e se transforma no íon Na^+. O mesmo acontece com o átomo do cloro: ao receber o elétron, fica com sua camada externa completa, transformando-se no íon Cl^-. Nessa ligação iônica, a atração eletrostática tende a mantê-los juntos, formando o sal NaCl.

Ao se juntarem dois átomos de hidrogênio para a formação de uma molécula, eles compartilham o seu elétron, de maneira que cada um fica com sua camada completa.

O carbono tem seis prótons e seis elétrons. Dois destes estão na camada interna, os outros quatro localizam-se na camada externa. Quando um átomo de carbono se liga quimicamente a quatro átomos de hidrogênio, ocorre que cada átomo de hidrogênio compartilha o seu elétron com o átomo de carbono. Assim, cada átomo de hidrogênio fica com dois elétrons e o átomo de carbono fica com oito elétrons na última camada.

As reações químicas puderam ser explicadas dessa maneira, como uma transferência de elétrons entre átomos ou como uma partilha de elétrons, até se atingir a estabilidade própria das camadas eletrônicas preenchidas.

6.7 O PRINCÍPIO DA CORRESPONDÊNCIA

Bohr, em 1923, enunciou o princípio da correspondência, que estabelece a relação entre as mecânicas clássica e quântica.

Tal princípio afirma que a teoria quântica deve corresponder à teoria clássica numa situação em que o sistema em estudo se comporta classicamente. Em essência, pode-se dizer que a teoria quântica vale para pequenos valores do número quântico principal n, e a mecânica clássica se revela adequada para valores grandes de n.

Do mesmo modo que a mecânica relativística de Einstein deve apresentar os mesmos resultados que a mecânica clássica de Newton quando estão envolvidas pequenas velocidades, também a mecânica quântica deve apresentar os mesmos resultados que a mecânica clássica quando estão presentes grandes números quânticos.

O princípio da correspondência faz a transição harmoniosa entre as duas teorias, definindo aquela a ser utilizada mais apropriadamente em cada caso.

Exercício VI

a) Calcule o comprimento de onda associado ao movimento de uma bala de massa 10 g à velocidade de $200\ \text{m/s}$.

Solução

$$E = \frac{1}{2}mv^2$$

$$E = \frac{1}{2}1.10^{-2}.4.10^4\ \text{J} = 200\ \text{J}$$

$$E = h.f$$

$$200 = 6{,}63.10^{-34}.f \Rightarrow f = 3.10^{35}\ \text{s}^{-1}$$

$$v = \lambda.f$$

$$200 = \lambda.3.10^{35} \Rightarrow \lambda = 6{,}6.10^{-34}\ \text{m}$$

b) Repita o raciocínio acima para encontrar o comprimento de onda de um carro de massa $m = 1.10^3$ kg à velocidade de $108\ \text{km/h} = 30\ \text{m/s}$.

$$f = 6{,}8.10^{38}\ \text{s}^{-1} \text{ e } \lambda = 4{,}4.10^{-38}\ \text{m}$$

Nesses dois casos, percebe-se nitidamente que, pela impossibilidade de medir tais frequências e comprimentos de onda, os movimentos da bala e do carro devem ser tratados de acordo com a teoria clássica.

O que impressiona na teoria quântica desenvolvida por Bohr e Sommerfeld, e apresentada no primeiro quarto do século XX, era a sua capacidade de explicar os fenômenos lançando mão, às vezes, da mecânica clássica e, às vezes, de regras de ajuste sem um apoio teórico que as justificasse. Essa falta de embasamento teórico e filosófico incomodou fortemente os físicos da época.

Tal insatisfação, aliada a novas descobertas feitas por eminentes cientistas como Louis de Broglie, Albert Einstein, Erwin Schrödinger, Werner Heisenberg, Wolfgang Pauli, Max Born, Paul Dirac e Enrico Fermi, entre outros, levou ao estabelecimento da mecânica quântica, teoria com formalismo mais adequado, elegante e consistente.

EXERCÍCIOS RESOLVIDOS

1) Na série de Lyman para o átomo de hidrogênio, encontre a frequência da radiação correspondente à terceira linha. Para essa série, m = 1 e n = 2,3,4...

Solução

$$\frac{1}{\lambda} = R_H\left(\frac{1}{m^2} - \frac{1}{n^2}\right),\ \text{com m = 1, n = 4 e } R_H = 1{,}09737.10^{7}\ \text{m}^{-1}$$

$$\lambda = 9{,}720.10^{-8}\ \text{m}$$

$$f = \frac{c}{\lambda} \rightarrow f = 3{,}086.10^{15}\ \text{Hz}$$

Tal frequência encontra-se, portanto, na região ultravioleta do espectro das radiações.

2) Encontre o comprimento de onda e a frequência correspondente ao limiar da série de Paschen (m = 3; n = 4,5,6...) e para a primeira linha.

Solução

Limiar:

$$\frac{1}{\lambda} = 1{,}09737.10^{7}\left(\frac{1}{3^2} - \frac{1}{\infty}\right)$$

$\lambda = 8{,}201.10^{-7}\ \text{m}$

$f = 3{,}658.10^{14}\ \text{Hz}$

Primeira linha:

$$\frac{1}{\lambda}=1,09737.10^{7}\left(\frac{1}{3^{2}}-\frac{1}{4^{2}}\right)\rightarrow\lambda=1,875.10^{-6}\ \text{m}$$

$$f=1,600.10^{14}\ \text{Hz}$$

As frequências dessa série estão na região do infravermelho.

3) Descreva a obtenção experimental dos espectros atômicos.

Solução

Um espectro de emissão de certo elemento pode ser obtido colocando-o na fase gasosa em um tubo. Ao se aplicar uma diferença de potencial elétrico nas extremidades do tubo obtém-se uma descarga luminosa. Decompondo-se essa luz num prisma ou numa rede de difração, surgem linhas com distância decrescente entre elas. É o espectro de emissão.

Quando a luz branca, após atravessar um fluido, é dispersada num prisma, surgem linhas negras correspondentes à absorção da luz pelo elemento contido no fluido. Esse é o espectro de absorção do elemento.

4) Faça um resumo, desde a Antiguidade Clássica até o início do século XX, dos modelos idealizados para o átomo.

Solução

Os filósofos gregos do século V a.C. Leucipo e seu discípulo Demócrito descreveram o átomo, indivisível, como esferas maciças em movimento incessante no vácuo.

J. J. Thomson, no final do século XIX, propôs que os elétrons, por ele descobertos, ficavam no interior de uma massa uniforme e positiva, como num pudim de ameixas ou de passas.

A experiência de espalhamento de partículas positivas lançadas contra uma fina folha metálica mostrou ser errado o modelo de Thomson. O átomo, segundo o modelo de Rutherford, chefe da equipe que realizou tais experiências, é constituído de um núcleo positivo e de pequenas dimensões, bastante denso. Os elétrons, de carga negativa e pequena massa, giram em órbitas circulares, bastante afastadas do núcleo, imaginando-se, então, o átomo basicamente vazio.

Porém, a descrição do átomo de Rutherford não está de acordo com as leis do eletromagnetismo. Os elétrons em seu movimento curvo estão acelerados, devendo emitir radiação e cair no núcleo. Falta estabilidade a esse modelo atômico, proposto em 1911.

Bohr, fazendo uso da física clássica e de ideias novas da física quântica, lançou em 1913 um novo modelo atômico, na tentativa de explicar os espectros atômicos, bastante estudados na época.

Três postulados, sem muita justificativa, conseguiam superar a dificuldade encontrada no modelo de Rutherford: os elétrons ficavam em camadas permitidas em torno do núcleo atômico.

Ao passar para outra camada permitida, de energia menor, o elétron irradiava energia e poderia passar a outra camada de mais energia, absorvendo a energia faltante.

Sommerfeld propôs ajustes ao modelo das camadas de Bohr, e esse novo modelo consegue explicar a química a partir da tabela periódica dos elementos.

No primeiro quarto do século XX está pronto o cenário para o advento da nova física quântica.

5) Uma partícula, de energia 4,5 M eV, dirige-se frontalmente contra um núcleo de ouro (Z = 79). Calcule a mínima distância de aproximação entre essas duas partículas.

Solução

Igualando a energia cinética da partícula incidente à energia potencial elétrica entre as duas partículas na posição de máxima aproximação,

$$EC = \frac{k.q_\alpha.Q}{r}, \text{ temos}$$

$$4,5.10^6.1,6.10^{-19} = \frac{9.10^9.2.1,6.10^{-19}.\ 79.1,6.10^{-19}}{r}.$$

Daí, $r = 5,06.10^{-14}$ m.

6) Um feixe de partículas α, com energia de 4 M eV e intensidade de 10^5 partículas por segundo, incide perpendicularmente sobre uma folha de ouro de densidade $19,3\,\text{g}/\text{cm}^3$, peso atômico 197 e espessura 2.10^{-5} cm. Se θ é o ângulo entre a direção da partícula incidente e a da partícula emergente, calcule o número de partículas α espalhadas com ângulos θ maiores do que 20° durante 10 minutos.

Solução

$$b = \frac{k.q_\alpha.Q}{m_\alpha.v^2}\ .\ cot\frac{\theta}{2}$$

$$E = \frac{1}{2}m_\alpha.v^2$$

$$4.10^6.1,6.10^{-19} = \frac{1}{2}m_\alpha.v^2 \rightarrow m_\alpha.v^2 = 12,8.10^{-13}\,\mathrm{J}$$

$$q_\alpha = 2.e = 3,2.10^{-19}\,\mathrm{C}$$

$$Q = Z\,e = 126,4.10^{-19}\,\mathrm{C}$$

cot 10° = 5,6713

$$b = \frac{9.10^9.3,2.10^{-19}.126,4.10^{-19}}{12,8.10^{-13}}\ .\ 5,6713$$

$$b = 1,613.10^{-13}\,\mathrm{m}$$

$f = \pi.b^2.t.n$, sendo n = o número de núcleos/volume

$$Volume\,do\,núcleo = \frac{0,197\,\mathrm{kg}}{6,02.10^{23}} : 19,3.10^3\,\mathrm{kg/m^3}$$

Volume do núcleo $= V = 1,696.10^{-29}\,\mathrm{m^3}$

Portanto: em $1\,\mathrm{m^3}$ há $5,896.10^{28}$ núcleos.

$$f = \pi.\left(1,613.10^{-13}\right)^2.2.10^{-7}\,.\,5,896.10^{28}$$

$f = 9,638.10^{-4}$ (fração das partículas incidentes).

Partículas incidentes em 10 minutos

$$600.1.10^5 = 6.10^7$$

O número de partículas desviadas com θ > 20° em 10 minutos será

$$N = f.6.10^7 \rightarrow N = 5,78.10^4\ \text{partículas.}$$

EXERCÍCIOS COM RESPOSTAS

1) Determine o comprimento de onda da radiação correspondente à primeira linha da série de Brackett para o átomo de hidrogênio (para essa série, m = 4; n = 5,6,7...).

Resposta:

Para a primeira linha da série de Brackett para o átomo de hidrogênio vale

$$\frac{1}{\lambda}=1,09737.10^{7}\left(\frac{1}{4^{2}}-\frac{1}{5^{2}}\right)$$

$\lambda = 4,050.10^{-6}$ m e $f = 7,407.10^{13}$ Hz

2) Determine o limite da série de Pfund (m = 5; n = 6,7,8...).

Resposta:

O limite da série de Pfund (m = 5; n = 6,7,8...) para o átomo de hidrogênio apresenta $\lambda = 2,278.10^{-6}$ m e $f = 1,317.10^{14}$ Hz.

3) Determine a frequência das radiações correspondentes à primeira e à segunda linhas, na série de Lyman, para o átomo de hidrogênio. Qual é o comprimento de onda correspondente ao limiar de série de Lyman? Onde se encontram essas radiações no espectro eletromagnético?

Respostas:

Primeira linha: $\lambda = 1,215.10^{-7}$ m e $f = 2,469.10^{15}$ Hz.

Segunda linha: $\lambda = 1,025.10^{-7}$ m e $f = 2,926.10^{15}$ Hz.

Limiar: $\lambda = 9,113.10^{-7}$ m e $f = 3,292.10^{15}$ Hz.

As radiações da série de Lyman se encontram na região do ultravioleta.

4) Calcule a faixa de frequência coberta pela série de Balmer. Compare com as frequências da região visível do espectro:

Tabela 6.1 – Comprimentos de onda das radiações da região visível do espectro eletromagnético

Cor	λ (Å = 10^{-10} m)
Violeta	3.800-4.300
Azul	4.300-4.700
Verde	4.700-5.200

Cor	λ (Å = 10^{-10} m)
Amarelo	5.200-5.900
Alaranjado	5.900-6.100
Vermelho	6.100-7.500

Resposta:

A série de Balmer (m = 2 e n = 3,4,5...) tem a primeira linha com $\lambda = 6,563.10^{-7}$ m e $f = 4,572.10^{14}$ Hz, na região do vermelho.

O limiar da série apresenta $\lambda = 3,645.10^{-7}$ m e $f = 8,230.10^{14}$ Hz, no ultravioleta. Sugestão de atividade: descubra as cores das raias 2 e 3.

5) Explique o que é espectro de emissão de um átomo.

Resposta:

O espectro de emissão de um elemento indica a ausência de determinados comprimentos de onda na luz emitida por ele.

O conjunto de linhas ou raias espectrais é uma característica de cada elemento, como se fosse sua impressão digital.

6) Explique o que é espectro de absorção de um átomo.

Resposta:

Quando a luz branca passa por um fluido que contém certo elemento químico, seu espectro revela linhas escuras que correspondem à absorção da luz pelo elemento. É o espectro de absorção.

7) Cite aplicações práticas dos espectros atômicos.

Resposta:

A espectroscopia permite, graças às raias de frequências características, identificar elementos químicos presentes em determinada substância. Permite também a identificação de substâncias presentes em estrelas.

8) Explique o modelo de Rutherford para o átomo e mostre as diferenças fundamentais com relação ao modelo de Thomson.

Resposta:

O modelo de Rutherford, baseado no espalhamento de partículas α incidentes em finas lâminas de metal, é similar ao sistema planetário, com um núcleo massivo e de carga positiva, envolto por uma região de baixa densidade elétrica, onde podem estar orbitando os elétrons (nuvem eletrônica negativa), à semelhança dos planetas em torno do Sol.

Pela experimentação, o modelo de Rutherford substituiu o modelo de Thomson, que consiste numa massa uniforme de prótons, com elétrons dispostos em seu interior, de modo a equilibrar as forças eletrostáticas entre eles.

9) Calcule o parâmetro de impacto b de uma partícula α de 5 MeV espalhada por um núcleo de ouro (Z = 79) em um ângulo de 10º. Determine a fração do feixe incidente que é espalhada em ângulos maiores do que 10° por uma folha de ouro de espessura 1.10^{-6} m (sugestão: veja o exercício resolvido 6).

Respostas:

$$b = \frac{k.q_\alpha.Q}{m_\alpha.v^2} \cdot cot\frac{\theta}{2}$$

$$b = 2,60.10^{-13}\text{ m}$$

Fração espalhada:

$$f = \pi.b^2.t.n \text{, com } n = \frac{n^o\, de\, núcleos}{unidade\, de\, volume}$$

$$f = 0,0125\,.$$

10) Apresente os postulados de Bohr para o átomo.

Resposta:

Os postulados de Bohr para o átomo foram:

I) O elétron apresenta órbita circular em torno do núcleo, mantida por força eletrostática.

II) O elétron somente se mantém estável nas órbitas em que seu momento angular L é múltiplo inteiro de $\hbar = \frac{h}{2\pi}$, isto é,

$$L = m.v.r = n\hbar\text{, sendo } n = 1,2,3...$$

III) Ao passar de uma órbita onde a energia do elétron é E_i para outra de energia E_f, o elétron emite radiação, de frequência $f = \frac{E_i - E_f}{h}$.

11) Em condições favoráveis, o olho humano pode detectar 4.10^{-18} J de energia eletromagnética. Determine quantos fótons de 4.500 Å essa energia representa.

Resposta:

$$E = nhf = nh\frac{c}{\lambda}$$

$$n = \frac{4.10^{-18}.4,5.10^{-7}}{6,63.10^{-34}.3.10^{8}} = 9$$

12) Explique a correção para massa nuclear finita e cite as consequências de sua aplicação na teoria de Bohr.

Resposta:

No modelo de Bohr o núcleo não apresenta rotação, estando nele o centro de massa do átomo. Apesar de a massa do núcleo ser bastante superior à de elétron, o núcleo também se move em torno do verdadeiro centro de massa. Tendo em vista a correção necessária para aquela suposição de Bohr, usa-se a massa reduzida $\mu = \frac{M.m}{M + \mathrm{m}}$, sendo M a massa do núcleo e m, a do elétron.

13) Descreva a experiência de Franck-Hertz e explique os resultados obtidos por ela.

Resposta:

A experiência de Franck-Hertz (1914) comprova o modelo de Bohr para o átomo e determina grandezas microscópicas a partir de grandezas macroscópicas, ou seja, descobre-se a diferença de energia entre dois níveis do átomo de Hg a partir de medidas elétricas de corrente elétrica i e de tensão V.

Elétrons ejetados pelo cátodo são acelerados, atravessam a grade e são freados até chegarem à placa P (Figura 6.8).

Aumentando V, há um aumento na corrente elétrica que passa pelo circuito: são os elétrons que conseguem alcançar a placa P.

Ao se chegar a determinada tensão, a corrente cai bruscamente, há uma redução no número de elétrons que atingem a placa.

O gráfico corrente × tensão apresenta picos para cada 4,9 V.

Interpretação para o fato experimental:

Quando um elétron é acelerado até que sua energia seja de 4,9 eV, ao colidir com um átomo do vapor de mercúrio cede sua energia a ele, ficando com energia insuficiente para alcançar a placa. Essa transferência de energia não ocorre quando o elétron tem outro valor de energia. Portanto, conclui-se que 4,9 eV é exatamente a diferença de energia entre os dois níveis mais baixos de Hg (chamada energia de excitação).

A experiência de Franck e Hertz demonstra que os elétrons dos átomos de mercúrio só têm a capacidade de absorver a energia que corresponde exatamente à diferença entre dois valores permitidos. Não há absorção para valores intermediários de energia.

14) Suponha que o momento angular da Terra, de massa 6.10^{24} kg, devido ao seu movimento de translação ao redor do Sol, numa órbita de raio $1{,}5.10^{11}$ m, seja quantizado segundo a relação de Bohr, $L = \frac{nh}{2\pi}$. Determine o número quântico n. Justifique se é possível detectar essa quantização e analise esta questão à luz do princípio de correspondência.

Resposta:

Segundo a relação de Bohr,

$$L = m.v.r = \frac{nh}{2\pi}.$$

Substituindo os valores:

$m = 6.10^{24}$ kg

$v = \frac{2\pi r}{\Delta t} = 29.886 \ {}^{m}\!/_{s} \cong 3{,}0.10^{4} \ {}^{m}\!/_{s}$

$r = 1{,}5.10^{11}$ m e

$h = 6{,}63.10^{-34}$ J.s

pode-se chegar a $n = 2{,}6.10^{74}$.

Pelo princípio da correspondência, portanto, a teoria que se aplica a este problema é a mecânica clássica.

7 EQUAÇÃO DE SCHRÖDINGER

Eraldo Cordeiro Barros Filho
Luciana Kazumi Hanamoto

Considerando-se uma partícula de massa *m*, num movimento unidimensional e sujeita a uma força resultante F(x,t), deseja-se, na mecânica clássica, determinar a sua posição em qualquer instante de tempo x(t). Com essa informação, tudo pode ser determinado do sistema físico, como velocidade (v(t) = dx/dt), momento linear (p(t) = *m*v(t)), energia cinética ($K(t) = mv(t)^2/2$) e qualquer outra variável dinâmica de interesse. Contudo, como determinar x(t)? Aplicamos a segunda lei de Newton ($F = ma = md^2x/dt^2$) e, sabendo que num sistema conservativo a força é dada por $F = -dV/dx$, em que V é a energia potencial do sistema, a segunda lei de Newton torna-se $md^2x/dt^2 = -dV/dx$. A partir disso, e conhecendo as condições iniciais apropriadas do problema, pode-se obter x(t) e conhecer todo o sistema físico com a precisão que se desejar, a depender somente do aparato experimental.

Na mecânica quântica, para se conhecer o sistema físico, a abordagem é bem diferente, pois as partículas apresentam característica dual onda/partícula que é ausente na mecânica clássica, e também estão sujeitas ao princípio de incerteza de Heisenberg, o que nos impede de conhecer o sistema físico com precisão infinita, uma vez que mesmo teoricamente a precisão do experimento possuirá um limite.

Como descrever um sistema físico em que fenômenos quânticos são relevantes? A resposta é conhecer a função de onda $\Psi(x,t)$ que descreve o sistema e é solução da equação de Schrödinger. Essa equação não pode ser demonstrada, pois na teoria quântica ela é dada como um postulado, mas podemos citar algumas de suas características e limitações com artifícios menos tortuosos do que os usados pelo próprio físico austríaco Erwin Schrödinger, responsável pela sua proposição.

Assim, começamos lançando hipóteses acerca das propriedades desejadas da equação de onda na mecânica quântica:

1) A equação deve ser consistente com os postulados de De Broglie e de Einstein:

$$\lambda = h/p \text{ e } E = h\nu \tag{7.1}$$

2) A equação deve ser linear, ou seja, se $\Psi_1(x,t)$ e $\Psi_2(x,t)$ são duas soluções diferentes da equação de Schrödinger para uma dada energia potencial V, então qualquer combinação linear arbitrária dessas soluções também é uma solução $[\Psi(x,t) = A\Psi_1(x,t) + B\Psi_2(x,t)]$ para quaisquer valores constantes de A e B.

3) Deve conservar a energia total (E):

$$E = K + V, \tag{7.2}$$

em que K representa a energia cinética do sistema e V a sua energia potencial.

A energia cinética $K = mv^2/2$ pode ser reescrita relacionando-a com o momento linear $p = mv$ da seguinte maneira:

$$K = \frac{p^2}{2m}.$$

Usando a relação de De Broglie, reescrevemos:

$$p = \frac{h}{\lambda} \Rightarrow K = \frac{h^2}{2\lambda^2 m}.$$

Assumindo por simplicidade que a função de onda é harmônica e não depende do tempo:

$$\Psi(x) = Asen(kx).$$

A derivada segunda dessa função será:

$$\frac{\partial^2\Psi}{\partial x^2} = -k^2 Asen(kx) = -k^2\Psi.$$

Mas $k = \dfrac{2\pi}{\lambda}$ é o número de onda, e daí vem: $\dfrac{\partial^2 \Psi}{\partial x^2} = -\dfrac{4\pi^2}{\lambda^2}\Psi$ (I)

Sabemos que:

$$K = E - V$$

$$\frac{h^2}{2\lambda^2 m} = E - V$$

$$\lambda^2 = \frac{h^2}{2(E-V)m}$$

Voltando em (I), temos:

$$\frac{\partial^2 \Psi}{\partial x^2} = -\frac{4\pi^2}{h^2} 2m(E-V)\Psi$$

Definindo $\hbar = \dfrac{h}{2\pi}$ (lê-se "h cortado"), chegamos em: $\dfrac{\partial^2 \Psi}{\partial x^2} = -\dfrac{2m}{\hbar^2}(E-V)\Psi$

$$-\frac{\hbar^2}{2m}\frac{\partial^2 \Psi}{\partial x^2} + V\Psi = E\Psi$$

Para uma função de onda Ψ(x,t), temos:

$$-\frac{\hbar^2}{2m}\frac{\partial^2 \Psi(x,t)}{\partial x^2} + V(x,t)\Psi(x,t) = i\hbar\frac{\partial \Psi(x,t)}{\partial t}, \tag{7.3}$$

em que $\hat{E} = i\hbar\dfrac{\partial}{\partial t}$ é o operador energia e pode ser demonstrado de várias maneiras, como será visto mais adiante.

A equação (7.3) apresentada é a equação de Schrödinger, que respeita as hipóteses lançadas inicialmente. Chegamos até ela usando um caso especial (caso da partícula livre), mas essa equação pode ser generalizada para qualquer caso. As soluções fisicamente aceitáveis para essa equação também devem possuir algumas propriedades para que a teoria tenha significado físico, o que veremos mais adiante. Contudo, para isso é necessário interpretarmos fisicamente a função de onda e tentar responder às seguintes questões: 1) qual o meio de propagação dessa onda de matéria?; 2) o que está oscilando durante a passagem dessa onda?; e, enfim, 3) essa onda tem realidade física? Essas questões só poderão ser respondidas depois que interpretarmos o significado físico da função de onda.

7.1 A INTERPRETAÇÃO DA FUNÇÃO DE ONDA

É uma característica notável da teoria quântica que ela pode ser interpretada de diferentes maneiras, sendo cada uma dessas interpretações internamente consistente e, de modo geral, consistente com os experimentos quânticos. A função de onda Ψ(x,t) possui algumas interpretações, mas aquela mais aceita pela comunidade científica, estando dentro da chamada interpretação de Copenhague ou ortodoxa, é atribuída a Max Born e foi proposta no ano de 1926.

Segundo essa interpretação, a função de onda não tem significado físico em si, e um indicativo disso é o fato de a função de onda que aparece na equação de Schrödinger ser complexa (conter o número imaginário i). Desse modo, as funções de onda são instrumentos de cálculo e contêm toda a informação que o princípio de incerteza permite que tenhamos a respeito do sistema físico associado, não cabendo perguntar o que estaria oscilando nem qual o meio de propagação dessa onda, uma vez que ela não tem realidade física.

A ligação entre as propriedades da função de onda Ψ(x,t) e o comportamento do sistema físico associado é expressa em termos da função densidade de probabilidade. Essa função descreve a probabilidade, por unidade de comprimento do eixo x, de encontrar o sistema físico próximo da coordenada x, no instante t. O postulado anunciado por Max Born, que relaciona a função densidade de probabilidade com a função de onda da mecânica quântica, é mostrado a seguir:

$$P(x,t) = \Psi^*(x,t)\Psi(x,t) = |\Psi(x,t)|^2,$$

em que $\Psi^*(x,t)$ representa o complexo conjugado de $\Psi(x,t)$.

Podemos enunciar novamente esse postulado da seguinte maneira: se, no instante t, é feita uma medida da localização do sistema físico associado à função de onda $\Psi(x,t)$, então a probabilidade $P(x,t)dx$ de que o sistema físico seja encontrado em uma coordenada entre x e x+dx é igual a $\Psi^*(x,t)\Psi(x,t)dx = |\Psi(x,t)|^2\, dx$.

Essa interpretação estatística apresenta um tipo de indeterminação dentro da mecânica quântica, pois, mesmo que se saiba tudo o que a teoria tem a dizer do sistema físico (isto é, sua função de onda), não será possível prever deterministicamente o resultado de um experimento simples para medir sua posição e momento. Tudo o que a mecânica quântica tem a oferecer é a informação estatística sobre os resultados possíveis. A função $\Psi(x,t)$ é, às vezes, chamada de amplitude de probabilidades, e, como o sistema físico tem que estar necessariamente em algum ponto do espaço, a soma das probabilidades para todos os valores possíveis de x deve ser igual a 1.

$$\int_{-\infty}^{+\infty} \Psi^* \Psi dx = 1$$

Essa condição é conhecida como condição de normalização e é imprescindível que ela seja respeitada para que a interpretação faça sentido.

7.2 EQUAÇÃO DE SCHRÖDINGER INDEPENDENTE DO TEMPO

A equação de Schrödinger é uma equação diferencial parcial, e resolvê-la pode tornar-se uma tarefa bastante difícil. Uma simplificação que podemos fazer, no caso de o potencial não depender explicitamente do tempo, é usar uma técnica chamada de separação de variáveis, que consiste em procurar soluções nas quais a função de onda Ψ(x,t) possa ser escrita como um produto de duas funções, uma delas dependendo somente de x e a outra de t e, desse modo, reduzir uma equação diferencial parcial a um conjunto de equações diferenciais ordinárias. Chamamos essa equação de equação de Schrödinger independente do tempo.

$$\Psi(\mathrm{x},\mathrm{t}) = \psi(\mathrm{x})(\mathrm{t}) \tag{7.4}$$

Substituindo essa solução na equação de Schrödinger e supondo um potencial do tipo V(x), temos:

$$\frac{-\hbar^2}{2m}\frac{\partial^2\psi(x)\varphi(t)}{\partial x^2} + V(x)\psi(x)\varphi(t) = i\hbar\frac{\partial\psi(x)\varphi(t)}{\partial t}$$

O que nos dá:

$$\frac{-\hbar^2}{2m}\varphi(t)\frac{d^2\psi(x)}{dx^2} + V(x)\psi(x)\varphi(t) = i\hbar\psi(x)\frac{d\varphi(t)}{dt}$$

Dividindo a equação por $\psi(x)\varphi(t)$, chegamos a:

$$\frac{-\hbar^2}{2m}\frac{1}{\psi(x)}\frac{d^2\psi(x)}{dx^2} + V(x) = i\hbar\frac{1}{\varphi(t)}\frac{d\varphi(t)}{dt} \tag{7.5}$$

Note que, do lado esquerdo da equação, as funções só dependem de x, enquanto do lado direito a dependência é apenas de t. Essa igualdade somente será verdadeira se uma variação de x não afetar o valor do lado direito e uma variação de t não afetar o valor do lado esquerdo. Desse modo, os dois lados devem ser iguais a uma constante C chamada de constante de separação, e com isso conseguimos encontrar duas equações diferenciais ordinárias (dependem somente de uma variável) em substituição à equação diferencial parcial (depende de duas variáveis independentes, x e t).

$$\frac{-\hbar^2}{2m}\frac{1}{\psi(x)}\frac{d^2\psi(x)}{dx^2}+V(x)=C \tag{7.6}$$

$$i\hbar\frac{1}{\varphi(t)}\frac{d\varphi(t)}{dt}=C \tag{7.7}$$

Vamos resolver a equação (7.7) por ser mais simples e não depender do potencial V(x).

$$\frac{d\varphi(t)}{\varphi(t)}=\frac{Cdt}{i\hbar}=-\frac{iC}{\hbar}dt$$

Integrando os dois lados da equação, vem:

$$\int\frac{d\varphi}{\varphi}=\int\frac{-iC}{\hbar}dt$$

A solução geral da equação é:

$$\varphi(t)=e^{-iCt/\hbar} \tag{7.8}$$

Essa função descreve a variação com o tempo de $\Psi(x,t)$ e pode-se mostrar que é uma função oscilatória de frequência $\nu = C/h$. No entanto, de acordo com o postulado de Einstein, a frequência da onda representada por $\Psi(x,t)$ é $\nu = E/h$, correspondendo a constante de separação C à energia total do sistema físico E.

E assim temos que:

$$\varphi(t)=e^{-iEt/\hbar}.$$

Então, fazendo C = E e multiplicando toda a equação (7.6) por $\psi(x)$, obtemos:

$$\frac{-\hbar^2}{2m}\frac{d^2\psi(x)}{dx^2}+V(x)\psi(x)=E\psi(x),$$

que é conhecida como equação de Schrödinger independente do tempo, muito mais simples de se resolver do que a forma geral da equação de Schrödinger. A condição de normalização pode ser aplicada e simplificada:

$$\Psi^*(x,t)\Psi(x,t)=\psi^*(x)e^{iEt/\hbar}\psi(x)e^{-iEt/\hbar}=\psi^*(x)\psi(x).$$

Portanto, temos:

$$\int_{-\infty}^{+\infty}\psi^*(x)\psi(x)dx=1. \qquad (7.9)$$

Agora estamos aptos a discutir o comportamento das soluções da equação de Schrödinger, que devem satisfazer certas condições para que sejam consideradas soluções fisicamente aceitáveis.

Como a probabilidade de encontrar o sistema físico não pode variar descontinuamente de um ponto para a sua vizinhança, o que implicaria uma derivada primeira infinita, a função de onda deve ser contínua. Além disso, ela deve ser unívoca, pois, como veremos adiante, a função de onda será utilizada para calcular os valores médios de grandezas físicas mensuráveis, como momento linear e posição, e sabemos que os valores médios dessas grandezas possuem valores finitos e bem definidos. Como já mencionado, $d\psi/dx$ deve ser finita, contínua e unívoca, porque, caso contrário, a segunda derivada seria infinita, o que não é aceitável; além disso, grandezas mensuráveis não poderiam possuir seus valores médios finitos e bem definidos, o que também não seria aceitável. Por fim, é necessário que $\psi(x)$ tenda a zero com suficiente rapidez quando x tende a mais ou menos infinito, a fim de que a condição de normalização seja satisfeita. Podemos resumir a partir dessas condições que, nas soluções da equação de Schrödinger:

- $\psi(x)$ deve existir, ser contínua, finita, unívoca, satisfazer a equação de Schrödinger e tender a zero com suficiente rapidez quando x tende a mais ou menos infinito;
- $d\psi/dx$ deve existir, ser contínua, finita e unívoca.

As equações diferenciais têm uma grande variedade de soluções possíveis, porém, apenas quando escolhemos, entre todas as possíveis, aquelas que estão de acordo com essas condições expostas é que obtemos a quantização de energia na teoria quântica de Schrödinger, pois essas condições resultam em que apenas para certos valores de energia total E podem ser obtidas soluções aceitáveis da equação de Schrödinger independente do tempo.

7.3 VALORES ESPERADOS

Na mecânica clássica, estudar um sistema físico requer o conhecimento de sua posição em função do tempo x(t), mas, nos sistemas em que a mecânica quântica passa a ser relevante, efeitos ondulatórios tornam isso impossível. Tudo o que podemos conhecer é a função de onda que controla e especifica a densidade de probabilidade do sistema físico. Desse modo, o valor esperado de uma grandeza física f(x), que se entende pela probabilidade de uma medição fornecer o valor da grandeza física f(x), é definido por:

$$\langle f(x) \rangle = \int_{-\infty}^{+\infty} \Psi^*(x,t) \hat{f}(x) \Psi(x,t)\, dx, \tag{7.10}$$

em que $\hat{f}(x)$ é o operador que representa a grandeza física.

O valor esperado de f(x) é o valor médio de f(x) que esperamos obter quando medimos a grandeza física f(x) de um grande número de partículas descritas pela mesma função de onda $\Psi(\mathrm{x},\mathrm{t})$. Note que, quando calculamos o valor esperado de uma grandeza física, o operador que representa a grandeza age sobre a função $\Psi(x,t)$ e não sobre a função $\Psi^*(x,t)$; a posição correta do operador é entre Ψ^* e Ψ.

No caso da posição, o valor esperado é:

$$\langle x \rangle = \int_{-\infty}^{+\infty} \Psi^*(x,t)\, x\, \Psi(x,t)\, dx \tag{7.11}$$

Ou seja, essa seria a posição média da partícula, sempre observada para um mesmo t e supondo que todas as partículas são descritas pela mesma função de onda. É fácil ver que, nesse caso, o operador posição $\hat{x} = x$.

Contudo, no caso de tentarmos determinar o momento linear do sistema quântico, qual seria o operador momento linear? Para encontrá-lo, consideremos uma função de onda de uma partícula livre $\Psi(x,t) = \mathrm{A}[\cos(kx - \omega t) + isen(kx - \omega t)]$. Usando a fórmula de Euller, $e^{i(kx-\omega t)} = \cos(kx - \omega t) + isen(kx - \omega t)$ pode ser escrita como $\Psi(x,t) = Ae^{i(kx-\omega t)}$. Sabendo que $p = \hbar k$, derivamos a função de onda:

$$\frac{\partial \Psi}{\partial x} = ikAe^{i(kx-\omega t)} = ik\Psi, \text{ mas } k = \frac{p}{\hbar}, \text{ e então } \frac{\partial \Psi}{\partial x} = i\frac{p}{\hbar}\Psi.$$

$$p\Psi = \frac{\hbar}{i}\frac{\partial}{\partial x}\Psi$$

Multiplicando numerador e denominador por i, chegamos a:

$$p\Psi = -i\hbar\frac{\partial}{\partial x}\Psi$$

Agora, reconhecemos que há uma associação entre a grandeza dinâmica momento linear e o operador matemático que age na função de onda. Daí podemos definir:

$$\hat{p} = -i\hbar\frac{\partial}{\partial x} \tag{7.12}$$

Podemos encontrar o operador energia derivando a função de onda da partícula livre em função do tempo:

$$\frac{\partial \Psi}{\partial t} = -i\omega Ae^{i(kx-\omega t)} = -i\omega\Psi.$$

Mas sabemos que $E = \hbar\omega$

$$\frac{\partial \Psi}{\partial t} = -i\frac{E}{\hbar}\Psi$$

$$i\hbar\frac{\partial \Psi}{\partial t} = E\Psi$$

e podemos definir o operador energia total:

$$\hat{E} = i\hbar\frac{\partial}{\partial t} \tag{7.13}$$

Essas relações não possuem restrição e são válidas não somente para a partícula livre. Na mecânica clássica, a energia total é chamada de função hamiltoniana: $H = p^2/2m + V$. Substituindo p pelo operador momento linear e supondo que o potencial não varia com o tempo, obtemos o operador hamiltoniano, representado pelo símbolo $\mathcal{H}_{op}$:

$$\mathcal{H}_{op} = \frac{\hat{p}^2}{2m} + V(x) \qquad (7.14)$$

A equação de Schrödinger independente do tempo pode ser escrita como:

$$\mathcal{H}_{op}\psi = \hat{E}\psi \qquad (7.15)$$

A vantagem de escrever dessa forma é que podemos generalizá-la para problemas mais sofisticados e complexos, como o de várias partículas em movimento no espaço tridimensional: para obtermos o operador hamiltoniano do sistema, escrevemos a energia total do sistema em termos da posição e do momento linear e substituímos as variáveis que representam o momento pelo seu operador apropriado.

7.4 SOLUÇÕES DA EQUAÇÃO DE SCHRÖDINGER INDEPENDENTE DO TEMPO

7.4.1 PARTÍCULA LIVRE

Seja uma partícula de massa m e submetida a um potencial nulo V(x) = 0. Neste caso, a partícula é considerada livre uma vez que nenhuma força age sobre ela, e a equação de Schrödinger será dada por:

$$-\frac{\hbar^2}{2m}\frac{d^2\psi(x)}{dx^2} = E\psi(x),$$

que pode ser escrita como:

$$\frac{d^2\psi(x)}{dx^2} = -\frac{2mE}{\hbar^2}\psi(x).$$

A solução dessa equação diferencial ordinária de segunda ordem é bastante conhecida e tem a forma:

$$\psi(x) = e^{ikx}, \text{ em que } k = \frac{\sqrt{2mE}}{\hbar}$$

Entretanto, essa solução não é única! Não é difícil perceber que a solução $\psi(x) = e^{-ikx}$ também é solução da equação de Schrödinger para a partícula livre. Portanto, a solução geral será dada pela combinação linear dessas soluções:

$$\psi(x) = Ae^{ikx} + Be^{-ikx},$$

em que A e B são constantes arbitrárias e $k = \frac{\sqrt{2mE}}{\hbar}$.

A energia total será dada por $E = \frac{k^2\hbar^2}{2m}$ e, lembrando que $E = \hbar\omega$, temos a função de onda total (parte espacial e temporal) dada por:

$$\Psi(x,t) = \psi(x)e^{\frac{-iEt}{\hbar}} = Ae^{i(kx-\omega t)} + Be^{-i(kx+\omega t)}. \quad (7.16)$$

O primeiro termo da função de onda pode ser interpretado por uma frente de onda propagando-se no sentido positivo de x, enquanto o segundo termo representa uma frente de onda propagando-se no sentido negativo de x.

O caso da partícula livre é de interesse teórico, mas não tem realidade física, pois se fizermos B = 0 teríamos $\psi(x) = Ae^{ikx}$ e, desse modo, a condição de normalização imposta neste problema viria a ser:

$$\int_{-\infty}^{+\infty} |\Psi|^2 \, dx = 1,$$

que vem a ser:

$$\int_{-\infty}^{+\infty} A^2 e^{2kix} dx = 1$$

$$A^2 \int_{-\infty}^{+\infty} dx = 1$$

Daí vemos que essa integral diverge, e para que o resultado fizesse sentido teríamos que A = 0, o que também perde o sentido dessa solução. Esse tipo de dificuldade surge porque o problema da partícula livre é irreal. Na verdade, a partícula nunca pode se estender sem restrições, pois experimentos reais sempre são realizados em locais que impõem algum tipo de restrição à localização da partícula, como as paredes do laboratório ou as dimensões do equipamento de medida.

7.4.2 POTENCIAL DEGRAU: ENERGIA MENOR QUE A ALTURA DO DEGRAU

Consideremos duas regiões nas quais a energia potencial é descrita pela função degrau:

$$V(x) = 0 \; para \, x < 0$$

$$V(x) = V_o \; para \, x > 0$$

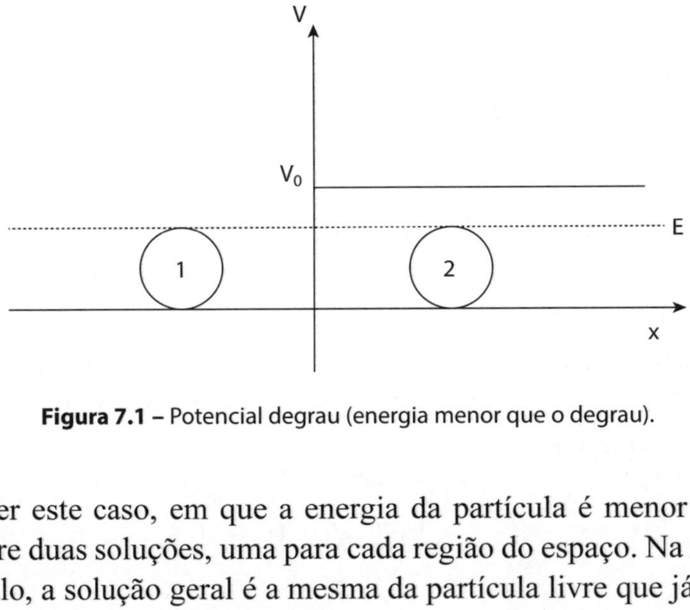

Figura 7.1 – Potencial degrau (energia menor que o degrau).

Para resolver este caso, em que a energia da partícula é menor que o potencial degrau, considere duas soluções, uma para cada região do espaço. Na região 1, em que o potencial é nulo, a solução geral é a mesma da partícula livre que já foi resolvida:

$$\psi(x) = Ae^{ik_1 x} + Be^{-ik_1 x} \text{ em que } k_1 = \frac{\sqrt{2mE}}{\hbar}$$

Na região 2, a solução não é do tipo oscilatória, como uma exponencial imaginária, mas se aproxima gradualmente do eixo x, o que nos permite propor uma solução do tipo exponencial real decrescente:

$$\psi(x) = e^{-k_2 x}.$$

Temos que:

$$\frac{d^2\psi}{dx^2} = k_2^2\psi .$$

E, substituindo na equação de Schrödinger, temos:

$$-\frac{\hbar^2}{2m}k_2^2\psi + V_o\psi = E\psi$$

$$\left(-\frac{\hbar^2}{2m}k_2^2 + V_O - E\right)\psi = 0 .$$

Resolvendo para k_2, vem:

$$k_2 = \frac{\sqrt{2m\left(V_o - E\right)}}{\hbar} .$$

A solução geral é:

$$\psi(x) = Ce^{k_2 x} + De^{-k_2 x} .$$

As constantes arbitrárias A, B, C e D devem ser escolhidas de modo que ψ satisfaça as condições de unicidade, continuidade e finitude. Portanto, C deve ser igual a zero para que a função de onda permaneça finita.

Também, para que ψ e $\frac{d\psi}{dx}$ sejam contínuas, devemos ter:

$$\psi(0)_{V=0} = \psi(0)_{V=V_o}$$

$$Ae^{ik_1 x} + Be^{-ik_1 x} = De^{-k_2 x}$$

$$A + B = D . \qquad \text{(I)}$$

Da mesma forma, a continuidade da derivada implica:

$$\left(\frac{d\psi}{dx}\right)_{V(x)=0} = \left(\frac{d\psi}{dx}\right)_{V(x)=V_0} .$$

Então, em $x = 0$ devemos ter:

$$\left(-k_2De^{-k_2x}\right)_{x=0} = \left(ik_1Ae^{ik_1x} - ik_1Be^{-ik_1x}\right)_{x=0}.$$

Daí:

$$D\left(\frac{ik_2}{k_1}\right) = A - B. \tag{II}$$

Somando I e II, obtemos:

$$A = \frac{D}{2}\left(1 + \frac{ik_2}{k_1}\right) \text{ e } B = \frac{D}{2}\left(1 - \frac{ik_2}{k_1}\right).$$

Desse modo, podemos escrever:

$$\psi(x) = \begin{Bmatrix} \dfrac{D}{2}\left(1 + i\dfrac{k_2}{k_1}\right)e^{ik_1x} + \dfrac{D}{2}\left(1 - i\dfrac{k_2}{k_1}\right)e^{-ik_1x} & x \le 0 \\ De^{-k_2x} & x \ge 0 \end{Bmatrix}.$$

E, finalmente, a função de onda total será dada por:

$$\Psi(x,t) = \begin{Bmatrix} \dfrac{D}{2}\left(1 + i\dfrac{k_2}{k_1}\right)e^{i(k_1x-\omega t)} + \dfrac{D}{2}\left(1 - i\dfrac{k_2}{k_1}\right)e^{-i(k_1x+\omega t)} & x \le 0 \\ De^{-(k_2x+i\omega t)} & x \ge 0 \end{Bmatrix}. \tag{7.17}$$

Interpretamos o primeiro termo da função de onda total na região onde $x \le 0$ como uma onda se propagando no sentido positivo do eixo x, que, desse modo, descreve uma partícula se propagando no sentido de x crescente. O segundo termo da função de onda na região $x \le 0$ descreve uma onda se propagando no sentido negativo do eixo x, e, portanto, descreve uma partícula se propagando nesse mesmo sentido. Associamos o primeiro termo às partículas que estão incidindo sobre o degrau de potencial e o segundo termo às partículas que são refletidas pelo degrau de potencial. Podemos definir um coeficiente de reflexão R que deve ser proporcional à razão entre as amplitudes do primeiro termo pela do segundo. Mas, na mecânica quântica, sabemos que as probabilidades não dependem diretamente da amplitude, mas sim do seu módulo ao quadrado. Portanto, devemos calcular R como a seguir:

$$R = \frac{B^* B}{A^* A}.$$

Resolvendo, chegamos facilmente a R = 1, significando que se a partícula possui energia $E < V_0$, ela sempre será refletida.

Isso significa que o coeficiente de transmissão T deve ser igual a zero (T = 0) e nenhuma partícula é transmitida. Porém, observando a função de onda espacial $\psi(x) = De^{-k_2 x}$ na região $x \geq 0$, notamos que se trata de uma exponencial decrescente que não se anula em x = 0, mas a amplitude diminui exponencialmente e a onda penetra na região classicamente proibida, sendo, em seguida, totalmente refletida. Esse fenômeno, chamado de penetração na região classicamente proibida, é uma das previsões mais notáveis da mecânica quântica.

7.4.3 POTENCIAL DEGRAU: ENERGIA MAIOR QUE A ALTURA DO POTENCIAL

Consideremos duas regiões nas quais a energia potencial é descrita pela função degrau:

$$V(x) = 0 \; para \, x < 0$$

$$V(x) = V_o \; para \, x > 0$$

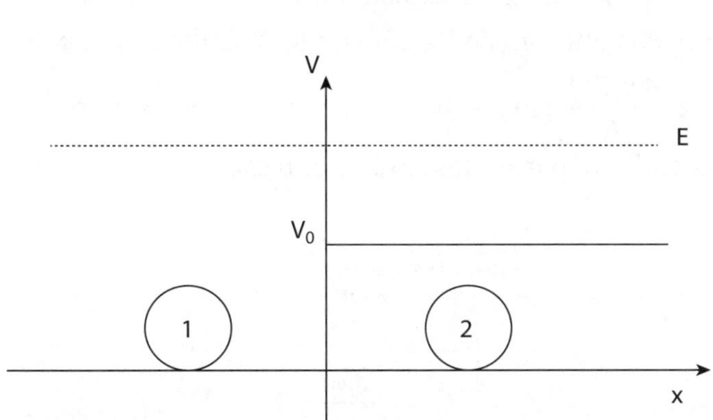

Figura 7.2 – Potencial degrau (energia maior que o degrau).

A região 1 apresentará uma solução da equação de Schrödinger análoga ao caso em que o potencial é maior que a energia da partícula:

$$\psi(x) = Ae^{ik_1x} + Be^{-ik_1x} \text{ em que } k_1 = \frac{\sqrt{2mE}}{\hbar} \qquad x \leq 0.$$

No entanto, a região 2 apresentará uma solução diferente do caso em que o potencial é maior que a energia da partícula. A solução geral da equação de Schrödinger é do tipo oscilatória (exponencial imaginária) e será dada por:

$$\psi(x) = Ce^{ik_2x} + De^{-ik_2x} \text{ em que } k_2 = \frac{\sqrt{2m(E - V_o)}}{\hbar} \qquad x \geq 0.$$

Essas soluções consistem em ondas se propagando no espaço que descrevem o comportamento das partículas. No caso da região 1, notamos que o primeiro termo deve estar relacionado com o feixe incidente de partículas, enquanto o segundo termo está relacionado à reflexão desse feixe. Na mecânica clássica, não seria esperada nenhuma reflexão do feixe, mas apenas um freamento da partícula, pois o feixe possui energia suficiente para vencer o potencial e ser transmitido. Na mecânica quântica, se a energia da partícula não for muito maior que o potencial, haverá certa probabilidade de a partícula ser refletida, relacionada com o segundo termo da solução, ainda que possua energia maior que o potencial. Isto só pode ser explicado considerando o comportamento dual das partículas.

A solução da região 2 possui o primeiro termo relacionado às partículas que são transmitidas por meio do potencial, e o segundo termo está relacionado à reflexão das partículas para essa região. Acontece que não há nada nessa região que cause reflexão, e somos obrigados a concluir que a constante D = 0. As constantes arbitrárias B e C podem ser determinadas em função da constante A, aplicando-se as condições de continuidade de $\psi(x)$ e $\frac{d\psi(x)}{dx}$ em x = 0. A constante A pode ser conhecida normalizando em termos da densidade de partículas do feixe. Resolvendo, chegamos a:

$$B = \frac{k_1 - k_2}{k_1 + k_2} A$$

$$C = \frac{2k_1}{k_1 + k_2} A.$$

Podem-se calcular as amplitudes relativas da onda refletida e transmitida, respectivamente, e também é possível definir os coeficientes de reflexão e de transmissão, como as intensidades relativas dos feixes refletido e transmitido:

$$R = \frac{|B|^2}{|A|^2} = \left(\frac{k_1 - k_2}{k_1 + k_2} \right)^2$$

$$T = \frac{k_2 |C|^2}{k_1 |A|^2} = \frac{4k_1 k_2}{(k_1 + k_2)^2}.$$

É fácil mostrar que T + R = 1.

Podemos resumir dizendo que o coeficiente de reflexão não é nulo para $E > V_0$ e algumas partículas são refletidas, o que não seria esperado no tratamento clássico.

Esses dois casos que analisamos do potencial degrau com energia da partícula maior e menor que o potencial, na verdade, são idealizações que não ocorrem na realidade física, porém muitas situações reais podem ser analisadas considerando-as uma aproximação dessas idealizações, por exemplo, um elétron se movendo internamente e nas proximidades da superfície de um metal apresentando um potencial essencialmente constante na parte interna do metal, mas que cresce muito e torna-se constante novamente na parte exterior do metal.

7.4.4 BARREIRA DE POTENCIAL

Vamos considerar um potencial em forma de barreira descrito por:

$$V(x) = \begin{cases} V_0 & 0 < x < a \\ 0 & x < 0 \, ou \, x > a \end{cases}$$

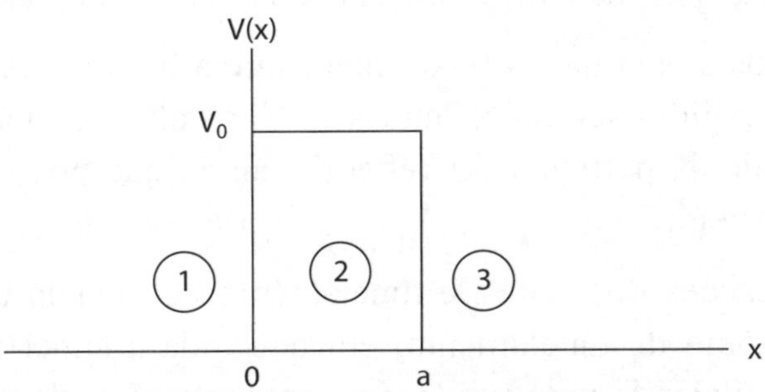

Figura 7.3 – Barreira de potencial.

Segundo a física clássica, uma partícula vinda da região $x < 0$, incidindo na barreira e possuindo energia $E < V_o$, refletirá com probabilidade igual a um. Se a energia for $E > V_o$, a partícula será transmitida e atingirá a região $x > a$. Na física quântica, não é assim. A partícula poderá ser refletida, ainda que tenha energia para ultrapassar a barreira. Da mesma maneira, ainda que sua energia seja inferior à barreira de potencial, ela poderá ultrapassar a barreira, dando origem ao fenômeno do tunelamento. Consideremos o caso em que a energia das partículas é menor que a barreira de potencial ($E < V_o$). As soluções da equação de Schrödinger para as regiões 1, 2 e 3 podem ser encontradas por analogia com o caso do potencial degrau e são dadas por:

$$\psi(x) = \begin{cases} Ae^{ik_1x} + Be^{-ik_1x} & x < 0 \\ Ce^{k_2x} + De^{-k_2x} & 0 < x < a \\ Fe^{ik_1x} + Ge^{-ik_1x} & x > a \end{cases} \text{ em que } k_1 = \frac{\sqrt{2mE}}{\hbar} \text{ e } k_2 = \frac{\sqrt{2m(V_o - E)}}{\hbar}.$$

Perceba que nas regiões 1 ($x < 0$) e 3 ($x > a$) as soluções são dadas por exponenciais imaginárias, enquanto na região 2 ($0 < x < a$) a solução é dada por exponenciais reais. Considerando um feixe de partículas vindas da região 1, podemos interpretar o primeiro termo da solução na região 1 relacionado com as partículas incidentes e o segundo termo com as partículas refletidas. Na região 2, a solução mostra que a amplitude da função de onda não cai bruscamente para zero, mas passa a sofrer um decaimento exponencial enquanto penetra na região 2. Também nota-se facilmente que a constante $G = 0$, visto que, nessa região, não ocorre nenhum tipo de reflexão do feixe transmitido. As constantes B, C, D e F podem ser determinadas, exigindo que $\psi(x)$ e $\frac{d\psi(x)}{dx}$ sejam contínuas em $x = 0$ e $x = a$. A constante A pode ser determinada, pois depende da intensidade do feixe incidente. O primeiro termo da solução da região 3 ($x > a$) está relacionado com o feixe transmitido, e, se a energia da partícula não for muito menor que a barreira, haverá uma probabilidade apreciável de encontrar-se a partícula do outro lado da barreira. Esse fenômeno é chamado de tunelamento quântico ou efeito túnel. É possível calcular a probabilidade de que em uma tentativa uma partícula penetre na barreira de potencial por meio do coeficiente de transmissão, dado por $T = e^{-2k_2L}$.

Se considerarmos a energia do feixe maior que a barreira de potencial ($E > V_o$), as soluções nas três regiões serão oscilatórias e os resultados quânticos mostram que existe a probabilidade da partícula ser refletida, ainda que possua energia suficiente para ultrapassar a barreira.

Há muitas aplicações do efeito de tunelamento na ciência e na tecnologia, por exemplo, o microscópio de tunelamento, em que toda a superfície de um material pode ser estudada, utilizando uma sonda (fina agulha) colocada próximo do material. Através da corrente de tunelamento da superfície para a sonda pode-se obter imagens da topografia do material com resolução atômica. Outra aplicação é o diodo túnel, que é um dispositivo semicondutor, e os elétrons de sua junção P-N atravessam uma banda proibida por meio de um processo de tunelamento.

7.4.5 POÇO DE POTENCIAL QUADRADO INFINITO

Nesse caso, também conhecido como partícula confinada em uma caixa unidimensional, imaginamos um potencial do tipo:

$$V(x) = \begin{Bmatrix} 0 & -L/2 < x < L/2 \\ \infty & x < -L/2 \;\; e \;\; x > L/2 \end{Bmatrix}.$$

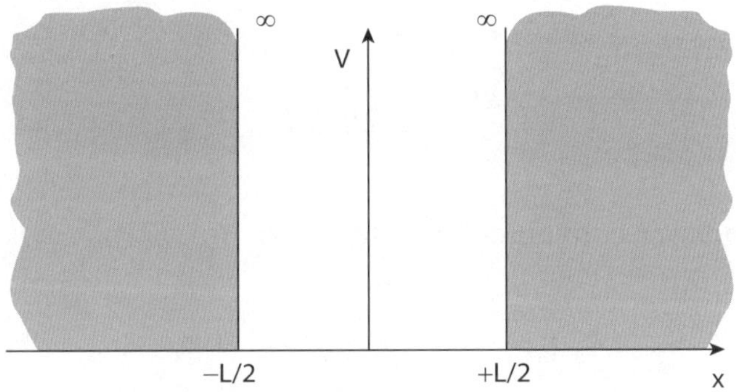

Figura 7.4 – Poço de potencial quadrado infinito.

Fora do poço, tem-se que a função de onda deve ser nula para que a densidade de probabilidade seja zero nessa região e a partícula esteja confinada no poço devido a suas paredes infinitamente altas. Assim, precisamos resolver a equação de Schrödinger para a região dentro do poço, e devemos ter que, exatamente nas paredes ($x = \pm L/2$) do poço, $\psi(x) = 0$. Na região dentro do poço, a solução geral da equação de Schrödinger independente do tempo pode ser escrita utilizando a solução da partícula livre, já resolvida anteriormente, aliada à relação de Euler:

$$\psi(x) = Asen(kx) + Bcos(kx) \text{ em que } k = \frac{\sqrt{2mE}}{\hbar} \qquad -\frac{L}{2} \le x \le \frac{L}{2}.$$

Aplicando as condições de contorno, obtemos soluções de dois tipos:

- Primeiro tipo: $\psi(x) = Asen(kx)$, em que $sen\left(\frac{kL}{2}\right) = 0$
- Segundo tipo: $\psi(x) = Bcos(kx)$, em que $cos\left(\frac{kL}{2}\right) = 0$

Essas equações são transcendentais, mas, apesar disso, a solução é muito simples e podemos obter os valores de k. Os valores possíveis de k para as soluções do primeiro tipo devem ter a forma geral:

$$\frac{kL}{2} = \frac{\pi}{2}, \frac{3\pi}{2}, \frac{5\pi}{2}, \ldots,$$

o que podemos expressar convenientemente como

$$k_n = \frac{n\pi}{L} \qquad n = 1, 3, 5, \ldots$$

Os valores possíveis de k para as soluções do segundo tipo devem ter a forma geral:

$$\frac{kL}{2} = \pi, 2\pi, 3\pi \ldots,$$

o que podemos expressar convenientemente como

$$k_n = \frac{n\pi}{L} \qquad n = 2, 4, 6, \ldots$$

As funções de onda podem ser representadas do seguinte modo:

$$\psi_n(x) = A_n sen(k_n x) \qquad k_n = \frac{n\pi}{L} \qquad n = 2, 4, 6, \ldots$$

e

$$\psi_n(x) = B_n cos(k_n x) \qquad k_n = \frac{n\pi}{L} \qquad n = 1, 3, 5, \ldots$$

Uma vez que a energia pode ser escrita como:

$$E = \frac{\hbar^2 k_n^2}{2m} = \frac{\pi^2 \hbar^2 n^2}{2mL^2} \qquad n = 1, 2, 3, 4, 5, \ldots,$$

concluímos que apenas certos valores de energia total são possíveis. A energia total de uma partícula em uma caixa é quantizada. Nota-se também que a menor energia possível será $E_1 = \frac{\pi^2 \hbar^2}{2mL^2}$, conhecida como energia de ponto zero. A partícula não pode ter energia total nula, e isso decorre do princípio de incerteza de Heisenberg.

7.4.6 POÇO DE POTENCIAL QUADRADO FINITO

Consideremos um potencial descrito por:

$$V(x)=\begin{Bmatrix} V_0 & x<-\dfrac{L}{2} \text{ ou } x>\dfrac{L}{2} \\ 0 & -\dfrac{L}{2}<x<\dfrac{L}{2} \end{Bmatrix}.$$

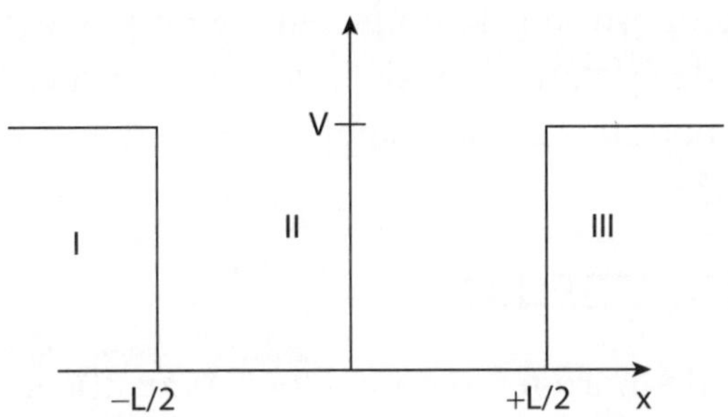

Figura 7.5 – Poço de potencial quadrado finito.

Para resolver esse problema, devemos separar três regiões, assim como foi feito no caso da barreira de potencial. Dentro do poço, a solução geral é análoga à da partícula livre, que já foi resolvida:

$$\psi(x)=Ae^{ik_1x}+Be^{-ik_1x} \text{ em que } k_1=\frac{\sqrt{2mE}}{\hbar} \qquad -\frac{L}{2}<x<\frac{L}{2}.$$

O primeiro termo relaciona-se com ondas progressivas no sentido crescente de x, e o segundo termo, com ondas progressivas no sentido decrescente, dando origem a uma onda estacionária.

Fora do poço, as soluções gerais terão a forma:

$$\psi(x)=Ce^{k_2x}+De^{-k_2x} \text{ em que } k_2=\frac{\sqrt{2m(V_0-E)}}{\hbar} \qquad x<-\frac{L}{2}.$$

e

$$\psi(x)=Fe^{k_2x}+Ge^{-k_2x} \text{ em que } k_2=\frac{\sqrt{2m(V_0-E)}}{\hbar} \qquad x>\frac{L}{2}.$$

Nota-se que, para $\psi(x)$ permanecer sempre finita, faz-se necessário impor D = F = 0. As outras constantes podem ser determinadas impondo a propriedade de continuidade de $\psi(x)$ e $\frac{d\psi(x)}{dx}$.

A partícula poderá ser encontrada fora da caixa com uma probabilidade apreciável se a energia total não for muito menor que o potencial. Esse resultado quântico difere do resultado clássico, que proibiria essa possibilidade.

Novamente, o modelo do poço quadrado finito é uma idealização que não ocorre na natureza, porém podemos usá-lo como uma primeira aproximação para fenômenos reais, como o modelo proposto por Kronig-Penney do potencial visto por um elétron que se move em uma rede cristalina consistindo em uma sucessão de poços de potencial quadrados finitos e barreiras de potencial.

7.5 ÁTOMO DE HIDROGÊNIO

Para tratar o átomo de hidrogênio com a teoria quântica, será necessário enfrentarmos duas complicações: o sistema conterá duas partículas (o núcleo carregado positivamente e o elétron carregado negativamente, movendo-se devido à força elétrica) e será tridimensional. Além disso, apesar de o núcleo ser muito mais pesado que o elétron, considerar o núcleo estático é apenas uma aproximação. Vamos utilizar a técnica da massa reduzida, em que o núcleo passa a ser infinitamente massivo e o elétron possui a massa reduzida ($\mu = \left(\frac{M}{m+M}\right)m$). O movimento do elétron de massa reduzida em torno de um núcleo estacionário reproduz exatamente o movimento do elétron em relação ao núcleo real. O potencial a que o elétron está submetido é de origem coulombiana:

$$V(x,y,z) = \frac{-K_0 e^2}{\sqrt{x^2+y^2+z^2}}.$$

e a equação de Schrödinger para este sistema será:

$$\frac{-\hbar^2}{2\mu}\left[\frac{\partial^2\Psi(x,y,z,t)}{\partial x^2}+\frac{\partial^2\Psi(x,y,z,t)}{\partial y^2}+\frac{\partial^2\Psi(x,y,z,t)}{\partial z^2}\right]+$$

$$V(x,y,z,t)\Psi(x,y,z,t) = i\hbar\frac{\partial\Psi(x,y,z,t)}{\partial t}$$

Definimos $\nabla^2 = \frac{\partial^2}{\partial x^2} + \frac{\partial^2}{\partial y^2} + \frac{\partial^2}{\partial z^2}$, chamado de laplaciano, e escrevemos a equação de Schrödinger assim:

$$\frac{-\hbar^2}{2\mu}\nabla^2\Psi + V\Psi = i\hbar\frac{\partial\Psi}{\partial t}.$$

As soluções da equação de Schrödinger independente do tempo usando a técnica de separação de variáveis são do tipo:

$$\Psi(\mathrm{x},\mathrm{y},\mathrm{z},\mathrm{t}) = \psi(\mathrm{x},\mathrm{y},\mathrm{z})e^{-\frac{iEt}{\hbar}},$$

em que $\psi(x,y,z)$ é solução da equação de Schrödinger independente do tempo:

$$\frac{-\hbar^2}{2\mu}\nabla^2\psi(x,y,z) + V(x,y,z)\psi(x,y,z) = i\hbar\frac{\partial\psi(x,y,z)}{\partial t}.$$

Para encontrar essa solução, usaremos a técnica de separação de variáveis, porém será necessário fazer uso de coordenadas esféricas. O potencial coulombiano escrito em coordenadas cartesianas não pode ser separado, impossibilitando o uso da técnica de separação de variáveis. Em coordenadas esféricas, o potencial pode ser escrito como:

$$V(r) = \frac{-K_0e^2}{r},$$

e a equação de Schrödinger pode ser escrita por:

$$\frac{-\hbar^2}{2\mu}\nabla^2\psi(r,\theta,\phi) + V(r)\psi(r,\theta,\phi) = i\hbar\frac{\partial\psi(r,\theta,\phi)}{\partial t},$$

com o laplaciano em coordenadas esféricas dado por:

$$\nabla^2 = \frac{1}{r^2}\frac{\partial}{\partial r}\left(r^2\frac{\partial}{\partial r}\right) + \frac{1}{r^2sen^2\theta}\frac{\partial^2}{\partial\phi^2} + \frac{1}{r^2sen\theta}\frac{\partial}{\partial\theta}\left(sen\theta\frac{\partial}{\partial_,}\right).$$

Veja que a complicação do laplaciano em coordenadas esféricas é o preço que pagamos para resolver a equação de Schrödinger pelo método da separação de variáveis. Vamos em frente!

Procuremos soluções da forma:

$$\psi(r,\theta,\phi) = R(r)\Theta(\theta)\varphi(\phi).$$

Substituindo na equação de Schrödinger, temos:

$$\frac{-\hbar^2}{2\mu}\left[\frac{1}{r^2}\frac{\partial}{\partial r}\left(r^2\frac{\partial}{\partial r}\right)+\frac{1}{r^2sen^2\theta}\frac{\partial^2}{\partial\phi^2}+\frac{1}{r^2sen\theta}\frac{\partial}{\partial\theta}\left(sen\theta\frac{\partial}{\partial_,}\right)\right]$$

$$\mathrm{R}(r)\Theta(\theta)\varphi(\varnothing)+V(r)\mathrm{R}(\mathrm{r})\,\Theta(\theta)\varphi(\varnothing)=ER(r)\Theta(\theta)\varphi(\varnothing)$$

Daí vem:

$$\frac{-\hbar^2}{2\mu}\left[\frac{1}{r^2}\frac{\partial}{\partial r}\left(r^2\frac{\partial R\Theta\varphi}{\partial r}\right)+\frac{1}{r^2sen^2\theta}\frac{\partial^2 R\,\Theta\varphi}{\partial\phi^2}+\frac{1}{r^2sen\theta}\frac{\partial}{\partial\theta}\left(sen\theta\frac{\partial R\Theta\varphi}{\partial\theta}\right)\right]+,$$

$$V(r)\mathrm{R}(\mathrm{r})\Theta(\theta)\varphi(\Phi)=ER(r)\Theta(\theta)\varphi(\Phi)$$

que pode ser simplificado por:

$$\frac{-\hbar^2}{2\mu}\left[\frac{\Theta\varphi}{r^2}\frac{d}{dr}\left(r^2\frac{dR}{dr}\right)+\frac{R\Theta}{r^2sen^2\theta}\frac{d^2\varphi}{d\phi^2}+\frac{R\varphi}{r^2sen\Theta}\frac{d}{d\Theta}\left(sen\theta\frac{d\Theta}{d\theta}\right)\right]+$$

$$V(r)\mathrm{R}(\mathrm{r})\Theta(\theta)\varphi(\phi)=ER(r)\Theta(\theta)\varphi(\phi)$$

Se multiplicarmos todos os membros por $\frac{-2\mu r^2sen^2\Theta}{R\Theta\varphi\hbar^2}$, chegamos a:

$$\left[\frac{sen^2\theta}{R}\frac{d}{dr}\left(r^2\frac{dR}{dr}\right)+\frac{1}{\varphi}\frac{d^2\varphi}{d\phi^2}+\frac{sen\theta}{\Theta}\frac{d}{d\theta}\left(sen\theta\frac{d\Theta}{d\theta}\right)\right]+$$

$$V(r)\frac{2\mu}{\hbar^2}r^2sen^2\theta=E\left(\frac{-2\mu r^2sen^2\theta}{\hbar^2}\right)$$

Rearranjando, temos:

$$\frac{1}{\varphi}\frac{d^2\varphi}{d\phi^2}=\frac{-2\mu r^2sen^2\theta}{\hbar^2}\big(E-V(r)\big)-\frac{sen^2\theta}{R}\frac{d}{dr}\left(r^2\frac{dR}{dr}\right)-\frac{sen\,\theta}{\Theta}\frac{d}{d\theta}\left(sen\theta\frac{d\Theta}{d\theta}\right).$$

O membro esquerdo não depende de r ou θ e o membro direito não depende de Φ.

Pela técnica da separação de variáveis, somos levados a concluir que o valor comum é uma constante e escolhemos essa constante como $-m_l^2$. Portanto:

$$\frac{1}{\varphi}\frac{d^2\varphi}{d\phi^2}=-m_l^2$$

e

$$-\frac{1}{R}\frac{d}{dr}\left(r^2\frac{dR}{dr}\right)-\frac{1}{\Theta\text{sen}\theta}\frac{d}{d\theta}\left(sen\theta\frac{d\Theta}{\text{d}\theta}\right)-\frac{2\mu r^2}{\hbar^2}\left(E-V(r)\right)=\frac{-m_l^2}{sen^2\theta}.$$

Transpondo termos, podemos escrever:

$$\frac{1}{R}\frac{d}{dr}\left(r^2\frac{dR}{dr}\right)+\frac{2\mu r^2}{\hbar^2}\left(E-V(r)\right)=\frac{m_l^2}{sen^2\theta}-\frac{1}{\Theta sen\theta}\frac{d}{d\theta}\left(sen\theta\frac{d\Theta}{\text{d}\theta}\right).$$

Novamente temos que o membro esquerdo não depende de θ e o membro direito não depende de r, portanto, o valor comum será escolhido igual a $l(l+1)$:

$$-\frac{1}{sen\theta}\frac{d}{d\theta}\left(sen\theta\frac{d\Theta}{\text{d}\theta}\right)+\frac{m_l^2\Theta}{sen^2\theta}=l(l+1)\Theta$$

e

$$\frac{1}{r^2}\frac{d}{dr}\left(r^2\frac{dR}{dr}\right)+\frac{2\mu}{\hbar^2}\left(E-V(r)\right)R=l(l+1)\frac{R}{r^2}.$$

Desse modo, $\varphi(\theta), R(r) e \Theta(\theta)$ só terão valores aceitáveis para certos valores de m_l, l e E (energia total do átomo), respectivamente, e assim vemos que a energia total do átomo é quantizada.

Soluções das equações separadas:

$$\frac{1}{\varphi}\frac{d^2\varphi}{d\phi^2}=-m_l^2.$$

A solução dessa equação é:

$$\varphi(\phi)=e^{im_l\phi}.$$

Mas para que ψ seja unívoca, então φ também deve ser, e para isso devemos ter:

$$\varphi(0)=\varphi(2\pi)$$

$$e^{im_l 0}=e^{im_l 2\phi}$$

$$1=cos(m_l 2\pi)+isen(m_l 2\pi).$$

Isso exige que $|m_l|=0,1,2,3,\ldots$

Do mesmo modo, a solução para a equação que possui θ exige

$$l = |m_l|, |m_l|+1, |m_l|+2, |m_l|+3, \ldots$$

E a equação que possui r exige que a energia total seja:

$$E_n = \frac{-\mu e^4}{2\hbar^2 n^2}, \text{em que } n = l+1, l+2, l+3, \ldots$$

Finalmente, esses números quânticos podem ser representados do seguinte modo:

- $n = 1, 2, 3, \ldots$, chamado de número quântico principal
- $l = 0, 1, 2, 3, \ldots, n-1$, chamado de número quântico azimutal
- $m_l = -l, -l+1, \ldots, 0, \ldots l-1, l$, chamado de número quântico magnético.

Cada um desses números quânticos surgiu porque a função de onda depende de três coordenadas espaciais. O número quântico principal n está relacionado ao nível de energia (camada K, L, M, ...) ao qual o elétron pertence. O número quântico azimutal relaciona-se com o momento angular orbital do elétron e está ligado aos subníveis de energia a que o elétron pertence. Em notação espectroscópica, o subnível em que $l = 0$ recebe o nome s (*sharp*); para $l = 1$ dá-se o nome p (principal), para $l = 2$ dá-se o nome d (*diffuse*), para $l = 3$ dá-se o nome f, e assim sucessivamente. A função de onda especificada pelos três números quânticos permite calcular por meio de seu módulo ao quadrado a probabilidade de localização do elétron em torno do núcleo, ou seja, ela fornece a distribuição espacial de um elétron com números quânticos n, l, m_l, e essa função corresponde ao orbital atômico. Então, o orbital atômico fornece a região de probabilidade de localização eletrônica de um átomo.

Para caracterizar um estado quântico ainda é necessário um quarto número quântico, relacionado a um momento magnético intrínseco do elétron ao qual se atribui o nome de spin do elétron. Pelo princípio de exclusão, cada orbital atômico pode ser ocupado por dois elétrons de spins opostos. O diagrama de Linus Pauling representa os orbitais atômicos:

1s

2s 2p

3s 3p 3d

4s 4p4d 4f

etc.

Tabela 7.1

Símbolo	l	m_l	Número de orbitais	Número de elétrons por orbital	Total
s	0	0	1	2 (m_s +1/2;-1/2)	2
p	1	-1;0;1	3	2 (m_s +1/2;-1/2)	6
d	2	-2;-1;0;1;2	5	2 (m_s +1/2;-1/2)	10
f	3	-3;-2;-1;0;1;2;3	7	2 (m_s +1/2;-1/2)	14

Alguns orbitais atômicos estão representados na Figura 7.6:

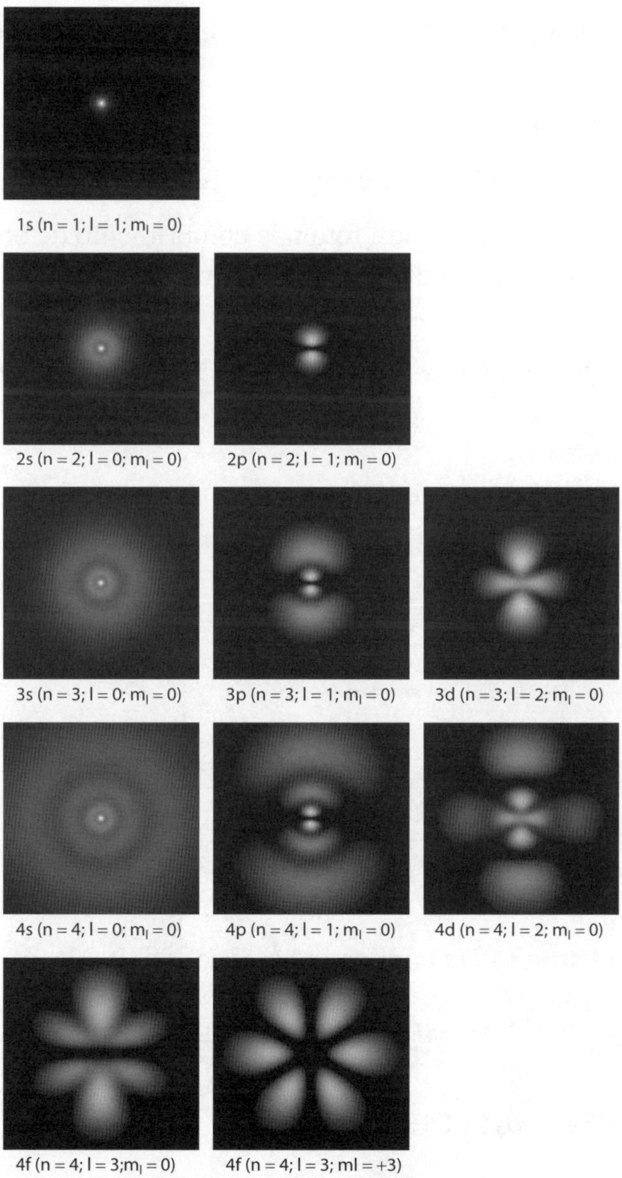

Figura 7.6 –Alguns orbitais atômicos.

A quantização da energia surge naturalmente da teoria da mecânica quântica de Schrödinger aplicada ao átomo de hidrogênio. No caso da solução de átomos multieletrônicos, não é possível encontrar uma solução analítica, porém, usando uma série de considerações simplificadoras (teoria de Hartree), é possível dar um tratamento quântico para esses sistemas mais complexos.

EXERCÍCIOS RESOLVIDOS

1) Seja um elétron confinado em um poço infinito de largura L. A solução geral da equação de Schrödinger independente do tempo para este potencial é dada por: $\psi(x) = Asen(kx) + Bcos(kx)$.

a) Quais os valores de A e B?

b) Quais os possíveis valores de energia em função da largura do poço L?

c) Supondo que a emissão de um fóton de comprimento de onda 694,3 nm esteja associada à transição do elétron do nível n = 2 para o nível n = 1, calcule a energia do fóton emitido.

d) Calcule a largura do poço.

Solução

a)

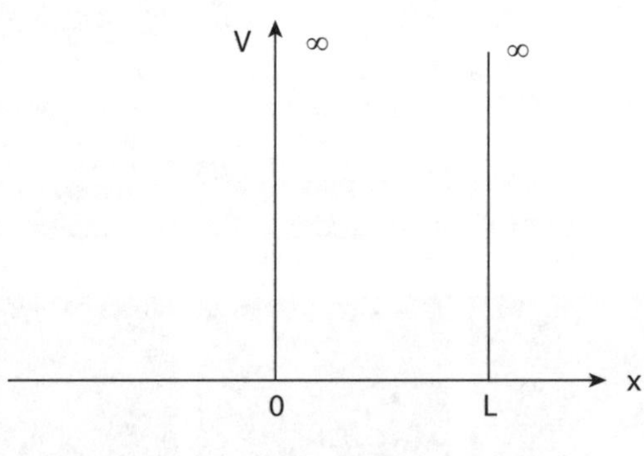

Figura 7.7

Para que o elétron esteja confinado no poço infinito devemos ter:

$$\psi(0) = 0 \text{ e } \psi(L) = 0$$

$$Asen(k.0) + Bcos(k.0) = 0 \qquad \psi(L) = Asen(kL) = 0$$

$$B.1 = 0 \qquad kL = n\pi$$

$$B = 0 \qquad\qquad k = \frac{n\pi}{L}$$

Portanto, temos que $\psi(x) = Asen\left(\frac{n\pi x}{L}\right)$.

Usando a condição de normalização, temos que:

$$\int_0^L |\psi(x)|^2 \, dx = 1$$

$$\int_0^L A^2 sen^2\left(\frac{n\pi x}{L}\right) dx = 1$$

Resolvendo essa integral, encontramos que $A = \sqrt{\frac{2}{L}}$. Daí que $\psi(x) = \sqrt{\frac{2}{L}} sen\left(\frac{n\pi x}{L}\right)$.

b) $E = \frac{\pi^2 \hbar^2 n^2}{2mL^2} = \frac{\pi^2 h^2 n^2}{2m4\pi^2 L^2} = \frac{h^2 n^2}{8mL^2}$

c) $\Delta E = h\nu = \frac{hc}{\lambda} = \frac{1240}{694,3} = 1,79eV$

d) $E_1 = \frac{h^2}{8mL^2}$ e $E_2 = \frac{4h^2}{8mL^2} \because$

$$\Delta E = E_2 - E_1 = \frac{4h^2}{8mL^2} - \frac{h^2}{8mL^2} = \frac{3h^2}{8mL^2}$$

Então: $L^2 = \frac{3h^2}{8m\Delta E} = \frac{3h^2\lambda}{8mhc} \simeq 8\text{Å}$

2) A função de onda de um elétron livre, ou seja, um elétron que não está sujeito a nenhuma força, é dada por: $\psi(x) = Asen(2,5.10^{10}x)$, em que x está dado em metros. Determine:

a) o momento linear do elétron;

b) a energia do elétron;

c) o comprimento de onda deste elétron.

Solução

a) $p = \hbar k = \frac{hk}{2\pi} = \frac{(6,6.10^{-34})(2,5.10^{10})}{2\pi} = 2,64.10^{-24} kg.\frac{m}{s}$

b) $E = \dfrac{\pi^2\hbar^2 n^2}{2mL^2}$, mas já vimos que $k = \dfrac{n\pi}{L}$ ∵

$$E = \frac{\hbar^2 k^2}{2m} = \frac{p^2}{2m} = \frac{\left(2,64.10^{-24}\right)^2}{2.9,1.10^{-31}} = 3,8.10^{-18} J = 23,9eV$$

c) $\lambda = \dfrac{2\pi}{k} = \dfrac{2\pi}{2,5.10^{10}} = 2,5.10^{-10} m = 2,5Å$

3) Um elétron de 30 eV incide sobre uma barreira de potencial com altura de 40 eV. Qual a probabilidade de o elétron tunelar através da barreira se a largura da barreira for: a) 1 nm; b) 0,1 nm?

Dados: m = 9,1 × 10^{-31} kg; h = 6,6 × 10^{-34} J.s; $\pi = 3,14$

Solução

a) Para uma barreira de potencial em que a energia da barreira é maior que das partículas incidentes, vimos que a probabilidade de um elétron tunelar é dado por: $T = e^{-2k_2 L}$ em que $k_2 = \dfrac{\sqrt{2m\left(V_o - E\right)}}{\hbar} = 1,6x10^{10}$

$T = e^{-2x1,6x10^{10}x1x10^{-9}} = e^{-34} \simeq 10^{-14}$, ou seja, 1 em cada 10^{14} elétrons incidentes irá tunelar com esta largura de barreira.

a) Neste caso temos que a probabilidade de tunelamento será:

$T = e^{-2x1,6x10^{10}x0,1x10^{-9}} = e^{-3,4} \simeq 0,04$, ou seja, 4% dos elétrons incidentes passam pela barreira de potencial.

4) Com relação ao átomo de hidrogênio, é proposto que a função de onda tenha a forma: $\psi(r,\theta,\varphi) = R(r)\Theta(\theta)\phi(\varphi)$. Por que $\phi(\varphi)$ deve ser unívoca? Por que isso leva à restrição de que m_l deve ser um inteiro?

Solução

$\phi(\varphi)$ deve ser unívoca para que a função de onda tenha somente valores mensuráveis finitos e não apresente dubiedades na interpretação de $|\psi|^2$ relacionado com a densidade de probabilidade. Para tal, tivemos que restringi-la ao intervalo $0 \le \phi \le 2\pi$, o que delimitou os valores de m_l.

5) Considere um átomo de hidrogênio no estado excitado, com um elétron no orbital 5p. Liste o conjunto de números quânticos para esse elétron.

Solução

n = 5

l = 1

$m_l = -1, 0, 1$

$m_s = -1/2, 1/2$

EXERCÍCIOS COM RESPOSTAS

1) Considere uma partícula de massa m confinada num poço de potencial infinito, de modo que as paredes do poço estão localizadas em $x = -L/2$ e $x = L/2$.

a) Determine as grandezas $\langle \overline{x} \rangle, \langle \overline{x}^2 \rangle, \langle \overline{p} \rangle, \langle \overline{p}^2 \rangle$.

b) Confirme o princípio de incerteza de Heisenberg.

Respostas:

a) $\langle \overline{x} \rangle = 0; \langle \overline{p} \rangle = 0; \langle \overline{x}^2 \rangle = \dfrac{L^2}{2\pi^2}\left(\dfrac{\pi^2}{6} - 1\right); \langle \overline{p}^2 \rangle = \left(\dfrac{\hbar\pi}{L}\right)^2$

b) $\Delta p.\Delta x = 6{,}02.10^{-33} \geq \dfrac{\hbar}{2}$ (o princípio de incerteza é válido!)

2) Para um poço de potencial infinito de largura L estendendo-se de $x = -L/2$ a $x = L/2$, qual a probabilidade de encontrar um elétron no seu estado de mais baixa energia na metade central do poço, ou seja, entre $-L/4 < x < L/4$?

Resposta:

$\approx 81\%$

3) Um elétron se encontra no nível n = 5 de um poço infinito de largura L. Calcule a probabilidade de encontrar o elétron na região entre os pontos x = 0,2L e x = 0,4L.

Resposta:

$\approx 20\%$

4) Um feixe de elétrons com energia cinética de 10eV incide sobre uma barreira de potencial de altura $V_o = 25$ eV e de espessura L = 1 nm. Determine a fração dos elétrons que consegue transpor a barreira.

Resposta:

$\approx 1\%$

5) Das condições impostas durante a resolução da equação de Schrödinger para o átomo de hidrogênio, obtiveram-se restrições sobre os números quânticos l e m_l. Quais são essas condições e quais os valores possíveis de l e m_l quando n = 1, 2, 3 e 4? Dê o nome desses números quânticos e explique por que eles aparecem.

Resposta:

Os números quânticos aparecem como consequência de a equação de Schrödinger independente do tempo depender de três variáveis, uma para cada coordenada espacial. Eles são chamados de número quântico principal (n); número quântico azimutal (l) e número quântico magnético (m_l). As condições impostas restringiram os números quânticos de modo que:

$$\ell < n; -\ell < m_\ell < l; n \in \mathbb{N}^*; \ell \in \mathbb{N}; m_\ell \in \mathbb{Z}$$

6) Os três números quânticos de um elétron em um átomo de hidrogênio são: n = 3; l = 1; $m_l = -1$. Em que tipo de orbital este elétron está localizado?

Resposta:

Orbital p

8 FÍSICA DO ESTADO SÓLIDO

Eraldo Cordeiro Barros Filho
Luciana Kazumi Hanamoto

Em nosso cotidiano, a matéria pode estar organizada em estados distintos, na ampla maioria das vezes nas formas de gás, líquido e sólido, além de estados menos frequentes, como o plasma, observado em temperaturas altas, e o condensado de Bose-Einstein, observado em baixas temperaturas. A interface de mudança de um estado para outro pode ser de difícil caracterização, como é o caso da chamada "física da matéria mole", em que substâncias orgânicas como a margarina possuem propriedades entre dois estados (líquido e sólido). Neste capítulo, vamos discutir a física do estado sólido, que trata da compreensão das propriedades mecânicas, térmicas, magnéticas e ópticas dos sólidos, utilizando, na medida do possível, a teoria quântica.

O estado sólido é caracterizado por possuir moléculas que interagem entre si com separação da ordem do tamanho molecular, sendo a intensidade das forças que as mantêm unidas da mesma ordem de grandeza das forças que ligam os átomos em uma molécula. As propriedades de uma molécula serão, portanto, alteradas pela presença de outras moléculas vizinhas.

Para produzir uma substância sólida, podemos resfriar lentamente uma substância líquida até que se inicie um processo chamado de cristalização. Esse processo consiste em átomos ou moléculas que formam a substância organizarem-se em uma rede periódica tridimensional, levando à maximização do número de ligações e à minimização da energia potencial do sistema, dando origem a um sólido cristalino. Se o resfriamento for rápido o suficiente para que as moléculas ou átomos da substância percam seu movimento translacional, tornando as posições atômicas ou moleculares fixas, contudo sem a formação de uma rede periódica cristalina tridimensional, então esse sólido é chamado de sólido não cristalino.

Neste texto, primeiramente vamos estudar os sólidos cristalinos, que são classificados com relação ao tipo de ligação química que seus átomos ou moléculas realizam, e posteriormente trataremos dos sólidos não cristalinos, em especial os vidros. Uma característica desses sólidos cristalinos é possuir uma rede cristalina, sendo que a menor unidade do cristal recebe o nome de célula unitária, definida pelos parâmetros de rede, como mostram as Figuras 8.1 e 8.2, em que a, b, c são as arestas e α, β, γ são os ângulos das arestas de uma célula unitária.

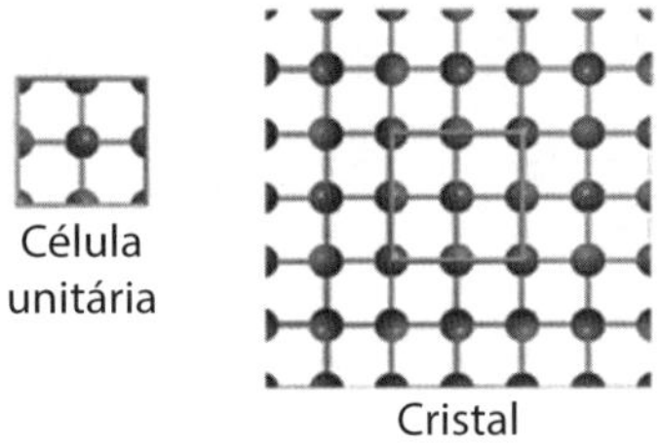

Figura 8.1 – Representação de uma célula unitária e de uma rede cristalina bidimensional.

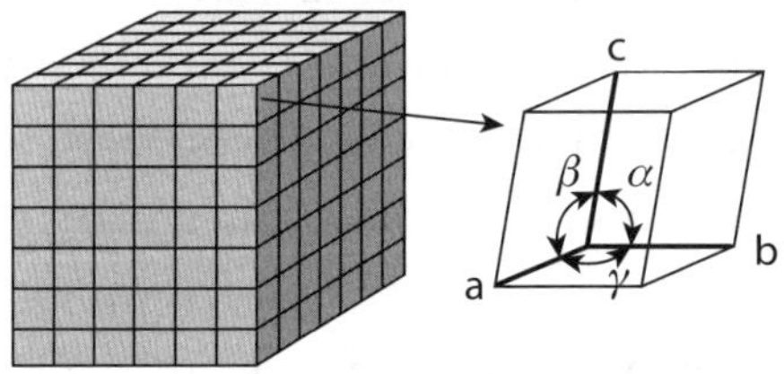

Figura 8.2 – Parâmetros de rede: a, b, c são as arestas e α, β, γ são os ângulos das arestas de uma célula unitária.

8.1 SÓLIDOS CRISTALINOS

8.1.1 SÓLIDOS MOLECULARES

São sólidos constituídos por moléculas muito estáveis que mantêm suas individualidades quando aproximadas umas das outras. As ligações entre as moléculas são ligações secundárias do tipo Van der Waals, por meio do mecanismo de dipolo elétrico, e resultam em forças atrativas fracas, entre cargas positivas e negativas, sem transferência ou compartilhamento de elétrons. Muitos compostos orgânicos, gases inertes e gases comuns como oxigênio, nitrogênio e hidrogênio formam sólidos moleculares quando no estado sólido. Como a ligação é fraca, a solidificação só ocorre a temperaturas muito baixas, quando o efeito desagregador da agitação térmica é pequeno. A ligação fraca faz com que esses sólidos sejam facilmente deformáveis e compressíveis, e a ausência de elétrons livres transforma-os em maus condutores de calor e eletricidade.

8.1.2 SÓLIDOS IÔNICOS

São sólidos constituídos por átomos que realizam a chamada ligação iônica. Essa ligação é o resultado da transferência de elétrons de um átomo para outro. A transferência de um elétron de um átomo, por exemplo, o Na, para outro, por exemplo, o Cl, é favorecida porque produz uma configuração mais estável para ambos. O sódio (Na^+) resultante fica com uma camada orbital externa completa, do mesmo modo que o cloro (Cl^-), produzindo espécies atômicas mais estáveis chamadas de íons. Esses íons se atraem por forças eletrostáticas fortes e, no caso do sódio e do cloro, dão origem ao sólido cloreto de sódio (halita). Esses sólidos são normalmente duros, possuem ponto de fusão elevado e, por não possuírem elétrons livres (as camadas eletrônicas estão completas), são maus condutores de calor e eletricidade.

8.1.3 SÓLIDOS COVALENTES

São sólidos cujos átomos constituintes realizam a ligação covalente. Essa ligação ocorre pelo compartilhamento cooperativo dos elétrons de valência entre dois átomos adjacentes. A rigidez de sua estrutura eletrônica faz dos sólidos covalentes materiais duros e difíceis de deformar, explicando também os elevados pontos de fusão. Como não existem elétrons livres, esses sólidos são maus condutores de calor e eletricidade. À temperatura ambiente, alguns sólidos covalentes, como o diamante, são transparentes, ou seja, a energia necessária para excitar seus estados eletrônicos é superior à dos fótons na região do visível, de modo que estes não são absorvidos.

8.1.4 SÓLIDOS METÁLICOS

Estes sólidos exibem uma ligação chamada de metálica, que pode ser entendida como um caso limite da ligação covalente. Os elétrons da camada de valência são compartilhados por todos os íons positivos da rede cristalina e podem ser entendidos como um "gás de elétrons" (elétrons livres) confinado no volume do sólido, movendo-se pelo potencial combinado de todos os íons positivos. Estes sólidos são excelentes condutores de calor e eletricidade, porque possuem elétrons livres, e são opacos, pois esses elétrons livres possuem vários estados desocupados na banda de valência.

8.2 TEORIA CLÁSSICA DA CONDUÇÃO DE ELETRICIDADE

Metais são bons condutores de calor e de corrente elétrica, o que sugere a existência de cargas móveis em seus constituintes. Em 1900, usando considerações da bem-sucedida teoria cinética dos gases, foi proposto por um físico alemão chamado Paul Drude um modelo em que os metais seriam constituídos por uma rede regular tridimensional de íons positivos, praticamente fixos, e por elétrons fracamente ligados aos íons que poderiam vagar por todo o material (gás de elétrons livres). A partir desse modelo microscópico, aperfeiçoado em 1909 por Hendrick A. Lorentz, podemos deduzir a lei de Ohm e associar a condução de calor e de eletricidade ao movimento dos elétrons livres nos metais. No modelo de Drude, algumas considerações foram necessárias:

- Como o metal é eletricamente neutro, ele deveria ser constituído de dois tipos de partículas: elétrons com carga negativa e íons positivos considerados imóveis e muito mais pesados que elétrons.
- Entre uma colisão e outra, a interação de determinado elétron, tanto com os demais elétrons como com os íons, é desprezada. Assim, admite-se que cada elétron se move em linha reta. Na presença de um campo eletromagnético aplicado externamente, cada elétron move-se segundo as leis de Newton.
- As colisões no modelo de Drude, assim como na teoria cinética dos gases, são eventos instantâneos que alteram abruptamente a velocidade de um elétron. No entanto, são desprezadas as interações elétron-elétron, de modo que as colisões ocorrerão entre os elétrons e os íons positivos da rede cristalina. A Figura 8.3 apresenta um desenho mostrando as colisões de um elétron no modelo de Drude.

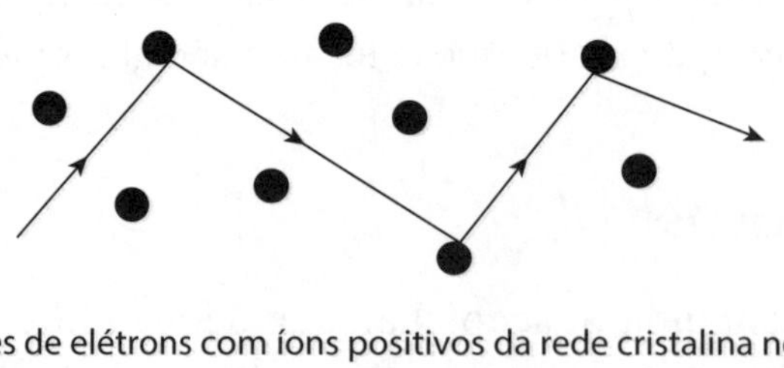

Figura 8.3 – Colisões de elétrons com íons positivos da rede cristalina no modelo de Drude.

- O excesso de energia adquirido pelos elétrons no campo eletromagnético é transferido para os íons positivos fixos do condutor quando ocorre a colisão entre eles.
- A distribuição de energia do gás de elétrons considerada é a clássica distribuição de Maxwell-Boltzmann.

Vamos, agora, deduzir a segunda lei de Ohm a partir do modelo microscópico de Drude. Para isso, consideremos um condutor submetido a uma diferença de potencial V, portanto a um campo elétrico. Sobre um elétron existirá uma força elétrica dada por:

$$F_{el} = eE \,, \tag{8.1}$$

em que e representa a carga elétrica do elétron e E é o campo elétrico a que o elétron está submetido. Considerando a força elétrica como única força aplicada ao elétron, temos que a força resultante será dada pela segunda lei de Newton:

$$F_{el} = F_{res} \tag{8.2}$$

$$eE = m_e a$$

$$a = \frac{eE}{m_e} \,. \tag{8.3}$$

Vamos supor que o tempo médio das colisões dos elétrons com os íons positivos da rede, conhecido como tempo de relaxação (τ), possa ser encontrado, e que a velocidade de cada elétron, conhecida como velocidade de deriva após uma colisão, seja dada por:

$$v_d = v_o + a\tau \,. \tag{8.4}$$

Podemos considerar a velocidade inicial de deriva $v_o = 0$ imediatamente após uma colisão e temos que:

$$v_d = a\tau = \frac{eE}{m_e}\tau \,. \tag{8.5}$$

Do curso de eletromagnetismo, sabemos que a densidade de corrente (*J*) é dada por:

$$J = \frac{E}{\rho} \quad \text{e como} \quad \rho = \frac{1}{\sigma} \quad \text{vem que:} \quad J = \sigma E \,, \tag{8.6}$$

em que J é a densidade de corrente, ρ a resistividade elétrica, σ a condutividade elétrica e E o campo elétrico.

E também sabemos que:

$$J = nev_d \,, \tag{8.7}$$

em que n é o número de portadores de carga por unidade de volume.

Substituindo (8.5) em (8.7) vem:

$$J = ne\left(\frac{eE\tau}{m_e}\right) = \frac{ne^2\tau}{m_e}E \,. \tag{8.8}$$

Comparando (8.6) com (8.8) somos levados à igualdade:

$$\sigma = \frac{ne^2\tau}{m_e} \text{ e } \rho = \frac{m_e}{ne^2\tau} \,. \tag{8.9}$$

Agora vamos considerar um condutor de área de seção transversal $\mathbb{A}$ e comprimento L submetido a uma diferença de potencial V que faz aparecer uma corrente elétrica i dada por:

$$i = J\mathbb{A} = nev_d\mathbb{A} = ne\frac{eE}{m_e}\tau\mathbb{A} = \frac{ne^2\tau}{m_e}E\mathbb{A} = \sigma E\mathbb{A}$$

Mas para um campo elétrico uniforme temos que $E = \frac{V}{L}$, então:

$$i = \sigma\frac{V}{L}\mathbb{A}$$

$$\frac{V}{i} = \frac{L}{\sigma\mathbb{A}}$$

$$R = \frac{\rho L}{\mathbb{A}} \,. \tag{8.10}$$

A equação (8.10) é conhecida como segunda lei de Ohm e foi deduzida por meio do modelo microscópico da condução de eletricidade proposta por Drude. Como a resistividade elétrica (ρ) depende do tempo de relaxação (τ) e este depende da temperatura

(T), então um aumento de temperatura provocaria um aumento na energia cinética dos elétrons, resultando na diminuição do tempo de relaxação (τ) e consequente aumento da resistividade do material. Apesar da concordância qualitativa, o modelo leva a uma variação da resistividade que não concorda quantitativamente com os resultados experimentais e prevê que o calor específico dos metais deveria exceder o calor específico dos isolantes em $\frac{3}{2}R$ por mol, o que também não acontece na prática. Apesar dos insucessos, a teoria clássica dos elétrons livres constitui um bom ponto de partida para um tratamento mais sofisticado dos metais, baseado na mecânica quântica.

8.3 TEORIA QUÂNTICA DA CONDUÇÃO DE ELETRICIDADE

A teoria clássica da condução falha em explicar alguns fenômenos físicos, porque os elétrons não são partículas clássicas. É necessário que o modelo teórico admita a natureza ondulatória dos elétrons. Em virtude dessa natureza e do princípio de exclusão de Pauli, a distribuição de energia dos elétrons livres em um metal, para muitos casos, não é, nem mesmo de modo aproximado, dada pela distribuição de Maxwell-Boltzmann, como determina a teoria clássica. Também as colisões entre elétrons e íons da rede cristalina não são semelhantes à colisão entre duas partículas rígidas, visto que consistem no espalhamento das ondas dos elétrons pela rede. Para explicar a teoria quântica da condução, é necessário ao menos entender de modo qualitativo as diferenças entre a distribuição de energia dos elétrons do ponto de vista das teorias clássica e quântica.

8.4 DISTRIBUIÇÃO CLÁSSICA DE ENERGIA (DISTRIBUIÇÃO DE MAXWELL-BOLTZMANN)

Se um sistema físico é composto de um número muito grande de partículas, o estudo do sistema ficará mais simples uma vez que seja observado o comportamento médio das partículas, em vez de seu comportamento individual. A mecânica estatística cuida desses casos e mostra que os valores sucessivos de energia que uma partícula pode ter, ou, o que é equivalente, as energias das diferentes partículas do sistema num instante particular, se distribuem de acordo com uma função de distribuição de probabilidades definida, chamada de distribuição de Boltzmann, que depende da temperatura T. Sabendo as probabilidades com que as partículas do sistema irão ocupar os diferentes estados de energia, podemos determinar uma série de propriedades importantes de todo o sistema. Pode ser provado que essa distribuição é dada por:

$$f_B(E) = Ae^{-\frac{E}{kT}} = \frac{1}{e^{\alpha}e^{\frac{E}{kT}}}, \tag{8.11}$$

em que $A = e^{-\alpha}$ é uma constante de normalização, k é a constante de Boltzmann e $e^{-\frac{E}{kT}}$ é o fator de Boltzmann.

Nessa distribuição de energia, as partículas são consideradas distinguíveis e supomos que a presença de uma partícula em um estado de energia particular de nenhuma forma inibe ou reforça a chance para que outra partícula se encontre nesse mesmo estado, e, novamente, todas as possíveis configurações para energia do sistema ocorrem com a mesma probabilidade.

8.5 DISTRIBUIÇÃO QUÂNTICA DE ENERGIA (DISTRIBUIÇÃO DE FERMI-DIRAC)

A distribuição de Boltzmann é um resultado fundamental da física clássica, mas não da física quântica. Isso porque numa distribuição de partículas quânticas temos que estas são representadas pelas funções de onda $\psi(x,t)$, e, se duas partículas idênticas de um sistema estiverem muito próximas, suas funções de onda podem se sobrepor de um modo significativo tal que essas partículas passam a ser indistinguíveis por qualquer processo físico. Essa é uma característica exclusiva da física quântica, proveniente da indistinguibilidade de partículas idênticas. Assim, a distribuição de energia quântica deve levar em conta esse efeito, que não é considerado na distribuição clássica.

Outro fato importante deriva do princípio de exclusão de Pauli, que proíbe a existência de dois férmions em um mesmo estado quântico, isto é, dois férmions não podem ter o conjunto dos números quânticos idênticos. Um férmion é uma partícula com spin semi-inteiro, por exemplo: elétrons, prótons, nêutrons e outras. Como o elétron é um férmion, então ele está sujeito ao princípio de exclusão, o qual determina que um sistema com vários elétrons deve ser descrito por uma autofunção total antissimétrica. Nesse caso, se os conjuntos dos números quânticos dos elétrons forem iguais, a autofunção total antissimétrica se anulará, a função densidade de probabilidade também será, portanto, nula, e, nesse caso, nenhum elétron será encontrado. Desse modo, a presença de um elétron em um estado quântico particular inibe totalmente a possibilidade de um outro elétron encontrar-se nesse mesmo estado. Essas considerações forçam-nos a modificar a função distribuição clássica de energia para uma função distribuição chamada de distribuição de Fermi-Dirac, dada por:

$$f_{FD} = \frac{1}{e^{\alpha} e^{\frac{E}{kT}} + 1}. \qquad (8.12)$$

Nessa distribuição, as propriedades quânticas dos elétrons são levadas em conta, e, fazendo uso desta distribuição, podemos encontrar parâmetros para descrever sistemas quânticos como a energia de Fermi em $T = 0$, dada por:

$$\varepsilon_F = \frac{h^2}{8m}\left(\frac{3N}{\pi V}\right)^{2/3}. \tag{8.13}$$

Velocidade de Fermi:

$$u_F = \left(\frac{2\varepsilon_F}{m}\right)^{1/2}. \tag{8.14}$$

Temperatura de Fermi:

$$T_F = \frac{\varepsilon_F}{k}. \tag{8.15}$$

Agora, para sermos capazes de determinar teoricamente propriedades dos metais como resistividade elétrica de acordo com os resultados experimentais, devemos levar em conta a natureza ondulatória do elétron. A colisão de um elétron com um íon da rede cristalina envolve o espalhamento da onda eletrônica pelo potencial periódico dos íons na rede. Como o comprimento de onda da matéria é muito maior que as distâncias separando os íons, o espalhamento de Bragg não ocorre em um hipotético material perfeito, e cálculos revelam que não existe espalhamento, exceto se existirem imperfeições da rede devido a impurezas ou vibrações térmicas da rede cristalina.

Podemos chegar em valores da resistividade elétrica com concordância dos resultados experimentais se a velocidade média clássica for substituída pela velocidade de Fermi e se as colisões forem interpretadas em termos de espalhamento das ondas eletrônicas. A teoria quântica da condução explica bem esses fenômenos, qualitativa e quantitativamente.

8.6 TEORIA DE BANDAS

Usando a teoria quântica da condução, foi possível prever propriedades elétricas dos sólidos, como a resistividade elétrica, porém, não foi explicado por que alguns sólidos são bons condutores enquanto outros são isolantes. A fim de chegarmos a essa explicação, será necessário aperfeiçoar o modelo quântico construindo uma teoria denominada teoria de bandas. Para isso, principiamos pela análise dos níveis de energia de cada átomo ao se reunir com outros da rede cristalina. Os níveis de energia permitidos de um átomo isolado são, em geral, muito separados e distantes uns dos outros. Suponhamos que dois átomos afastados se aproximem um do outro e notemos o que ocorrerá com um determinado nível de energia. Enquanto estiverem afastados, a energia deste nível será igual nos dois átomos, porém, à medida que se aproximam, o nível de energia, em cada átomo, se altera em virtude da influência do outro átomo, e o resultado dessa influência é a divisão do nível em outros dois, com energias ligeiramente diferentes no sistema de dois átomos. Se três átomos forem aproximados, um certo nível de energia se dividirá em três outros com valores bem próximos. A Figura 8.4 mostra a separação de um nível de energia quando se aproximam seis átomos idênticos.

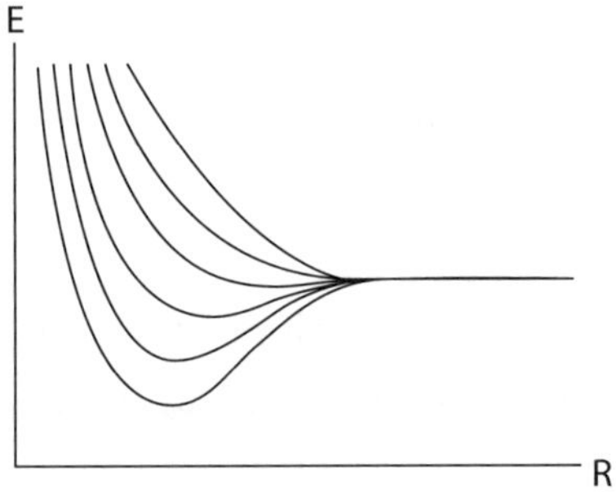

Figura 8.4 – Separação dos níveis de energia quando seis átomos da mesma espécie se aproximam.

Caso N átomos idênticos sejam aproximados, como ocorre em um sólido, um certo nível de energia de cada átomo isolado se dividirá em N níveis diferentes, com diminutos espaçamentos entre eles. O número N de átomos em um sólido é muito grande, de modo que cada nível de energia se divide num número muito grande de níveis, que constituem uma banda.

Em uma banda, os níveis estão quase continuamente distribuídos devido ao espaçamento entre os níveis ser muito pequeno. As bandas podem estar muito separadas umas das outras, ou próximas entre si, ou podem até se sobrepor, de acordo com o tipo de ligação entre os átomos e também com o tipo de átomo da rede.

As bandas com menor energia, correspondentes aos níveis de energia mais baixos dos átomos da rede, são ocupadas pelos elétrons ligados aos átomos. Os elétrons que podem participar da condução de eletricidade ocupam bandas de energia mais elevadas. A banda de energia mais alta que está ocupada por elétrons é chamada de banda de valência. Essa banda pode estar completamente ocupada pelos elétrons ou parcialmente ocupada, de acordo com a espécie dos átomos da rede e com o tipo de ligação entre eles.

Agora podemos explicar por que os sólidos podem ser condutores, isolantes ou semicondutores usando a teoria de bandas. Se a banda de valência estiver parcialmente ocupada, há muitos estados de energia desocupados, e uma pequena energia fornecida por um campo elétrico externo a um elétron da banda poderia facilmente elevá-lo para estados energéticos superiores desocupados – então, o material será um bom condutor de eletricidade. Se a banda de valência estiver completamente ocupada e for grande a separação entre a energia da banda de valência e a energia da banda imediatamente superior, chamada de banda de condução, somente um campo elétrico muito forte seria capaz de promover um elétron da banda de valência para a banda de condução que está vazia, causando a chamada ruptura do dielétrico. Nesse caso, para campos elétricos não muito fortes, o material se comportará como um isolante elétrico. A lacuna de energia entre as bandas de valência e de condução é conhecida como "gap" de energia ou banda de energia proibida, pois não existem estados energéticos nessa região.

Em alguns sólidos, a banda de energia proibida é pequena, de modo que em $T = 0$ K a banda de valência está completamente ocupada e não há nenhum elétron na banda de condução – o sólido é um isolante. Mas, à temperatura ambiente, é apreciável o número de elétrons na banda de condução promovidos pela excitação térmica devido ao *gap* de energia ser pequeno. Um sólido com essa estrutura de bandas é chamado de semicondutor intrínseco. Nos semicondutores típicos, silício e germânio, por exemplo, o gap de energia é da ordem de 1 eV. Um campo elétrico não muito alto pode promover um elétron da banda de valência para a banda de condução e, nessas condições, o material atua como um condutor. Uma característica interessante e contrária ao que ocorre com os metais é que, em semicondutores, o coeficiente de temperatura é negativo, significando que, aumentando-se a temperatura, sua resistividade diminui. Com o aumento da temperatura, o número de elétrons livres aumenta, pois um maior número de elétrons pode estar na banda de condução. Assim, esse efeito excede o efeito do aumento da resistividade devido ao maior espalhamento de elétrons pelos íons da rede e, por isso, a resistividade desses materiais diminui com o aumento da temperatura. Na Figura 8.5, é mostrada uma representação esquemática das bandas de energia para os três tipos de sólidos: condutores, isolantes e semicondutores.

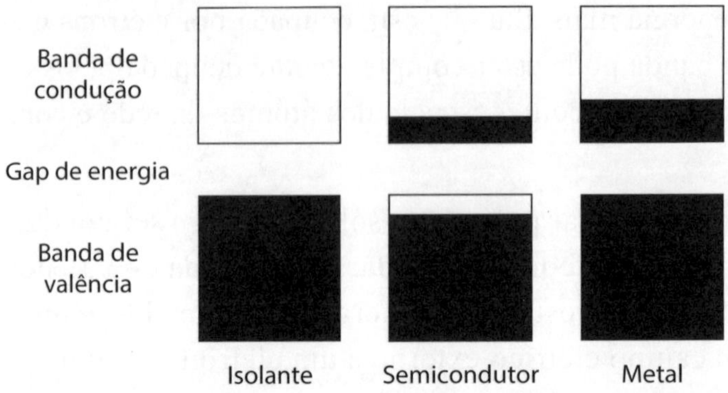

Figura 8.5 – Representação esquemática das bandas de energia.

8.6.1 SEMICONDUTORES

Os semicondutores são materiais utilizados na fabricação de vários dispositivos eletrônicos práticos, como diodos e transistores. A teoria de bandas mostra por que estes sólidos covalentes são considerados isolantes a temperaturas baixas (zero absoluto) e condutores a temperaturas altas (temperatura ambiente).

Os semicondutores podem ser intrínsecos, já explicados na seção anterior (silício e germânio), ou extrínsecos. Para produzir um semicondutor extrínseco aumentando a condutividade do semicondutor, realizamos um processo chamado de dopagem, que consiste na adição de impurezas controladas ao semicondutor, ou seja, é realizada a substituição de alguns átomos do semicondutor por átomos de outro elemento, aproximadamente de mesmo tamanho, porém valência diferente.

Se uma pequena quantidade bem definida de arsênio for adicionada ao silício fundido, as impurezas de arsênio vão se cristalizar, juntamente com o silício, em sua estrutura. O arsênio tem cinco elétrons por átomo na sua banda de valência, e o silício, quatro. Então, quatro dos elétrons do arsênio serão utilizados na ligação covalente, e o quinto elétron ficará praticamente livre. Ele não poderá ir para a banda de valência e ficará fracamente ligado numa "órbita" de raio muito grande em torno do íon de arsênio monocarregado. A atração coulombiana do íon de arsênio é fortemente blindada pela polarização dos átomos de silício das proximidades, isto é, o campo do íon é enfraquecido pela natureza dielétrica do cristal de silício. Esse quinto elétron, tendo uma energia de ligação com o arsênio tão pequena, poderá ser facilmente ionizável e ir para a banda de condução a temperaturas muito mais baixas do que as necessárias para os elétrons da banda de valência. Esses elétrons suplementares ocuparão alguns dos níveis discretos de energia, situados logo abaixo da banda de condução, a temperaturas baixas, e poderão ser facilmente excitados termicamente para essa banda. A temperaturas comuns, todos esses elétrons em excesso estarão na banda de condução.

A condutividade elétrica poderá ser controlada pela quantidade de arsênio adicionado como impureza. Obtém-se um efeito significativo com apenas um átomo de impureza por milhão de átomos do semicondutor. Uma impureza que fornece elétrons é denominada impureza doadora, e o semicondutor resultante é chamado de semicondutor extrínseco tipo N (negativo) por ter excesso de elétrons livres.

Se uma pequena quantidade de gálio for adicionada ao silício, a situação será diferente. O gálio tem três elétrons por átomo na banda de valência, tendo, portanto, um déficit de um elétron por átomo na formação das ligações covalentes. O resultado é a formação de um nível desocupado conhecido como "buraco" na banda de valência, que pode se deslocar através do cristal no mesmo sentido do campo elétrico, uma vez que um elétron de valência de um átomo vizinho será deslocado para o nível desocupado, eliminando o buraco, mas criando outro buraco no átomo vizinho. Os buracos se comportam como cargas positivas, e uma analogia bastante conhecida para entender esse movimento de elétrons e buracos é imaginar uma rua de mão única com duas pistas, uma delas engarrafada e a outra vazia. Se um carro deixar a pista engarrafada para a vazia, sobra um buraco que o carro de trás irá ocupar, criando, porém, um buraco que será ocupado por um outro carro mais atrás, e assim por diante, de modo que será possível ver os carros se movendo em um sentido e o buraco se movendo no sentido contrário. Do ponto de vista da energia, essa impureza introduz níveis discretos vazios ligeiramente acima do topo da banda de valência. Elétrons de valência são, então, facilmente excitados para esses níveis de impurezas, que podem aceitá-los, deixando buracos na banda de valência. A separação em energia entre os níveis aceitadores e o topo da banda de valência é pequena, pelas mesmas razões que produzem uma pequena separação entre os níveis doadores e a base da banda de condução. Uma impureza deficiente em elétrons é denominada impureza aceitadora, e o semicondutor resultante é denominado semicondutor extrínseco tipo P (positivo). A Figura 8.6 mostra a representação de um semicondutor tipo N e tipo P:

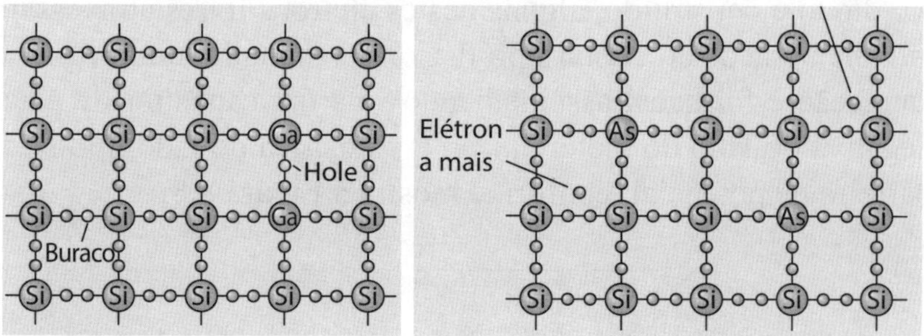

Figura 8.6 – (a) Semicondutor tipo P; (b) semicondutor tipo N.

8.6.2 DISPOSITIVOS SEMICONDUTORES

Muitos dispositivos utilizados na eletrônica são construídos a partir de semicondutores extrínsecos, como diodos, transistores, detectores, entre outros. Os semicondutores são propícios a muitas aplicações que utilizam efeitos da física, como o efeito Hall, efeito Seeback ou efeito Peltier, pois, apesar de esses efeitos ocorrerem em metais, eles ficam mascarados devido ao aparecimento de outros efeitos. É o caso do efeito Peltier, um efeito termoelétrico que consiste em fazer passar uma corrente elétrica numa junção de dois materiais diferentes: dependendo do sentido da corrente, é possível resfriar a junção ou aquecê-la. Em junções metálicas, esse efeito fica mascarado pelo efeito Joule, provocando sempre o aquecimento independentemente do sentido da corrente. Em junções de semicondutores, o efeito Peltier fica pronunciado, e é possível resfriar adegas ou processadores utilizando esse fenômeno, com as vantagens de não utilizar partes mecânicas móveis para refrigeração, dispensar o uso de gases refrigerantes e possuir alta confiabilidade e baixos níveis de ruído.

Um dispositivo cujo funcionamento vale a pena discutir é o diodo de junção P-N. Trata-se de um cristal (semicondutor extrínseco) contendo impurezas aceitadoras (tipo P) numa região e impurezas doadoras (tipo N) em outra. O limite entre essas regiões é denominado de junção P-N, e, uma vez que o diodo é um cristal inteiriço, os elétrons livres podem se mover através da junção. A Figura 8.7 mostra a estrutura de um diodo de junção P-N:

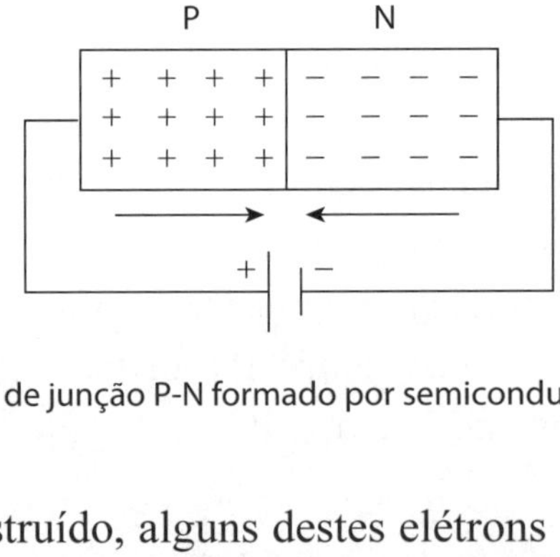

Figura 8.7 – Diodo de junção P-N formado por semicondutores tipo P e tipo N.

Quando o diodo é construído, alguns destes elétrons livres atravessam a junção e preenchem alguns buracos do cristal tipo P. Como resultado, uma região denominada camada de depleção é formada, assemelhando-se a um capacitor de placas paralelas com carga negativa do lado do material tipo P e positiva do lado tipo N, funcionando como uma barreira de potencial, conforme mostra a Figura 8.8.

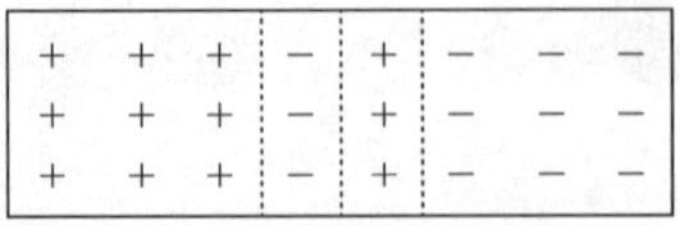

Figura 8.8 – Camada de depleção em uma junção P-N.

Consideremos, agora, que uma fonte de tensão externa seja aplicada nas extremidades do dispositivo, com o lado negativo na região P e o lado positivo na região N. Isso vai aumentar a energia de todos os elétrons na região P e diminuir a energia dos elétrons na região N, aumentando, assim, a altura da barreira de potencial (camada de depleção) entre as duas regiões. Como a região da junção já estava desprovida de portadores de carga, sua resistência é relativamente alta, e a maior parte da queda de potencial, devido à tensão aplicada, aparece através da junção. Dizemos que a polarização no diodo é reversa e nenhuma corrente elétrica será detectada (existe uma corrente de fuga devido aos portadores minoritários, podendo ser desprezada).

Se aplicarmos uma tensão positiva à região tipo P e uma tensão negativa à região tipo N, produzir-se-á na junção uma polarização direta. Isso diminui a altura da barreira de potencial elétrico entre as duas regiões até que cai a zero e o diodo permite passar uma corrente. A resposta não é instantânea à polarização direta, pois os elétrons se difundem pela região P de maneira análoga a moléculas de um gás que se difundem numa região de menor densidade tornada repentinamente acessível a elas. Esse tipo de diodo é usado como retificador de corrente e pode ser usado para transformar uma corrente alternada em corrente contínua, uma vez que permite passagem de corrente apenas em um sentido.

Vamos discutir o funcionamento de outro dispositivo semicondutor importante: o transistor. Um transistor é uma combinação de duas junções semicondutoras retificadoras, como P-N-P ou N-P-N. As regiões N-P-N são chamadas de emissor, base e coletor, respectivamente. A conexão base-coletor é polarizada inversamente, havendo uma resistência mais alta a corrente nessa região. A conexão emissor-base é polarizada diretamente, e portanto, é pequena a resistência a corrente nessa parte do circuito. No entanto, quando se aplica uma tensão no circuito do emissor de modo a estabelecer uma corrente, os elétrons que chegam à região da base são atraídos pela diferença de potencial entre a base e o coletor. Neste caso, aparecerá uma corrente no circuito do coletor.

A corrente do circuito emissor controla a corrente do circuito do coletor. Em torno de 90% da corrente que passa pelo emissor passa através do coletor, de modo que as correntes são de intensidades próximas. Entretanto, a tensão aplicada na conexão base-coletor pode ser muito maior do que a que existe na conexão emissor-base, porque a primeira é polarizada inversamente, e, consequentemente, a potência de saída no circuito do coletor pode ser muito maior do que a potência de entrada no circuito emissor. Vemos que o transistor funciona como um amplificador de potência. Circuitos modificados fazem dos transistores dispositivos tanto de amplificação de tensão como de corrente.

8.7 PROPRIEDADES MAGNÉTICAS DOS SÓLIDOS

Todos os materiais apresentam propriedades magnéticas, ainda que uma determinada amostra não produza por si só um campo magnético próprio. Na presença de um campo magnético externo é verificada a criação de um campo magnético pela amostra. Isso ocorre porque a matéria é constituída de átomos que possuem elétrons e estes possuem uma propriedade intrínseca chamada spin; portanto, existe um campo magnético intrínseco criado por cada elétron pertencente aos átomos. A manifestação desse campo magnético resultante do material dependerá da espécie e da maneira como os átomos na rede cristalina e elétrons na eletrosfera estão organizados em cada tipo de material. Assim, classificamos os materiais em três tipos principais segundo suas respostas a um campo magnético externo: diamagnéticos, paramagnéticos e ferromagnéticos.

Quando um material é submetido a um campo magnético externo ($\overrightarrow{B_{ap}}$), os momentos de dipolo magnéticos internos do material relacionados ao spin dos elétrons ($\overrightarrow{\mu}$) tendem a se alinhar, e o grau de alinhamento é medido por uma grandeza chamada de magnetização ($\vec{M}$), definida como o momento de dipolo magnético total por unidade de volume:

$$\vec{M} = \frac{d\vec{\mu}}{dV}. \tag{8.16}$$

Caso um campo magnético fosse aplicado em um material, o campo magnético resultante que seria medido por um detector nas proximidades do material seria dado por:

$$\overrightarrow{B_{res}} = \overrightarrow{B_{ap}} + \mu_0 \vec{M}. \tag{8.17}$$

Em materiais paramagnéticos e ferromagnéticos, $\vec{M}$ tem o mesmo sentido que $\overrightarrow{B_{ap}}$; porém, em diamagnéticos, $\vec{M}$ e $\overrightarrow{B_{ap}}$ têm sentidos opostos. Caso um material paramagnético ou ferromagnético seja imerso em um campo magnético externo não uniforme, o material será atraído no sentido da região de maior campo magnético. O contrário ocorre com um material diamagnético caso seja imerso num campo magnético não uniforme.

Em materiais paramagnéticos e diamagnéticos, a magnetização é diretamente proporcional ao campo magnético externo aplicado, e, desse modo, temos:

$$\vec{M} = \chi_m \frac{\overrightarrow{B_{ap}}}{\mu_0}, \tag{8.18}$$

em que χ_m é chamada de suscetibilidade magnética. Logo, a equação (8.17) pode ser reescrita como:

$$\overrightarrow{B_{res}} = \overrightarrow{B_{ap}}\left(1+\chi_m\right). \tag{8.19}$$

A suscetibilidade magnética (χ_m) possui um valor muito pequeno e positivo para materiais paramagnéticos e muito pequeno e negativo para materiais diamagnéticos. O caso de materiais ferromagnéticos é mais complicado e deve ser estudado em separado.

Uma teoria microscópica, que descreve muito bem os fenômenos magnéticos em materiais, é a chamada eletrodinâmica quântica, possuindo um formalismo matemático além dos propósitos deste texto. Contudo, podemos explicar esses fenômenos usando uma teoria semiclássica, baseada na teoria quântica, que é qualitativamente satisfatória.

8.7.1 TEORIA MICROSCÓPICA DO MAGNETISMO EM MATERIAIS

Cada elétron possui um momento angular intrínseco relacionado a uma propriedade quântica chamada spin e um momento angular orbital relacionado ao movimento de translação em torno do núcleo. Cada um desses momentos angulares gera um momento de dipolo magnético, os quais se combinam vetorialmente. A resultante dessas duas grandezas se combina vetorialmente com as resultantes de todos os outros elétrons do átomo, e a resultante de cada átomo se combina com as resultantes de todos os átomos da amostra. A resultante global indicará o tipo de material com relação a suas propriedades magnéticas.

8.7.2 DIAMAGNETISMO

Na ausência de um campo magnético externo, esses materiais não apresentam campo magnético próprio. Isso pode ser explicado considerando o elétron como uma "espira de corrente" que produz um momento de dipolo magnético com orientação dependente do sentido do movimento dos elétrons em torno do núcleo. A falta de campo magnético do material indica que a mesma quantidade de elétrons que orbita em um sentido deve orbitar no outro sentido, criando momentos de dipolos magnéticos resultantes de mesma intensidade, porém de sentidos contrários.

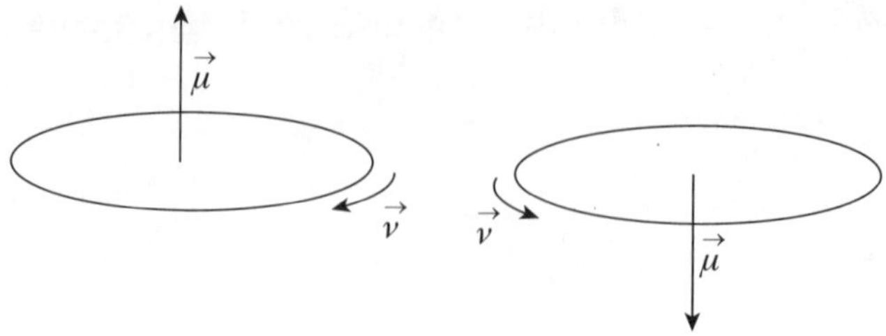

Figura 8.9 – Modelo de espira para elétrons orbitando o núcleo.

Aplicando-se um campo magnético externo não uniforme com uma determinada orientação, o fluxo magnético que atravessa a "espira de corrente" sofrerá uma variação, e, segundo a lei de Lenz, pode-se mostrar que o momento de dipolo magnético resultante do material não será mais nulo, apontando no sentido contrário da orientação do campo magnético externo. Caso o campo magnético externo seja retirado, o momento magnético resultante volta a se anular.

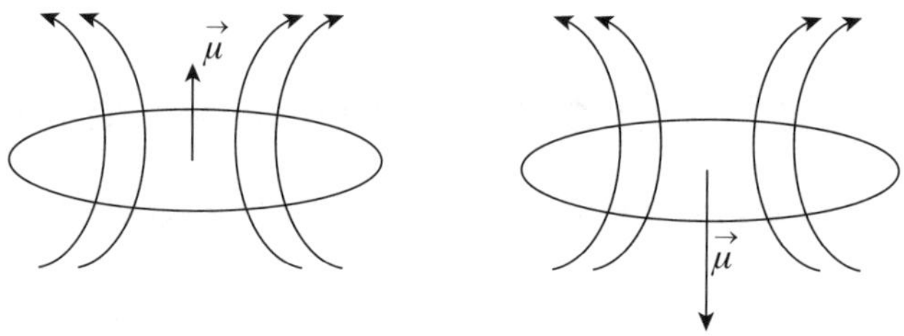

Figura 8.10 – Campo magnético criado por um material diamagnético na presença de um campo magnético variável.

8.7.3 PARAMAGNETISMO

Nesses materiais, a soma dos momentos de dipolo magnético orbital e de spin de cada elétron em cada átomo não é nula, portanto cada átomo possui um momento magnético resultante não nulo. Quando esses materiais não estão submetidos a nenhum campo magnético externo, esses momentos de dipolo magnéticos resultantes de cada átomo estão orientados randomicamente e o momento de dipolo magnético do material é nulo, o que justifica esses materiais não apresentarem campo magnético próprio. Entretanto, se o material for colocado imerso em um campo magnético externo, os momentos de dipolo magnético de cada átomo tendem a se alinhar com a orientação do campo, dando ao material um momento de dipolo magnético resultante não nulo e explicando o aparecimento de um campo magnético criado pelo material. Se o campo magnético externo é retirado, a agitação térmica quebra esse alinhamento quase instantaneamente à retirada do campo.

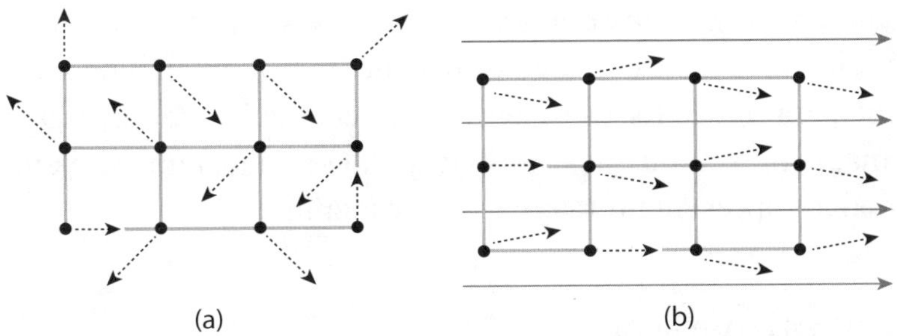

Figura 8.11 – Momento de dipolo magnético em materiais paramagnéticos: (a) na ausência de campo magnético externo; (b) na presença de campo magnético externo.

8.7.4 FERROMAGNETISMO

O ferromagnetismo é um alinhamento dos spins atômicos que se correlacionam entre seus vizinhos por meio de um mecanismo chamado de acoplamento de troca, dando origem a regiões chamadas de domínios magnéticos, que são regiões do cristal nas quais o alinhamento dos momentos de dipolo magnético é perfeito. Essas regiões podem estar orientadas ao acaso, situação na qual o material não possuirá um campo magnético próprio. Caso exista uma orientação em que a maioria dos domínios magnéticos esteja alinhada, então esse material exibirá um campo magnético permanente mesmo na ausência de um campo magnético externo.

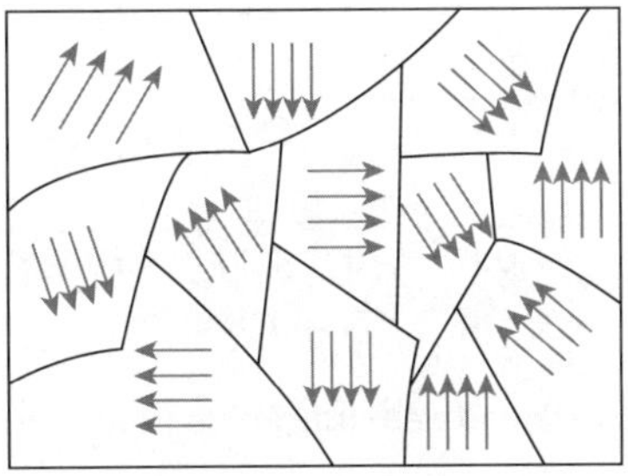

Figura 8.12 – Domínios magnéticos em material ferromagnético.

Se a temperatura de um material ferromagnético for elevada acima de um certo valor crítico, chamado de temperatura de Curie, o acoplamento de troca deixa de ter efeito e o material passa a se comportar como um material paramagnético.

Em certos compostos, como o FeO, os spins dos átomos vizinhos se alinham antiparalelamente abaixo de uma temperatura crítica, conhecida como temperatura de Neel. Esses materiais, que são chamados de antiferromagnéticos, não apresentam magnetismo espontâneo porque os spins dos átomos vizinhos se cancelam.

Existem também compostos que apresentam duas ou mais sub-redes magnéticas. Os spins estão alinhados dentro de cada sub-rede, mas a direção de alinhamento varia de uma sub-rede para outra. Esses materiais são chamados de ferrimagnéticos. Como os momentos magnéticos totais das sub-redes não se cancelam mutuamente, os materiais ferrimagnéticos apresentam magnetismo espontâneo.

8.7.5 SUPERCONDUTIVIDADE

Em 1911, o físico Heike H. Onnes, trabalhando com metais resfriados a temperaturas muito baixas, observou o fenômeno da supercondutividade no mercúrio ao perceber que a resistividade desse metal em função da temperatura atingia um valor incomensuravelmente pequeno quando a temperatura era menor que um valor crítico, como mostrado na Figura 8.13.

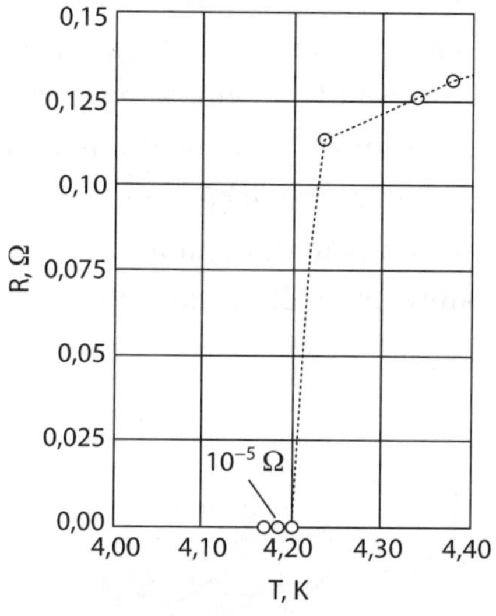

Figura 8.13 – Resistividade em função da temperatura do mercúrio.

Essa temperatura foi chamada de temperatura crítica T_c, e logo se notou que essa propriedade não era exclusiva do mercúrio. Estanho, chumbo e outras ligas metálicas também apresentavam essa propriedade, com diferentes temperaturas críticas. Onnes interpretou corretamente que a ocorrência desse fenômeno deveria estar ligada a uma transição de fase, na qual as propriedades eletrônicas do material são alteradas. Como a resistividade de um supercondutor é nula, pode existir uma corrente no material mesmo na ausência de um campo elétrico, e esses tipos de correntes são chamadas de "supercorrentes" que podem produzir campos magnéticos intensos utilizados em muitas aplicações, por exemplo, em ressonância magnética nuclear, em aceleradores de partículas e em microscópios eletrônicos de transmissão.

Em 1933, Meissner e Oschenfeld descobriram que uma substância no estado supercondutor funciona como um material diamagnético perfeito, ou seja, se for aplicado um campo magnético fraco nesse material, este expulsará todo e qualquer fluxo magnético de seu interior, portanto, o campo magnético no interior do supercondutor será zero. A equação (8.19) mostra, então, que a suscetibilidade magnética de um supercondutor é igual a $\chi_m = -1$.

Esse efeito ficou conhecido como efeito Meissner e tornou-se um critério para que o material seja considerado um supercondutor. A Figura 8.14 mostra o efeito Meissner.

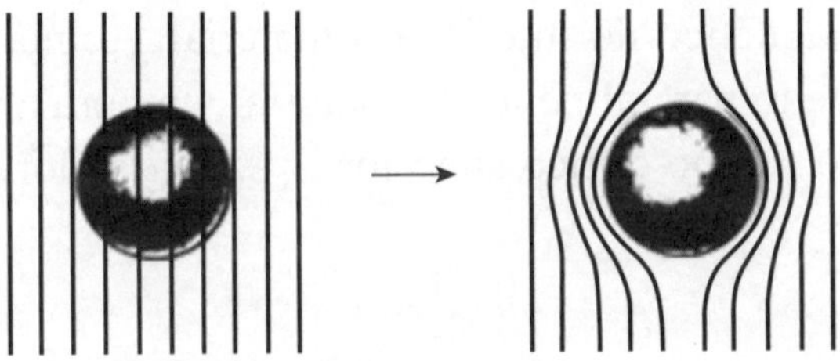

Figura 8.14 – Efeito Meissner.

A condição de ser um campo magnético fraco a ser aplicado no material supercondutor deve-se à constatação de que a temperatura crítica diminui à medida que é aumentado o campo magnético externo aplicado ao material supercondutor, existindo um campo magnético crítico acima do qual ocorre a supressão do estado supercondutor e o material volta ao estado normal, no qual possui uma resistividade diferente de zero. A Figura 8.15 mostra a variação da temperatura crítica do chumbo com relação ao campo magnético externo aplicado ao material.

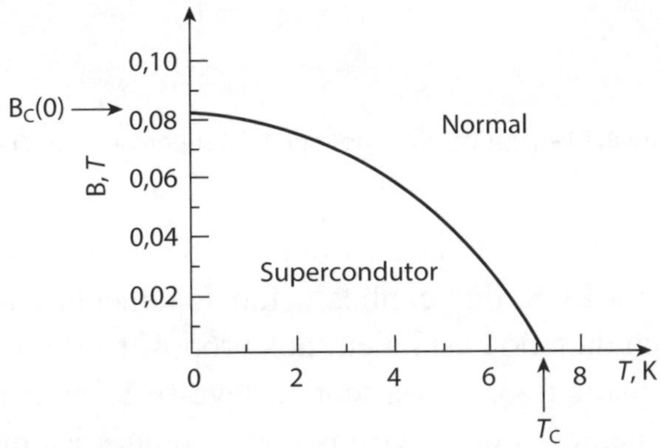

Figura 8.15 – Temperatura crítica do chumbo para diferentes valores do campo magnético externo aplicado ao supercondutor.

O efeito Meissner é observado em todos os supercondutores; no entanto, a resposta dos supercondutores em relação à presença de um campo magnético externo qualquer levou à classificação dos sistemas supercondutores em dois tipos:

- Supercondutores tipo I, que apresentam apenas os estados Meissner e normal. Assim, se o campo aplicado for inferior ao valor crítico, não ocorre nenhuma penetração do fluxo magnético. A maioria dos elementos metálicos supercondutores é do tipo I.
- Supercondutores do tipo II, que apresentam dois campos críticos, B_{C1} e B_{C2}. B_{C1} é conhecido como campo crítico inferior e é o valor máximo do campo magnético externo em que ocorre o efeito Meissner, ou seja, a exclusão total do fluxo magnético do interior do material. Acima desse campo, o fluxo magnético penetra parcialmente no material, embora a supercondutividade se mantenha até o campo crítico superior B_{C2}, cujo valor pode ser muitas vezes maior que B_{C1}.

A região entre os dois valores críticos de campo, na qual o efeito Meissner é parcial, é denominada estado misto, ou estado de vórtices. A Figura 8.16 mostra o comportamento da magnetização M em função da indução magnética aplicada em supercondutores (a) tipo I e (b) tipo II.

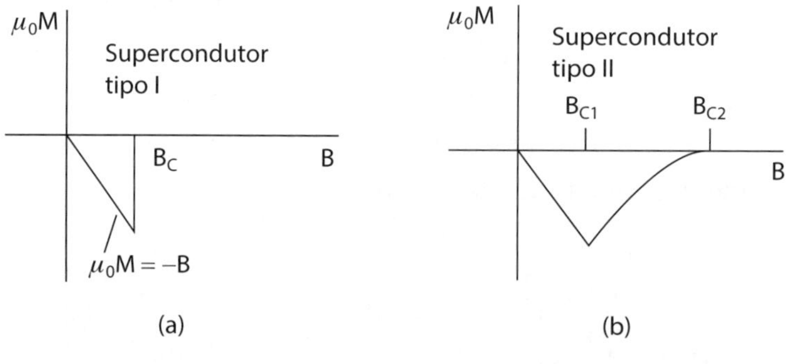

Figura 8.16 – (a) supercondutor tipo I; (b) supercondutor tipo II.

Em 1957, foi proposta por Bardeen, Cooper e Schrieffer uma teoria microscópica, conhecida por teoria BCS, que explica o funcionamento da supercondutividade. O formalismo quântico da teoria está além dos propósitos deste texto, mas podemos entendê-la de modo qualitativo. Nessa teoria, deve-se levar em conta as interações elétron-elétron e as interações dos elétrons com a rede cristalina mesmo durante o tempo de relaxação. Os elétrons interagem com os íons positivos, criando vibrações na rede cristalina que são quantizadas. No formalismo da teoria quântica essas vibrações podem ser consideradas como partículas, e uma vibração elementar que corresponde a 1 quantum de vibração da rede é denominado de fônon. Os fônons são os mediadores da interação indireta entre os elétrons. Desse modo, os elétrons podem interagir por meio do aparecimento de uma fraca força atrativa entre eles devido a deformações da rede que causam aumento da densidade de carga positiva na região atravessada pelos elétrons. Em condições de baixa desordem térmica (baixa temperatura), em que as vibrações atômicas incoerentes são minimizadas, essa atração efetiva pode produzir um par de elétrons ligados. Esses elétrons acoplados são chamados de "par de Cooper". Os elétrons num par de Cooper têm spins iguais e opostos e constituem um sistema de spin nulo, por isso não seguem o princípio de exclusão de Pauli. Qualquer número de pares de Cooper pode ocupar o mesmo estado quântico, com a mesma energia. No estado fundamental de um supercondutor ($T = 0$), todos os elétrons são pares de Cooper que estão no mesmo estado quântico e todos estão correlacionados, de modo que agem em conjunto. Não há dissipação de energia pelas colisões entre elétrons e íons da rede, a menos que a temperatura seja suficientemente elevada para que fônons incoerentes, devido às vibrações da rede, por efeito térmico sejam capazes de romper as ligações dos pares de Cooper. A energia necessária para romper um par de Cooper é semelhante à energia necessária para romper, nos seus átomos constituintes, uma molécula. Essa energia é a lacuna de energia na supercondução E_g. O seu valor, na teoria BCS, é dado, no zero absoluto, por

$$E_g = 3,5kT_c. \tag{8.20}$$

Usando a teoria BCS em 1962, Josephson previu que seria possível o tunelamento sem resistência de pares de Cooper através de uma junção entre dois supercondutores em contato por uma película isolante elétrica. Essa junção, chamada de junção Josephson, permite a construção de equipamentos de análise magnética extremamente precisos, medindo campos magnéticos de até 10^{-14} T.

A teoria BCS permite a descrição quantitativa da fenomenologia dos supercondutores. Assim, ela prevê a ocorrência da transição de fase na temperatura crítica e descreve corretamente as supercorrentes, o efeito Meissner, o campo crítico e outras propriedades satisfatoriamente. Ainda assim, para explicar os supercondutores do tipo II no estado misto, são necessárias mais considerações. No estado misto, o sistema se organiza de modo que o material fica dividido em duas regiões: uma normal e uma supercondutora. As regiões normais são formadas por finos filamentos embebidos na matriz supercondutora, os quais atravessam o material de um lado a outro. Através desses filamentos, que se distribuem segundo um arranjo ordenado, passa o fluxo magnético.

Um filamento normal que se forma no estado misto pode ser descrito como uma estrutura cilíndrica muito longa, orientada paralelamente à direção das linhas de indução do campo aplicado. Nessa região, a supercondutividade é essencialmente suprimida. Em torno desse filamento normal, circulam supercorrentes de blindagem, as quais se distribuem numa casca cilíndrica. Essas correntes blindam o campo magnético em pontos afastados do eixo do cilindro. A estrutura toda é denominada de vórtice, devido à analogia com os vórtices formados por fluidos em escoamento turbulento.

No ano de 1986, foi anunciada por Muller e Bednorz a descoberta do estado supercondutor em cerâmicas com alta temperatura crítica. Essas cerâmicas, preparadas à base de cupratos, possuíam temperatura crítica inicialmente acima de 30 K. Atualmente, já se chegou a cupratos supercondutores com temperatura de até 138 K. A teoria que explica a existência do estado supercondutor nesses materiais certamente não é a teoria BCS, que explica tal estado apenas para temperaturas baixas. Devido à alta complexidade dos sistemas cupratos, tem sido difícil construir uma teoria microscópica suficientemente abrangente que seja capaz de explicar o estado supercondutor nesses materiais. Presume-se que aspectos novos devem ser levados em conta, como a forte anisotropia planar desses sistemas. Pode-se dizer que a construção de um modelo que explique a supercondutividade em cupratos é um dos maiores desafios da física da matéria condensada.

8.8 SÓLIDOS NÃO CRISTALINOS

Os sólidos não cristalinos são muitas vezes chamados de sólidos amorfos (termos usados como sinônimos). No entanto, no ano de 1995, P. K. Gupta publicou um artigo consagrado no qual faz distinção entre esses termos. Ele definiu sólidos não cristalinos como todo sólido que não possui um arranjo atômico ordenado a longo alcance e que pode ser dividido em duas classes distintas dos pontos de vista termodinâmico e topológico: vidros e sólidos amorfos. Os vidros apresentam um fenômeno chamado de comportamento de transição vítrea, o qual os sólidos amorfos (alguns tipos de polímeros, por exemplo) não apresentam.

8.8.1 VIDROS

A presença de vidros no nosso cotidiano é tão comum que raramente nos impressionamos com sua beleza e com o fato de a maioria deles ser transparente à luz. A importância comercial e tecnológica dos vidros é de valor inestimável na sociedade atual. Desde tempos remotos o homem faz uso desses materiais, pois podem ser produzidos naturalmente pelo resfriamento rápido de alguns tipos de rochas vulcânicas ou artificialmente por vários métodos.

A primeira produção artificial de vidros tem data e origem incertas, porém, segundo o historiador romano Plínio (23-79 d.C), os primeiros vidros foram sintetizados artificialmente de modo casual 4 mil anos a.C. pelos fenícios, quando desembarcaram na costa da Síria e improvisaram fogões usando blocos de salitre sobre areia. Observaram que, passado algum tempo, escorria uma substância brilhante que se solidificava rapidamente. Após essa descoberta, os fenícios fizeram pequenos aperfeiçoamentos na técnica de obtenção de vidros e difundiram esse conhecimento pelo Egito e Mesopotâmia. A técnica foi desenvolvida e consolidada em todos os continentes. Mas vidros transparentes eram raros e sempre continham pequenas bolhas e estrias, como consequência do uso de temperaturas inadequadas de fusão do material de partida e inomogeneidades no fundido. Com a invenção da técnica de sopragem de vidros, por volta do início da era cristã, foi possível obter peças de vidro ocas, e o vidreiro passou a poder dar as mais variadas formas aos objetos vítreos. Isso os tornou mais utilitários do que puramente decorativos e luxuosos. Houve uma queda nos preços e eles se popularizaram. Em Alexandria, em torno de 100 d.C., foram produzidos os primeiros vidros incolores por meio da adição de óxido de manganês no fundido. No Império Romano Ocidental, o desenvolvimento da obtenção de vidros continuou sua escalada, e os objetos vítreos tornaram-se comuns na vida diária. Mesmo depois da queda do Império Romano Ocidental, as técnicas desenvolvidas de produção de vidros foram levadas ao Império Romano Oriental.

No mundo islâmico, além de vidros decorativos, o uso de vidros para pesagem foi desenvolvido com alta precisão ao redor do ano de 780 d.C. Depois da queda do Império Romano Oriental, Veneza tornou-se famosa pela produção de vidros de altíssima qualidade e, estimulada pela Igreja, desenvolveu métodos para coloração de vidros à base de inserção de óxidos. O ponto alto do vidro veneziano foi a criação de um vidro cristal extraordinariamente puro. A produção de vidros usando as técnicas desenvolvidas em Veneza espalhou-se pelos outros países da Europa nos séculos seguintes.

Em 1600, a arte de cortar vidros foi desenvolvida, e muitos objetos de admirável beleza foram produzidos usando esta técnica. O livro *Arte vetraria*, publicado no ano de 1612 por Antonio Neri em Pisa, apresentava todos os conhecimentos da época sobre o vidro, e pela primeira vez foram estabelecidos critérios sistemáticos e um estilo moderno nos fundamentos e tecnologias do vidro. O conhecimento empírico dos vidros foi espalhado por vários países. Em 1675, na Inglaterra, foi inventado o vidro "*flint*", composto de silicato de chumbo, possuindo baixo número de Abbe e apresentando um alto índice de refração e alto poder de dispersão da luz em relação ao vidro "crown", composto de silicato de soda-cal.

Em 1830 teve início o estudo científico dos vidros com Michael Faraday, que os definiu como materiais mais aparentados a uma solução de diferentes substâncias do que um composto em si.

Durante o século XIX, o processo de produção de vidros foi aprimorado pelo uso de matéria-prima selecionada e de alta pureza e pelo desenvolvimento de fornos mais potentes e estáveis. Novos tipos de vidros foram criados e aperfeiçoados, conhecidos como vidros óticos e que possuíam as seguintes características: propriedades óticas bem definidas, performance ótica homogênea e ausência de bolhas, estrias, tensões e inclusões. No ano de 1880, Otto Schott começou o desenvolvimento específico de novos vidros óticos propostos por Ernst Abbe para o desenvolvimento de sistemas de lentes com alta qualidade para confecção de microscópios e outros instrumentos óticos.

No século XX, a revolução na produção vidreira ocorreu com a mecanização industrial, em que o processo manual foi substituído por máquinas e foram obtidos vidros planos até então muito difíceis de serem produzidos. No entanto, todo o desenvolvimento da tecnologia do vidro se dava no campo empírico, e somente nos anos 1930 os estudos científicos dos vidros relativos às suas propriedades físicas, químicas e estruturais tiveram avanços significativos. Podemos dizer que somente após a Segunda Guerra Mundial houve uma forte interação entre a tecnologia do vidro e pesquisas científicas. Desde então, os cientistas tentam entender o estado vítreo, e muitas teorias foram criadas para explicá-lo.

Para o estudo desses materiais, o primeiro desafio foi classificá-los em relação ao estado de agregação da matéria. A princípio os vidros são materiais com viscosidade elevada (acima de 10^{13} poise à temperatura ambiente) e propriedades semelhantes às dos sólidos cristalinos, como rigidez e forma própria não dependente do recipiente em que está inserido. Submetendo-os a análises de difração de raios X, porém, notou-se que o arranjo atômico dos constituintes do vidro não apresenta uma periodicidade a longo alcance, ou seja, não há um ordenamento (repetição) entre os átomos e seus vizinhos distantes. Conclui-se, então, que microscopicamente a estrutura assemelha-se à dos líquidos. Essa dificuldade de classificá-los quanto ao seu estado de agregação deu margem a uma proposição de um quarto estado da matéria: o estado vítreo, porém essa proposição não encontrou uma aceitação generalizada por parte da comunidade científica. Outro desafio era a própria definição de vidro, pois se verificou a existência de outros tipos de materiais, como alguns tipos de plásticos, que também apresentavam ausência de ordenamento da estrutura atômica, porém com outras propriedades muito diferentes das dos vidros, como as propriedades mecânicas.

Uma definição operacional de vidros proposta pela American Society for Testing Materials (ASTM) é: Um vidro é um sólido inorgânico, obtido pelo resfriamento rápido de um líquido sem ocorrência de cristalização, porém essa definição é restritiva, pois pode-se obter vidros orgânicos e metálicos, e também o processo de resfriamento rápido não é o único meio de obtenção de vidros. Os processos de sol-gel, deposição de vapor e irradiação com nêutrons em materiais cristalinos também são eficientes para a obtenção de vidros. Os vidros são materiais frágeis, duros, e podem ser transparentes à luz visível, mas o notável é que todos os vidros produzidos naturalmente ou artificialmente apresentam duas características comuns: ausência de um arranjo atômico periódico de longo alcance e exibição de um comportamento dependente do tempo conhecido como comportamento de transição vítrea. Em 1997, Shelby definiu vidros como sólidos amorfos, com ausência completa de ordem a longo alcance e periodicidade, exibindo uma região de transição vítrea. Qualquer material, inorgânico ou orgânico, formado por qualquer técnica, que exibe um fenômeno de transição vítrea é um vidro.

O comportamento de transição vítrea é investigado com base no diagrama do volume específico ou de alguma grandeza termodinâmica extensiva em função da temperatura. A Figura 8.17 mostra o volume específico como grandeza termodinâmica extensiva em função da temperatura.

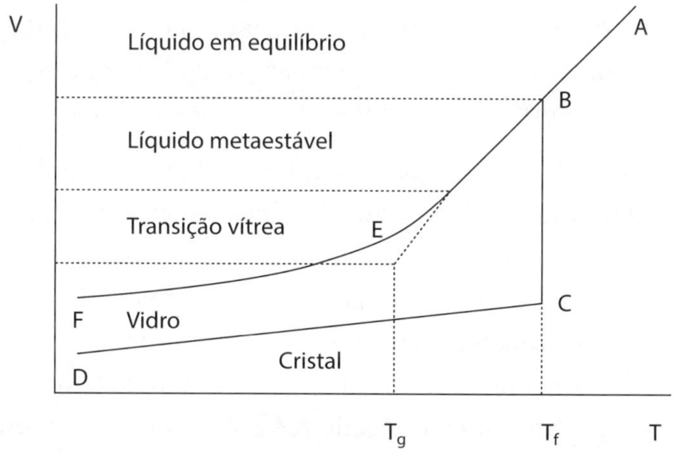

Figura 8.17 – Volume específico em função da temperatura de vidro e de um cristal.

Considerando o gráfico da Figura 8.17 a partir do ponto A, tem-se um líquido em equilíbrio. Durante o resfriamento do líquido, um de dois eventos pode ocorrer: se a taxa de resfriamento for baixa o suficiente, o volume específico diminui continuamente de acordo com seu coeficiente de expansão térmica até o ponto B na temperatura T_f, quando passa a apresentar uma redução drástica do volume, caracterizado por uma descontinuidade do gráfico da Figura 8.17, e atinge o ponto C. A temperatura T_f, indo da direita para a esquerda, é a temperatura de solidificação, na qual ocorrerão a formação de núcleos e subsequentemente o crescimento de cristais. Diz-se que houve a cristalização do material, em que seus átomos formaram uma rede periódica cristalina tridimensional, e assim se explica a diminuição abrupta do volume específico. Continuando o resfriamento, segue-se o percurso até o ponto D e tem-se um sólido cristalino. No entanto, outro evento pode ocorrer se o resfriamento for rápido o suficiente a partir do ponto A: o volume específico pode diminuir sem que ocorra descontinuidade na curva da Figura 8.17, e o líquido é denominado, então, líquido metaestável. Continuando o resfriamento e seguindo o segmento BE, a curva começa a desviar-se da linha de equilíbrio até o ponto E, diminuindo seu coeficiente angular continuamente, até atingir o mesmo valor do coeficiente angular da reta CD sem que haja cristalização. O sólido não cristalino assume seu estado final até F e é denominado vidro. Fisicamente, o que ocorre pode ser explicado da seguinte maneira: durante o resfriamento rápido, o movimento translacional dos átomos no líquido continua à medida que a temperatura diminui, mas sem que ocorram o rearranjo periódico da estrutura e a redução abrupta do volume específico. A viscosidade desse líquido começa a aumentar e os átomos começam a perder mobilidade translacional, até que o valor da viscosidade se torna tão alto que as posições atômicas se tornam fixas e os átomos perdem sua mobilidade translacional. Os limites de temperatura em que a curva da Figura 8.17 começa a desviar-se da linha de equilíbrio até atingir o líquido "congelado" determinam a região de transição vítrea.

Os valores dos parâmetros que controlam a mudança de inclinação da curva da Figura 8.17 são considerados relacionados à cinética, como a taxa de resfriamento, que influenciará o aumento da viscosidade do líquido metaestável e, portanto, a região de transição vítrea dependerá da história térmica da produção do vidro. Desse modo, a região de transição vítrea não é bem definida, pois depende da história térmica do vidro, e é conveniente definir uma temperatura que permita diferenciar dois vidros com diferentes taxas de resfriamentos. Essa temperatura, denominada temperatura *fictícia*, é definida como a interseção entre a linha extrapolada do líquido metaestável e a do vidro. Apesar de o conceito de temperatura fictícia não ser completamente satisfatório para caracterizar a história térmica de um vidro, é bastante útil para discutir os efeitos da mudança de taxa de resfriamento nas propriedades e estruturas dos vidros.

É conveniente definir uma única temperatura que caracterize a região de transição vítrea. Essa temperatura é denominada temperatura de transição vítrea (T_g) e pode ser determinada pela mudança da linha base de uma curva de análise térmica, indicando que houve uma mudança no calor específico e sugerindo uma transição de fase de segunda ordem, conforme a classificação de Ehrenfest. Também pode ser determinada pela mudança de inclinação na curva dilatométrica, como mostra a Figura 8.18.

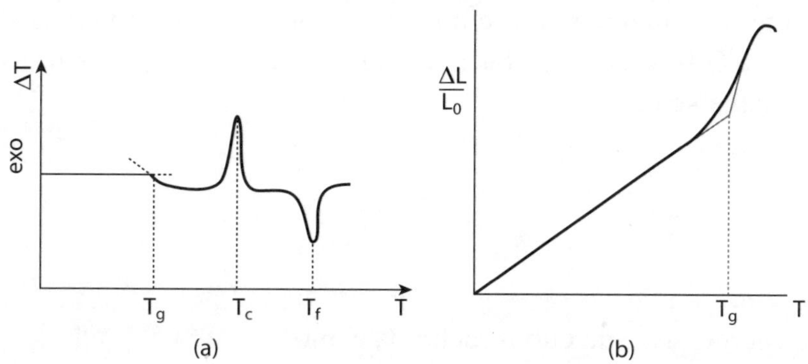

Figura 8.18 – T_g determinada pelos métodos de: (a) análise térmica diferencial (DTA); (b) dilatometria.

Os valores obtidos pelos dois métodos são similares, mas não idênticos, e, portanto, a T_g depende do método experimental utilizado para sua determinação e também da taxa de aquecimento usada durante a medida e, desse modo, não pode ser considerada uma propriedade intrínseca do vidro. Pode-se interpretar a T_g como um indicador útil da temperatura aproximada, em que o líquido super-resfriado (metaestável) converte--se em um sólido amorfo ou de outra maneira, durante o aquecimento, o sólido começa a apresentar um comportamento viscoelástico.

8.9 TEORIAS PARA A TRANSIÇÃO VÍTREA

A natureza da transição vítrea é bastante complexa e ainda pouco compreendida. Algumas teorias tentam explicá-la, porém nenhuma delas o faz de maneira completa, de modo que é necessário fazer uso de várias teorias para explicar diferentes aspectos dos fenômenos relacionados à transição vítrea.

8.9.1 TRANSIÇÕES DE FASES TERMODINÂMICAS

É aceito pela comunidade científica que existe uma transição denominada vítrea, envolvendo modificações de diversas propriedades quando um sólido não cristalino passa para a fase líquida. Essa transição se reflete macroscopicamente por meio de mudanças em várias propriedades termodinâmicas, como calor específico, coeficiente de expansão térmica e coeficiente de compressibilidade. O fato de certas variáveis termodinâmicas, como volume, entropia e entalpia, serem contínuas durante a transição vítrea, enquanto calor específico, coeficiente de expansão térmica e coeficiente de compressibilidade não o são, sugere que o fenômeno de transição vítrea poderia estar associado a uma transição de fase de segunda ordem, de acordo com a classificação de Ehrenfest. Nessa classificação, se um sistema estiver com suas fases em equilíbrio termodinâmico sob temperatura constante, os potenciais químicos e a energia livre de Gibbs das duas fases são iguais. Supondo que as fases ψ e χ estão em equilíbrio, deve-se ter:

$$G^{\psi} = G^{\chi}, \tag{8.21}$$

em que G é a energia livre de Gibbs, definida como

$$G(H,S,T) = H - TS. \tag{8.22}$$

A derivada primeira da energia livre de Gibbs em relação à temperatura e à pressão define a entalpia H, a entropia S e o volume V:

$$\left[\frac{\partial(G/T)}{\partial(1/T)}\right]_P = H \quad \left[\frac{\partial G}{\partial T}\right]_P = -S \quad \left[\frac{\partial G}{\partial P}\right]_T = V. \tag{8.23}$$

Se as derivadas primeiras da energia livre de Gibbs com relação à temperatura, ou à pressão, forem funções descontínuas na temperatura de transição de fase, diz-se que essa transição é de primeira ordem, por exemplo, a solidificação ou a fusão do material. Caso, entretanto, essas funções sejam contínuas, mas as derivadas segundas dessas funções sejam descontínuas, diz-se que a transição é de segunda ordem. Como essas derivadas segundas permitem definir outras variáveis termodinâmicas do sistema, como o coeficiente de expansão térmica (α), a capacidade calorífica a pressão constante (C_p) e o coeficiente de compressibilidade isotérmico (κ_T):

$$\alpha = \frac{1}{V}\left[\frac{\partial V}{\partial T}\right]_P = \frac{1}{V}\left[\frac{\partial^2 G}{\partial P \partial T}\right] \tag{8.24}$$

$$C_P = -T\left[\frac{\partial^2 G}{\partial T^2}\right]_P = T\left[\frac{\partial S}{\partial T}\right]_P \tag{8.25}$$

$$\kappa_T = -\frac{1}{V}\left[\frac{\partial V}{\partial P}\right]_T = -\left[\frac{\partial^2 G}{\partial P^2}\right]. \tag{8.26}$$

Espera-se que nas transições de fase de segunda ordem essas grandezas possuam diferenças finitas nos valores de α, C_p e κ_T, o que implica que essas grandezas em função da temperatura devem ser descontínuas na temperatura de transição entre as duas fases. E isso ocorre e pode ser observado na transição vítrea, embora essa interpretação careça de outras comprovações experimentais por vários motivos. Portanto, não se trata de uma transformação de fase de segunda ordem genuína. Um dos motivos já relatados é que a temperatura de transformação vítrea é dependente da história térmica do vidro e, portanto, função de parâmetros cinéticos como a taxa de resfriamento a que o fundido é submetido e, desse modo, a T_g pode sofrer variações de dezenas de graus Celsius, o que não seria esperado se o fenômeno de transição vítrea fosse puramente uma transição de fase de segunda ordem. Outros resultados experimentais também indicam que fatores cinéticos influenciam a transição vítrea, e outras teorias tentam explicá-la a partir de um modelo cinético.

8.9.2 PROCESSO DE RELAXAÇÃO

O processo de relaxação é um modelo cinético proposto por Kauzmann para explicar o fenômeno de transição vítrea e ocorre em um líquido super-resfriado. Se o sistema for submetido a um estímulo externo e for medida uma determinada propriedade ao longo do tempo, essa propriedade não vai variar se o sistema estiver em equilíbrio (pois suas propriedades serão invariantes quando ele está em equilíbrio). No entanto, se houver uma mudança de tal propriedade durante a medição, sugere-se que o sistema não estava em equilíbrio, e o estímulo levará o sistema a relaxar até atingir o equilíbrio. Como a T_g não é única, pois depende da escala de tempo do experimento observado, a mudança configuracional do sistema torna-se altamente lenta com a diminuição da temperatura e consequente aumento da viscosidade, até que em uma dada temperatura (T_g) o material torna-se um sólido. Para tempos de observação (t_o) longos, comparados com o tempo de relaxação estrutural (τ_r), o material comporta-se como um líquido, enquanto para tempos de observação curtos o material apresenta-se como um sólido. A transição vítrea ocorrerá se os valores dos parâmetros que definem o estado líquido ou o sólido diferirem significativamente com respeito ao tempo, como a capacidade calorífica. Desse modo, a T_g ocorrerá quando $t_o \approx \tau_r$, alterando a ergodicidade do material, isto é, quebra ou recuperação de uma situação de equilíbrio dentro de certa escala de tempo (tempo de observação, t_o). Desse ponto de vista, a transição vítrea é considerada uma transição cinética.

8.9.3 VOLUME LIVRE

A teoria do volume livre apresenta similaridades com o modelo de relaxação e foi proposta inicialmente para fluidos, admitindo serem estes compostos de esferas rígidas que oscilavam termicamente em torno de pontos médios e que suas posições são ditas "ocupadas". Dentro do volume total haveria posições "desocupadas", denominadas volume livre, em que as esferas poderiam se mover. É admitido que o transporte molecular pode ocorrer somente através dos espaços vazios da rede. Nesse modelo, a transição vítrea resulta na diminuição do volume livre na fase amorfa, abaixo de certos valores característicos. Outros modelos foram propostos para explicar o fenômeno de transição vítrea, porém nenhum deles é considerado completo, pois devem ser levados em consideração fatores termodinâmicos e cinéticos conjuntamente.

8.9.4 FORMAÇÃO VÍTREA

Os primeiros vidros produzidos artificialmente foram aqueles cuja composição era baseada na sílica, enquanto alguns tipos de materiais pareciam nunca vitrificar com as técnicas disponíveis. Isso sugeria que a formação vítrea estava ligada a aspectos estruturais dos vidros e, por isso, as teorias estruturais foram as primeiras a serem propostas para a explicação da formação vítrea. Com o avanço das pesquisas e conhecimentos científicos foi verificado que, em princípio, qualquer material orgânico ou inorgânico poderia ser transformado em um vidro, utilizando diversas técnicas. Esse conhecimento fez surgir as teorias cinéticas da formação vítrea, em que a questão crucial deixou de ser se um material formará um vidro, mas qual a taxa de resfriamento apropriada para evitar a cristalização e obter-se um vidro.

8.9.5 TEORIAS DE FORMAÇÃO ESTRUTURAL

A teoria de formação estrutural de vidros teve início com Goldschmidt, que, baseado na observação, postulou que compostos com a fórmula geral A_nO_m formavam vidros mais facilmente quando a razão entre o raio iônico do cátion A e do oxigênio estivesse entre 0,2 e 0,4, correspondendo ao arranjo tetraédrico dos oxigênios ao redor do cátion; no entanto alguns compostos como BeO não seguiam esta regra. Posteriormente, em 1932, Zachariasen publicou seu artigo estabelecendo considerações que o levaram a regras empíricas para a formação vítrea. O artigo leva em consideração os seguintes pontos.

1) As forças de ligação interatômica em vidros e em cristais devem ser similares, devido às semelhanças entre as propriedades mecânicas dos dois tipos de sólidos.
2) Como nos materiais cristalinos, o vidro consiste em uma estrutura com rede tridimensional, porém com caráter difuso, como mostra o difratograma de difração de raios X. A rede não é simétrica e periódica como em um cristal (não há ordem a longo alcance).

A rede pode ser comparada a uma única molécula ou sistema com uma célula unitária gigante. A desordem estrutural explicaria o fato de a energia contida em um vidro ser maior que em um cristal. Na Figura 8.19 é representada a idealização bidimensional da estrutura cristalina de um cristal e de um vidro com a mesma composição A_20_3 proposta por Zachariasen.

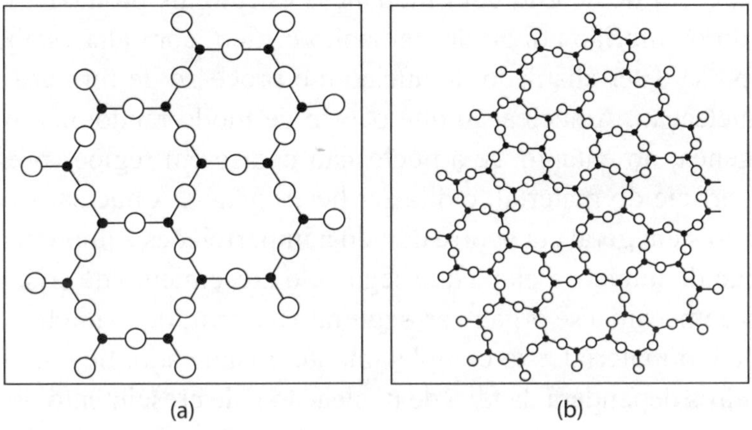

Figura 8.19 – Representação bidimensional idealizada por Zachariasen de um cristal (a) e de um vidro (b), ambos com composição A_2O_3.

A partir dessas considerações, Zachariasen formulou as seguintes regras para a formação vítrea:

1) O átomo de oxigênio deve estar ligado a não mais que dois cátions.
2) O número de oxigênios que circundam o cátion deve ser pequeno.
3) As estruturas poliédricas formadas por esses átomos não devem compartilhar as arestas ou faces, mas somente os vértices.
4) Cada poliedro deve compartilhar ao menos três vértices com outros poliedros.

A partir dessas regras, Zachariasen classificou os óxidos em formadores, intermediários e modificadores de rede.

Os formadores da rede vítrea são aqueles que participam da estrutura fundamental do vidro e possuem a tendência covalente em suas ligações químicas, como SiO_2, B_2O_3 e P_2O_5. Os modificadores são aqueles que modificam algumas propriedades dos vidros, como temperatura de fusão e viscosidade, facilitando a obtenção do vidro, e apresentam ligações iônicas com ânions da rede vítrea. Como exemplos podemos citar os cátions K^+, Na^+, Fe^{2+} e Ca^{2+}. Finalmente, os intermediários são aqueles que atuam como modificadores e formadores. Be^{2+}, Zn^{4+}, Sn^{4+} e Ga^{3+} são alguns exemplos de intermediários.

8.9.6 TEORIAS DE FORMAÇÃO CINÉTICA

Estas teorias baseiam-se em processos chamados de nucleação e crescimento de cristais. Quando um líquido é resfriado sob condições favoráveis, surgem pequenos aglomerados que constituem o ponto de partida para regiões organizadas. Esses aglomerados, denominados embriões, apresentam flutuações constantes no tamanho e aparecem e desaparecem de acordo com mudanças estruturais produzidas pela agitação térmica. Quando o embrião atinge um tamanho crítico, com alta estabilidade termodinâmica, ele passa a ser chamado de núcleo e o processo de formação de núcleos é denominado nucleação. A nucleação que ocorre de modo randômico pelo material é dita ser homogênea; no entanto, se a nucleação ocorre em regiões preferenciais, comumente a superfície do material, é dita ser heterogênea. A nucleação heterogênea é muito comum, pois em geral ela ocorre devido a imperfeições e impurezas no material. Após a formação do núcleo, a etapa que segue é o crescimento de cristal, em que átomos do líquido começam a se organizar, seguindo a estrutura do núcleo, e quando esse processo termina, o material está completamente cristalizado. Segundo essa teoria, a formação de vidros dependerá da taxa de nucleação e de crescimento de cristais de um determinado material, em que a cristalização poderá ser evitada.

EXERCÍCIOS RESOLVIDOS

1) Encontre o valor aproximado do campo elétrico necessário para tornar livres os elétrons das camadas completas dos íons em sólidos iônicos. (Para isso, considere a energia de ligação e a separação internuclear aproximadas das moléculas que compõem os sólidos iônicos da mesma ordem de grandeza das moléculas de Na^+Cl^-: $E_{lig} = 5{,}1$ eV; r = 2,4Å.)

Solução

$$E_{lig} = \int \vec{F}.d\vec{r} = \int qE.dr$$

$$E_{lig} = \int qE.dr$$

$$E_{lig} = q\int E.dr$$

$$E_{lig} = qE\int dr = q.E.r$$

$$E = \frac{E_{lig}}{q.r} = \frac{5{,}1.1{,}6.10^{-19}}{1{,}6.10^{-19}2{,}4.10^{-10}} = 2{,}1.10^{10}\,\frac{N}{C}$$

2) Expresse a resistividade elétrica de um material a partir do modelo microscópico proposto por Drude para sólidos.

Solução

$$\lambda = {}^{h}\!/_{p}$$

Seja um sólido com formato cilíndrico possuindo cargas móveis em seu interior. como representado na Figura 8.20:

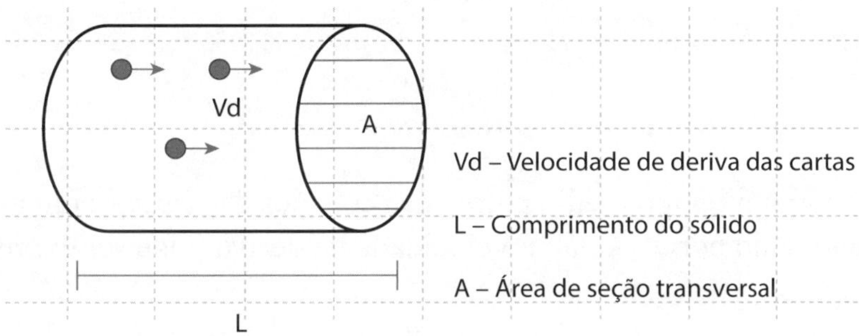

Figura 8.20

Sejam n_e o número de cargas por unidade de volume, N_e o número total de cargas livres no sólido e $\mathbb{V}$ o volume do sólido, temos então que:

$$n_e = \frac{N_e}{\mathbb{V}}$$

A velocidade de deriva das cargas pode ser calculada por:

$$v_d = \frac{L}{\Delta t}$$

Temos que a corrente elétrica é dada por:

$$i = \frac{\Delta Q}{\Delta t} = \frac{e.n_e.\mathbb{A}.L}{{}^{L}\!/_{v_d}}$$

Vem que a densidade de corrente pode ser expressa por:

$$J = \frac{i}{\mathbb{A}} = e.n_e.v_d$$

Mas a velocidade de deriva pode ser calculada por:

$$v_d = v_0 + at$$

em que a velocidade inicial pode ser tomada como zero ($v_0 = 0$) e a aceleração pode ser encontrada por meio da segunda lei de Newton:

$$F_R = F_e$$

$$ma = eE$$

$$a = \frac{eE}{m}$$

Considerando um tempo médio entre duas colisões das cargas com a rede cristalina do sólido dado por τ , então a velocidade de deriva pode ser expressa por:

$$v_d = \frac{eE}{m}\tau$$

Então a densidade de corrente será dada por:

$$J = \frac{n_e.e^2.\tau}{m}E$$

em que reconhecemos da definição de resistividade elétrica dada por

$$J = \frac{E}{\rho}$$

e que a resistividade em termos microscópicos é dada por

$$\rho = \frac{m}{n_e.e^2.\tau}$$

Esse resultado é bastante razoável e mostra que quanto maior for o número de cargas livres por unidade de volume do sólido, menor será sua resistividade. Também notamos a dependência inversamente proporcional do tempo médio de colisões com a resistividade. Trata-se de resultados qualitativamente plausíveis, inclusive sugerindo que com o aumento da temperatura deve haver um aumento da resistividade elétrica do material devido à diminuição do tempo médio de colisões.

3) Explique por que o diamante é transparente à luz visível enquanto o silício não é. Dados: energia do gap do diamante = 7eV e energia do gap do silício = 1,4 eV.

Solução

No visível, o comprimento de onda da luz está na faixa de 400 nm até 700 nm. Portanto, a energia dos fótons de luz está entre:

$$E_{min<}E_{visivel} < E_{max.}$$

$$E_{max} = h\nu = \frac{hc}{\lambda_{min}} = \frac{1.240}{400} = 3{,}1eV$$

$$E_{min} = h\nu = \frac{hc}{\lambda_{max}} = \frac{1.240}{700} = 1{,}77\,eV$$

Como a energia do gap do diamante é de 7 eV, nenhum fóton possui essa energia e então nenhum será absorvido pelo sólido, resultando que o diamante é transparente à luz visível.

No entanto, o gap do silício é de 1,4 eV e todos os fótons têm energia para excitar elétrons do silício da banda de valência para a banda de condução, resultando na opacidade do silício.

4)

a) Calcule a temperatura de Fermi, a velocidade de Fermi e o comprimento de onda de De Broglie de um elétron com essa velocidade num sólido de lítio sabendo que o número de portadores de carga por unidade de volume de um sólido composto desse elemento é 9×10^{28} portadores/m^3.

b) Qual a consequência disso sobre a aplicabilidade de considerações clássicas a um metal à temperatura ambiente?

Solução

a) Sabemos que a temperatura de Fermi é dada por:

$$T_F = \frac{\varepsilon_F}{k}$$

em que k é a constante de Boltzmann e ε_F é a energia de Fermi, dada por:

$$\varepsilon_F = \frac{h^2}{8m}\left(\frac{3N}{\pi V}\right)^{2/3}$$

Calculando a energia de Fermi a partir da fórmula acima, usando a constante de Planck $h = 6{,}6 \;.\; 10^{-34}$J.s, massa do elétron m = 9,1 . 10^{-31}kg, número de portadores de carga por unidade de volume $\frac{N}{V} = 9 \;.\; 10^{28}$ portadores/m^3, encontramos a energia de Fermi igual a 1,2 . 10^{-18}J ou 7,5 eV.

Calculando a temperatura de Fermi, chegamos ao resultado:

$$T_F = 8{,}7.10^4\,K$$

Para calcular a velocidade de Fermi, encontramos o resultado da expressão

$$u_F = \left(\frac{2\varepsilon_F}{m}\right)^{1/2},$$

$$\mathrm{u_F = 1{,}4x10^6\,m/s}$$

Para calcular o comprimento de onda de De Broglie de um elétron com velocidade igual à de Fermi, devemos fazer:

$$\lambda = \frac{h}{p} = \frac{h}{mu_F} = \frac{6{,}6.10^{-34}}{\left(9{,}1.10^{-31}\right)\left(1{,}6.10^{6}\right)} = 4{,}5\,\text{Å}$$

b) A temperatura ambiente é em torno de 300 K, muito abaixo da temperatura de Fermi calculada no item anterior, $T_F = 8{,}7.10^4\,K$. Desse modo, uma boa aproximação é considerar a temperatura igual a $T = 0$ K e usar a estatística de Fermi-Dirac (métodos clássicos não são aplicados para temperaturas muito abaixo da temperatura de Fermi).

5) Um LED que emite luz vermelha (λ = 650 nm) é construído a partir de materiais semicondutores. Qual a distância entre a extremidade inferior da banda de condução e a extremidade superior da banda de valência nesse material?

Solução

$$E_g = h\nu = \frac{hc}{\lambda} = \frac{1240}{650} = 1{,}9\,eV$$

6) Por que a resistência elétrica de um metal aumenta quando sua temperatura é elevada? O mesmo acontece para um sólido semicondutor? Explique o comportamento da resistência elétrica de um semicondutor em função de sua temperatura.

Solução

Em um metal, a resistência elétrica aumenta à medida que a temperatura aumenta, pois a rede cristalina vibra com mais intensidade, aumentando as colisões com os elétrons de condução e diminuindo o livre caminho médio e o tempo de relaxação, fazendo-os dissipar mais energia na rede cristalina (efeito Joule) e, por isso, aumentando a resistividade do metal. Num semicondutor ocorre o inverso, pois o aumento de temperatura promove elétrons da banda de valência para a banda de condução, tornando-o um condutor e, desse modo, diminuindo a resistividade à medida que se aumenta a temperatura.

7)

a) A energia do intervalo proibido a $T = 0$ K para o mercúrio é de $1{,}3.10^{-3}$ eV aproximadamente. Determine a temperatura máxima do mercúrio na qual o estado supercondutor é mantido.

b) Determine o comprimento de onda do fóton cuja energia é apenas suficiente para quebrar os pares de Cooper no mercúrio a $T = 0$ K.

Solução

a) A energia de ligação de um par de Cooper, ou energia do intervalo proibido, é dada por:

$$E_g = 3,5kT_c.$$

A temperatura procurada é a temperatura crítica, que pode ser encontrada como segue:

$$T_c = \frac{E_g}{3,5k} = \frac{\left(1,3.10^{-3}\right)\left(1,6.10^{-19}\right)}{3,5.1,4.10^{-23}} = 4,2\,K$$

b) Neste caso, a energia do fóton deve ser igual à energia do intervalo proibido:

$$\lambda = \frac{hc}{E_g} = \frac{\left(6,6.10^{-34}\right)\left(3.10^{8}\right)}{\left(1,3.10^{-3}\right)\left(1,6.10^{-19}\right)} = 9,5.10^{-4}\,m$$

8) O que são sólidos não cristalinos, amorfos e vidros?

Solução

Esses termos muitas vezes são usados como sinônimos na literatura científica; no entanto, Gupta, no ano de 1995, fez uma distinção entre sólidos não cristalinos, amorfos e vidros. Considerou que qualquer sólido que não possua periodicidade a longo alcance seja chamado de sólido não cristalino e subdividiu esse grupo em dois tipos, levando em conta diferenças do ponto de vista topológico e termodinâmico: são os sólidos amorfos e os vidros.

Os vidros, além de não serem cristalinos, apresentam um fenômeno chamado de comportamento de transição vítrea, enquanto em sólidos amorfos esse fenômeno não está presente.

EXERCÍCIOS COM RESPOSTAS

1) Quais os tipos de sólidos cristalinos?

Resposta:

Sólidos iônicos, sólidos covalentes, sólidos metálicos e sólidos moleculares.

2) Explique o modelo clássico da condução elétrica nos materiais. Quais modificações são necessárias para o modelo quântico da condução elétrica em materiais?

Resposta:

Teoria clássica da condução => É usada a distribuição de Maxwell-Boltzmann, não é levado em conta o comportamento dual dos elétrons e são consideradas as leis de Newton para a movimentação dos elétrons.

Teoria quântica da condução => É usada a distribuição de Fermi-Dirac, é levado em conta o comportamento dual dos elétrons e é considerada o teoria de Schroedinger para a movimentação dos elétrons.

Ver mais na Seção 8.2, "Teoria clássica da condução de eletricidade".

3) Desenhe o diagrama de energia para: (a) um metal; (b) um isolante; e (c) um semicondutor. Explique o que são as bandas proibidas, de valência e de condução.

Resposta:

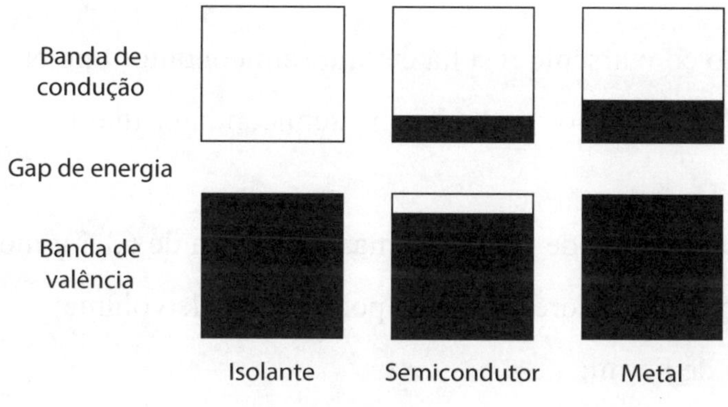

Figura 8.21

Ver mais na Seção 8.6, "Teoria de bandas".

4) Explique por que os vidros silicatos são transparentes à luz visível enquanto os metais não são. Dados E_g do vidro = 5 eV; E_g dos metais ≈ 0 e comprimento de onda da luz no visível $400 \text{ nm} < \lambda < 700 \text{ nm}$; $E = hc/\lambda = 1240/\lambda$.

Resposta:

A energia dos fótons da luz visível não é capaz de promover um elétron da banda de valência para a banda de condução nos vidros silicatos. Os elétrons dos metais absorvem os fótons da luz visível, pois a banda de valência e a banda de condução são superpostas.

5) Diferencie um semicondutor intrínseco de um extrínseco e explique o que é: um semicondutor tipo P e um semicondutor tipo N. Explique o funcionamento de uma junção PN e as polarizações de um diodo retificador.

Resposta:

Semicondutor intrínseco => Substâncias encontradas naturalmente com propriedades elétricas dependentes da estrutura atômica desses elementos.

Semicondutor extrínseco => Substâncias produzidas artificialmente a partir de semicondutores intrínsecos por meio de dopagem.

Ver mais na Seção 8.6.1, "Semicondutores".

6) Que tipo de semicondutor é obtido quando o silício é dopado com arsênio? Que tipo de semicondutor é obtido quando um cristal de silício puro é dopado com gálio? Justifique sua resposta.

Resposta:

Silício dopado com arsênio resulta em um semicondutor tipo N.

Silício dopado com gálio resulta em um semicondutor tipo P.

7) O cobre tem densidade de 9 g/cm^3 e massa atômica de 63,5 g/mol. Calcule:

a) o número de portadores de carga por unidade de volume;

b) a energia de Fermi;

c) a velocidade de Fermi no cobre;

d) o número total N de átomos de cobre em um pequeno cristal de cobre com 100 nm de aresta.

Respostas:

a) $N = 8{,}5 \cdot 10^{28}$ portadores/m^3

b) $E_F = 16{,}3$ eV

c) $v_F = 2{,}45 \cdot 10^6$ m/s

d) $N' = 8{,}5 \cdot 10^7$ átomos de cobre

8) Um fóton com comprimento de onda de 3,35 mm tem exatamente a energia suficiente para excitar um elétron da banda de valência para a banda de condução de um cristal de sulfeto de chumbo. Determine a largura da banda proibida do sulfeto de chumbo.

Resposta:

0,37 eV

9) Os materiais podem ser classificados com relação a suas propriedades magnéticas em diamagnéticos, paramagnéticos e ferromagnéticos. Explique cada uma dessas classes.

Resposta:

Diamagnéticos: materiais que são formados por átomos que não possuem momentos de dipolo permanente.

Paramagnéticos: materiais que são formados por átomos que possuem momentos de dipolo permanente, mas que estão orientados aleatoriamente, resultando em um momento de dipolo magnético nulo para o material.

Ferromagnéticos: materiais que são formados por átomos que possuem momentos de dipolo permanente e que interagem entre si, formando regiões chamadas de domínios magnéticos.

Ver mais na Seção 8.7, "Propriedades magnéticas dos sólidos".

10) O que é o efeito Meissner?

Resposta:

Efeito que ocorre em materiais supercondutores imersos em campo magnético expulsando toda e qualquer linha de campo que passaria pelo material.

Ver mais na Seção 8.7.5, "Supercondutividade".

11) Explique o que são formadores, modificadores e intermediários de rede em vidros.

Resposta:

Formadores: elementos que participam da rede vítrea realizando ligações covalentes.

Modificadores: elementos que modificam as propriedades dos vidros, como ponto de fusão e viscosidade, e geralmente realizam ligações iônicas com algum elemento da rede.

Intermediários: elementos que agem como modificadores e formadores.

Ver mais na Seção 8.8, "Sólidos não cristalinos".

12) Explique o que são supercondutores do tipo I e do tipo II.

Resposta:

- Supercondutor Tipo I => apresentam apenas os estados Meissner e normal. Assim, se o campo aplicado for inferior ao valor crítico, não ocorre nenhuma penetração do fluxo magnético. A maioria dos elementos metálicos supercondutores é do tipo I.

- Supercondutor Tipo II => apresentam dois campos críticos, B_{C1} e B_{C2}. B_{C1} é conhecido como campo crítico inferior e é o valor máximo do campo magnético externo em que ocorre o efeito Meissner, ou seja, a exclusão total do fluxo magnético do interior do material. Acima desse campo, o fluxo magnético penetra parcialmente no material, embora a supercondutividade se mantenha até o campo crítico superior B_{C2}, cujo valor pode ser muitas vezes maior que B_{C1}.

REFERÊNCIAS[1]

EISBERG, R.; RESNIK, R. *Física quântica*: átomos, moléculas, sólidos, núcleos e partículas. Rio de Janeiro: Campus, 1979.

TIPLER, P. A.; LLEWELLYN, R. A. *Física moderna*. 6. ed. Rio de Janeiro: LTC, 2014.

ASHCROFT, N. W.; MERMIN, N. D. Física do estado sólido. São Paulo: Cengage Learning, 2011.

PESSOA Jr., O. *Conceitos de física quântica*. São Paulo: Editora Livraria da Física, 2005.

GRIFFITHS, D. J. *Mecânica quântica*. São Paulo: Pearson, 2011.

OSTERMANN, F.; PUREUR, P. *Supercondutividade*. São Paulo: Editora Livraria da Física, 2005.

BARROS FILHO, E. C. *Estudo do processo de esferolização de partículas vítreas visando a aplicação em radioterapia interna seletiva*. 2012. Dissertação (Mestrado em Física) – Universidade de São Paulo, São Paulo, 2012.

BARROS FILHO, E. C. *Desenvolvimento de microesferas de vidro fosfato contendo hólmio para uso em radioterapia interna seletiva*. 2016. Tese (Doutorado em Física) – Universidade de São Paulo, São Paulo, 2016.

[1] Esta lista de referências vale para este capítulo, 8, e para o capítulo anterior, 7.

9 FÍSICA NUCLEAR

Edson Moriyoshi Ozono

9.1 INTRODUÇÃO

O progresso da ciência tem promovido novos avanços tecnológicos que, por sua vez, têm impulsionado novas descobertas científicas. Essa cumplicidade entre a ciência e a tecnologia esteve fortemente ativa ao longo do desenvolvimento da física nuclear, culminando em avanços tecnológicos, entre os quais podemos citar a construção do grande acelerador de partículas, o Large Hadron Collider (LHC), da Organização Europeia para a Pesquisa Nuclear (conhecida pela sigla CERN); a gigantesca plataforma para purificação de urânio ^{235}U, também no CERN; o imenso detector de neutrinos no interior de uma mina no Japão; e também os reatores nucleares a fissão ou fusão para produção de eletricidade.

Todos esses desenvolvimentos da física nuclear transcorreram após a Segunda Guerra Mundial, cujo desfecho envolveu a detonação de duas grandes bombas atômicas nas cidades japonesas de Hiroshima e Nagasaki. Esse conflito armado acelerou bastante o desenvolvimento da física nuclear; entretanto, após o término da guerra foram descobertas inúmeras aplicações de uso pacífico da energia nuclear, como o tratamento do câncer por irradiação de cobalto, a avaliação de idade arqueológica por datação radioativa ou a produção de eletricidade por usinas nucleares a fissão.

Recentemente, a humanidade testemunhou duas catástrofes ambientais que atestam a fragilidade dos seres humanos vitimados por suas próprias decisões na tentativa de controlar a energia nuclear: a explosão da usina nuclear de Tchernóbil, em 1986, na

Ucrânia; e o vazamento de radioatividade da usina de Fukushima, em março de 2011, no Japão. Tivemos também um desastre nuclear no Brasil, considerado o maior evento fora de uma usina nuclear, ocorrido em setembro de 1987, em Goiânia, envolvendo catadores de lixo que encontraram num edifício abandonado uma máquina de radioterapia contendo um material radioativo, o Césio-137.

9.2 RADIOATIVIDADE

A radioatividade foi descoberta acidentalmente em 1896, quando Becquerel (1852-1908) notou que uma chapa fotográfica de sal de prata foi impressionada quando guardada, na mesma gaveta, com um pedaço de sulfato duplo de potássio e uranila, $K_2UO_2(SO_4)_2$. Mais tarde, a radioatividade foi confirmada em 1898 pelo casal Curie, Pierre Curie (1859-1906) e Marie Sklodowska Curie (1867-1934): a emissão se devia ao elemento urânio presente no sal utilizado por Becquerel. E quanto maior o teor de urânio, maior era o nível de radioatividade. Assim como o raio X, a radioatividade tem a capacidade de ionizar os gases e ser retida por uma espessa camada de chumbo.

Depois disso, o casal Curie isolou um minério, na cidade de Joachimsthal, na Checoslováquia, conhecido como *pechblenda*, um elemento 400 vezes mais radioativo do que o urânio, que recebeu o nome de polônio. Logo em seguida, o casal Curie finalmente descobriu o elemento rádio, Ra, que apresentava uma radioatividade muito mais intensa, de coloração azul, capaz de atravessar camadas de chumbo. Atualmente o rádio é utilizado na medicina nuclear para tratamento de células cancerígenas.

Em 1904, os experimentalistas Ramsey (1852-1916) e Soddy (1877-1956) haviam descoberto a presença do gás hélio, $^4He_2$, de elevada energia, de 5,3 MeV, nas proximidades do elemento rádio. A partir de 1911, Rutherford chamou esses núcleos de hélio de partículas α e concluiu que o núcleo atômico apresentava transmutações para outros elementos de números atômicos menores por meio de emissão de partículas α.

Essa ideia de emissão de partículas α foi utilizada para o desenvolvimento de um feixe de radioatividade emitido de dentro de um poço de chumbo onde era introduzido o elemento rádio. O feixe de radioatividade passava entre duas placas polarizadas e era direcionado sobre uma placa fotográfica de prata. O resultado do experimento indicou o aparecimento de três tipos de fluorescências: a superior, incidência das partículas α positivas; a inferior, incidência das partículas β dos elétrons; e a do centro, provocada pela radiação γ, conforme mostra a Figura 9.1.

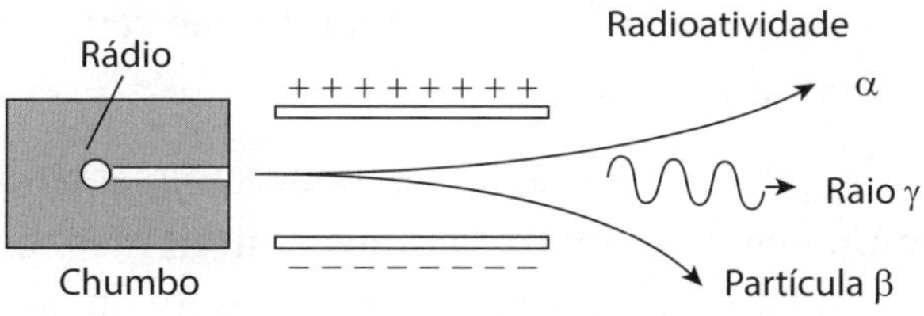

Figura 9.1 – As partículas α dos átomos de $^4He_2$, as partículas β dos elétrons e a radiação γ.

A partícula α tem um poder de penetração de alguns milímetros de madeira, os decaimentos β são mais penetrantes e chegam a atravessar alguns milímetros de aço, e a radiação γ, de λ = 0,001 Å, tem um grande poder de penetração, de alguns centímetros de chumbo.

9.3 ESPALHAMENTO DE RUTHERFORD

A experiência de Ernest Rutherford em 1911 consistiu em bombardear e analisar uma folha fina de ouro ^{79}Au com uma fonte de rádio de partículas α, conforme a Figura 9.2. O espalhamento das partículas α foi detectado em vários pontos fluorescentes ao redor da folha de ouro e indicou que a maioria das partículas α atravessava a folha de ouro com ângulos de espalhamento bem pequenos, entretanto, uma pequena quantidade de partículas α era arremessada para trás com ângulos elevados, alguns próximos de 180°.

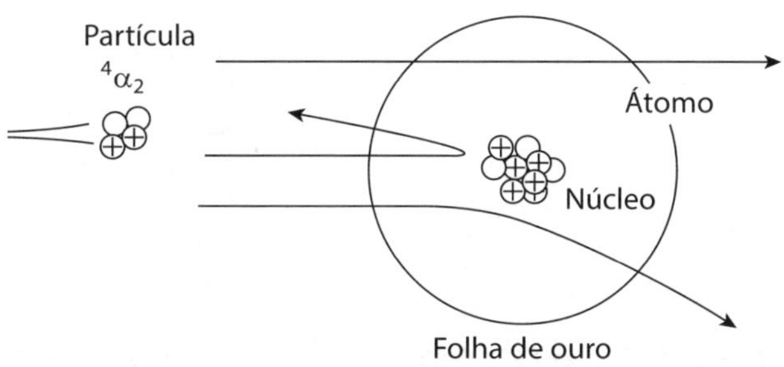

Figura 9.2 – Uma folha fina de ouro ^{79}Au foi bombardeada com partículas α, $^4He_2$, de uma fonte de rádio.

Assim, Rutherford começou a imaginar a constituição do núcleo atômico, com a parte mais pesada do átomo concentrada numa região muito pequena aglomerada com partículas fundamentais, como os prótons e, em princípio, também os elétrons. Os prótons são responsáveis pela carga positiva e os elétrons pela carga elétrica negativa do átomo.

Analisando seus dados, Rutherford chegou à conclusão de que a partícula α é repelida por uma força elétrica de repulsão considerável do núcleo e calculou que o raio do núcleo de ouro é cerca de 10^4 vezes menor do que seu raio atômico. Ou seja, o átomo era praticamente um espaço vazio.

Assim, Rutherford supôs que partículas α poderiam ser utilizadas para bombardear outros núcleos atômicos de números atômicos diferentes, produzindo elementos transmutados artificialmente. Dessa forma, abriu-se um nicho de possibilidades para o desenvolvimento da física nuclear.

Exercício I

Determine a distância de maior aproximação de uma partícula α, de $Z = 2$, lançada com energia cinética de 5,3 MeV em rota de colisão contra um núcleo de ouro, $A = 79$, que se encontra em repouso. Adote 1 eV = $1{,}6022 \times 10^{-19}$ J e carga elétrica elementar igual a $e = 1{,}6 \times 10^{-19}$ C.

Solução

No instante de máxima aproximação, a energia cinética da partícula α é convertida em energia potencial de repulsão elétrica entre a partícula α e o núcleo de ouro, ou seja, $K_\alpha = U_{\alpha\text{-Au}}$,

$$K_\alpha = \frac{1}{4\pi\varepsilon_o}\frac{q_\alpha q_{Au}}{d}$$

$$5{,}3 \times 10^6\,(1{,}6022 \times 10^{-19}) = \frac{(2e)(79e)}{\left(4\pi \cdot 8{,}84 \times 10^{-12}\right)d},$$

de onde tiramos d = $4{,}3192 \times 10^{-14}$ m.

9.4 RAIO NUCLEAR E A UNIDADE DE MASSA ATÔMICA

O raio nuclear pode ser estimado por meio da incidência de um feixe eletrônico de alta energia de 200 MeV, que possui um comprimento de onda de De Broglie muito menor do que o raio nuclear, a partir da expressão

$$r = r_o\sqrt[3]{A},$$

em que A é o número de massa do elemento bombardeado, e sendo $r_o \approx 1{,}2$ fm uma constante nuclear dada em unidade fermi (fm), definida por 1 fm = 10^{-15} m.

Considerando o núcleo atômico de formato esférico com raio nuclear r, pode-se escrever o volume nuclear como

$$V = \frac{4}{3}\pi r_o^3 A.$$

9.5 MASSA NUCLEAR

A massa nuclear de um radionuclídeo é expressa em *unidades de massa atômica*, "uma", baseada em 1/12 da massa nuclear do isótopo do carbono 12, $^{12}C_6$, ou seja, u = 1 uma = 1,661 × 10^{-27} kg. Portanto, qualquer núcleo atômico composto de prótons e nêutrons tem massa nuclear total de

$$M_{\text{nuclear}} = Am,$$

em que m é a massa de um próton, m_p, sendo igual à massa do nêutron, m_n, e A é a massa atômica do radionuclídeo,

$$m = m_p = m_n = 1 \text{ uma} = 1{,}661 \times 10^{-27} \text{ kg}$$

A densidade nuclear é dada pela divisão de M_{nuclear} pelo volume nuclear como

$$\rho = \frac{M_{nuclear}}{V} = \frac{Am}{V} = \frac{3m}{4\pi r_o^3},$$

o que indica que a expressão acima não depende do número de massa A e, portanto, a maioria dos núcleos esféricos apresenta aproximadamente a mesma densidade,

$$\rho = \frac{3\left(1{,}67\times10^{-27}\right)}{4\pi\left(1{,}2\times10^{-15}\right)^3} \approx$$

$$\approx 2 \times 10^{17} \text{ kg m}^{-3},$$

a exemplo de um corpo celeste, como a estrela de nêutrons, que apresenta uma densidade nuclear dessa mesma ordem de grandeza.

9.6 DESCOBERTA DO NÊUTRON

O nêutron foi descoberto por James Chadwick em 1932. Ao realizar experimentos com reações nucleares, ele notou a presença de uma radiação nuclear cujo poder de penetração é muito intenso. Com uma investigação minuciosa, descobriu que a radiação consistia em um feixe de nêutrons, sendo o nêutron uma segunda partícula constituinte do núcleo atômico, entretanto sem carga elétrica.

Pouco depois, o físico italiano Enrico Fermi descobriu que os nêutrons poderiam ser utilizados para o bombardeamento nuclear de forma mais eficiente do que partículas α, pois, ao contrário destas últimas, os nêutrons não estão sujeitos à repulsão elétrica.

9.7 CARTA DE RADIONUCLÍDEOS

A região nuclear representa praticamente todo o peso do átomo e está constituída de prótons e nêutrons que serão genericamente chamados de *núcleons*. O número de prótons do núcleo é conhecido como número atômico Z, o número de nêutrons é N e o *número de massa* A é a soma do número de prótons com o número de nêutrons, ou seja, $A = Z + N$. O número de massa A de um nuclídeo é representado com valor bastante preciso em *unidades de massa atômica*; entretanto, seu valor numa carta de nuclídeos é arredondado para o número inteiro mais próximo por razão de ordem prática do nuclídeo correspondente.

Os nuclídeos que apresentam o mesmo número atômico e números de nêutrons diferentes recebem a denominação de *isótopos*. Por exemplo, o nuclídeo do ouro, Au, possui 32 isótopos com números de massa desde 173 até 204, mas apenas o de número 179 é estável. Os outros isótopos do ouro são instáveis e denominados de *radionuclídeos*. Os radionuclídeos podem sofrer um processo espontâneo de decaimento, ou desintegração, transformando-se em outro tipo de nuclídeo.

Os nuclídeos são organizados em uma carta de nuclídeos, representando-se no eixo vertical o número de prótons e no eixo horizontal o número de nêutrons. Os nuclídeos estáveis são representados por pontos escuros e os radionuclídeos por pontos claros, como na Figura 9.3.

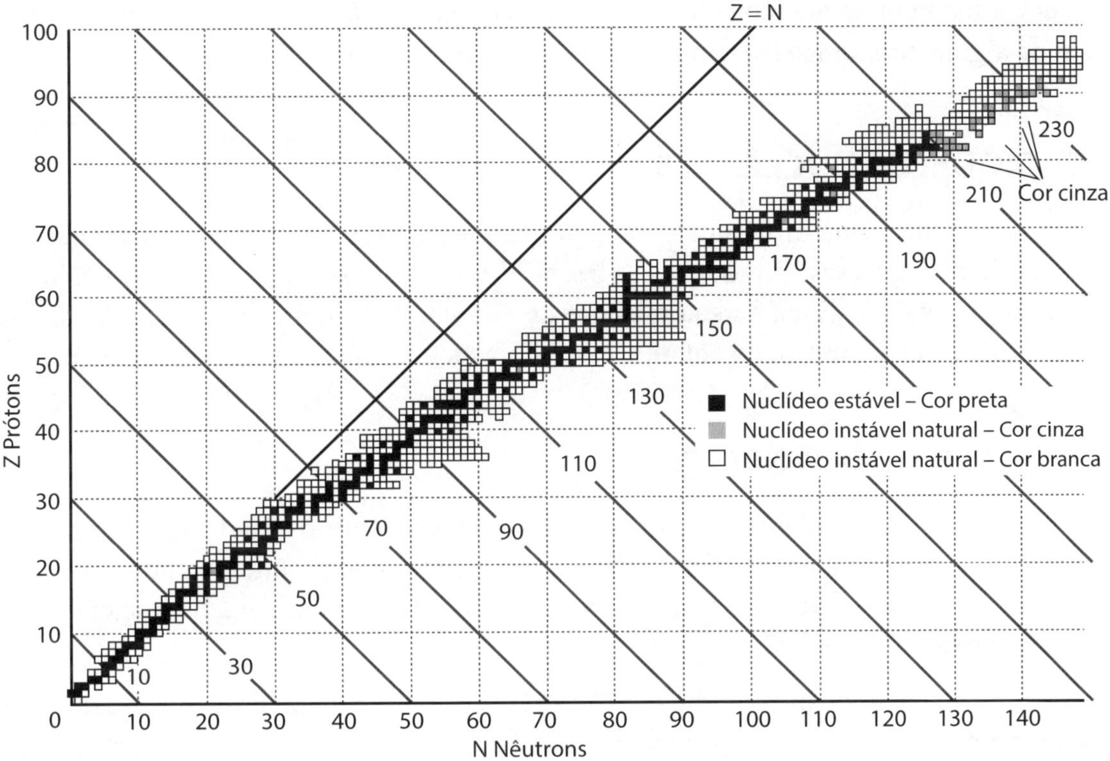

Figura 9.3 – Os pontos pretos correspondem aos nuclídeos mais estáveis, e os pontos brancos, na maioria, correspondem aos nuclídeos instáveis artificiais. Os acinzentados são os nuclídeos instáveis naturais.

Percebe-se que a faixa desses nuclídeos se afasta da linha de referência $Z = N$, isto é, os nuclídeos abaixo de $Z < 27$ estão mais próximos da linha de referência. Os núclídeos próximos da linha de referência são bastante estáveis. Porém, os nuclídeos mais pesados apresentam um número de nêutrons bem maior do que de prótons, $N > Z$, indicando uma abundância de nêutrons. Os nuclídeos que apresentam um excesso de nêutrons possuem a característica de serem muito instáveis. Por exemplo, o nuclídeo de ouro ^{197}Au possui $Z = 79$ prótons e $N = 118$ nêutrons.

Embora não existam nuclídeos com Z maiores do que 92 na natureza, até o ano de 2000 foram produzidos em laboratório nuclídeos artificiais de até $Z = 118$ com massa atômica $A = 293$.

9.8 FORÇA NUCLEAR FORTE

A força nuclear tem origem em um efeito secundário da interação entre os *quarks*. Os quarks são os constituintes dos prótons e dos nêutrons. A força nuclear é de curto alcance e mantém os núcleons unidos numa pequena região nuclear do átomo, da ordem de alguns femtômetros, superando as forças elétricas repulsivas entre os prótons.

9.9 MODELOS NUCLEARES

A força que mantém os núcleons aglomerados na região nuclear é descrita por dois modelos nucleares: o modelo das *partículas independentes* e o *modelo coletivo*. Cada um deles se justifica na sua maneira de abordar os fenômenos nucleares, sendo um independente do outro; no entanto, esses dois modelos podem ser complementares.

9.9.1 MODELO INDEPENDENTE

O modelo independente descreve a região nuclear com os núcleons em estados quânticos com energia bem definida, da ordem de MeV, que permite uma transição do núcleon de um estado de maior energia para um de menor energia e a liberação de um fóton na faixa dos raios gama γ.

Em 1928, o americano George Anthony Gamow publicou um trabalho relacionado com a probabilidade de uma partícula α atravessar uma barreira de potencial de um núcleo atômico por meio do efeito de tunelamento quântico, que mostra a relação entre a energia da partícula α com o seu tempo de decaimento τ.

No modelo independente, cada núcleon é determinado a partir de um conjunto de números quânticos, não existindo simultaneamente dois núcleons com os mesmos números quânticos. Esse modelo esclarece a relativa estabilidade nuclear que, durante um bombardeamento nuclear, permite a ocupação somente de um estado pelo núcleon, respeitando a conservação de energia e de momento angular, e não havendo a reação nuclear em caso contrário. A estabilidade nuclear pressupõe que os prótons e os nêutrons sigam os números mágicos, 2, 8, 20, 28, 50, 82, 126, próprios dos núcleos estáveis. Como exemplo, o ^{40}Ca ($Z = N = 20$), ^{208}Pb ($Z = 82$, $N = 126$) e o ^{4}He ($Z = N = 2$) são considerados duplamente mágicos e, portanto, são núcleos muito estáveis. Admite-se que cada núcleo seja um poço de potencial determinado por todos os outros núcleons.

9.9.2 MODELO COLETIVO

No modelo coletivo, formulado por Niels Bohr e John Wheeler, os núcleons movem-se aleatoriamente dentro do núcleo com livre caminho médio, interagindo fortemente entre si com colisões, fazendo com que o núcleo tenha deformações e provocando excitações dos modos de vibração junto com rotação nuclear. Dessa forma, o momento angular nuclear é conjugado com o momento magnético nuclear, conforme a Figura 9.4.

Um aspecto importante no modelo coletivo é o fato de que a formação de um nuclídeo composto e o seu decaimento são eventos totalmente independentes, isto é, o modo de decaimento não é influenciado pelo modo de formação. Por exemplo, a instabilidade nuclear de um núcleo composto, bombardeado por um nêutron, não depende do modo pelo qual a instabilidade foi produzida. A formação do composto não obedece à relação de causa e efeito, ou seja, a ocorrência do decaimento não é dependente da causa que provoca a emissão espontânea e também não depende da partícula escolhida para o bombardeamento.

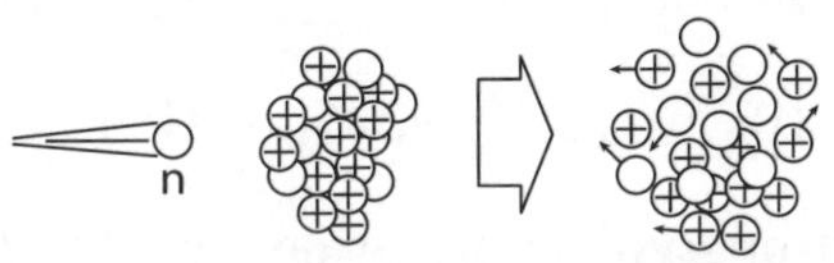

Figura 9.4 – No modelo coletivo, os núcleons movem-se aleatoriamente dentro do núcleo com livre caminho médio menor do que o raio nuclear e interagindo fortemente com colisões.

9.10 ENERGIA DE LIGAÇÃO

Os núcleons são mantidos na região nuclear por uma interação forte entre os quarks de milhões de elétrons-volts de energia, que pode ser armazenada e aproveitada para nosso benefício.

A energia armazenada num quilograma de carvão poderia manter uma lâmpada de 100 watts acesa durante oito horas; entretanto, um quilograma de urânio ^{235}U alimentaria a mesma lâmpada durante 690 anos. A energia nuclear, nesse caso, apresenta uma maior densidade de energia, que poderá vir a ser consumida de forma controlada.

A energia de repouso de uma massa nuclear M é menor do que a soma das massas dos núcleons m, ou seja, dos prótons e nêutrons, isto é, $\Sigma m > M$. Essa deficiência de massa, representada por

$$\Delta m = \Sigma m - M,$$

é a energia nuclear armazenada na forma de *energia de ligação*. Daí se conclui que, para a formação de um radionuclídeo de massa M, a massa dos núcleons separados é reduzida de uma deficiência de massa que segue a relação de Einstein de energia, escrita em 1905,

$$\Delta E = \Delta mc^2,$$

em que Δm é a deficiência de massa, dada em unidades de massa atômica *uma* ou *u*.

As medidas com o espectrômetro de massa permitem determinar a massa do próton a partir da massa atômica do hidrogênio $^1H_1$. A massa de repouso do nêutron é $m_N = 1{,}008665$ uma. As medidas de massa dos radionuclídeos incluem as massas dos núcleos e as dos elétrons. Assim, é necessário, no cálculo da deficiência de massa, subtrair a massa dos elétrons envolvidos, fazendo a soma da massa dos átomos de hidrogênio com o número dos nêutrons *N* envolvidos e subtraindo a massa do átomo do radionuclídeo. Ou seja, os elétrons dos átomos de hidrogênio necessários serão subtraídos nas mesmas quantidades dos elétrons do átomo do radionuclídeo.

A energia de repouso de uma unidade de massa atômica 1 uma = 1 u = $1{,}66054 \times 10^{-27}$ kg é obtida pela multiplicação pelo quadrado da velocidade da luz $c = 2{,}99792458 \times 10^8$ m/s,

$$1\ \text{u} \times c^2 = 1{,}66054 \times 10^{-27} \times (2{,}99792458 \times 10^8)^2 = 1{,}4924189 \times 10^{-10}\ \text{J},$$

que pode ser escrita em elétrons-volts a partir de $1\ \text{eV} = 1{,}6022 \times 10^{-19}$ J,

$$1\ \text{u} \times c^2 = 931{,}48\ \text{MeV} \Rightarrow 1\ u = 931{,}48\ \text{MeV}/\ c^2.$$

A energia nuclear de ligação é a diferença entre as energias de repouso dos prótons e nêutrons separados e a energia de repouso do radionuclídeo, ou seja, durante a formação do radionuclídeo, os prótons e os nêutrons liberam uma grande quantidade de energia equivalente à deficiência de massa. Quanto maior essa energia de ligação ΔE, mais estável é o núcleo original. A energia de ligação não é uma energia existente no núcleo, mas é a energia elétrica repulsiva entre os prótons armazenada no radionuclídeo.

A energia de ligação ΔE dividida pelo número de massa *A* é a energia necessária para remover um núcleon do radionuclídeo.

$$\Delta E_{núcleon} = \frac{\Delta E}{A}$$

Portanto, podemos construir um gráfico da energia nuclear armazenada por núcleon para cada nuclídeo em função do número de massa *A*, conforme a Figura 9.5.

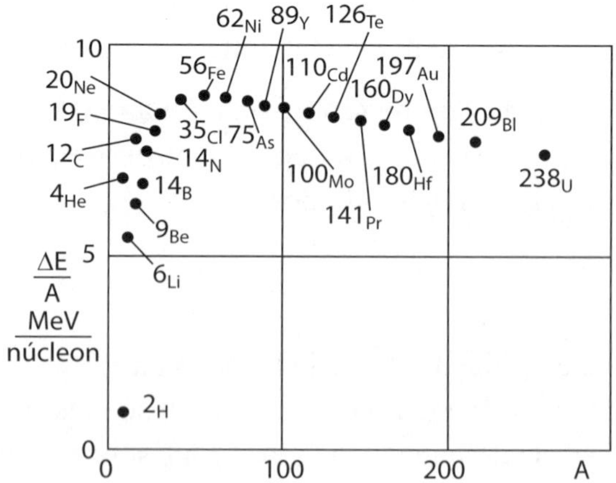

Figura 9.5 – A energia por núcleon de um nuclídeo *A* é a energia de ligação ΔE dividida pelo número de massa *A*.

Os nuclídeos localizados entre 0 e 100 são mais estáveis do que os localizados na parte inferior da curva. É o caso do nuclídeo de níquel ^{62}Ni, que apresenta maior energia de ligação, da ordem de 8,794 MeV por núcleon, o que significa que, por estar no topo da curva, a probabilidade de ocorrência de liberação de energia nuclear do nuclídeo níquel é bastante remota.

Entretanto, os nuclídeos mais pesados, à *direita* da curva, com mais nêutrons, são bastante instáveis e geram energia quando sofrem *reação de divisão* ou *fissão*, transformando-se em nuclídeos de menor número de massa. Da mesma maneira, os núcleos situados na extremidade esquerda da curva também são instáveis e podem ser aproveitados para liberação de energia por meio da *reação de junção* ou *fusão*, transformando-se em nuclídeos de maior número de massa.

Exercício II

Determine a energia de ligação nuclear de um átomo de estanho $^{120}Sn_{50}$.

Solução

Adotamos as massas atômicas do estanho m_{Sn} = 119,902199 uma e do átomo de hidrogênio m_H = 1,007825 uma. Dessa forma, as 50 massas de elétrons dos átomos de hidrogênio são subtraídas das 50 massas de elétrons do átomo de estanho Sn. O radionuclídeo de estanho apresenta 70 nêutrons. Segue que

$$\Delta E = (50\ m_H + 70\ m_n - m_{Sn}) \times c^2 =$$

$$\Delta E = [50 \times (1{,}007825\ u) + 70 \times (1{,}008665\ u) - (119{,}902199\ u)] \times c^2 = 1{,}095601\ uc^2,$$

e, usando o valor de 1 uma = 931,48 MeV/c^2 visto acima,

$$\Delta E = 1020{,}53\ MeV.$$

Assim, a energia por núcleon será de

$$\Delta E_{núcleon} = 1020{,}53/120 = 8{,}50\ MeV.$$

9.11 DECAIMENTO RADIOATIVO

A taxa de decaimento de radionuclídeos instáveis de uma amostra de N núcleos radioativos é proporcional a N,

$$R = -\frac{dN}{dt} = \lambda N,$$

em que λ é a *constante de decaimento* do núcleo radioativo, dada pelo inverso do segundo, s^{-1}, no Sistema Internacional de Unidades (SI). A quantidade de núcleos radioativos N do decaimento é obtida pela integração dessa expressão desde uma quantidade de núcleos radioativos iniciais N_o,

$$\int_{No}^{N} \frac{dN}{N} = -\lambda \int_{0}^{t} dt \,,$$

assim,

$$N = N_o \exp(-\lambda t).$$

O resultado acima, em termos da taxa de decaimento, torna-se

$$R = -\frac{dN}{dt} = \lambda N_o \exp(-\lambda t),$$

de onde é obtida a expressão da taxa de decaimento na forma

$$R = R_o \exp(-\lambda t),$$

sendo $R_o = \lambda N_o$ a taxa de decaimento inicial.

9.11.1 ATIVIDADE DA AMOSTRA

A atividade de uma amostra com vários tipos de núcleos radioativos é a somatória das taxas de decaimento de cada radionuclídeo.

$$A = R_1 + R_2 + R_3 + \ldots = \Sigma R_i,$$

dada na unidade becquerel (Bq) do SI, em homenagem a Henri Becquerel:

$$1 \text{ Bq} = 1 \text{ decaimento por segundo},$$

que pode ser relacionada com outra unidade conhecida, como Curie (Ci):
1 Ci = $3{,}7 \times 10^{10}$ Bq.

9.11.2 TEMPOS DE RADIOATIVIDADE

O tempo de um decaimento radioativo pode ser dado em termos do número de meia-vida $T_{1/2}$, que é o tempo necessário para que a taxa R_o reduza pela metade, isto é, $R = R_o/2$,

$$\frac{R_o}{2} = R_o \exp\left(-\lambda T_{1/2}\right) \Rightarrow T_{1/2} = \frac{\ln 2}{\lambda}.$$

Outra forma de redução de R_o é dada em termos de 1/e = 1/2,718, para um intervalo de tempo τ.

$$\frac{R_o}{e} = R_o \exp(-\lambda\tau) \Rightarrow \tau = \frac{1}{\lambda}.$$

A relação entre $T_{1/2}$ com τ será

$$T_{1/2} = \frac{\ln 2}{\lambda} = \tau \ln 2.$$

O tempo de ocorrência t de radioatividade de um radionuclídeo corresponde ao número de tempo n de meia-vida $T_{1/2}$, então,

$$t = nT_{1/2}$$

$$N = N_o \exp\left(-\lambda n T_{1/2}\right) = N_o \exp(-n \ln 2)$$

Assim, temos que $N = \dfrac{N_o}{2^n}$.

Exercício III

O nuclídeo de iodo $^{131}I_{53}$ tem uma meia-vida de 8,04 dias com atividade de 600 Bq. Determine a atividade do iodo radioativo ao final de 25 dias.

Solução

$$n = \frac{t}{T_{1/2}} = \frac{25}{8,04} \approx 2,985 \Rightarrow N = \frac{600}{2^{2,985}},$$

o que determina a atividade radioativa de N = 74,78 Bq.

Exercício IV

Uma amostra de cloreto de potássio KCl de 2,71 gramas tem radioatividade com decaimento constante de 4490 Bq devido ao radionuclídeo ^{40}K presente na amostra com abundância de 1,17%. Determine a meia-vida do ^{40}K.

Solução

Primeiramente, vamos determinar o número de moléculas de KCl contidas na amostra, que corresponde ao número total N_k de átomos de potássio pelo número de mols do composto, dado por

$$n = \frac{N_{KCl}}{N_A} = \frac{m}{Mol_{KCl}},$$

em que $N_A = 6{,}02 \times 10^{23}$ é número de Avogadro e Mol_{KCl} é a massa molar de KCl. Se Mol(K) = 39,102 g e Mol(Cl) = 35,453 g, então

$$N_{KCl} = N_K = \frac{2,71 \times \left(6,02 \times 10^{23}\right)}{74,555} = 2{,}188 \times 10^{22}.$$

A quantidade de radionuclídeo de ^{40}K presente é somente de 1,17% do total de N_K:

$$N = 0{,}0117 \times N_k = 2{,}560 \times 10^{20}.$$

Utilizando as expressões demonstradas anteriormente,

$$T_{1/2} = \frac{\ln 2}{\lambda} \text{ e } R = \lambda N,$$

obtemos a expressão

$$T_{1/2} = \frac{N \ln 2}{R} = \frac{\left(2,560 \times 10^{20}\right) \ln 2}{4490} \approx 1,25 \times 10^{9} \text{ anos},$$

o que significa um decaimento muito lento.

9.12 DATAÇÃO RADIOATIVA E A IDADE DA ROCHA

O radionuclídeo $^{14}C_6$ é produzido na atmosfera pela colisão dos raios cósmicos com os átomos de nitrogênio do ar. Esse carbono 14 é encontrado junto com o carbono $^{12}C_6$ na forma de dióxido de carbono CO_2 na proporção de um átomo de carbono 14 para 10^{13} átomos de carbono 12, proporção que se mantém tanto na atmosfera terrestre como também nos seres vivos, animais e plantas, incluindo os seres humanos. Entretanto, quando o organismo vivo morre, a quantidade de carbono 14 diminui com meia-vida de 5.730 anos e, dessa maneira, é possível determinar o tempo da morte dos seres vivos e também a idade dos fósseis.

No caso da idade de rochas, como meteoritos, podemos utilizar o decaimento do radionuclídeo $^{40}K_{19}$, de meia-vida $1{,}25 \times 10^9$ anos, em função de um outro radionuclídeo de argônio $^{40}Ar_{18}$ mais estável. A razão entre a quantidade de átomos de potássio 40 para os átomos de argônio 40 pode ser utilizada para determinar a idade das rochas.

Exercício V

Vamos supor que uma análise de espectrometria de massa indicou que a quantidade de 40 Ar e 40 K presentes numa rocha está na razão de 10,3 e que todos os átomos de argônio foram produzidos pelo decaimento dos átomos de potássio 40 K. A quantidade de átomos de potássio N_0 tem decaimento dado por

$$N_K = N_o \exp(-\lambda t)$$

e a quantidade de átomos de argônio ^{40}Ar é

$$N_A = N_o - N_K,$$

o que permite escrever

$$t = \frac{1}{\lambda} \ln\left(1 + \frac{N_A}{N_K}\right) = \frac{T_{1/2}}{\ln 2}\left(1 + \frac{N_A}{N_K}\right)$$

$$\Rightarrow t = \frac{1,25 \times 10^9}{\ln 2}(1 + 10,3) \approx 4,37 \times 10^9 \text{ anos.}$$

A idade da rocha pode ser também estimativa da idade do próprio Universo.

9.13 DECAIMENTO α

A maioria dos nuclídeos da carta radioativa emite radioatividade com decaimento exponencial. O decaimento da partícula α é, portanto, um processo estatístico. O excesso de nêutrons desses nuclídeos torna os nuclídeos bastante instáveis, fazendo com que eles emitam espontaneamente partículas α, sofrendo transmutações para outros nuclídeos de massas atômicas menores e tomando uma nova posição dentro da carta de radionuclídeos.

Por exemplo, o isótopo de urânio ^{238}U sofre um decaimento α transformando-se no tório ^{234}Th, conforme a reação nuclear,

$$^{238}U \rightarrow {}^{234}Th + {}^{4}He + Q.$$

Trata-se de um decaimento espontâneo na produção do tório, com uma emissão de uma partícula α e a liberação de energia Q.

A soma das energias de repouso dos produtos do tório ^{234}Th e da partícula α é menor do que a energia de repouso do nuclídeo original, urânio ^{238}U. Essa diferença de energia $Q = 4{,}25$ MeV corresponde à energia de desintegração, liberada pelo núcleo de urânio na forma de energia cinética.

A Figura 9.5 apresenta a curva da barreira de potencial nuclear U(r) dos subprodutos do núcleo do tório em função da distância de separação com a partícula α. Ou seja, a energia nuclear armazenada num núcleo de urânio $^{238}U_{92}$ é descrita por uma partícula α dentro de uma barreira de potencial nuclear do tório. A partícula α não é imediatamente emitida pelo núcleo de urânio ^{238}U, mas existe uma probabilidade finita de que a partícula α atravesse a barreira de potencial pelo *tunelamento quântico*. Dessa forma, a partícula α fica confinada numa faixa entre 8 fm a 60 fm de raio nuclear submetida a 10^{38} colisões por segundo durante uma meia-vida de $4{,}5 \times 10^9$ anos antes do seu decaimento. Note-se que a energia emitida pela partícula α de 4,25 MeV está abaixo da altura da barreira de potencial de 25 MeV. A mesma Figura 9.6 apresenta uma outra desintegração do urânio ^{225}U, de meia-vida 9,1 minutos, com energia de decaimento de 6,81 MeV.

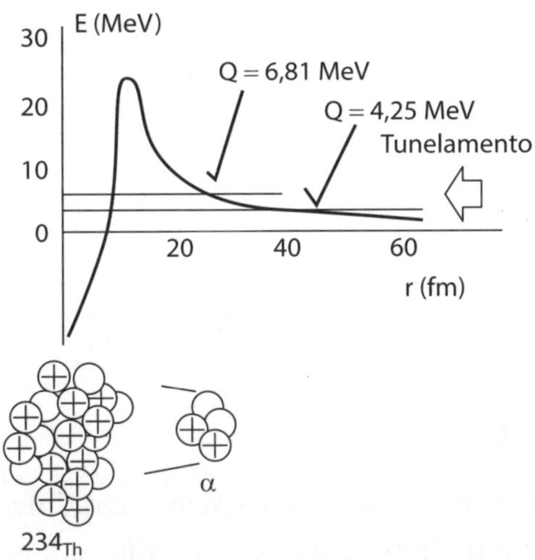

Figura 9.6 – A curva da barreira de potencial nuclear U(r), do tório ^{234}Th em função da distância de separação com a partícula α.

Exercício VI

Determine a energia liberada na reação nuclear do urânio ^{238}U durante o decaimento

$$^{238}U \rightarrow {}^{234}Th + {}^{4}He + Q,$$

sabendo que as massas atômicas dos radionuclídeos são dadas por

$$^{238}\text{U} \rightarrow 238{,}05079 \text{ u}, \ ^{234}\text{Th} \rightarrow 234{,}04363 \text{ u e } ^{4}\text{He} \rightarrow 4{,}00260 \text{ u}$$

Solução

A energia liberada na reação pode ser obtida de

$$Q = [m_i - m_f]\, c^2,$$

tornando-se

$$Q = [m_U - (m_{Th} + m_{He})]\, c^2.$$

Apesar de a tabela indicar as massas atômicas, com inclusão da massa dos elétrons, estas acabam sendo compensadas no balanço energético nas diferenças de massas.

$$Q = [238{,}05079 \text{ u} - 234{,}04363 \text{ u} - 4{,}00260 \text{ u}]\, c^2 =$$

$$Q = 0{,}00456 \times 931{,}48 \text{ MeV}$$

$$Q = 4{,}247 \text{ MeV}$$

Exercício VII

Mostre que a reação nuclear do urânio ^{238}U não ocorre espontaneamente:

$$^{238}\text{U} \rightarrow {}^{237}\text{Pa} + {}^{1}\text{H}.$$

Solução

Basta provar que a soma das massas do protactínio ^{237}Pa e do próton ^{1}H é maior do que a massa do urânio. Ou seja,

$$m_{Prod} = 237{,}05121 \text{ u} + 1{,}00783 \text{ u} = 238{,}05904 \text{ u} > m_U = 238{,}05079 \text{ u}.$$

9.13.1 FAMÍLIA DOS TRANSURÂNICOS

A emissão de partículas α, que corresponde ao núcleo do hélio de número de massa $A = 4$ e número atômico $Z = 2$, divide o decaimento α dos radionuclídeos pesados em quatro grandes famílias de acordo com o número de massa A, conforme sejam $A = 4n$, $4n+1$, $4n+2$ e $4n+3$, em que n é um número inteiro positivo. O grupo A = 4n representa a família do ^{240}Pu, cujos decaimentos α terminam no radionuclídeo ^{236}U. A família do $4n+1$ representa os radionuclídeos do ^{253}Fm até alcançar o ^{245}Cm. A família do $4n+2$ representa os radionuclídeos que começam do ^{246}Cm até atingir o ^{238}U. E, por final, a família do $4n+3$ compreende os radionuclídeos que iniciam do ^{239}Pu até chegar ao ^{235}U.

9.14 DECAIMENTO β

O excesso de nêutrons torna os radionuclídeos bastante instáveis, fazendo com que eles também emitam espontaneamente partículas β, sofrendo transmutações para massas atômicas maiores ou menores de uma unidade de cada vez. Existem dois tipos de decaimento β: o decaimento β– e o decaimento β+.

9.14.1 DECAIMENTO β–

O decaimento β– foi descoberto em 1934 por Enrico Fermi (1901-1954) e ocorre quando o excesso de nêutrons de um núcleo de urânio gera uma instabilidade, fazendo com que um nêutron emita um elétron e um *neutrino* ν, transformando-se em um próton dentro do núcleo, ou seja,

$$n \to p + e^- + \nu.$$

Dessa forma, o decaimento β– permite obter radionuclídeos de números atômicos cada vez maiores. O elétron emitido no momento da emissão não é um elétron já existente no átomo original, entretanto os elétrons possuem uma participação na reação nuclear descrita pelo decaimento β–. Como exemplo, na reação do fósforo, que apresenta 14,3 dias de meia-vida,

$$^{32}\text{P} \to {}^{32}\text{S} + \text{e}^- + \nu.$$

Durante o decaimento β–, o número atômico do fósforo ^{32}P aumenta de uma unidade por decaimento, transformando-se no enxofre ^{32}S, de número atômico $Z = 16$, e mais a emissão de um elétron e o neutrino. O número de massa não sofreu alteração, permanecendo igual a $A = 32$, evidentemente sem levar em conta a massa infinitamente pequena do neutrino.

A variação das massas nucleares é dada por

$$\Delta m = (m_\text{S} + m_\text{e}) - m_\text{P},$$

em que m_P é a massa inicial do fósforo e $m_\text{S} + m_\text{e}$ é a massa nuclear final do enxofre mais a massa do elétron emitido. Essa variação da massa atômica do fósforo com

15 m_e elétrons foi subtraída da massa atômica do enxofre m_S que teve seus 15 m_e de elétrons subtraídos.

Uma grande parte da energia de desintegração do decaimento do fósforo é convertida em energia cinética E_c do elétron emitida, e uma parte ínfima é absorvida pelo neutrino.

9.14.1.1 Neutrino

A existência dos neutrinos foi prevista por Wolfgang Pauli em 1930, com a finalidade de justificar a conservação de momento angular. Os neutrinos são difíceis de serem detectados e interagem muito fracamente com a matéria por não possuírem cargas elétricas e apresentarem massa infinitamente pequena. O seu livre caminho médio é da ordem de milhares de anos-luz. Acredita-se que o neutrino seja a matéria escura mais abundante, correspondendo a cerca de 70% do Universo, e que tenha origem na grande explosão, o Big Bang. Uma chuva de neutrinos foi emitida por uma explosão estelar de uma supernova na Grande Nuvem de Magalhães *SN*1987*A*, e dez neutrinos foram detectados por uma gigantesca plataforma de chumbo no interior de uma mina no Japão.

9.14.2 DECAIMENTO β+

O *decaimento* β+ ocorre quando um próton se transforma num nêutron com emissão de um pósitron β e a emissão de um neutrino,

$$p \rightarrow n + \beta + \nu.$$

O pósitron β apresenta a mesma massa do elétron, mas com carga positiva. No decaimento β+ acontece uma redução do número atômico do elemento por decaimento, sem alterar o número de massa *A*.

Foi por meio da mecânica quântica relativística que Dirac, no ano de 1930, previu na constituição nuclear a existência do *pósitron* β de alta energia, como uma partícula com a mesma massa do elétron, mas com carga elétrica positiva $1{,}6 \times 10^{-19}$ C.

Apresentamos um exemplo do decaimento β+ na reação nuclear do cobre ^{64}Cu de 12,7 horas de meia-vida,

$$^{64}Cu_{29} \rightarrow {}^{64}Ni_{28} + e^{+} + \nu.$$

O número atômico $Z = 29$ do cobre sofreu uma redução para o número atômico $Z = 28$, com a liberação de um pósitron e mais um neutrino.

Nas reações nucleares de decaimentos β– e o β+ são obedecidas a lei de conservação do número de massa e a conservação das cargas elétricas. Essas reações são balanceadas por uma grande liberação de energia Q.

Podemos concluir, de acordo com a carta dos radionuclídeos, que aqueles com número atômico abaixo de 30, $Z < 30$, possuem mais prótons do que nêutrons, o que favorece a ocorrência de instabilidade para o decaimento β–. Já os nuclídeos com números atômicos acima de 30, $Z > 30$, apresentam um excesso de nêutrons, o que, portanto, favorece as ocorrências de instabilidades para o tipo decaimento β+.

Exercício VIII

A fissão nuclear do urânio ^{236}U resulta na produção de dois radionuclídeos, o xenônio ^{140}Xe e o estrôncio ^{94}Sr, com a emissão de dois nêutrons,

$$^{235}\mathrm{U}_{92} + \mathrm{n} \rightarrow {}^{236}\mathrm{U}_{92} \rightarrow {}^{140}\mathrm{Xe} + {}^{94}\mathrm{Sr} + 2\mathrm{n}.$$

Esses subprodutos apresentam um excesso de nêutrons que se desintegram em vários decaimentos β–. É um exemplo o xenônio ^{140}Xe, que apresenta vários decaimentos β–,

$$^{140}\mathrm{Xe}_{54} \rightarrow {}^{140}\mathrm{Cs}_{55} \rightarrow {}^{140}\mathrm{Ba}_{56} \rightarrow {}^{140}\mathrm{La}_{57} \rightarrow {}^{140}\mathrm{Ce}_{58},$$

até chegar ao núcleo estável de ^{140}Ce e à emissão de quatro neutrinos.

O estrôncio ^{94}Sr também sofre vários decaimentos β– em

$$^{94}\mathrm{Sr}_{38} \rightarrow {}^{94}\mathrm{Y}_{39} \rightarrow {}^{94}\mathrm{Zr}_{40},$$

até terminar no radionuclídeo estável ^{94}Zr e na emissão de dois neutrinos.

Cerca de 5% a 6% da energia do decaimento β– é dissipada com a emissão dos seis neutrinos.

9.15 NÊUTRONS LENTOS

Em fevereiro de 1939 foi descoberta uma condição ideal para provocar uma fissão nuclear do isótopo do urânio ^{235}U por meio do bombardeamento do urânio ^{235}U por nêutrons térmicos de baixa energia, entre 0,04 eV e 1.000 eV. Uma maneira de conseguir a redução de sua velocidade seria pela colisão dos nêutrons com um material moderador conforme a lei da conservação da energia e da conservação do momento,

$$\frac{mv^2}{2} = \left(\frac{M^2 - m^2}{M^2 + m^2}\right)\frac{mv_o^2}{2},$$

em que m é massa dos nêutrons e M é a massa do moderador.

O deutério, extraído do fundo do mar na proporção de 0,01%, pode ser utilizado como bom moderador, necessitando de apenas treze colisões para transformar-se num nêutron térmico. Outro moderador razoável seria o grafite ^{12}C, que necessita de uma quantidade maior, de 130 colisões, para amortecimento dos nêutrons. Entretanto, se as reduções de energia cinética dos nêutrons ficarem abaixo de 0,04 eV, os nêutrons são absorvidos pelo urânio ^{238}U.

9.16 FISSÃO NUCLEAR DO URÂNIO 235

Em 1938, os químicos Otto Hahn, Fritz Strassmann e Lise Meitner, do Instituto Kaiser Wilhelm, em Berlim, bombardearam sais de urânio ^{235}U com nêutrons térmicos e confirmaram a ocorrência de uma fissão nuclear do urânio ^{235}U em dois elementos: o bário $^{142}Ba_{56}$ e o criptônio $^{91}Kr_{36}$, e mais uma grande liberação de radiação γ de Q = 200 MeV, conforme a reação nuclear da Figura 9.7.

$$^{235}U_{92} + n \rightarrow {}^{236}U_{92} \rightarrow {}^{142}Ba_{56} + {}^{91}Kr_{36} + 3n + Q.$$

Um dos radionuclídeos produzidos foi identificado como o bário Z = 56 com a liberação de três nêutrons.

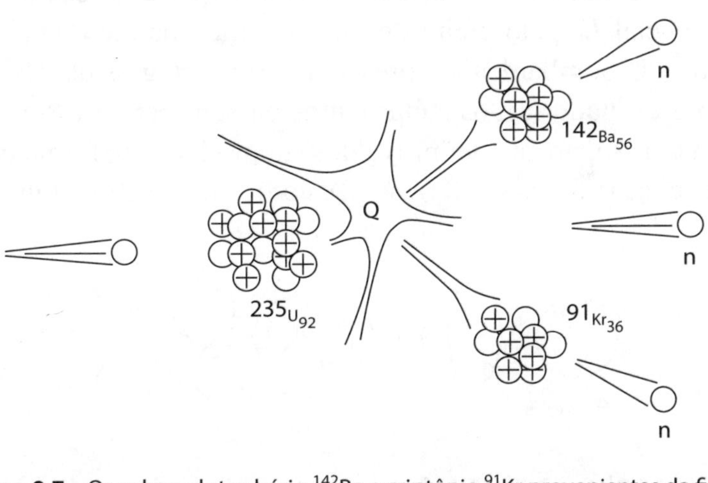

Figura 9.7 – Os subprodutos bário ^{142}Ba e criptônio ^{91}Kr provenientes da fissão nuclear do urânio ^{235}U, que libera 200 MeV de radiação γ.

O núcleo do urânio ^{235}U possui uma quantidade de nêutrons elevada, de $N = A - Z = 235 - 92 = 143$ nêutrons, o que faz com que a reação de fissão nuclear resulte na produção de subprodutos com número de massa A entre 72 a 158, que segue uma distribuição estatística, conforme mostra a Figura 9.8. Portanto, não se pode obter apenas uma única divisão de subprodutos da reação de fissão, mas existem vários pares de subprodutos com liberação de 2 a 3 nêutrons e uma quantidade elevada de energia de radiação γ.

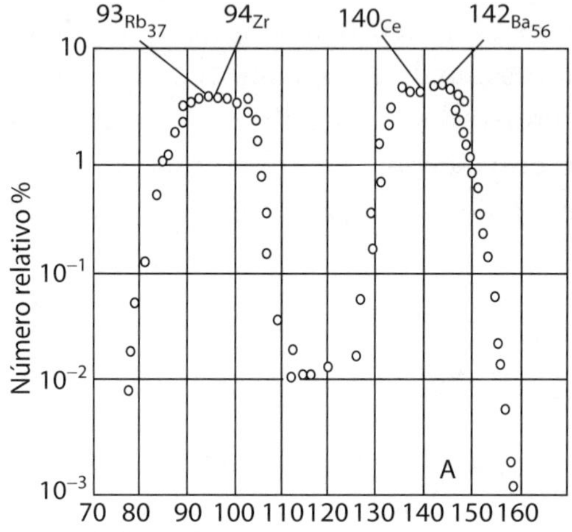

Figura 9.8 – A distribuição estatística dos fragmentos da fissão nuclear do urânio ^{236}U, após ser bombardeado por um nêutron.

A fissão foi uma ideia muito revolucionária na época porque se admitia que o núcleo do urânio ^{235}U dificilmente seria dividido por um nêutron lento. A questão foi esclarecida por Bohr e Wheeler por meio do modelo coletivo, conhecido como o modelo da gota líquida, segundo o qual a energia cinética de excitação do nêutron E_n lento capturado é suficiente para que os subprodutos da reação de fissão possam atravessar a barreira de potencial E_b pelo efeito de tunelamento quântico. Ou seja, a fissão do núcleo de urânio ^{236}U bombardeado apresenta vários estágios de deformação: de um núcleo alongado e excitado (a), os subprodutos passam para a forma de halteres (b), que seguiria para uma separação definitiva dos subprodutos na forma de gotas líquidas (c), até restabelecer suas formas esféricas (d), conforme mostra a Figura 9.9.

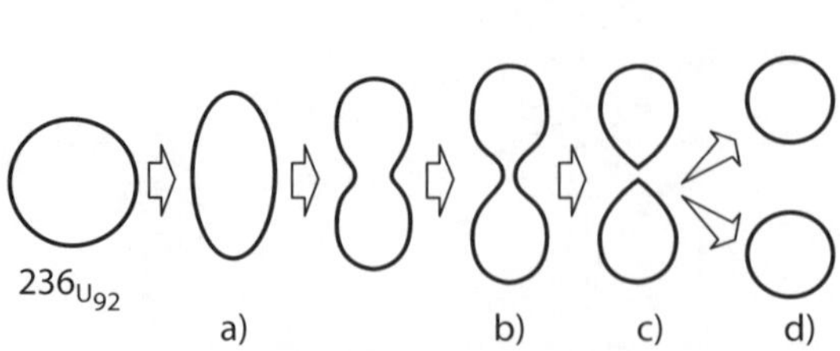

Figura 9.9 – O urânio ^{236}U sofre instabilidade na forma de gotas líquidas, resultando na divisão em dois radionuclídeos.

A energia potencial elétrica nos vários estágios do processo de fissão nuclear dos dois subprodutos é função do parâmetro de distorção r da forma esférica, que é um grau de afastamento dos subprodutos, conforme mostra o gráfico da energia potencial da Figura 9.10. A energia potencial passa por um máximo da barreira de potencial E_b correspondente a certa separação crítica r_c segundo o modelo da gota, conforme o modelo de Bohr e Wheeler. Os valores da energia de excitação E_n dos nêutrons lentos bombardeados serão maiores ou iguais ao máximo da energia E_b da barreira de potencial, isto é, $E_n > \approx E_b$, para que os subprodutos da fissão possam vencer a barreira de potencial.

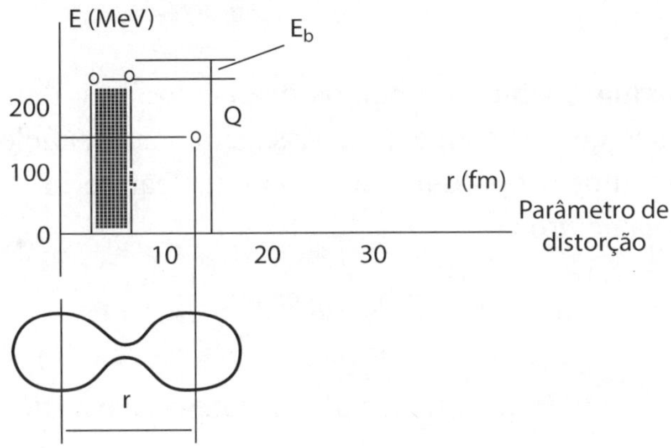

Figura 9.10 – A altura da barreira de potencial para a fissão do urânio ^{236}U, após bombardeado por um nêutron. A figura mostra também a energia liberada *Q*.

Durante a fissão nuclear do urânio, a energias de repouso do urânio e do nêutron incidente diminuem, fazendo com que massas atômicas dos subprodutos m_{final} sejam menores do que a somatória da massa dos componentes do urânio ^{235}U e do nêutron m_{inicial} incidente. A diferença entre essas duas somatórias corresponde à deficiência de massa:

$$\Delta m = \Sigma\, m_{\text{inicial}} - \Sigma\, m_{\text{final}},$$

equivalente à liberação de energia da reação nuclear, conforme a relação de Einstein

$$Q = \Delta E = \Delta m\, c^2.$$

Exercício IX

Uma reação nuclear com bombardeamento do núcleo de urânio ^{235}U por um nêutron térmico tem passagem para um núcleo instável de urânio ^{236}U e resulta na produção dos radionuclídeos instáveis, o xenônio ^{140}Xe e o estrôncio ^{94}Sr, com a emissão de dois nêutrons,

$$^{235}U_{92} + n \rightarrow {}^{236}U_{92} \rightarrow {}^{140}Xe + {}^{94}Sr + 2n,$$

a conversão de energia de ligação de $E_n = 6{,}5$ MeV e a liberação de 2 MeV por cada nêutron emitido no processo fissão nuclear. Essa reação foi confirmada na França por Joliot e Curie, em 1939, e pelo grupo de Fermi, na Universidade de Columbia, nos Estados Unidos.

Exercício X

Determine a energia liberada no bombardeamento de um núcleo de urânio ^{235}U por um nêutron térmico que apresenta uma passagem por um núcleo de urânio instável ^{236}U e, depois, resulta nos subprodutos de fissão nuclear cério ^{140}Ce e zircônio ^{91}Zr, com a emissão de dois nêutrons.

$$n + {}^{235}U \rightarrow {}^{140}Ce + {}^{94}Zr + 2n + Q$$

Adote A[^{235}U] = 235,043923 u, A[nêutron] = 1,008665 u e A[^{236}U] = 236,045562 u.

Solução

A redução de massa $\Delta m = 0{,}22353$ u foi de

$$\Delta m = 235{,}0439 \text{ u} - (139{,}9054 + 93{,}9063 + 1{,}00867)\text{u} = 0{,}22353 \text{ u}$$

$$\Rightarrow Q = \Delta E = \Delta m\, c^2 = 0{,}22353 \times 931{,}48\ (\text{MeV}/c^2)c^2 = 208{,}2137 \text{ MeV}$$

9.17 REAÇÃO EM CADEIA

Em janeiro de 1939, Enrico Fermi afirmou que os produtos da reação de fissão do urânio ^{235}U, o bário e o criptônio, também são isótopos com excesso de nêutrons e que também sofrem decaimento β, com a emissão subsequente de mais 2 ou 3 nêutrons, conforme mostra a Figura 9.11. Ainda não se sabia como obter nêutrons em grande quantidade para provocar numerosas fissões. A reação em cadeia foi descoberta por Leo Szilárd em 1939, quando uma avalanche de nêutrons foi posta colidindo com outros núcleos de urânio ^{235}U, provocando uma reação em cadeia e perpetuando a reação de fissão com a finalidade de liberar mais energia nuclear.

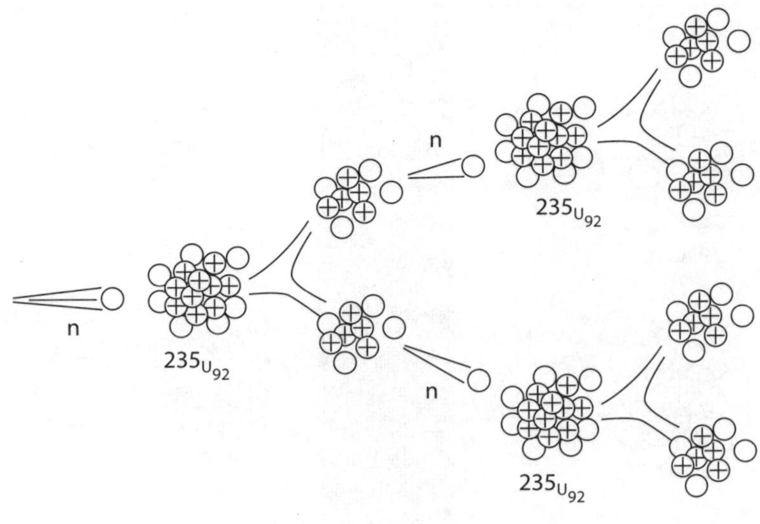

Figura 9.11 – A avalanche de nêutrons dos subprodutos da reação nuclear do ^{235}U provoca a reação em cadeia.

Vemo-nos diante da necessidade de se obter uma quantidade de urânio puro do isótopo ^{235}U; entretanto, o urânio natural encontrado na mineração é constituído de uma mistura maior, por volta de 99,7% de urânio ^{238}U e uma quantidade ínfima de urânio ^{235}U. A partir de 1942, a empresa National Standard Bureau (NSB), de Saint Louis, Cleveland, Estados Unidos, começou a usar urânio de boa qualidade, extraído da lagoa de Great Bear, para a produção de óxido de urânio com 99% de pureza para ser transformado em urânio metálico puro.

9.18 ENRIQUECIMENTO DO URÂNIO 235

Sob a direção do general Gloves, em 1942 iniciou-se o *Projeto Manhattan* para a construção da bomba atômica com esforços concentrados de purificação do urânio 235 por três grupos principais.

9.18.1 PURIFICAÇÃO POR DIFUSÃO GASOSA

O primeiro grupo, da Universidade de Colúmbia em Clinton, em 1943, sob a direção de Urey, conduziu a purificação do urânio ^{235}U pelo método da difusão gasosa. O urânio natural tem uma mistura de 99,7% do isótopo ^{238}U e 0,7% do isótopo ^{235}U. O método de difusão gasosa consiste em pressurizar o gás de hexafluoreto de urânio, extremamente tóxico e corrosivo, na forma de $^{238}UF_6$-352 e $^{235}UF_6$-349, através de uma cadeia de placas porosas de liga de platina-ouro que apresentam furos de 0,01 μm, conforme Figura 9.12.

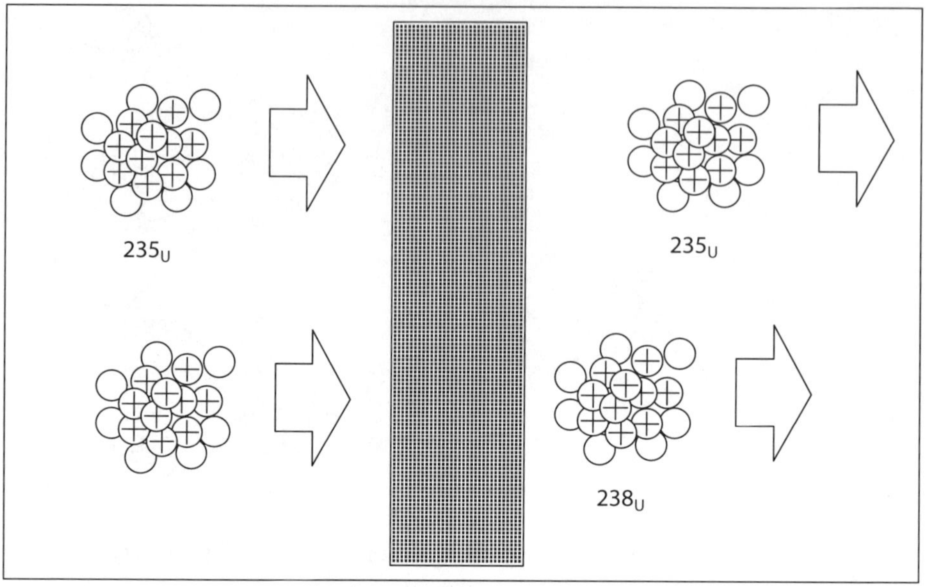

Figura 9.12 – Lei de difusão de Graham.

Esse processo segue a *lei de Graham* da difusão de dois gases de massas atômicas ligeiramente diferentes, em que a velocidade segue inversamente proporcional à raiz quadrada do inverso de suas massas atômicas, fazendo com que o nuclídeo de maior massa atômica tenha o fluxo com menor velocidade. A diferença de massa atômica do urânio ^{238}U para o urânio ^{235}U resulta num fator pequeno de 1,0043.

$$\frac{v_1}{v_2} = \sqrt{\frac{M_2}{M_1}}.$$

A técnica de difusão gasosa tem um custo alto por causa da produção de suas placas porosas, construídas de platina-ouro para resistir à pressão e corrosão. Assim, em março de 1940 nos laboratórios da General Electric tinha-se obtido uma quantidade ínfima de 10^{-8} gramas de urânio ^{235}U.

9.18.2 PURIFICAÇÃO POR DEFLEXÃO MAGNÉTICA

Esse método consistia na separação do urânio ^{235}U por deflexão magnética por um potente ímã de 184 polegadas de diâmetro, construído pela General Electric e Westinghouse, conforme a Figura 9.13. O processo foi desenvolvido pelo segundo grupo na Universidade da Califórnia, permitindo que o urânio natural fosse enriquecido com uma quantidade de 3% de urânio ^{235}U até o verão de 1945.

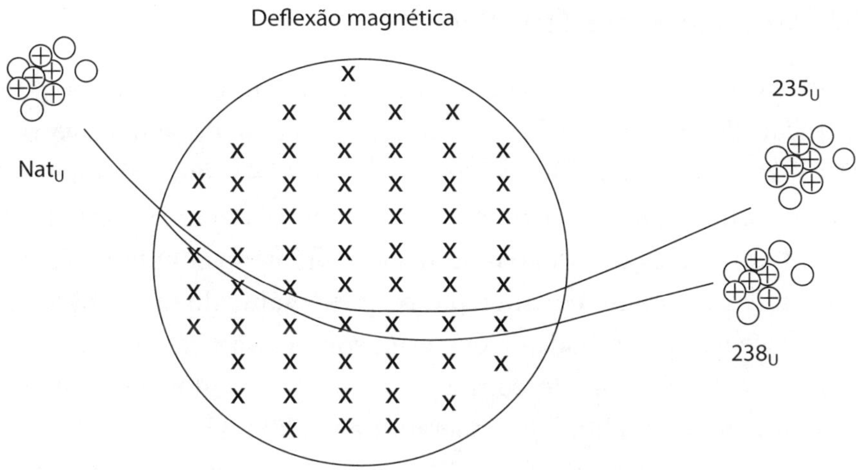

Figura 9.13 – Separação por deflexão magnética.

9.18.3 PRODUÇÃO DE PLUTÔNIO NUM REATOR NUCLEAR

O terceiro grupo, composto de MacMillan e Abelson, da Universidade de Colúmbia, descobriu, em junho de 1940, que os nuclídeos de urânio ^{238}U, quando bombardeados por nêutrons, absorvem os nêutrons e sofrem transmutação para o plutônio ^{239}Pu. Em 15 de dezembro de 1940, uma equipe de Fermi bombardeou 0,5 grama de ^{239}Pu purificado com um feixe de nêutrons, confirmando que também o plutônio ^{239}Pu era um elemento fissionável. Assim, a equipe de Compton da Universidade de Chicago, de Washington, ficou encarregada de produzir plutônio ^{239}Pu a partir de um reator nuclear da DuPont até o verão de 1945.

9.19 PRIMEIRO REATOR NUCLEAR DOS ESTADOS UNIDOS

Em 7 de novembro de 1942, os Estados Unidos haviam obtido 3 toneladas de urânio metálico enriquecido para o projeto Manhattan para iniciar a montagem de um reator a fissão. Debaixo da arquibancada do estádio da Universidade de Chicago, a equipe de Fermi elaborou uma montagem de camadas de tijolos de grafita de 20% de pureza, produzida pela National Carbon, para ser usada como moderador para a geração de nêutrons térmicos. As barras de urânio metálico foram introduzidas nos orifícios dos tijolos de grafita junto com barras de boro e cádmio para operar como moderador e conter a reação em cadeia. Finalmente, no dia 2 de dezembro de 1942, quando as barras de cádmio foram removidas, foi constatada a primeira reação nuclear de fissão em cadeia dos Estados Unidos, com fator de multiplicação de 1,0006 por fissão.

9.20 PRODUÇÃO DE ELETRICIDADE

Em janeiro de 1957 se deu o primeiro aproveitamento pacífico da fissão nuclear com a construção da primeira usina atômica com reator de água leve pressurizada – *pressurized water reactor* (PWR), visto na Figura 9.14 – em Shippingport, na Pensilvânia, Estados Unidos, coordenada pelo engenheiro Hyman Rickover. O reator de fissão PWR tem um núcleo de urânio enriquecido, montado com feixe de tubos preenchidos com pastilhas de urânio metálico por onde é conduzido um líquido refrigerador e moderador à base de água pesada de deutério, sob pressão de 150 atm e temperatura de 600 kelvin. O reator é montado com dois circuitos trocadores de calor, sendo que o circuito primário conduz o líquido moderador aquecido do interior de um contêiner, onde fica o combustível nuclear, e transfere o calor para um circuito secundário na parte externa do contêiner para promover a propulsão de uma turbina tipo kaplan.

O moderador de água pesada apresenta a característica de não absorver os nêutrons, mas reduzir a energia cinética dos nêutrons, ao nível térmico de 0,04 eV, e promover a fissão do urânio ^{235}U. Entretanto, algumas vezes, o moderador reduz a energia dos nêutrons entre 1 e 100 eV, que são absorvidos pelo urânio ^{238}U, acarretando o fenômeno da *captura ressonante* com remoção dos nêutrons e emissão de um raio γ. Nessa captura, existe uma produção também de nêutrons por parte do urânio ^{238}U.

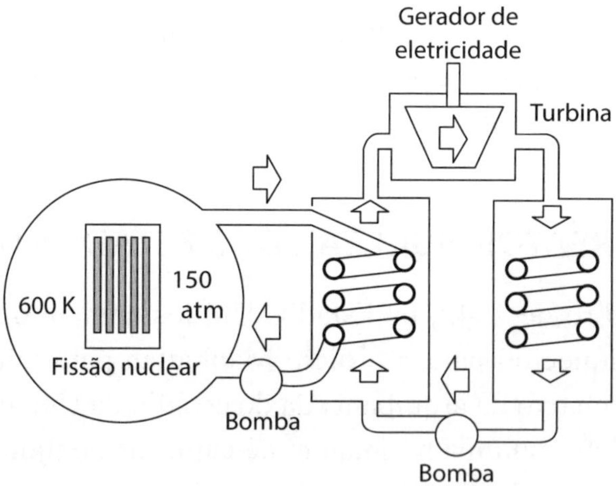

Figura 9.14 – Reator PWR de água pesada.

O funcionamento cíclico da fissão em nível sustentável opera com uma população crítica de nêutrons N_0 e é mantido com a adição de N_1 de nêutrons gerados da reação de fissão do urânio ^{235}U, como também são adicionados N_2 de nêutrons devido à fissão do urânio ^{238}U. Concomitantemente, ainda ocorrem a fuga dos nêutrons térmicos F_T dos nêutrons rápidos F_R e perdas devido à captura térmica P_T e à captura ressonante P_R. Portanto, o balanço da quantidade de nêutrons presentes dentro do reator a fissão será

$$S = N_o + N_1 + N_2 - F_T - F_R - P_T - P_R.$$

O fator de multiplicação k deve ter um ponto de equilíbrio próximo de $k = 1$, para que a quantidade de nêutrons térmicos produzidos seja próxima da quantidade de nêutrons perdidos. Isso é possível pelo controle eficiente da inserção ou da remoção das *barras de controle* de cádmio do núcleo do reator, de forma que se possa controlar a quantidade de nêutrons térmicos presentes dentro de núcleo do reator. Quando essas barras de controle são removidas do núcleo do reator a fissão sobe para um regime supercrítico, deixando $k > 1$, havendo uma produção elevada de nêutrons e de energia nuclear. Entretanto, se as barras de controle são inseridas no núcleo, a produção dos nêutrons térmicos é reduzida e a fissão atinge um regime subcrítico, $k < 1$, com energia nuclear abaixo do sustentável, podendo inclusive ocorrer o seu estancamento. Evidentemente, para que o controle seja sustentável, $k \approx 1$, as barras de controle são parcialmente inseridas no núcleo do reator.

Para que a reação de fissão seja sustentável, é necessário que a quantidade de urânio ^{235}U esteja acima de uma *massa crítica*, a fim de que exista um volume favorável que aumenta a produção de nêutrons térmicos, mas que, ao mesmo tempo, diminui a fuga de nêutrons pela superfície máxima que envolve esse volume de massa crítica da fissão. Os reatores a fissão PWR puderam ser reaproveitados para a construção de submarinos e porta-aviões de propulsão nuclear.

9.21 REJEITOS RADIOATIVOS

Vimos que uma reação nuclear a fissão gera uma família de rejeitos radioativos, produzindo sucessivas transmutações radioativas que conduzem aos decaimentos α, β e radiação γ, até que se chegue ao elemento mais estável. Dessa maneira, deve existir uma tabela periódica inteira de rejeitos radioativos dentro de um reator a fissão, conforme pode ser visto numa distribuição estatística dos fragmentos da fissão do ^{235}U em função do número de massa A.

O tempo de meia-vida é o período necessário para que uma quantidade de um material radioativo seja reduzida pela metade após decorridos sucessivos decaimentos. O lançamento no meio ambiente do ^{235}U, que apresenta tempo de meia-vida de 7,04 $\times 10^8$ anos, representaria um desastre ambiental de grandes proporções. Atualmente, uma forma segura de confinamento dos rejeitos radioativos é utilizada em Hanford, no estado de Washington, pelos Estados Unidos: trata-se do armazenamento em tanques subterrâneos gigantescos.

9.22 BOMBAS ATÔMICAS

O próprio descobridor da reação em cadeia, Leo Szilárd, convenceu Einstein a escrever uma carta para o então presidente dos Estados Unidos, Franklin Delano Roosevelt, a fim de que ele tomasse a iniciativa para a construção de uma bomba atômica diante do avanço alemão na Segunda Guerra Mundial. No projeto Manhattan, sob a responsabilidade do cientista Robert Oppenheimer, as quantidades de plutônio ^{239}Pu produzido em Hanford e de urânio ^{235}U purificado de Oakridge foram transferidas para o Laboratório Nacional de Los Alamos, no Novo México. As duas metades foram separadas e mantidas abaixo da massa crítica, acima da qual se desencadearia uma explosão nuclear.

O primeiro artefato nuclear de 20 quilotons foi detonado em Trinity, na região desértica do Novo México, pelos Estados Unidos, às 5 horas e 30 minutos do dia 16 de julho de 1945, após a capitulação da Alemanha. A sua torre de apoio, construída de aço, vaporizou-se completamente, e toda a área em torno vitrificou, afundando cerca de 3 metros. Outra torre de 32 toneladas de aço que distava 800 metros do local da explosão fundiu-se completamente, e todos os seres vivos, plantas e animais que distavam até 1.500 metros do epicentro da explosão foram aniquilados completamente. A explosão de uma bomba nuclear de 1 quiloton é equivalente à explosão de mil toneladas de dinamite TNT.

Menos de um mês depois, ocorreu a deflagração de duas bombas atômicas sobre duas cidades japonesas. A primeira bomba, de 13 quilotons, foi detonada sobre a cidade de Hiroshima, às 9h15 de 6 de agosto de 1945. A segunda bomba, de 21 quilotons, foi lançada sobre a cidade de Nagasaki às 12h01 de 9 de agosto de 1945. Juntas, essas duas bombas incineraram instantaneamente cerca de 200 mil pessoas.

Atualmente, a miniaturização eletrônica tornou possível a produção de ogivas nucleares cada vez menores e mais destrutivas, muito mais fáceis de serem transportadas e detonadas. A decisão de testar dispositivos detonadores mais seguros ganhou uma importância fundamental para efetuar testes nucleares mais eficientes. Entre 1945 e 1991, no auge da Guerra Fria entre os Estados Unidos e a União Soviética, foram construídos milhares de mísseis balísticos, cada um deles vinte vezes mais poderoso do que a bomba de Hiroshima. Somente a União Soviética realizou em 1955, no seu principal local de testes nucleares, localizado no Cazaquistão, um total de 456 testes nucleares. Apesar dos acordos de limitação de produção e uso de armas nucleares, os Estados Unidos e a Rússia ainda possuem juntos mais de 14 mil ogivas nucleares, com capacidade de destruir a Terra mais de setenta vezes.

9.23 ACIDENTES NUCLEARES

9.23.1 ACIDENTE DE TCHERNÓBIL

O acidente nuclear na usina nuclear de Tchernóbil ocorreu num sábado, 26 de abril de 1986, na Central Elétrica da Ucrânia. A usina era composta de quatro reatores do tipo RBMK-1000, com capacidade para produzir 1 GW de potência elétrica cada um. A potência nuclear do quarto reator foi reduzida abaixo do valor mínimo para efetuar uma manutenção de rotina, porém isso gerou uma elevação súbita e não prevista da potência nuclear, o que provocou uma grande explosão e derretimento do contêiner principal.

A causa do acidente foi atribuída primeiramente a falhas humanas durante as operações de redução da potência nuclear e depois a um erro de projeto do reator na construção das barras de grafita e boro utilizadas como moderador para redução de nêutrons. As barras de controle foram construídas com tubos ocos que permitiam a entrada de água pesada, mascarando a leitura da força necessária para sua remoção.

9.23.2 ACIDENTE DE FUKUSHIMA

O acidente de Fukushima na Central Nuclear de Fukushima, no Japão, aconteceu em 11 de março de 2011 devido a uma catástrofe natural de um terremoto de magnitude 9 na escala Richter que provocou uma onda tsunami de 13 metros de altura. O sistema da usina foi desligado automaticamente, acionando o sistema de refrigeração a diesel. Entretanto, devido à altura da barreira de contenção de 10 metros não ter sido suficiente as bombas-d'água foram afetadas e começaram a falhar, acarretando o derretimento de três dos seis reatores nucleares da usina, como também o vazamento de água contaminada para o Oceano Pacífico. Análises posteriores indicaram que a usina de Fukushima não tinha sido devidamente projetada para suportar ondas tsunami, faltando um sistema de arrefecimento de água capaz de bloquear um processo de fissão acidental. Uma das medidas tomadas pelos dirigentes da usina foi a construção de um muro subterrâneo, em torno do reator, para conter a contaminação radioativa. Embora não tenha sido relatada nenhuma morte no acidente de Fukushima, cerca de 300 mil pessoas foram evacuadas num raio de 2 mil quilômetros da área afetada.

9.23.3 ACIDENTE COM CÉSIO-137 DE GOIÂNIA

O acidente radioativo de Goiânia, ocorrido em 13 de setembro de 1987, foi o maior acidente nuclear fora de uma usina nuclear. Um aparelho contendo uma peça radioativa foi achada por catadores de papel no prédio de uma clínica abandonada. A peça radioativa foi repassada para outras pessoas em um ferro-velho. Tratava-se de uma cápsula que continha um radioisótopo de césio ^{137}Cs, que emitia uma luz brilhante e que despertou a *curiosidade* das pessoas. O isótopo de césio ^{137}Cs é material radioativo com 30,2 anos de meia-vida e que decai para o bário ^{137}Ba, liberando uma energia de Q = 1,2109 MeV por átomo de césio. Os primeiros sinais de contaminação começaram a aparecer duas semanas depois que a peça foi levada para a Vigilância Sanitária. A partir de então, foi montada uma operação de quarentena, isolando casas e ruas próximas do local do ferro-velho, pela Comissão Nacional de Energia Nuclear (Cnen). Foi utilizado um contador Geiger para controlar os níveis de radioatividade de césio, e chegou-se à conclusão de que cerca de 112.800 pessoas tinham sido contaminadas.

9.24 FUSÃO TERMONUCLEAR NO SOL

Uma comparação do fornecimento de energia para uma residência brasileira de demanda de 18.780 kWh anuais por (a) 1 kg da queima de carvão mais oxigênio, (b) 1 kg da fissão de ^{235}U e (c) reação de fusão de 1 kg da mistura de deutério mais trítio, os resultados seriam os seguintes: (a) o carvão forneceria energia térmica em forma de calor durante apenas 1,15 hora, (b) a fissão do urânio manteria a residência com eletricidade durante 1.190 anos e (c) a fusão do hidrogênio manteria a residência com eletricidade durante 4.915 anos.

A fusão nuclear começou a ser explorada após as pesquisas dos astrofísicos americanos Hans Bethe e Carl von Weizsäcker, que estudavam a origem das estrelas a partir dos estudos das reações, conhecidos pela sigla CNO, dos elementos carbono, nitrogênio e oxigênio.

No interior do Sol os átomos de hidrogênio são submetidos a elevadas temperaturas de milhões de kelvin, fazendo com que seus elétrons sejam separados de seus prótons, constituindo um estado totalmente ionizado conhecido como *plasma térmico*. O estado de plasma térmico apresenta uma elevada agitação térmica com intensas colisões entre os prótons, provocando as reações nucleares de fusão, fenômeno conhecido como *fusão termonuclear*. Esse estado de fusão termonuclear promove a geração de energia nuclear e também a produção de núcleos mais pesados, como o núcleo do hélio $^{4}He_2$.

É absolutamente necessário vencer as forças de repulsão coulombianas entre prótons para que os prótons se aproximem o suficiente, graças às elevadas energias cinéticas E_c, dos prótons sujeitos ao ambiente térmico de elevada temperatura T, para superar a barreira de potencial, conforme a lei de distribuição de Boltzmann, dada por

$$E_c = kT,$$

em que k é a constante de Boltzmann. As medidas experimentais indicam que o núcleo solar com temperaturas de 150 milhões K fomenta os prótons com energia cinética de 1,3 keV, que não é suficiente para superar a barreira de potencial de 360 keV. O Sol, porém, por efeito de tunelamento quântico, permite que os prótons atravessem a barreira de potencial e propiciem a fusão termonuclear.

Exercício XI

Qual deve ser a energia cinética E_c dos prótons para que, quando arremessados uns contra os outros, tenham uma aproximação máxima momentânea em que suas esferas se toquem? Admita cada próton como esfera de raio igual a r = 1 fm = 10^{-15} m.

Solução

A energia mecânica durante a colisão é conservada, ou seja, a energia cinética dos prótons E_c de aproximação é convertida em energia potencial elétrica repulsiva U, isto é,

$$2E_c = U = \frac{1}{4\pi\varepsilon_o}\frac{e^2}{2r} \Rightarrow$$

$$E_c = \frac{e^2}{16\pi\varepsilon_o r} = \frac{\left(1,6\times10^{-19}\right)^2}{16\pi\left(8,88\times10^{-12}\right)\left(10^{-15}\right)} =$$

$$E_c = 5,74 \times 10^{-14}\ \text{J}.$$

Essa energia cinética do próton de $5,74 \times 10^{-14}$ J, igual a 360 keV, é convertida em energia potencial elétrica para superar a altura da barreira de potencial. A temperatura correspondente a esta velocidade mais provável do próton é calculada como

$$\overline{E_c} = \frac{3}{2}kT \Rightarrow T = \frac{\overline{2E_c}}{3k} = \frac{2\left(5,74\times10^{-14}\right)}{3\left(1,38\times10^{-23}\right)} =$$

$$T = 2,77 \times 10^9\ \text{K},$$

que corresponde à temperatura no interior do Sol.

No interior do Sol ocorre uma sequência de quatro reações nucleares em cadeia, conhecida como ciclo próton-próton (p–p), em que quatro prótons p são convertidos em um núcleo de hélio, ^{4}He.

$$p+p \rightarrow d + \beta + \nu + Q_1$$

$$\beta + e \rightarrow 2\gamma + Q_2$$

$$d+p \rightarrow {}^3He + \gamma + Q_3$$

$$^3He+{}^3He \rightarrow {}^4He + p + p + Q_4$$

A primeira reação ocorre entre dois prótons, com a produção de um dêuteron d, um pósitron β e um neutrino ν e a geração de energia de $Q_1 = 0{,}42$ MeV. O dêuteron é um isótopo de hidrogênio que apresenta um nêutron e um próton em seu núcleo. A segunda reação segue com a colisão da partícula do pósitron β com um elétron livre em que ambos se aniquilam, transformando-se em dois raios gama γ, com produção de energia de $Q_2 = 1{,}02$ MeV. Na terceira reação, o dêuteron $^2d_1$, produzido na primeira reação, é conduzido para colidir com um próton $^1p_1$ para formar um núcleo de hélio $^3He_2$, com emissão de um raio gama γ e produção de energia de $Q_3 = 5{,}49$ MeV. A quarta e última reação ocorre com a colisão entre dois núcleos de hélio $^3He_2$, produzindo um núcleo de hélio ^{4}He e mais dois prótons $^1p_1$, com produção de energia de $Q_4 = 12{,}86$ MeV. A quarta reação ocorre depois de 10^5 anos. Portanto, são necessárias, para produzir um átomo de hélio $^4He_2$, duas reações das três primeiras, para completar um ciclo total p-p do Sol, ou seja, portanto, são necessários quatro prótons para formar um núcleo de hélio 4He2,

$$4p \rightarrow 2d + 2\beta + 2\nu,$$

adicionando dois elétrons em cada membro,

$$4p + 2e \rightarrow 2d + 2\beta + 2e + 2\nu \Rightarrow$$

$$4p + 2e \rightarrow 2d + 2(\beta + e) + 2\nu \rightarrow 2d + 4\gamma + 2\nu,$$

na sequência com adição de dois prótons nos dois membros,

$$4p +2e + 2p \rightarrow 2d + 2p + 4\gamma + 2\nu$$

$$4p +2e + 2p \rightarrow 2(d + p) + 4\gamma + 2\nu \rightarrow 2({}^3He + \gamma) + 4\gamma + 2\nu$$

$$4p +2e + 2p \rightarrow 2{}^3He + 6\gamma + 2\nu \rightarrow {}^4He + 2p + 6\gamma + 2\nu,$$

chegamos em

$$4p + 2e \rightarrow {}^4He + 6\gamma + 2\nu,$$

e, ainda, com a adição de mais dois elétrons em cada membro, obtemos quatro átomos de hidrogênio no primeiro membro e um átomo de hélio ^{4}He no segundo membro, conforme mostra a Figura 9.15.

$$4\,{}^1H_1 \rightarrow {}^4He_2 + 6\gamma + 2\nu + Qtot.$$

A conversão de massa em energia neste ciclo foi de

$$Q_{tot} = 2(Q_1 + Q_2 + Q_3) + Q_4 = 26{,}72 \text{ MeV}.$$

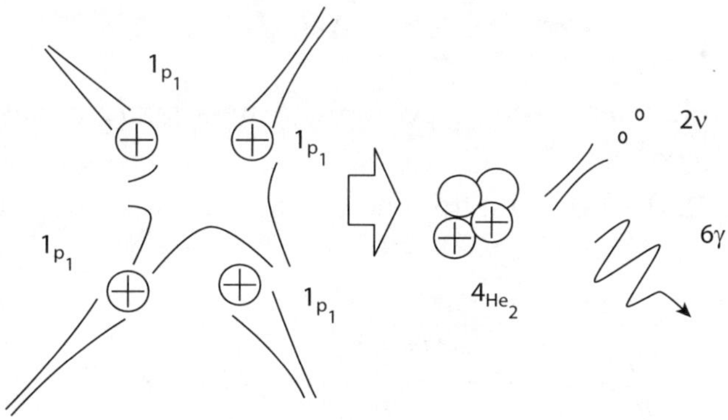

Figura 9.15 – Reação de fusão termonuclear próton-próton no interior do Sol.

A energia liberada na reação do ciclo global da colisão entre as quatro massas atômicas do hidrogênio de m($^1H_1$) = 1,007825 u para a produção de uma massa atômica do hélio de m(^{4}He2) = 4,002603 u acarreta uma deficiência de massa de

$$\Delta m = 4 \times m({}^1H_1) - m({}^4He2) = 0{,}028697 \text{ u},$$

que, substituída na expressão de Einstein, resulta em

$$Q_{tot} = \Delta m\, c^2 = 0{,}028697 \times 931{,}5 \text{ MeV/u} = 26{,}73 \text{ MeV}.$$

Portanto, 26,23 MeV desse total são gradualmente transportados para a corona solar do Sol e irradiados para o exterior com uma potência de $3{,}9 \times 10^{26}$ W. Entretanto, cerca de 0,5 MeV dessa energia é extraída do Sol pela emissão de duas partículas de neutrinos 2 ν. A queima do hidrogênio vem ocorrendo há mais de 5 bilhões de anos e se estenderá por mais 5 bilhões de anos, de forma que é a lentidão dos processos p-p que impede que o Sol seja consumido em uma violenta explosão.

A reação de cadeia p-p no Sol é bastante rara, porque produz apenas um dêuteron *d* numa quantidade de 10^{26} colisões p-p, entretanto, é fácil de se imaginar que, devido à grande dimensão solar, de 2×10^{30} kg, o Sol produz dêuterons numa taxa de 10^{12} kg/s.

Exercício XII

Determine a taxa de consumo de hidrogênio para o ciclo p-p solar.

Solução

A potência irradiada pelo Sol pode ser escrita na forma

$$P = \frac{dE}{dt} = \frac{\Delta E}{\Delta m}\frac{dm}{dt},$$

tal que ΔE é a taxa de energia correspondente a uma taxa de massa Δm consumida na reação p-p. De acordo com o ciclo global solar, a taxa de energia produzida foi de $\Delta E = 26{,}23$ MeV $= 4{,}20 \times 10^{-12}$ J para um consumo de Δm $= 4 \times (1{,}67 \times 10^{-27}$ kg) de prótons iniciais,

$$\frac{dm}{dt} = \frac{\Delta m}{\Delta E}P = \frac{4\left(1{,}67 \times 10^{-27}\right)}{4{,}20 \times 10^{-12}}\left(3{,}9 \times 10^{26}\right)$$

$$= 6{,}2 \times 10^{11} \text{ kg/s},$$

que é a quantidade de massa convertida em energia pelo Sol a cada segundo.

9.25 BOMBA DE HIDROGÊNIO

A possibilidade da construção de uma bomba de hidrogênio veio com as confirmações das equações de Stanïslaw Ulam, quando Edward Teller realizou o primeiro teste em 1º de novembro de 1952, no recife do atol de Eniwetok, no Oceano Pacífico. Esse teste consistiu na deflagração de uma bomba de hidrogênio, denominada de "Ivy Mike", com poder destrutivo de 700 bombas de Hiroshima. A Figura 9.16 exibe uma vista da explosão atômica de Baker. O esquema de detonação de uma bomba de hidrogênio faz uso de uma bomba de fissão para a sua ignição. O segundo teste de uma bomba H, apelidada dessa vez de "Castle Bravo", de 15 megatons, se deu no recife do atol de Bikini, em 1º de março de 1954, com um poder destrutivo de mil bombas de Hiroshima.

Figura 9.16 – Explosão atômica de Baker: note a proporção da explosão em relação ao tamanho dos navios de guerra. A foto de alta velocidade foi tirada durante os três primeiros milissegundos da explosão atômica na ilha de Trinity, pelos Estados Unidos, por Harold "Doc" Edgerton, em 16 julho de 1945.

Os soviéticos, liderados pelo físico russo Andrei Sakharov, deflagraram, em 31 de outubro de 1961, no arquipélago ártico de Nova Zemlia, a maior explosão nuclear da história, com uma bomba "Tsar" de 57 megatons, equivalente ao poder destrutivo de 3.800 bombas de Hiroshima. A bomba "Tsar", detonada quatro quilômetros acima do solo, foi uma bola de fogo de 3,5 km que gerou uma onda de choque sísmico equivalente a um terremoto de magnitude 5 na escala Richter, abriu uma cratera de 10 km de raio, produziu uma devastação de 35 km e a formação de uma nuvem radioativa e de calor que alcançou 90 quilômetros de altura, provocando queimaduras de terceiro grau. "Tsar" foi uma bomba de hidrogênio de múltiplos estágios do tipo fissão-fusão-fissão, cujo segundo estágio de fusão produziria nêutrons rápidos para a reação de fissão sobre uma couraça de urânio ^{238}U, gerando um excesso de resíduos radioativos liberados para a atmosfera. Essa bomba "Tsar" foi desenvolvida por uma equipe de físicos liderada por Julit Borisovich Khariton, que incluía Andrei Sakharov, Victor Adamsky, Yuri Babayev, Yuri Smirnov e Yuri Trutnev. Logo após a detonação da bomba "Tsar", Sakharov começou a fazer campanha contra as armas nucleares, o que levou à sua dissidência. Em 1957 foi instalada a Agência Internacional de Energia Atômica (AIEA), que logo promoveu as Conferências de Energia de Fusão (FEC). Em 1963 foi realizada uma conferência pelas Nações Unidas em Genebra entre os maiores detentores de artefatos nucleares, como Estados Unidos, União Soviética, Reino Unido e muitos países não nucleares, sendo firmado, em 1968, o Tratado de Não Proliferação Nuclear (TNP). Em 1975, o físico dissidente Andrei Sakharov ganhou o prêmio Nobel pelas cruzadas pela paz mundial. Entretanto, ainda eram permitidos testes nucleares subterrâneos e, em 28 de maio de 1976, foi firmado um tratado para a limitação de explosões nucleares subterrâneas (PNET) a um máximo de 150 ktons, ou doze bombas de Hiroshima. Finalmente, em 1996 foi assinado o Tratado de Proibição Total de Testes Nucleares (CTBT), por meio do qual a maioria dos países se comprometeu a descontinuar todos os testes nucleares.

9.26 PRODUÇÃO DE ELETRICIDADE POR *TOKAMAKS*

Segundo o relatório do Painel Intergovernamental de Mudanças Climáticas (IPCC, do inglês Intergovernment Panel on Climate Change), divisão criada em 1988 pela Organização das Nações Unidas (ONU), as emissões de gases do efeito estufa levam em conta que o consumo de combustíveis fósseis para produção de eletricidade é o maior causador de impactos ambientais por três questões: as reservas de combustível fóssil apresentam uma distribuição geográfica não uniforme, e grande parte dos países detentores de petróleo do Oriente Médio tem estipulado uma taxação abusiva nos preços do barril de petróleo, o que culminou nas crises do petróleo de 1973 e de 1979, conforme descreve a revista *Ciência Hoje*.[1] Ainda segundo a previsão de especialistas, as reservas de petróleo mundial chegarão à escassez de combustível fóssil em 40 ou 50 anos.

A segunda questão é diretamente ligada ao fato de o consumo dos combustíveis fósseis gerar emissões de CO_2 acima do limite estipulado, ocasionando o aquecimento global devido ao efeito estufa. Atualmente, a quantidade de petróleo consumido pelos 28 países membros da União Europeia é de 1,78 bilhão de toneladas anuais, o que tem provocado uma emissão de CO_2 de 4.250 milhões de toneladas anuais, o que representa 14% do total de CO_2 produzido no mundo. E a terceira questão vem no sentido de reduzir a quantidade de rejeitos radioativos nucleares produzidos por reatores a fissão nuclear que podem ser liberados para o meio ambiente por ocorrências de acidentes nucleares como atestam os acidentes e Tchernóbil e Fukushima.

Dessa forma, atualmente a humanidade tem cogitado a utilização pacífica da fusão nuclear para a geração de eletricidade por fusão termonuclear de reatores nucleares, uma vez que a opção de usar o combustível de hidrogênio tornou-se muito mais atrativa devido ao fato de essa fonte ser bastante abundante em oceanos e mares como

1 “Na gangorra do petróleo”, *Ciência Hoje*, v. 24.

também ser renovável. A fusão termonuclear será testada num reator chamado de *tokamak* ITER para testar a viabilidade científica e tecnológica para produção de eletricidade em larga escala, a longo prazo e de forma econômica e sustentável.

A produção de eletricidade através da fusão termonuclear pode se partir de reatores conhecidos como *tokamaks*. *Tokamaks* são máquinas que confinam o plasma a altíssimas temperaturas por meio de intensos campos magnéticos no interior de uma câmara de vácuo. O campo magnético principal é produzido por um sistema de bobinas toroidais, que, junto com um segundo sistema de bobinas verticais, permite manter o equilíbrio da coluna de plasma afastado da superfície da câmara de vácuo. Esses dois sistemas de bobinas magnéticas são confeccionados de nióbio, um material supercondutor que, sob baixíssimas temperaturas, da ordem de 4 kelvin, permite reduzir a resistência elétrica dos condutores para alcançar elevadas correntes elétricas e gerar intensos campos magnéticos. O campo vertical tem ainda um papel secundário, que é modificar o perfil da seção poloidal da coluna de plasma da forma circular para qualquer outro perfil de interesse.

Entretanto, o ciclo p-p de produção de energia solar não é adequado para ser utilizado como combustível nuclear para os *tokamaks* por se tratar de uma reação muito lenta, já que o volume do reator é muito menor do que a dimensão solar. Nos anos 1940 já se sabia que a reação de fusão mais promissora para ser usada em *tokamaks* seria a reação nuclear de isótopos de hidrogênio, como o deutério ${}^{2}d_{1}$ e o trítio ${}^{3}t_{1}$, que apresentam maior seção de choque do que a reação p-p utilizada pelo Sol.

A reação termonuclear entre o deutério e o trítio produz subprodutos como o hélio ${}^{4}He_{2}$, conhecido como partícula α, e a emissão de mais um nêutron,

$$ {}^{2}d_{1} + {}^{3}t_{1} \rightarrow {}^{4}He_{2} + n + Q, $$

além da geração de energia de $Q = 17{,}59$ MeV de fusão por cada reação, como apresentado na Figura 9.17.

O hidrogênio constitui uma alternativa ecologicamente correta porque está bem distribuído nos oceanos e de maneira bastante abundante. O deutério pode ser obtido do fundo do mar, com extração de 30 g de deutério para cada 1 m^3 de água do mar. Estima-se que a reserva mundial de deutério seja de 10^{16} kg. Já o elemento trítio pode ser produzido dentro do próprio reator a fusão durante o processo termonuclear pelo processo de bombardeamento dos átomos de lítio com nêutrons rápidos.

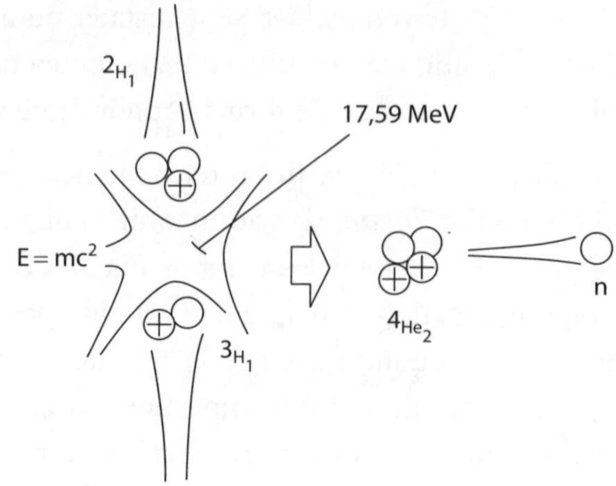

Figura 9.17 – Reação termonuclear entre o deutério e o trítio.

As elevadas temperaturas no interior do *tokamak* propiciam grandes colisões entre os componentes do deutério com o trítio, assegurando um estado de plasma totalmente ionizado. Os últimos testes experimentais com *tokamaks* conseguiram alcançar temperaturas da ordem de 400 milhões de kelvin, equivalentes a trinta vezes a temperatura no interior do Sol.

9.27 *BREAKEVEN*

A ideia fundamental de um reator a fusão termonuclear é utilizar um combustível DT e alcançar a temperatura crítica de ignição, isto é, chegar ao estado de *breakeven*, onde o plasma atinge um estado de autossustentação em que a taxa de geração de energia de fusão E_{fus} produzida restabelece a taxa das perdas de energia por radiação E_{rad} emitida pelas cargas aceleradas. E, para atingir o estado de *breakeven*, é necessário que o fator Q seja maior do que um, $Q > 1$, para viabilizar a produção de eletricidade em larga escala, a longo prazo e a de forma sustentável e a custo reduzido, na forma

$$Q_L = \frac{E_{fus}}{E_{\text{Cos}}} \geq 1.$$

O estado de *breakeven* é o indicativo de que a energia energia produzida por fusão num estado para o qual é necessário um tempo adequado para que as reações nucleares de fusão ocorram em altíssimas temperaturas do plasma satisfaz a *condição de Lawson*, em que o produto triplo entre a densidade eletrônica n_e (elétrons por m^3), o tempo de confinamento τ (s), e a temperatura (keV) seja maior ou igual a $n_e \tau T \geq 5{,}0 \times 10^{21}$ s keV/ m^3.

Em 1957 foi criada a Agência Internacional de Energia (AIEA), que lançou um Comitê de Coordenação de Energia de Fusão (FPCC) e criou a Comunidade Europeia da Energia Atômica (Euratom) no Reino Unido. Em 1988, a IAEA apoiou a proposta da antiga União Soviética da construção com cooperação internacional de um ambicioso reator, baseado no conceito de *tokamak*, chamado International Thermonuclear Experimental Reactor (ITER), que teve adesão imediata da União Europeia, Japão e dos Estados Unidos. Também participam do projeto China, Índia e Coreia do Sul. Assim foi estabelecida, em 26 de novembro de 2006, em Paris, a Organização Internacional de Energia de Fusão (OI-ITER) e foi firmado o Acordo Europeu para o Desenvolvimento da Fusão (EFDA). Essa cooperação internacional para pesquisas em fusão nuclear já contava, em 2006, com 79 *tokamaks* em andamento. Segundo a IAEA, os melhores avanços tecnológicos adquiridos com os *tokamaks* anteriores serão aproveitados para a construção do *tokamak* ITER e também de *tokamaks* satélites do Joint European Torus (JET) e o *tokamak* Doublet III (DIIID). No gráfico da Figura 9.18 apresentamos a evolução de vários *tokamaks* quanto à condição de Lawson em função da temperatura de plasma, como os *tokamaks* russos T3 e T10, o *tokamak* norte-americano TFTR, que registrou a maior temperatura iônica (510 milhões de kelvin em 1995 com operação com combustível d-t) e o *tokamak* K-Star, da Coreia do Sul, montado em 2008 com bobinas semicondutoras de Nb_3Sn. Até o momento, o *tokamak* JET da União Europeia é o mais promissor de terceira geração que se aproximou do ponto de *breakeven*, com fator igual a $Q = 1,16$.

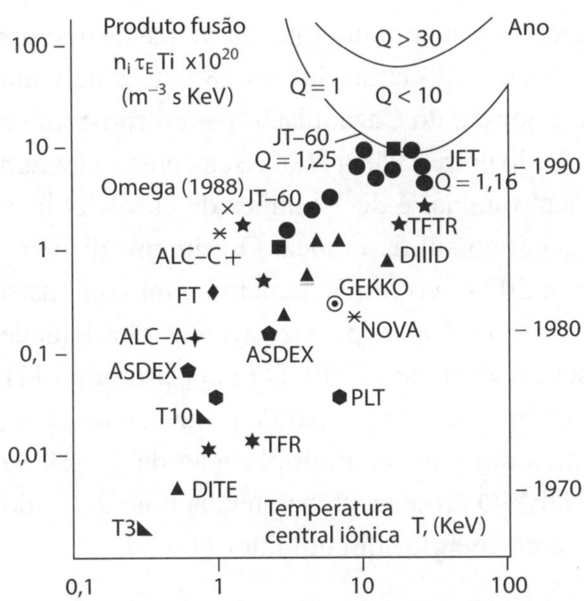

Figura 9.18 – Evolução de *tokamaks* em todo o mundo rumo ao ponto de *breakeven*, $Q = 1$.

Hoje existe uma sólida confiança para que o protótipo de *tokamak* ITER alcance seus objetivos de ignição, a fim de se testar a viabilidade científica e tecnológica da fusão termonuclear para a produção de eletricidade em longo prazo e em larga escala de forma econômica e sustentável. O reator a fusão ITER terá uma razão de aspecto de 3,1, com raio maior R = 6,2 m e raio menor a = 2 m, com uma dimensão 30 m de largura por 30 m de altura, pesando aproximadamente 23 mil toneladas, conforme a Figura 9.19.

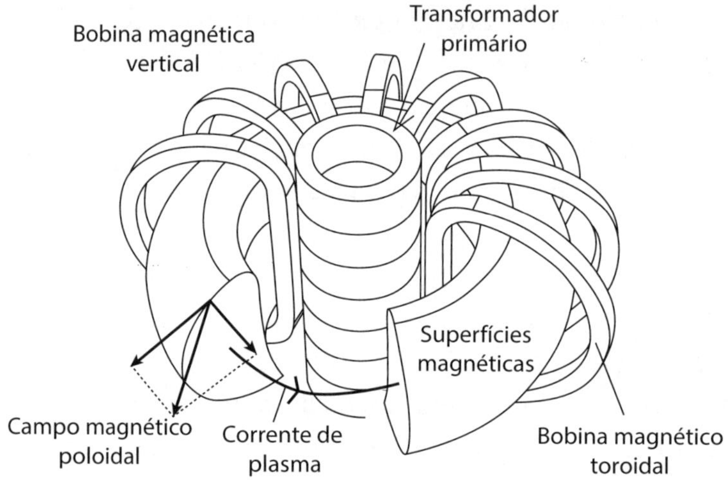

Figura 9.19 – *Tokamak* ITER para fusão termonuclear de deutério e trítio.

Atualmente o projeto conta com um total de 35 países-membros: Estados Unidos, Rússia, China, Índia, Japão, Coreia do Sul, os 28 países da União Europeia e mais a Suíça. Em 2007, teve a adesão do Cazaquistão para o fornecimento de berílio. O projeto ITER foi desenvolvido entre 1988 a 2001. Sua construção tem previsão de término em 2020 e seu orçamento inicial é de 7 bilhões de euros. O local escolhido para sua construção foi Cadarache, no sul da França. O primeiro disparo somente com hidrogênio está previsto para 2024, e o funcionamento com combustível d-t, previsto para 2034. Já a construção de um *tokamak* para geração de eletricidade, o *tokamak* DEMO, sucessor do ITER, está prevista para 2040. O reator protótipo ITER tem um consumo de potência estimada de apenas 50 MW para a produção de uma potência de fusão de 500 MW, o que significa um fator de multiplicação de Q =10 vezes. A expectativa é que o futuro *tokamak* DEMO produza uma potência final de 1.500 MW de eletricidade e chegar a uma geração de energia com um fator Q = 30.

EXERCÍCIOS COM RESPOSTAS

1) Determine o número de massa A de um núcleo com raio igual a 3,6 fm.

Resposta:

A = 27.

2) Determine a energia de ligação por núcleon para o radionuclídeo plutônio $^{239}Pu_{94}$.

Resposta:

7,56025 MeV por núcleon.

3) A energia potencial elétrica de uma esfera uniforme de carga elétrica q e raio a é dada por

$$U = \frac{3q^2}{20\pi\varepsilon_o a}$$

Suponha que o radionuclídeo de plutônio tem formato esférico de raio 6,64 fm. Adotando 1 eV = $1{,}6022 \times 10^{-19}$ J, determine:

a) a energia potencial elétrica do plutônio;

b) a energia potencial elétrica por núcleon e também pelo número de prótons do plutônio.

Respostas:

a) 1151,5785 MeV.

b) 4,8183 MeV/núcleon e 12,2508 MeV/próton.

4) Um radionuclídeo tem meia-vida de 30 anos. Determine a fração de uma amostra inicialmente pura desse radionuclídeo que permanece intacta após 60 anos.

Resposta:

25%.

5) Considere uma amostra inicialmente pura de gálio $^{67}Ga_{31}$, com massa de 3,4 g e meia-vida de 78 horas. Determine:

a) a taxa de decaimento inicial;

b) a taxa de decaimento após 48 horas.

Respostas:

a) $7{,}2474 \times 10^{16}\ s^{-1}$.

b) $4{,}73078 \times 10^{16}\ s^{-1}$.

6) Uma amostra de 1 mg de urânio $^{238}U_{92}$ contém $2{,}5 \times 10^{18}$ átomos do radionuclídeo, provavelmente criados numa supernova muito antes da formação do Sistema Solar. Em um segundo, apenas 12 dos radionuclídeos presentes nessa amostra se desintegram. Determine:

a) a constante de desintegração do urânio;

b) a meia-vida do $^{238}U_{92}$.

Respostas:

a) $4{,}74 \times 10^{-18}\ s^{-1}$.

b) $1{,}46 \times 10^{17}\ s = 4{,}63 \times 10^{9}$ anos.

7) O isótopo de plutônio ^{239}Pu é um subproduto dos reatores nucleares, e por essa razão está se acumulando na Terra. O ^{239}Pu é radioativo, com meia-vida de $2{,}41 \times 10^{4}$ anos. Determine:

a) o número de núcleos de ^{239}Pu que existem em uma dose letal de 2 mg;

b) a taxa de decaimento dessa quantidade de plutônio.

Respostas:

a) $5{,}0377 \times 10^{18}$ núcleos.

b) $4{,}59 \times 10^{6}\ s^{-1}$.

8) Em uma amostra de 5,00 g de carvão vegetal, proveniente dos restos de uma antiga fogueira, o carbono ^{14}C tem uma atividade de 63,0 desintegrações por minuto. Em uma árvore viva, o carbono ^{14}C tem uma atividade de 15,3 desintegrações por grama e por minuto. Sabendo-se que o ^{14}C tem uma meia-vida de 5.730 anos, determine a idade da amostra.

Resposta:

1.605 anos.

9) Certa rocha contém 4,200 mg de urânio ^{238}U e 2,135 mg de chumbo ^{206}Pb. O urânio ^{238}U decai para o chumbo ^{206}Pb com meia-vida de $4{,}47 \times 10^9$ anos.

$$^{238}U \rightarrow {}^{206}Pb + \text{outros subprodutos.}$$

Embora esse decaimento ocorra em várias etapas, a meia-vida da primeira etapa é muito maior do que a das etapas posteriores. Determine:

a) a quantidade de átomos de urânio ^{238}U e chumbo ^{206}Pb na amostra de rocha;

b) a quantidade de átomos de urânio ^{238}U na época da formação da rocha;

c) a idade da rocha.

Respostas:

a) $10{,}6235 \times 10^{18}$ núcleos de U e $6{,}2392 \times 10^{18}$ núcleos de Pb.

b) $16{,}8627 \times 10^{18}$ núcleos de U.

c) Idade = $2{,}98 \times 10^9$ anos.

10) Temos três amostras de radionuclídeos mais estáveis de urânio ^{238}U, de plutônio ^{244}Pu e de cúrio ^{248}Cm, com meias-vidas iguais a $4{,}5 \times 10^9$ anos, 8×10^7 anos e $3{,}4 \times 10^5$ anos, respectivamente. Determinar as frações dos radionuclídeos de plutônio e de cúrio que restam nessa amostra após transcurso do decaimento com um intervalo de tempo de meia-vida do isótopo de urânio.

Respostas:

$1{,}17 \times 10^{-15}$ % de ^{244}Pu e 0% de ^{248}Cm.

11) São dadas três reações hipotéticas do urânio ^{235}U:

$$^{235}U \rightarrow {}^{232}Th + {}^{3}He$$

$$^{235}U \rightarrow {}^{231}Th + {}^{4}He$$

$$^{235}U \rightarrow {}^{230}Th + {}^{5}He$$

Sabendo-se que suas massas atômicas são: $A[^{235}U] = 235{,}0439$ u, $A[^{232}Th] = 232{,}0381$ u, $A[^{231}Th] = 231{,}0363$ u, $A[^{230}Th] = 230{,}0331$ u, $A[^{3}He] = 3{,}0160$ u, $A[^{4}He] = 4{,}0026$ u e $A[^{5}He] = 5{,}0122$ u, determine:

a) qual das reações acima ocorre espontaneamente;

b) a energia de desintegração Q do urânio ^{235}U na reação espontânea.

Respostas:

a) A segunda reação.

b) $Q = 4{,}6574$ MeV.

12) Um radionuclídeo estável é bombardeado por um nêutron e emite um elétron e é dividido em duas partículas α. Identifique esse radionuclídeo.

Resposta:

Lítio.

13) Um elétron é emitido por um radionuclídeo de massa atômica $A = 150$ com energia cinética de 1,0 MeV. Sabendo que $c = 2{,}9979 \times 10^8$ m/s e a constante de Planck $h = 6{,}62607 \times 10^{-34}$ Js, determine:

a) o raio do radionuclídeo;

b) o comprimento de onda de De Broglie do elétron;

c) o elétron pode ser confinado no núcleo do radionuclídeo?

Respostas:

a) 6,3760 fm.

b) 0,012398 Å = 1239,814 fm.

c) Não.

14) Uma residência tem fornecimento de eletricidade com consumo de 18.780 kwh anuais. Compare o tempo de energia da residência com o fornecimento nas formas:

a) De queima de 1 kg de carvão mineral e oxigênio segundo a reação exotérmica $C + O_2 \rightarrow C0_2 + Q$, com geração de calor de $Q = 6{,}5 \times 10^{-19}$J por reação, sabendo que $Mol[O_2] = 32$ g e Mol[C] = 12 g e que o número de Avogadro é $N_A = 6{,}02 \times 10^{23}$.

b) De reação de fissão de 1 kg do urânio ^{235}U,

$$n + {}^{235}U_{92} \rightarrow {}^{140}Ce_{58} + {}^{94}Zr_{40} + 2n + Q_{fis},$$

sabendo que A[n]=1,0087u, $A[^{235}U] = 235{,}04u$, $A[^{140}Ce] = 139{,}91u$, $A[^{94}Zn] = 93{,}91$ u e $u = 1{,}66 \times 10^{-27}$ kg.

c) De reação de fusão de 1 kg de deutério e trítio,

$$^{2}d_{1} + {}^{3}t_{1} \rightarrow {}^{4}He_{2} + n + Q_{fus},$$

sabendo que $A[^{2}d] = 2{,}014u$, $A[^{3}t] = 3{,}016u$ e $A[He] = 4{,}0027u$ e $u = 1{,}66 \times 10^{-27}$ kg.

Respostas:

a) 1,15 hora.

b) 1.190 anos.

c) 4.915 anos.

10 RELATIVIDADE ESPECIAL

Douglas Casagrande

10.1 O QUE É RELATIVIDADE?

A *relatividade* trata das medidas de espaço e tempo observadas de diferentes pontos de vista devido à velocidade do observador. O que torna a relatividade tão estranha ao nosso entendimento não é apenas o fato de que a velocidade de um observador pode alterar a sua percepção do espaço: a velocidade do observador pode alterar também a sua percepção de tempo. Observadores com velocidade observam o espaço e a passagem do tempo sob outra perspectiva. Altas velocidades, da ordem de milhões de metros por segundo, tornam essas mudanças impressionantes, porém, trata-se de velocidades que não podem ser alcançadas no dia a dia, o que faz com que os efeitos da relatividade sejam imperceptíveis em nosso cotidiano. Como a medida de uma distância depende naturalmente do ponto de origem no qual teve início a medida, dizemos que tal medida é *relativa* porque depende da escolha da *origem* do sistema de coordenadas. Se você telefona para um amigo e pergunta: "Você sabe qual é a distância até o centro da cidade?", a resposta pode ser: "Sim. São 3 km.". Você desconfia: "Não, acho que é de apenas 1 km.". Seu amigo retruca: "Tenho certeza de que são 3 km, mas me diga uma coisa, você está querendo saber a partir da sua casa ou da minha?". Bem, ambos podem estar certos em relação à distância. A discordância ocorre porque você e seu amigo estão medindo em relação a origens diferentes. Cada um está medindo em relação à sua própria casa. Da mesma maneira, um observador que possui velocidade em relação a outro pode medir o espaço e o tempo de forma diferente.

Como as medidas de distâncias são *relativas* à origem adotada, todas as outras medidas que dependem da distância, como a velocidade, também serão *relativas*.

Podemos pensar em dois trens viajando em direções opostas. Um passageiro dentro de um dos trens tem a impressão de que a velocidade do outro trem é bem maior porque o outro trem se afasta mais rapidamente do que a vista da paisagem. A velocidade de afastamento entre os trens é dada pela soma das velocidades dos dois, uma vez que os trens estão em direções opostas. Se cada trem possui uma velocidade de 80 km/h, os passageiros verão o trem oposto se afastando com uma velocidade de 160 km/h. Já um passageiro que desceu do trem e está parado na plataforma observará que ambos os trens se afastam com a mesma velocidade de 80 km/h em relação a ele. Por isso dizemos que a medida da velocidade de cada trem é uma medida *relativa* e seu resultado dependerá de onde está o observador. O resultado da velocidade de 160 km/h quando for medida por um passageiro de dentro de um dos trens ou de 80 km/h quando for medida por outro passageiro parado do lado de fora dos trens é válido em ambos os casos para cada observador. Outras medidas que dependem da velocidade $\left(\vec{v}\right)$ também serão *relativas*, como a energia cinética, $\left(K = \frac{1}{2}mv^2\right)$ e a quantidade de movimento ou momento, $\left(\vec{p} = m\vec{v}\right)$ em que m é a massa do objeto.

Antes da teoria da relatividade, o tempo era tido como uma grandeza absoluta e nunca relativa. A medida do tempo, enquanto absoluta, possuía um caráter diferente, pois não dependia de onde estaria a pessoa que realizaria esta medida e nem de sua velocidade. Considerando a cadência do tempo como uma grandeza absoluta, medir o tempo entre dois eventos de dentro ou de fora dos trens daria sempre o mesmo resultado. Significa dizer que os relógios dos passageiros que estão dentro do trem poderão medir o tempo entre dois eventos ocorridos fora do trem e obterão o mesmo resultado que os relógios das pessoas paradas na plataforma. Essa foi uma das coisas mais naturalmente aceitas, até antes da teoria da relatividade.

A teoria da relatividade especial, publicada por Albert Einstein em 1905, estabeleceu que o tempo também é uma grandeza relativa e que a sua medida depende do observador. No entanto, essa forma de compreender o que ocorre com o tempo levou a uma série de paradoxos e aparentes contradições. Uma forma mais adequada de compreender o que ocorre com o tempo foi proposta em 1908 por Hermann Minkowski, que considerou o tempo como uma quarta dimensão. Com isso, as transformações no tempo são acompanhadas por transformações no espaço e, juntas, essas transformações compõem uma transformação no espaço-tempo sobre o sistema de coordenadas para o mundo de quatro dimensões em que vivemos. Minkowski e outros matemáticos verificaram que a transformação matemática que ocorre no espaço-tempo de quatro dimensões é uma rotação hiperbólica e que as leis da física permanecem invariantes. Assim, as medidas de espaço e tempo, as quais dão origem a outras medidas como velocidade, momento e energia, quando correlacionadas no mesmo referencial, tornam as leis físicas invariantes, e estas permanecem imutáveis em quaisquer referenciais.

Isso é uma consequência da invariância das leis da física em todo e qualquer referencial, como mencionado no primeiro postulado da teoria da relatividade de Albert Einstein. Pela teoria da relatividade os relógios possuem cadências diferentes se estiverem em movimento com velocidades diferentes. Com a relatividade surgiu também a impressão de que a massa do objeto poderia variar dependendo da velocidade do corpo. Durante muito tempo utilizaram-se as denominações "*massa de repouso* m_0" e "*massa relativística m*". Esta diferenciação é ainda hoje muito utilizada, mas vem sendo progressivamente abandonada para evitar mais confusão. A massa é invariante e o corpo tem sempre a mesma massa em qualquer referencial. Entretanto, a energia cinética pode ser transformada em massa se o corpo parar subitamente em uma colisão.

Para um objeto em movimento, sua energia de repouso é multiplicada pelo fator γ de Lorentz dado pela equação (10.1), que é sempre maior que 1 devido à sua velocidade v diferente de zero, em que c é a velocidade da luz.

$$\gamma = \frac{1}{\sqrt{1-\left(\frac{v}{c}\right)^2}} \tag{10.1}$$

O produto da energia de repouso que o corpo possui (E) pelo fator γ é o resultado da soma entre a energia cinética K e a sua energia de repouso E, conforme pode ser visto na equação (10.2).

$$\gamma E = E + K \tag{10.2}$$

O lado esquerdo da equação (10.2) representa toda a energia contida no corpo. É a soma da energia de repouso E com a energia cinética K, ambas do lado direito da equação (10.2).

A energia no estado de repouso é dada pela equação (10.3), que é a equação mais famosa de Albert Einstein. Nela, m é a massa invariante do corpo.

$$E = mc^2 \tag{10.3}$$

Substituindo a equação (10.3) na equação (10.2) teremos,

$$(\gamma m)c^2 = (m)c^2 + K \tag{10.4}$$

Ao observar a equação (10.4), não devemos acreditar que a massa (m) do lado direito sofreu um acréscimo de massa dado pelo fator de Lorentz (γm). Foi a energia de repouso que sofreu um aumento devido à soma da energia cinética K observada na equação (10.5).

$$K = (\gamma - 1)mc^2 \tag{10.5}$$

A famosa equação de Albert Einstein (equação 10.3) representa também a equivalência entre massa e energia. Em seu trabalho de 1905, Albert Einstein mencionou que essa fórmula poderia ser testada observando-se a desintegração de materiais radioativos que, ao emitirem certa quantidade de energia E na forma de radiação, diminuiriam a sua massa de uma quantidade determinada pela equação (10.6).

$$\delta m = \frac{E}{c^2} \tag{10.6}$$

Estando o objeto de massa m em movimento com velocidade v, a sua energia cinética K poderá ser convertida em massa em uma colisão. Esse efeito relativístico é a base das experiências que investigam partículas atômicas. Uma dessas experiências foi realizada entre 2010 e 2013 no Centro Europeu de Pesquisas Nucleares (CERN) no grande acelerador de partículas *Large Hadrons Collider* (LHC), localizado perto de Genebra, na Suíça, onde uma máquina acelera prótons a uma velocidade próxima à da luz. Quando esses prótons colidem, sua energia cinética é transformada em outras partículas que possuem massa. Nesse experimento encontrou-se a confirmação da existência de uma partícula conhecida como bóson de Higgs, a qual era prevista teoricamente. O excesso de massa obtido pela transformação da energia cinética K na produção de novas partículas pode ser calculado pela equação (10.7).

$$\delta m = (\gamma - 1)m \tag{10.7}$$

10.2 A RELATIVIDADE ESPECIAL E A RELATIVIDADE GERAL

A teoria da relatividade é dividida em duas partes: a relatividade especial ou relatividade restrita, publicada por Albert Einstein em 1905, a qual trata da relatividade do espaço e do tempo para observadores sem aceleração, também chamados de referenciais inerciais; e a teoria da relatividade geral, publicada também por Albert Einstein dez anos depois, em 1915, a qual trata da relatividade para observadores que possuem aceleração, conhecidos como referenciais não inerciais. Neste último caso, a aceleração da gravidade surge como uma deformação do espaço devido à presença da massa dos planetas e de outros astros celestes. Com esse conceito, a teoria da relatividade geral, assim chamada por Einstein após a sua publicação, é uma nova teoria da gravitação, capaz de explicar os fenômenos que não eram explicados pela antiga teoria da gravitação de Isaac Newton. A relatividade geral também mostrou que a aceleração, seja a da gravidade, seja a dada por um movimento acelerado, pode produzir os mesmos efeitos sobre as leis físicas. Essa equivalência foi denominada por Einstein de princípio da equivalência. Por esse princípio, tanto a aceleração da gravidade como a aceleração de qualquer movimento acelerado podem afetar igualmente a cadência dos relógios. Os relógios quando são submetidos a uma aceleração andam mais devagar.

10.3 A RELATIVIDADE DE GALILEU

Galileu Galilei foi um físico, matemático, astrônomo e filósofo italiano, nascido em 15 de fevereiro de 1564 na cidade de Pisa, na Itália. Galileu foi um cientista de grande importância para o desenvolvimento da ciência, e hoje é considerado o pai da ciência moderna graças às medições e análises sistemáticas realizadas em seu trabalho sobre o estudo do movimento dos corpos. Galileu introduziu a metodologia científica das medições e sabia que as medidas de distância eram relativas dependendo da origem e do referencial adotado pelo observador. Para Galileu, a relatividade dos movimentos foi estudada considerando-se dois referenciais: um referencial estacionário ***S*** e outro referencial movendo-se em linha reta ***S'*** com velocidade constante ***v***. Os dois referenciais são conhecidos como referenciais inerciais, valendo a lei da inércia. Nenhum deles possui aceleração. Foi Galileu que introduziu o princípio da inércia e o conceito de referencial inercial. Esses conceitos tornaram-se fundamentais para o desenvolvimento da mecânica de Isaac Newton. Todos os referenciais estacionários ou com velocidade constante são referenciais inerciais justamente porque não possuem aceleração. Uma estrela muito distante poderia ser considerada como um referencial inercial quase perfeito. A Terra não é um referencial inercial perfeito do ponto de vista de seus habitantes porque possui movimento de rotação e também de translação ao redor do Sol. Sabemos que todo corpo que faz algum tipo de curva sofre aceleração centrípeta e, portanto, não é inercial. Considere você parado dentro de um ônibus em movimento retilíneo e com velocidade constante de 80 km/h. Se o ônibus fizer uma curva mesmo que suavemente, você não conseguirá permanecer parado. Aparecerá sobre você uma força fictícia, mas com efeitos reais, que o desequilibrará, pois o ônibus em curva transformou-se em um referencial não inercial.

Por simplicidade de estudo, a velocidade do referencial ***S'*** é considerada linear na direção de um dos eixos apenas, por exemplo o eixo $\boldsymbol{x}$. Os sistemas de eixos coordenados da Figura 10.1 mostram os referenciais ***S*** e ***S'***.

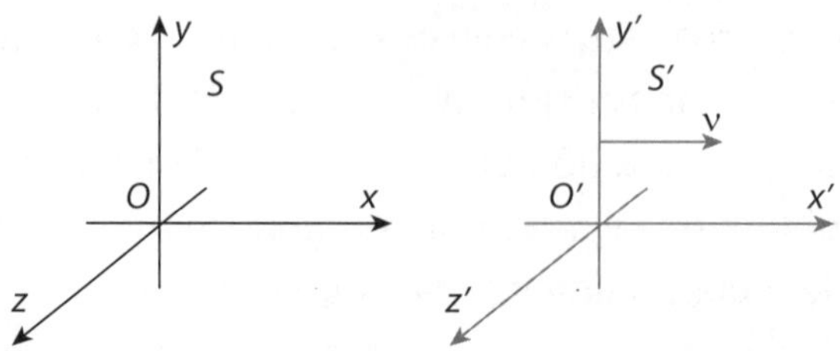

Figura 10.1 – Referenciais inerciais de Galileu: referencial estacionário ***S*** e referencial ***S'*** com velocidade constante ***v***.

Um objeto de massa m' encontra-se estacionado nas coordenadas x', y' e z' do sistema ***S'***. Esse objeto se move com a velocidade ***v*** do referencial ***S'***. Assim, para o sistema ***S*** estacionário, esse objeto move-se com velocidade v para a direita. As equações (10.8) fornecem as transformações entre as coordenadas do objeto no sistema ***S'*** para as coordenadas no sistema ***S***.

$$x = x' + vt,\ \ y = y',\ z = z' \text{ e } t = t' \tag{10.8}$$

Essas transformações de coordenadas são conhecidas como as transformações de Galileu. Para $t = 0$, os dois referenciais ***S*** e ***S'*** possuem as suas origens coincidentes. A última equação, $t = t'$, considera que a medida de tempo é a mesma nos dois referenciais.

Parecia óbvio, tanto para Galileu quanto para muitos de nós ainda hoje, que as medidas de tempo e de espaço deveriam ser idênticas tanto em referenciais estacionários como em referenciais em movimento uniforme. Em nosso cotidiano não há motivos que indiquem que essas medidas devam ser diferentes em referenciais diferentes. Assim, um observador no referencial ***S*** e outro observador no referencial em movimento ***S'*** cronometrariam o mesmo tempo decorrido entre dois eventos sucessivos ocorridos em qualquer outro lugar. Os dois relógios andariam em compassos iguais, porém a teoria da relatividade mostrou que isso não é assim.

10.4 A RELATIVIDADE DO ESPAÇO E DO TEMPO

Sabe-se hoje que a medida de tempo também é relativa e os relógios em referenciais diferentes não marcam tempos iguais. Isso acontece porque, na teoria da relatividade, o tempo foi reconhecido como uma quarta dimensão, ou seja, um quarto eixo no sistema de coordenadas, e, assim, exatamente como a medida do espaço, a medida do tempo também deve ser uma medida relativa dependendo da origem e do sistema de referência adotado pelo observador.

Einstein postulou que a velocidade da luz é constante. Trata-se do limite máximo para qualquer velocidade. Nada pode ser mais rápido do que a velocidade da luz. Nenhuma informação ou acontecimento pode ser transmitido mais rapidamente do que a velocidade da luz. Com esse postulado, o sincronismo dos relógios e a simultaneidade dos eventos passaram a ser afetados. Para Newton em sua teoria da gravitação, a força da gravidade exercida pelo Sol sobre a Terra é transmitida instantaneamente. Se o Sol desaparecesse em um instante, a Terra e os planetas sairiam pela linha tangente à trajetória da órbita no mesmo instante. Saberíamos exatamente o tempo em que o Sol desapareceu assim que saíssemos pela linha tangente à trajetória. Seriam eventos simultâneos. Para Einstein, após o Sol desaparecer, a Terra e os planetas permaneceriam em órbita por mais algum tempo. A Terra permaneceria em órbita por mais cerca de 8 minutos e 20 segundos: esse é o tempo necessário para que a luz do Sol percorra a distância entre o Sol e a Terra. A informação de ausência da força de gravidade do Sol não poderia ser transmitida para a Terra em um tempo menor do que o tempo que a luz leva para percorrer essa mesma distância. Pela teoria da relatividade geral, a velocidade da luz é um parâmetro de velocidade limite, sendo também a velocidade limite para a deformação do espaço, a qual é responsável pela velocidade de propagação do efeito da gravidade.

Com isso, a velocidade da luz passou a ser um parâmetro para a correção do tempo que foi medido em referenciais diferentes. As diferenças de tempo são dependentes do quadrado da razão entre a velocidade $\boldsymbol{v}$ do referencial e a velocidade da luz $\boldsymbol{c}$, $\sqrt{1-\left(\frac{v}{c}\right)^2}$. Porém, para simplificar a vida em nosso cotidiano, essas diferenças são tão pequenas que são imperceptíveis nas velocidades com as quais estamos acostumados. As diferenças começam a ser significativas quando as velocidades dos referenciais são frações significativas da velocidade da luz. A luz possui uma velocidade absoluta, independente da velocidade da fonte luminosa ou da velocidade do referencial do observador. A velocidade da luz é 3×10^8 metros por segundo. Multiplicando por 3,6 teremos 1.080.000.000 quilômetros por hora (aproximadamente 1 bilhão de km/h). Com uma velocidade de apenas 10% dessa estaríamos falando de cerca de 108.000.000 km/h (cento e oito milhões de km/h)! São velocidades inimagináveis em nosso convívio diário para que possamos perceber os efeitos da relatividade sobre as quantidades de tempo e espaço.

Como já dito, a Terra não é um referencial inercial perfeito devido aos movimentos de rotação e translação, os quais produzem aceleração na superfície da Terra. No entanto, para a maioria das aplicações práticas nas velocidades a que estamos acostumados podemos considerar a Terra como um referencial inercial muito bom.

Para as novas tecnologias como o GPS, por exemplo, as correções da teoria da relatividade devem ser aplicadas para que possamos obter coordenadas precisas sobre a superfície da Terra. Os satélites geoestacionários que estão em órbita situam-se a uma altitude de 35.780 km e sua velocidade chega a cerca de 11.000 km/h. Esses satélites auxiliam na determinação das coordenadas dadas pelo GPS, e seus dados de espaço e tempo necessitam de correções. Além das correções de espaço e tempo devido à teoria da relatividade especial, outra correção sobre o tempo deve ser realizada devido à teoria da relatividade geral. A relatividade geral nos mostra que se um objeto estiver sujeito à aceleração, o seu relógio andará mais lentamente. A aceleração da gravidade que age na superfície da Terra é maior do que a aceleração da gravidade que age no satélite a uma altitude de 35.780 km. Assim, os relógios na superfície da Terra andam mais devagar do que o relógio atômico no interior do satélite por conta da diferença entre as ações das acelerações da gravidade que são diferentes nestes dois locais. Embora a velocidade de 3,1 km/s ou 11.160 km/h para um satélite geoestacionário seja grande quando comparada aos nossos padrões de velocidade do dia a dia, ela ainda é muito pequena quando comparada com a velocidade da luz de 1.080.000.000 km/h. Mesmo assim, sem essas correções relativísticas as coordenadas precisas fornecidas pelo sistema GPS possuiriam erros da ordem de alguns quilômetros. Com essas correções as incertezas das coordenadas fornecidas pelo GPS ficam em torno de 3,0 a 8,0 m. A mudança no tempo afeta também a frequência do sinal, uma vez que a luz enquanto onda possui sua velocidade constante. Entretanto, é ajustada pela fórmula $c = \lambda f$ ou $c = \lambda / T$, em que λ corresponde ao comprimento de onda; f, à frequência; e T, ao período. Assim, o receptor de GPS aqui na superfície da Terra tem que ser sintonizado em uma frequência de 10,23 MHz, ligeiramente maior que aquela do sinal emitido pelo satélite de GPS, 10,22999999543 MHz, porque o período da onda T na região de menor gravidade do satélite é ligeiramente maior do que o período da mesma onda recebido pelo receptor de GPS na superfície da Terra. Para acompanhar essa mudança na cadência do tempo e manter a velocidade c da onda da luz constante, o comprimento de onda λ também é afetado. O comprimento da onda de rádio emitido pelo satélite é encurtado quando se aproxima da maior gravidade na superfície da Terra. Esse fenômeno é bem conhecido pelos astrônomos, que o denominam de "*red shift*". De forma reversa ao que acontece com o sinal emitido pelo satélite, o *red shift* representa o deslocamento da luz para o vermelho (que possui maior comprimento de onda) quando a luz se afasta de uma estrela muito massiva que a emitiu.

10.5 A VELOCIDADE DA LUZ

A medida da velocidade da luz é atualmente um dos resultados mais bem estabelecidos pela física. Medir a velocidade da luz é um dos experimentos mais antigos.

Galileu foi o primeiro a tentar medir a velocidade da luz. Em seu experimento, ele pediu a um assistente para que ficasse sobre o topo de uma colina com uma lanterna de vela. Galileu ficou com outra lanterna sobre o topo de outra colina. O procedimento de Galileu consistia em descortinar a lanterna tornando a luz visível. Quando o seu assistente visse a luz deveria descortinar a própria lanterna para que Galileu a visse. Galileu utilizou um relógio de água para medir o tempo entre descortinar a sua lanterna e ver a luz da lanterna de seu assistente e, conhecendo a distância entre as colinas, supôs poder calcular a velocidade da luz. Seu resultado não forneceu um valor numérico devido à imprecisão do método. Sobre a velocidade da luz Galileu concluiu: "[...] se a velocidade da luz não for instantânea, então deve ser surpreendentemente rápida, talvez dez vezes mais rápida que a velocidade do som [...]".

Hoje, após cerca de 350 anos do primeiro experimento de Galileu para medir a velocidade da luz, o seu valor está estabelecido em 299.792,458 km/s após o 17º Congresso Geral de Pesos e Medidas de 1983. Para chegar a esse resultado foram realizados em torno de 163 experimentos diferentes envolvendo mais de uma centena de cientistas.

10.6 AS TEORIAS SOBRE A LUZ

As teorias sobre a luz iniciaram-se no século XVII: em 1664, René Descartes publicou o *Tratado do mundo e da luz*; Isaac Newton publicou dois artigos sobre óptica em 1672 e, conforme menciona em seu livro *Óptica*, publicado em 1704, a luz poderia ser entendida como uma teoria corpuscular, comportando-se como pequeninos corpos viajando em linha reta através do espaço ou de um material transparente. Essa teoria estava baseada nas leis da mecânica newtoniana que dominaram o pensamento científico durante muito tempo ao longo de quase todo o século XIX. Conforme a teoria corpuscular da luz, quando um raio de luz passa do ar para o interior da água, a velocidade da luz deveria aumentar para que a refração ficasse compatível com a lei de Snell na qual o raio de luz se aproxima da linha normal à superfície, conforme é experimentalmente observado. A Figura 10.2 mostra a decomposição dos vetores $\vec{v_1}$ e $\vec{v_2}$ referentes às velocidades da luz no ar e na água, respectivamente.

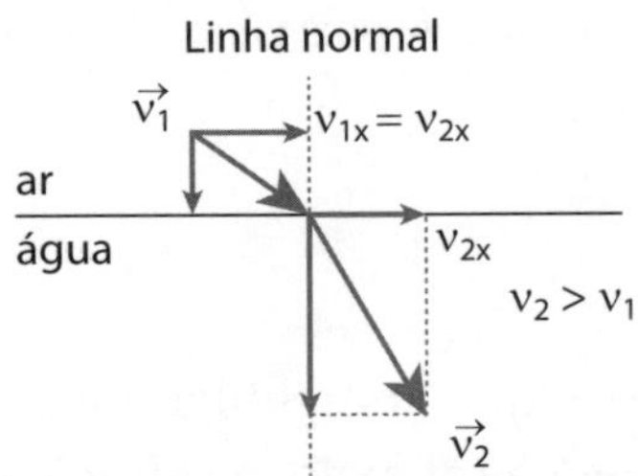

Figura 10.2 – Diagrama de velocidades para a refração da luz segundo a teoria mecânica de Newton.

O módulo do vetor velocidade no ar, v_1, é menor do que o módulo do vetor velocidade na água, v_2. A componente horizontal na interface entre as duas superfícies deve permanecer invariável, ou seja, $v_{1x} = v_{2x}$. Essa componente representa o vetor fora da água e também o vetor dentro da água na superfície. Com isso, a componente vertical deve ser maior dentro da água para que o raio refratado se aproxime da linha normal, tornando $v_2 > v_1$.

Hoje sabemos que, ao contrário do que Newton propunha, a velocidade da luz na água é menor do que a velocidade da luz no ar. Dentro da água, a luz possui uma velocidade cerca de três quartos do seu valor no ar. No vácuo essa velocidade é apenas ligeiramente maior do que no ar. A velocidade no vidro comum é ainda menor do que na água, e diminui ainda mais dependendo do tipo de vidro. Esses dados são totalmente contrários à teoria corpuscular da luz de Newton, que sugeria um aumento da velocidade para que o raio de luz se aproximasse da linha normal ao passar para o meio mais denso.

Na tentativa de explicar melhor os fenômenos relacionados com a luz, novas teorias foram aparecendo no século XVII, circundadas de muitas suposições. Uma delas foi proposta à Academia Real de Ciências da França por Christiaan Huygens em 1678, *Tratado sobre a luz* e publicada em 1690, antes da publicação do livro *Óptica* de Isaac Newton. Ele supôs que os corpos luminosos vibram produzindo ondas de luz que agitam a região próxima ao corpo e se propagam como ondas semelhantes ao som produzido pela vibração de um metal ao ser percutido. Em sua obra *Tratado sobre a luz*, ele escreveu:

> Creio que a melhor explicação para esse movimento [movimento da luz] é a suposição de que os corpos luminosos líquidos, como a chama – e aparentemente o Sol e as estrelas –, são compostos por partículas que nadam em uma matéria muito mais sutil, que as agita com uma grande rapidez, e as faz chocarem-se contra as partículas do éter, que as cercam, e que são muito menores que elas. Nos sólidos luminosos como o carvão, ou metal incandescente, (deve-se supor) que esse mesmo movimento é causado pela agitação violenta das partículas do metal ou da madeira, das quais as que estão na superfície também batem na matéria etérea. Além disso, a agitação das partículas que geram a luz deve ser muito mais rápida e brusca do que a que causa o som dos corpos, pois não vemos que o tremor de um corpo que soa seja capaz de fazer nascer a luz, assim como o movimento da mão no ar não é capaz de produzir som (HUYGENS, 1690, p. 17).

Apesar das várias suposições que compunham a sua teoria, Huygens propôs que a *luz é uma onda*, o que explicava a reflexão, a refração e a difração, que eram efeitos observados de forma semelhante nas ondas da água. A velocidade da onda de luz seria menor no meio material, como o vidro ou a água, do que no ar, porque o comprimento de onda diminui quando o raio refratado penetra na matéria e se aproxima da linha normal à superfície. Essa nova teoria ondulatória também estava em concordância com a lei dos senos de Snell. Na Figura 10.3 pode-se ver a diminuição do comprimento de onda. As linhas paralelas são as cristas ou vales representando um período. A distância entre duas linhas consecutivas fica menor quando a luz passa do ar para a água, diminuindo o comprimento de onda da luz na água e diminuindo também, assim, a velocidade de propagação na água. A frequência da onda luminosa é a mesma e depende apenas da fonte emissora da onda. A equação que relaciona essas três grandezas – velocidade de propagação da onda (v), comprimento de onda (λ) e frequência (f) – mostra que a velocidade é diretamente proporcional ao comprimento de onda e deve diminuir conforme o comprimento de onda diminui se a frequência permanecer constante: $v = \lambda.f$.

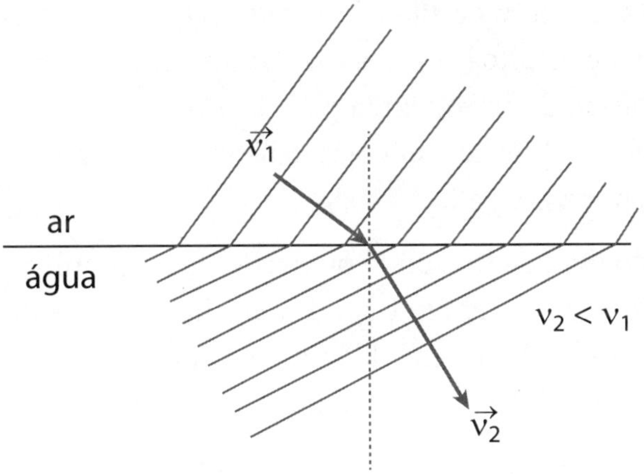

Figura 10.3 – Hipótese ondulatória de Huygens para a refração da luz na passagem entre dois meios.

Nessa teoria havia a necessidade de um meio para a propagação da onda luminosa. A ideia do éter luminífero se tornou mais necessária do que nunca, assim como o mar é necessário para que as ondas cheguem até a praia. No entanto, Newton discordava da teoria de Huygens, e houve muita discussão em torno dessas duas teorias. Os dois cientistas faziam suposições incorretas sobre a natureza da luz.

Contudo, a teoria mecânica de Newton possuía uma forte aceitação. Seria necessária uma nova teoria e algum tempo para que ela deixasse de ser indicada para explicar os fenômenos da luz. Essa resistência pelos cientistas em aceitar uma nova teoria foi mencionada muito tempo depois, no século XX pelo físico Max Planck: "Uma nova teoria científica não triunfa convencendo seus oponentes e fazendo com que eles compreendam, mas antes, porque seus oponentes morrem e a nova geração cresce familiarizada com ela" (PLANCK, 1950, p. 33).

As ideias tornaram-se mais claras com novos trabalhos sobre as propriedades ondulatórias da luz, como a palestra proferida por Thomas Young em 24 de novembro de 1803 e publicada em 1804, que apresentou uma experiência em que a luz atravessava duas fendas muito estreitas e bem próximas, resultando no aparecimento de uma figura de interferência luminosa em um anteparo devido às propriedades ondulatórias. Um pouco depois, em 1815, Augustin-Jean Fresnel publicou seu primeiro artigo sobre óptica ondulatória, quase dois séculos depois dos artigos iniciais sobre óptica publicados por Newton em 1672. Em 1868, James Clerk Maxwell apresentou o seu trabalho matemático sobre o eletromagnetismo, provando ser a luz uma onda eletromagnética e consolidando a teoria ondulatória da luz. Somente no início do século XX, com o trabalho de Albert Einstein sobre o efeito fotoelétrico, é que a teoria corpuscular da luz de Isaac Newton foi resgatada por meio da ideia de pacotes de energia, o "*quantum*" de energia introduzido por Einstein devido aos pacotes de luz que possuem energia $E = h.f$, sendo h a constante de Planck e f a frequência da onda. Assim, Einstein conseguiu unir os dois conceitos sobre a luz. Atualmente são bem aceitas as duas naturezas da luz: a corpuscular, introduzida por Newton e resgatada por Einstein em seu trabalho sobre o efeito fotoelétrico, e a ondulatória, introduzida por Huygens e provada matematicamente por Maxwell.

O comportamento dual da luz, onda ou partícula, se manifesta de forma diferente dependendo de como a luz interage com a matéria. Entretanto, o fato de a luz ser uma onda impunha a ideia da necessidade de um meio material para se propagar. O que haveria de preencher o espaço cósmico para que a luz se propagasse das estrelas até nós?

10.7 A HIPÓTESE DO ÉTER LUMINÍFERO

A teoria ondulatória da luz fez surgir a necessidade de um espaço preenchido por algum tipo de material que permitisse que as ondas luminosas se propagassem com grande velocidade. Esse material foi denominado de éter luminífero, assim chamado porque, apesar de preencher todo o espaço cósmico, o éter estaria permitindo a passagem da luz vinda do Sol e de outras estrelas mais distantes e supostamente possuiria propriedades interessantes, podendo ser mais fluido do que qualquer gás e mais elástico do que o aço. Além disso, essa substância hipotética apresentaria qualquer outra propriedade imaginária que se fizesse necessária para satisfazer as condições de propagação das ondas luminosas através do espaço. O éter luminífero, portanto, foi uma invenção inglesa, algo imaginado para satisfazer a necessidade de as ondas luminosas propagarem-se no espaço.

É nesse momento que a luz entra na história como o ator principal. Nesse cenário, iniciou-se uma revolução sobre a investigação da velocidade da luz através de muitos materiais em movimento no espaço, como telescópios e prismas, vidros e água fluindo por tubos. Supunha-se que a luz deveria apresentar uma velocidade diferente da velocidade conhecida ao propagar-se através de um material em movimento, como a água em tubos, por exemplo. Essas investigações sobre a velocidade relativa da luz através de meios em movimento foram realizadas tendo como base a antiga teoria da relatividade de Galileu, que propunha a soma algébrica das velocidades. Vários resultados que contradiziam o que era esperado mostravam que a velocidade da luz não apresentava uma alteração significativa de valor até o limite da precisão dos experimentos realizados. Iniciou-se, assim, uma jornada de investigações e experiências que seriam fundamentais para o desenvolvimento da teoria da relatividade.

Um dos fenômenos de grande relevância nessas investigações era bem conhecido pelos astrônomos, que o denominavam de aberração estelar.

10.8 O FENÔMENO DA ABERRAÇÃO ESTELAR

Na Terra, para observar uma estrela em posição vertical, no zênite celeste, o telescópio deve ser posicionado inclinado, e não na vertical, devido à velocidade de translação da Terra, que é de aproximadamente $V_{Terra} = 3 \times 10^4$ m/s, e devido à velocidade da luz, que é $c = 3 \times 10^8$ m/s.

Na Figura 10.4 observa-se a posição do telescópio em relação à superfície da Terra. O telescópio deve estar inclinado de um ângulo bem pequeno, $\alpha \simeq 20,6''$ (20,6 segundos de grau ~1/3 de minuto de grau). O caminho vertical da luz da ponta superior do telescópio até a lente ocular em seu final inferior é dado pela altura $h = c.t$, conforme se vê no triângulo de distâncias à direita da Figura 10.4. Para que a luz consiga atravessar o tubo inclinado do telescópio e chegar até a ocular, deve haver uma combinação entre a distância vertical h percorrida pela luz e a distância horizontal ($x = V_{Terra}.t$) percorrida horizontalmente pelo telescópio devido à velocidade horizontal de translação da Terra V_{Terra}. Embora a luz caminhe em linha reta, o resultado da trajetória do raio de luz aparenta ser um caminho inclinado ao longo do tubo do telescópio visto no referencial do observador. Esse fenômeno é conhecido como aberração estelar. É a aparente mudança da inclinação da velocidade da luz quando o observador se encontra em movimento. É algo como a chuva batendo inclinada no para-brisa do carro quando o veículo está em movimento. Quando paramos o veículo, a chuva passa a cair verticalmente no para-brisa. A aparente inclinação das gotas de chuva é resultado da composição da velocidade horizontal do veículo com a velocidade vertical das gotas.

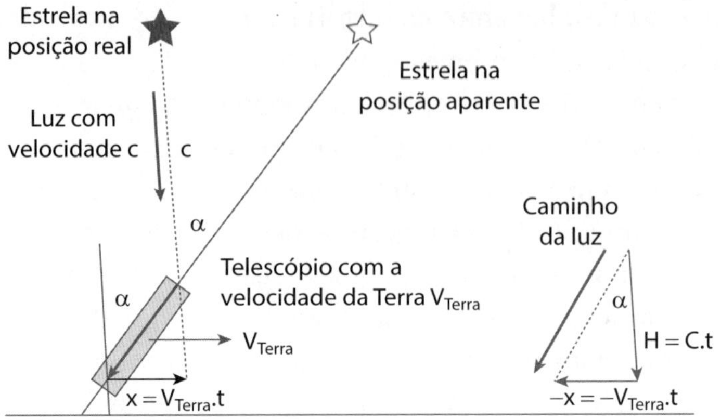

Figura 10.4 – Posição inclinada do telescópio devido ao fenômeno da aberração estelar.

O ângulo de inclinação do telescópio em relação à vertical deve ser calculado pela expressão a seguir:

$$\alpha = arctan\left(\frac{v.t}{c.t}\right) = arctan\left(v/c\right) \simeq 20,5'' \tag{10.9}$$

Esse dado está em boa concordância com as observações astronômicas de James Bradley, feitas em 1727.

Para que o fenômeno da aberração estelar pudesse ser explicado com a hipótese do éter, era necessário considerar que, além de o éter preencher todo o espaço, ele deveria estar estacionado em relação às estrelas e aos planetas. A hipótese de que o éter seria um material muito fluido e leve com propriedades especiais, a fim de permitir que a luz passasse através dele, sem prejudicá-la em sua trajetória, levaria também à ideia de que o éter poderia ser arrastado facilmente através do espaço devido a essas propriedades e ao movimento da Terra no espaço. O conceito é semelhante ao de um barco que arrasta a água ao navegar em um rio, formando uma esteira de água ao longo de sua passagem. A água adquire movimento devido à passagem do barco. A possibilidade de o éter mover-se próximo da Terra devido à passagem da Terra pelo espaço era impossível de se aceitar. Se o éter que preenche todo o espaço fosse arrastado próximo da Terra devido ao movimento do planeta, supunha-se que o éter também arrastaria o feixe de luz propagando-se através dele nas proximidades da Terra, e, com isso, o telescópio seria apontado verticalmente para a estrela. Assim como a Terra arrasta o telescópio, ela arrastaria o éter, e este arrastaria o raio de luz. Não haveria o fenômeno de aberração estelar constatada pela necessidade da inclinação do telescópio. Mas a aberração estelar era um fenômeno real, observado experimentalmente, e o cálculo do ângulo de inclinação do telescópio concordava com os valores das velocidades conhecidas para a luz e para a translação da Terra!

Então, a hipótese do éter totalmente estacionário e livre de ser arrastado pelo movimento de outros corpos era a hipótese que mais se ajustava às observações astronômicas para o fenômeno da aberração estelar. A Figura 10.5 exemplifica as duas situações.

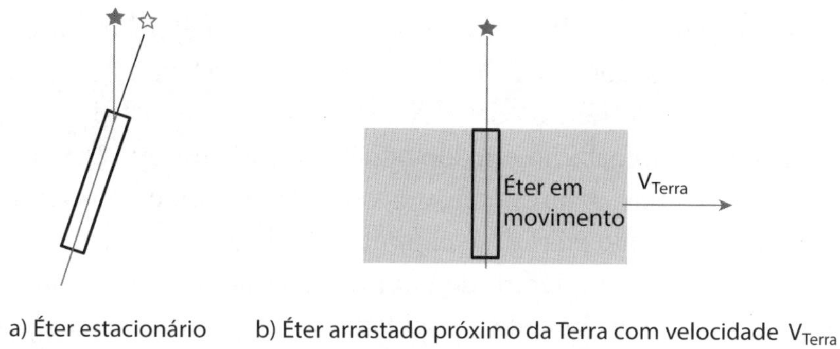

Figura 10.5 – Duas posições para o telescópio. À esquerda, em relação ao éter estacionário, e à direita, em relação ao éter arrastado.

O desenho da esquerda na Figura 10.5 representa o suposto éter estacionário, que explica o efeito observado experimentalmente pelos astrônomos para a aberração estelar com o telescópio inclinado de um ângulo de 20,5''. Se próximo da Terra o éter fosse arrastado com a velocidade do planeta, a luz seria arrastada junto com o éter e o telescópio ficaria posicionado verticalmente, como visto no desenho da direita da Figura 10.5, o que não acontecia.

Em 1892, Oliver Lodge realizou um experimento para verificar se a luz sofria atraso em sua trajetória ao passar nas proximidades de uma massa em movimento, como se o éter nas proximidades da Terra fosse arrastado pelo movimento da massa da Terra. Ele utilizou um disco girante e dois feixes de luz, um a favor da rotação do disco e outro contra a rotação do disco, que foram combinados em um anteparo formando uma figura de interferência. Ele observou a variação das franjas de interferência por meio de um interferômetro com o disco parado e com o disco girando com grande velocidade. Lodge obteve um resultado negativo para a variação das franjas e concluiu que o éter não sofre arrasto nas proximidades de uma massa em movimento, não arrastando assim a luz com ele ou interferindo na velocidade da luz.

Certa vez, o físico e médico Thomas Young mencionou o problema da seguinte forma: "Considerando o fenômeno da aberração das estrelas, eu estou disposto a acreditar que o éter luminífero permeia as substâncias de todos os corpos, com pouca ou nenhuma resistência, tão livremente talvez como o vento passando através das árvores de um bosque" (YOUNG, 1804, p. 12-13).

Mais adiante, no início do século XX, por volta de 1900, o conceito do éter como substância material era questionado, e, sobre esse assunto, o físico alemão Paul Drude escreveu: "O conceito de um éter absolutamente em repouso é o conceito mais simples e mais natural, a menos que o éter possa ser concebido não como uma substância, mas meramente como o espaço dotado de certas propriedades físicas" (DRUDE, 1900, p. 419-420).

Muitas foram as tentativas de se provar a existência do éter luminífero, incluindo as experiências realizadas por Arago (1810), a hipótese do arrasto do éter proposta por Fresnel (1818), as experiências de Airy (1871) e Fizeau (1851) e uma das mais famosas experiências, o interferômetro de Michelson e Morley (1887). Todas essas experiências e hipóteses buscavam verificar a variação da velocidade da luz deslocando-se através de um meio que possuísse alguma velocidade. Algo como medir a velocidade de uma pessoa andando dentro de um trem em movimento, o que forneceria a velocidade da pessoa como a soma da velocidade do trem com a velocidade da pessoa andando dentro dele no sentido do movimento do trem.

Embora a ideia de medir o aumento da velocidade da luz em relação ao éter fosse relativamente simples, todas as experiências realizadas falharam em verificar essa variação!

10.9 O INTERFERÔMETRO DE MICHELSON E MORLEY

De todos os experimentos realizados para medir a variação da velocidade da luz deslocando-se através de um meio em movimento, o mais famoso foi o realizado por Albert Michelson e Edward Morley no Instituto Case, em Cleveland, Ohio, em 1887. Até então, nenhum experimento que investigara a influência do éter na determinação da velocidade da luz fornecera um resultado conclusivo. Em todos os experimentos realizados, os resultados deixavam muitas inconsistências. Após o resultado negativo da experiência de Fresnel, baseada na propagação da luz através de um tubo com água em movimento, começou-se a cogitar que todas essas experiências não possuíam precisão suficiente para garantir uma conclusão segura sobre o comportamento do éter pelos resultados observados. Havia a necessidade de uma experiência muito mais precisa, na qual os resultados possuiriam uma precisão bem maior do que a própria incerteza do arranjo experimental. A experiência de Michelson e Morley estava baseada no mesmo princípio da experiência de Fresnel e de todas as outras, ou seja, observar a figura de interferência que se forma no anteparo devido à diferença dos caminhos na propagação de dois raios de luz, utilizando para isso um interferômetro. No caso do interferômetro de Michelson e Morley, ele permitia visualizar a interferência entre dois raios de luz propagando-se perpendicularmente, um em relação ao outro.

Um interferômetro é um dispositivo semelhante ao da Figura 10.6.

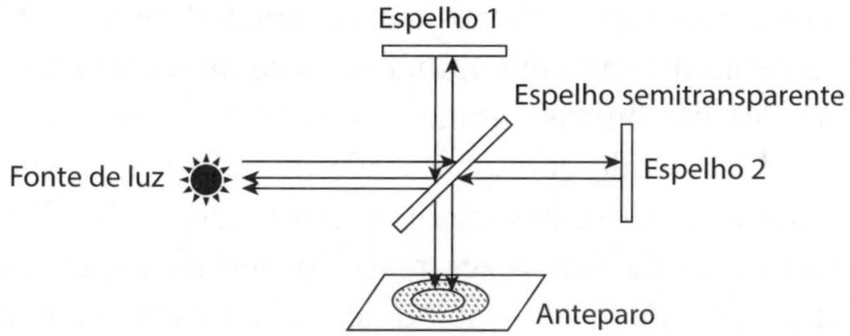

Figura 10.6 – Esquema do arranjo experimental do interferômetro de Michelson e Morley.

Uma fonte de luz coerente à esquerda na Figura 10.6 emite um raio de luz que atinge um espelho semitransparente inclinado a 45º. Uma parte do raio é refletida verticalmente para cima, e outra parte do raio é transmitida através do espelho para a direita. Cada raio de luz encontra um espelho no final do caminho, e ambos são refletidos de volta para o espelho semitransparente no centro. Uma parte do raio vertical atravessa o espelho semitransparente e uma parte do raio horizontal reflete no espelho semitransparente, seguindo para baixo. Esses dois raios combinam-se, formando uma figura de interferência no anteparo que está na base inferior do arranjo experimental.

Como a Terra gira em torno de seu próprio eixo e também em torno do Sol, esses cientistas propuseram um experimento utilizando dois raios de luz, um propagando-se no sentido do movimento da Terra e o outro propagando-se perpendicular ao movimento da Terra. A velocidade desses dois raios deveria ser diferente, e, assim, seria possível comparar a velocidade da luz dos dois raios por meio da formação de uma figura de interferência no anteparo. Quando o arranjo experimental fosse girado, de forma a inverter o papel dos raios luminosos, ou seja, o raio perpendicular ao movimento da Terra se tornasse paralelo e vice-versa, supunha-se que, enquanto o arranjo experimental estivesse sendo girado de 90º, seria possível observar o deslocamento das franjas de interferência com muita clareza, bem além do limite da precisão experimental do equipamento utilizado.

Esse experimento foi baseado na proposta experimental de possuir uma precisão muito maior do que os experimentos anteriores. Tal precisão seria suficiente para observar qualquer deslocamento das franjas. Era essa a proposta do arranjo experimental de Michelson e Morley, e assim ele foi construído em 1887. Antes disso, Michelson já havia realizado esse experimento sozinho em 1881, com um interferômetro de 1,2 m de braço. Embora esperasse ver um deslocamento de 4% da distância entre as duas franjas, observou apenas 2%. Uma das grandes dificuldades encontradas por Michelson nesse experimento foi conseguir girar o interferômetro sem inserir distorções.

O aparelho era muito sensível às vibrações mecânicas e, além disso, a precisão do instrumento não era grande o bastante. No segundo experimento, em 1887, Michelson se uniu a Morley e reproduziram um arranjo experimental muito melhor. O arranjo foi montado sobre uma pedra massiva que flutuava sobre mercúrio para reduzir as distorções devido às vibrações mecânicas durante a rotação dos braços do interferômetro. A precisão foi aumentada, fazendo com que o raio de luz sofresse sucessivas reflexões em cada braço do interferômetro, conseguindo um percurso de 11 m de extensão em cada braço, portanto cerca de dez vezes mais do que no experimento anterior que Michelson havia realizado sozinho. Isso aumentaria a capacidade de observação do efeito para 40% do deslocamento de uma franja. A Figura 10.7 mostra o arranjo experimental publicado no artigo de Michelson e Morley, em 1887.

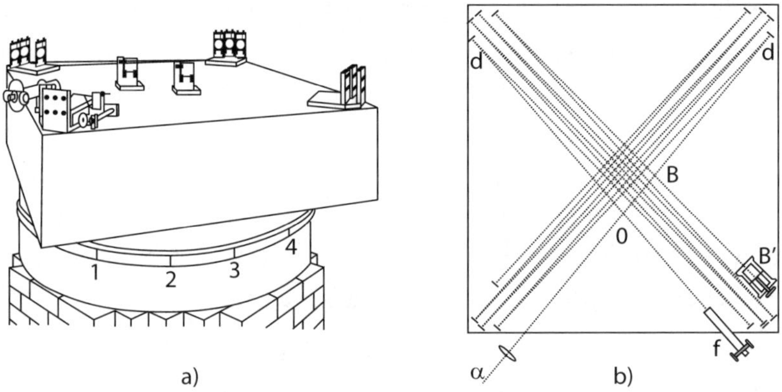

Figura 10.7 – Arranjo experimental de Michelson e Morley publicado em 1887. (a) Vista lateral do aparato experimental do interferômetro de Michelson e Morley; (b) vista superior com múltiplas reflexões do feixe de luz (sete em cada braço).

A Figura 10.8 é um desenho esquemático do percurso dos dois raios de luz transversais. Pode-se observar nessa figura a diferença de tratamento quando o aparato está em movimento em relação ao éter.

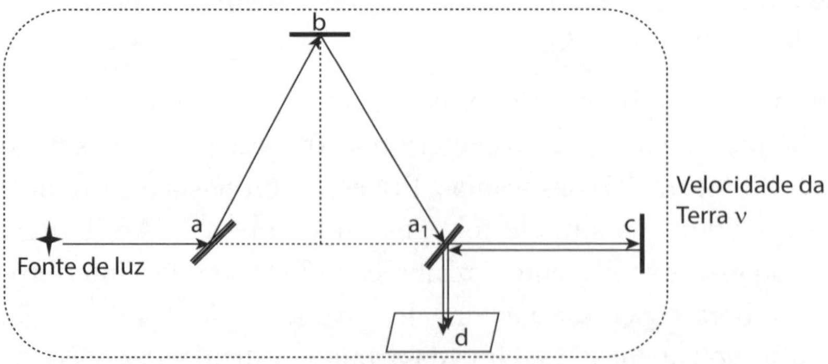

Figura 10.8 – Movimento relativo dos raios de luz vertical e horizontal em relação ao movimento da Terra.

A fonte de luz à esquerda na Figura 10.8 envia um raio de luz que atinge o espelho inclinado semitransparente no ponto *a*, que o divide em dois raios. O raio vertical *a-b* foi desenhado inclinado na figura porque o arranjo está em movimento horizontal com a velocidade da Terra *v*. Esse raio atinge outro espelho em *b* e retorna para o ponto a_1, onde encontra novamente o espelho semitransparente que se moveu horizontalmente com a velocidade da Terra *v*. No ponto a_1 parte desse raio atravessa o espelho semitransparente e atinge o anteparo em *d*. O raio horizontal que atravessa o espelho semitransparente realiza o percurso a_1-*c* e atinge um outro espelho em *c*. A linha tracejada horizontal é o caminho percorrido pelo espelho semitransparente em relação ao éter, devido ao movimento da Terra. O raio horizontal refletido pelo espelho no ponto *c* retorna para o espelho semitransparente no ponto a_1, onde parte desse raio é refletida para o anteparo *d*, interferindo com o raio que veio do caminho vertical *b*-a_1. Esses dois raios formam uma figura de interferência no anteparo *d*.

O arranjo experimental move-se através do éter por conta do movimento da Terra. Supõe-se que, devido a esse movimento horizontal do arranjo, será possível observar uma diferença de tempo de percurso entre os caminhos dos raios de luz. Tal diferença de tempo é esperada por causa da soma das velocidades relativas da Terra e da luz ao longo dos caminhos.

Considere a distância horizontal entre o espelho inclinado semitransparente até o espelho da direita como $d_{\text{horizontal}}$, a distância entre o espelho semitransparente e o espelho superior como d_{vertical}, a velocidade de translação da órbita da Terra como v e a velocidade da luz como c. O tempo de ida e volta do raio horizontal $T_{\text{horizontal}}$ foi calculado como a soma dos tempos de ida t_{ida} e de volta t_{volta} utilizando a distância horizontal entre o espelho inclinado semitransparente e o espelho à direita, junto com a soma algébrica das velocidades relativas conforme a relatividade de Galileu:

$$T_{\text{horizontal}} = t_{\text{ida}} + t_{\text{volta}} \Rightarrow T_{\text{horizontal}} = \frac{d_{\text{horizontal}}}{c+v} + \frac{d_{\text{horizontal}}}{c-v} \tag{10.10}$$

Assim, o tempo do percurso horizontal do raio de luz será:

$$T_{\text{horizontal}} = 2.d_{\text{horizontal}}.\left(\frac{c}{c^2 - v^2}\right) \Rightarrow T_{\text{horizontal}} = \frac{2.d_{\text{horizontal}}}{c}.\frac{1}{\left(1 - \frac{v^2}{c^2}\right)} \tag{10.11}$$

A distância $\delta_{\text{horizontal}}$ viajada pelo raio de luz nesse tempo $T_{\text{horizontal}}$ é:

$$\delta_{\text{horizontal}} = c.T_{\text{horizontal}} = 2.d_{\text{horizontal}}.\frac{1}{\left(1 - \frac{v^2}{c^2}\right)} \tag{10.12}$$

Utilizando a expansão binomial,

$$\frac{1}{\left(1-\frac{v^2}{c^2}\right)}=1+\frac{v^2}{c^2}+\left(\frac{v^2}{c^2}\right)^2+\dots \qquad (10.13)$$

na equação (10.12) para a distância percorrida para o raio horizontal $\delta_{\text{horizontal}}$ e considerando apenas até termos de segunda ordem, ou seja, com expoente 2, teremos:

$$\delta_{\text{horizontal}}=2.d_{\text{horizontal}}.\left(1+\frac{v^2}{c^2}\right) \qquad (10.14)$$

Da mesma forma, necessitamos encontrar o tempo gasto pelo raio de luz no percurso vertical de ida e volta e, posteriormente, obteremos a distância do caminho vertical para que possamos encontrar a diferença entre os dois caminhos percorridos pela luz. Essa diferença entre os dois caminhos fornecerá o número de franjas que serão deslocadas ao inverter o papel dos dois raios de luz, girando o equipamento de 90º.

O tempo do raio vertical T_{vertical} é dado pela soma do tempo de subida mais o tempo de descida do raio de luz, formando um triângulo. O raio vertical foi considerado propagando-se de forma inclinada na subida e na descida devido à velocidade v de translação da Terra, a qual fornece a distância percorrida pelo espelho inclinado na base do triângulo de distâncias da Figura 10.9.

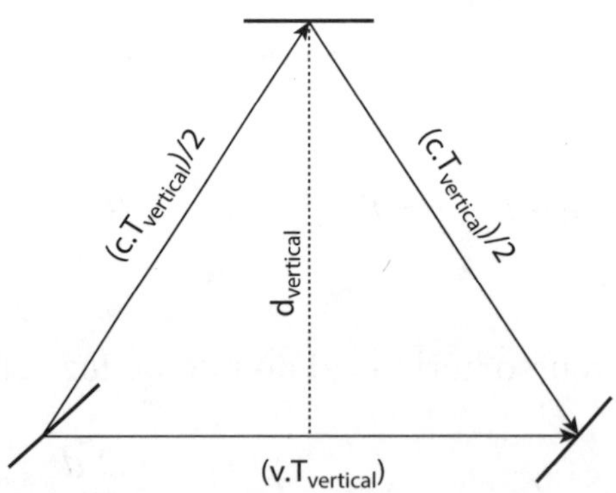

Figura 10.9 – Triângulo de distâncias percorridas pelo espelho horizontal e pelo raio de luz vertical.

Resolvendo o triângulo retângulo de Pitágoras e isolando T_{vertical}:

$$d^2_{\text{vertical}}+\left(\frac{v.T_{\text{vertical}}}{2}\right)^2=\left(\frac{c.T_{\text{vertical}}}{2}\right)^2 \Rightarrow T_{\text{vertical}}=\frac{2d_{\text{vertical}}}{c}\frac{1}{\sqrt{1-\left(\frac{v}{c}\right)^2}} \qquad (10.15)$$

A distância δ_{vertical} viajada pelo raio de luz nesse tempo T_{vertical} é:

$$\delta_{\text{vertical}} = c.T_{\text{vertical}} = 2.d_{\text{vertical}} \frac{1}{\sqrt{1-\left(\frac{v}{c}\right)^2}} \tag{10.16}$$

Utilizando novamente uma outra expansão binomial, $\frac{1}{\sqrt{1-\left(\frac{v}{c}\right)^2}} = 1 + \frac{v^2}{2c^2} + \frac{3}{8}\left(\frac{v^2}{c^2}\right)^2 + \ldots$, na equação da distância percorrida pelo raio vertical δ_{vertical} e considerando apenas até termos de segunda ordem, ou seja, expoentes 2 para a mesma precisão anterior, teremos:

$$\delta_{\text{vertical}} = 2.d_{\text{vertical}}\left(1 + \frac{v^2}{2c^2}\right) \tag{10.17}$$

O arranjo experimental possuía braços ortogonais de mesmo tamanho, $d_{\text{horizontal}} \simeq d_{\text{vertical}} = D$, e a diferença de percurso entre os dois raios de luz pode ser obtida subtraindo as equações (10.14) e (10.17):

$$\Delta = \delta_{\text{horizontal}} - \delta_{\text{vertical}} = D\left(\frac{v^2}{c^2}\right) \tag{10.18}$$

Quando os braços do interferômetro são girados de 90º, os papéis dos raios de luz invertem-se e a diferença de percurso no caminho Δ' entre os dois raios dobra de valor:

$$\Delta' = 2D\left(\frac{v^2}{c^2}\right) \tag{10.19}$$

Para a velocidade de translação da Terra $v = 3 \times 10^4$ m/s e a velocidade da luz $c = 3 \times 10^8$ m/s, essa diferença torna-se $\Delta' = 2D \times 10^{-8}$, o que depende apenas do tamanho D do braço do interferômetro.

No experimento realizado por Michelson e Morley, o arranjo experimental era bem maior. Cada braço do interferômetro possuía várias reflexões do raio de luz, de modo que a distância percorrida D era de aproximadamente 11 m, conforme se pode observar na Figura 10.7b. Assim a diferença de percurso era $\Delta' \approx 2\times10^{-7}m$. O arranjo também se apoiava sobre uma base de mercúrio para evitar movimentos e flutuação verticais que poderiam causar erros ao girar os braços do interferômetro de 90º, como mostra a Figura 10.7a (MICHELSON; MORLEY, 1887).

A luz utilizada no experimento estava na faixa do amarelo, com comprimento de onda $\lambda = 5\times10^{-7}m$, e, assim, esperava-se um deslocamento de n franjas que poderia ser calculado dividindo-se a diferença de percurso Δ' pelo comprimento de onda λ utilizada.

$$n = \frac{\Delta'}{\lambda} = \left(\frac{2\times10^{-7}m}{5\times10^{-7}m}\right) = 0,4 \text{ franja} \tag{10.20}$$

Quando a diferença de percurso for igual ao comprimento de onda da luz utilizada, na equação (10.20) teremos $n = 1$ e poderemos observar uma franja completa se deslocando ao girar o equipamento de 90°. Portanto, o deslocamento das franjas deveria ser da ordem de 40%.

A precisão do equipamento era muito boa para este propósito. Ela permitia ler até 1 milésimo do comprimento de onda utilizado experimentalmente, ou seja, $0,001\lambda$. Com o experimento, esperava-se obter uma leitura de $0,4\lambda$, a qual seria claramente observada graças à precisão do equipamento construído, porém valores muito menores do que este foram observados! A Figura 10.10 foi divulgada no artigo de Michelson e Morley (1887) como parte dos resultados das medidas dos deslocamentos das franjas. As linhas contínuas representam os pontos experimentais.

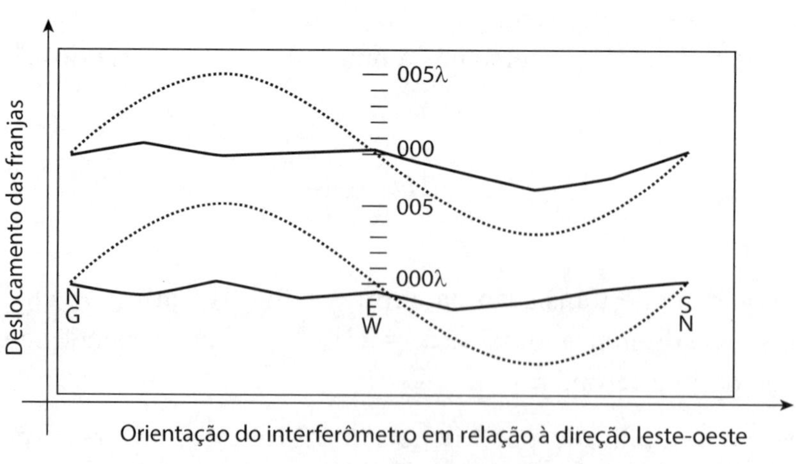

Figura 10.10 – Resultado do deslocamento observado para as franjas em função da orientação leste-oeste dos braços do interferômetro. Publicada por Michelson e Morley em seu artigo (1887).

Conforme Michelson e Morley, "a curva de cima foi medida ao meio-dia e a curva inferior foi medida à tarde. As curvas tracejadas são cerca de um oitavo do deslocamento esperado. Parece razoável concluir que algum deslocamento devido ao movimento da Terra no éter não foi muito maior que 0,01 da distância entre as franjas" (MICHELSON; MORLEY, 1887, p. 340).

Esse resultado abalou as expectativas da ciência de entender o comportamento da luz em relação ao éter luminífero. A conclusão era de que a Terra deveria possuir uma velocidade total relativa em relação ao éter menor que 8 km/s, enquanto apenas a velocidade de translação da Terra já era de cerca de 30 km/s. A teoria de Galileu da soma das velocidades relativas deveria passar por sérias correções!

10.10 A CONTRAÇÃO DE COMPRIMENTO DE LORENTZ-FITZGERALD

Para justificar a aparente falha nos experimentos, o físico irlandês George Francis FitzGerald e o físico alemão Hendrik Antoon Lorentz foram os primeiros a sugerirem, sem nenhuma explicação física, que corpos movendo-se através do éter teriam seu tamanho encurtado. Eles propuseram que os objetos teriam seu comprimento multiplicado por um fator menor do que 1, dado por $\sqrt{1-\frac{v^2}{c^2}}$, sendo v a velocidade do objeto e c a velocidade da luz. Essa alteração de tamanho ocorreria apenas na direção do movimento.

Observemos mais uma vez a diferença de percurso entre os dois raios de luz, horizontal e vertical, que formam o triângulo de distâncias da Figura 10.9. Desta vez, vamos realizar a subtração das equações (10.12) e (10.16), sem utilizar as aproximações das expansões binomiais:

$$\Delta = \delta_{\text{horizontal}} - \delta_{\text{vertical}} = 2\left(\frac{d_{\text{horizontal}}}{\left(1-\frac{v^2}{c^2}\right)} - \frac{d_{\text{vertical}}}{\sqrt{1-\left(\frac{v}{c}\right)^2}}\right) = \qquad (10.21)$$

$$\frac{2}{\sqrt{1-\left(\frac{v}{c}\right)^2}}\left(\frac{d_{\text{horizontal}}}{\sqrt{1-\left(\frac{v}{c}\right)^2}} - d_{\text{vertical}}\right)$$

Analisando a diferença de percurso, podemos perceber que, caso o comprimento horizontal $d_{\text{horizontal}}$ sofresse uma contração e passasse a medir

$$d^{-}_{\text{horizontal}} = d_{\text{horizontal}}\sqrt{1-\left(\frac{v^2}{c^2}\right)}, \tag{10.22}$$

a diferença de percurso tornar-se-ia nula, pois o termo em raiz no denominador cancelar-se-ia com outro igual no numerador, e como, pela própria construção do interferômetro, $d_{\text{horizontal}} \simeq d_{\text{vertical}}$, nenhum deslocamento de franja seria observado ao girar os braços do interferômetro. Essa hipótese não possuía nenhum embasamento físico, mas explicava os resultados nulos dos experimentos sem que fosse necessário abandonar a hipótese do éter e nem a relatividade de Galileu.

10.11 A TEORIA ELETROMAGNÉTICA DA LUZ E A HIPÓTESE DE DILATAÇÃO DO TEMPO

A luz e as suas propriedades de propagação influenciaram muito, e de forma intrigante, o desenvolvimento da teoria da relatividade. A teoria eletromagnética de James Clerk Maxwell ainda hoje é considerada uma das mais belas teorias matemáticas. Ela foi sintetizada em um conjunto de quatro equações conhecidas como as equações de Maxwell baseadas nas leis experimentais de Michael Faraday e de André-Marie Ampère. Esse trabalho, publicado em 1873, estabelece que a luz é uma onda formada por campos elétricos e magnéticos acoplados. Das equações de Maxwell encontramos também que a onda eletromagnética se propaga no vácuo com velocidade c dada por:

$$c = \frac{1}{\sqrt{\mu_0 . \varepsilon_0}} \simeq 3 \times 10^8 m/s, \tag{10.23}$$

em que μ_0 e ε_0 são constantes físicas relacionadas, respectivamente, com os campos elétricos e magnéticos para o vácuo.

A teoria de Maxwell revelou que a velocidade da luz era uma constante e por isso parecia apresentar alguma falha. Somente após os trabalhos experimentais de Marconi e Hertz que comprovavam que as equações de Maxwell forneciam resultados observados experimentalmente é que a teoria eletromagnética passou a ter maior credibilidade. Deveria, então, haver algum problema com os experimentos que buscavam encontrar uma variação na velocidade da luz para corpos e fontes luminosas em movimento através do éter.

A luz é descrita por uma equação de onda. É um fenômeno físico que envolve campos elétricos e magnéticos, e por isso deveria tornar-se invariante quando submetida a uma transformação de Galileu, ou seja, os campos eletromagnéticos deveriam ser os mesmos quando observados por observadores estacionários e quando observados por observadores em movimento com velocidade v. Porém, aplicando-se a soma de velocidades de Galileu, isso não ocorria, e as equações de onda mudavam de forma, o que significava que campos eletromagnéticos observados de um referencial se tornariam diferentes quando observados de outro referencial em movimento. As leis da física, ou, mais especificamente, as leis do eletromagnetismo não deveriam mudar só porque o observador encontrava-se em movimento. Para solucionar esse problema matematicamente, Lorentz observou a equação de onda para cada campo, elétrico e magnético, após uma transformação de Galileu entre o referencial estacionário e o referencial em movimento com velocidade v. Ele verificou que as equações se tornariam as mesmas se o intervalo de tempo fosse diferente nos dois referenciais. Matematicamente e de forma análoga ao problema da contração do espaço, Lorentz sugeriu, sem nenhuma explicação física, que o intervalo de tempo ΔT medido por um observador do próprio referencial **S** apresentaria um resultado maior do que o intervalo de tempo $\Delta T'$ medido pelo mesmo observador de **S** em relação ao outro referencial **S'** que se move com velocidade v. Essa mudança na cadência do tempo, quando medido em referenciais diferentes, ajustava igualmente as equações das ondas eletromagnéticas para os dois referenciais, tornando-as invariantes. Para ajustar os tempos medidos nos dois referenciais e manter a invariância das equações, a transformação de Lorentz resultou na multiplicação do intervalo de tempo do referencial em movimento $\Delta T'$ por um fator que passou a ser conhecido como γ ou fator de Lorentz. Esse fator fornecia o tempo medido no referencial próprio ΔT. A expressão para o fator γ é:

$$\gamma = \frac{1}{\sqrt{1-\left(\frac{v^2}{c^2}\right)}}. \tag{10.24}$$

Sendo sempre v, a velocidade do referencial **S'**, menor do que a velocidade da luz c, esse fator γ fornece um valor maior que 1, o qual tende a infinito quando v tende ao valor de c. Como γ encontra-se multiplicando o tempo $\Delta T'$ na equação (10.25), o valor de ΔT será sempre maior que o valor de $\Delta T'$. Para v tendendo a c, o fator γ tende a infinito, e $\Delta T'$ tende a zero para um intervalo de tempo próprio ΔT finito. Em outras palavras, viajando na velocidade da luz, o tempo pararia quando medido de um referencial externo, e um relógio em movimento com velocidade v deve andar mais devagar quando lido de um referencial estacionário. No fundo, o relógio anda mais devagar porque a distância que ele percorre também é menor quando medida de um referencial estacionário. Essas duas transformações em conjunto ajustam o espaço-tempo quadridimensional para que as leis da física permaneçam invariantes nos dois referenciais.

$$\Delta T = \frac{1}{\sqrt{1-\frac{v^2}{c^2}}}.\Delta T' \Rightarrow \ \Delta T = \gamma.\Delta T' \Rightarrow \ \Delta T' = \frac{\Delta T}{\gamma} \qquad (10.25)$$

Observando essas duas novas propostas de Lorentz para a contração do espaço e para a dilatação do tempo, o matemático Henri Poincaré propôs que seria impossível medir movimentos absolutos em relação ao éter, pois os postulados de Lorentz modificavam de forma consistente as transformações de Galileu, e sugeriu que isso deveria ser traduzido em alguma nova lei da natureza.

A dilatação do tempo dada pelo fator γ nas equações (10.24) e (10.25) foi explicada por um experimento imaginário proposto por Einstein após a apresentação da teoria da relatividade, o qual é conhecido como experimento do relógio de luz. Nele, um raio de luz é aprisionado entre dois espelhos horizontais, sendo refletido verticalmente para cima e para baixo entre os espelhos enquanto o relógio move-se horizontalmente. Basicamente esse relógio é idêntico ao arranjo do interferômetro de Michelson e Morley, no qual os espelhos movem-se com a velocidade da Terra. Einstein calculou o tempo que o raio de luz demora para ir de um espelho ao outro pelo ponto de vista de dois observadores distintos. Um deles está parado no interior do relógio e move-se com ele. O outro observador está estacionado fora do relógio e observa o raio de luz realizando um percurso inclinado entre os dois espelhos. A Figura 10.11 ilustra a ideia do relógio de luz.

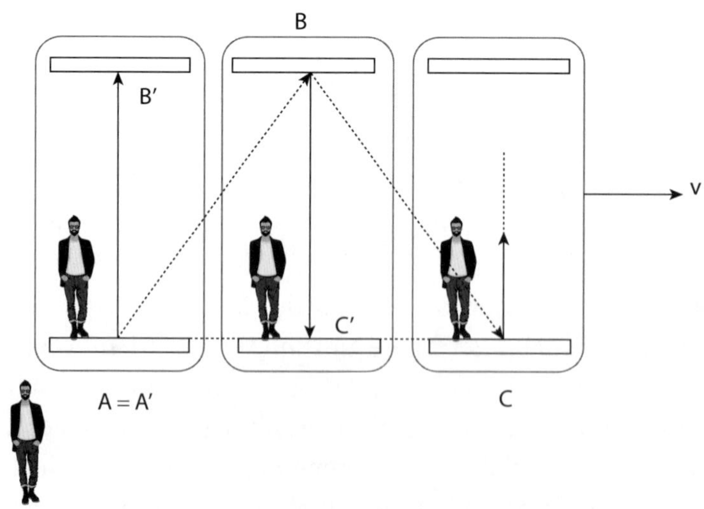

Figura 10.11 – Relógio de luz em movimento com velocidade *v*.

Na Figura 10.11, o caminho A, B da linha inclinada tracejada é o caminho visto pelo observador externo e estacionário. Para isso, a fonte de luz que emitiu inicialmente o raio foi posicionada inclinada para a direita no ponto A de um ângulo de 20,6" segundo de minuto de grau em relação à vertical. O mesmo ângulo conhecido para a aberração estelar. Para o observador no interior do relógio, a trajetória do raio de luz será vertical na subida e na descida. Considere $H = A'B'$ na subida vertical do raio de luz ou $H = BC'$ na descida, medida pelo observador dentro do relógio. Essa distância vertical H entre os dois espelhos é a mesma para os dois observadores, pois não é afetada pelo movimento do relógio. Segundo o teorema de Pitágoras aplicado pelo observador externo, podemos relacionar as distâncias e os tempos do raio de luz.

$$AB^2 = BC'^2 + AC'^2 \tag{10.26}$$

A distância AB inclinada dada pela linha tracejada é $AB = c.\Delta T$, sendo ΔT o tempo medido pelo observador estacionado fora do relógio. A distância horizontal percorrida pelo relógio em movimento até o meio do percurso é $AC' = v.\Delta T$, sendo v velocidade do relógio e ΔT o tempo de viagem do relógio medido pelo mesmo observador externo, parado fora do relógio. Então, para as distâncias da equação (10.26), teremos:

$$(c.\Delta T)^2 = H^2 + (v.\Delta T)^2 \Rightarrow (c^2 - v^2).\Delta T^2 = (H)^2 \tag{10.27}$$

$$\Delta T^2 = \frac{(H)^2}{(c^2 - v^2)} \Rightarrow \Delta T^2 = \left(\frac{H}{c}\right)^2 \frac{1}{\left(1 - \frac{v^2}{c^2}\right)} \tag{10.28}$$

O tempo (H/c) é o tempo gasto para o raio de luz ir verticalmente para cima. Esse tempo é medido pelo observador estacionado no espelho do relógio como $\Delta T'$.

$$\Delta T = \frac{1}{\sqrt{1 - \frac{v^2}{c^2}}}.\Delta T' \text{ ou seja, } \Delta T = \gamma.\Delta T' \tag{10.29}$$

As equações (10.29) são as mesmas equações obtidas em (10.25).

As ideias de contração do espaço e dilatação do tempo foram introduzidas em um momento histórico inicial. No início do surgimento da teoria da relatividade, essas ideias ajustavam matematicamente os resultados experimentais observados, porém trouxeram uma série de paradoxos que tornariam a teoria, a qual se distancia bastante do senso comum, muito mais difícil de ser compreendida. Os paradoxos permanecem até hoje como uma herança daquele início histórico, estabelecendo um caminho mais difícil e gerando muitas confusões no ensino e na compreensão dessa teoria para as novas gerações.

10.12 PARADOXOS

Um dos paradoxos mais conhecidos é chamado de paradoxo dos gêmeos. Nesse paradoxo é proposta uma experiência imaginária na qual um dos gêmeos viaja em uma nave espacial por alguns anos a uma velocidade próxima à da luz. Em seu referencial próprio, o tempo passa mais devagar do que o tempo medido por ele entre eventos idênticos que ocorrem no referencial de seu irmão que ficou na Terra. Quando o gêmeo voltar da viagem, ele certamente estará mais jovem do que seu irmão que ficou na Terra. Porém, pelo princípio da relatividade, o gêmeo da nave poderia considerar que a sua nave se encontra estacionária e é seu irmão na Terra que se afasta com velocidade $-v$. As leis da física permanecem invariantes nos dois casos, porém, neste último caso, seria o irmão na Terra que permaneceria mais jovem ao se reencontrarem. Qual dos dois permaneceria mais jovem? Qual dos dois estaria com a razão?

Esse e outros paradoxos ocorrem quando pensamos sobre a relatividade do tempo e do espaço separadamente. A melhor forma para compreender os efeitos relativísticos, especialmente aqueles que geram discussões e levam a paradoxos, é considerar o tempo como a quarta dimensão do espaço, formando o conjunto espaço-tempo em quatro dimensões. Assim, a relatividade é mais bem compreendida como uma transformação geométrica em uma região quadridimensional, três dimensões para o espaço e uma dimensão para o tempo. Não é possível separar os ajustes que ocorrem no espaço daqueles que ocorrem no tempo quando se busca entender melhor os fenômenos relativísticos. Geometricamente, a relatividade é uma rotação hiperbólica no espaço-tempo.

Para a resolução do enigma do paradoxo dos gêmeos, devemos considerar que aquele que realmente possui velocidade deve ter sofrido alguma aceleração para obtê-la. Também para o reencontro, a nave deve desacelerar até parar e acelerar no sentido contrário para adquirir velocidade $-v$ de retorno à Terra. A aceleração torna a nave um referencial não inercial, desqualificando-a para a análise do princípio da relatividade. A aceleração e os referenciais não inerciais foram tratados por Albert Einstein dez anos mais tarde, na teoria da relatividade geral publicada em 1915, na qual surge um novo princípio: o princípio da equivalência, o qual considera referenciais acelerados como sistemas equivalentes aos submetidos à força gravitacional que aparece devido às deformações no espaço-tempo causadas pela presença de massa. A relatividade geral tornou-se uma nova teoria da gravitação, substituindo a teoria da gravitação de Isaac Newton.

10.13 O CENÁRIO IDEAL PARA O SURGIMENTO DA TEORIA DA RELATIVIDADE

O desenvolvimento da teoria da relatividade foi fruto do trabalho de um conjunto de pessoas e fatos científicos relevantes, e teve a contribuição de muitas investigações experimentais. Alguns exemplos são as observações de James Bradley, Oliver Lodge, Focault, Arago, Fresnel, Airy, Fizeau, Michelson, Morley e mais tantos outros não citados neste texto, bem como os trabalhos de Hendrik Lorentz, George FitzGerald, Henri Poincaré, James Maxwell, entre outros, que acabaram culminando no trabalho de Albert Einstein em 1905.

Muitas questões envolveram o desenvolvimento dessa teoria, a começar por questões simples e curiosas: o que há no espaço? Há algum tipo de matéria preenchendo o espaço? A ideia de que o espaço deveria possuir algum tipo de material preenchendo-o é antiga e foi reforçada com os trabalhos de Thomas Young (1773-1829) e Augustin Jean Fresnel (1788-1827), que levaram ao ressurgimento da teoria ondulatória da luz no começo do século XIX. O aparecimento da teoria eletromagnética de Maxwell em 1873 mostrou que a luz se comporta como uma onda com campos elétricos e magnéticos acoplados. Sabia-se da mecânica newtoniana que ondas mecânicas necessitavam de um meio físico para que pudessem se propagar. Essas teorias e ideias levaram a outra teoria, conhecida como teoria do éter luminífero, na qual o espaço seria preenchido por algum tipo de matéria efêmera necessária para permitir que as ondas luminosas, a luz que vem do Sol e das estrelas, chegassem até nós. Outro fenômeno bem conhecido pelos astrônomos, a já mencionada aberração estelar, começou a apresentar maior importância na tentativa de explicar a hipótese do éter. Vários experimentos foram realizados para investigar o comportamento da luz no éter. Os experimentos investigavam como seria a propagação da luz quando a fonte ou o meio estivessem em movimento como água escoando no interior de um tubo ou vidro em movimento. Todos os experimentos possuíam como base a teoria da soma de velocidades de Galileu. Sob a relatividade de Galileu, nenhum experimento apresentou resultados conclusivos, levando à necessidade de hipóteses de contração do espaço e dilatação do tempo para explicar matematicamente os resultados experimentais.

Porém, um trabalho publicado por Albert Einstein eliminou a necessidade do éter, postulando que as leis da física valeriam de forma equivalente em qualquer referencial. Com esse primeiro postulado, o conjunto das equações eletromagnéticas de Maxwell deveria fornecer sempre o mesmo resultado em qualquer referencial. Com isso, a velocidade da luz surge como uma constante, diretamente das equações de Maxwell. Em outras palavras, o primeiro postulado justifica a constância da velocidade da luz obtida pela aplicação do conjunto das equações eletromagnéticas de Maxwell em qualquer referencial. O segundo postulado apenas estabelece que a velocidade da luz é uma constante, independente da velocidade da fonte que emite tal luz, postulado este desnecessário e que apenas reforça o que já é constatado com a aplicação do primeiro postulado, sobre a teoria física do eletromagnetismo.

10.14 OS POSTULADOS DA TEORIA DA RELATIVIDADE DE ALBERT EINSTEIN

Galileu sabia que seria impossível perceber que um sistema possuiria velocidade constante por meio da realização de experiências físicas. Em um de seus escritos, "Diálogo sobre os dois máximos sistemas do mundo ptolomaico e copernicano", mais conhecido como "Diálogo", publicado em 1632, dez anos antes de sua morte, Galileu menciona este fato:

> Feche-se com algum amigo na cabine principal abaixo dos deques em algum navio grande, e tenha com você lá algumas moscas, borboletas e outros pequenos animais voadores. Tenha uma grande tigela de água com algum peixe nela; verta uma garrafa que se esvazia gota a gota em um vaso amplo embaixo dela. Com o navio parado, observe com cuidado como os animais pequenos voam com a mesma velocidade em todos os lados da cabine. [...] Quando tiver observado todas essas coisas com cuidado (embora, sem dúvida, quando o navio estiver parado, tudo deve acontecer dessa maneira), faça o navio prosseguir com qualquer velocidade que você quiser, desde que o movimento seja uniforme e não de maneira flutuante. Você descobrirá que não há a menor mudança em todos os efeitos mencionados, nem você pode dizer, com base em nenhum deles, se o navio estava em movimento ou parado (GALILEI, 1632, p. 291).

Por defender as ideias do heliocentrismo de Copérnico nessa obra, Galileu foi condenado em 1633 pela Inquisição da Igreja católica à prisão domiciliar perpétua e foi proibido de falar, defender ou ensinar os conceitos de Copérnico. Trata-se da primeira menção ao princípio da relatividade que figura no primeiro postulado da obra de Albert Einstein sobre a relatividade, de 1905.

Einstein estabeleceu o seu primeiro postulado da teoria da relatividade com uma consideração semelhante à dada pela observação de Galileu e considerou que as leis da física, em sua maior amplitude, incluindo as leis do eletromagnetismo, deveriam ser as mesmas em qualquer referencial inercial, ou seja, estacionário ou movendo-se com velocidade de translação uniforme.

Em seu artigo de 1905, "Sobre a eletrodinâmica de corpos em movimento", Albert Einstein escreveu:

> as mesmas leis da eletrodinâmica e óptica serão válidas para todos os sistemas de referência em que as equações da mecânica são válidas. Vamos elevar essa conjectura (no sentido de que será doravante chamado "princípio da relatividade") ao *status* de um postulado e também introduzir outro postulado, que só é aparentemente irreconciliável com o antigo, ou seja, que a luz sempre é propagada em um espaço vazio com uma velocidade definitiva *c* que é independente do estado de movimento do corpo emissor. Esses dois postulados são suficientes para a realização de uma teoria simples e consistente da eletrodinâmica dos corpos em movimento, baseada na teoria de Maxwell para corpos estacionários. A introdução de um "éter luminífero" será provada supérflua, na medida em que a exibição aqui a ser desenvolvida não exigirá um "espaço absolutamente estacionário", fornecido com propriedades especiais [...] (EINSTEIN, 1905, p. 1).

Após o artigo original da relatividade especial de Einstein, em 1905, outros conjuntos de postulados têm sido propostos em formas alternativas, embora o mais comum seja o apresentado por Einstein em seu artigo original. Uma declaração mais matemática do princípio especial da relatividade foi feita mais tarde por Einstein e publicada em conjunto com Lorentz, Minkowski e Weyl (1952) em seu primeiro postulado. Ela diz o seguinte:

Primeiro postulado da relatividade especial: "Se um sistema de coordenadas ***K*** é escolhido para que, em relação a ele, as leis da física sejam válidas na sua forma mais simples, as mesmas leis serão válidas em relação a qualquer outro sistema de coordenadas ***K'*** que se move em translação uniforme relativamente a ***K***" (EINSTEIN *et al.*, 1952, p. 111).

Esse postulado é basicamente o que Galileu menciona ao descrever o navio com movimento uniforme no já mencionado "Diálogo", de 1632. Resumindo, o primeiro postulado diz que as leis da física são equivalentes em quaisquer sistemas de referenciais adotados. Nenhum referencial estacionário ou com velocidade constante é melhor ou privilegiado em relação a outro.

Segundo postulado da relatividade especial: "A velocidade da luz é sempre constante independentemente do referencial adotado" (EINSTEIN *et al.*, 1952, p. 111).

Com esses dois postulados, Albert Einstein chegou matematicamente a um conjunto de equações que transformam as coordenadas do sistema de referência ***K*** nas coordenadas do sistema ***K'***. Essas equações são as mesmas obtidas por Lorentz e Fitz-Gerald. Agora, porém, não há mais a necessidade da hipótese da existência do éter luminífero para a propagação da luz.

10.15 OS SISTEMAS DE REFERÊNCIA E A INVARIÂNCIA DAS LEIS DA FÍSICA

Considere um sistema de referência ***K*** estacionário com três eixos ortogonais *x*, *y* e *z*. Considere um ponto ***P*** neste sistema de referência ***K*** cujas coordenadas espaciais serão (*x, y, z*).

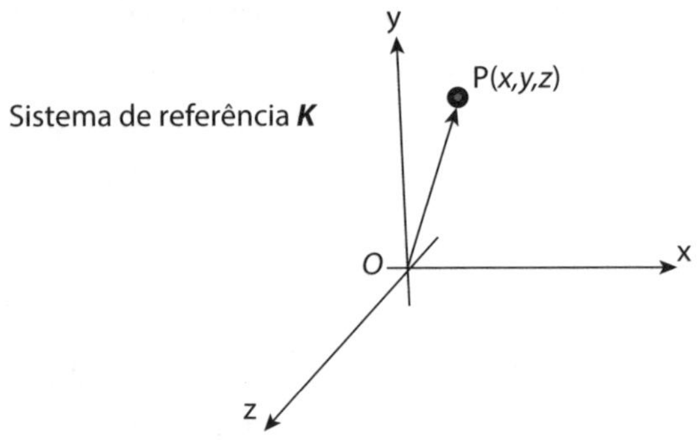

Figura 10.12 – Sistema de referência ***K*** estacionário.

Considere agora um segundo sistema de referência ***K'*** com os eixos ortogonais *x'*, *y'* e *z'*. Esses eixos são paralelos, respectivamente, aos eixos *x*, *y* e *z* do sistema ***K***. O sistema ***K'*** se move com velocidade *v* no sentido do eixo *x'* para a direita. Um ponto *P* nesse sistema de coordenadas é descrito pelas coordenadas (*x', y', z'*).

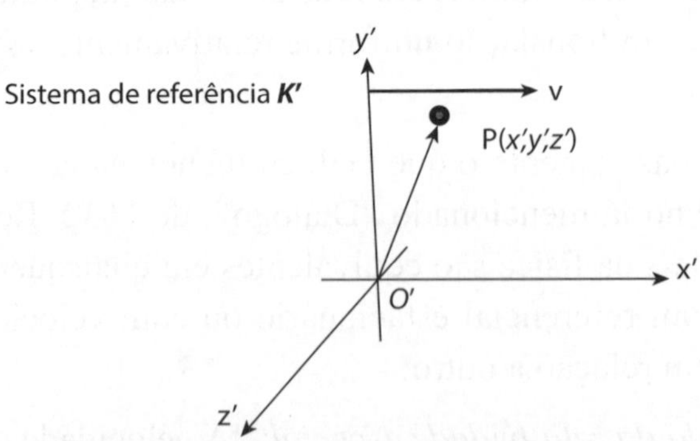

Figura 10.13 – Sistema de referência ***K'*** com velocidade *v* para a direita.

Considere que as origens O e O' dos sistemas de coordenadas $\boldsymbol{K}$ e $\boldsymbol{K'}$ coincidam por um instante quando o sistema $\boldsymbol{K'}$ passa pelo sistema $\boldsymbol{K}$. Nesse instante, um pulso de luz é emitido na posição coincidente das origens $O = O'$.

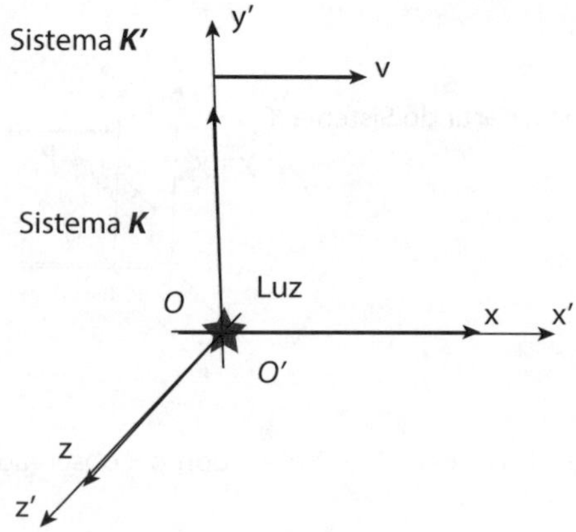

Figura 10.14 – Pulso de luz emitido quando as origens *O* e *O'* dos sistemas de referência coincidem.

O raio de luz se propaga a partir das origens de forma esférica devido à isotropia do espaço. Consideremos o ponto P referente à frente de onda esférica da luz que se propaga, observada a partir do sistema de referência $\boldsymbol{K}$, como visto na Figura 10.15.

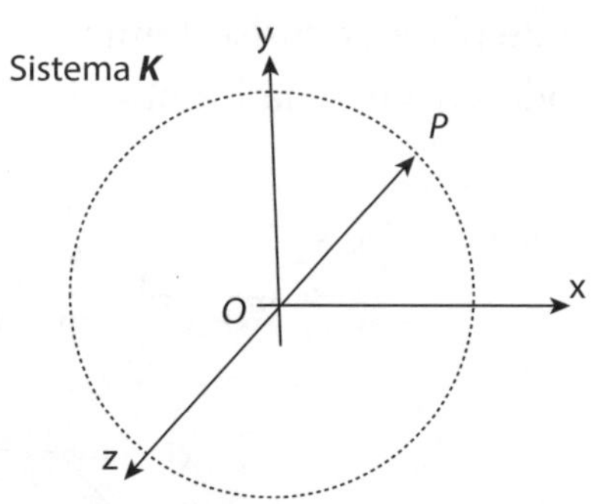

Figura 10.15 – Frente de onda esférica observada a partir do sistema de referência estacionário ***K*** propagando-se em torno da origem *O*.

A partir da origem do sistema de referência $\boldsymbol{K}$, a frente de onda da luz propaga-se de forma esférica e centrada na origem O. A distância da frente de onda à origem é igual a ct, sendo c a velocidade da luz e t o tempo de propagação. Essa distância pode ser obtida em função das coordenadas do ponto P.

$$x^2 + y^2 + z^2 = c^2t^2 \tag{10.30}$$

Como o sistema de referência K' está em movimento para a direita com velocidade v, a distância de sua origem O' até o mesmo ponto P da frente de onda considerada será menor quando esta distância for observada de K, conforme pode ser visto na Figura 10.16.

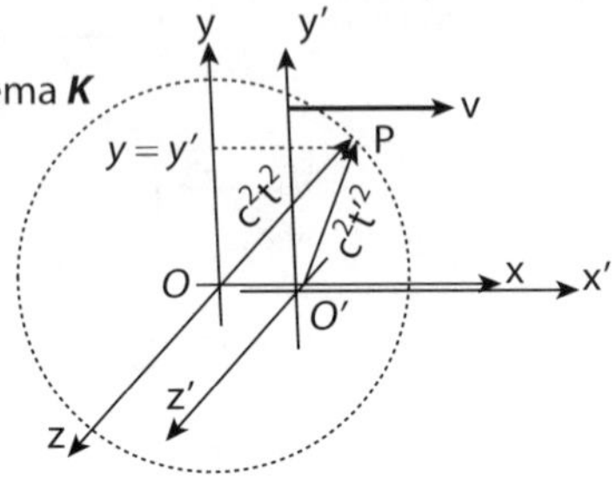

Figura 10.16 – Distâncias das origens *O* e *O'* até o ponto *P* observado a partir do sistema ***K***.

A distância c^2t^2 medida da origem O até o ponto P é maior do que a distância $c^2t'^2$ da origem O' até o mesmo ponto P. As coordenadas y e y' para o ponto P nos dois referenciais coincidem: $y = y'$. Essa coincidência ocorre também no eixo z: $z = z'$. Porém, para a direção do eixo x, a coordenada x do ponto P é maior do que a coordenada x' do sistema K' devido à velocidade v para a direita que o sistema de referência K' possui: $x > x'$.

Do ponto de vista do referencial K', o referencial K é que se move com velocidade $-v$ e o círculo dado pela frente de onda do pulso luminoso está centrado na origem O' do referencial K', conforme pode ser visto na Figura 10.17.

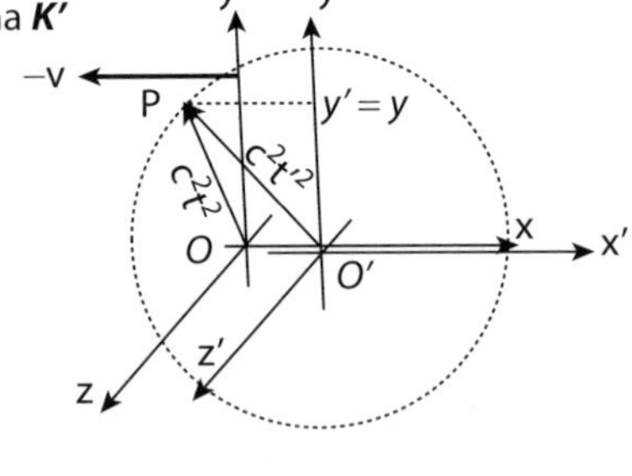

Figura 10.17 – Distâncias das origens *O* e *O'* até o ponto *P* observado a partir do sistema ***K'***.

Para o referencial K', a frente de onda propaga-se como uma esfera centrada na origem O'. Nesse referencial, a distância ct' pode ser escrita em função das coordenadas x', y' e z':

$$ct' = \sqrt{x'^2 + y'^2 + z'^2} \tag{10.31}$$

Nos referenciais ***K*** e ***K'*** temos as equações semelhantes, respectivamente:

$$x^2 + y^2 + z^2 - c^2t^2 = 0 \text{ e } x'^2 + y'^2 + z'^2 - c^2t'^2 = 0 \qquad (10.32)$$

E, igualando as duas equações:

$$x^2 + y^2 + z^2 - c^2t^2 = x'^2 + y'^2 + z'^2 - c^2t'^2 \qquad (10.33)$$

As coordenadas $y = y'$ e $z = z'$ são iguais pois não se alteram com a velocidade v do referencial ***K'*** na direção do eixo +x'. Porém, quando o ponto P é observado do referencial ***K***, teremos a coordenada $x > x'$, e, para satisfazer a equação (10.33), precisaremos ter o tempo $t > t'$, pois a velocidade da luz é a mesma nos dois referenciais:

$$x^2 - c^2t^2 = x'^2 - c^2t'^2 . \qquad (10.34)$$

Assim, observando do referencial ***K***, as distâncias sobre o eixo x' de ***K'*** são menores e o tempo em ***K'*** anda mais devagar, porém, observando do referencial ***K'*** temos o oposto, ou seja, as distâncias sobre o eixo x em ***K*** são menores e o tempo em ***K*** anda mais devagar, pois para o referencial ***K'*** é o referencial ***K*** que se move com velocidade $-v$. Isso faz parte do princípio da relatividade especial descrito pelo primeiro postulado.

Dividindo a equação (10.34) por t^2, ficamos com:

$$\frac{x^2}{t^2} - \frac{c^2t^2}{t^2} = \frac{x'^2}{t^2} - \frac{c^2t'^2}{t^2} \text{ em que } \frac{x^2}{t^2} = c^2, \qquad (10.35)$$

e, assim,

$$0 = \frac{x'^2}{t^2} - \frac{c^2t'^2}{t^2} \text{ ou } x'^2 = c^2t'^2 . \qquad (10.36)$$

Dividindo agora por t'^2 teremos

$$\frac{x'^2}{t'^2} = c^2 . \qquad (10.37)$$

Pelas equações (10.35) e (10.37) temos o mesmo valor c para a velocidade da luz, já que o espaço e o tempo são modificados consistentemente para manter essa constância.

A equação (10.33) representa a invariância de Lorentz, pois as leis da física devem ser igualmente válidas em qualquer referencial. Como a luz é um fenômeno físico eletromagnético, o princípio da relatividade, enumerado como primeiro postulado, garante que sua velocidade seja a mesma em todo referencial que possua velocidade nula ou constante. Com isso, o princípio da relatividade acaba por estabelecer também que não há movimento absoluto: há somente movimento relativo, como no experimento do navio de Galileu, no qual não há como saber se o navio está em movimento ou parado por meio de nenhum experimento físico.

10.16 AS TRANSFORMAÇÕES DE LORENTZ

As coordenadas de um sistema ***K'*** que se move com velocidade v para a direita podem ser escritas em função das coordenadas do sistema ***K*** estacionário por meio das transformações de coordenadas que ficaram conhecidas como transformações de Lorentz, obtidas por Hendrik Antoon Lorentz em 1903.

$$x' = \gamma(v)(x - vt); \; y' = y; \; z' = z; \; t' = \gamma(v)\left(t - \frac{vx}{c^2}\right) \tag{10.38}$$

Lorentz percebeu que, com essas transformações, as equações de Maxwell ficavam invariantes sob uma mudança de coordenadas, preservando as leis do eletromagnetismo.

Como o sistema ***K'*** move-se para a direita, apenas a coordenada x' e a coordenada do tempo t' são afetadas pelas transformações. As coordenadas y e z permanecem inalteradas.

A transformação reversa fornece as coordenadas do sistema ***K*** em relação às coordenadas do sistema ***K'***. Essas coordenadas podem ser obtidas facilmente pela inversão da simetria, considerando que o sistema ***K*** agora possui velocidade $(-v)$, enquanto o sistema ***K'*** é, neste caso, o sistema estacionário.

$$x = \gamma(v)(x' + vt'); \; y = y'; \; z = z'; \; t = \gamma(v)\left(t' + \frac{vx'}{c^2}\right) \tag{10.39}$$

10.17 A ADIÇÃO DAS VELOCIDADES

Se um objeto se move com velocidade ***u*** no sistema estacionário ***K***, qual deveria ser a sua velocidade ***u'*** no sistema ***K'*** que se move com velocidade ***v***? Na relatividade de Galileu, a velocidade ***u'*** seria intuitivamente obtida pela soma vetorial ***u*** + ***v***. Porém, já vimos anteriormente que essa soma não explicou os resultados dos experimentos que buscavam encontrar efeitos de interferência ondulatória da velocidade relativa da luz entre os referenciais ***K*** e ***K'***. Na relatividade de Einstein, podemos encontrar as transformações das velocidades pelas derivadas das transformações de Lorentz.

$$u'_x = \frac{dx'}{dt'};\ u'_y = \frac{dy'}{dt'};\ u'_z = \frac{dz'}{dt'} \tag{10.40}$$

Utilizando as equações (10.38), teremos:

$$dx' = \gamma(v)(dx - v dt);\ dy' = dy;\ dz' = dz;\ dt' = \gamma(v)\left(dt - \frac{v dx}{c^2}\right) \tag{10.41}$$

Assim, substituindo as equações (10.41) em (10.40), obteremos o resultado para u'_x:

$$u'_x = \frac{dx'}{dt'} = \frac{\gamma(v)(dx - v dt)}{\gamma(v)\left(dt - \frac{v dx}{c^2}\right)} = \frac{dt}{dt}.\frac{\left(\frac{dx}{dt} - v\right)}{\left(1 - \frac{v}{c^2}\frac{dx}{dt}\right)} = \frac{u_x - v}{\left(1 - \frac{v u_x}{c^2}\right)} \tag{10.42}$$

Com um procedimento análogo para obter u'_x, obteremos as componentes u'_y e u'_z da velocidade ***u'*** no sistema ***K'***.

$$u'_x = \frac{u_x - v}{\left(1 - \frac{v u_x}{c^2}\right)};\ u'_y = \frac{u_y}{\gamma(v)\left(1 - \frac{v u_x}{c^2}\right)};\ u'_z = \frac{u_z}{\gamma(v)\left(1 - \frac{v u_x}{c^2}\right)} \tag{10.43}$$

Note que as velocidades u'_y e u'_z nos eixos y e z também sofrem transformações devido à transformação do tempo. Tente obtê-las como nas equações (10.43), seguindo o procedimento feito na equação (10.42) para a componente de velocidade u'_x do eixo x.

A transformação reversa do sistema ***K'*** para o sistema ***K*** pode ser obtida diretamente, trocando-se o sentido da velocidade com base no princípio da relatividade entre os dois sistemas, conforme se pode ver nas equações (10.44).

$$u_x = \frac{u'_x + v}{\left(1 + \frac{vu'_x}{c^2}\right)};\; u_y = \frac{u'_y}{\gamma(v)\left(1 + \frac{vu'_x}{c^2}\right)};\; u_z = \frac{u'_z}{\gamma(v)\left(1 + \frac{vu'_x}{c^2}\right)} \qquad (10.44)$$

10.18 O ESPAÇO-TEMPO QUADRIDIMENSIONAL

Considere uma régua pertencente a um sistema que se move com velocidade v. A régua medida em seu sistema próprio de referência tem comprimento próprio L_0.

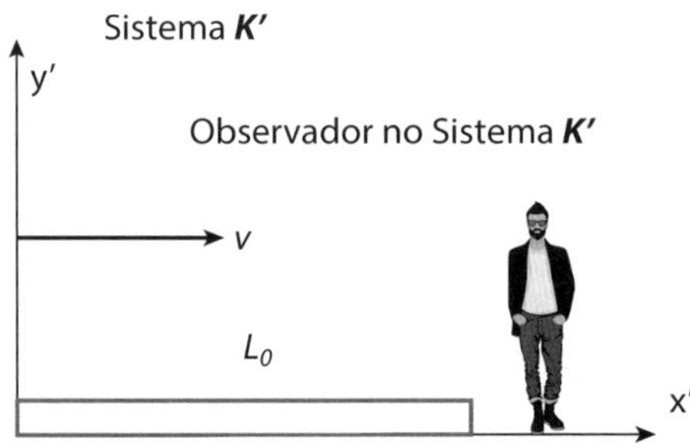

Figura 10.18 – Réguas com comprimento próprio L_0 vistas em seus sistemas de repouso.

Porém, quando o comprimento da régua for observado de outro sistema de referência, em relação ao qual ela se move com velocidade v, o seu comprimento observado L será menor que L_0, conforme observado na Figura 10.19.

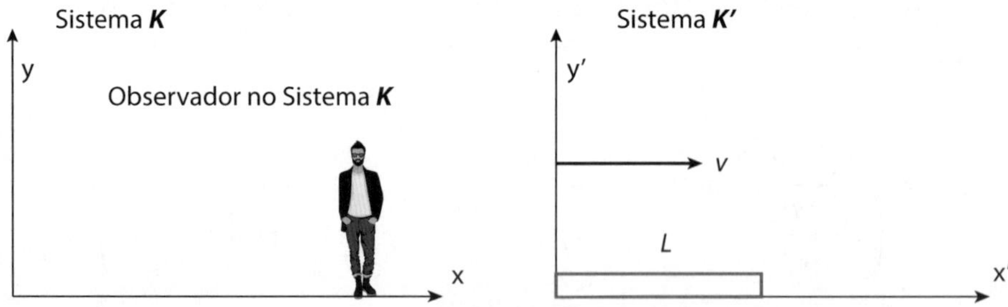

Figura 10.19 – Régua no sistema ***K'*** vista pelo observador do sistema ***K*** ($L < L_0$).

Com a régua no sistema ***K***, o observador de ***K'*** experimentará o mesmo efeito e verá o mesmo comprimento menor L, conforme visto na Figura 10.20.

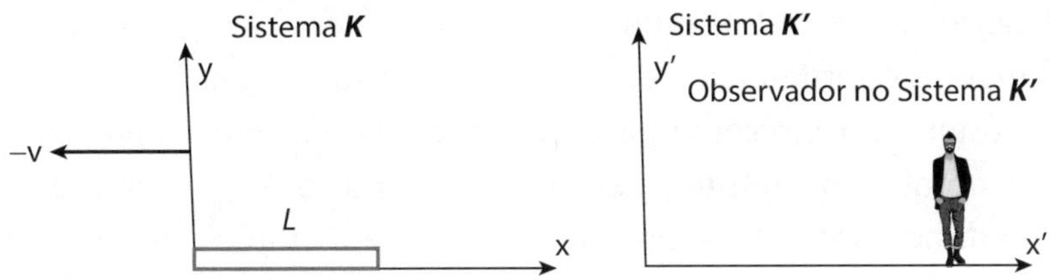

Figura 10.20 – Régua no sistema ***K*** vista pelo observador do sistema ***K'***.

O comprimento L é conhecido como comprimento do observador e será o mesmo para qualquer observador que se move em relação à régua, conforme estabelece o princípio da relatividade. Segundo esse princípio, o sistema ***K*** é visto mover-se com velocidade $-v$ pelos observadores de ***K'*** e, portanto, a régua de ***K*** se afasta de ***K'*** com velocidade $-v$. Assim, segundo esse princípio, ambos os observadores perceberão a régua do outro sistema com comprimento menor do que o comprimento de repouso L_0 em seu sistema próprio de referência. No cálculo de L, o comprimento da régua na direção do movimento é dado pela razão entre seu comprimento próprio L_0 e o fator $\gamma(v)$.

$$L = \frac{L_0}{\gamma(v)} \tag{10.45}$$

Cada observador em seu sistema de referência dirá que a régua do outro sistema de referência é menor que a sua própria régua, o que não é uma contradição. Trata-se de algo semelhante a uma vista em perspectiva. Quando se observa um objeto em perspectiva, poder-se-á dizer que o objeto aparenta ser menor do que visto de frente. Ambos os observadores, ao observarem em perspectiva, dirão que o objeto aparenta ser menor do que o objeto semelhante que possuem em frente de si. Apenas aparenta ser, pois não podemos esquecer de que não se trata do mesmo objeto. No caso das réguas, a mesma régua não pode pertencer aos dois sistemas simultaneamente, ou seja, ter velocidade e estar parada ao mesmo tempo. O resultado deste exemplo é fácil de aceitar porque vivenciamo-lo rotineiramente em nosso dia a dia. Os resultados para os exemplos da relatividade, não. Nossas velocidades costumeiras são muito menores do que a velocidade da luz para que possamos perceber algum efeito de perspectiva no tecido do espaço-tempo em quatro dimensões.

Na relatividade especial há uma série de contradições e paradoxos que surgem quando uma proposta de contração do espaço é feita sem considerar o tempo como a quarta dimensão. As contradições e paradoxos nada mais são do que os ajustes necessários ao tecido do espaço-tempo devido às velocidades relativas entre os objetos que pertencem a referenciais diferentes. Poderíamos exemplificar comparando dois observadores pertencentes a um mundo plano, bidimensional, o plano (x,y). Nenhum dos dois considera a coordenada z como uma terceira dimensão. Para eles, a coordenada z é o que o tempo representa para nós antes da teoria da relatividade. Assim, se não podemos caminhar no tempo, nem para a frente e nem para trás, os habitantes desse mundo bidimensional também não podem se aventurar a viajar na direção da coordenada z. Não conseguem sair de seu mundo plano bidimensional e, portanto, não podem explorar coisas que não fazem parte dele. Um observador, ao observar algo que faz parte do mundo de outro observador, poderá ter uma conclusão contraditória ao observar do ponto de vista de seu próprio mundo.

Considere os referenciais $\boldsymbol{K}$, $\boldsymbol{K_1}$, $\boldsymbol{K_2}$, $\boldsymbol{K_3}$, $\boldsymbol{K_4}$, ..., $\boldsymbol{K_N}$ como planos bidimensionais (x,y) onde se encontram os observadores à esquerda. Considere réguas que não pertencem a esses planos, pois estão inclinadas de um ângulo ϕ em relação aos planos (x,y). Os observadores nesses referenciais conseguem observar apenas as projeções L da régua de comprimento próprio L_0 quando esta se inclina de um ângulo ϕ em relação ao plano (x,y). Este exemplo pode ser observado na Figura 10.21.

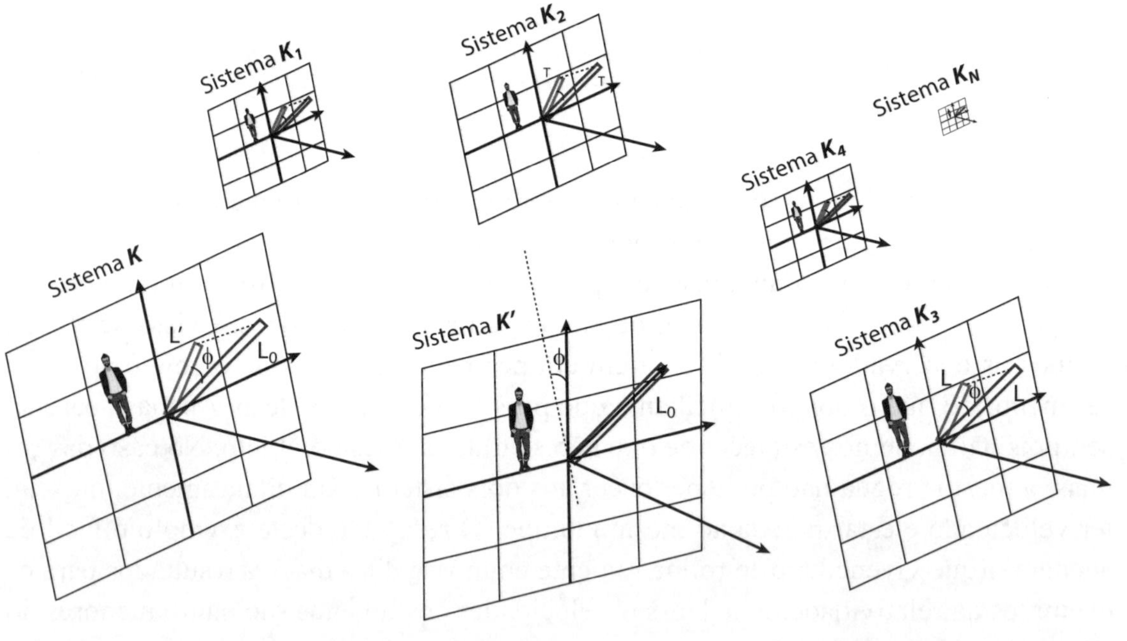

Figura 10.21 – Vários sistemas de referência estacionários, $\boldsymbol{K}$, $\boldsymbol{K_1}$, $\boldsymbol{K_2}$, $\boldsymbol{K_3}$, $\boldsymbol{K_4}$, ..., $\boldsymbol{K_N}$ e o sistema em movimento $\boldsymbol{K'}$, em que o movimento é representado por uma inclinação de um ângulo ϕ para o plano bidimensional do sistema.

Para que o observador encontre o tamanho próprio da régua em seu mundo bidimensional, seu plano (x,y) deverá ser inclinado de um ângulo ϕ igual ao ângulo no qual a régua se encontra inclinada. A régua estará agora contida no plano do observador, e ele poderá medi-la em seu próprio referencial. O observador medirá o comprimento próprio L_0 com sucesso. Isso pode ser observado no sistema ***K'*** da Figura 10.21, o qual foi inclinado, contendo agora a régua no plano (x',y'). Comparando-se aos efeitos observados na relatividade, seria possível dizer que os planos com a mesma inclinação estão estacionários entre si. Para o sistema ***K'***, sua inclinação ϕ faz com que a régua esteja em seu plano (x',y'). Em termos dos efeitos da relatividade, seria similar ao observador adquirir a mesma velocidade da régua, ou seja, ambos se encontram no mesmo referencial e estão estacionados um em relação ao outro. Quando a régua adquire outra velocidade, ou seja, inclina-se novamente e sai do mundo plano do observador, este consegue observar apenas a sua projeção menor, em seu mundo plano. Se as réguas se encontram estacionadas em relação ao observador de ***K'***, poderíamos, da mesma forma, considerar que todos os outros observadores dos sistemas ***K***, $\boldsymbol{K_1}$, $\boldsymbol{K_2}$, $\boldsymbol{K_3}$, $\boldsymbol{K_4}$, ..., $\boldsymbol{K_N}$ adquiriram velocidade $-v$ e inclinaram-se de um ângulo $-\phi$ em relação às réguas. Com isso, e da mesma forma, eles conseguiriam observar apenas as projeções das réguas em seus mundos planos.

Os efeitos contraditórios e paradoxais da contração do espaço e da dilatação do tempo, muito observados no início do desenvolvimento da teoria da relatividade, tornaram-se mais bem compreendidos com uma nova descrição da geometria do espaço-tempo: o espaço quadridimensional, proposto por Herman Minkowski em 1908. Esses efeitos são representados apenas pelo ajuste da geometria do espaço-tempo quando um objeto adquire velocidade em relação a outro objeto para que os efeitos sejam observados.

Considere agora que o eixo z está relacionado com o eixo do tempo. O mundo plano bidimensional (x,y) do observador se move ao longo do eixo z para que o observador perceba a passagem do tempo. Quando um observador adquire velocidade relativa, seu plano espacial (x,y) adquire uma inclinação ϕ e seu eixo z, agora eixo do tempo, também adquire uma inclinação ϕ em relação aos outros sistemas de referência. Com isso, os tempos medidos em sistemas de referência que possuem velocidades diferentes não apresentarão a mesma cadência. Imaginemos que o eixo do tempo pertencente a um sistema de referência em questão é um eixo ortogonal ao espaço plano bidimensional (x,y) do sistema adotado. Assim como existem vários planos (x,y) com inclinações diferentes, pois cada plano possui uma velocidade relativa diferente, também existem vários eixos do tempo com inclinações diferentes, um para cada sistema de referência adotado. A ideia de que possam existir vários eixos do tempo é bem estranha, mas, assim como as coordenadas x e y, para medição do espaço foram ancoradas em um sistema de referência no qual os eixos foram arbitrariamente escolhidos por conveniência, o eixo do tempo segue a mesma ideia, porque o tempo é uma coordenada do sistema de referência e faz parte do sistema de referência adotado. Não é o mesmo eixo de tempo para todos. Se o plano espacial (x,y) adquire inclinação porque o sistema adquiriu velocidade relativa, o eixo do tempo também se inclina porque faz parte do sistema de referência. Com isso, um sistema de referência pode observar apenas a projeção do tempo do outro sistema de referência, projetado sobre o seu próprio eixo do tempo. Um intervalo de tempo próprio Δt_0 é medido entre dois eventos que ocorrem em uma mesma posição do espaço, estando o observador e seu relógio estacionados em relação a essa posição. Quando o intervalo de tempo é medido entre dois eventos que ocorrem em posições espaciais diferentes ou medido por um relógio em movimento relativo, dizemos que esse intervalo de tempo Δt é o tempo do observador.

O tempo entre dois eventos que ocorrem no mesmo local do espaço no sistema ***K'*** que se move é menor do que o tempo cronometrado no sistema estacionário ***K*** entre esses dois eventos. Como o observador do sistema ***K*** mede uma quantidade de tempo menor entre os dois eventos que ocorrem em ***K'***, o tempo em ***K'*** parece passar mais devagar para ele. Assim, o seu tempo próprio, medido em seu referencial ***K***, é maior, aparentando que o tempo próprio foi dilatado. Esse efeito ficou conhecido como dilatação do tempo.

A Figura 10.22 exibe a inclinação do eixo do tempo entre os sistemas ***K*** e ***K'***. A projeção do intervalo de tempo próprio $\Delta t_0'$ entre dois eventos A' e B' que ocorrem no sistema ***K'*** sobre o eixo do tempo do sistema ***K*** fornece o intervalo de tempo Δt medido pelo observador do sistema ***K***. Esse tempo Δt é menor que o seu tempo próprio Δt_0 no sistema ***K***. Isso porque o observador de ***K*** mede apenas a projeção do tempo de ***K'*** sobre seu próprio eixo do tempo, que se encontra tracejado à direita na Figura 10.22. Se o lapso de tempo entre dois eventos semelhantes A' e B' que ocorrem no sistema ***K'*** for medido pelo observador de ***K'***, este encontrará o tempo próprio dos eventos $\Delta t_0'$, que é o mesmo lapso de tempo Δt_0 medido pelo observador de ***K*** em seu referencial próprio para eventos semelhantes A e B. Assim, os fenômenos físicos, os quais seguem leis específicas da física, não são alterados pelas dilatações do tempo e nem pelas contrações do espaço.

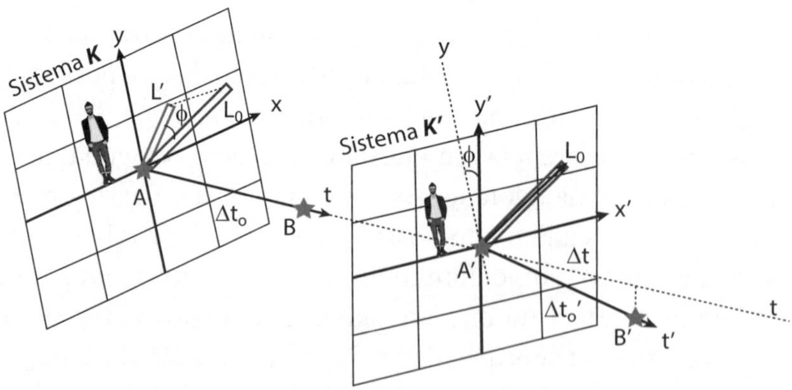

Figura 10.22 – O observador do sistema ***K*** observa dois eventos A' e B' ocorrendo no sistema ***K'*** que se move com velocidade *v*. O lapso de tempo transcorrido entre os dois eventos A' e B' ocorridos no sistema ***K'*** é medido pelo observador em ***K*** como Δt, que é menor do que o tempo próprio Δt_0 medido pelo observador de ***K*** entre dois eventos semelhantes A e B estacionários em relação ao sistema ***K***.

10.19 A QUEBRA NA SIMULTANEIDADE DOS EVENTOS

Como o tempo é uma coordenada, haverá uma quebra na simultaneidade dos eventos quando observados em referenciais distintos. Eventos simultâneos em um referencial poderão não ser simultâneos em outro referencial.

Um exemplo de experiência imaginária proposta por Einstein ilustra a quebra de simultaneidade ao considerar um trem em movimento com velocidade v e dois observadores. Um observador encontra-se no meio do vagão e o outro encontra-se na plataforma. No instante em que os dois observadores passam um pelo outro, duas luzes são emitidas nas extremidades dianteira e traseira do trem. O observador no meio do vagão receberá primeiro o raio de luz da direita e depois o raio de luz da esquerda. Para ele, o raio de luz da frente do trem chega primeiro devido à velocidade do trem para a frente. Para ele, o raio foi emitido primeiro e depois foi emitido o raio da extremidade traseira, conforme pode ser visto na Figura 10.23.

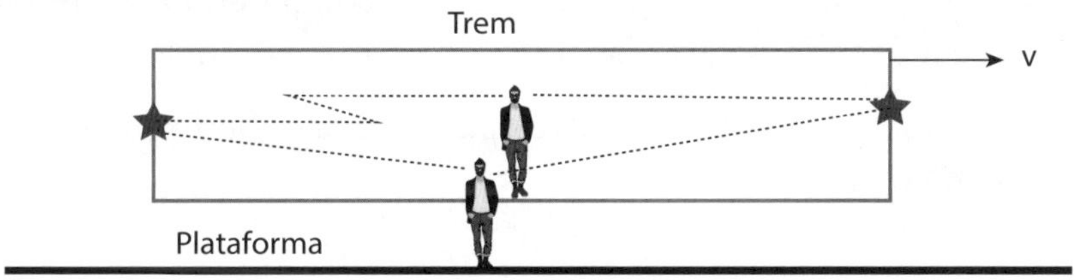

Figura 10.23 – Trem passando na plataforma com velocidade v. Os dois raios de luz, emitidos simultaneamente de suas extremidades, são vistos como não simultâneos pelo observador no meio do vagão.

Para o observador da plataforma na Figura 10.23, os raios de luz da esquerda e da direita viajam à mesma distância, porque esse observador encontra-se parado no meio da plataforma. A velocidade da luz c é constante, e, portanto, os raios chegam até ele simultaneamente. Para o observador no meio do vagão em movimento, o raio da direita viaja uma distância menor e o raio da esquerda viaja uma distância maior para encontrá-lo. Isso porque ele se move para a direita com a velocidade v do vagão. Mesmo sendo a velocidade da luz constante c, os raios de luz percorrem distâncias diferentes, e, para esse observador, os raios não chegam simultaneamente. Como, para ele, as distâncias percorridas pelos raios de luz são ambas iguais à metade do comprimento do vagão e a velocidade da luz é constante, ele conclui que não houve simultaneidade na emissão dos raios de luz e que o raio emitido da direita, na frente do trem, foi emitido primeiro porque chega primeiro. Ambos os observadores estarão corretos em suas observações sobre o tempo de ocorrência dos eventos. Não há nenhuma contradição. Apenas estão realizando suas observações a partir de referenciais diferentes.

10.20 O DECAIMENTO DO MÚON

O múon, ou méson-μ, é uma partícula muito parecida com o elétron. Possui a mesma carga negativa do elétron e spin ½, só que possui 207 vezes mais massa do que o elétron. Por isso, o múon é conhecido como elétron pesado. Os múons vêm do espaço e são produzidos no alto da atmosfera. Os raios solares atingem partículas pesadas como os prótons, produzindo os píons ou mésons-π, que decaem produzindo os múons ou mésons-μ, que também decaem, porém chegam à Terra em grande quantidade e com altas velocidades. Eles decaem desintegrando-se, e seu tempo de vida médio é de $2,2\,\mu s$, lembrando que o prefixo μ é lido como micro e vale $\mu = 10^{-6}$.

Os múons podem ser detectados a uma altitude de 5.000 m com uma velocidade muito próxima à da luz, cerca de 99,8% de *c*, ou 0,998 *c*. Sua ocorrência, ou especificamente o número de múons por cm² por unidade de tempo, pode ser medida nessa altitude no alto de uma montanha ou por instrumentos colocados em balões meteorológicos. Mesmo viajando em velocidade, próximas à velocidade da luz, essas partículas precisariam de um tempo muito grande quando comparado ao seu tempo de vida média, de $2,2\,\mu s$, para serem detectadas na Terra ao nível do mar.

Sem a relatividade, o tempo necessário para viajar 5.000 m com velocidade de 99,8% da velocidade da luz é:

$$\Delta t = \frac{5.000m}{0,998x3x10^8 m/s} = 16,7\,\mu s\,.$$

O múon só vive $2,2\,\mu s$, e nesse tempo conseguiria viajar apenas cerca de 600 m, não mais.

$$\Delta S = vt = \left(0,998\text{x}3\text{x}10^8 m/s\right)\text{x}\left(2,2\text{x}10^{-6} s\right) = 659\,m$$

Porém, essas partículas conseguem viajar 5 km e ser detectadas ao nível do mar. Como isso é possível? Sem a relatividade não seria possível explicar.

O decaimento do múon segue uma lei de decaimento exponencial, $N(t) = N_0.e^{\frac{-t}{\tau}}$, em que τ é o tempo de vida média do múon e t é o tempo que passa no relógio, no referencial do múon.

Assim, se não houvesse relatividade, a porcentagem de múons que restaria ao nível do mar seria quase nenhuma.

$$\frac{N(t)}{N_0} = e^{\frac{-16,7x10^{-6}s}{2,2x10^{-6}s}} = 0,0005050 = 0,05050\%$$

Porém, de acordo com observações experimentais, essa taxa é de cerca de 62%!

$$\frac{N(t)}{N_0} = 0,62 = 62\%$$

Parece que o tempo passa mais devagar no referencial do múon! Se calcularmos o tempo de vida média τ em seu referencial, utilizando essa porcentagem, teremos, $\frac{N(t)}{N_0} = 0,62 = e^{\frac{-16,7x10^{-6}s}{\tau}}$, ou seja, $\tau = \frac{-16,7x10^{-6}s}{ln(0,62)} = 34,9x10^{-6}s$. Esse tempo de vida é cerca de 16 vezes maior do que o tempo de vida média conhecido no laboratório, de $2,2\,\mu s$. Como o múon poderia viver 16 vezes mais? Isso violaria o primeiro postulado da relatividade, que diz que as leis da física devem valer igualmente em qualquer referencial inercial. Assim, para explicar esse fenômeno, um observador na Terra dirá que o relógio no referencial do múon anda mais devagar do que o relógio no referencial da Terra. Embora na Terra nosso relógio acuse $16,7\,\mu s$ necessários para o percurso, no referencial do múon esse tempo tem que ter sido muito menor. Do ponto de vista do múon, o seu tempo de vida médio não variou, sendo os mesmos $2,2\,\mu s$, mantendo invariantes todas as leis da física em ambos os referenciais. Porém, com relação ao espaço, do ponto de vista do múon, ele viaja uma distância bem menor devido à contração do espaço, pois, para ele, é a atmosfera e a Terra que se aproximam dele a uma velocidade de 0,998 c, como se ele estivesse parado. O fator de Lorentz para a conversão da distância é:

$$\gamma = \frac{1}{\sqrt{1-\frac{v^2}{c^2}}} = \frac{1}{\sqrt{1-\frac{(0,998c)^2}{c^2}}} = 15,8.$$

Assim, a distância observada pelo múon é $L = \frac{L_0}{\gamma} = \frac{5000m}{\gamma} = \frac{5000m}{15,8} = 316m$, e o tempo que ele gasta no percurso é $\Delta t = \frac{316m}{0,998x3x10^8 m/s} = 1,06\mu s$. A porcentagem de múons que chegarão no solo será $\frac{N(t)}{N_0} = e^{\frac{-1,06x10^{-6}s}{2,2x10^{-6}s}} = 0,62$. Essa é a mesma porcentagem de 62% observada experimentalmente.

As leis da física são preservadas nos dois referenciais. Do referencial da Terra é o tempo no referencial do múon que anda mais devagar, e do referencial do múon é a distância que ele percorre que é menor do que a distância própria medida na Terra. O tempo de vida média do múon, o qual depende das leis da física que regem o fenômeno de decaimento, permanece inalterado nos dois referenciais e nenhuma lei física é capaz de verificar qual dos dois referenciais está em movimento. Assim, as leis da física serão invariantes em ambos.

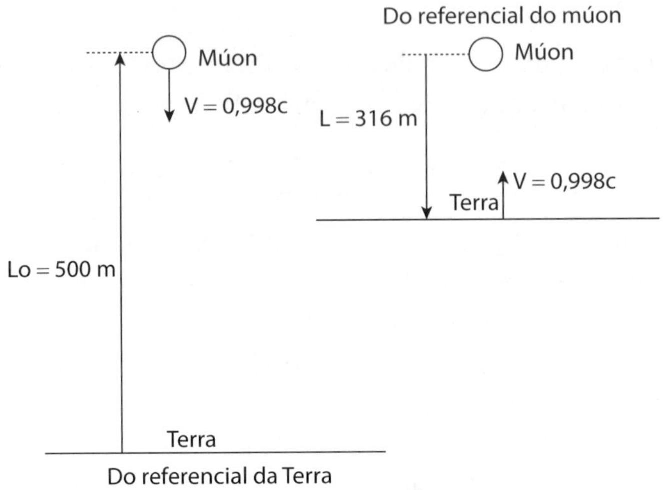

Figura 10.24 – Movimento do múon visto do referencial da Terra à esquerda e visto do referencial do múon à direita.

10.21 MASSA, MOMENTO E ENERGIA

A relação entre massa e energia foi estabelecida com a publicação da teoria da relatividade em 1905 por Albert Einstein, por meio de sua lendária fórmula $E = mc^2$.

O momento clássico de um corpo é $\vec{p} = m\vec{u}$ quando o corpo possui massa m e velocidade $\vec{u}$. O momento relativístico do corpo de massa m quando a velocidade $\vec{u}$ é muito alta é definido por:

$$\vec{p} = \frac{m\vec{u}}{\sqrt{1 - \frac{u^2}{c^2}}} = \gamma(u) m\vec{u} \tag{10.46}$$

sendo $$\gamma(u) = \frac{1}{\sqrt{1 - \frac{u^2}{c^2}}} \text{ o fator de Lorentz.} \tag{10.47}$$

Albert Einstein estabeleceu que a energia total contida em um corpo depende de sua massa. A obtenção desse resultado vem da aplicação da relação entre trabalho W e energia cinética K. O trabalho de uma força para acelerar o corpo de sua velocidade inicial $u_0 = 0$ até a sua velocidade final $u = v$ é igual à energia cinética obtida por este corpo.

$$W = \Delta K \Rightarrow \left(K - K_0\right) = K = \int_{x_1}^{x_2} \vec{F}.\mathrm{d}\vec{r}.$$

Substituindo $\vec{\mathrm{F}} = \dfrac{\mathrm{d}\vec{p}}{\mathrm{dt}}$ e $\mathrm{d}\vec{r} = \vec{u}.dt$, teremos:

$$K = \int_{u_0}^{v} \frac{\mathrm{d}\vec{p}}{\mathrm{d}t}.\vec{u}\mathrm{d}t\,.$$

E, para movimentos retilíneos, teremos o produto escalar $\vec{p}.\vec{u} = pu.\cos 0^0$

$$K = \int_{u_0}^{v} \frac{\mathrm{d}p}{\mathrm{d}t} u\mathrm{d}t = \int_{u_0}^{v} \frac{\mathrm{d}p}{\mathrm{d}u}\frac{\mathrm{d}u}{\mathrm{d}t} u\mathrm{d}t \Rightarrow K = \int_{u_0}^{v} \left(\frac{\mathrm{d}p}{\mathrm{d}u}\right) u\mathrm{d}u \qquad (10.48)$$

Derivando o momento da equação (10.46) em relação a u para substituir na equação (10.48), teremos:

$$\frac{\mathrm{d}p}{\mathrm{d}u} = \frac{\mathrm{d}\left(\gamma m u\right)}{\mathrm{d}u} = m\gamma^3 \text{ (verifique!)}$$

$$K = \int_{u_0}^{v} \left(\frac{\mathrm{d}p}{\mathrm{d}u}\right) u\mathrm{d}u = \int_{u_0}^{v} m\gamma^3 u\mathrm{d}u \qquad (10.49)$$

Integrando em u a equação (10.49) em que $\gamma\left(u\right)$ é dado pela equação (10.47), com u variando de $u_0 = 0$ até $u = v$, teremos:

$$K = \int_{u_0}^{v} \left(\frac{\mathrm{d}p}{\mathrm{d}u}\right) u\mathrm{d}u = \int_{u_0}^{v} m\gamma^3 u\mathrm{d}u = \gamma\left(u\right) mc^2 \text{ (verifique!)}$$

e variando de $u = u_0 = 0$ até $u = v$)

$$K = \gamma\left(v\right) mc^2 - mc^2\,. \qquad (10.50)$$

A equação (10.50) representa a energia cinética K obtida pelo corpo de massa m quando um trabalho é realizado sobre ele para levá-lo do repouso até a velocidade v.

O primeiro termo da direita é a energia total aumentada pelo fator de Lorentz $\gamma(v)$. O segundo termo é a energia de repouso, o termo da equação de Einstein.

$$E = mc^2 . \quad (10.51)$$

Uma interpretação equivocada da equação 10.50 poderia sugerir que um corpo em movimento com energia cinética K teria uma massa aumentada por um fator $\gamma(v)$. Essa ideia pode surgir porque, nos dois termos da direita, aparece a velocidade da luz ao quadrado que é imutável, constante, garantida pelo segundo postulado da relatividade. Assim, resta pensar que $(\gamma(v)m)$ é um incremento de massa dado à massa m que adquiriu movimento, mas não é! Há um incremento sobre a energia contida no corpo em movimento dado por $\gamma(v)(mc^2)$. A massa do corpo é invariante! Ela é a mesma em qualquer referencial, e as leis da física permanecem as mesmas, o que é garantido pelo primeiro postulado. O excesso de energia ganha na forma de energia cinética devido ao trabalho realizado pela força é transformado em massa quando o corpo é parado bruscamente. Isso ocorre no caso de uma colisão, por exemplo, estabelecendo uma relação de transformação de energia em massa.

Como mencionado na introdução deste capítulo, Einstein sugeriu, em seu trabalho original, uma maneira de testar a equação (10.51) por meio da observação da variação da massa de um material radioativo. Ao emitir uma quantidade de energia E na forma de radiação eletromagnética, o material sofre um decréscimo de massa dado por $\delta m = \frac{\delta E}{c^2}$. Esse princípio de transformação de massa em energia pode ser observado todos os dias por meio da emissão da luz solar e da luz de tantas outras estrelas. Nesse processo, a fusão nuclear de dois átomos de hidrogênio pode produzir um átomo de hélio. A diferença de massa é transformada em energia eletromagnética transmitida na forma de luz e calor.

Pode-se verificar, observando o fator $\gamma(v)$ na equação (10.50), que, se a velocidade v do corpo aumentar até o valor da velocidade da luz c, este fator torna-se infinito, o que faz com que a energia cinética K da equação (10.50) também se torne infinita. Seria necessária uma força F infinita para realizar esse trabalho, o que é fisicamente impossível. Assim, nenhum corpo que possuir uma massa m não nula poderá atingir a velocidade da luz. A luz, portanto, não possui massa, sendo, porém, energia na forma de radiação eletromagnética.

A energia, o momento e a massa de uma partícula podem ser relacionados em uma mesma fórmula:

$$E^2 - p^2c^2 = m^2c^4 \quad (10.52)$$

Para obter a equação (10.52), basta elevar ao quadrado o valor da energia $E = \gamma\left(mc^2\right)$ e subtrair o momento ao quadrado $p^2 = \left(\gamma\left(mu\right)\right)^2$ vezes c^2.

Como a luz não possui massa, fazendo $m = 0$ na equação (10.52) a energia da radiação luminosa está relacionada apenas com o momento p,

$$E = pc. \tag{10.53}$$

A luz como radiação eletromagnética possui uma característica dual, comportando-se em alguns casos como onda e em outros como partícula. A partícula que representa a luz é conhecida como fóton e não possui massa, mas possui momento e energia relacionados pela equação (10.53). Para o fóton não fazem sentido os termos de energia total $E = \gamma\left(mc^2\right)$, de energia de repouso $E = mc^2$ e o termo de momento $p = \left(\gamma\left(mu\right)\right)$, pois estes estão relacionados à massa, que o fóton não possui.

10.22 COLISÃO DE PARTÍCULAS E PRODUÇÃO DE MASSA

A teoria da relatividade pode explicar a produção de massa por meio da colisão de partículas. O elétron possui massa $m_e = 9{,}11 \times 10^{-31}$kg e sua energia de repouso é $E = m_e c^2$, o que nos fornece $E = 8{,}20 \times 10^{-14}$ J. O próton cuja massa é $m_p = 1{,}672 \times 10^{-27}$ kg terá energia de repouso $E = m_p c^2 = 1{,}505 \times 10^{-10}$ J. Para as partículas atômicas, cujas massas são tão pequenas, convencionou-se utilizar uma outra unidade de massa para evitar trabalhar com potências para as unidades de energia em joule. A energia pode ser medida em uma unidade conhecida como elétron-volt (eV). Essa energia é a quantidade de trabalho realizado sobre um elétron pela força do campo elétrico quando o elétron é submetido a uma diferença de potencial de 1 V, sendo acelerado ao longo de uma distância de 1 m.

$$1 \text{ eV} = 1{,}602 \times 10^{-19} \text{ J}$$

Nessa unidade, a energia de repouso do elétron vale 0,511 MeV e sua massa vale 0,511 MeV/c^2.

Para as partículas atômicas, é usual escrever a energia de repouso na unidade MeV e a sua massa na unidade MeV/c^2.

Uma relação de conversão importante é a equivalência

$$\frac{\text{MeV}}{c^2} = 1{,}782\, x 10^{-30}\,\text{kg}.$$

Assim, também uma unidade de massa atômica pode possuir uma equivalência em MeV/c^2

$$1u = 1,661x10^{-27}\,\text{kg} = 931,51\frac{\text{MeV}}{c^2}.$$

Para a unidade de momento é comum usar a unidade MeV/c

$$\frac{\text{MeV}}{c} = 5,344x10^{-22}\,\frac{\text{kg.m}}{s}.$$

Exercício I Produção de massa

Considere uma partícula de massa m e velocidade u colidindo no laboratório com outra partícula de mesma massa m e mesma velocidade, porém oposta $-u$. As duas partículas ficam grudadas, dando origem a uma nova partícula de massa M que permanece estacionada no laboratório. Qual é o valor da massa da nova partícula criada em função das massas das partículas que colidiram?

Solução

A partícula 1 possui velocidade u e, portanto, tem energia $E_1 = \gamma(u)mc^2$. Como a partícula 2 possui velocidade igual em módulo, ela terá a mesma energia $E_2 = \gamma(u)mc^2$.

A energia da partícula formada é a energia de repouso $E = Mc^2$, pois permanece parada.

A conservação de energia fornece $E_1 + E_2 = E$:

$$\gamma(u)mc^2 + \gamma(u)mc^2 = Mc^2 \quad \Rightarrow \quad M = \gamma(u)(2m)$$

Assim, a partícula formada possui massa M igual à soma das massas das duas partículas aumentada pelo fator $\gamma(u)$.

Nos laboratórios de aceleradores de partículas, um elétron pode ser acelerado próximo à velocidade da luz e colidir com um pósitron de mesma massa, mas com cargas e velocidades contrárias. O resultado da colisão pode fornecer uma quantidade de partículas cuja soma das massas é muitas vezes maior do que a massa das partículas que colidiram.

Exercício II

Qual será o fator de multiplicação da massa para uma partícula que está com velocidade $v = 0,9998c$, sendo c a velocidade da luz?

Solução

Sendo m a massa que a partícula pode produzir com esta velocidade dada por $m = \gamma(v)m_0$, o fator de multiplicação da massa é o fator de Lorentz dado por $\gamma(v)$.

O cálculo do fator de Lorentz é dado por $\gamma(0{,}9998) = \dfrac{1}{\sqrt{1 - \dfrac{(0{,}9998c)^2}{c^2}}} = 50$

Assim, a quantidade de massa final poderá ser 50 vezes maior que a quantidade de massa inicial em uma colisão! Toda a energia cinética da partícula será transformada em massa.

10.23 ROTAÇÕES CIRCULARES NO ESPAÇO EUCLIDIANO

Na geometria euclidiana, o teorema de Pitágoras fornece a distância da origem a um ponto P cujas coordenadas são (x,y). Para todos os pontos do plano que estiverem à mesma distância da origem, esse teorema fornece a equação de um círculo de raio r. Para um círculo de raio unitário, a equação do círculo será $x^2 + y^2 = 1$. As relações trigonométricas do círculo unitário são bem definidas e estão nas equações (10.54).

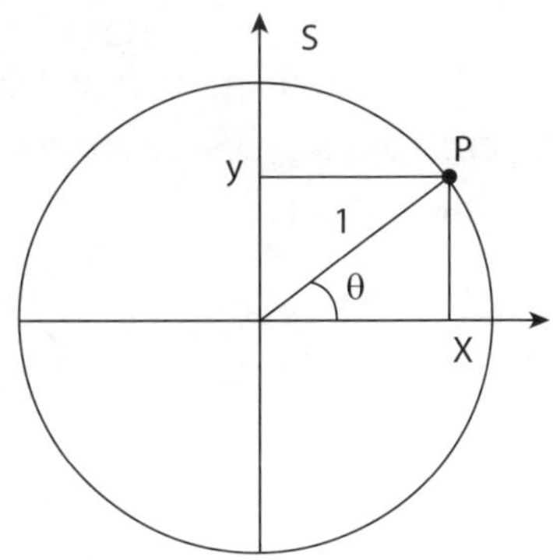

Figura 10.25 – Círculo unitário no sistema de coordenadas ***S*** e as coordenadas do ponto $P = (x,y)$.

$$x = \cos\theta \;,\; y = \text{sen}\theta \;\text{ e }\; P = (\cos\theta, \text{sen}\theta) \qquad (10.54)$$

Uma rotação no sentido anti-horário do sistema ***S'*** em relação ao sistema ***S*** pode ser vista na Figura 10.26.

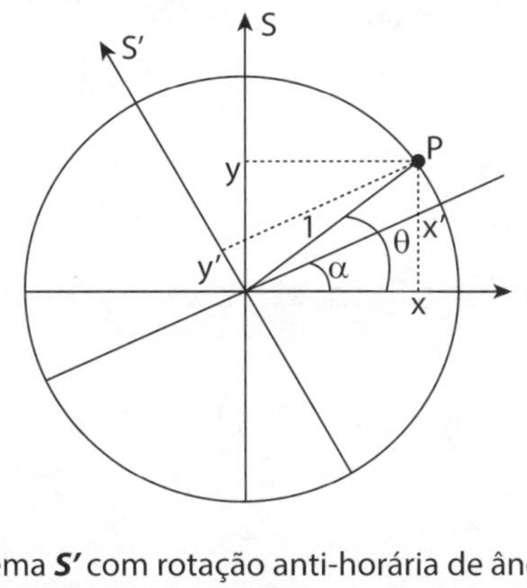

Figura 10.26 – Eixos do sistema ***S'*** com rotação anti-horária de ângulo em relação ao sistema ***S***.

As coordenadas do ponto P no sistema ***S'*** podem ser determinadas por funções trigonométricas vistas no conjunto das equações (10.55).

$$
\begin{gathered}
x' = \cos(\theta - \alpha) \text{ e } y' = \text{sen}(\theta - \alpha) \\
x' = \cos\theta . \cos\alpha + \text{sen}\theta . \text{sen}\alpha \\
y' = \text{sen}\theta . \cos\alpha - \text{sen}\alpha . \cos\theta \\
\text{sendo } x = \cos\theta \text{ e } y = \text{sen}\theta \\
x' = x . \cos\alpha + y . \text{sen}\alpha \\
y' = y . \cos\alpha - x . \text{sen}\alpha
\end{gathered}
\tag{10.55}
$$

As duas últimas equações fornecem a transformação das coordenadas do sistema ***S'*** em função das coordenadas do sistema ***S***. Essa transformação pode ser escrita na forma matricial:

$$
\begin{pmatrix} x' \\ y' \end{pmatrix} = \begin{pmatrix} \cos(\alpha) & \text{sen}(\alpha) \\ -\text{sen}(\alpha) & \cos(\alpha) \end{pmatrix} . \begin{pmatrix} x \\ y \end{pmatrix} . \tag{10.56}
$$

Para a transformação inversa ficaremos com

$$
x = x' . \cos(\alpha) - y' . \text{sen}(\alpha) \quad \text{e} \quad y = y' . \cos(\alpha) + x' . \text{sen}(\alpha) .
$$

A transformação inversa na forma matricial será

$$
\begin{pmatrix} x \\ y \end{pmatrix} = \begin{pmatrix} \cos(\alpha) & -\text{sen}(\alpha) \\ \text{sen}(\alpha) & \cos(\alpha) \end{pmatrix} . \begin{pmatrix} x' \\ y' \end{pmatrix} . \tag{10.57}
$$

Houve apenas uma mudança de sinal nos elementos da diagonal secundária.

As equações para os círculos são invariantes nos sistemas ***S*** e ***S'***.

$$
x^2 + y^2 = 1 \quad \text{e} \quad x'^2 + y'^2 = 1 \tag{10.58}
$$

Substituindo as equações (10.54) e (10.55) nas equações (10.58), teremos as relações fundamentais para o círculo trigonométrico de raio unitário no espaço plano euclidiano, respectivamente, nos dois sistemas de coordenadas, ***S*** e ***S'***.

$$\cos^2(\theta)+\text{sen}^2(\theta)=1 \quad \text{ou} \quad \cos^2(\theta-\alpha)+\text{sen}^2(\theta-\alpha)=1$$

O espaço euclidiano em duas dimensões descrito por uma geometria plana preserva as distâncias dadas pelo teorema de Pitágoras para o círculo nos dois sistemas ***S*** e ***S'*** porque, sob a transformação de rotação, o círculo possui raio constante.

10.24 ROTAÇÕES HIPERBÓLICAS NO ESPAÇO-TEMPO

As transformações de Lorentz são rotações hiperbólicas no espaço-tempo, e a geometria das rotações hiperbólicas é uma geometria não euclidiana. Para as transformações de Lorentz, a distância observada nos dois sistemas não permanece a mesma. Essa distância é afetada pelo fator γ de Lorentz.

10.24.1 A GEOMETRIA DA HIPÉRBOLE

Para entender melhor as transformações de Lorentz que ajustam as modificações do espaço e do tempo na relatividade, é necessário entender as funções hiperbólicas.

As funções hiperbólicas são definidas com o uso de funções exponenciais e comportam-se de forma semelhante às funções trigonométricas, sendo por isso denominadas de cosseno hiperbólico (cosh), seno hiperbólico (senh) e tangente hiperbólica (tanh):

$$\cosh(\theta)=\left(\frac{e^{\theta}+e^{-\theta}}{2}\right), \quad \text{senh}(\theta)\left(\frac{e^{\theta}-e^{-\theta}}{2}\right), \quad \tanh(\theta)=\left(\frac{e^{\theta}-e^{-\theta}}{e^{\theta}+e^{-\theta}}\right)$$

Elevando as duas primeiras ao quadrado e subtraindo obteremos

$$\cosh^2(\theta)-\text{senh}^2(\theta)=\left(\frac{e^{\theta}+e^{-\theta}}{2}\right)^2-\left(\frac{e^{\theta}-e^{-\theta}}{2}\right)^2=$$

$$\left(\frac{e^{2\theta}+2+e^{-2\theta}}{4}\right)-\left(\frac{e^{2\theta}-2+e^{-2\theta}}{4}\right)=\frac{4}{4}=1$$

Esta é a relação fundamental da trigonometria com o sinal negativo:

$$\cosh^2(\theta)-\text{senh}^2(\theta)=1 \tag{10.59}$$

A relação fundamental da trigonometria, $\cos^2(\theta)+\text{sen}^2(\theta)=1$, representa a rotação circular de ângulo θ para um ponto no sistema cartesiano e também representa a equação de um círculo de raio unitário $x^2+y^2=1$. De forma semelhante, a equação (10.59) representa uma rotação hiperbólica de ângulo θ no sistema de coordenadas e também representa a equação de uma hipérbole unitária $x^2-y^2=1$. A equação da hipérbole sempre fornece dois ramos que não se cruzam e nunca tocam as assíntotas dadas pelas retas $x=y$ e $x=-y$.

Na Figura 10.27 há uma hipérbole unitária com dois ramos simétricos que cruzam o eixo x nos pontos +1 e -1. As assíntotas são as retas tracejadas. A equação que representa esta hipérbole é dada pela equação (10.60),

$$x^2-y^2=1\text{, em que } x=\cosh(\theta) \quad \text{e} \quad y=\text{senh}(\theta) \tag{10.60}$$

Trocando os sinais de x e y ficamos com a equação $y^2-x^2=1$, que é a equação de outra hipérbole, cujos ramos simétricos cruzam o eixo y nos pontos +1 e -1.

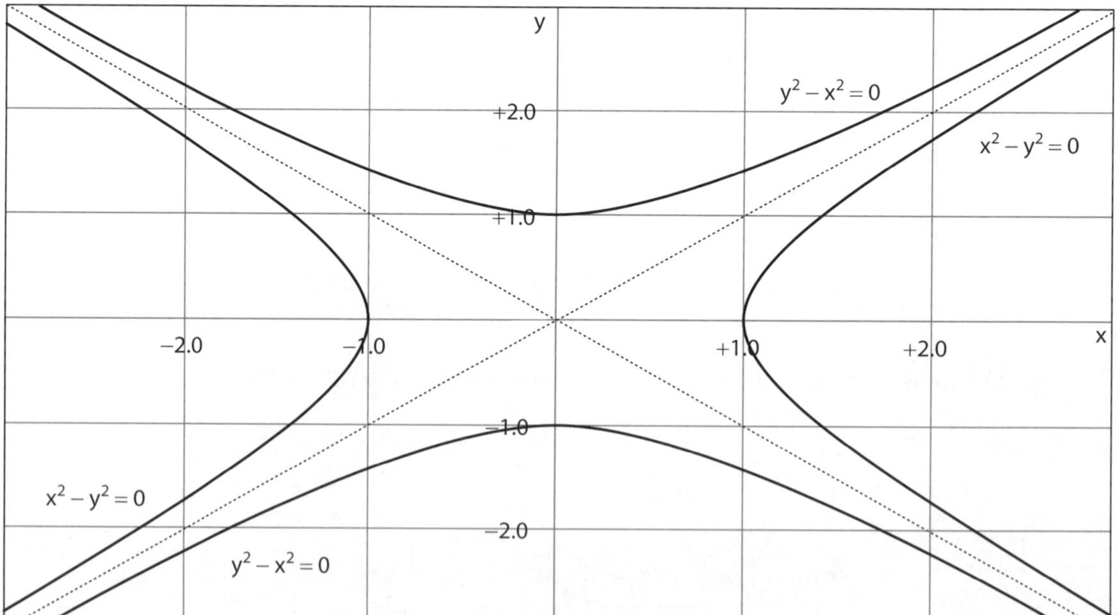

Figura 10.27 – A equação da hipérbole unitária fornece um par de curvas que não se encontram e cruzam o eixo *x* ou o eixo *y* nos pontos +1 e -1. Em ambos os casos nunca cruzam as assíntotas, que são as retas $x=y$ e $x=-y$.

Assim como as equações (10.58) são invariantes em quaisquer referenciais para os círculos dos sistemas ***S*** ou ***S'***, as equações (10.60) da hipérbole são invariantes em quaisquer referenciais, ***S*** ou ***S'***, sob uma rotação hiperbólica.

$$\text{como} \quad x^2 - y^2 = 1 \quad \text{e} \quad x'^2 - y'^2 = 1, \text{ então} \quad x^2 - y^2 = x'^2 - y'^2 \tag{10.61}$$

10.24.2 A GEOMETRIA DO ESPAÇO-TEMPO

No espaço-tempo, o eixo do tempo faz parte do sistema de coordenadas. Com isso, a invariância de Lorentz mostra que a velocidade da luz se mantém constante em qualquer sistema de referência.

Assim, conforme visto na Seção 10.15, um raio de luz que se propaga de forma esférica percorre a distância ct em todas as direções no referencial ***S*** ou ct' no referencial ***S'***.

Em ***S***, $\left(x^2 + y^2 + z^2 - c^2t^2 = 0\right)$, ou em ***S'***, $\left(\mathrm{x}'^2 + \mathrm{y}'^2 + \mathrm{z}'^2 - c^2t'^2 = 0\right)$

Como a coordenada que é afetada pelo movimento do sistema de coordenadas é apenas a coordenada x ou x', considerando que o sistema ***S'*** se move com velocidade constante v na direção do eixo $+x'$ podemos suprimir por simplicidade as coordenadas y, z, y' e z' nos dois sistemas:

Em ***S***, $\left(x^2 - c^2t^2 = 0\right)$ ou em S', $\left(x'^2 - c^2t'^2 = 0\right)$

Estas são equações de hipérboles nas quais o eixo vertical anteriormente representado por y na Figura 10.27 ou na equação (10.61) é representado agora por ct. São equações invariantes mediante rotações hiperbólicas nos referenciais ***S*** ou ***S'***.

$$x^2 - c^2t^2 = x'^2 - c^2t'^2 \tag{10.62}$$

Porém, as rotações hiperbólicas não preservam as distâncias e nem os tempos. Contudo, elas ajustam-se mantendo a igualdade dada na equação (10.62). Essa igualdade preserva as relações entre o espaço e o tempo para que as leis da física sejam invariantes nos dois sistemas de referência.

Na Figura 10.28, os pontos A e P estão sobre a mesma hipérbole $x^2 - y^2 = 1$. A distância (OA) vale 1 e a distância (OP) vale $(ox)^2 - (oy)^2 = 1$. Essas distâncias não são iguais exatamente como o raio de uma curva circular porque a curvatura da hipérbole é convexa à origem. Porém, quando o ponto P rotaciona de um ângulo θ no sentido anti-horário a partir do ponto A, a equação da hipérbole fornece uma relação unitária entre as coordenadas (x,y) e a distância da origem O até o ponto P sobre a hipérbole. Rotações hiperbólicas obedecem a uma geometria não euclidiana.

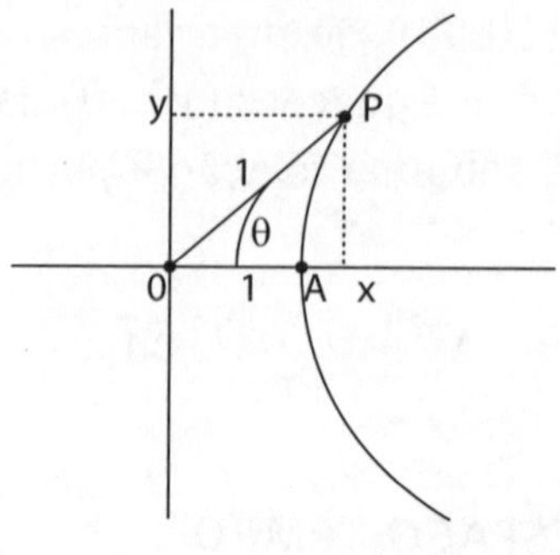

Figura 10.28 – Na rotação hiperbólica, o ponto P rotaciona de um ângulo θ em sentido anti-horário a partir do ponto A. As distâncias OA e OP obedecem à equação da hipérbole unitária para as coordenadas *x* e *y*.

As equações da hipérbole e as coordenadas do ponto P na Figura 10.28 estão no conjunto das equações (10.63).

$$x^2 - y^2 = 1$$

$$\cosh^2(\theta) - \operatorname{senh}^2(\theta) = 1$$

$$x = \cosh(\theta) \quad \text{e} \quad y = \operatorname{senh}(\theta)$$

$$P = (\cosh(\theta), \operatorname{senh}(\theta)) \tag{10.63}$$

Na relatividade, o eixo vertical passa a representar a distância *ct* percorrida pelo raio luminoso, em que *c* é a velocidade da luz. A rotação de ambos os eixos por um ângulo θ será em direção oposta, permanecendo os eixos de ***S'*** no primeiro quadrante e cruzando as hipérboles do eixo *x* e do eixo *y*, como pode ser observado na Figura 10.29. Os eixos *x'* e *y'* permanecem ortogonais, porém a geometria não euclidiana não permite observar essa ortogonalidade no espaço plano.

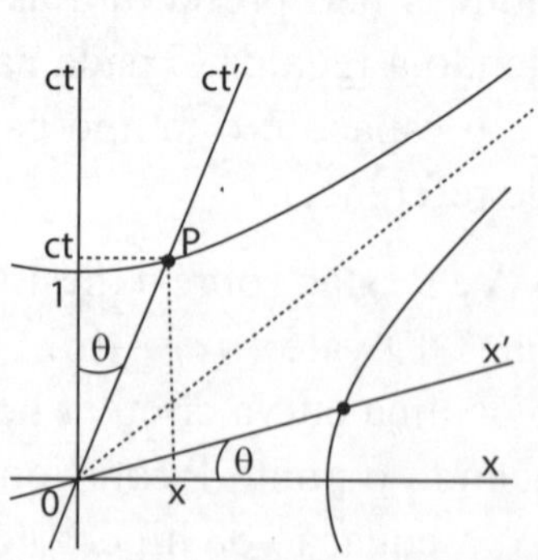

Figura 10.29 – Sistemas de coordenadas ***S*** e ***S'***.
O sistema ***S'*** sofreu uma rotação hiperbólica de ângulo θ.

Verifica-se que o eixo *ct'* girou de um ângulo θ no sentido horário em relação ao eixo *ct* até o ponto *P*.

Considerando as relações trigonométricas hiperbólicas para a hipérbole unitária, teremos,

$$x = \text{senh}(\theta) \quad \text{e} \quad ct = \cosh(\theta), \text{ em que, } \tanh(\theta) = \frac{\text{senh}(\theta)}{\cosh(\theta)} = \frac{x}{ct} = \frac{(x/t)}{c} = \frac{v}{c}$$

$$\tanh(\theta) = \frac{v}{c} \tag{10.64}$$

A equação (10.64) é importante pois representa a rapidez com que o sistema ***S'*** se move. A linha tracejada na diagonal da Figura 10.29 contém os pontos em que $x = ct$ ou $x' = ct'$. Ela representa o percurso de um raio de luz, e, como nenhum objeto de massa diferente de zero pode atingir essa velocidade sem precisar de uma energia infinita para tal, as hipérboles nunca tocam esta assíntota. Dividindo a equação (10.59) por $\cosh^2(\theta)$, teremos

$$\cosh^2(\theta) - \text{senh}^2(\theta) = 1 \quad \Rightarrow \quad 1 - \frac{\text{senh}^2(\theta)}{\cosh^2(\theta)} = \frac{1}{\cosh^2(\theta)} \quad \Rightarrow \quad 1 - \tanh^2(\theta) = \frac{1}{\cosh^2(\theta)},$$

e, substituindo a equação (10.64) para $\tanh(\theta)$, teremos

$$\cosh(\theta) = \sqrt{\frac{1}{1 - \tanh^2(\theta)}} \quad \Rightarrow \quad \cosh(\theta) = \sqrt{\frac{1}{1 - \left(\frac{v}{c}\right)^2}} = \gamma(v). \tag{10.65}$$

O termo $\text{senh}(\theta)$ pode ser definido pela multiplicação $\text{senh}(\theta) = \cosh(\theta).\tanh(\theta)$, e, utilizando as equações (10.64) e (10.65), teremos:

$$\text{senh}(\theta) = \gamma(v).\frac{v}{c} \tag{10.66}$$

Essas equivalências entre as funções trigonométricas hiperbólicas e as suas relações com as transformações de Lorentz seguem abaixo, no conjunto das equações (10.67).

$$\tanh\theta = \frac{v}{c}; \; \cosh(\theta) = \gamma(v); \; \text{senh}(\theta) = \gamma(v).\frac{v}{c} \tag{10.67}$$

A transformação de coordenadas em uma rotação hiperbólica pode ser escrita de forma análoga a uma rotação circular dada pela equação (10.57).

$$\begin{pmatrix} x \\ ct \end{pmatrix} = \begin{pmatrix} \cosh(\theta) & \text{senh}(\theta) \\ \text{senh}(\theta) & \cosh(\theta) \end{pmatrix} . \begin{pmatrix} x' \\ ct' \end{pmatrix} \tag{10.68}$$

Agora porém, substituímos a coordenada do eixo vertical de y por ct no sistema ***S*** e de y' por ct' no sistema ***S'***. Substituindo as equações (10.67) na forma matricial da transformação hiperbólica da equação (10.68), teremos o resultado da matriz de Lorentz na equação (10.69).

$$\begin{pmatrix} x \\ ct \end{pmatrix} = \begin{pmatrix} \gamma & \gamma.\dfrac{v}{c} \\ \gamma.\dfrac{v}{c} & \gamma \end{pmatrix} . \begin{pmatrix} x' \\ ct' \end{pmatrix} \tag{10.69}$$

A forma matricial da equação (10.69) fornece as equações da transformação de Lorentz encontradas anteriormente nas equações (10.39), da Seção 10.16, e vistas aqui novamente nas equações (10.70):

$$x = \gamma.(x' + vt') \text{ e } ct = \gamma.\left(\frac{v}{c}.x' + ct'\right) \text{, e dividindo por c, } t = \gamma.\left(t' + \frac{v}{c^2}.x'\right) \tag{10.70}$$

As coordenadas do sistema ***S'***, o qual se move para a direita em relação ao sistema estacionário ***S***, são obtidas trocando-se o sinal da velocidade v e trocando-se também os índices da variáveis x por x' e t por t', e vice-versa, nas equações (10.70) por conta da simetria imposta pelo princípio da relatividade, pois os movimentos sempre são relativos. Com isso obteremos as mesmas equações apresentadas em (10.38).

$$x' = \gamma.(x - vt) \text{ e } t' = \gamma.\left(t - \frac{v}{c^2}.x\right)$$

10.24.3 A CONTRAÇÃO DO ESPAÇO E A ROTAÇÃO HIPERBÓLICA

A contração do espaço também pode ser observada por meio de uma rotação hiperbólica. Vamos tomar como exemplo uma hipérbole unitária onde a distância da origem ao cruzamento da hipérbole com o eixo x representa 1 m. Considere uma régua de comprimento 1 m estacionada entre os pontos O e P do sistema ***S***. Para o observador fazer uma medida de comprimento em seu sistema, ele deve realizá-la de forma simultânea, ou seja, seus pontos de medida devem estar sobre retas paralelas ao eixo das distâncias, ou mesmo sobre o próprio eixo das distâncias como é o caso aqui, projetando-se os dois pontos O e P sobre o mesmo ponto no eixo do tempo (em $t = 0$, neste caso). Isto significa tempo simultâneo para as medidas das coordenadas dos pontos O e P. Uma construção com retas paralelas aos eixos dos tempos t e t' auxilia na projeção da medida da distância feita em um sistema sobre o eixo da distância do outro sistema. Essas retas podem ser observadas nos dois diagramas da Figura 10.30. No diagrama da esquerda, Figura 10.30a, o observador do sistema ***S'*** que está em movimento mede uma régua estacionada sobre o eixo x do sistema ***S***. Como o comprimento próprio da régua estacionada em ***S*** é a distância OP igual a 1 m, o observador em ***S'*** mede a projeção desse comprimento sobre o eixo x' de seu sistema através da linha tracejada paralela ao eixo do tempo t do sistema ***S***. Ele observa o comprimento da régua menor que 1 m, pois não atingiu o ponto P' na hipérbole. No diagrama da direita (Figura 10.30b), há uma régua em movimento no sistema ***S'***, medida pelo observador de ***S'*** da origem O ao ponto P' sendo 1 m o seu comprimento próprio, pois o ponto P' está sobre a hipérbole unitária. A projeção da distância OP' em ***S*** é feita por um eixo auxiliar paralelo ao eixo ct', pois a régua pertence ao sistema ***S'***, onde se move com ele e apresenta comprimento próprio de 1 m nesse sistema. A projeção do comprimento próprio OP' sobre o eixo x fornece o comprimento medido pelo observador de ***S*** e será menor que 1 m também, pois não encontra o ponto P da hipérbole unitária. Assim, tanto um observador em movimento observa um comprimento menor para um objeto estacionado como um observador estacionado observa um comprimento menor para um objeto em movimento. A relação entre as distâncias nos dois casos é dada pela primeira equação (10.70), em que o fator γ de Lorentz é sempre maior que 1, pois $(v < c)$. As medidas são feitas sobre os eixos das distâncias para os mesmos tempos $t' = t_0' = 0$ para o observador em ***S'***, no primeiro caso, Figura 10.30a; e $t = t_0 = 0$ para o observador em ***S***, no segundo caso, Figura 10.30b.

No primeiro caso, o observador em ***S'*** se move e a régua está estacionada em ***S***. O observador de ***S'*** observa x' menor:

$$x' = \frac{x}{\gamma}, \quad x = \gamma.(x' + vt'),$$

em que $t' = t_0' = 0$ representam medidas simultâneas das extremidades da barra feitas pelo observador de ***S'***.

No segundo caso, o observador em ***S*** está estacionado e a régua em ***S'*** se move. Ele observa x menor:

$$x = \frac{x'}{\gamma}, \quad x' = \gamma.(x - vt),$$

em que $t = t_0 = 0$ representam medidas simultâneas das extremidades da barra feitas pelo observador de ***S***.

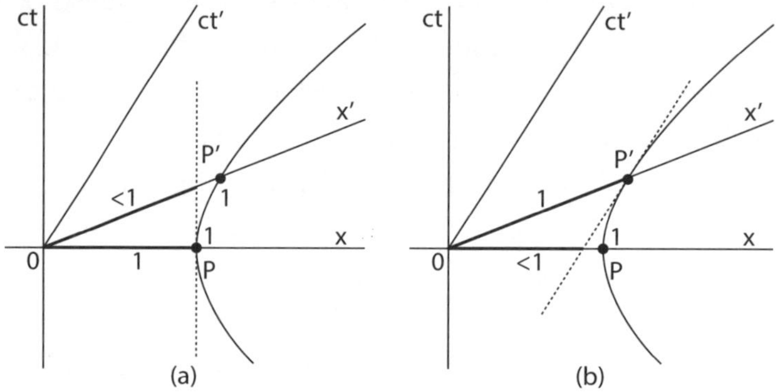

Figura 10.30 – No diagrama da esquerda, o observador do sistema ***S'*** está em movimento e mede uma régua com comprimento próprio igual a 1 m estacionada no sistema ***S***. Ele mede uma distância menor que 1 m pois a projeção da medida própria sobre o eixo *x'* não toca o ponto P' da hipérbole unitária. No diagrama da direita há uma régua estacionada no sistema ***S'*** com comprimento próprio de 1 m medido sobre o eixo *x'*. Esta régua se move com a velocidade *v* do sistema ***S'***. O observador em ***S*** mede o seu comprimento menor devido à sua projeção sobre o eixo *x* não tocar o ponto P da hipérbole unitária.

10.24.4 A DILATAÇÃO DO TEMPO E A ROTAÇÃO HIPERBÓLICA

A dilatação do tempo também pode ser compreendida na forma de uma rotação hiperbólica. O intervalo de tempo próprio entre dois eventos é medido quando um relógio está estacionado no sistema de coordenadas e os dois eventos ocorrem na mesma posição do espaço desse sistema. No diagrama da Figura 10.31, o intervalo de tempo próprio OP foi medido por um relógio estacionado na origem O do sistema ***S*** ($x = 0$ para $t_0 = 0$ e $x = 0$ para $t = 1$h). Uma linha auxiliar pontilhada parte do ponto P paralela ao eixo x e projeta esse tempo sobre o eixo ct' no sistema ***S'***. O intervalo de tempo medido sobre o eixo ct' é menor que o intervalo OP medido sobre o eixo ct no sistema ***S***, pois no eixo ct' o intervalo não atingiu o ponto P' da hipérbole, onde o valor seria o mesmo que no sistema ***S***. Na geometria da hipérbole não vale o teorema de Pitágoras da geometria euclidiana. Quando dois eventos idênticos aos ocorridos em ***S*** ocorrem agora no sistema ***S'***, e sendo observados a partir de ***S***, fornecerão um intervalo de tempo menor devido ao movimento de ***S'*** em relação a ***S***. Observadores de ***S*** dirão que há em ***S'*** uma dilatação do tempo devido ao intervalo de tempo ser menor entre os eventos lá ocorridos do que o intervalo de tempo próprio observado por ***S*** para eventos idênticos ocorridos em seu próprio sistema. Assim, o relógio de um observador marca um tempo menor, conhecido como o tempo do observador, quando este observador mede eventos que se movem relativamente a ele. Já um relógio estacionado em relação à posição em que ocorrem os eventos marcará um tempo maior em seu sistema, conhecido como tempo próprio do sistema, desde que os eventos ocorram também na mesma posição espacial do sistema.

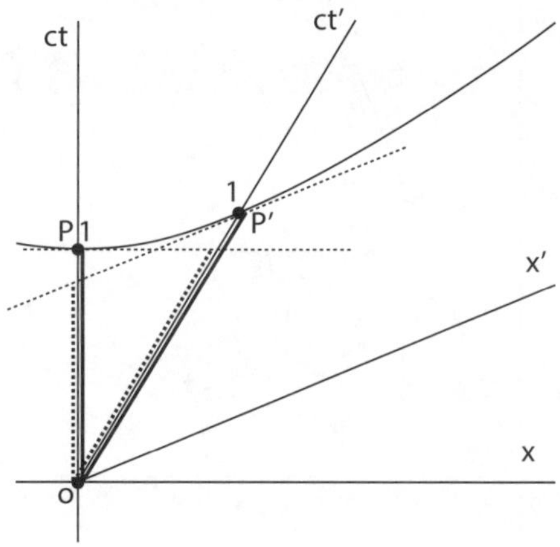

Figura 10.31 – Um relógio estacionário em ***S*** mede o intervalo de tempo próprio dado pela linha contínua (OP) = 1h entre dois eventos, ambos ocorridos na coordenada $x = 0$ do sistema ***S***, para $t_0 = 0$ e para $t = 1$h. A linha tracejada sobre o eixo *ct'* mede o intervalo de tempo que o observador de ***S*** observa entre os mesmos dois eventos ocorridos em ***S'***, cujo tempo próprio é (OP') = 1h, dado pela linha contínua sobre o eixo *ct'*. O observador de ***S'*** também observa um tempo menor dado pela linha tracejada sobre o eixo *ct* quando os eventos forem observados por ***S'*** e tiverem ocorrido em S.

10.24.5 ADIÇÃO DE VELOCIDADES COMO DUAS ROTAÇÕES HIPERBÓLICAS

A fórmula de adição de velocidades pode ser obtida por uma identidade trigonométrica para as funções hiperbólicas. Quando um sistema ***S'*** possui velocidade v para a direita paralela ao eixo x' e um objeto deste sistema possui velocidade u' também para a direita paralela ao eixo x', qual será a velocidade u deste objeto em relação ao sistema ***S*** estacionário? Será diferente da soma vetorial de velocidades de Galileu ($\boldsymbol{u} = \boldsymbol{v} + \boldsymbol{u'}$). Para a rotação hiperbólica do espaço-tempo, cada velocidade v e u' produzirá, respectivamente, uma rotação hiperbólica dada pela inclinação dos eixos de ângulos, respectivamente, θ e ρ em relação ao sistema estacionário ***S***. A soma das inclinações fornecerá a velocidade relativa entre o objeto e o sistema estacionário ***S***.

A Figura 10.32 mostra a soma das inclinações sucessivas $(\theta + \rho)$ do eixo ct'' em relação ao eixo ct. A inclinação θ é devido à velocidade v do sistema ***S'*** e a inclinação do eixo ct'' devido à velocidade u' do objeto em relação ao eixo ct' de ***S'***. Os eixos ct''

e *x''* fazem parte do sistema de referência ***S''*** ao qual pertence o objeto que possui velocidade *u'* em relação a ***S'***. O objeto está estacionado em relação ao seu próprio sistema ***S''***, que possui o eixo *ct''* inclinado de ângulo ρ em relação ao eixo *ct'* de ***S'***. Em relação ao sistema estacionário ***S***, as inclinações $(\theta+\rho)$ entre o eixo *ct* de ***S*** e *ct''* de ***S''*** se somam para calcular a velocidade do objeto em relação ao sistema estacionário ***S***.

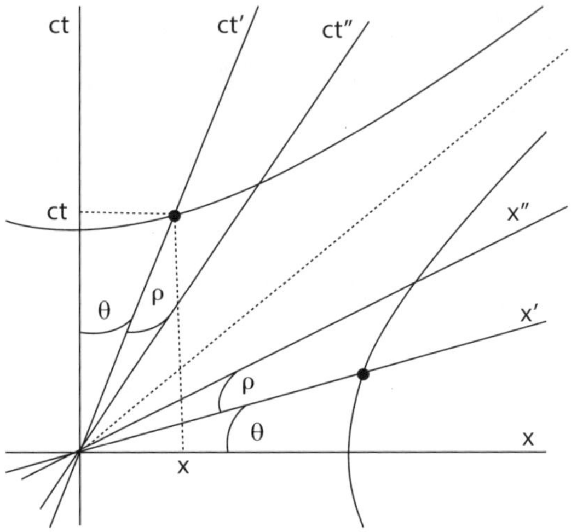

Figura 10.32 – A rapidez (*v/c*) do sistema ***S'*** em relação ao sistema estacionário ***S*** é dada pela tanh (θ). A rapidez (*u'/c*) do objeto em relação ao sistema ***S'*** é dada pela tanh(ρ). A rapidez do objeto em relação ao sistema estacionário ***S*** é dada pela tangente hiperbólica das soma das inclinações θ e ρ tanh($(\theta+\rho)$). As inclinações dos eixos para cada rapidez são somadas.

Assim, as tangentes hiperbólicas das equações (10.71) representam, respectivamente, a rapidez do sistema ***S'*** em relação ao sistema ***S***, a rapidez do objeto em relação ao sistema ***S'*** e a rapidez do objeto em relação ao sistema ***S***.

$$\tanh(\theta)=\frac{v}{c},\ \tanh(\rho)=\frac{u'}{c}\ \text{ e }\ \tanh(\theta+\rho)=\frac{u}{c} \tag{10.71}$$

Utilizando uma identidade trigonométrica para a tangente da soma de dois ângulos dada por

$$\tanh(\theta+\rho)=\frac{\tanh(\theta)+\tanh(\rho)}{1+\tanh(\theta).\tanh(\rho)} \tag{10.72}$$

e substituindo as equações (10.71) na equação (10.72) teremos,

$$u = \frac{v + u'}{1 + \frac{v.u'}{c^2}} \tag{10.73}$$

A equação (10.73) é a equação para a soma das velocidades relativas de Einstein vistas anteriormente, na Seção 10.17, e obtidas anteriormente pelas derivadas das transformações de Lorentz no tempo.

EXERCÍCIOS RESOLVIDOS

O ESPAÇO E O TEMPO

1) Uma nave espacial viaja para uma estrela a 100 anos-luz de distância a uma velocidade de 2×10^8 m/s. Quanto tempo leva para chegar lá:

a) quando o tempo for medido da Terra?

b) quando o tempo for medido por um passageiro na nave?

Solução

Considere a velocidade da luz como c para facilitar as contas. Sabe-se que $c = 3\times10^8$ m/s quando necessário.

a) Medido da Terra: $\Delta t_{Terra} = \frac{\Delta x}{v}$

A distância $\Delta x = 100$ anos.c

A velocidade da nave pode ser escrita como uma fração da velocidade da luz c: $v = (2/3).c$

$$\Delta t = \frac{10^2 \text{anos}.c}{(2/3).c} = 150 \text{ anos}$$

b) Medido da nave: $\Delta t_{nave} = \frac{\Delta t_{Terra}}{\gamma}$, sendo $\gamma = \frac{1}{\sqrt{1-\left(\frac{v}{c}\right)^2}} = \frac{1}{\sqrt{1-\left(\frac{2}{3}\right)^2}} = 1{,}34$

$$\Delta t_{nave} = \frac{150 \text{ anos}}{1{,}34} = 111{,}9 \text{ anos}$$

2) O múon é uma partícula instável que vive em média $2{,}20\times10^{-6}$ s medido em seu próprio referencial antes de decair em outra partícula.

a) Se o múon estiver se movendo com uma velocidade de 0,900 *c* em relação ao laboratório, qual é o tempo de vida média que será medido no laboratório?

b) Que distância média a partícula percorre antes de se decompor quando medida no laboratório?

Solução

a) O tempo de vida medido no referencial do múon é o tempo próprio Δt_0. A velocidade do referencial do múon relativo ao referencial do laboratório é $u = 0{,}900$ c.

$$\gamma = \frac{1}{\sqrt{1-(0{,}900)^2}} = 2{,}29 \quad \text{e} \quad \Delta t = \gamma \Delta t_0 = (2{,}29)(2{,}20\times 10^{-6}\,s) = 5{,}05\times 10^{-6}\,s$$

b) A distância percorrida pelo múon no referencial do laboratório é a sua velocidade nesse referencial vezes o seu tempo de vida nesse referencial.

$$d = v.\Delta t = (0{,}900)(3{,}00\times 10^{8}\,\text{m/s})(5{,}05\times 10^{-6}\,s) = 1{,}36\times 10^{3}\,\text{m} = 1{,}36\ \text{km}$$

TRANSFORMAÇÕES DE LORENTZ

3) Um observador no referencial *S* relata que um evento ocorreu no eixo *x* de seu sistema de referência em $x = 3{,}6\times 10^{8}\,\text{m}$ e no instante $t = 1{,}00\,\text{s}$. O observador do referencial *S'* e seu sistema de referência estão se movendo na direção positiva do eixo *x'* a uma velocidade de 0,600 *c*. Além disso, as origens eram coincidentes no início, ou seja, $x = x' = 0$ quando $t = t' = 0$. De acordo com o observador em *S'*, determine:

a) a coordenada espacial do evento;

b) a coordenada temporal do evento;

Se *S'* estiver se movendo na direção negativa do eixo *x'*, determine em relação ao seu observador:

c) a coordenada espacial do evento;

d) a coordenada temporal do evento.

Solução

a) A coordenada da posição é calculada pela transformação de Lorentz para *x'* com $v = 0{,}600\,c$.

$$x' = \gamma(x - vt) = \frac{x - vt}{\sqrt{1 - \frac{v^2}{c^2}}} = \frac{3{,}6\times10^8\,\text{m} - 0{,}600\left(3{,}0\times10^8\,\text{m/s}\right)(1{,}00\text{s})}{\sqrt{1 - 0{,}600^2}} \Rightarrow x' = 2{,}25\times10^8\,\text{m}$$

b) A coordenada do tempo é calculada pela transformação de Lorentz para *t'* com *v* = 0,600 *c*.

$$t' = \gamma\left(t - \frac{vx}{c^2}\right) = \frac{\left(t - \frac{vx}{c^2}\right)}{\sqrt{1 - \frac{v^2}{c^2}}} = \frac{1{,}00\,\text{s} - \frac{0{,}600\left(3{,}0\times10^8\,\text{m/s}\right)\left(3{,}6\times10^8\,\text{m}\right)}{\left(3{,}0\times10^8\,\text{m/s}\right)^2}}{\sqrt{1 - 0{,}600^2}} \Rightarrow t' = 0{,}35\,\text{s}$$

c) Agora a velocidade *v* é negativa, *v* = -0,600 *c*,

$$x' = \gamma(x + vt) = \frac{x + vt}{\sqrt{1 - \frac{v^2}{c^2}}} = \frac{3{,}6\times10^8\,\text{m} + 0{,}600\left(3{,}0\times10^8\,\text{m/s}\right)(1{,}00\text{s})}{\sqrt{1 - 0{,}600^2}} \Rightarrow x' = 6{,}75\times10^8\,\text{m}$$

d) Na expressão do tempo também há a troca do sinal de *v*:

$$t' = \frac{1{,}00\,\text{s} + \frac{0{,}600\left(3{,}0\times10^8\,\text{m/s}\right)\left(3{,}6\times10^8\,\text{m}\right)}{\left(3{,}0\times10^8\,\text{m/s}\right)^2}}{\sqrt{1 - 0{,}600^2}} \Rightarrow t' = 2{,}15\,\text{s}$$

4) Duas naves espaciais estão se aproximando uma em relação à outra. A velocidade de cada uma é 0,6 *c* em relação à Terra, que pode ser considerada estacionária.

a) Qual é a velocidade de uma nave em relação à outra?

b) Se a velocidade de cada nave em relação à Terra for 40.000 km/h (mais ou menos a velocidade de escape para ser colocada em órbita), qual será a velocidade de uma nave em relação à outra?

Solução

a) Podemos considerar que a nave no referencial *S* possui velocidade *u* = 0,6 *c* para a direita em relação ao referencial *S*, que se encontra estacionado, conforme pode ser visto na Figura 10.33. O referencial *S* é a Terra.

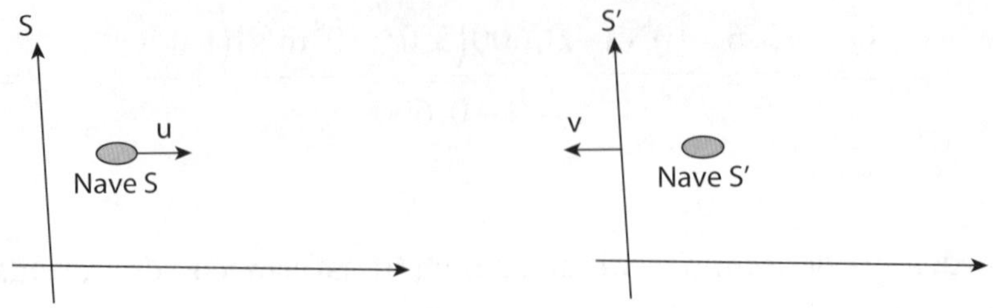

Figura 10.33

Podemos aplicar a fórmula de adição de velocidades, $u' = \dfrac{u - v}{1 - \dfrac{u.v}{c^2}}$, para calcular a velocidade *u'* que a *Nave S* da Figura 10.33 medirá para a velocidade de aproximação da *Nave S'*. Considerando que a velocidade do referencial *S'* é $v = -0{,}6\ c$,

$$u' = \frac{u - v}{1 - \dfrac{u.v}{c^2}} = \frac{0{,}6c - (-0{,}6c)}{1 + \dfrac{(0{,}6c)^2}{c^2}} = \frac{1{,}2c}{1{,}36} = 0{,}88c$$

A *Nave S* observará a *Nave S'* aproximando-se com a velocidade $u' = 0{,}88\ c$. Por simetria, a *Nave S'* da Figura 10.33 também observará a *Nave S* aproximando-se com o mesmo valor de velocidade, $u = 0{,}88\ c$.

b) Transformando a velocidade de escape da gravidade em função da velocidade da luz *c*, teremos

$$u = 40.000 \text{ km/h} = (11.111 \text{ m/s} / 3\text{x}10^8 \text{ m/s})\ c;$$

$$u = 3{,}7 \times 10^{-5}\ c \text{ e}$$

$$v = -\ 3{,}7 \times 10^{-5}\ c$$

$$u' = \frac{u - v}{1 - \dfrac{u.v}{c^2}} = \frac{2 \times 3{,}7 \times 10^{-5} c}{1 + \dfrac{(3{,}7 \times 10^{-5} c)^2}{c^2}} \approx \frac{7{,}4 \times 10^{-5} c}{1} \approx 7{,}4 \times 10^{-5} c$$

ou seja, *u'* é cerca de 80.000 km/h, que é aproximadamente a soma de Galileu, o que nos mostra que a velocidade de escape da gravidade é ainda muito pequena quando comparada com a velocidade da luz *c* para demonstrar com clareza os efeitos relativísticos na soma de velocidades.

5) Um raio de luz se move ao longo do eixo y' com velocidade c no referencial S'. O referencial S' está se movendo para a direita com a velocidade v relativa ao referencial S.

a) Encontre as componentes u_x e u_y da velocidade da luz no referencial S.

b) Mostre que a módulo da velocidade da luz é c no referencial S.

Solução

a) Como $u'_x = 0$, pois não há componente da velocidade da luz sobre o eixo x' do referencial S', teremos,

$$u_x = \frac{u'_x + v}{\left(1 + \frac{v.u'_x}{c^2}\right)} \Rightarrow u_x = v$$

Sobre o eixo y' do referencial S' a velocidade é $u'_y = c$. Então, no referencial S teremos a velocidade u_y dada pela soma das velocidades de Lorentz que também utiliza o fator γ de Lorentz.

$$\gamma(v) = \frac{1}{\sqrt{1 - \frac{v^2}{c^2}}} \text{ logo, } u_y = \frac{u'_y}{\gamma(v)\left(1 + \frac{v.u'_x}{c^2}\right)} \Rightarrow u_y = \frac{c}{\gamma(v)}$$

b) Sendo o módulo da velocidade da luz $u = \sqrt{u_x^2 + u_y^2}$, substituindo o valor de u_x e de u_y obtidos no ítem a), teremos, $u = \sqrt{v^2 + \left(\frac{c}{\gamma}\right)^2} = \sqrt{v^2 + c^2.\left(1 - v^2 / c^2\right)} = c$ que possui o mesmo módulo c em qualquer referencial.

MOMENTO RELATIVÍSTICO

6) Um próton tem momento inicial com magnitude p_0 quando a sua velocidade inicial é $v_0 = 0{,}400\ c$. Em termos de p_0, qual é a magnitude final do momento do próton quando a sua velocidade é dobrada para $0{,}800\ c$?

Solução

A velocidade do próton é uma fração significativa da velocidade da luz, então devemos usar a fórmula relativística para o momento linear: $p_0 = \gamma(v_0) m v_0$ e $p = \gamma(v) mv$.

$$\frac{p}{p_0} = \frac{\gamma(v) mv}{\gamma(v_0) m v_0} = \frac{\gamma(v) v}{\gamma(v_0) v_0} \text{ e então, } p = \frac{\gamma(v) v}{\gamma(v_0) v_0}.p_0,$$

sendo $\gamma(v_0)=\dfrac{1}{\sqrt{1-\dfrac{0,400^2c^2}{c^2}}}=1,091$ e $\gamma(v)=\dfrac{1}{\sqrt{1-\dfrac{0,800^2c^2}{c^2}}}=1,667$.

Logo, $p=\dfrac{1,667.0,800c}{1,091.0,400c}.p_0$ e $p=3,056p_0$.

Assim, a velocidade dobrou e o momento triplicou.

7) Um elétron sob ação de um campo elétrico sofre uma força de $1,822\times10^{-14}$ N paralela a sua velocidade. Encontre a aceleração que essa força produz se:

a) a velocidade do elétron é de 1,00 km/s.

b) a velocidade é $2,00\times10^{8}$ m/s.

Solução

a) Para a partícula em repouso ou $v << c$, teremos o caso clássico $a = F/m$. A massa do elétron é $m_e = 9,11\times10^{-31}\text{kg}$.

$$a=\frac{F}{m_e}=\frac{1,822\times10^{-14}\,\text{N}}{9,11\times10^{-31}\,\text{kg}}=2,00\times10^{16}\,\text{m/s}^2$$

b) Para uma velocidade muito alta, a força deve ser obtida pela derivada do momento relativístico:

$$F=\frac{dp}{dt}=\frac{d}{dt}(\gamma mv)=\frac{d}{dt}\left(\frac{mv}{\sqrt{\left(1-\dfrac{v^2}{c^2}\right)}}\right)=\gamma^3ma$$

Para verificar que a força é dada por $F=\gamma^3ma$, utilizamos a regra da cadeia da derivação realizando um belo exercício de cálculo,

$\dfrac{dp}{dt}=\dfrac{d}{dt}(\gamma mv)=\dfrac{d}{dt}(\gamma).mv+\gamma.m\left(\dfrac{dv}{dt}\right)$ e derivando agora, γ em relação ao tempo no primeiro termo, teremos,

$$\frac{d}{dt}(\gamma)=\frac{d}{dt}\left(1-\frac{v^2}{c^2}\right)^{\frac{-1}{2}}=\frac{-1}{2}\left(1-\frac{v^2}{c^2}\right)^{\frac{-3}{2}}.\left(-2\frac{v}{c^2}\right).\frac{dv}{dt}=\gamma^3\left(\frac{v}{c^2}\right)a\text{, sendo }\frac{dv}{dt}=a$$

Assim, $\dfrac{dp}{dt}=\dfrac{d}{dt}(\gamma).mv+\gamma.m\left(\dfrac{dv}{dt}\right)=\gamma^3\left(\dfrac{v}{c^2}\right)a.mv+\gamma.ma=\gamma^3\left(\dfrac{v^2}{c^2}\right)ma+\gamma^3 ma.\dfrac{1}{\gamma^2}$,

sendo $\dfrac{1}{\gamma^2}=\left(1-\dfrac{v^2}{c^2}\right)$

Logo, $F=\dfrac{dp}{dt}=\gamma^3\left(\dfrac{v^2}{c^2}\right)ma+\gamma^3 ma.\left(1-\dfrac{v^2}{c^2}\right)$

Portanto, aplicando a propriedade distributiva no segundo membro e somando ao primeiro membro teremos, $F=\gamma^3 ma$

Para a velocidade $v = 2{,}00 \times 10^8$ m/s, o fator de γ Lorentz fica,

$\gamma(v)=\dfrac{1}{\sqrt{1-\dfrac{2^2}{3^2}}}=1{,}342$ e assim, elevando ao cubo teremos, $\gamma^3=2{,}415$

Para o cálculo da aceleração, teremos

$$F=\gamma^3 ma \Rightarrow a=\frac{F}{m\gamma^3}=\frac{1{,}822\times10^{-14}\,\text{N}}{9{,}11\times10^{-31}\text{kg}\times2{,}415}=8{,}28\times10^{15}\,\text{m/s}^2$$

O resultado mostra uma aceleração menor do que no item a). Assim, quanto maior for a velocidade do corpo, maior será o fator γ^3 no denominador para o cálculo da aceleração. Esse fator tende a infinito quando a velocidade do corpo tende à velocidade da luz *c*. Para continuar acelerando o corpo a uma velocidade além da velocidade da luz teremos que ter uma força que tende a infinito no numerador e, portanto, não é possível, na prática, acelerar um corpo além da velocidade da luz.

8) Qual é o momento em MeV/c de um elétron com energia cinética de 3,00 MeV?

Solução

Temos $K=3{,}00$ MeV

Usando o resultado da equação (10.50) e elevando ao quadrado os dois termos,

$$K=\frac{mc^2}{\sqrt{\left(1-v^2/c^2\right)}}-mc^2 \Rightarrow E=K+mc^2 \Rightarrow E^2=K^2+2Kmc^2+m^2c^4$$

e substituindo o valor de E^2 dado pela equação 10.52 $E^2 - p^2c^2 = m^2c^4$ na equação anterior, $E^2 = K^2 + 2Kmc^2 + m^2c^4$, então, $K^2 + 2Kmc^2 + m^2c^4 - p^2c^2 = m^2c^4$
$p = \dfrac{\sqrt{K^2 + 2Kmc^2}}{c}$.

Como a massa do elétron é $m = 9{,}11 \times 10^{-31}\,\text{kg}$ e a velocidade da luz é $c = 3{,}00 \times 10^8\ \text{m/s}$, sua energia de repouso é:

$$mc^2 = \left(9{,}11 \times 10^{-31}\,\text{kg}\right)\left(3{,}00 \times 10^8\,\text{m/s}\right)^2 = 8{,}199 \times 10^{-14}\,\text{J}.\left(\frac{1\text{eV}}{1{,}602 \times 10^{-19}\,\text{J}}\right) \times 0{,}511\text{MeV}$$

Assim, $p = \dfrac{\sqrt{(3{,}00\text{MeV})^2 + 2(3{,}00\text{MeV})(0{,}511\text{MeV})}}{c} = 3{,}474\dfrac{\text{MeV}}{c}$.

TRABALHO E ENERGIA

9) Qual é a velocidade de uma partícula cuja energia cinética é igual a:

a) duas vezes a sua energia de repouso?

b) nove vezes sua energia de repouso?

Solução

a)

$$K = \frac{mc^2}{\sqrt{\left(1 - v^2/c^2\right)}} - mc^2 = 2mc^2 \Rightarrow \frac{1}{\sqrt{\left(1 - v^2/c^2\right)}} = 3 \Rightarrow \frac{1}{9} = 1 - \frac{v^2}{c^2} \Rightarrow v = \sqrt{\frac{8}{9}}c = 0{,}943\ c$$

b)

$$K = 9mc^2 \Rightarrow \frac{1}{\sqrt{\left(1 - v^2/c^2\right)}} = 10 \Rightarrow \frac{1}{100} = 1 - \frac{v^2}{c^2} \Rightarrow v = \sqrt{\frac{99}{100}}c = 0{,}995\ c$$

10) A energia total de uma partícula é três vezes a energia de repouso. Sua velocidade é u. Encontre a razão u/c para esta partícula.

Solução

A energia da partícula $E = \gamma mc^2$ é três vezes a energia de repouso $E_0 = mc^2$; temos $\gamma = 3$.

Usando a equação (10.52): $E^2 = p^2c^2 + E_0^2$ e substituindo nela $E = \gamma mc^2$, $E_0 = mc^2$ e $p = \gamma mu$ podemos obter a equação $\dfrac{u}{c} = \sqrt{\left(1 - \dfrac{1}{\gamma^2}\right)}$.

$$\gamma^2 m^2 c^4 = \gamma^2 m^2 u^2 c^2 + m^2 c^4 \Rightarrow \gamma^2 u^2 = c^2\left(\gamma^2 - 1\right) \Rightarrow \frac{u}{c} = \left(\sqrt{1 - \frac{1}{\gamma^2}}\right)$$

Assim, $u = \left(\sqrt{1 - \frac{1}{3^2}}\right)c = \left(\sqrt{\frac{8}{9}}\right)c \Rightarrow u = 0,943\ c$

EXERCÍCIOS COM RESPOSTAS

1) Uma nave viaja para um planeta que fica a 6 anos-luz de distância da Terra. A nave viaja com velocidade 0,65 c. Quanto tempo leva para chegar lá:

a) quando medido na Terra?

b) quando medido por um tripulante da nave?

Respostas:

a) $\Delta t = 9{,}23$ anos

b) $\Delta t_0 = 7{,}01$ anos

2) Uma nave com comprimento de 10 m viaja com uma velocidade u na direção paralela ao seu comprimento em relação a um observador externo estacionado. A nave é medida pelo observador com comprimento 7 m. Qual é a velocidade u desta nave em relação ao observador?

Resposta:

$u = 0{,}714\ c$

3) Qual é a velocidade que um múon deve ter para que sua vida média seja duas vezes maior que o tempo de vida média que ele possui em repouso?

Resposta:

$u = 0{,}866\ c$

4) São ejetados de uma estrela dois jatos de matéria com velocidades opostas de 0,400 c cada um em relação ao centro da estrela. Qual é a velocidade de cada jato um em relação ao outro?

Resposta:

$|u'_x| = 0{,}690\ c$

5) Uma nave possui 15,00 m de comprimento em seu referencial próprio. A nave viaja na direção do eixo x com velocidade de 0,600 c. Para atingir esta velocidade a nave deve inclinar seu eixo longitudinal de um ângulo de 20° em seu referencial próprio de forma que seu comprimento fique inclinado em relação à direção do movimento. Dica: Lembre-se de que comprimentos perpendiculares à direção de movimento não são afetados.

a) Qual o valor de γ?

b) Qual é o comprimento da nave para um observador estacionado?

c) Qual é o ângulo de inclinação da nave no referencial deste observador?

Respostas:

a) $\gamma = 1,25$

b) $L = 12,39$ m

c) 24,5°

6) Uma partícula instável em repouso inicial divide-se em duas partes tendo a primeira parte dois terços da massa total da partícula e a outra parte um terço da massa da partícula. A parte maior tem uma velocidade de 0,600 c após a fissão. Qual é a velocidade do outro fragmento? Dica: Conserva-se o momento relativístico antes e após a divisão.

Resposta:

$u = 0,832\ c$

7) Qual deve ser a velocidade de um objeto de massa m para que a sua energia total seja o dobro de sua energia em repouso ?

Resposta:

$u = 0,866\ c$

8) Uma nave se move ao longo do eixo x do referencial estacionário S com velocidade $u = 0,600\ c$. O relógio da nave marca zero quando ela passa pela origem do referencial estacionário S. Qual é a hora marcada no relógio da nave quando a nave percorreu a distância $1,8 \times 10^9$ m no referencial estacionário S para um observador externo à nave e estacionário em S?

Resposta:

$t' = 8,0$ s

9) Qual deve ser o momento de uma partícula de massa *m* para que sua energia cinética seja 3 vezes a sua energia de repouso ?

Resposta:

$p = mc\sqrt{15}$

10) Em um acelerador de partículas, um próton de massa $1,67 \times 10^{-27}$ kg se move com velocidade 0,900c em um círculo de raio 800 m. Qual é a força centrípeta aplicada sobre o próton?

Resposta:

$F = 3,49 \times 10^{-13}$ N

REFERÊNCIAS

AIRY, G. B. On the supposed alteration in the amount of astronomical aberration of light, produced by the passage of the light through a considerable thickness of refracting medium. *Proceedings of the Royal Society of London*, v. 20, p. 35-39, 1871.

ARAGO, F. Mémoire sur la vitesse de la lumière, lu à la prémière classe de l'Institut, le 10 décembre 1810. *Comptes Rendus de l'Académie des Sciences*, v. 36, p. 38-49, 1810.

BRADLEY, J. A letter from the Reverend Mr. James Bradley Savilian Professor of Astronomy at Oxford, and F.R.S. to Dr. Edmond Halley Astronom. Reg. &c. giving an account of a new discovered motion of the fix'd stars. *Phil. Trans. R. Soc.,* v. 35, p. 637-661, 1727-1728. Disponível em: http://dx.doi.org/10.1098/rstl.1727.0064. Acesso em: 26 nov. 2019.

DRUDE, P. *Lehrbuch der Optik* (Manual de Óptica). Leipzig: S. Hirzel, 1900. p. 419-420.

EINSTEIN, A. Zur Elektrodynamik bewegter Körper (Sobre a eletrodinâmica de corpos em movimento). *Annalen der Physik*, v. 17, p. 891, 1905. Traduções para o inglês: "On the Electrodynamics of Moving Bodies", George Barker Jeffery e Wilfrid Perrett (1923); "On the Electrodynamics of Moving Bodies", Megh Nad Saha (1920).

EINSTEIN, A. *et al*. The Principle of Relativity: a collection of original memoirs on the special and general theory of relativity. *Courier Dover Publications*, 1952, p. 111. Disponível em: https://archive.org/details/principleofrelat00lore_0/page/111. Acesso em: 26 nov. 2019.

FIZEAU, H. Sur les hypothèses relatives à l'éther lumineux. *Comptes Rendus de l'Académie des Sciences*, v. 33, p. 349-355, 1851.

FIZEAU, H. The hypotheses relating to the luminous ether, and an experiment which appears to demonstrate that the motion of bodies alters the velocity with which light propagates itself in their Interior. *Philosophical Magazine*, v. 2, p. 568-573, 1851.

FRESNEL, A. Lettre d'Augustin Fresnel à François Arago sur l'influence du mouvement terrestre dans quelques phénomènes d'optique. *Annales de chimie et de physique*, v. 9, p. 57-66, 1818.

GALILEI, G. *Dialogo sopra i due Massimi Sistemi del Mondo Tolomaico e Copernicano*, p. 291, 1632. Disponível em: https://www.liberliber.it/mediateca/libri/g/galilei/dialogo_sopra_i_due_massimi_sistemi/pdf/galilei_dialogo_sopra_i_due_massimi_sistemi.pdf. Acesso em: 26 nov. 2019.

HUYGENS, C. *Traité de la lumière* (Tratado sobre a luz). Academia Real de Ciências da França, 1690. (Escrito em 1678)

MICHELSON, A. A.; MORLEY, E. W. On the Relative Motion of the Earth and the Luminiferous Ether. *American Journal of Science*, v. XXXIV, n. 203, p. 333-345, 1887. Disponível em: https://history.aip.org/exhibits/gap/PDF/michelson.pdf. Acesso em: 26 nov. 2019.

PLANCK, M. *Scientific Autobiography and Other Papers*, traduzido do alemão por Frank Ganoir, p. 33, 1950. Disponível em: https://www.astrofilibresciani.it/Biblioteca_UAB/Biblioteca/A%20Scientific%20Autobiography%20and%20Other%20Papers.pdf. Acesso em: 26 nov. 2019.

YOUNG, T. Experiments and calculations relative to physical optics. *Philosophical Transactions of the Royal Society of London*, v. 94, p. 1-16, 1804. Disponível em: https://royalsocietypublishing.org/doi/10.1098/rstl.1804.0001. Acesso em: 26 nov. 2019.

11 SISTEMAS COMPLEXOS

Francisco Tadeu Degasperi

11.1 INTRODUÇÃO

O estudo e o conhecimento dos fenômenos físicos são parte essencial para trabalhar, com domínio pleno, com as tecnologias do mundo moderno. Uma das características das tecnologias atuais é que elas não se restringem a uma só área do conhecimento básico. Assim, é comum, por exemplo, que um equipamento médico-hospitalar exija para seu adequado projeto e bom funcionamento o conhecimento das áreas básicas química, biológica e física, e também de tecnologias eletrônicas, mecânica, automação e outras, todas essas áreas do conhecimento básico e tecnologias interagindo para alcançar eficaz e eficiente resultado. Para ilustrar essa situação, considere uma moderna máquina para realizar hemodiálise (filtragem do sangue, usada no tratamento de doentes renais crônicos). Essa máquina exige da química conhecimento relativo ao transporte iônico dos eletrólitos de sangue (sódio, potássio e fósforo), que são fundamentais para manter o paciente bem de saúde. Por exemplo, se ocorrer excesso de potássio no sangue, o paciente poderá ter taquicardia, e ainda sofrer uma parada do coração. Quanto à exigência do conhecimento biológico, claramente será necessário saber como funciona o rim e qual a função dele no organismo humano. Afinal, a máquina de hemodiálise deverá ser uma espécie de rim artificial, pelo menos para algumas das funções exercidas por esse órgão. A biologia e a nefrologia (especialidade médica do rim) deverão fornecer os parâmetros para o projeto da máquina de hemodiálise.

A física deverá se preocupar com a determinação de condições para o adequado bombeamento do sangue, considerando, nesse caso, a mecânica dos fluidos (para efeito de informação, o sangue é um fluido não newtoniano). Também os aspectos físicos, referentes ao processo de filtragem do sangue em si deverão ser considerados. Dessa forma, a teoria dos fenômenos de transporte de massa por difusão e por percolação deverá ser levada em conta. Além disto, a transferência de calor no processo de hemodiálise não pode ser negligenciada.

Além das áreas do conhecimento básico apresentadas, há também os aspectos tecnológicos do equipamento, que, certamente, garantem tanto o funcionamento eficiente – para que o conhecimento básico possa ser exercido de fato – como a segurança no uso e a confiabilidade do equipamento, assim como sua operação amigável. Dessa forma, a tecnologia eletrônica, a tecnologia da automação, a tecnologia mecânica, e outras tecnologias, devem ser observadas. Veja que todas as tecnologias citadas são sobremaneira baseadas na área da física, com a matemática fortemente atuante em todas elas.

Continuando, podemos ainda expor ao estudante outro sistema complexo – que à primeira vista parece um sistema trivial e de funcionamento simples, além de presente no cotidiano: um ventilador doméstico, equipamento que podemos considerar simples ou complexo. Como podemos fazer a escolha da distinção entre simples e complexo? Veremos que essa não é uma escolha difícil de se fazer.

Podemos considerar que é apresentada ao tecnólogo a tarefa de projetar um ventilador de parede de tamanho médio, com aproximadamente 60 cm de diâmetro, considerando a proteção da hélice do ventilador. Esse tipo de ventilador geralmente é instalado em uma sala de aula com até 40 carteiras.

O projeto pode ser feito de forma extremamente simples: poderá o tecnólogo adotar um motor de 4 polos, cuja rotação em $60\,Hz$ (frequência da rede eletrônica no Brasil) é de $1740\,rpm$ (rpm – rotações por minuto), instalar uma hélice de 3 pás feitas por um funileiro, adotando formato que lembre uma hélice – sem nenhum projeto prévio –, e em seguida montar a hélice no eixo do motor, considerando uma estrutura para prender o conjunto à parede, com uma grade protetora. Perguntamos: vai funcionar? Isto é, o ventilador vai ventilar? Ou seja, haverá deslocamento de ar? A resposta é sim. Mas seu funcionamento será eficiente? Ou seja, o ventilador deslocará uma quantidade de ar condizente com a potência elétrica consumida? O ventilador será silencioso? O ventilador vibrará muito? Em suma, se o projeto e a construção do ventilador não exigirem a consideração de detalhes, podemos dizer que o sistema tecnológico é simples. Como consequência de considerar o ventilador um sistema tecnológico simples, teremos que a modelagem físico-matemática do ventilador será também simples, não demandando matemática sofisticada, e, ainda, não demandando cálculo numérico e a utilização de recursos computacionais. Ocorre que, nesse caso, o produto, o ventilador, dificilmente terá um desempenho otimizado considerando os recursos materiais e energéticos consumidos.

Sabemos que hoje, devido à intensa circulação de mercadorias entre as nações, com economias abertas e signatárias de acordos internacionais, a concorrência é bastante intensa e acirrada. Dessa forma, os produtos devem apresentar um desempenho bastante bom e, ainda, levar em conta atributos como durabilidade, garantia, assistência técnica, e também os aspectos estéticos.

Assim, os produtos atuais, aqueles que são competitivos no mercado aberto, para chegar ao ponto de poderem concorrer com os melhores produtos, devem ter sido projetados e construídos dentro de critérios rigorosos e abrangentes, entre os quais estão durabilidade, economia no consumo de energia elétrica, facilidade de operação, garantia abrangente e, ainda, desenho harmonioso.

Para se chegar a esse estágio, o projeto deve ter sido realizado considerando vários aspectos do bom funcionamento de um ventilador. Assim, tanto o circuito elétrico como o circuito magnético do motor de indução, geralmente de 4 polos, devem ter sido determinados considerando um rendimento bem alto da potência elétrica que alimenta o motor, para se obter o máximo de deslocamento de ar. Também deve ter sido considerado um eficiente projeto mecânico para haver pouco aquecimento nos rolamentos dos mancais do motor. Para um deslocamento de ar otimizado, um estudo apropriado foi necessário, utilizando conhecimento da mecânica dos fluidos. Para o conjunto não vibrar e ter baixo ruído, foi necessário considerar a teoria das vibrações e a teoria acústica.

Uma vez admitindo todos esses efeitos, consideramos os ventiladores como um sistema complexo, exigindo assim uma modelagem bastante sofisticada, na qual interagem as várias áreas da tecnologia.

Explicando melhor: Um adequado e profundo projeto do subsistema mecânico, digamos do mancal com rolamento, deverá levar em conta as possíveis frequências de ressonância, pois poderá excitar modos de vibração da grade protetora do ventilador. O projeto adequado das pás da hélice do ventilador deverá levar em conta aspectos relativos às frequências de ressonância da própria pá da hélice do ventilador, além da questão do alto nível de ruído gerado.

Olhando para todos os subsistemas do ventilador, podemos ter a impressão de que o seu projeto, bem-feito como um todo, é de realização impossível. Nada disso! Certamente será uma tarefa difícil executá-lo, porém possível, e o produto terá melhor desempenho se aplicarmos tentativa e erro nos projetos dos subsistemas e também na integração para formar o sistema ventilador.

Nesse caso, como já vimos, chamamos o ventilador de sistema complexo. Veja que, além de cada uma das partes (subsistemas) que compõem o sistema, há também os vários subsistemas interagindo entre si, formando assim o sistema. Ao interagirem entre si, cada uma das partes, além de ser influenciada pelas outras partes, irá também influenciar as outras partes. Assim, é de se esperar que a modelagem, o projeto e a construção de cada uma das partes dependam e interajam com a modelagem, o projeto e a construção de cada uma das outras partes.

Na prática, temos que realizar uma primeira proposta de projeto. Em seguida verificamos como o todo se comporta. Para melhorar e aprimorar o sistema, produzimos alterações em cada uma das partes (subsistemas) e vemos como o todo (sistema) se comporta. Veja que a modelagem, o projeto, a construção e os testes de desempenho são trabalhados mais de uma vez. Mais, para não realizar construções de protótipos de maneira exagerada, a modelagem com cálculos e simulações é bastante utilizada. As simulações em geral são mais baratas de serem realizadas que a construção de protótipos e seus testes. Certamente a construção de protótipos deverá ocorrer, mas podemos realizá-la após um número suficiente de simulações.

Podemos, então, após esta introdução, considerar sistemas complexos, no contexto deste capítulo, dentro do livro *Física com aplicação tecnológica*, como sistemas que são analisados com profundidade e que levam em conta as várias áreas da física interagindo entre si. Como sistemas analisados com profundidade queremos dizer que são levados em consideração vários aspectos em sua modelagem. Veja que nas modelagens sempre são necessárias as simplificações, na prática é impossível considerar todas as interações e detalhes que ocorrem nos sistemas físicos. Veja que é no mínimo difícil definir o que vem a ser uma modelagem detalhada. Afinal de contas, até onde devemos ir nos detalhes? Trata-se de uma questão com alto grau de subjetividade. Podemos dizer que o profissional que faz a modelagem do sistema tecnológico deverá tomar a decisão de quão profunda e detalhada será a modelagem. Tudo dependerá de qual o alcance e a proximidade que ele pretende atingir em relação à realidade. A modelagem é algo que se aprende a fazer fazendo. Certamente, quanto mais profunda a modelagem que se pretende empreender, maior será a exigência de conhecimento básico e do ferramental matemático.

Assim, neste capítulo apresentaremos de forma sucinta conceitos referentes sobretudo aos fenômenos de transporte, e ainda outros conceitos sobre a teoria cinética dos gases que são necessários à modelagem detalhada de sistemas tecnológicos em geral. Certamente, os conceitos apresentados ao longo de toda a coleção *Física com aplicação tecnológica* são fundamentais para a análise e a modelagem, a fim de sustentar um projeto consistente a ser empreendido pelo tecnólogo.

11.2 SISTEMAS FÍSICOS E TECNOLÓGICOS SIMPLES

Vamos esclarecer e aprofundar a ideia e o conceito de sistema físico e tecnológico já mencionado na "Introdução" deste Capítulo 11. Sem dúvida, a definição de sistema depende muito da área de trabalho e também de conhecimento. Para os conteúdos que estamos preocupados em tratar – os ligados à tecnologia –, que necessitam de conhecimento físico, podemos dizer que sistema é um conjunto formado por partes bem específicas que fazem com que o todo funcione conforme previamente desejado.

Talvez um exemplo deixe mais clara a ideia da definição. Considere novamente o ventilador, ou seja, considere como sistema tecnológico o ventilador. Podemos especificar as várias partes principais que compõem o ventilador, conforme esquematizado na Figura 11.1.

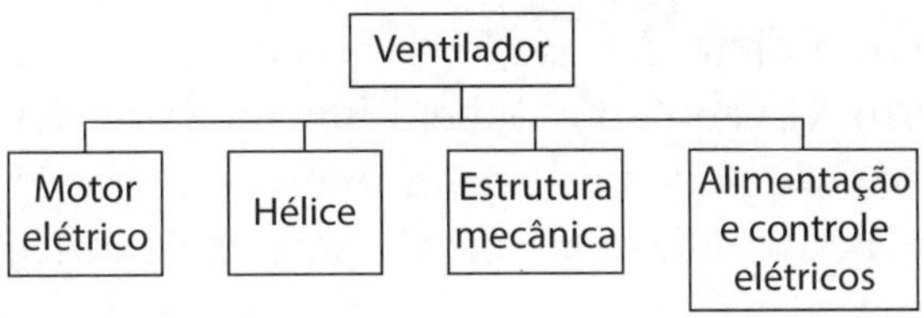

Figura 11.1 – O sistema tecnológico ventilador em suas partes importantes.

Podemos acrescentar, além das partes principais – que podemos chamar de subsistemas –, mais um item, que pode ser o desenho industrial, o qual determinará a estética do ventilador. Vemos que há uma certa subjetividade na definição de sistema tecnológico. Podemos ainda acrescentar mais um subsistema ao sistema ventilador, que pode ser economia de energia elétrica, ou, ainda, segurança na operação. Apesar de esses dois últimos subsistemas não serem tão "palpáveis", eles representam preocupações levadas em consideração nos produtos atuais. Não obstante o fato de não necessariamente esses sistemas terem partes físicas tão diretamente presentes, vemos que, para serem tratados e estudados a fundo, há a necessidade de bastante conhecimento físico para que se chegue a um bom resultado prático.

Em suma, podemos classificar – mesmo dentro de alguma subjetividade – um sistema físico e tecnológico simples como aquele que não exige uma modelagem com grande detalhamento, e, ainda, aquele que também não exige a identificação de muitos subsistemas. Assim, as partes que compõem um sistema tecnológico simples serão pouco numerosas. No caso do ventilador, por exemplo, podemos simplesmente considerar os aspectos construtivos da hélice, sem recorrer à sua teoria pertinente. Assim, a construção da hélice do ventilador pode ser empreendida observando-se algum tipo já existente no mercado a fim de praticamente quase copiá-lo (certamente observando os direitos legais das patentes envolvidas). A mesma situação pode ocorrer com os outros subsistemas do sistema ventilador, como o motor, a estrutura mecânica, o circuito elétrico etc.

Podemos conceber a construção de um ventilador de uso doméstico utilizando o mínimo de projeto. Podemos ainda considerar a construção de um ventilador adquirindo as partes integrantes (os subsistemas do sistema ventilador) e juntando-as para formar o conjunto, ou seja, o sistema ventilador.

Adotando essa estratégia – como ocorre com muitos produtos no mercado, fabricados por empresas que não se preocupam com pesquisa e desenvolvimento (P&D), e também não se preocupam com projetos de qualidade –, é de se esperar que os produtos construídos nessas condições preestabelecidas não sejam produtos de grande qualidade.

Ainda no caso do ventilador, a sua construção poderá ser realizada sem modelagem, sem cálculo e sem projeto detalhado, fazendo uso exclusivamente do procedimento de tentativa e erro. O ventilador poderá funcionar, ou seja, conseguirá deslocar ar, mas tampouco nesse caso podemos esperar (como no caso do mínimo projeto) um bom desempenho e um bom rendimento para a potência elétrica consumida.

No atual estágio da tecnologia, ocorre que muitos produtos fabricados, e cada uma de suas partes, são em geral fabricados por empresas diferentes. A maior parte das empresas responsabiliza-se pela integração das partes para ter o produto. Por exemplo, as montadoras de automóveis atualmente projetam, constroem algumas partes do carro e integram as várias partes, sendo que a maior parte das peças e componentes do automóvel é fabricada pelas empresas de autopeças. Do exposto até aqui, é possível pensar na complexidade do projeto de um bom automóvel. Mais ainda, começamos a ter uma ideia de como é difícil pensar na realização deste projeto na prática. Os profissionais – as centenas de profissionais! – que participam dos projetos e cálculos que formam o automóvel são especialistas de partes muito específicas. Aqueles responsáveis pelo projeto do subsistema da suspensão do automóvel praticamente nada precisam conhecer sobre o projeto do motor, ou sobre o subsistema de ar condicionado embarcado no automóvel. Mesmo assim, é de se esperar que, mesmo sendo projetista de partes específicas do automóvel, a sua responsabilidade de projeto não será uma tarefa simples, portanto exigirá uma modelagem e um projeto com certa complexidade. Veja que desde já tocamos no assunto "modelagem de sistemas complexos" porque acreditamos que esta introdução de discussão tornará mais palpável a distinção entre modelagem e projeto de um sistema tecnológico simples e modelagem e projeto de um sistema tecnológico complexo.

O estudante deve ter claro que a capacidade de realizar modelagem de sistemas físicos voltados à tecnologia – assim como outros tipos de modelagens – somente se aprende fazendo. Tanto o conhecimento de física como o de matemática são fundamentais, afinal trata-se da linguagem na qual são escritas as modelagens de sistemas físicos e tecnológicos. Mas a modelagem é muito mais que física e matemática: devemos olhar o sistema físico e tecnológico e propor uma maneira de como ele funciona. Essa capacidade de saber olhar um sistema tecnológico e propor um modelo deve ser praticada e, à medida que adquirimos experiência, vamos sofisticando e aprofundando os modelos propostos (certamente nos casos em que são necessários profundidade e detalhamento!).

Para ilustrar mais concretamente um sistema físico considerando uma análise e uma modelagem simples, vamos admitir o problema de um corpo caindo. Nessa situação, o movimento devido à queda do corpo resulta da força peso (força gravitacional entre a Terra e o corpo).

Podemos esquematizar a situação física conforme a Figura 11.2. Devido à ação da força gravitacional que a Terra exerce no corpo – e o corpo exerce na Terra (princípio da ação e reação)! –, ocorrerá um movimento de um ao encontro do outro. Veja que, além da Terra, qualquer outro corpo do Universo exercerá força gravitacional no corpo em queda ao encontro da Terra.

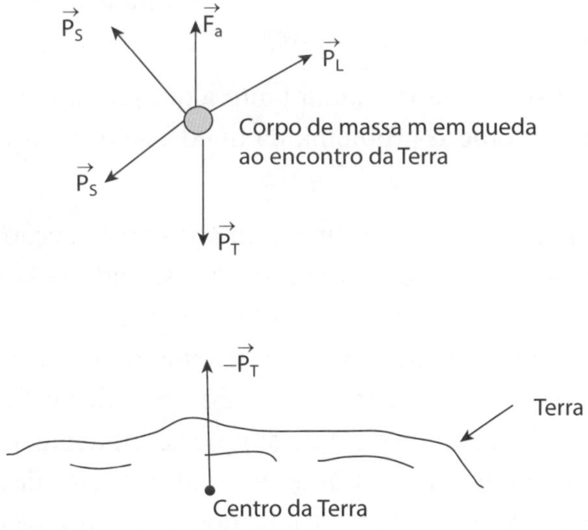

Figura 11.1 – Corpo em queda.

Além da força de origem gravitacional, a queda do corpo aumentará a velocidade desse corpo. Assim, uma força devido ao atrito viscoso com o ar atmosférico estará presente. A força devido à resistência do ar atmosférico dependerá, além da velocidade do corpo em relação à massa de ar, da atmosfera e da forma do corpo.

Por exemplo, uma folha de papel bem amassada, na forma de uma pequena bola, cairá de forma bem diferente do que uma folha de papel aberta. Trata-se de um fato que traduzimos fisicamente por meio do conceito de aerodinâmica do corpo. Assim, um estudo mínimo sobre a intensidade da força de atrito com o ar em função da velocidade do corpo e sua forma geométrica deverá ser realizado.

Voltemos à questão das forças gravitacionais devidas aos outros corpos do Universo. Fica a questão: deveremos considerá-las no estudo do movimento da queda do corpo? Ou, colocando a questão de outra forma: deveremos considerar o peso devido à Lua, o peso devido ao Sol e os pesos devidos tanto aos outros planetas como aos outros sóis, assim como os pesos devidos a qualquer outro corpo presente no Universo? Vemos que tal tarefa não será possível de ser realizada, em hipótese alguma! Ela está fadada a um retumbante fracasso. Fica a questão: como será possível catalogar e determinar a massa e a distância de cada corpo no Universo? Mais: como poderemos fazer isso considerando um determinado instante? Mais ainda: se fosse possível essa tarefa, como resolveríamos a equação diferencial oriunda da segunda lei de Newton? Tarefa claramente impossível de ser realizada. Em princípio, quer na identificação e na especificação de todos os corpos do Universo, quer na solução da equação diferencial resultante da segunda lei de Newton, o problema não tem solução. Bem, mas então, o que fazer? A resposta de certa forma é simples. Cabe a questão: precisamos considerar todas as interações existentes para conhecer e determinar o movimento do corpo em queda, para atingirmos os nossos propósitos?

Deixaremos para discutir e aprofundar tanto a questão de modelagem de sistemas tecnológicos complexos como o problema da queda de um corpo nas duas próximas seções mais à frente.

Alertamos os estudantes que os assuntos tratados nesta seção têm um alto grau de subjetividade e dependem do grau de experiência de cada pessoa. Por exemplo, um modelo físico-matemático considerado complexo, sofisticado e de difícil solução por um estudante ou um recém-formado pouco experiente poderá ser considerado simples e de fácil solução por profissionais experientes. Por isso, fica difícil – ou mesmo quase impossível – definir modelagem de sistema simples e modelagem de sistema complexo. Não obstante, acreditamos que tal questão e tal conceito devem ser colocados e, principalmente, devem fazer parte da formação dos estudantes de cursos de tecnologia.

Podemos admitir que, quando qualificamos e consideramos alguém experiente, seja na vida privada ou na vida profissional, podemos dizer que nos referimos a pessoas que passaram por muitas situações que exigiram a resolução de problemas, tanto simples como complexos. E, certamente, para alcançar a solução dos problemas colocados, tanto aqueles da vida privada como aqueles da vida profissional, houve a necessidade de se construir uma estrutura mental de como é o arranjo do problema. Podemos dizer, então, que, de forma implícita ou explícita, ocorreu a construção de um modelo do problema.

De todo o exposto, cabe ao estudante de tecnologia – e certamente a todos os estudantes – conquistar um profundo conhecimento dos assuntos básicos de suas especialidades, e o mais cedo possível aplicar os conhecimentos dos problemas concretos da realidade de suas especialidades. E não há outra forma a não ser fazendo. Lembre-se da citação de Thomas Alva Edson: “Qualquer realização é 1% de inspiração e 99%

de transpiração". Ou seja, muito trabalho! Assim, os estudantes não devem se iludir com discursos fáceis, com pregadores e vendedores de vida fácil e paraísos. Portanto: trabalhe e cumpra a sua parte!

11.3 SISTEMAS FÍSICOS E TECNOLÓGICOS COMPLEXOS

Dando continuidade ao assunto, podemos, agora, tentar elaborar melhor a ideia e o conceito de sistemas físicos e tecnológicos complexos. Pelo exposto, ao falar de complexo, quase naturalmente vem à mente também o oposto de complexo, ou seja, simples. Então, é inevitável estarmos sempre comparando e confrontando os dois conceitos. Além do mais, a subjetividade é tamanha que, como já dissemos, considerar algo simples ou complexo depende da vivência e da capacidade de realização de cada indivíduo. Apesar de todas as limitações intrínsecas e dificuldades em definir esses dois conceitos, foi possível, pelo menos, colocar a questão, iniciar e sistematizar a discussão.

Podemos encarar uma mesma situação que nos é apresentada de forma a considerar a necessidade de uma análise e modelagem simples ou complexa. A escolha e a decisão por uma modelagem simples ou complexa dependerão, além da nossa capacidade de realização, da necessidade de empreender uma modelagem simples ou complexa. Temos que ter em mente que sofisticar nem sempre é desejável ou necessário. Cabe analisar os problemas e a necessidade ou não de uma modelagem complexa. Ocorre que há situações reais, e não são poucas, em que é necessária uma modelagem simples para alcançar um resultado suficientemente bom, ou até mesmo muito bom. Dessa forma, queremos fazer entender que há situações nas quais uma análise simples possibilita que se chegue a resultados bons. Devemos ter claro que a hora de trabalho de um profissional especializado absorve recursos financeiros das empresas; assim, cabe ao profissional decidir se há a necessidade de empreender ou não uma análise ou modelagem simples ou complexa.

Sejam quais forem a escolha e a decisão a ser tomadas, o conhecimento sobre o assunto de trabalho é fundamental para que a decisão seja tomada conscientemente e de forma inteligente. Assim, quando um profissional faz uma análise e modelagem de um sistema tecnológico e toma a decisão de não levar em conta uma grandeza física que influencia o fenômeno em estudo, isso significa que a simplificação foi fruto de seu conhecimento e segurança sobre o assunto, e não de sua falta de capacidade e de conhecimento. Em suma, para fazer simplificações de forma consciente, devemos estar seguros de tais simplificações. E a segurança é fruto tanto de conhecimento como de experiência, assim como de uma certa dose de coragem.

Retomemos o problema da queda de um corpo próximo à superfície da Terra. Argumentamos que, se levarmos em conta – considerando que isso fosse possível!

– todas as interações, fisicamente possíveis, do corpo em queda com tudo que há no Universo, não seria possível sequer montar o problema, e muito menos resolvê-lo matematicamente. Dissemos – e enfatizamos agora – que podemos levar em conta apenas poucas interações do corpo com sua vizinhança próxima para estudar o movimento desse corpo nas proximidades da superfície da Terra.

Assim, para estudar o movimento do corpo, seja em queda direta (movimento vertical), seja em movimento mais geral (movimento balístico), podemos considerar certamente a força peso e a força de resistência do ar para se chegar a resultados confiáveis e com pequena incerteza nas coordenadas das posições do corpo em função do tempo. Podemos ainda acrescentar que, para movimentos balísticos de maior envergadura, por exemplo, o de um projétil militar de uma arma de longo alcance, deveremos considerar que a Terra não é um referencial inercial, e assim, nesse caso, introduzir as chamadas forças fictícias (entre elas a força de Coriolis).

Cabe mencionar que para explicar fenômenos complicados, como a formação de tufões e furacões, as forças fictícias de Coriolis são de fundamental importância. As forças fictícias são estudadas em cursos de mecânica avançados, e o assunto é também importante nos projetos de mecanismos usados em robótica.

Assim, admitimos – sem prova! – que, para estudar o movimento balístico de um corpo próximo à superfície da Terra, basta considerar a força peso e a força devida à resistência do ar. Mas admitamos o movimento do mar formando as marés. Quais interações são necessárias para explicar a maré? Além das forças locais, como a força peso e a força de atrito devido ao movimento da água (viscosidade da água salgada), deveremos necessariamente considerar tanto a atração gravitacional da Lua na massa de água do mar (força peso devido à massa da Lua) como a atração gravitacional do Sol na massa de água do mar (força peso devido à massa do Sol). Afirmamos que o movimento das marés é um movimento bastante difícil de ser entendido em detalhes, porém a base para o seu entendimento está na atração gravitacional da Lua e do Sol na massa de água na superfície terrestre.

Veja o estudante que, para estudar o movimento balístico de um corpo próximo à superfície da Terra, não há a necessidade de se considerar a existência da Lua ou do Sol. Porém, para estudar e entender o fenômeno das marés, a existência da Lua e do Sol é fundamental. Como podemos saber de imediato se é preciso ou não considerar a existência da Lua e do Sol, ou qualquer outra interação? Na verdade, não temos como saber sem um estudo mais aprofundado. Há a necessidade de aprofundar e comparar os resultados obtidos dos modelos construídos com os resultados experimentais. Verificando se o modelo explica bem ou não os dados experimentais, deveremos, no caso de não haver boa aderência entre o modelo proposto e os dados experimentais obtidos, propor modelos mais sofisticados para alcançar boa proximidade entre a teoria e as medições.

Vamos considerar a seguinte situação prática para exemplificar a necessidade da construção de uma modelagem para o caso da determinação da aceleração da gravidade próximo à superfície da Terra. Primeiro temos que considerar um fenômeno que tenha dependência com a aceleração da gravidade. Podemos mais uma vez considerar a queda de um corpo próximo à superfície da Terra. As interações que admitiremos na modelagem são a força peso, a força de empuxo e a força de atrito com o ar. Assim, temos, pela segunda lei de Newton,

$$F_r = m \times \frac{d^2 x(t)}{dt^2}$$

sendo Fr a intensidade da força resultante. A Figura 11.3 exibe esquematicamente a situação da queda do corpo:

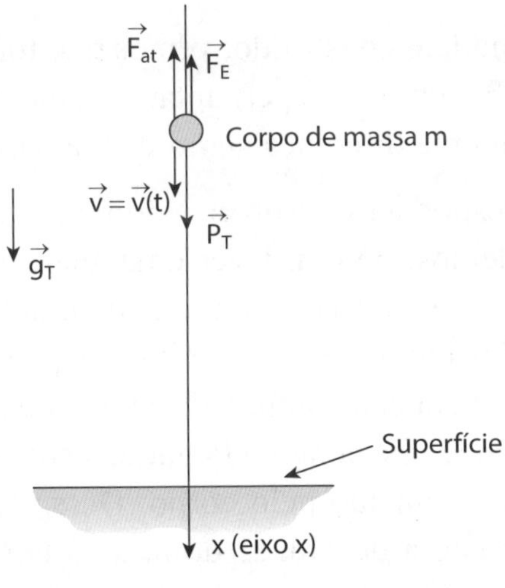

Figura 11.2 – Forças atuantes num corpo em queda próximo à superfície da Terra.

Admitiremos que o corpo parte com velocidade igual a zero, ou seja, $v(0)=0$. Trata-se de uma das duas condições iniciais do problema. A outra condição inicial é admitir a posição inicial em $x=0$, assim, $x(0)=0$.

A força peso é dada por $\overrightarrow{P_T} = m \cdot \vec{g}$, a força de atrito com o ar é dada por $\overrightarrow{F_{at}} = -6\pi \cdot \eta_{ar} \cdot r_c \cdot v \cdot \vec{i}$, sendo η_{ar} a viscosidade do ar, r o raio do corpo (considerado como uma esfera) e $v = v(t)$ a velocidade do corpo.

A força de empuxo deve-se ao corpo estar imerso no fluido ar atmosférico. A intensidade da força de empuxo é dada por

$$\overrightarrow{F_E} = -\rho_{ar} \cdot V_c \cdot \vec{g},$$

em que ρ_{ar} é a densidade do ar atmosférico e V_c o volume do corpo (como já mencionamos, considerado de forma esférica).

Dessa forma, considerando as forças que agem no corpo devido às interações próximas ao corpo e aplicando a segunda lei de Newton, temos:

$$m_c \cdot \frac{d^2x(t)}{dt^2} = m_c \cdot g - 6\pi \cdot \eta_{ar} \cdot r_c \cdot v(t) - \rho_{ar} \cdot V_c \cdot g$$

Vemos que, tendo em vista na construção da modelagem somente a força peso, a força de atrito com o ar e a força de empuxo, temos que resolver a equação diferencial ordinária de segunda ordem linear com coeficientes constantes. Essa equação diferencial tem solução analítica, ou seja, a solução geral do problema pode ser escrita em termos de funções matemáticas bem determinadas. Portanto, para alcançar a solução do problema, não há a necessidade da intervenção de cálculo numérico.

Do ponto de vista do modelo construído, vemos que foram incluídas, além da força peso, mais duas forças. Podemos nos perguntar se a inclusão das duas forças (atrito com o ar e empuxo) traz alguma diferença significativa para a solução do problema.

A melhor maneira de responder é resolver o problema com e sem as duas forças e comparar as soluções. Podemos, porém, fazer uma análise puramente física. Quanto à força de atrito com o ar, ela se torna importante quando a velocidade atinge certos valores. No início do movimento, como a velocidade é pequena, a força de atrito com o ar também será pequena – pequena comparada à intensidade da força peso. Quanto à força de empuxo, sabemos que, fisicamente falando, a sua intensidade é igual ao peso do fluido contido no espaço ocupado pelo corpo. Dessa forma, se o corpo for feito de aço ou chumbo, certamente a densidade do ar será em torno de 7 mil ou 10 mil vezes menor que a do corpo. Fisicamente falando, se tomarmos uma pequena esfera de chumbo, teremos que a força de empuxo será muito pequena (aproximadamente 11 mil vezes menor) em comparação ao seu peso. Se construirmos uma esfera de raio pequeno, alguns poucos milímetros, teremos uma força de atrito com o ar de pequena intensidade para velocidades de poucos metros por segundo. A melhor maneira de se chegar a resultados concretos e objetivos é calculando. Temos um modelo e conhecemos a física do fato em estudo. Vemos neste exemplo como é fundamental dominar a física envolvida no sistema em estudo.

Continuando: o nosso objetivo inicial era propor um arranjo experimental para determinar a aceleração da gravidade. Podemos determinar o tempo para o corpo percorrer um certo espaço e, conhecendo todos os dados referentes ao corpo e às forças de empuxo e de atrito com o ar, poderemos determinar a intensidade de $\vec{g}$ (aceleração da gravidade). Veja que, quanto mais variáveis estiverem presentes, maior será a incerteza na determinação de g. Não que não seja possível determiná-la: é preciso apenas considerar que isso tornará o resultado mais incerto. A melhor maneira de fazê-lo, porém, é construir um arranjo experimental sem a presença das forças de empuxo e de atrito com o ar. Como? Veja que essas duas interações devem-se à existência do ar ao longo da trajetória do corpo. Assim, para anular as forças de empuxo e a resistência (atrito) do ar, deveremos remover o ar, ou seja, fazer vácuo! Como podemos enfrentar o problema e propor uma solução factível? Podemos construir um arranjo experimental que seja uma câmara de vácuo.

Nesse caso, o problema físico tem a seguinte modelagem físico-matemática:

$$F_R = m \cdot g = m \cdot \frac{d^2x(t)}{dt^2}.$$

Assim,

$$\frac{d^2x(t)}{dt^2} = g,$$

cuja solução geral é

$$x(t) = x_0 + v_0 \cdot t + \frac{1}{2} \cdot g \cdot t^2,$$

sendo x_0 e v_0, respectivamente, a posição inicial e a velocidade inicial, que admitimos como $x_0 = x(0) = 0$ e $v_0 = v(0) = 0$. Assim, fisicamente falando, largamos o corpo na posição $x = 0$, no instante inicial (início do estudo do movimento de queda do corpo, que nesse caso é de queda livre) igual a zero, $t = 0$. Impondo as condições iniciais, a solução geral fica com a forma

$$x(t) = \frac{1}{2} \cdot g \cdot t^2,$$

de modo que encontramos o valor da aceleração da gravidade como

$$g = \frac{2 \cdot x(t)}{t^2}$$

Na prática, deixando o corpo cair no vácuo e determinando experimentalmente o quanto caiu (desde $t = 0$), ou seja, $\Delta x = x(t)$, e o intervalo de tempo que transcorreu $\Delta t = t$, encontramos experimentalmente a intensidade da aceleração da gravidade. A Figura 11.4 mostra um arranjo experimental possível.

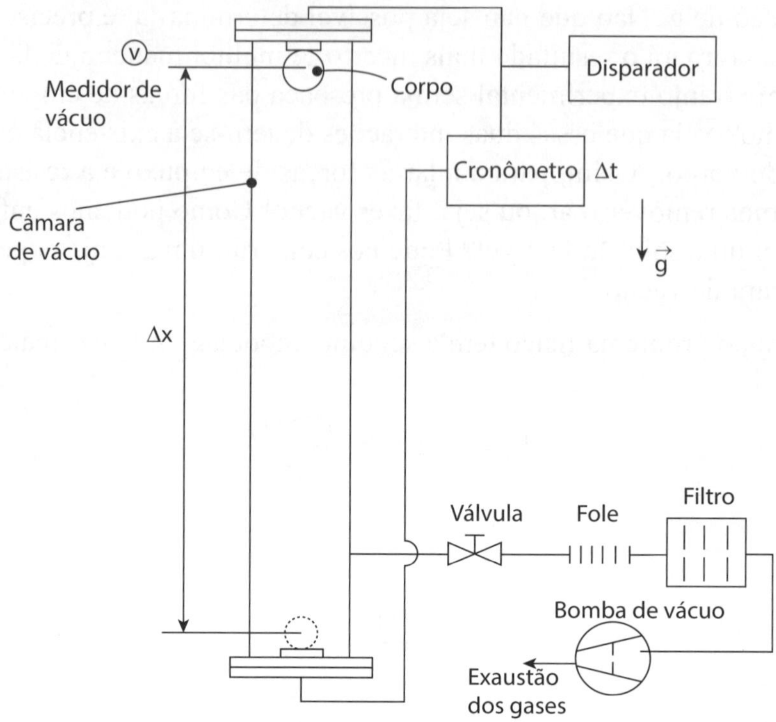

Figura 11.3 – Arranjo experimental para determinar g.

É interessante notar – e explorar – um fato bastante sutil: a própria modelagem da física envolvida em um fenômeno em estudo impõe a forma de considerar a metodologia experimental. Explorando essa ideia: ao propor uma modelagem para a queda livre de um corpo – no caso, somente a força peso age no corpo –, temos como solução matemática do problema físico $x(t)=\frac{1}{2}gt^2$. Dessa forma, temos uma relação entre a posição ocupada pelo corpo, a aceleração da gravidade e o tempo transcorrido. Veja que a posição ocupada pelo corpo em queda livre não depende da massa do corpo – esse fato já havia sido observado por Galileu.

Assim, para determinar a aceleração da gravidade g, fazemos

$$g=\frac{2\cdot x(t)}{t^2}.$$

O fato de termos uma expressão que conecta as grandezas físicas à realidade, algo conseguido por meio da construção de um modelo, torna-nos capazes de determinar grandezas físicas envolvidas no processo em estudo. Com isso, poderemos realizar várias experiências para determinar a aceleração da gravidade e obter o seu desvio padrão. Para poder usar a expressão $g=\frac{2\cdot x(t)}{t^2}$, deveremos considerar experiências que obedeçam às condições estabelecidas na segunda lei de Newton, $m \cdot \frac{d^2 x(t)}{dt^2} = m \cdot g$, com $x(0) = 0$ e $v(0) = 0$. Ou seja, temos somente a presença da força gravitacional exercida pela Terra no corpo de massa m. Assim, necessariamente deveremos isolar o corpo da atmosfera para não ter nem a força de atrito com o ar, nem a força de empuxo. Deveremos construir um arranjo experimental como o esquematizado na Figura 11.4.

Vemos que, para alcançar a modelagem de um sistema físico simples (corpo em queda livre), será necessário considerar um arranjo experimental que exclua a atmosfera circunstante ao corpo em queda. Mais uma virtude da modelagem: por meio dela temos condições objetivas de determinar a importância relativa de cada uma das interações em relação às outras interações e em relação ao conjunto formado por todas as interações. Outra virtude da modelagem é o fato de ela nos guiar objetivamente na construção do arranjo experimental a ser construído a fim de obter grandezas ou verificar a aderência da teoria com os dados experimentais.

Por exemplo, quando obtemos a equação diferencial considerando a força peso, a força de atrito com o ar e a força de empuxo para o corpo em queda, podemos calcular a intensidade de cada força e compará-las entre si e com a intensidade da força resultante. E. analisando o problema como um todo, concluímos que, realizando a experiência em uma câmara de vácuo, atingindo uma pressão de 10^{-1} $mbar$ (1 parte em 10 mil da pressão atmosférica no nível do mar), excluiríamos as forças de empuxo e a força de atrito com o ar. Todas essas conclusões são guiadas e obtidas por meio da construção da modelagem físico-matemática de sistemas tecnológicos.

Podemos concluir de forma muito segura que devemos sempre considerar a modelagem como um passo fundamental em nosso trabalho. A seção seguinte explora um pouco mais este riquíssimo assunto.

11.4 MODELAGEM DE SISTEMAS FÍSICOS E TECNOLÓGICOS

Esperamos finalizar nesta seção a exposição do assunto referente à construção de modelos de sistemas físicos e tecnológicos. Certamente, esse é um assunto tão rico que sempre há mais o que explorar e acrescentar. Também é um daqueles assuntos sobre os quais cada atuante tem o seu ponto de vista formado, pois transitam em grande intensidade tanto o seu conhecimento objetivo sobre a sua área de atuação como a sua experiência e as suas impressões subjetivas formadas ao longo da vida. Assim, sempre é bom e instrutivo ouvir as impressões de cada profissional sobre as suas experiências e principalmente como cada um encara e trata os problemas. Cada um tem a sua forma de atuar, de encarar os problemas e ver o mundo.

A fim de complementar e aprofundar um pouco mais as seções anteriores, vamos explorar um pouco mais o assunto da modelagem aplicada à tecnologia nas áreas embasadas na física.

Cabe mencionar que a modelagem matemática tem conseguido obter um grande espaço no ensino de matemática nos últimos vinte anos. Há professores de matemática que hoje consideram a modelagem matemática uma forma eficiente e natural de ensinar e aprender. Na realidade, é isto que ocorre: aprendemos de fato quando praticamos, aplicando os conceitos teóricos em situações reais e comparando os resultados obtidos com os dados experimentais. É assim nas atividades dos tecnólogos, mas certamente também nas atividades dos profissionais de outras áreas.

A melhor forma de aprender a modelar sistemas tecnológicos é realizar modelagens de casos ligados à tecnologia. Consideremos o caso visto na seção anterior, referente à queda de um corpo sob ação da força da gravidade, da força de empuxo e da força de atrito com o ar.

Após a argumentação sobre por que considerar as forças de empuxo e de atrito com o ar, chegamos à equação diferencial obtida a partir da segunda lei de Newton:

$$m_c \cdot \frac{d^2x(t)}{dt^2} = m_c \cdot g - 6\pi \cdot \eta_{ar} \cdot r_c \cdot \frac{dx(t)}{dt} - \rho_{ar} \cdot V_c \cdot g \cdot$$

Podemos simplificar a expressão, obtendo

$$\frac{d^2x(t)}{dt^2} = \frac{m_c}{m_c} \cdot g - \frac{6\pi \cdot \eta_{ar} \cdot r_c}{m_c} \cdot \frac{dx(t)}{dt} - \frac{\rho_{ar} \cdot V_c}{m_c} \cdot g \Rightarrow$$

$$\frac{d^2x(t)}{dt^2} = \left(1 - \frac{\rho_{ar} \cdot V_c}{m_c}\right) \cdot g - \frac{6\pi \cdot \eta_{ar} \cdot r_c}{m_c} \cdot \frac{dx(t)}{dt}.$$

Podemos incluir na expressão acima o fato de a grandeza $\frac{\rho_{ar} \cdot V_c}{m_c}$ poder ser escrita na forma $\frac{\rho_{ar}}{\rho_{corpo}}$, pois $\frac{m_c}{V_c} = \rho_{corpo}$.

Assim, ficamos com

$$\frac{d^2x(t)}{dt^2} = \left(1 - \frac{\rho_{ar}}{\rho_{corpo}}\right) \cdot g - \frac{6\pi \cdot \eta_{ar} \cdot r_c}{m_c} \cdot \frac{dx(t)}{dt} \Rightarrow$$

$$\frac{d^2x(t)}{dt^2} + \frac{6\pi \cdot \eta_{ar} \cdot r_c}{m_c} \cdot \frac{dx(t)}{dt} = \left(1 - \frac{\rho_{ar} \cdot V_c}{m_c}\right) \cdot g.$$

Quando a densidade do corpo for muito maior que a densidade do ar, podemos simplificar a expressão para

$$\frac{d^2x(t)}{dt^2}+\frac{6\pi\cdot\eta_{ar}\cdot r_c}{m_c}\cdot\frac{dx(t)}{dt}=g.$$

Fisicamente falando, a força de empuxo pode ser negligenciada. Por exemplo, no caso do ar, a sua densidade (na cidade de São Paulo) é de $1,2\ kg\cdot m^{-3}$. Se o material do corpo for chumbo, a sua densidade é de $11.340\ kg\cdot m^{-3}$ (chumbo sólido à temperatura de $25\ °C$ aproximadamente). Assim, $\frac{\rho_{ar}}{\rho_{corpo}}=\frac{1,2}{11.340}=1,1\cdot10^{-4}$ (1 parte em 11 mil), o que justifica a aproximação feita:

$$\left(1-\frac{\rho_{ar}}{\rho_{corpo}}\right)\cong 1-1,1\cdot10^{-4}\cong 1.$$

Veja que, se o movimento do corpo estiver se dando em um meio líquido, por exemplo, a água, e o corpo fosse feito de ferro, teríamos aproximadamente

$$\left(1-\frac{\rho_{água}}{\rho_{corpo}}\right)\cong\left(1-\frac{10^3}{7\cdot10^3}\right)\cong\left(1-\frac{1}{7}\right)\cong 0,86\,.$$

Considerando a qualidade e o aprofundamento de nossa modelagem, não poderemos negligenciar o efeito do empuxo. Continuando: fazendo

$$A=\left(1-\frac{\rho_{ar}\cdot V_c}{m_c}\right)\cdot g>0$$

$$B=\frac{6\pi\cdot\eta_{ar}\cdot r_c}{m_c}>0\,,$$

ficamos com

$$\frac{d^2x(t)}{dt^2}=A-B\cdot\frac{dx(t)}{dt}\Rightarrow$$

$$\frac{d^2x(t)}{dt^2}+B\cdot\frac{dx(t)}{dt}=A.$$

Temos uma equação diferencial ordinária de primeira ordem linear com coeficientes constantes.

Considerando a teoria das equações diferenciais, podemos resolver esse problema. Podemos escrever que $v(t)=\frac{dx(t)}{dt}$, que é a própria definição de velocidade instantânea. Assim,

$$\frac{d^2x(t)}{dt^2}+B\cdot v(t)=A\Rightarrow$$

$$\frac{d^2x(t)}{dt^2}=A-B\cdot v(t)\Rightarrow$$

$$\int_{v_0}^{v}\frac{dv'}{A-B\cdot v'}=\int_{t=0}^{t}dt'.$$

Consideramos $v(0)=v_0=0$ e $x(0)=x_0=0$ as condições iniciais do problema mecânico. Assim,

$$\int_{0}^{v}\frac{dv'}{A-B\cdot v'}=\int_{0}^{t}dt'=t\Rightarrow$$

$$\frac{-1}{B}\cdot\ln\left|A-B\cdot v'\right|\Big|_0^v=t\Rightarrow$$

$$\ln\left|\frac{A-B\cdot v}{A}\right|=-B\cdot t.$$

A solução $v=v(t)$ está na forma implícita. Devemos considerar a aplicação de função exponencial em ambos os membros; dessa forma:

$$\frac{A-B\cdot v(t)}{A}=e^{-B\cdot t}\Rightarrow$$

$$-B\cdot v(t)=A\cdot e^{-B\cdot t}-A=A\left(e^{-B\cdot t}-1\right)\Rightarrow$$

$$v(t)=\frac{A}{-B}\cdot\left(e^{-B\cdot t}-1\right)=\frac{A}{B}\left(1-e^{-B\cdot t}\right).$$

Agora, como sabemos que

$$v(t)=\frac{dx(t)}{dt}\Rightarrow x(t)=\int_0^t v(t')dt'\Rightarrow$$

$$x(t)=\int_0^t \frac{A}{B}\left(1-e^{-B\cdot t}\right)dt'\Rightarrow$$

$$x(t)=\frac{A}{B}\int_0^t \left(1-e^{-B\cdot t}\right)dt'\Rightarrow$$

$$x(t)=\frac{A}{B}\left[\int_0^t dt' - \int_0^t e^{-B\cdot t'}\,dt'\right]\Rightarrow$$

$$x(t)=\frac{A}{B}\left[t'|_0^t+\frac{1}{B}\cdot e^{-B\cdot t'}\,|_0^t\right]\Rightarrow$$

$$x(t)=\frac{A}{B^2}\left(e^{-B\cdot t}-1\right)+\frac{A}{B}\cdot t\,,$$

que é a equação horária do movimento. Explicitando as constantes A e B, temos

$$x(t)=\left(1-\frac{\rho_{ar}\cdot V_C}{m_C}\right)\cdot g\left(\frac{m_C}{6\pi\cdot\eta_{ar}\cdot r_c}\right)^2\cdot\left[exp\left(\frac{-6\pi\cdot\eta_{ar}\cdot r_c}{m_C}\right)-1\right]+$$

$$+\left(1-\frac{\rho_{ar}\cdot V_C}{m_C}\right)\cdot g\cdot\left(\frac{m_C}{6\pi\cdot\eta_{ar}\cdot r_c}\right)\cdot t\,.$$

A velocidade do corpo é dada por

$$v(t)=\frac{A}{B}\left(1-e^{-B\cdot t}\right).$$

Explicitando as constantes A e B, temos

$$v(t)=\frac{\left(1-\frac{\rho_{ar}\cdot V_C}{m_C}\right)\cdot g}{\frac{6\pi\cdot\eta_{ar}\cdot r_c}{m_C}}\cdot\left[1-exp\left(\frac{-6\pi\cdot\eta_{ar}\cdot r_c}{m_C}\cdot t\right)\right].$$

Cabe mencionar que em muitos textos a força de atrito com o ar (também chamada de força da resistência do ar) é representada pela expressão

$$F_{at}(t) = -b \cdot v(t),$$

com $b = \sigma_\pi \cdot \eta_{ar} \cdot r_c$. Assim, ficam as expressões

$$x(t) = \left(1 - \frac{\rho_{ar} \cdot V_C}{m_C}\right) \cdot g \left(\frac{m_C}{b}\right)^2 \cdot \left[exp\left(\frac{-b}{m_C}\right) - 1\right] +$$

$$+ \left(1 - \frac{\rho_{ar} \cdot V_C}{m_C}\right) \cdot g \cdot \left(\frac{m_C}{b}\right) \cdot t$$

e

$$v(t) = \frac{\left(1 - \frac{\rho_{ar} \cdot V_C}{m_C}\right) \cdot g}{\frac{b}{m_C}} \cdot \left[1 - exp\left(\frac{-b}{m_C} \cdot t\right)\right] \Rightarrow$$

$$v(t) = \left(1 - \frac{\rho_{ar} \cdot V_C}{m_C}\right) \cdot \frac{m_C \cdot g}{b} \cdot \left[1 - exp\left(\frac{-b}{m_C} \cdot t\right)\right].$$

Vemos que a equação horária do movimento do corpo em queda, considerando as três interações detalhadas, não é imediata e nem simples. Podemos fazer uma análise preliminar sobre o movimento do corpo. Vamos a ela.

- Vemos que, quando o tempo cresce, o termo de $x(t)$, $\exp\left(\frac{-b}{m_c} \cdot t\right)$ tende a zero. Dessa forma, a equação horária toma a forma aproximada

$$x(t) \cong -\left(1 - \frac{\rho_{ar} \cdot V_C}{m_C}\right) \cdot g \left(\frac{m_C}{b}\right)^2 + \left(1 - \frac{\rho_{ar} \cdot V_C}{m_C}\right) \cdot g \cdot \left(\frac{m_C}{b}\right) \cdot t \Rightarrow$$

$$x(t) \cong -\left(1 - \frac{\rho_{ar}}{\rho_{corpo}}\right) \cdot g \left(\frac{m_C}{b}\right)^2 + \left(1 - \frac{\rho_{ar}}{\rho_{corpo}}\right) \cdot g \cdot \left(\frac{m_C}{b}\right) \cdot t,$$

ou seja, a equação horária toma a forma

$$x(t) \cong -k_1 + k_2 \cdot t,$$

com k_1 e k_2 constantes. Com $x = x(t)$ crescendo linearmente com o tempo – em outras palavras, após um tempo suficientemente longo para as forças peso, empuxo e atrito com o ar ficarem com resultante nula –, o corpo apresentará movimento retilíneo uniforme.

Ainda, a velocidade do corpo, nessas condições, atinge a velocidade limite e constante

$$v(t) \cong \left(1 - \frac{\rho_{ar} \cdot V_C}{m_C}\right) \cdot \frac{m_C \cdot g}{b} = \left(1 - \frac{\rho_{ar}}{\rho_{corpo}}\right) \cdot \frac{m_C \cdot g}{b}.$$

Continuando, vamos considerar que a força de empuxo seja muito pequena comparada à força peso. Assim, a equação horária toma a forma

$$x(t) \cong \frac{m_C^{\ 2} \cdot g}{b^2}\left[exp\left(\frac{-b}{m_C} \cdot t\right) - 1\right] + \frac{m_C \cdot g}{b} \cdot t \Rightarrow$$

$$x(t) \cong \frac{m_C^{\ 2} \cdot g}{b^2}\left[-1 - exp\left(\frac{-b}{m_C} \cdot t\right) + \frac{b}{m_C} \cdot t\right].$$

A velocidade do corpo fica com a forma

$$v(t) \cong \frac{m_C \cdot g}{b}\left[1 - exp\left(\frac{-b}{m_C} \cdot t\right)\right].$$

Os gráficos dessas últimas funções têm a forma mostrada na Figura 11.5.

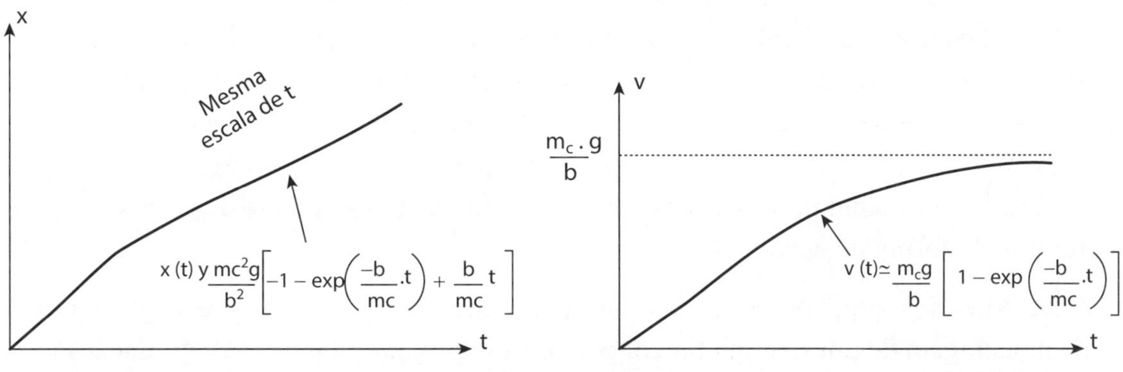

Figura 11.4 – Gráficos da posição e velocidade de corpo sujeito ao peso e força de atrito do ar.

O resultado obtido pode ser utilizado para se determinar a viscosidade de um meio. Para isso, consideramos uma pequena esfera, de aproximadamente 1 cm de diâmetro e um recipiente de altura de aproximadamente 1 m, como mostrado esquematicamente na Figura 11.6.

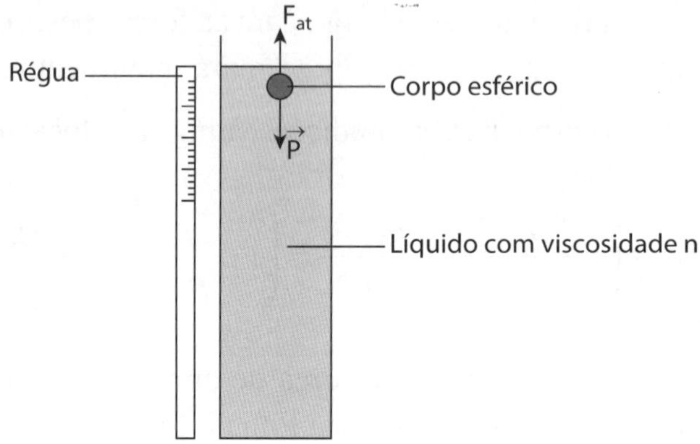

Figura 11.5 – Esquema de arranjo experimental para determinação da viscosidade de um líquido.

Ao colocar o corpo no líquido, após um certo tempo, o corpo cairá com velocidade constante, atingindo o valor $v = \dfrac{m_C \cdot g}{b}$, pois $m_C \cdot g = b \cdot v$, sendo $P = m_C \cdot g$ o peso do corpo e $F_{at} = b \cdot v$ a força de atrito (ou força da resistência) com o líquido. Estamos considerando que a densidade do corpo seja muito maior que a densidade do líquido, para poder negligenciar a força de empuxo. Dessa forma, podemos filmar a experiência e determinar a velocidade constante v. Com isso, determinamos $b = \dfrac{m_C \cdot g}{v}$, e como $b = 6\pi \cdot \eta_{ar} \cdot r_c$, encontramos a viscosidade do líquido η_L,

$$\eta_L = \frac{m_C \cdot g}{v \cdot 6\pi \cdot r_c}.$$

Podemos usar a experiência para determinar a viscosidade de um gás. Ocorre que demoraria mais para atingir a velocidade constante. Poderíamos usar um corpo com outro formato ou densidade menor. Vemos que, apesar de termos considerado um arranjo experimental simples, ele é bastante rico, podendo ser muito explorado. Ainda, o arranjo experimental pode ser usado para determinar o coeficiente de arrasto de uma determinada forma de corpo.

Acreditamos que, com este exemplo, fica mais claro que, uma vez bem montada uma modelagem de um sistema físico, podemos explorar e obter várias grandezas físicas de grande interesse à tecnologia.

Continuando: dentro da mesma temática, podemos comentar se o modelo que construímos acima é suficientemente realista. A questão está principalmente em especificar a força de resistência do ar. O problema é mais complicado do que parece à primeira vista. Vamos considerar os pontos principais:

- Estamos supondo que a força de resistência do ar é oposta ao vetor velocidade. Vemos que o corpo em movimento em relação a massa de ar poderia apresentar o efeito Magnus caso o corpo estivesse em movimento de rotação em torno de seu eixo.
- Se o corpo for assimétrico, como uma asa de avião ou um aerofólio de carro, surge nele uma força, em geral, de grande intensidade.
- A força de atrito com o ar, ou, como é preferencialmente denominada, força de resistência com o ar, pode ser mais bem aproximada considerando a forma $f(v) = f_{linear} + f_{quadrática}$ sendo $f_{linear}(v) = -b \cdot v$, e $f_{quadrática}(v) = b' \cdot v^2$. As constantes b e b' dependem da forma do corpo e das condições gerais do fluido, como pressão, tipo de gás, temperatura e outras propriedades.

Esperamos que, por meio da modelagem do sistema físico proposto, tenhamos ajudado a esclarecer como o aumento da sofisticação leva a uma exigência maior da matemática para alcançar a solução do problema. Foi possível também mostrar que podemos usar a modelagem para encontrar os valores de certas grandezas físicas de interesse tanto para a física como para a tecnologia. Vimos também que, dependendo da profundidade necessária, devemos consultar textos com informações mais precisas sobre a física presente na modelagem. Cabe mencionar que há situações cujas informações estão disponibilizadas em artigos de revistas (periódicos) especializadas em determinado assunto.

Dessa forma, o futuro tecnólogo deve se preparar para enfrentar problemas novos e desafiadores; além de munir-se do conhecimento necessário, deverá também se preparar parar alcançar uma postura de pesquisador dentro de sua área de atuação, a fim de encontrar soluções criativas e inovadoras dentro da realidade que se coloca.

11.5 ANÁLISE MACROSCÓPICA E MICROSCÓPICA DE SISTEMAS FÍSICOS

Procuramos enfatizar a importância de modelar os sistemas físicos e tecnológicos, a fim de alcançar um bom entendimento sobre o sistema em estudo e, assim, procurar atingir realizações de alta qualidade no setor produtivo.

O primeiro passo para modelar um sistema é "olhar" para ele e tentar entender como ele funciona, ou seja, qual é o mecanismo físico que está por trás do seu "funcionamento". Depois desse primeiro contato com o sistema físico-tecnológico, procuramos identificar as áreas da física que estão presentes para poder entender o sistema tecnológico. Em seguida, podemos construir propriamente um modelo físico-matemático, fazendo certamente as simplificações que julgarmos pertinentes e necessárias. O próximo passo é resolver matematicamente o problema, fazendo posteriormente uma análise física da solução matemática alcançada, e procurar ajustar e introduzir melhorias na modelagem, comparando, na medida do possível, os resultados teóricos da modelagem com os dados experimentais obtidos.

Devemos observar esta máxima: a modelagem deve procurar se alimentar e se aprimorar dos dados experimentais, assim como os arranjos experimentais devem ser construídos observando os aspectos teóricos que evidenciam as grandezas relevantes que estão em cena e participam do sistema tecnológico em estudo.

Em suma, verificamos um círculo virtuoso na pesquisa dos sistemas físico-tecnológicos: a modelagem, norteando e contribuindo para a construção do arranjo experimental, e os dados experimentais obtidos, alimentando e ajustando mudanças e aprimoramentos na modelagem físico-matemática.

Há duas formas básicas de se procurar entender os sistemas físico-tecnológicos: a forma macroscópica e a forma microscópica. Na forma macroscópica, a modelagem é realizada considerando apenas grandezas e variáveis relacionada às porções ou partes a que temos acesso direto.

Nela intervêm grandezas que são medidas diretamente por instrumentação. Por exemplo, dispomos de termômetros, réguas, voltímetros, balanças, dinamômetros e muitos outros tipos de medidores para coletar grandezas determinadas experimentalmente de partes macroscópicas do sistema tecnológico em estudo.

Para modelar sistemas tecnológicos por meio da abordagem macroscópica, utilizamos a teoria da mecânica clássica, a teoria eletromagnética e a teoria da termodinâmica. Podemos certamente desmembrar o sistema tecnológico em suas partes constituintes, porém, as partes constituintes são ainda partes com tamanho macroscópico. Estamos chamando de macroscópico um tamanho suficiente no qual seja possível definir e medir, por exemplo, temperatura, comprimentos, ângulos, viscosidade (para fluidos), resistência elétrica, massa (por meio de uma balança, mesmo que analítica), condutividade térmica, pressão e outras grandezas tipicamente determinadas por instrumentos prontamente disponíveis no mercado. Os instrumentos de medição mais usados para determinar as grandezas mencionadas são: paquímetros, réguas, micrômetros, termômetros, balança, nanômetros, viscosímetro e outros. Há grandezas, como a condutividade elétrica, a condutividade térmica, o calor específico, a energia interna, entre outras, cuja determinação não é conseguida por meio de medidores. Elas são determinadas por meio do cálculo de grandezas físicas obtidas – estas sim – por meio de medições. Exemplificando: para se determinar o calor específico de um material, devemos ter um arranjo experimental – no caso um calorímetro –, e determinando as massas dos corpos envolvidos no calorímetro, as temperaturas iniciais e a temperatura final, além de dados obtidos da literatura tecnológica e científica, alcançamos o nosso objetivo. Vemos mais uma vez que um conhecimento claro dos conceitos físicos envolvidos nas medições também é fundamental para realizar atividades tecnológicas.

Para acrescentar ao que já foi apresentado e discutido, podemos dizer que um sistema abordado e modelado de forma macroscópica faz uso de grandezas e variáveis de grande escala da matéria. Entendemos por grau de escala da matéria aquele que não necessita de hipóteses relacionadas à estrutura atômica da matéria. Assim, as propriedades macroscópicas ou de grande escala não fazem uso do conceito de átomo ou de molécula. Notamos que, no fundo, a abordagem macroscópica para suprir com as teorias disponíveis da mecânica clássica, do eletromagnetismo e da termodinâmica para a modelagem de sistemas físico-tecnológicos é a mesma abordagem usada em sistemas termodinâmicos. Como estudado, a termodinâmica não faz hipótese alguma sobre a constituição básica da matéria.

Por outro lado, na modelagem de sistemas físico-tecnológicos por meio de uma abordagem microscópica, os conceitos de átomo e molécula são essenciais, e é a partir deles que construímos a modelagem de muitos sistemas físico-tecnológicos.

Nessa forma de realizar modelagens, temos, como ponto de partida, que considerar qual o estado da matéria. A partir do estado de agregação da matéria, podemos propor como os átomos estão arranjados entre si. Certamente há bastante conhecimento e modelos propostos, e podemos e devemos fazer uso de todo esse acúmulo. Depois, devemos considerar como os átomos interagem entre si, ou seja, como uma partícula atômica interage com os átomos vizinhos, tanto os mais próximos como os mais distantes.

Continuando: em princípio, podemos aplicar as leis da física consideradas válidas na escala atômica, ou seja, a mecânica quântica, a eletrodinâmica, a mecânica estatística e outras teorias revestidas de muito sucesso e amplamente empregadas. Também em princípio, esperamos obter grandezas macroscópicas – ou seja, que estão diretamente associadas ao comportamento macroscópico – a partir da consideração do que ocorre com os átomos e moléculas, com a sua distribuição espacial e suas interações (de origem eletromagnética, ou seja, campos elétrico e magnético).

Alertamos que, apesar da exposição dos passos a serem dados para realizar uma modelagem a partir de abordagem microscópica (ou atômica), a sua construção não é nada simples. Também não são simples a obtenção da solução matemática e a interpretação física da solução matemática.

Cabe mencionar que as abordagens microscópica e macroscópica não devem ser vistas como rivais entre si, ou seja, uma não deve ser considerada melhor do que a outra, e sim vistas como complementares: há uma sinergia entre elas e entre as atividades experimentais.

Como exemplo, podemos citar o estudo dos gases perfeitos. No início do século XIX, foram obtidas as relações fenomenológicas (ou seja, obtidas exclusivamente a partir da experiência) e considerando uma abordagem macroscópica. A partir das três leis fenomenológicas obtidas independentemente, que são:

- lei de Boyle-Mariotte: $p \propto \frac{1}{V}$ (com a temperatura e a quantidade de gás constantes);
- lei de Charles: $V \propto T$ (com a pressão e a quantidade de gás constantes); e
- lei de Avogadro: $p \propto n$ (com a temperatura e volume constantes),

foi realizada uma síntese por Clapeyron e Mendeleev e chegou-se à famosa e útil equação de estado dos gases ideais ou perfeitos:

$$pV \propto nT \text{ ou } pV = nRT,$$

sendo R a constante universal dos gases. Esta depende, certamente, das unidades físicas utilizadas para a pressão (p), o volume (V), número de mols (n) e a temperatura (T).

Temos que todas as expressões obtidas não recorrem à consideração da existência de átomos ou moléculas. Elas fazem uso exclusivamente de variáveis macroscópicas termodinâmicas.

Agora, empregando uma abordagem microscópica, isto é, considerando um modelo para o estado da matéria gasoso e admitindo esse gás formado por átomos e moléculas, foi possível chegar à mesma equação de estado dos gases ideais. Para isso, além de hipóteses assumidas, e da aplicação das leis da mecânica clássica, foram adotadas considerações estatísticas (estas últimas devido ao fato de termos uma quantidade muito grande de átomos e moléculas).

Como dissemos, as duas abordagens devem ser vistas como complementares e não como antagônicas e excludentes. Qual é a melhor? As duas são importantes e devem ser realizadas. Mesmo diante de uma modelagem microscópica (a partir de átomos e moléculas), precisaremos sempre verificar a validade de tal modelagem. Nesse caso, entra em ação a modelagem macroscópica, utilizando as teorias clássicas.

Cabe ainda mencionar que as modelagens construídas por meio da abordagem macroscópica não estagnaram no tempo. A própria termodinâmica evoluiu muito, e hoje temos uma teoria para tratar processos fora do equilíbrio e dissipativos – que são os que ocorrem na natureza! Em geral, nas atividades ligadas à tecnologia e à técnica, as modelagens e cálculos são realizados a partir de uma abordagem macroscópica. Nas atividades ligadas à ciência e nas atividades da pesquisa básica, tanto a abordagem microscópica como a macroscópica são exaustivamente utilizadas.

Em qualquer ramo da ciência e da tecnologia, para uma aplicação adequada, segura e criteriosa, devemos ser sempre guiados pela metodologia científica. As experiências e a construção de modelos criados com a exposição clara das hipóteses assumidas devem ser usadas, e sua plausibilidade deve ser explicitamente assumida e discutida. O tecnólogo não deve realizar trabalhos de modelagem e experimentais obscuros e que deixem margem para dúvidas quanto à sua validade. De fato, não há como evitar as simplificações – elas são parte inerente à modelagem. Dessa forma, a clareza e a objetividade, apoiadas na teoria, devem ser inerentes à modelagem.

11.6 DISTRIBUIÇÃO DE ENERGIA DE MAXWELL-BOLTZMANN

Com o intuito de complementar o corpo de conhecimento dos estudantes dos cursos de tecnologia, vamos apresentar e desenvolver alguns assuntos que são extensamente usados nas atividades profissionais, em praticamente todas as áreas: iniciaremos com a chamada distribuição de velocidade e energia dos átomos e moléculas que compõem um gás ideal.

Nas próximas seções, apresentaremos dois assuntos importantes para complementar a formação básica do tecnólogo, a saber: rendimentos dos fenômenos de transportes na tecnologia com os seus coeficientes, e rudimentos dos fluidos reais com a equação de Navier-Stokes. Esses assuntos são provenientes de teorias bastante complexas e extensas e demandam muito estudo e insistência. Não obstante, apresentaremos como estão presentes na tecnologia. Trata-se de temas que estão presentes em praticamente todas as áreas da tecnologia, independentemente do assunto específico. Os fenômenos de transporte estão presentes com a termodinâmica nos processos reais, devido à dissipação de energia (transformação parcial, ou total, de energia eletromagnética e mecânica de todos os tipos em energia térmica). Vamos apresentar os assuntos mencionados sem grandes detalhes e comentar a sua utilização na tecnologia. Mais informações para estudos futuros podem ser encontradas nos livros sugeridos nas Referências.

Nesta seção, vamos apresentar também algumas breves considerações sobre a distribuição de velocidades das moléculas de uma certa quantidade de gás ideal a uma dada temperatura; em seguida, discutiremos alguns dos seus aspectos físicos mais relevantes, principalmente aqueles com consequência diretas ligadas à tecnologia.

Fazendo um parêntese histórico, vale contextualizar o trabalho monumental da distribuição de velocidade das moléculas de um gás ideal, realizado por James Clerk Maxwell em 1859. Trata-se de um tema que foi em seguida abordado de outra forma, mais abrangente e geral, por outro grande físico: Ludwig Boltzmann – lembremos que os três físicos considerados os mais importantes do século XIX são Maxwell, Faraday e Boltzmann. Maxwell e Newton, por sua vez, são considerados os físicos mais influentes de todos os tempos. Uma curiosidade: o ano da morte de Maxwell, 1879, é o ano de nascimento de Einstein, o qual foi muito influenciado pela teoria eletromagnética de Maxwell na construção da revolucionária teoria da relatividade restrita. Boltzmann foi outro físico que exerceu uma influência muito grande sobre Einstein. Historicamente, Boltzmann liderava uma linha de pensamento dentro da física, mais ainda, dentro das ciências naturais, denominada de atomista. Opunham-se aos atomistas os chamados energeticistas, liderados pelo grande físico-químico Ostwald.

Durante a virada do século XIX para o século XX, os energeticistas defendiam que a ciência deveria construir as suas teorias baseadas exclusivamente em conceitos e grandezas que pudessem ser determinadas diretamente e experimentalmente. Nesse caso, a termodinâmica deveria ser o paradigma de toda a pesquisa científica que envolvesse as propriedades da matéria. Toda a abordagem científica dos fenômenos da natureza deveria ser macroscópica, ou seja, somente deveriam ser levadas em consideração as grandezas diretamente medidas da matéria macroscópica, como pressão, volume, massa, temperatura e outras, assim como grandezas relacionadas às citadas, como calor específico, condutividade térmica, viscosidade, constante dielétrica, permissividade magnética, e muitas outras.

Vemos que algumas das grandezas citadas estão relacionadas aos fenômenos da teoria da mecânica clássica e da teoria do eletromagnetismo. Essas teorias também são macroscópicas, pois não fazem hipótese alguma sobre a estrutura microscópica (atômica) da matéria. No caso da mecânica clássica, temos as variáveis posição (localização do centro de massa e posições de outras partes) do corpo e velocidade do corpo. Outras grandezas importantes que ajudam e completam a descrição do estado mecânico do corpo são as energias cinéticas de translação e rotação, e as energias potenciais. Há outras grandezas que podem auxiliar no estudo mecânico dos sistemas físicos, como a energia cinética e potencial, o momento linear e angular, tensão de deformação, e muitas outras. No caso do eletromagnetismo, temos o campo elétrico e o campo magnético, além dos potenciais associados aos campos eletromagnéticos e suas energias associadas aos campos.

Assim, os energeticistas defendiam uma ciência totalmente baseada e construída por meio de grandezas diretamente medidas da matéria macroscópica e de grandezas associadas a essas grandezas diretas. Na abordagem dos energeticistas, não se usa o conceito de átomo ou molécula. Para eles, como não temos acesso aos átomos e moléculas, não podemos provar a sua existência de forma objetiva e direta, portanto, não podemos construir ciência dessa forma. Os energeticistas sofreram enorme influência da linha filosófica chamada de positivista, criada pelo filósofo francês Auguste Comte, a qual exerceu enorme influência no pensamento político brasileiro.

Os atomistas, por sua vez, partiam do pressuposto de que a matéria é formada por átomos e moléculas e, em princípio, todas as propriedades macroscópicas da matéria poderiam ser explicadas a partir de seus componentes de escala atômica e de suas interações mútuas. Apesar de os energeticistas estarem muito bem embasados tanto filosoficamente como cientificamente, a visão dos atomistas venceu esse embate – um dos mais importantes na história da física e da química. Dessa forma, do final do século XIX até os dias de hoje vivemos na ciência uma intensa busca pelo comportamento da matéria macroscópica a partir dos seus componentes básicos atômicos e moleculares. Não obstante, cabe mencionar que a termodinâmica e a abordagem macroscópica são intensamente utilizadas tanto na ciência como na tecnologia.

Retomando: pretendemos expor as principais ideias concernentes à distribuição de velocidade e energia de Maxwell-Boltzmann, sem entrar em detalhes dedutivos e matemáticos. Vamos dar ênfase à interpretação física e à aplicação da distribuição de Maxwell-Boltzmann.

A concepção de que a matéria é formada por pequenas partículas, chamadas de átomos, remonta ao século V a.C. Essa concepção foi proposta pelos filósofos gregos Leucipo, Demócrito e Epicuro. Para eles, tudo no Universo era formado por átomos e vazios (vácuo). Segundo a visão de mundo dos gregos antigos, as diferentes manifestações da matéria seriam devidas às formas diferentes dos átomos, os quais – é interessante notar – estariam em movimento e seriam indivisíveis (átomo, em grego, significa indivisível). É importante observar que a ideia de átomo dos gregos era uma ideia puramente filosófica, ou seja, não havia sustentação baseada na experiência. Apesar disso, constituiu-se em um norte que apontava no sentido de se iniciar uma visão científica da hipótese atômica. Foram necessários quase 2 mil anos para que os cientistas Robert Boyle (século XVII) e Daniel Bernoulli (século XVIII) aplicassem em seus trabalhos a hipótese atômica (sem confirmação experimental). No início do século XIX, John Dalton criou sua teoria para explicar o comportamento de reações químicas.

Embora o químico francês Lavoisier, em meados do século XVIII, já usasse a ideia de átomo em seus trabalhos seminais, os estudos relativos ao comportamento físico e químico dos gases, realizados por Joseph Proust, Joseph Gay-Lussac, Amadeo Avogadro, Clapeyron, Dimitri Mendeleev e outros, intensificaram o uso da hipótese atômica da matéria.

Apesar de a hipótese atômica não ter tido comprovação experimental até o início do século XX, o grande físico Maxwell usou-a com profundidade, conseguindo deduzir, a partir de considerações teóricas, a distribuição de velocidade e energia de uma amostra gasosa formada por partículas atômicas ou moleculares, em equilíbrio térmico a uma dada temperatura. As hipóteses básicas assumidas por James Maxwell nesse trabalho foram as seguintes:

Há um número muito grande de moléculas consideradas idênticas. Lembre-se de que 1 mol de moléculas (1 molécula-grama) tem $6,02 \times 10^{23}$ dessas moléculas.

A distância em média entre moléculas vizinhas é muito maior que o tamanho da molécula.

As moléculas estão em perpétuo movimento caótico, o que significa que as partículas moleculares sofrem choques com outras moléculas e com as paredes do recipiente que as contém. Nos choques as trajetórias são alteradas, assim como as suas velocidades, tanto em módulo como em direção. Não há direção privilegiada. Em média, o que ocorre em uma direção ocorrerá também em qualquer outra direção. A ação da gravidade não é considerada. Entre choques sucessivos, as moléculas seguem um movimento retilíneo e uniforme.

O que Maxwell se propôs a estudar foi como se distribuem os módulos da velocidade das partículas moleculares em função da massa das moléculas e da temperatura de equilíbrio da amostra gasosa. Temos, assim, como resultado desse projeto a função que expressa a quantidade de moléculas para um dado intervalo de velocidade, considerando as velocidades v e $v + \Delta v$.

As moléculas praticamente não interagem entre si, a não ser nos choques com outras moléculas. Consideramos que as moléculas interagem em distâncias muito pequenas; elas interagem como se fossem "bolas de bilhar". Mais, as colisões entre moléculas, seja com outras moléculas, seja com as paredes do recipiente, ocorrem de forma elástica. Isso significa que a energia cinética se conserva.

Considerando as hipóteses admitidas acima, Maxwell foi capaz de obter de forma totalmente teórica a expressão da função de distribuição de velocidades, mostrada na expressão

$$P(v)dv = \frac{4}{\sqrt{\pi}}\left(\frac{m}{2kT}\right)^{3/2} v^2 \cdot exp\left(\frac{-1}{2}\frac{mv^2}{kT}\right)dv,$$

sendo m a massa da molécula, T a temperatura do gás em equilíbrio térmico e v o módulo da velocidade (velocidade é uma grandeza vetorial!) da molécula.

A expressão $P(v)$ pode ser interpretada da seguinte forma: para um dado valor de velocidade v e um intervalo de velocidade dv (em torno do valor de velocidade v), temos que a função $P(v)$ – chamada de função de distribuição de Maxwell-Boltzmann

– é tal que fazendo $\frac{dN}{N} = P(v)dv$ temos que $\frac{dN}{N}$ é a fração do número de moléculas com velocidade v no intervalo de velocidade dv. Ou, ainda, $\frac{dN}{N} = P(v)dv$ é a fração do número de moléculas entre as velocidades v e $v + dv$. A função $P(v)$ é chamada de função de densidade de distribuição de velocidade de Maxwell-Boltzmann; em alguns livros a função $P(v)$ é chamada de função de distribuição de velocidade de Maxwell--Boltzmann.

Com o propósito de exemplificar o que foi visto nesta seção, consideremos o gás N_2 para três temperaturas, com $T_1 < T_2 < T_3$. Os gráficos das três curvas de distribuição de velocidade são mostrados na Figura 11.7.

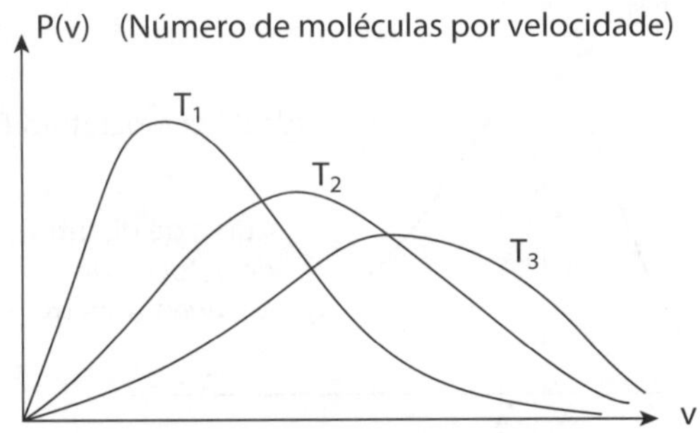

Figura 11.6 – Curvas de distribuição de velocidades para o gás N2 para as temperaturas T_1, T_2 e T_3.

Vemos na Figura 11.7 que as curvas de distribuição de velocidades se deslocam para a direita à medida que aumenta a temperatura de equilíbrio do gás. Assim, para gases com a mesma massa molecular, aumentando a temperatura temos um aumento de suas velocidades. Por exemplo, do ponto de vista da distribuição de velocidades de Maxwell-Boltzmann (válida considerando os gases como ideais), os gases CO e N_2 têm exatamente as mesmas curvas de distribuição de velocidades para uma dada temperatura. Veja que as massas moleculares do CO e do N_2 são de $29\,uma$ (unidade de massa atômica).

A expressão da distribuição de velocidade de Maxwell-Boltzmann considera apenas a energia cinética das moléculas, não observando a energia potencial devido ao potencial de origem eletromagnética entre as moléculas.

Na Figura 11.8 vemos, para uma dada temperatura, as três velocidades notáveis das curvas de distribuição de velocidades. São elas: velocidade mais provável (v_{mp}), velocidade média (v_m) e velocidade quadrática média (v_{qm}). As suas expressões matemáticas são

$$v_{mp} = \sqrt{\frac{2kT}{m}}$$

$$v_m = \sqrt{\frac{8kT}{\pi m}}$$

$$v_{qm} = \sqrt{\frac{3kT}{m}},$$

sendo que

$$v_{mp} > v_m > v_{qm}.$$

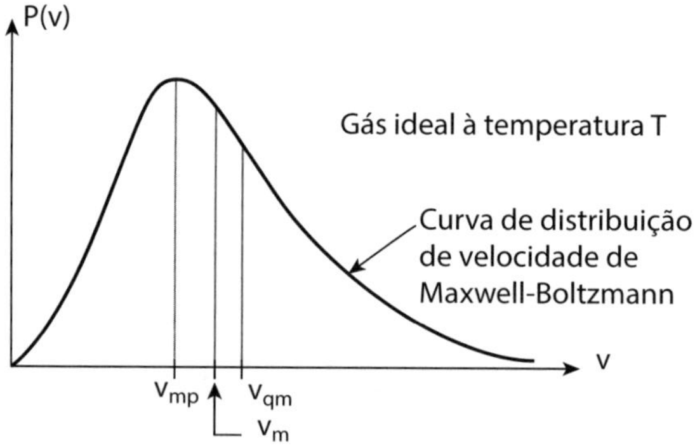

Figura 11.7 – Curva de distribuição de velocidades de Maxwell-Boltzmann com as velocidades notáveis (v_{mp} , v_m e v_{qm})

Podemos ainda, considerando a distribuição de velocidades, verificar o significado da grandeza $P(v)dv$, como mostrado na Figura 11.9.

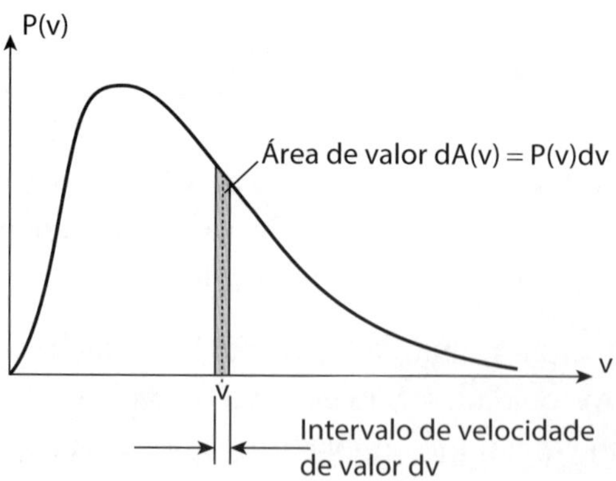

Figura 11.8 – Curva de distribuição de velocidades exibindo a área $dA(v) = P(v)dv$.

Dessa forma, como mostrado na Figura 11.9, a área sob a curva $P(v)$ (a função $P(v)$ calculada na velocidade v) representa a fração de moléculas com velocidades entre as velocidades $v-\frac{dv}{2}$ e $v+\frac{dv}{2}$. A área sob a curva de distribuição de velocidades $P(v)$ tem valor de

$$dA(v) = P(v)\cdot\left[v+\frac{dv}{2}-\left(v-\frac{dv}{2}\right)\right] =$$

$$= P(v)\left[v+\frac{dv}{2}-v+\frac{dv}{2}\right] \Rightarrow$$

$$dA(v) = P(v)\cdot dv.$$

Considerando o mesmo raciocínio, temos que, para encontrar a fração de moléculas entre as velocidades v_1 e v_2 (com $v_2 > v_1$), calculamos da seguinte forma:

$$\int_{v_1}^{v_2} P(v)\,dv = \text{fração de moléculas entre } v_1 \text{ e } v_2.$$

A fração total de moléculas, desde $v=0$ até $v \longrightarrow +\infty$, tem como resultado

$$\int_{0}^{+\infty} P(v)\,dv = 1,$$

pois, como visto, $\frac{dN}{N} = P(v)dv$; assim,

$$\int_{0}^{+\infty} \frac{dN}{N} = \int_{0}^{+\infty} P(v)\,dv, \text{ mas}$$

$$\int_{0}^{+\infty} \frac{dN}{N} = \frac{1}{N}\int_{0}^{+\infty} dN = \frac{1}{N}\cdot N = 1,$$

então $\int_{0}^{+\infty} P(v)\,dv = 1$.

A obtenção da expressão da distribuição de velocidades de Maxwell-Boltzmann está entre as grandes conquistas da física do século XIX. As aplicações da distribuição de velocidades tanto para as teorias físicas como para a tecnologia são enormes. Mesmo nos casos de sistemas físicos que não podem, de forma alguma, ser considerados como gás ideal, podemos admitir – em uma aproximação, mesmo que grosseira – utilizar a distribuição de velocidades de Maxwell-Boltzmann para ter uma boa ideia sobre o comportamento geral do sistema.

Para exemplificar, considere a seguinte questão, inclusive de muita importância: por que a água, e também outros líquidos, evapora? A explicação pode ser dada – de maneira muito convincente – adotando como válida a distribuição de velocidades de Maxwell-Boltzmann. Seja a água líquido a certa temperatura em uma caneca, prato, rio, lago ou oceano. Na verdade, para efeito de análise qualitativa, a quantidade total de água não precisa necessariamente estar em equilíbrio térmico; isso é o que normalmente ocorre nos processos da natureza, com o desequilíbrio térmico dominando o cenário.

Para efeitos de raciocínio, imaginemos um copo com água à temperatura ambiente. Como sabemos, a água líquida, por não ter a mesma rigidez mecânica da água sólida (gelo), pode fluir e ainda assume a forma do recipiente que a contém. Também, sabemos que a água líquida tem seu volume praticamente constante (exceto por sua dilatação térmica e por enormes variações de pressão). Podemos considerar – como no caso do estado gasoso – que as moléculas de água, no estado líquido, estão animadas de movimento caótico e incessante e que, ainda, a velocidade (vetorial) de cada molécula muda a cada choque que ela sofre. Mais ainda, é plausível supor que aumentando a temperatura da amostra de água líquida ocorrerá um aumento do módulo da velocidade das moléculas. Sabemos que, pelo fato de haver uma interação entre as moléculas de água (H_2O), há uma força de atração entre as moléculas. Para um estudo aprofundado sobre o assunto, sugerimos uma leitura mais detida sobre a teoria do potencial de Lennard-Jones e suas aplicações. No estado líquido há uma proximidade entre os valores médios da energia cinética de translação das moléculas com os valores médios da energia potencial entre as moléculas.

Do posto acima, podemos considerar que há uma função de distribuição de velocidade das moléculas de água no estado líquido. Como aproximação – mesmo que grosseira –, admitimos que tenha uma forma parecida com aquela da distribuição de velocidade de Maxwell-Boltzmann (válida somente para o gás ideal – neste caso, considera-se unicamente a energia cinética das moléculas, negligenciando assim a energia potencial entre as moléculas).

Então, voltando à explicação da evaporação. Temos que mesmo a temperaturas próximas à do ambiente, sempre teremos moléculas de água com velocidades relativamente altas – e, como consequência direta, energias cinéticas altas. Podemos verificar esse fato olhando as curvas de distribuição de velocidade de Maxwell-Boltzmann: à extrema direita das curvas, sempre teremos algumas moléculas com energia cinética suficientemente alta para vencer o potencial atrativo entre as moléculas de água na interface líquido-gás da atmosfera. Certamente, aumentando a temperatura da água líquida, aumentamos a energia cinética média de translação das moléculas, e teremos assim um aumento significativo da taxa de evaporação.

Esse fato tem uma importância fundamental e vital para a vida em nosso planeta: a água evapora dos rios, lagos e oceanos para formar as nuvens que, por sua vez, geram as chuvas. Trata-se de um mecanismo de transferência de água entre regiões bastante distintas do planeta. Podemos acrescentar também que a transferência de água de um oceano – por meio da formação de nuvens – para regiões montanhosas é também uma forma de transferência de energia. Vamos explicar: ao evaporar a água do oceano, moléculas de água, recebendo energia do Sol, a transformam em energia cinética. Ao evaporar, parte das moléculas de água consegue atingir altas altitudes, formando as nuvens. As nuvens que fazem chover nas montanhas e nos reservatórios em grande altitude têm a quantidade de água com energia potencial gravitacional. Essa água em queda pode fazer rodar uma turbina e transformar energia potencial gravitacional em energia elétrica.

Continuando, podemos também explicar como ocorrem reações químicas em temperaturas próximas à temperatura ambiente. Analisando a curva de distribuição de velocidades de Maxwell-Boltzmann vemos que, em temperaturas próximas à temperatura ambiente, há uma parcela de partículas com velocidade – portanto, com energia cinética – grande. Essas moléculas, ao se chocarem com as moléculas de outro componente da combustão, terão energia cinética suficiente para iniciar a reação química. Para reações químicas exotérmicas (aquelas que liberam energia durante a reação química), temos que a temperatura da mistura aumenta, e, consequentemente, a energia cinética das moléculas também aumenta.

Podemos também compreender como as moléculas que compõem a atmosfera da Terra se estendem a grandes altitudes. A aproximadamente 300 km de altitude, por exemplo, a pressão atmosférica é de $10^{-7}\,mbar$, ou $10^{-4}\,atm$.

Sempre encontramos moléculas com valores suficientemente grandes de energia cinética para atingir altitudes grandes. Em todos os exemplos que apresentamos, vemos que há uma disputa entre a energia potencial e a energia cinética das moléculas; nesses casos, usamos a distribuição de velocidades de Maxwell-Boltzmann como uma aproximação, já que sabemos que essa distribuição somente leva em conta a energia cinética das moléculas.

Cabe mencionar que resultados experimentais confiáveis e com incertezas pequenas, confirmando a distribuição de Maxwell-Boltzmann, somente foram obtidos em 1955, ou seja, 103 anos após a proposição teórica de James C. Maxwell! Mesmo sem comprovação experimental, o trabalho de Maxwell, após o aprofundamento de Boltzmann, foi intensamente utilizado em várias áreas da física e em muitas atividades tecnológicas. O sucesso foi enorme. Utilizando a distribuição de Maxwell-Boltzmann foi possível explicar uma série grande de fenômenos físicos, e mais, foi possível determinar teoricamente os coeficientes dos fenômenos de transporte: viscosidade, condutividade térmica dos gases, coeficiente de difusão dos gases, e também fornecer o entendimento físico de outros processos ligados à dinâmica dos gases. Como já mencionado, apesar de não ter ocorrido a verificação experimental direta da distribuição de velocidades de Maxwell-Boltzmann, a obtenção de resultados teóricos utilizando esse trabalho levou à comprovação experimental de sua aderência. Dessa forma, indiretamente, o trabalho de Maxwell-Boltzmann foi bem recebido. Cabe mencionar que os resultados teóricos e experimentais tiveram e têm muita importância na ciência básica, como em atividades e aplicações tecnológicas e industriais.

Exercício I

Considere um recipiente no qual gás *He* está em equilíbrio térmico com as paredes do recipiente a $380K$. Encontre as velocidades: mais provável (v_{mp}), média (v_m) e quadrática média (v_{qm}). Faça as considerações necessárias para a aplicação de gás ideal.

Solução

Sabemos que a distribuição de velocidades das moléculas de um gás foi obtida teoricamente – trabalho magistral e puramente teórico de James C. Maxwell! – considerando um gás ideal, e, assim, sua energia deve-se somente ao movimento, ou seja, é energia cinética (mais precisamente, energia cinética de translação). Nesse caso, considera-se que as moléculas não estão interagindo, a não ser durante os choques. Podemos considerar que moléculas não polares, com poucos átomos, satisfazem bem essa condição (por exemplo, N_2, O_2, H_2), assim como os gases nobres, formados, como sabemos, apenas por um átomo (por exemplo, *He*, *Ar*, *Xe*, e outros poucos).

Um outro aspecto torna o gás do experimento mais próximo da realidade de gás ideal: ele está em baixa pressão, ou seja, em condições de vácuo (abaixo da pressão atmosférica). Em vácuo temos que a densidade do gás é menor que a densidade na pressão atmosférica. Assim, a distância média entre as moléculas será maior e, nesse caso, teremos pouca interação entre as moléculas. Dessa forma, com condições de gás rarefeito temos que o modelo de gás ideal é bem verificado. No que dissemos acima, estamos considerando o gás a uma temperatura acima da temperatura cinética (não havendo a possibilidade de o gás se condensar).

Isto posto, vamos ao cálculo das velocidades notáveis v_{mp}, v_m e v_{qm}. Assim,

$$v_{mp} = \sqrt{\frac{2kT}{m}} = \sqrt{\frac{2 \cdot 1,38 \cdot 10^{-23} \cdot 380}{6,64 \cdot 10^{-27}}} \Rightarrow$$

$$v_{mp} = 1257\, m \cdot s^{-1}$$

$$v_m = \sqrt{\frac{8kT}{\pi m}} = \sqrt{\frac{8 \cdot 1,38 \cdot 10^{-23} \cdot 380}{6,64 \cdot 10^{-27}}} \Rightarrow$$

$$v_m = 1418\, m \cdot s^{-1}$$

$$v_{qm} = \sqrt{\frac{3kT}{m}} = \sqrt{\frac{3 \cdot 1,38 \cdot 10^{-23} \cdot 380}{6,64 \cdot 10^{-27}}} \Rightarrow$$

$$v_{qm} = 1.539\, m \cdot s^{-1}.$$

Observando as expressões acima, temos que $v_{mp} < v_m < v_{qm}$. Ainda, analisando as expressões encontramos a seguinte relação:

$$v_{mp} = \sqrt{2} \cdot \sqrt{\frac{kT}{m}}, v_m = \sqrt{\frac{8}{\pi}} \cdot \sqrt{\frac{kT}{m}}\; e\; v_{qm} = \sqrt{3} \cdot \sqrt{\frac{kT}{m}},$$

assim,

$$v_{mp} \cong 1,414 \cdot \sqrt{\frac{kT}{m}}, v_m \cong 1,596 \cdot \sqrt{\frac{kT}{m}}\; e\; v_{qm} \cong 1,732 \cdot \sqrt{\frac{kT}{m}}.$$

Vemos então que vale a relação

$$\frac{v_{mp}}{1,414} \cong \frac{v_m}{1,596} \cong \frac{v_{qm}}{1,732}.$$

É possível concluir, a partir das expressões acima, que se aumentarmos a temperatura haverá um aumento nas velocidades das moléculas (ou átomos). E mais, as velocidades crescem proporcionalmente com a $\sqrt{T}$. Concluímos também, que se aumentarmos a massa da partícula (átomo ou molécula) ocorrerá uma diminuição das velocidades, com proporcionalidade de $\frac{1}{\sqrt{m}}$.

A Figura 11.10 mostra a curva de distribuição de velocidades para o gás He (hélio) a T = 380 K.

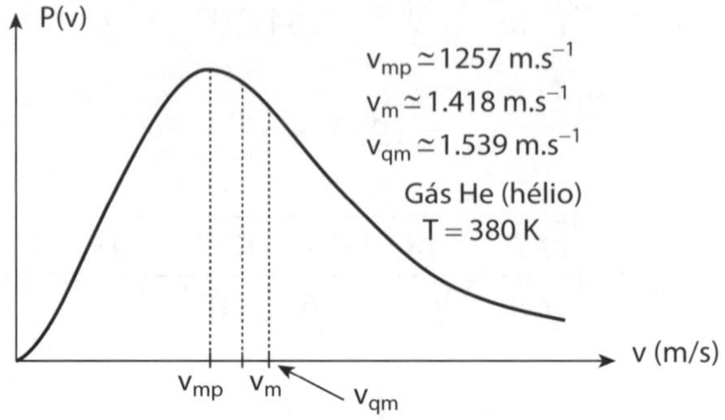

Figura 11.10 – Curva de distribuição de velocidades para o gás He (hélio) a T = 380 K.

Se aumentarmos a temperatura do gás hélio (He) teremos a situação mostrada na Figura 11.11.

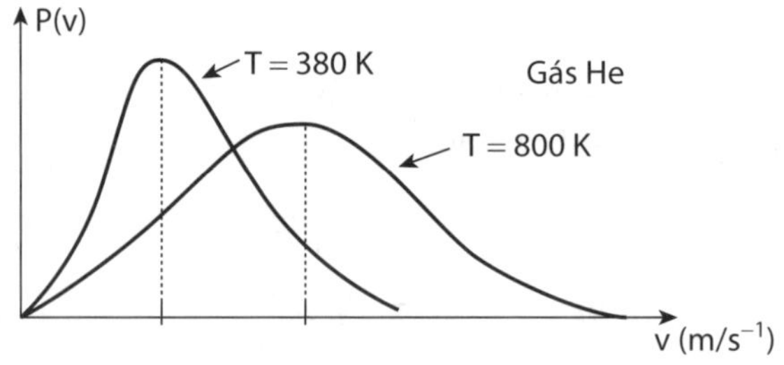

Figura 11.11 – Curva de distribuição de velocidades para o *He*.

Vemos que, aumentando a temperatura (do equilíbrio do gás com as paredes do recipiente), ocorre um aumento da velocidade mais provável (v_{mp}), além das velocidades v_m e v_{qm}. Muitos processos que ocorrem na natureza são dependentes do aumento de velocidade das moléculas, por exemplo, as reações químicas.

Apresentaremos, nas próximas seções, uma breve introdução para o estudo dos fenômenos de transporte. Trata-se de um tema presente em praticamente todas as áreas da tecnologia, pois não é só nos fenômenos puramente físicos que os fenômenos de transporte estão presentes. Também os encontramos nos fenômenos biológicos, tanto nos seres vegetais como animais, assim como nos fenômenos ligados ao meio ambiente, que também envolvem uma série de atividades relacionadas aos fenômenos de transporte. Cabe notar que as bases físicas dos fenômenos de transporte são explicadas considerando a distribuição de velocidades de Maxwell-Boltzmann. Como argumentamos desde o início desta seção, o trabalho de Maxwell sobre a distribuição de velocidade das moléculas de um gás a uma dada temperatura consolidou uma nova área de pesquisa na física: a teoria cinética dos gases. Foi o início da termodinâmica estatística, que procura chegar aos resultados termodinâmicos por meio de considerações estatísticas com base na concepção atômica da matéria. É uma área em franco desenvolvimento e com desdobramentos tanto científicos como tecnológicos.

Não obstante termos, nesta breve seção, omitido o desenvolvimento teórico da distribuição de velocidades de Maxwell, procuramos apresentar as ideias principais desse importante assunto. Sem dúvida, um estudo mais aprofundado do tema requer que o estudante recorra a livros mais especializados.

Por fim, vale ressaltar que o assunto aqui tratado é daqueles assuntos que potencializam e ampliam nosso entendimento sobre os processos que ocorrem na natureza. É também um assunto usado extensamente na tecnologia tanto tradicional como moderna.

11.7 FENÔMENOS DE TRANSPORTE E A TECNOLOGIA: OS COEFICIENTES DOS FENÔMENOS DE TRANSPORTE

Na seção anterior apresentamos a distribuição de velocidades das moléculas de um gás ideal em equilíbrio térmico com as paredes do seu recipiente de confinamento. O trabalho teórico devido a Maxwell tem implicações profundas tanto na ciência como na tecnologia. Veja que esse trabalho, embora realizado considerando um gás ideal, e apesar dessa limitação, foi a base, mesmo que aproximadamente em muitos casos de interesse, para a compreensão de muitos efeitos e fenômenos, principalmente aqueles ligados aos fenômenos de transporte.

Nesta seção trataremos de apresentar brevemente alguns poucos coeficientes de transporte, que são de grande importância na tecnologia. Os fenômenos de transporte estão presentes em todas as áreas das ciências naturais: biologia, química e física. Estão presentes nos fenômenos de transporte a transferência de calor e a transferência de energia em geral, a transferência de massa e a mecânica dos fluidos. Podemos ainda identificar outros fenômenos de transporte, como: a passagem da carga elétrica (corrente elétrica) em todos os tipos de circuitos elétricos (eletrônicos, de potência, eletrólitos, descarga em gases etc.); a passagem de gás, em alta pressão, pela tubulação da linha de bombeamento, em sistemas de vácuo (em baixa pressão) e outros. Cada área de fenômeno de transporte tem a sua forma prática de cálculo. Por exemplo, nos circuitos elétricos temos as leis de Kirchhoff, que associam os conhecimentos do eletromagnetismo à equação de conservação da carga elétrica.

Nesta curta introdução, apresentaremos com discussão pertinente os coeficientes de transporte de transferência de calor por condução e por convecção e, ainda, o coeficiente de transporte de massa.

Assim, o coeficiente de transporte referente à condução térmica (nos gases, nos líquidos e nos sólidos) é o coeficiente de condução térmica que é definido a partir da lei de Fourier da condução do calor. Na Figura 11.12 vemos um bloco de material conduzindo calor.

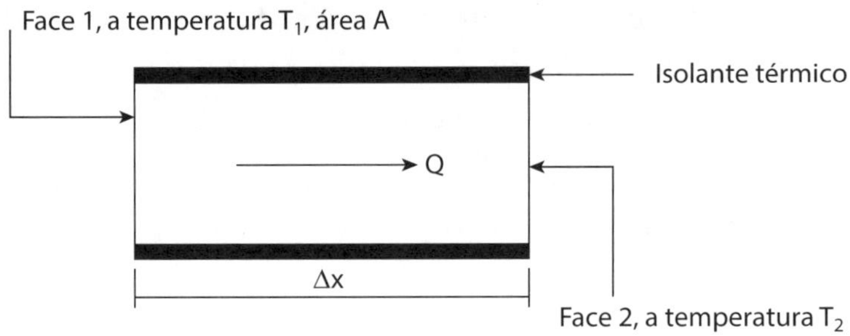

Figura 11.9 – Bloco conduzindo calor Q. As temperaturas nas faces do bloco são T_1 e T_2, com $T_1 > T_2$.

A lei de Fourier declara que a quantidade de calor é dada pela expressão

$$Q = -k \cdot A \cdot \frac{\Delta T}{\Delta x},$$

sendo k a condutividade térmica do material de que é feito o bloco. A equação que expressa a lei de Fourier é uma equação fenomenológica, isto é, obtida da experiência utilizando vários materiais. Vemos que a quantidade de calor que atravessa o bloco material por unidade de tempo, ou seja, a potência, depende da diferença de temperatura nas extremidades do bloco dividido pelo comprimento do bloco, Δx. O sinal negativo na expressão diz que o calor, espontaneamente ocorrendo, flui da temperatura maior para a temperatura menor.

Todos os projetos relativos à condução de calor consistem em parte em escolher materiais que sejam bons condutores de calor, ou que conduzam pessimamente o calor, ou seja, que sejam bons isolantes térmicos. Assim, para construir as paredes de um forno, ou de um refrigerador, temos que escolher péssimos condutores de calor. Para guardar gelo, escolhemos um balde feito de isopor. Para construir um ferro de passar roupa, construímos a peça da face em contato com a roupa em alumínio (excelente condutor de calor). Já a peça por meio da qual empunhamos o ferro de passar roupa é construída de material plástico, em geral, péssimo condutor de calor.

Um dos trabalhos dos tecnólogos é a especificação de materiais a serem usados na fabricação e construção de seus projetos. Além de conhecer os materiais tradicionalmente usados em transferência de calor por condução, o tecnólogo também deve estar atento aos novos materiais desenvolvidos. Um exemplo de classe de materiais isolantes térmicos são aqueles usados na fabricação de roupas para inverno. Há jaquetas, por exemplo, que têm pequenas espessuras, porém protegem muito bem do frio. O motivo está no uso de materiais sintéticos que são excelentes isolantes térmicos.

O tecnólogo deve buscar informações mais aprofundadas sobre o assunto em textos e artigos sobre transferência de calor.

Continuando, no caso da transferência de calor por convecção, temos que esse tipo de fenômeno de transporte de calor ocorre quando há um fluido que percorre a superfície de um corpo. Deve haver uma diferença de temperatura entre o fluido e a superfície do corpo. A equação a seguir rege o fenômeno de convecção e é chamada de lei de Newton do resfriamento.

$$Q = h \cdot A \cdot \left(T_S - T_F\right),$$

em que Q é a potência transferida por convecção na superfície de área A, estando à temperatura T_S e o fluido (líquido ou gás) à temperatura T_F. O coeficiente h é chamado de coeficiente de película e depende de como o fluido percorre a superfície do corpo. Se o fluido é deixado naturalmente varrer a superfície do corpo, dizemos que há convecção natural; caso haja uma bomba ou um ventilador intensificando a passagem do fluido na superfície do corpo, dizemos que ocorre convecção forçada.

No contexto da tecnologia, e também nos fenômenos naturais em geral, a transferência de calor e, de forma mais abrangente, os fenômenos de transporte estão sempre presentes. Por exemplo, há a necessidade de intensificar a troca do calor entre superfícies em um dissipador de calor. Caso contrário, poderá haver dano em partes do mecanismo dissipador de energia, devido a superaquecimento. Como a dissipação de energia está presente em todos os fenômenos naturais, a troca de calor também está sempre presente.

Há também o fenômeno de troca de massa por difusão, por exemplo, um gás difundindo em outro gás. Ilustrando: uma chaminé emitindo fumaça que irá se dispersar no ar atmosférico. Temos nesse caso um gás se difundindo em outro gás. Outro exemplo do cotidiano é sentir o aroma de um prato sendo preparado: vapores saem do alimento sendo cozido e se difundem na atmosfera, até chegar a nossas narinas. Ainda, quando reações químicas ocorrem em combustões gasosas, temos o oxigênio e o combustível em difusão.

São inúmeros os exemplos de transporte de massa, presentes nas indústrias farmacêuticas, alimentícia, de material polimérico, entre outras.

No caso da transferência de calor, temos também muitos exemplos de aplicação. Nas áreas expostas logo acima, também ocorre a transferência de calor. Na verdade, os fenômenos de transporte ocorrem em geral com a presença concomitante do transporte de massa e de calor.

Também, no caso da transmissão de calor por convecção, a mecânica dos fluidos está presente. Para determinar o coeficiente de película h, o ponto de partida é determinar o campo de velocidade do fluido em torno da superfície do corpo. Cabe enfatizar que os fenômenos de transporte são um assunto, em geral, complicado e exigem um ferramental matemático bastante sofisticado. Há vários livros muito bons dedicados à transferência de calor, transferência de massa e mecânica dos fluidos. Como a quase totalidade dos problemas reais apresenta situações físicas que levam a dificuldades matemáticas enormes, os problemas não têm solução analítica. Dessa forma, programas computacionais são desenvolvidos para poder alcançar solução numérica. Há ferramentas computacionais disponíveis no mercado que podem ser bastante caras, mas são necessárias para os profissionais que trabalham com os fenômenos de transporte.

Para ilustrar as ideias e os conceitos apresentados referentes à condução térmica e à convecção de calor, vejamos os exemplos a seguir.

Exercício II

Considere um bloco, em forma de paralelepípedo, de alumínio, com duas faces opostas às temperaturas $T_1 = 70\ °C$ e $T_2 = 30\ °C$. Veja o desenho esquemático a seguir.

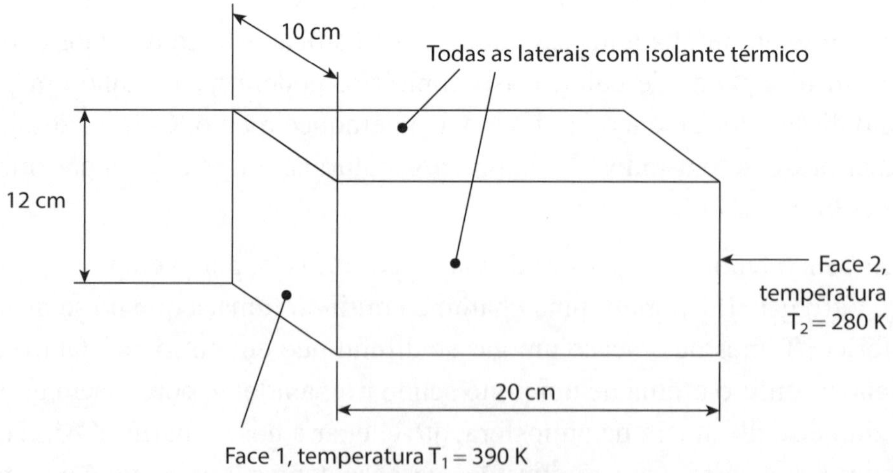

Figura 11.13

Analise o sistema de transmissão de calor e calcular a potência térmica transmitida pelo bloco metálico.

Solução

O sistema de transmissão de calor por condução tem impostas em suas faces, como mostrado no desenho, temperaturas diferentes, desta forma, haverá transmissão de calor.

O material do bloco é o alumínio, sendo este um excelente condutor térmico. Consultando livros ou manuais, encontramos o valor do coeficiente de condutividade térmica, $k_{Al} = 204\,W \cdot m^{-1} \cdot K^{-1}$. Para se ter uma comparação, o isopor tem $k_{isopor} = 2{,}9 \times 10^{-2}\,W \cdot m^{-1} \cdot K^{-1}$. Vemos que o alumínio é quase 7 mil vezes melhor condutor térmico do que o isopor.

Consideramos que ao colocar o bloco de alumínio em contato com as temperaturas T_1 e T_2 (com $T_1 > T_2$), o bloco é aquecido até atingir em suas partes temperaturas que variam ao longo do seu comprimento, e que, após um certo tempo, as temperaturas nos diversos pontos não mudam no tempo – dizemos que a condução entrou em regime estacionário. Como isolamos as outras laterais do bloco, não haverá transmissão de calor por essas faces, e o calor somente se transmitirá através do seu comprimento de 20 cm.

A determinação da potência térmica transmitida é feita por meio da lei de Fourier da condução térmica. Assim,

$$Q = -k \cdot A \cdot \frac{\Delta T}{\Delta x} =$$

$$= -204 \times \left(12 \times 10^{-2} \times 10 \times 10^{-2}\right) \cdot \frac{280 - 390}{20 \times 10^{-2}}.$$

Veja que estamos usando todas as grandezas pertinentes no SI.

$$Q = -204 \times 1{,}2 \times 10^{-2} \times \frac{-110}{2 \times 10^{-1}} \Rightarrow$$

$$Q = 1{,}35 \times 10^{3}\,W = 1350\,W = 2{,}35\,kW$$

Se fosse o bloco feito de isopor, a potência térmica seria de aproximadamente $Q_{isopor} = 0{,}192\,W$.

Pela equação da condução térmica, determinamos o perfil de temperatura ao longo do comprimento do bloco, como mostrado no gráfico da Figura 11.14.

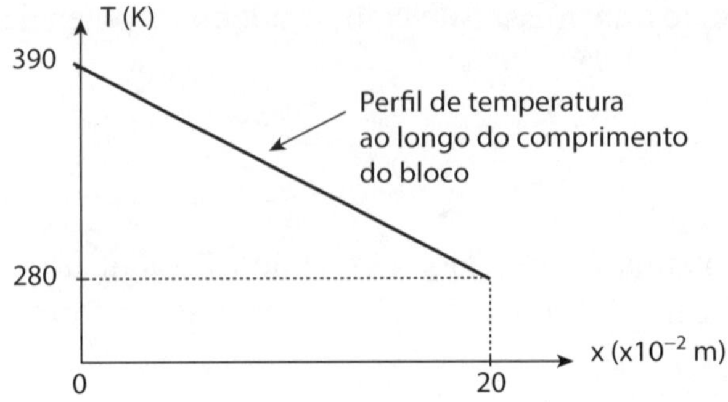

Figura 11.14

Do ponto de vista prático, vemos que, se estivéssemos diante da escolha de um bom material transmissor de calor por condução, como um dissipador térmico, o alumínio seria uma boa escolha. Poderíamos ainda escolher o cobre, melhor condutor térmico que o alumínio, porém mais denso e bem mais caro. Faz parte do trabalho do tecnólogo analisar o problema do ponto de vista da tecnologia e, também, da viabilidade econômica.

Para exemplificar a troca de calor convectiva, vamos analisar o problema seguinte.

Exercício III

Considere uma placa de superfície plana e uma temperatura uniforme e constante de $T_p = 70\ °C$. Um ventilador insufla ar paralelamente ao plano da placa e está instalado horizontalmente, conforme o desenho esquemático da Figura 11.15.

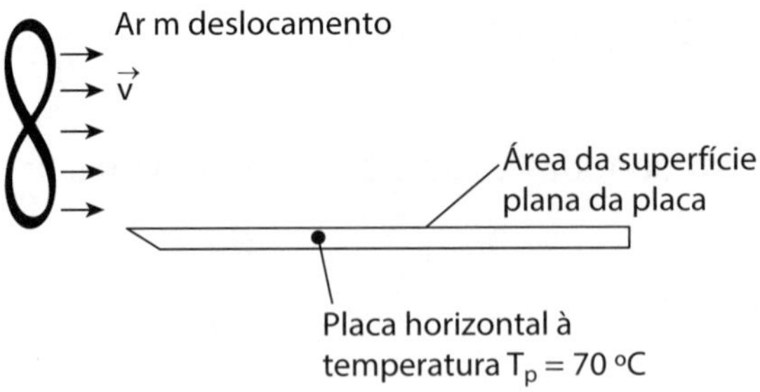

Figura 11.15 -

Consideremos que a temperatura do ar que percorre os arredores da placa (o ambiente) seja $T_{amb} = 20\ °C$. A superfície da placa tem área de $A_p = 2,2\,m^2$. Discuta o problema e calcule a potência térmica fornecida pela placa ao meio ambiente. Discuta o coeficiente de película (também chamado de coeficiente de troca de calor convectiva).

Solução

Os problemas relativos à troca de calor convectiva, tanto natural como forçada, passam pelo cálculo do campo de velocidade do fluido que está em contato com a superfície que troca calor. Dessa forma, para encontrar o campo de velocidade do fluido em torno da superfície em questão, usamos intensamente a equação de Navier-Stokes, equação básica da mecânica dos fluidos newtonianos, considerando a viscosidade do fluido.

Se o fluido é considerado ideal, sem viscosidade, a equação de Euler é suficiente, ou até a equação de Bernoulli – esta última vista no estudo do fluido ideal (Volume 2). No caso do fluido ideal, em todas as alturas a partir da superfície da placa, e campo de velocidade do fluido que percorre tanto a superfície como acima dela é constante. Veja o desenho esquemático na Figura 11.16 com os campos de pressão, considerando um fluido sem viscosidade e um fluido com viscosidade. Vemos que, no caso de um fluido ideal, mesmo próximo, ou até junto à superfície da placa, a velocidade do fluido permanece a mesma que sai do ventilador.

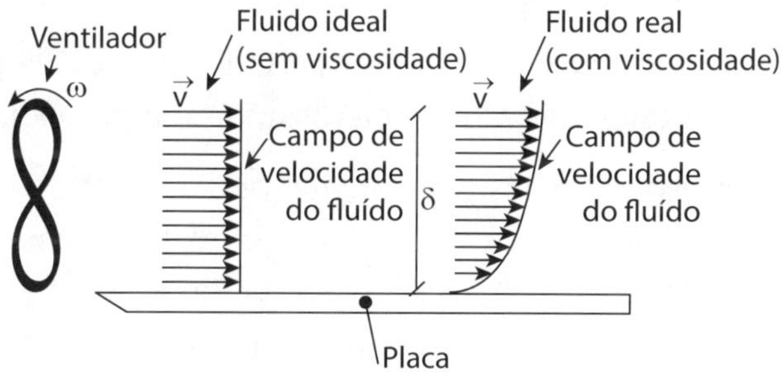

Figura 11.16

Agora, no caso do fluido real, à medida que o fluido se aproxima da superfície da placa, estando a placa em repouso em relação ao referencial, a velocidade do fluido se aproxima de zero, e zera na superfície da placa. É importante notar que pouco acima da placa a velocidade do fluido tem valor v. A espessura δ é chamada de camada limite, e foi esse conceito que impulsionou a mecânica dos fluidos reais. A camada limite pode ter poucos milímetros ou até poucos centímetros, mas, apesar de pequena, vemos que é em δ que tudo de importante, relativo à interação do fluido com a placa, acontece.

Voltando ao cálculo de troca de potência calorífica entre a placa e o fluxo de ar que percorre as imediações da placa, temos que o ponto de partida é a determinação do coeficiente de película h. O cálculo é bastante difícil, necessitando intensamente da equação de Navier-Stokes, oriunda da teoria da mecânica dos fluidos. Há várias situações práticas com configurações diversas entre placas e campo de velocidades de fluidos cujos respectivos coeficientes de troca de calor convectiva estão disponíveis.

Há situações cujos valores de h foram determinados por meios analíticos ou computacionais e, ainda, aqueles determinados experimentalmente. Como dissemos, a determinação de h exige muito trabalho e sofisticação, seja por meio de cálculos, seja por meio de arranjos experimentais.

Neste problema que estamos resolvendo, o valor de h, disponibilizado nos livros e manuais especializados da área, considerando o ar sendo insuflado com velocidade de poucos metros por segundo, o coeficiente de troca convectiva de calor (ou coeficiente de película), pode ser considerado igual a $h = 150\ W \cdot m^{-2} \cdot K^{-1}$. Frisamos que este valor adotado é indicativo, ou seja, da ordem deste valor. Assim,

$$Q = h \cdot A_p \cdot \left(T_p - T_{amb}\right) =$$

$$= 150 \times 2{,}2 \times \left(70 - 20\right) \Rightarrow$$

$$Q = 1{,}65 \times 10^4\ W = 16{,}5\ kW.$$

Portanto, considerando as temperaturas envolvidas, a área da placa que é soprada pelo ar e, certamente, o coeficiente h, a placa dissipa uma potência de $Q = 16{,}5\ kW$.

Para complementar a solução deste problema, podemos expor algumas situações e dizer que, em cada uma delas, a troca de calor por convecção assume valores diferentes. Por exemplo, considere as seguintes placas estando à mesma temperatura e tendo o mesmo formato e a mesma área, conforme mostra esquematicamente a Figura 11.17.

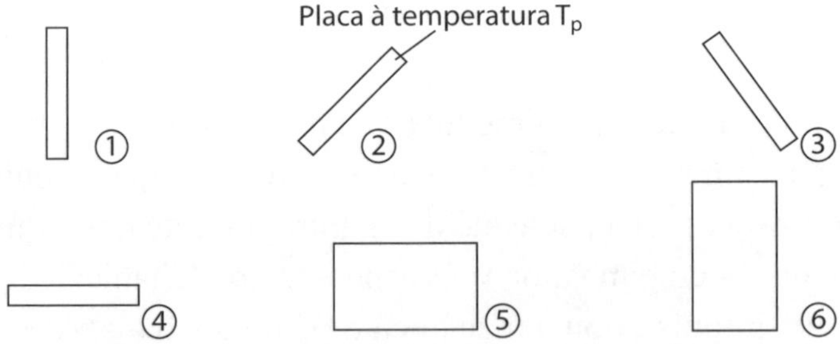

Figura 11.17

Veja que temos várias configurações de disposição das placas e, quer na troca de calor convectiva natural, quer na troca de calor convectiva forçada, o valor assumido pelo coeficiente h será específico para cada configuração. Mais ainda, se as disposições das placas mostradas estiverem envoltas no ar parado em relação às placas, teremos a convecção natural, e cada configuração terá o seu valor de h. Caso haja movimento de ar em torno das placas, teremos a convecção forçada. O valor h para cada situação dependerá de vários fatores. Citando os mais importantes: a orientação da placa em relação ao ar em movimento e a velocidade do ar em relação à placa.

A troca de calor convectiva é a forma mais utilizada na prática para, principalmente, remover calor de partes aquecidas nos aparatos tecnológicos. Por exemplo, um motor a combustão interna (os motores dos carros, ônibus, caminhões etc.) tem a troca de calor do bloco do motor tanto pelo ar que circunda o motor como pelo fluxo de líquido que percorre os canais que estão dispostos no bloco do motor. Sabemos que quando esse fluxo de líquido cessa, por algum defeito ou por falta de líquido, haverá superaquecimento no bloco do motor e uma luz sinalizará ao motorista para que pare a operação. Se isso não ocorrer, haverá o chamado "o motor fundiu", isto é, as peças se dilatarão – e como temos materiais diferentes, e, portanto, coeficientes de dilatação térmica também diferentes –, as partes encostarão uma nas outras, e o motor travará.

Um outro exemplo também importante é este: nas centrais nucleares que produzem energia elétrica, a troca de calor convectiva é a forma mais importante de remoção de calor. Assim, na reação por fissão nuclear, o núcleo de um átomo de número atômico grande, por exemplo, o átomo de urânio do isótopo 235 (^{235}U), ao ser quebrado, libera energia. Há um circuito trocador de calor por convecção forçada que retira energia da parte central do reator nuclear (lugar onde ocorrem as reações nucleares, chamado de caroço). Há uma tubulação por onde passa um fluido que remove energia do caroço do reator nuclear, e o fluido aquecido sob alta pressão irá impulsionar as pás da hélice de uma turbina, a qual fará movimentar o eixo de um gerador de eletricidade. É o que podemos ver na Figura 11.18.

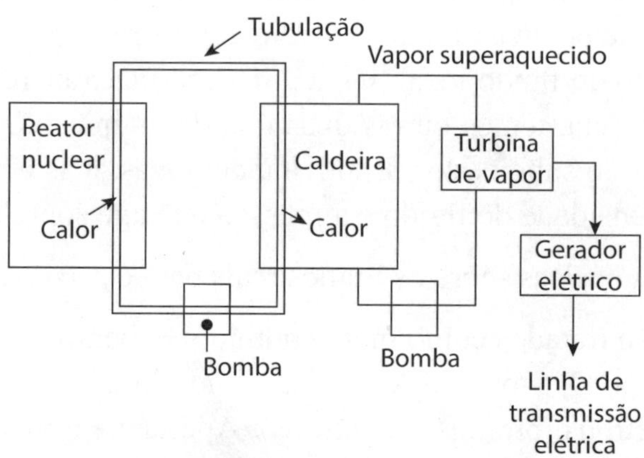

Figura 11.18

A transferência de energia produzida no caroço do reator nuclear é realizada pelo aquecimento do fluido na tubulação. A circulação desse fluido aquecido fornece energia à caldeira. Na caldeira há fluido que, uma vez aquecido, transforma-se em vapor a alta pressão, e esse vapor impulsionará a turbina de vapor. Esta, por sua vez, fará rodar o gerador elétrico, que fornecerá energia elétrica à rede elétrica.

Assim, os coeficientes dos processos de transporte são os dados básicos para os cálculos que envolvem os fenômenos de transporte. Fizemos aqui uma breve apresentação de dois coeficientes da transferência de calor. Trata-se de um assunto bastante extenso, e os cálculos, em geral, necessitam de muita matemática. A linguagem matemática dos fenômenos de transporte é constituída por equações diferenciais.

Sem dúvida, esta seção teve como objetivo apresentar uma introdução às grandezas básicas da troca de calor por condução e por convecção. Um estudo mais aprofundado exigirá muito empenho dos estudantes e dos futuros tecnólogos – felizmente, há uma literatura excelente disponível sobre os fenômenos de transporte.

11.8 FLUIDOS REAIS: PROPRIEDADES GERAIS

A matéria, como apresentada na natureza, pode ser classificada, *grosso modo*, como matéria sólida e matéria fluida.

Os gases e os líquidos são chamados fluidos. Fisicamente falando, o fluido pode ser definido como aquele tipo de matéria que não consegue resistir ao esforço constante. Por menor que seja a força que você imprime em uma faca, ela sempre cortará uma porção líquida ou gasosa. Para realizar essa experiência, o fluido deve estar em repouso no referencial do laboratório, pois o fluido real em movimento exerce uma força de arraste em torno dos corpos imersos no fluido. O objetivo desta seção é apresentar algumas ideias e características gerais sobre o fluido real, procurando compará-las com o comportamento do fluido ideal. Uma grandeza física inerente ao fluido é a sua viscosidade. Ao lado dela, temos outras duas grandezas que expressam a sua inércia e os esforços a que estão submetidos. Explicitando: essas duas últimas grandezas são, respectivamente, a densidade do fluido e a pressão que age sobre o fluido.

As considerações básicas sobre os fluidos reais para o seu estudo quantitativo são:

- Os fluidos são tratados como meio contínuo. Sabemos que a matéria é formada por átomos. Os átomos são unidades individuais (formadas por partículas menores, elétrons, prótons e nêutrons). Apesar de a matéria apresentar uma estrutura granular e discreta, do ponto de vista de uma porção de matéria – porção sempre macroscópica! –, esta porção macroscópica de fluido pode ser tratada como um meio contínuo. Essa abstração e aproximação é bastante útil. É, ainda, o ponto de partida para se obter a equação diferencial básica que descreve o comportamento do fluido.

- Os fluidos apresentam resistência ao movimento, uma espécie de atrito interno ao corpo do fluido. Esse atrito age no sentido de diminuir a energia cinética das porções macroscópicas que formam o fluido como um todo e faz com que parte ou toda a energia cinética – energia devido ao movimento – seja transformada em energia térmica. Temos, assim, a dissipação de energia mecânica na sua forma cinética. À força de atrito interna ao fluido, chamamos de força viscosa, devido à viscosidade do fluido.

  A viscosidade pode ser determinada experimentalmente por meio de aparelhos chamados viscosímetros.

No movimento de um fluido através de uma tubulação, a viscosidade provoca a ocorrência da diminuição de pressão ao longo da tubulação. Por exemplo, digamos que ao abrir uma torneira verificamos que sai um jato de água bastante intenso, com velocidade alta. Ao conectar uma mangueira de, digamos, uns 40 m de comprimento, verificamos que o jato de água que sai pela extremidade da mangueira é de pequena intensidade, ou seja, sai pouca água. À primeira vista, podemos imaginar que a mangueira está entupida, ou até dobrada, mas, na verdade, o fato de a água apresentar viscosidade ou atrito entre as camadas adjacentes do líquido em movimento, e sua interação com a parede da mangueira, faz com que a água seja freada em seu percurso.

Da mesma forma que um corpo material, um bloco, por exemplo, se estiver com uma certa velocidade em uma superfície com atrito, posicionada na horizontal, terá a velocidade reduzida ao longo do trajeto. A superfície, que pode ser uma mesa, receberá o momento linear devido à frenagem do bloco.

Esquematicamente, podemos ilustrar os efeitos mencionados que ocorrem com a massa de água em movimento.

Sejam duas placas posicionadas na horizontal, como mostra a Figura 11.19.

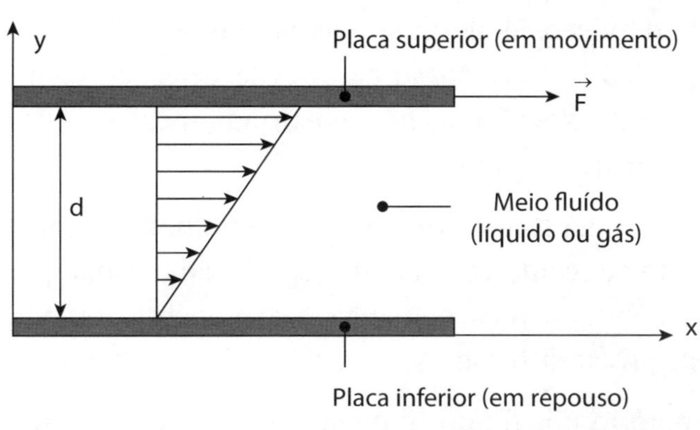

Figura 10.19 – Placa se deslocando em relação a outra placa em repouso com fluido entre elas.

Verificamos experimentalmente os seguintes fatos quando uma placa, digamos a placa superior, está a uma velocidade constante em relação à placa inferior. No referencial do laboratório, a placa inferior está em repouso.

- Para manter a placa superior a uma certa velocidade constante, é necessário aplicar uma força constante nessa placa.
- A força aplicada por unidade de área da placa depende do elemento fluido entre as placas.
- A força por unidade de área, conforme mencionado acima, tem a seguinte intensidade:

$$\frac{F}{A_p} = \eta \cdot \frac{\Delta v}{\Delta y}$$

Assim, temos que $\frac{F}{A_p}$ depende da taxa de variação da velocidade na direção x com a variação na direção y. Mais, a constante de proporcionalidade η é a viscosidade do fluido.

É de se esperar que, por exemplo, se o fluido entre as placas for mel (em um dia frio), ele exija uma força de arraste F mais intensa do que se o fluido for água. No caso do ar, a força de arraste necessária será de intensidade menor do que a exigida pelo meio fluídico água. A viscosidade é uma propriedade macroscópica que faz com que os fluidos dificultem tanto o movimento de corpos em seu meio como o movimento do fluido ao longo de um tubo ou em um canal.

Verificamos experimentalmente que, para arrastar a placa superior, mesmo para estabelecer uma velocidade constante, é necessária a aplicação de uma força. Dessa forma, por meio das leis de Newton do movimento, deve haver uma força contrária de mesma intensidade aplicada pelo fluido à placa superior. Esse fato mecânico deve-se justamente ao efeito da viscosidade. Interessante também é o fato de a placa inferior sofrer uma força que tende a arrastá-la na direção de x crescente. Se estivéssemos diante de um fluido ideal, essas forças não existiriam, mesmo a placa superior em movimento retilíneo uniforme (princípio da inércia!).

Somente como nota, há fluidos que apresentam comportamentos bem estranhos. Por exemplo, o asfalto aquecido escoa como um fluido normal, porém, ao sofrer uma movimentação brusca durante o escoamento, ele se quebra como um sólido quebradiço. O estudante pode procurar filmes que mostram o escoamento dos fluidos em geral.

Outro aspecto notório nos fluidos é quanto à variação da viscosidade com a temperatura. Os líquidos ao serem aquecidos apresentam uma diminuição na viscosidade.

Ao contrário do que se possa imaginar, os gases têm a viscosidade aumentada com o aumento da temperatura. A explicação física para esse fato encontra-se ancorada na teoria cinética dos gases de Maxwell-Boltzmann.

Os fluidos quando em escoamento podem ter um comportamento macroscópico bastante ordenado, como é o caso do chamado escoamento laminar. Em oposição, o escoamento pode ser bastante desordenado, apresentando redemoinhos, como é o caso do escoamento turbulento. Há ainda o escoamento de transição entre os dois escoamentos mencionados. Os fluidos que seguem a relação

$$\frac{F}{A_p} = \eta \cdot \frac{\Delta v}{\Delta y}$$

são chamados de fluidos newtonianos. As equações de movimento dos fluidos newtonianos são as equações de Navier-Stokes, obtidas a partir da segunda lei de Newton do movimento. Cabe mencionar que as equações de Navier-Stokes são bastante sofisticadas e exigem muita manipulação matemática e, ainda, muita intervenção numérico--computacional.

Complementando este brevíssimo texto sobre fluidos reais, podemos dizer que o assunto da mecânica dos fluidos é bastante difícil. Há vários textos de alta qualidade disponíveis para um estudo adequado às necessidades específicas futuras do tecnólogo. O objetivo deste texto foi conceituar fluido real, sem a apresentação e o desenvolvimento da equação de Navier-Stokes.

Finalizando, apresentaremos a unidade da viscosidade. Pela própria equação

$$\frac{F}{A_p} = \eta \cdot \frac{\Delta v}{\Delta y}, \text{ temos que}$$

$$\eta = \frac{F}{A_p} \cdot \frac{1}{\frac{\Delta v}{\Delta y}}, \text{ dessa forma,}$$

$$[\eta] = \frac{N}{m^2} \cdot \frac{1}{\frac{m \cdot s^{-1}}{m}} = \frac{N}{m^2} \cdot s = Pa \cdot s$$

no Sistema Internacional de Unidades (SI).

Outra unidade bastante usada (em outro sistema de unidades) é o *poise*. Temos a relação $1\,poise = 0{,}1\,Pa \cdot s$.

Para se ter um quadro geral da importantíssima área da mecânica muito usada em toda a tecnologia, podemos sistematizar a mecânica clássica aplicada aos meios contínuos.

Exercício IV

Apresente um quadro com as áreas referentes e derivadas diretamente da mecânica do contínuo (dentro da física clássica), com forte intervenção na tecnologia. Para as subáreas apresentadas, dê exemplos de aplicações na indústria.

Solução

A mecânica dos meios contínuos considera a aplicação das leis da mecânica clássica a fim de estudar as propriedades dos corpos contínuos. Podemos considerar duas vertentes: a mecânica dos sólidos e a mecânica dos fluidos. Vamos a elas:

a) Mecânica dos sólidos, que estuda as propriedades da matéria no estado sólido. Os materiais submetidos a esforços acima de certa intensidade são deformados.

   No caso de a força aplicada ser removida e o corpo retornar à sua forma original, temos a formação elástica. Este é o caso que esperamos do comportamento das molas! Agora, quando o corpo material sólido é submetido a uma força e ocorre uma deformação, mas, depois de removida a força, o corpo não retorna integralmente à sua forma original, temos a deformação plástica. Dependendo do material, a deformação plástica pode ser pequena. Por exemplo, nos aços em geral, ela certamente depende da intensidade da força aplicada. Já o estanho ou o chumbo, mesmo para pequenos esforços aplicados, uma vez deformados, não retornam à sua forma original. Com isso, fica patente que a escolha de materiais adequados para as funções mecânicas é uma das tarefas mais importantes impostas aos tecnólogos. Assim, na mecânica dos sólidos, que estuda os materiais sólidos contínuos, temos a elasticidade, que estuda as propriedades dos materiais sólidos que retornam à sua forma original quando removido o esforço mecânico; e a plasticidade, que estuda as propriedades dos materiais sólidos que não retornam à forma original após a força aplicada. A disciplina que tradicionalmente estuda a deformação elástica dos corpos sólidos é a resistência dos materiais. Trata-se de uma disciplina fundamental para vários cursos de tecnologia.

b) Mecânica dos fluidos, que estuda as propriedades dos fluidos. Os líquidos e os gases são fluidos. No Volume 2 desta coleção, *Física com aplicação tecnológica*, estudamos a estática dos fluidos e iniciamos o estudo dos fluidos sem viscosidade, chamados de fluidos ideais.

Discutimos no início deste capítulo a construção de modelos físicos para serem tratados matematicamente. É o caso da situação em questão. Frisamos que, na construção de um modelo, necessariamente simplificações deverão ser feitas, porém sem perder a essência do problema. No caso vamos admitir as seguintes hipóteses:

- O banho de água (ou de outro líquido qualquer) se mantém a temperatura constante T_a.
- O calor específico tanto na água como do corpo é constante.

Podemos considerar que o corpo está inicialmente a temperatura T_c uniforme, e ainda, $T_c < T_a$. Assim, o corpo será aquecido ao ser colocado no banho térmico, até atingir a temperatura de equilíbrio térmico T_a.

Veja que a energia que o corpo receber – na forma de calor – vem através de sua superfície. A principal forma de transferência de calor neste caso é a convecção natural: o corpo colocado no banho é mantido em repouso em relação à massa de água.

Pela primeira lei da termodinâmica (princípio de conservação de energia), a energia (calor no caso) que entra no corpo é a mesma energia que deixa a massa de água. Dessa forma, deveremos equacionar o problema, isto é, representar matematicamente a situação física apresentada, considerando as hipóteses assumidas. Veja que a temperatura do corpo depende de cada ponto do corpo e do tempo transcorrido, a partir da imersão do corpo do banho térmico. Assim, $T_c = T_c(x,y,z,t)$, sendo x, y e z as coordenadas do corpo. Resolveremos este problema na Seção "Exercícios resolvidos" fazendo uma suposição mais drástica em relação ao campo de temperatura no corpo.

A situação apresentada encontra extensa aplicação na tecnologia dos materiais, em tratamento térmico por resfriamento brusco. Tal processo é chamado de têmpera. Ele é usado tanto para materiais metálicos como para materiais poliméricos. Sabemos que ligas de aço e ferro fundido têm suas durezas aumentadas no processo de têmpera.

Situação 2: Falaremos um pouco dos reatores químicos nos quais ocorrem reações químicas, com a intervenção das transferências de calor e de massa, em geral, em um meio fluido. Dessa forma, participam conjuntamente os três tipos dos fenômenos de transporte. Podemos, de maneira simplificada, conceber um reator químico como um recipiente, geralmente fabricado em aço inoxidável por questões relativas à higiene (impostas pela Anvisa). Nesse recipiente pode haver hélices, que são pás agitadoras, para procurar uniformizar a mistura dos vários produtos adicionados.

Caberá ao profissional projetista do processo químico decidir como deverá ser a introdução dos produtos químicos no reator (transferência de massa). Ainda, o regime do fluxo de entrada dos fluidos reagentes deverá ser determinado para alcançar maior eficiência do processo químico no reator. Nesse caso, a mecânica dos fluidos será usada para encontrar os valores das grandezas físicas do fluido relativos ao tipo de regime de escoamento, ou seja, o regime laminar ou o regime turbulento. Mais ainda, muitos processos químicos ocorrem a temperaturas superiores à temperatura ambiente; nesse caso, cálculos de transferência de calor deverão ser realizados para impor fluxo de calor de forma correta no reator.

Há vários tipos de reatores químicos, a depender do processo químico específico a ser realizado. O estudante pode fazer uma pesquisa sobre o assunto. No nosso cotidiano, a panela de pressão doméstica pode ser encarada como um reator de processo, nesse caso processo de alimentos com forte intervenção do calor e operando acima da pressão atmosférica local. Sabemos das vantagens do cozimento de alimentos em panela de pressão em relação às panelas abertas à atmosfera. Com ela temos, inclusive, uma maior eficiência energética.

Concluindo esta seção, e também o desenvolvimento de todos os temas apresentados neste capítulo, temos a dizer que a intenção foi apresentar de forma breve, porém sem perder a essência básica, vários tópicos relacionados à tecnologia. Os tópicos apresentados fazem uso de toda a física apresentada na obra *Física com aplicação tecnológica*.

Longe de desenvolver exaustivamente os tópicos aqui apresentados, este capítulo apenas procurou apresentar os temas de grande aplicação na tecnologia e em todas as áreas da produção industrial.

Para concluir, neste capítulo desenvolvemos ideias importantes para a construção de modelos físico-matemáticos de sistemas físicos voltados à tecnologia, e também apresentamos uma conceituação de sistemas físicos e tecnológicos. A Seção "Referências" contém vários livros sobre os fenômenos de transporte e os outros tópicos apresentados aqui. Aprofunde seus estudos.

EXERCÍCIOS RESOLVIDOS

1) O tecnólogo será exposto aos mais variados tipos de problemas práticos – problemas reais – em sua vida profissional. Mesmo um tecnólogo, por exemplo, formado na área de mecânica, com especialização em processos de usinagem, poderá ser apresentado a um problema de hidráulica. Lembre-se de que empresas, mesmo as de grande porte, podem não ter disponível um profissional em um assunto específico. Neste caso, o problema está colocado. Diante dessa situação, nada rara, o profissional tem a chance de mostrar o seu alcance e o seu valor. Também neste caso cabe ao profissional ter o devido reconhecimento da empresa.

Assim, digamos que lhe seja apresentada a seguinte situação: um motor de combustão interna estacionário de potência 240 hp deverá ter um circuito fechado destinado à devida troca de calor para o seu correto e seguro funcionamento. Como exemplo, podemos considerar que o motor esteja instalado em um barco de médio porte, como uma lancha. Pode ser também uma unidade móvel de um grande compressor para uso em ferramentas, como uma britadeira.

Apresente um fluxograma das etapas que você julga necessárias ao projeto de um sistema de troca de calor para o motor.

Solução

Os motores de combustão interna, mesmo os melhores e mais modernos, têm eficiência não superior a 45%. Assim, o aquecimento é muito grande e pode atingir temperaturas que certamente "fundiriam o motor" se não houver uma boa troca de calor. A troca de calor no motor é dada pela circulação de fluido líquido refrigerante em canais na estrutura do bloco do motor. Do exposto, apresentamos a seguir um fluxograma com as etapas necessárias ao projeto de um adequado trocador de calor para o circuito refrigerante do motor de combustão interna.

- Etapa 1: verificar junto ao fabricante do motor de combustão interna qual a potência dissipada no bloco do motor e, ainda, qual a temperatura máxima de operação do bloco do motor. Mais, obter do fabricante do motor qual o intervalo de temperatura para a maior eficiência do motor. Complementando, verificar junto ao fabricante do motor se há alguma exigência a mais para o adequado funcionamento do motor a combustão interna.
- Etapa 2: pesquisar junto ao mercado pertinente aos trocadores de calor se há uma montagem adequada para operar em conjunto com o motor a combustão. Verificar as exigências de consumo de fluido refrigerante, em geral, água com algum aditivo. Realizar estudo e cálculo para a vazão de fluido refrigerante necessária para o adequado funcionamento do motor de combustão interna.
- Etapa 3: refazer os cálculos referentes à troca de calor. Serão necessários conhecimentos do fenômeno de transporte de transporte relativo à transferência de calor, mais especificamente à troca de calor por convecção forçada em tubos com fluxo interno. Como resultado, deveremos obter a quantidade de fluido refrigerante escoando no canal e tubos por unidade de tempo e, assim,

a vazão necessária para manter a temperatura do motor de combustão interna em intervalo seguro de operação.

- Etapa 4: além do cálculo do trocador de calor, deveremos encontrar junto ao mercado um fornecedor do módulo completo do equipamento. Há também a possibilidade de aquisição das partes que compõem o trocador de calor e a realização de sua montagem na própria empresa. É uma decisão que certamente dependerá da empresa.
- Etapa 5: depois da decisão tomada, o projetista deverá rever os cálculos do projeto do trocador de calor e especificar detalhadamente o equipamento para compra. Em seguida, o equipamento deverá ser integrado ao motor de combustão interna para trabalharem juntos.
- Etapa 6: procurar comparar a modelagem com outros problemas similares e verificar se é possível fazer analogias. Trabalhos já realizados, também por outros autores, são bastantes úteis tanto para comparação de modelos como também para inspirar novas ideias.
- Etapa 7: se possível, apresentar o estudo realizado para os colegas que trabalham próximo ao equipamento. Após uma análise conjunta do projeto, ele deverá seguir para compra. Esta Etapa 7 se confunde muito com a Etapa 6. Na verdade, o projetista poderá estar permanentemente em contato com os colegas de sua empresa para obter sugestões e críticas.
- Etapa 8: deverá ocorrer a montagem do trocador de calor e sua integração ao motor de combustão interna. Em seguida, testes deverão ser realizados e a fim de se verificar se os resultados esperados foram alcançados.

O tecnólogo deve ter em mente que tanto nos estudos como no trabalho sempre é desejável um planejamento. A todo momento devemos responder à questão: o que estou fazendo agora, como se insere naquilo que pretendo atingir? Caso não consigamos responder, isso pode significar que “estamos perdidos”. Se isso ocorrer, devemos parar e pensar o que deve estar ocorrendo, para, assim, organizar nosso trabalho.

A rota de trabalho proposta poderia, em sua essência, ser aplicada para a busca de soluções de outros problemas. Cabe enfatizar que a busca da solução de um determinado problema, em geral, nos exercita para atacar outros tipos de problemas. Mais que o aprendizado de um determinado assunto ou termo técnico, o mais importante é nos capacitarmos para enfrentar problemas e situações mais complexas e desafiadoras. Esse aspecto deve ser tema de reflexão para o tecnólogo que pretende evoluir em sua carreira e galgar postos mais elevados.

2) Surgiu uma demanda em uma empresa que fabrica máquinas operatrizes (torno universal, furadeira radial, fresadora e outras máquinas operatrizes). O problema consiste em construir um arranjo experimental para determinar a viscosidade dos óleos usados na lubrificação das caixas de engrenagens das máquinas operatrizes fabricadas pela empresa. O arranjo experimental proposto deverá apresentar a física envolvida e, ainda, expor claramente como proceder para alcançar a viscosidade. Apresente também uma análise inicial das fontes de incertezas nas medições.

Soluções

Sabemos que a viscosidade é uma grandeza que está presente quando temos fluidos, tanto líquidos como gasosos. Devido à viscosidade, no movimento do escoamento de fluidos surgem as forças viscosas, que agem no sentido de transformar a energia mecânica cinética em energia térmica, ou seja, ocorre dissipação de energia. Quando um corpo se movimenta em um fluido, aparece uma força no corpo contrária ao movimento desse corpo.

Existem aparelhos chamados de viscosímetros que determinam a viscosidade de fluidos. Podemos, também, criar um arranjo experimental com esse propósito. Vimos neste capítulo que um corpo esférico em queda em um meio fluídico tem o seu movimento dado pela seguinte equação diferencial, por causa da segunda lei de Newton:

$$m_c \cdot \frac{d^2x(t)}{dt^2} = m_c \cdot g - 6\pi\eta_o \cdot r_c \cdot v_c(t) - \rho_o \cdot V_c \cdot g,$$

sendo:

m_c	a massa do corpo esférico;
g	a aceleração da gravidade;
η_o	a viscosidade do óleo;
r_c	o raio do corpo esférico;
ρ_o	a densidade do óleo;
V_c	o volume do corpo esférico; e
$v_c(t)$	a velocidade do corpo esférico.

O arranjo experimental proposto é de simples concepção, conforme mostra esquematicamente a Figura 11.21.

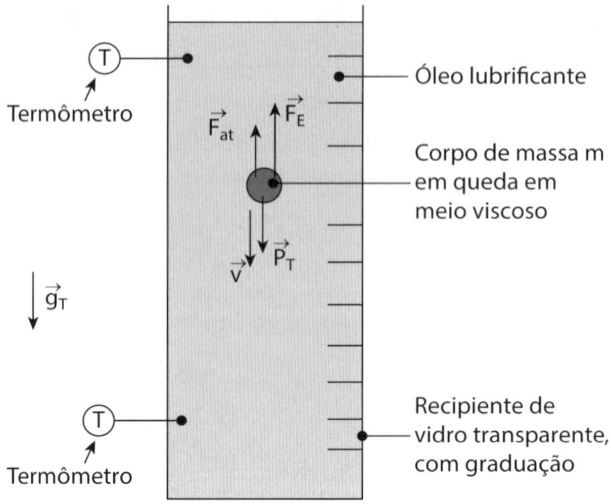

Figura 11.21 – Arranjo experimental proposto para a determinação da viscosidade de óleo lubrificante.

O movimento do corpo pode ser descrito como segue. O corpo é colocado, a partir do repouso ($v_c i = 0$), no óleo lubrificante. Devido à força gravitacional, o corpo cai, aumentando a sua velocidade. Mas, devido ao aumento da velocidade, haverá também um aumento, diretamente proporcional, da força viscosa (ou força de atrito – F_T). Explicando o módulo da força viscosa, temos

$$F_T = 6\pi\eta_0 \cdot r_c \cdot v,$$

e como $v = v(t)$, teremos que $F_T = F_T(t)$. Assim, à medida que o corpo cai, a sua velocidade aumenta, aumentando também a força viscosa. Quando atingir um certo valor de velocidade, que chamaremos de velocidade limite, v_L, o corpo cairá em movimento retilíneo uniforme (MRU). Neste caso, a resultante das forças que agem no corpo é igual à força nula. Explicitando os módulos das forças, temos

$$\underbrace{m_c \cdot g}_{\text{Força peso}} - \underbrace{6\pi\eta_o \cdot r_c \cdot v_L}_{\text{Força viscosa limite}} - \underbrace{\rho_o \cdot V_c \cdot g}_{\text{Força de empuxo}} = 0$$

Portanto, como visto neste capítulo, a solução geral da equação diferencial do movimento (segunda lei de Newton) é dada por

$$x(t) = \left(1 - \frac{\rho_o}{\rho_c}\right) \cdot g \left(\frac{m_c}{6\pi\eta_o \cdot r_c}\right)^2 \cdot \left[exp\left(\frac{-6\pi\eta_o \cdot r_c}{m_c} \cdot t\right) - 1\right] + \left(1 - \frac{\rho_o}{\rho_c}\right) \cdot g \left(\frac{m_c}{6\pi\eta_o \cdot r_c}\right) \cdot t$$

e

$$v(t)=\frac{\left(1-\frac{\rho_o}{\rho_c}\right)\cdot g}{\frac{6\pi\eta_o\cdot r_c}{m_c}}\cdot\left[1-\exp\left(\frac{-6\pi\eta_o\cdot r_c}{m_c}\cdot t\right)\right].$$

Vemos que quando t cresce, a velocidade do corpo atinge o seu valor limite

$$v_L=\frac{\left(1-\frac{\rho_o}{\rho_c}\right)\cdot g}{\frac{6\pi\eta_o\cdot r_c}{m_c}},$$

coincidindo com o valor do v_L obtido a partir de

$$m_c\cdot g-6\pi\eta_o\cdot r_c\cdot v_L-\rho_o\cdot V_c\cdot g=0,$$

com $V_c=\frac{m_c}{\rho_o}$.

De posse do valor da velocidade limite v_L obtemos o valor da viscosidade do óleo em teste. Dessa forma,

$$\eta_o=\frac{\left(1-\frac{\rho_o}{\rho_c}\right)\cdot g}{\frac{6\pi\eta_o\cdot r_c}{m_c}\cdot v_L}=\frac{\left(1-\frac{\rho_o}{\rho_c}\right)m_c\cdot g}{6\pi\eta_o\cdot r_c\cdot v_L}$$

Vemos que todas as grandezas envolvidas na expressão de v_L, tanto as grandezas físicas como as grandezas geométricas, são passíveis de medição. Então, como medir a velocidade limite v_L?

Hoje, com as facilidades na realização de gravações visuais (filmagens), podemos soltar uma esfera de aço em um recipiente com o óleo a ser caracterizado, com uma escala (régua) dentro do recipiente. A partir dessa observação, é possível fazer o gráfico da posição *versus* o tempo. Quando parte da curva $x(t)\times t$ for um segmento de reta, o corpo esférico estará em movimento retilíneo uniforme. Como vimos, a velocidade limite v_L é a velocidade quando atinge o movimento retilíneo uniforme.

Fazendo uso das boas práticas da física experimental – afinal de contas estamos diante de um problema físico! –, podemos fazer várias vezes a experiência e encontrar uma média da viscosidade com o seu respectivo desvio padrão da média.

Podemos, inclusive, fazer a experiência com um óleo com viscosidade conhecida, a fim de verificar se o arranjo experimental proposto alcança o valor de viscosidade conhecido. Veja que o valor da temperatura e seu controle devem ser observados.

O tecnólogo deve estar atento aos resultados obtidos, sempre questionando-os e interpretando-os. O senso crítico deverá constantemente estar presente nos trabalhos do tecnólogo. Em suas tarefas, deverá sempre procurar buscar soluções factíveis, com custos compatíveis com os recursos financeiros disponíveis, mas sempre tendo em vista uma boa qualidade dos resultados.

3) Um dos processos físicos mais importantes que ocorrem na natureza e que também tem uma aplicação em muitos processos industriais é o da evaporação. O vapor de água que temos na atmosfera deve-se à evaporação que ocorre nos rios, lagos e oceanos, ou em qualquer porção de água exposta à atmosfera. Nos processos industriais que ocorrem, por exemplo, na química, numa empresa alimentícia ou de medicamentos, a evaporação está presente, assim como nos processos de secagem em geral e na importante técnica da liofilização. Explique, com base na distribuição de velocidade ou de energia de Maxwell-Boltzmann, o fenômeno da evaporação.

Solução

A evaporação de um líquido significa que parte das moléculas da porção em fase líquida passará para a fase gasosa. Verificamos que um pires com água líquida, depois de algum tempo, fica completamente seco; a água evaporou. Verificamos também que, em dias quentes, isto é, com temperatura em torno de 28 ºC, a água no pires evaporará mais rapidamente que em dias frios. Em outras palavras, verificamos que a evaporação depende da temperatura. Na verdade, a evaporação tem uma forte dependência da temperatura.

Vamos explicar de forma qualitativa, porém baseada em argumentos físicos, o fenômeno da evaporação.

Considere uma porção de um líquido a uma dada temperatura. Pela teoria atômica da matéria, o líquido em questão é formado por moléculas, as quais são um arranjo de átomos. É a interação de natureza eletromagnética que mantém os átomos ligados, formando a molécula. Sabemos da teoria cinética dos gases que a temperatura é proporcional à energia cinética média das moléculas. A teoria cinética dos gases teve seu ponto alto quando James Clerk Maxwell, em 1859, deduziu a distribuição de velocidades dos átomos ou moléculas de um gás a uma dada temperatura.

Na Figura 11.7, vemos três curvas de distribuição de velocidades, estando o gás à temperatura T_1, T_2 e T_3. Vemos que à medida que a temperatura aumenta, as curvas de distribuição de velocidades se deslocam para a direita. Isso significa que em média a velocidade das moléculas, assim como a sua energia cinética média de translação, aumenta com a temperatura. Apesar desses resultados terem sido deduzidos para o gás, e admitindo-se que sem energia potencial, a ideia básica pode ser aplicada às moléculas do líquido, já que certamente há energia potencial entre elas. É precisamente esse potencial, com forte componente atrativa, que mantém a coesão entre as moléculas e mantém a forma condensada do estado líquido. O mesmo vale para o estado sólido. Ocorre que, no estado líquido, apesar da forte coesão, temos uma intensa energia cinética de translação das moléculas, o que leva a uma grande mobilidade e mudança da forma dos líquidos.

Assim, podemos explicar a evaporação atribuindo-a àquelas moléculas do líquido que, na distribuição de velocidades (ou de energia cinética), estão com valores acima de um certo limiar e que conseguem suplantar as forças de coesão entre as moléculas. As moléculas que pertencem à fase líquida estão em perpétuo e caótico movimento, assim como as moléculas que compõem o gás. Como estudamos neste capítulo, foi considerada na construção da distribuição de Maxwell-Boltzmann que somente havia energia cinética nas moléculas. A interação entre as moléculas somente existia quando elas se chocavam, de modo que a energia potencial foi desconsiderada. O mesmo não acontece no caso das moléculas na fase líquida. Isso é justamente o que dá a coesão na fase líquida. Para poder racionar do ponto de vista energético, podemos considerar que as moléculas que estão na fase líquida, mas nas proximidades da interface líquido-gás, têm uma distribuição de velocidades muito próxima da distribuição de Maxwell-Boltzmann. Nesse caso, podemos ter uma quantidade de moléculas com energia cinética o suficiente para escapar do potencial atrativo entre moléculas vizinhas próximas. Podemos explicar qualitativamente dessa forma o fato de líquidos evaporarem mais em temperaturas mais altas – por exemplo, a roupa seca mais rapidamente em dias ensolarados. A energia cinética das moléculas de água, na roupa molhada, será maior. Também, há líquidos que evaporam mais facilmente, por exemplo, a acetona. Nesse caso, significa, fisicamente falando, que a interação entre as moléculas de acetona é mais fraca que entre as moléculas de água, e menor ainda que as ligações entre moléculas de óleo de cozinha.

Ligado intimamente ao fenômeno da evaporação temos o conceito de pressão de vapor. Tanto nos fenômenos químicos e físicos como nos biológicos e ambientais encontramos na evaporação um fato de central importância.

Cabe mencionar que o mesmo efeito ocorre na matéria sólida, porém em intensidade menor. Sabemos que a naftalina sublima intensamente.

Apesar de termos exposto a evaporação em termos qualitativos, ela pode ser modelada tanto pela termodinâmica como pela mecânica estatística e apresentar resultados quantitativos em muito boa aderência com os resultados experimentais.

Continuando, cabe mencionar que a evaporação (passagem do estado líquido para o estado gasoso) e a sublimação (passagem direta do estado sólido para o estado gasoso, sem passar pelo estado líquido) são fenômenos quase idênticos, do ponto de vista físico, sendo que a diferença está na intensidade da energia potencial com a energia cinética.

Quanto às possibilidades de aplicação, há uma vasta lista, dentro de áreas bastante distintas. Podemos citar: secagem de alimentos e tecidos, liofilização de vacinas e alimentos, metalização a vácuo de superfícies refletoras (faróis e lanternas), processo de destilação fracionada, muito empregada na indústria do petróleo, e muitas outras aplicações. Tanto na evaporação como na sublimação a termodinâmica é extensamente empregada. As leis da termodinâmica são as leis que guiam o funcionamento do Universo.

4) O tratamento térmico está presente na produção de metais em geral. Por exemplo, para aliviar tensões internas, após a usinagem ou soldagem de peças, a elevação e abaixamento da temperatura, de forma controlada, se faz necessária.

Foi apresentado a um tecnólogo um problema sobre o aquecimento de uma peça metálica. A peça está inicialmente a uma temperatura de $T_{ch}^{in} = 150\ °C$ e sua massa é de $800\,g$. A peça em questão é uma chave inglesa, construída em ferro fundido. Digamos que a chave será colocada em uma cuba com óleo à temperatura de $20\ °C$. Ao tecnólogo é solicitado um estudo sobre o processo de resfriamento da chave inglesa. A empresa tem pressa no resultado do estudo. O tecnólogo tem que mostrar um resultado no mesmo dia.

Solução

O problema apresentado é sobre transferência de calor. Em geral, esses problemas dependem tanto das coordenadas espaciais (x, y, z) como da coordenada temporal (t). Assim, o desejado seria apresentar a temperatura em cada ponto da chave inglesa e também em função do tempo. Matematicamente, isso significa obter o campo de temperatura $T_{ch} = T_{ch}(x, y, z, t)$ para a chave inglesa. A chave inglesa é mostrada esquematicamente na Figura 11.22.

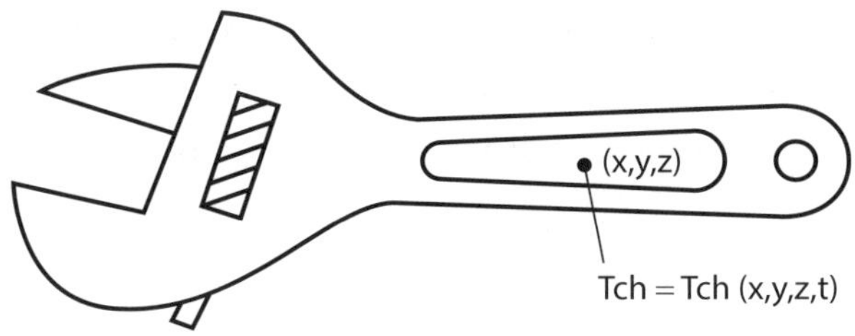

Figura 11.22 – Desenho esquemático de chave inglesa.

O nosso objetivo é tentar obter uma solução simples para esse problema complexo de transferência de calor. O tempo exíguo dado ao tecnólogo impõe encontrar uma solução bastante simplificada, que, no entanto, não se distancie muito de um modelo físico-matemático suficientemente realístico. Vamos construir, ou pelo menos tentar construir, uma modelagem simples da situação física apresentada.

Vemos que o processo de resfriamento da chave inglesa se dá quando ela é introduzida em um recipiente com óleo (que está mais frio que a chave); ocorrerá troca de calor. Nesse caso, teremos troca de calor por convecção natural na superfície sólido--líquido. A convecção é natural uma vez que a chave inglesa é colocada no óleo e não há agitação no meio. Dessa forma, consideramos como ponto de partida a conservação de energia (primeira lei da termodinâmica). Nessa situação, o calor que deixa a chave inglesa será transferido para o líquido do banho. Como a quantidade de líquido é grande (alguns litros), praticamente a sua temperatura não se altera. Assim, podemos tratar o banho como um reservatório térmico. Outro ponto central na simplificação do problema apresentado está no fato de o resfriamento da chave inglesa ser realizado de forma súbita, isto é, rápida. O corpo tem a forma de uma placa fina, com comprimento e largura grandes (em comparação com a sua espessura), o que implica a ausência de diferenças significativas de temperatura entre as partes da chave inglesa. Para isso, devemos também considerar que o corpo é construído com um material que seja bom condutor de calor. Se o corpo que estamos estudando fosse feito de madeira, plástico ou isopor, a aproximação que estamos considerando não seria boa – pior ainda se o formato do corpo fosse próximo ao de uma esfera ou de um cubo.

Faz parte da aproximação a seguinte identificação importante no processo de resfriamento do corpo: a quantidade de energia térmica que diminui no corpo é proporcional ao seu volume, porém a quantidade de calor que deixa o corpo é proporcional ao seu volume, porém a quantidade de calor que deixa o corpo é proporcional à sua área. Assim, sabemos da nossa experiência diária que secar uma toalha totalmente na forma plana é mais eficiente que tentar secá-la no formato esférico. Na forma plana há um aumento significativo em relação à forma esférica, para a mesma massa, ou volume de material a ser secado.

Assim, vamos à modelagem física do resfriamento da chave inglesa. Pelo princípio de conservação de energia podemos escrever que a variação de energia que deixa o corpo é a mesma que vai para o líquido. Matematicamente, escrevemos

$$-\Delta E_{corpo} = \Delta E_{liquido},$$

em que o sinal de menos indica uma convenção, energia saindo, negativa. Já o sinal positivo indica energia entrando, positiva. Trata-se de uma mera convenção. Poderia ser o contrário. Sem problemas. Somente não mude no meio da solução! Dividindo ambos os membros por Δt (um certo intervalo de tempo), ficamos com

$$\frac{-\Delta E_{corpo}}{\Delta t} = \frac{\Delta E_{líquido}}{\Delta t}$$

e, com isso, temos a potência que deixa o corpo e a potência que entra no líquido.

O termo $\frac{-\Delta E_{corpo}}{\Delta t}$ significa quanto ocorre de variação no tempo da energia que está acumulada no corpo. E o termo $\frac{\Delta E_{liquido}}{\Delta t}$ tem como significado quanto ocorre de variação no tempo da energia que está sendo acrescentada ao líquido. Fazendo Δt tender a zero, ficamos com

$$\frac{-dE_{corpo}}{dt} = +\frac{dE_{liquido}}{dt}.$$

Sabemos do estudo da termodinâmica que a variação da energia térmica em um corpo de massa m e calor específico c é dada pela expressão $m \cdot c \cdot \Delta T_{corpo}$: no caso da potência, escrevemos $m \cdot c \cdot \frac{\Delta T_{corpo}}{\Delta t}$, ou, ainda, na linguagem do cálculo diferencial e integral, essa magnífica ferramenta matemática!, $m \cdot c \cdot \frac{dT_{corpo}}{dt}$. A potência térmica que sai do corpo e encontra o líquido é dada pela lei de Newton do resfriamento, lei fenomenológica (obtida da experiência) e com a forma matemática $h \cdot A_{corpo} \cdot \left(T_{corpo} - T_{líquido}\right)$. Nessa expressão temos que h é o chamado coeficiente de transferência de calor por convecção. Este depende dos detalhes de como o fluido (líquido ou gás), que envolve o corpo, se movimenta em relação ao corpo. A grandeza A_{corpo} é a área da superfície do corpo que está em contato com o fluido. Podemos, assim, escrever a igualdade

$$m \cdot c \cdot \frac{dT_{corpo}(t)}{dt} = -h \cdot A_{corpo}\left[T_{corpo}(t) - T_{líquido}\right].$$

Veja que a troca de calor por convecção depende da diferença de temperatura do corpo (mais precisamente, da temperatura na superfície do corpo) com a do líquido. Recordando, estamos considerando que tenhamos bastante óleo no recipiente, de forma que sua temperatura fica praticamente constante. Mencionamos que a grandeza h é em geral de difícil, muito difícil, obtenção. Em situações encontradas frequentemente na tecnologia, há valores calculados ou medidos de h. O cálculo de h depende de como o fluido se movimenta em torno do corpo. Do ponto de vista matemático, estamos diante de uma equação diferencial ordinária de primeira ordem linear. A variável independente é o tempo, e a função a ser determinada é $T_{corpo} = T_{corpo}(t)$, ou seja, a função que descreve no tempo a temperatura no corpo. Vamos à determinação da solução da equação diferencial,

$$m \cdot c \cdot \frac{dT_{corpo}(t)}{dt} = -h \cdot A_{corpo} \cdot \left[T_{corpo}(t) - T_{líquido}\right],$$

com a seguinte condição inicial: a temperatura do corpo no instante inicial, $t = 0$, quando o corpo é colocado no líquido, sendo $T_{corpo}(t = 0) = T'_{corpo}$. No caso, especificamos como $T_{ch} = 150\ °C$. Ainda, dissemos que a temperatura do banho líquido é de $20\ °C$. Assim, podemos escrever a equação diferencial

$$\frac{dT_{corpo}(t)}{dt} = \frac{-h \cdot A_{corpo}}{m \cdot c} \cdot \left[T_{corpo}(t) - T_{líquido}\right],$$

e definiremos a constante $D = \dfrac{h \cdot A_{corpo}}{m \cdot c}$; assim,

$$\frac{dT_{corpo}(t)}{dt} = -D \cdot \left[T_{corpo}(t) - T_{líquido}\right].$$

Introduzindo a função

$$B(t) \equiv T_{corpo}(t) - T_{líquido},$$

ficamos com

$$\frac{dB(t)}{dt} = \frac{d}{dt}\left[T_{corpo}(t) - T_{líquido}\right] =$$

$$= \frac{dT_{corpo}(t)}{dt} - \frac{d}{dt}T_{líquido} = \frac{dT_{corpo}(t)}{dt},$$

pois $\dfrac{dT_{líquido}}{dt} = 0, \ \forall t \geq 0$, uma vez que a temperatura do banho líquido é assumida constante. Dessa forma, a equação diferencial torna-se

$$\frac{dB(t)}{dt} = -D \cdot B(t), \text{ sendo D} > 0 .$$

Pela teoria das equações diferenciais, temos que

$$\int_{B_i}^{B} \frac{dB'}{B'} = -\int_{t_i=0}^{t} D\,dt' = -D \cdot \int_{t_i=0}^{t} dt' \Rightarrow$$

$$\ln B' \,|_{B_i}^{B} = -D \cdot t' \,|_{t_i=0}^{t} \Rightarrow$$

$$\ln \frac{B(t)}{B_i} = -D \cdot (t-0) = -D \cdot t \,\forall t \geq 0,$$

fazendo

$$e^{\ln \frac{B(t)}{B_i}} = e^{-D \cdot t} \Rightarrow$$

$$\frac{B(t)}{B_i} = e^{-D \cdot t} \Rightarrow B(t) = B_i \cdot e^{-D \cdot t}.$$

Como $B(t) \equiv T_{corpo}(t) - T_{líquido}$ e

$$B_i = B(0) = T_{corpo}(0) - T_{líquido} \Rightarrow$$

$$B_i = B(0) = T'_{corpo} - T_{líquido}.$$

Assim, a solução geral da equação diferencial é

$$T_{corpo}(t) - T_{líquido} = \left(T'_{corpo} - T_{líquido}\right) \cdot e^{-D \cdot t} \Rightarrow$$

$$T_{corpo}(t) = \left(T'_{corpo} - T_{líquido}\right) \cdot e^{\frac{-h \cdot A_{corpo}}{m \cdot c} \cdot t} + T_{líquido}.$$

Vemos que para $t = 0$, $T_{corpo}(0) = T'_{corpo} = 150\ °C$ e para t muito grande $(t \to +\infty)$, T_{corpo} tende à temperatura do banho líquido.

Temos que a variação no tempo da temperatura do corpo (chave inglesa) é exponencial. Ainda, quanto maiores o coeficiente de troca de calor convectiva h e a área superficial do corpo, mais rapidamente a temperatura do banho líquido é alcançada. A Figura 11.23 mostra o gráfico $T_{corpo} \times t$.

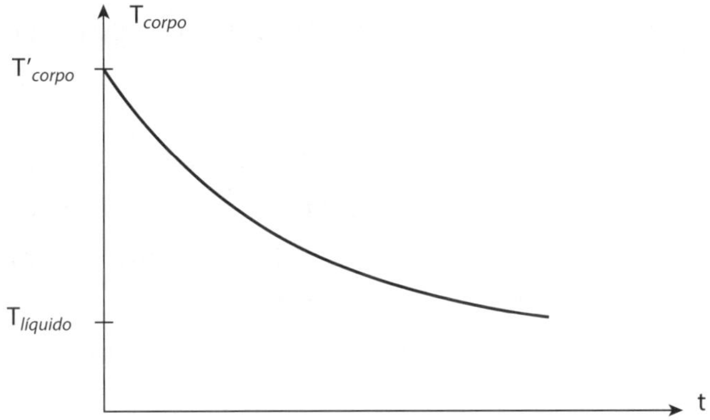

Figura 11.23

Apesar de ter construído um modelo muito mais simples do que aquele que leva em conta a temperatura dependente da posição, o resultado temporal já aponta os aspectos essenciais do processo de resfriamento da chave inglesa. Veja que os aspectos físicos dessa simplificação foram observados; a simplificação não é imposta, ela poderá ser alcançada mediante uma análise bastante detalhada. Cabe mencionar que se quiséssemos aquecer a peça, colocando-a em um banho quente, a análise matemática seria a mesma feita para o resfriamento. Os problemas de transferência de calor são os que ocorrem com mais frequência na tecnologia. Vale a pena estudá-los.

EXERCÍCIOS COM RESPOSTAS

1) Dê sua interpretação de modelagem de sistema tecnológico. Apresente – dentro do seu julgamento – dois exemplos de sistemas tecnológicos complexos. Por que você os classificou dessa forma?

2) Considere o seguinte problema: você precisa determinar os coeficientes de atrito estático e dinâmico para a situação mecânica do escorregamento seco. Apresente um arranjo experimental e a respectiva modelagem da sua proposta. Discuta tanto a modelagem como o arranjo experimental. Quais são as hipóteses simplificadoras assumidas? Discuta sobre a confiança que você deposita no arranjo experimental e no seu procedimento experimental.

3) Explique com clareza o que é uma análise e uma modelagem microscópica de um sistema tecnológico. Pesquise e apresente em detalhes uma situação dentro da tecnologia para a qual a abordagem microscópica é essencial.

4) Exponha com clareza o que é uma análise e uma modelagem macroscópica de um sistema tecnológico. Pesquise e apresente em detalhe uma situação dentro da tecnologia para a qual a abordagem macroscópica é necessária.

5) Digamos que você necessita determinar a viscosidade de um determinado óleo para lubrificação. Faça uma pesquisa sobre onde encontrar uma modelagem macroscópica sobre a física da viscosidade. Mais, pesquise como determinar experimentalmente a viscosidade. Ligue a modelagem encontrada sobre a viscosidade ao arranjo experimental considerado. Esta questão exige pesquisa na literatura especializada.

6) A termodinâmica dos gases e a teoria cinética dos gases são duas abordagens macroscópica e microscópica, respectivamente, para o sistema gasoso. Elas são na prática complementares, e as duas abordagens têm muitas virtudes mesmo quando usadas individualmente. Porém, quando usadas em conjunto, as virtudes se intensificam. Discuta as abordagens mencionadas; discuta também o fato de elas serem usadas em conjunto e quais são as virtudes que você vislumbra quando empregadas separadamente e em conjunto.

7) Apresente a distribuição de Maxwell-Boltzmann para um gás ideal. Discuta a expressão. Apresente as hipóteses que foram expostas para a validade dessa distribuição. Diga o que representa uma função de distribuição. Apresente de forma qualitativa, considerando a temperatura constante, como devem ser as curvas das funções de distribuição para os seguintes gases: H_2, H_e, N_2, CO, H_2O e Ar. Agora, apresente as curvas de função de distribuição para o gás N_2 para as temperaturas $T_1 = 40K$, $T_2 = 100K$, $T_3 = 250K$, $T_4 = 500K$ e $T_5 = 1.000K$. Discuta os resultados.

8) Defina fluido ideal e real. Defina e explique fisicamente o que é viscosidade.

9) Quais são as formas de transferência de calor? Discuta em detalhes e apresente suas características básicas e suas formas matemáticas que as definem. Apresente aplicações na tecnologia das formas de transferência de calor.

10) Reproduza em detalhe, explicando cada passagem matemática – e também a física envolvida –, o aquecimento da chave inglesa. Qual a diferença que existe entre o processo de aquecimento e resfriamento nesse tipo de troca de calor?

REFERÊNCIAS

ALMEIDA, L. W. de. *Modelagem matemática na educação e prática*. São Paulo: Contexto, 2011.

ATKINS, P.; PAULA, J. de. *Físico-química*. 9. ed. Rio de Janeiro: LTC, 2012. Vols. 1 e 2.

BALL, D. W. *Físico-química*. São Paulo: Cengage Learning, 2005. Vols. 1 e 2.

BASSANEZI, R. C. *Ensino-aprendizagem com modelagem matemática*. São Paulo: Contexto, 2002.

BASSANEZI, R. C. *Modelagem matemática* – Teoria e prática. São Paulo: Contexto, 2015.

BEN-DOV, Y. *Convite à física*. Rio de Janeiro: Jorge Zahar, 1995. (Coleção Ciência e Cultura)

BIEMBEUGUT, M. S.; HEIN, N. *Modelagem matemática no ensino*. São Paulo: Contexto, 2003.

BIRD, R. B.; STEWART, W. E.; LIGHTFOOT, E. N. *Fenômenos de transporte*. 2. ed. Rio de Janeiro: LTC, 2004.

BOYCE, W. E.; DIPRIMA, R. C. *Equações diferenciais elementares e problemas de valores do contorno*. 10. ed. Rio de Janeiro: LTC, 2015.

CASTELLAN, G. *Fundamentos de físico-química*. Rio de Janeiro: LTC, 1986.

FERREIRA, M. L. *A modelagem matemática como ferramenta no ensino e aprendizado dos conceitos matemáticos destinados à formação técnica/tecnológica*. Dissertação (Mestrado) – Centro Estadual de Educação Tecnológica Paula Souza, São Paulo, 2009.

FOX, R. W.; MCDONALD, A. T.; PRITCHARD, P. J. *Introdução à mecânica dos fluidos*. 6. ed. Rio de Janeiro: LTC, 2006.

INCROPERA, F. P.; DEWITT, D. P.; BERFMAN, T. L.; LAVINE, A. S. *Fundamentos de transferência de calor e de massa*. 7. ed. Rio de Janeiro: LTC, 2014.

IZQUIERDO, A. P. *Fenómenos quotidianos* – A física do dia a dia. [S.l.]: Cofina, 2016. (Coleção Descobrir a Ciência)

KREMER, G. M. *Uma introdução à equação de Boltzmann*. São Paulo: Edusp, 2005.

NETZ, P. A.; ORTEGA, G. G. *Fundamentos de físico-química* – Uma abordagem conceitual para as ciências farmacêuticas. Porto Alegre: Artmed, 2005.

NUSSENZVEIG, H. M. *Curso de física básica*. 5. ed. Vol 2: Fluidos, Oscilações e Ondas. São Paulo: Blucher, 2014.

O'HANLON, J. F. *A User's Guide to Vacuum Technology*. 3. ed. Hoboken: John Wiley & Sons, 2003.

QUITES, E. E. C. *Fenômenos dos transportes*. (Apostila)

TAYLOR; J. R. *Mecânica clássica*. Porto Alegre: Bookman, 2013.

WATARI, K. *Mecânica clássica*. 2. ed. São Paulo: Livraria da Física, 2006. Vol. 1.

ZELDÓVICH, Y.; YAGLOM, I. *Matemáticas superiores para los físicos y técnicos principiantes*. Moscou: Editorial Mir Moscú, 1987.

GRÁFICA PAYM
Tel. [11] 4392-3344
paym@graficapaym.com.br